2 tom in 1 vol

CARBONISATION DU BOIS

ET

EMPLOI DU COMBUSTIBLE

DANS LA MÉTALLURGIE DU FER

IMPRIMERIE POLYTECHNIQUE DE E. LACROIX A SAINT-NICOLAS-VARANGÉVILLE (MEURTHE).

PUBLICATIONS SCIENTIFIQUES-INDUSTRIELLES DE E. LACROIX.

CARBONISATION DU BOIS

ET

EMPLOI DU COMBUSTIBLE

DANS LA

MÉTALLURGIE DU FER

PAR A. GILLOT

INGÉNIEUR CIVIL DES MINES

1° Carbonisation en forêt. — Carbonisation en vase clos. — Séparation et rectification des produits de la distillation.
2° Perte en combustible dans les traitements des minerais de fer. — Perte en combustible dans le traitement de la fonte. — Économies réalisables dans les traitements des minerais de fer et de la fonte.

PARIS

LIBRAIRIE SCIENTIFIQUE, INDUSTRIELLE ET AGRICOLE

Eugène LACROIX, Imprimeur-Éditeur

Libraire de la Société des Ingénieurs civils, de celle des anciens Élèves des Écoles d'Arts et Métiers, de la Société des Conducteurs des Ponts et Chaussées de MM. les Mécaniciens de la Marine, Fournisseur des Écoles professionnelles, etc., etc.

54, rue des Saints-Pères, 54

IMPRIMERIE A ST-NICOLAS-VARANGÉVILLE (MEURTHE)

©

TABLE DES MATIÈRES

CHAPITRE TROISIÈME.

DEUXIÈME PARTIE

De l'emploi du combustible dans la métallurgie du fer.

CHAPITRE QUATRIÈME.

CHAPITRE CINQUIÈME.

2ᵐᵉ QUESTION. — *Quelle perte en combustible résulte du traitement de la fonte au four à réverbère, pour la convertir en fer ou en acier ?*

CHAPITRE SIXIÈME.

3ᵐᵉ QUESTION. — *Quelles sont les économies réalisables dans le traitement des minerais de fer au haut-fourneau, dans le traitement de la fonte au four à réverbère pour la convertir en fer ou en acier, et quels sont les moyens de les réaliser ?*

AVANT-PROPOS

Ce volume est le résumé de plus de trente années de recherches et de travaux métallurgiques. Tous les faits qui s'y trouvent rapportés, ont été, durant ce laps de temps, observés et reproduits avec un soin minutieux, par moi-même, autant de fois qu'il l'a fallu, dans les cas les plus variés d'expérience en grand des procédés pratiqués par l'industrie sidérurgique. Mon but, dès l'origine de mes premières investigations, c'est-à-dire, dès avant 1839, époque à laquelle Ebelmen fut chargé par le gouvernement de traiter ces mêmes questions, était de fixer d'après des principes certains les consommations normales de combustible dans le traitement des minerais de fer au haut-fourneau et dans les opérations ultérieures du four à réverbère. On obtenait ainsi par différence, le chiffre de l'écart entre les consommations réelles et ces consommations normales. C'était à mon sens la voie la plus certaine pour parvenir à débrouiller le chaos dans lequel est encore plongée cette partie de la science industrielle, et pour donner enfin une théorie rationnelle des foyers métallurgiques et des règles qui doivent présider à leur établissement et à leur conduite, afin d'arriver à la production du fer la plus économique. Il y avait donc une importance capitale à multiplier les observations, à préciser les détails de tous les faits, afin de resserrer dans les plus étroites limites les erreurs possibles et d'obtenir des moyennes suffisamment exactes, pour servir de point de départ aux appréciations théoriques.

Dans cette entreprise dont au début, même en la restreignant à l'objet énoncé, j'étais loin, je l'avoue, de soupçonner l'étendue, j'ai rencontré des difficultés qui, indépendamment du grand nombre de points touchés, m'ont arrêté longtemps, ce qui motive la longue durée de ce travail. Ces difficultés résultaient surtout de l'ignorance à peu près complète où nous sommes, de certaines propriétés des corps, notamment de la loi de variation de leurs caloricités, sans la connaissance de laquelle la détermination des hautes températures est absolument impossible. Malgré la gravité de plusieurs de ces obstacles, je crois avoir éclairci toutes les questions restées obscures sur la carbonisation, sur le haut-fourneau et sur le four à réverbère, et en avoir donné la véritable explication théorique. Je crois enfin avoir ainsi fourni le moyen d'établir le haut-fourneau et le four à réverbère dans les conditions d'un bon fonctionnement pour un cas quelconque donné, et avoir indiqué les procédés d'utilisation la plus complète du combustible dépensé.

La publication de cette première partie de mes recherches a éprouvé des retards considérables indépendants de ma volonté. A cet égard, je me borne à dire que M. Combes, membre de l'Institut, chargé par ce corps de faire un rapport sur mon mémoire, en a gardé pendant quatre années le manuscrit sans daigner l'ouvrir. La mort seule du rapporteur a pu me permettre de rentrer en possession de mon titre. L'expérience m'a rendu depuis longtemps familier avec ces avanies turques, auxquelles sont continuellement en butte les ingénieurs civils, pour expier le tort impardonnable d'avoir raison et de représenter le droit commun contre le privilége. Si mon livre vaut, ce n'est pas moi qui aurai souffert de ce retard, c'est l'intérêt général qui est son seul but, son seul objectif. Le grand juge, le public, auquel je défère aujourd'hui la question, en terminant par où j'aurais dû commencer, par la publicité, appréciera jusqu'à quel point j'ai mérité les dédains qui m'ont accueilli. Enfin, avant de clore cet avant-propos et pour ne pas être accusé plus tard d'avoir réédité sous mon nom les œuvres d'autrui, je me crois le devoir de renouveler ici une protestation que j'ai adressée récemment à l'Institut, au sujet d'un mémoire présenté par M. Gruner, inspecteur général des mines et professeur de métallurgie à l'Ecole des mines. Ce mémoire, sous un titre qui ne met pas en évidence suffisante son véritable sujet, traite en réalité de la réduction des oxydes de fer et de la carburation de ce métal par l'oxyde de carbone, à des températures comprises entre 3 et 400 degrés. M. Gruner attribue la découverte de ce fait à M. Bell, maître de forges anglais, qui l'aurait publié dans le numéro de juin 1869, du *Journal de la Société chimique de Londres*. J'eus été fort surpris de cette annonce si elle me fût parvenue, car il y a plus de vingt-cinq ans que j'ai constaté pour la première fois et souvent depuis répété cette réaction, sans en avoir jamais fait mystère à qui que ce soit; mais elle ne s'accomplit complétement qu'entre 4 et 500 degrés. Au surplus, je la mentionne dans mon mémoire, § 93, avec assez de détails pour avoir frappé l'attention du lecteur. Si les souvenirs de M. Gruner ne lui eussent pas fait défaut en cette circonstance, il eût pu se rappeler l'y avoir lue en 1867. Il eût été ainsi dispensé en 1872, d'en rapporter l'honneur à un Anglais.

A. GILLOT,

Ingénieur civil des Mines.

10 juin 1872.

CARBONISATION DU BOIS

ET

EMPLOI DU COMBUSTIBLE

DANS LA

MÉTALLURGIE DU FER

❖

PLAN ET DIVISION DU MÉMOIRE.

Ce mémoire se composera de deux parties distinctes et indépendantes l'une de l'autre, bien qu'elles se fassent suite et qu'elles
se rattachent l'une à l'autre par une relation naturelle. La carbonisation sera traitée dans la première ; l'emploi du combustible
dans la métallurgie du fer fera la matière de la seconde. Le
résumé général que l'on trouvera à la fin de la deuxième partie,
reliera les deux questions.

A certains points de vue, elles ont une connexité qui motive
leur réunion, sous d'autres rapports, elles peuvent être considérées
isolément et ne rien perdre cependant de leur importance respective. Le plan adopté m'a paru concilier ces deux sortes d'idées
sans aucun inconvénient, et surtout sans préjudicier à l'intérêt
que présentent l'un et l'autre sujet.

CARBONISATION DU BOIS

ET

EMPLOI DU COMBUSTIBLE

DANS LA MÉTALLURGIE DU FER

PREMIÈRE PARTIE.

CHAPITRE PREMIER.

Carbonisation du bois.

II.

Généralités. Modes connus de carbonisation du bois.

Les deux seuls corps dont l'homme utilise en grand les propriétés pour obtenir de la chaleur et par suite la puissance nécessaire à la satisfaction de ses besoins, sont l'hydrogène et le carbone. Leur abondance dans la nature, la facilité avec laquelle il peut se les procurer, l'énergie de leurs réactions et l'intensité des forces que ces réactions soumettent à sa volonté, enfin leurs affinités et les combinaisons profitables qui en résultent, sont les motifs déterminants de cette préférence. Il serait naturel de penser que l'importance du sujet et sous l'influence des merveilleux progrès accomplis de notre temps dans les sciences et surtout en physique et en chimie, eût dû conduire aux modes de préparation et d'emploi les plus perfectionnés et les plus économiques de ces combustibles. Il n'en est rien cependant, et l'on doit reconnaître, ce que d'ailleurs les considérations développées dans ce qui va suivre mettront dans une évidence complète, que l'imperfection de nos méthodes ne nous a permis jusqu'à ce jour de ne tirer parti que dans une très-faible proportion des ressources que sous ce rapport ces corps nous présentent. On peut dire que l'hydrogène, malgré sa grande valeur calorifique ne joue dans la production de la chaleur qu'un rôle secondaire, plutôt nuisible même qu'avantageux en plusieurs circonstances, masqué d'ailleurs et neutralisé le plus souvent par la présence du carbone, ou borné à un petit nombre de cas spéciaux et que le carbone lui-même, qui est en possession de fournir presque seul le calorique nécessaire à l'industrie, subit des déchets dans son appropriation et des pertes dans son emploi qui réduisent en presque tous les cas la quantité utilisée au dixième environ de la quantité dépensée. Le but de ce mémoire est de signaler ces imperfections et de proposer quelques moyens d'y remédier.

La nature nous offre le carbone comme combustible sous trois états : dans le premier, il fait partie de combinaisons organiques avec l'oxygène, l'hydrogène et quelquefois avec une très-faible proportion d'azote dans les végétaux, dont il forme en quelque sorte le squelette ou la charpente ; c'est le bois.

Dans le deuxième, il est encore engagé dans des combinaisons organiques analogues, mais dans des plantes herbacées qui ont végété sous les eaux et dont les détritus s'y sont accumulés avec le temps en masses plus ou moins considérables ; c'est la tourbe.

Dans le troisième enfin, il est à peu près pur, solide, noir, compacte, pourvu de caractères extérieurs et de propriétés très-variables, toujours combiné avec une certaine quantité d'hydrogène, mais non constante et toujours en outre mélangé avec une petite proportion, variable aussi, de pyrites de fer et de quelques matières fixes qui vicient d'autant sa qualité. On l'extrait comme minéral de certains terrains sédimentaires. Mais son origine est incontestablement organique. C'est la houille, l'anthracite et le lignite.

L'industrie le fait servir sous ces trois états à différents usages ; mais communément, sa mise en œuvre nécessite, dans beaucoup de cas spéciaux, une appropriation préalable particulière, dont le but et le résultat sont de l'isoler de certaines substances volatiles avec lesquelles il se trouve combiné et qui nuisent à son emploi. Cette appropriation s'obtient au moyen de la carbonisation proprement dite. Conformément au titre de ce mémoire, il ne sera question ici que de la carbonisation du bois.

Tous les modes connus de carbonisation du bois peuvent être compris en deux classes, savoir :

La carbonisation à l'air libre, dans laquelle une partie du charbon est brûlée pour obtenir l'autre ;

Et la carbonisation en vase clos que l'on opère au moyen d'un combustible étranger qui transmet sa chaleur à travers les parois du récipient contenant le bois à carboniser.

J'exposerai successivement l'une et l'autre de ces deux méthodes, leurs avantages, leurs défauts, les progrès qu'elles laissent à accomplir et les moyens simples, résultat de mes propres expériences, qui peuvent réaliser ces progrès. Enfin j'indiquerai, en terminant ce que j'ai à dire de la carbonisation, un mode mixte auquel mes recherches m'ont conduit et qui me paraît réunir aux avantages des deux autres systèmes des avantages nouveaux, sans leurs inconvénients, s'il est possible de l'amener à l'état pratique.

III.

Carbonisation à l'air libre.

Le procédé de carbonisation à l'air libre pratiqué en forêt par les maîtres de forges, à part quelques variantes peu importantes et d'un succès contesté, tant sous le rapport du rendement que sous celui des frais et des difficultés d'exécution, consiste, comme on sait, à disposer verticalement et par étages sur une aire plane et horizontale appelée faulde, le bois coupé à une longueur de 66 centimètres environ, de manière à former une masse conique appelée fourneau ou meule et en ayant soin de placer les plus gros morceaux au centre et en décroissant par ordre de grosseur vers la périphérie. Ensuite, on recouvre ce fourneau de feuilles ou de paille, puis de terre et de fraisil. Cette partie de l'opération qui est très-importante s'appelle bougeage. Après quoi on le carbonise lentement en y mettant le feu au centre et par le sommet. La durée de l'opération varie avec la quantité de bois soumise à la carbonisation et ses détails, ainsi que les soins qu'elle exige sont assez longuement développés dans une foule d'ouvrages pour rendre inutile ici une plus ample description. Les conditions pour atteindre le meilleur rendement en quantité et en qualité sont toutes empiriques et sont le fruit d'une expérience aveugle et non raisonnée. Cependant, il faut reconnaître que cette expérience, qui a dû s'acquérir au prix de tâtonnements bien longs et bien coûteux, puisque la science, qui n'était point encore née, ne pouvait éclairer et guider ses essais, a fini par fixer le point et le mode au delà ou en deçà desquels il y aurait, dans ce système, désavantage à se placer. J'aurai l'occasion de revenir plus loin sur cet objet (XVI), lorsque j'examinerai les avantages et les inconvénients de ce procédé, et les améliorations qu'on pourrait espérer et tenter d'y apporter. Je me borne donc à dire que lorsqu'on veut obtenir du charbon propre à la métallurgie, la masse du bois à carboniser dans un fourneau peut varier de 35 à 70 stères et la durée de l'opération entre 5 et 7 jours ; mais lorsqu'il s'agit de carbonisation pour les usages domestiques, la quantité de bois soumise à l'opération, descend à 7 ou 8 stères et la durée à deux ou trois jours. Dans les deux cas, le rendement est sensiblement le même, et la différence des résultats ne consiste que dans la dureté plus grande du charbon et par suite dans son aptitude plus complète aux usages de la métallurgie, par le premier mode que par le second.

IV.

Base d'appréciation du procédé.

Pour avoir une base d'appréciation de la valeur industrielle de ce procédé, on peut admettre, en négligeant les matières fixes des cendres : 1° que le bois à l'état moyen de siccité dans lequel on le carbonise habituellement, contient (VII) 40 0/0 de son poids en carbone et que le reste se compose de

25 0/0 d'eau hygrométrique, plus d'oxygène et d'hydrogène à l'état de combinaison en proportions convenables pour faire de l'eau, mais toutefois
avec un excès d'hydrogène de huit-millièmes environ du poids du bois, et
correspondant pour la puissance calorifique à 3,40 de carbone p. 0/0 de bois ;
2° que la quantité moyenne de charbon obtenue, forme 15 p. 0/0 du poids du
bois carbonisé et qu'il en reste 1 p. 0/0 en déchet sur les places à fourneaux,
soit ensemble les 2/5 de la totalité du carbone. (Cette deuxième donnée est
le résultat exact de 20 années d'observations personnelles dans une exploitation en grand.)

Ainsi, l'on voit tout d'abord que l'extraction de ces 2/5 du charbon con-
ténu dans le bois, a coûté le sacrifice des autres 3/5 et celui de l'hydrogène
en excès. Il y a donc avant tout à rechercher les causes dont cette consommation dépend, et ensuite, s'il existe des moyens d'en atténuer les effets.
Or, un bref examen révèle que ces causes au nombre de quatre, sont les
suivantes :

1° Consommation due au calorique nécessaire pour fournir aux matières
volatiles du bois, leur calorique latent ou de vaporisation ;

2° Consommation due au calorique nécessaire pour fournir leur chaleur
sensible, ou de température aux gaz expulsés, y compris l'acide carbonique
et l'azote produits par le carbone et par l'air, employés à la combustion ;

3° Consommation due au calorique enlevé par le rayonnement, par le
contact de l'air et par celui du sol.

4° Enfin, consommation due au carbone de combinaison, faisant partie
des matières volatiles expulsées.

La première cause qui, avant plus ample étude, semble ne pas pouvoir
éprouver de modifications dans son intensité, à ne considérer que la fixité
du chiffre du calorique latent des matières volatiles, et en négligeant les
faibles différences résultant des variations de la pression atmosphérique, oscille pourtant entre des limites assez étendues. La raison en est que les
produits pyrogénés volatils du bois, varient en quantité et proportions entre eux avec la température de la carbonisation et donnent lieu à des absorp-
tions de calorique latent et par suite à une consommation de carbone correspondantes. Plusieurs circonstances, ainsi qu'on le verra (XVI), dépendantes et indépendantes de la volonté de l'homme, mais dont il est à peu
près impossible de dominer les effets, tendent à accroître cette température.
Cependant, dans la discussion qui va suivre, j'adopterai sur ce point, comme
données fixes, celles qui résultent des observations faites dans une opération normale ordinaire, c'est-à-dire, supposée conduite (III) dans les bonnes
règles et conditions du procédé.

La deuxième cause suit dans son action les rapports de la première.

Il est manifeste qu'elle ne saurait disparaître, qu'on ne peut demander à
l'art du charbonnier que de la réduire à un minimum, et qu'il en faudra toujours tenir compte, comme d'un coefficient dans le calcul de la consommation théorique. Je suivrai dans sa détermination les mêmes errements que
pour la première.

La troisième cause dépend d'éléments variables presqu'à l'infini, difficilement appréciables, et dont il est peu ou point au pouvoir de l'opérateur

de modifier l'influence, tels entr'autres, que les intempéries atmosphériques et la nature du sol. Je me placerai dans l'hypothèse de bonnes conditions pour en établir le chiffre.

Enfin, la quatrième cause n'est pas moins inévitable que les trois autres. Elle tient à des affinités qui dominent tous les moyens de les combattre, et l'on doit nécessairement admettre pour elle un chiffre d'ailleurs facile à calculer.

Il est clair que la perte exacte en charbon que peut présenter la pratique de ce procédé, doit consister et consiste en effet, dans la différence entre le chiffre normal de consommation calculée sur les données qui viennent d'être exposées, et le chiffre total de la consommation réellement effectuée.

Toutefois, cette différence n'est qu'un des éléments de la perte totale. Il en existe un autre très-important, dont il faut tenir compte, à peine d'erreur grave, dans le calcul entier du chiffre de cette perte ; c'est celui qui résulte de la dispersion dans l'atmosphère de certains produits volatils de de la carbonisation, qui ont, les uns, une valeur commerciale qui dépasse celle du bois lui-même soumis à l'opération, les autres une puissance calorifique utilisable.

Ce qui vient d'être dit, suffit pour montrer combien est complexe la solution cherchée du problème posé. Il est indispensable, pour aboutir à un résultat satisfaisant, que tous ces points soient discutés et fixés avec une précision suffisante pour produire une concordance telle, que le fait expérimental soit la confirmation complète de la conclusion théorique.

V.

Analyse connue des bois insuffisante.

Les analyses de bois que nous possédons présentent, malgré l'habileté des auteurs de ces analyses, et la confiance due à leurs dosages, diverses causes d'incertitude qui ne permettent pas de fixer d'une manière certaine, la composition exacte du bois, c'est-à-dire, les proportions rigoureuses des corps simples dont il est formé. Ainsi d'abord, ces analyses ne sont point comparables entre elles, en raison des différences d'état entre les bois soumis aux expériences. Ensuite, les opérateurs ont le plus souvent expérimenté, sur des bois amenés par une trop forte dessiccation préalable à un degré notable de décomposition qui leur avait déjà enlevé une certaine partie de leurs principes. On verra dans la deuxième expérience rapportée (XXV), que la décomposition commence à une température voisine de 100 degrés, et qui doit varier avec la pression barométrique. Mais en outre, ces analyses, lors même qu'elles nous donneraient la composition rigoureuse en principes élémentaires du bois pris dans un certain état accepté par tout le monde, comme type, ne nous fourniraient encore aucun renseignement sur la manière d'être de ces principes dans le bois, et sur les composés binaires, ternaires ou même quaternaires qu'ils y forment, non plus que sur les modifications que ces composés peuvent subir, et qu'ils subissent certainement, dans leurs réactions mutuelles, sous l'influence de la chaleur pendant la carbonisation. Tous ces points sont enveloppés d'une grande obscurité que nulles recherches connues ne sont venues dissiper jusqu'à présent. Les faits nouveaux que j'ai constatés déjà un grand nombre de fois, et que je rapporte (XXV), me paraissent jeter beaucoup de jour sur cette question ; mais s'ils ne semblent pas assez concluants pour justifier sans objection l'explication que j'en déduis, ils auront, du moins je l'espère, créé des repères nouveaux aux travaux ultérieurs qui pourront être entrepris pour combler cette lacune non moins regrettable, sous le rapport de la science pure, que sous celui de l'industrie proprement dite.

VI.

Hypothèse de composition du bois.

Quoiqu'il en soit, ces réactions dans les limites de température où s'opère la carbonisation, donnent invariablement lieu et pour tous les bois, aux mêmes composés carburés volatils. J'en excepte cependant, mais sans les exclure, les essences résineuses sur lesquelles je ne me suis pas trouvé à portée d'expérimenter. Ces composés sont le méthylène, l'acide acétique, les huiles et goudrons, certains hydrocarbures non condensables, l'oxyde de carbone, et l'acide carbonique. Mais les proportions de ces corps varient, ainsi que je l'ai dit précédemment (IV), avec la température, en telle sorte qu'à une distillation lente correspond, mais sans dépasser un maximum, une plus grande quantité de méthylène, d'acide acétique et de charbon, et par contre, une moindre quantité d'huiles, de goudron et de gaz permanents, mais sans tomber au-dessous d'un minimum.

Il ne me paraît pas douteux que le méthylène et l'acide acétique existent dans le bois tout formés, associés avec d'autres composés alcaloïdes et acides organiques moins stables qu'eux ; que tous ces corps, produits constants de la vie végétale, s'y trouvent en proportions fixes, ne variant, certains d'entre eux, que dans les limites les plus étroites et avec les espèces végétales et y forment encore en outre, entre eux, des combinaisons diverses non encore définies, la plupart très-fugitives, qui donnent aux différents bois leurs propriétés de couleur, d'odeur, de ténacité, de dureté, de compacité, peut-être même de formes et autres que nous leur reconnaissons ; que ces corps se désassocient et se décomposent en des produits pyrogénés plus simples, sous l'influence de la température de la carbonisation et de leurs affinités réciproques, modifiées en plus ou en moins par cette température, ne laissant subsister que les deux plus stables d'entre eux, le méthylène et l'acide acétique, qui se décomposeraient eux-mêmes à des températures plus élevées. Il existe de nombreuses et puissantes raisons qui militent en faveur de cette opinion ; mais pour ne pas élargir le cadre de mon sujet, je me borne à énoncer parmi ces raisons, les réactions qui ont lieu au contact du bois avec le plomb et le fer, et qui donnent naissance à de l'acétate de plomb et à du gallate de fer, et aussi le fait que le méthylène et l'acide acétique fournis par la distillation ne dépassent jamais un maximum, bien que leurs éléments soient contenus dans le bois, dans des proportions à en produire des quantités beaucoup plus considérables.

L'expérience fait connaître ces proportions fixes de méthylène et d'acide acétique, et la distillation convenablement conduite, fait dégager ces deux corps de leurs combinaisons, met en liberté par la décomposition le carbone, l'oxygène et l'hydrogène, ou du moins leurs composés binaires plus simples qui entrent dans les autres substances, active à ces températures, entre ces trois derniers corps qui se trouvent là, à l'état naissant, leurs affinités réciproques, d'où résultent des huiles, des goudrons, des hydrocarbures gazeux stables, de l'oxyde de carbone et de l'acide carbonique dont les proportions augmentent avec les températures aux dépens de la qualité et de la quantité du charbon, ainsi qu'aux dépens du méthylène et de l'acide acétique lorsque la chaleur est trop vive et son accroissement trop rapide.

VII.

Hypothèse des proportions des corps binaires, ternaires et quaternaires composant le bois.

Ces considérations préliminaires permettent de saisir dès maintenant l'ensemble des conditions économiques auxquelles peut et doit satisfaire le procédé de carbonisation en forêt. Je vais successivement examiner ces conditions une à une et les établir sur des bases moyennes fournies par l'observation. La comparaison du résultat normal qui en sera la conséquence, avec le fait réel et pratique, révèlera les vices d'exécution et fournira, en les rapprochant du chiffre de la perte des produits volatils utiles de la distillation, la mesure exacte de l'insuffisance de ce système.

Pour fixer les idées et comme point de départ, j'admettrai, pour l'avoir d'ailleurs vérifié un grand nombre de fois avec un soin extrême, et ainsi qu'on en verra la confirmation dans les expériences rapportées (XXV), que tous les bois en usage dans la carbonisation, quelle que soit leur espèce, et dans l'état ordinaire de siccité où on les emploie, c'est-à-dire, ayant de trois à six mois de coupe, contiennent en moyenne sur 100 parties, savoir :

En carbone, cendres comprises. 40
En oxygène et en hydrogène, dans les proportions pour faire de
l'eau, combinée ou hygrométrique 59,2
En hydrogène, en excès. 0,8

Total. 100,0

lesquelles 100 parties se répartissent aussi en moyenne à la distillation en vase clos, aux températures indiquées (XXV), dans les produits suivants, savoir :

	Hydrogène en excès.	Eau.	Carbone.
1° *En matières fixes :*			
25 pour cent de leur poids en charbon, cendres comprises.	»		25
2° *En matières volatiles condensables :*			
7 pour cent de leur poids en acide acétique, monohydraté dont la formule est : $C^4H^3O^3+HO$ contenant { en eau. . . .	»	4,2	»
⎫ en carbone. .	»	»	2,8
1 pour cent de leur poids en méthylène, dont la formule $C^2H^4O^2$ contenant { en eau. . . .	»	0,5625	»
en hydrogène	0,0625	»	»
en carbone.	»	»	0,375
5 pour cent de leur poids en huiles et goudrons compris sous la formule commune C^4H^4 contenant { en carbone.	»	»	4,2858
en hydrogène	0,7142	»	»
45 pour cent d'eau.	»	45,00	»
3° *En matières volatiles non condensables ou gaz permanents.*			
17 pour cent composés d'acide carbonique, et d'oxyde de carbone en volumes égaux, plus d'hydrogène libre et d'hydrogène bicarboné en proportions telles qu'il s'y trouve en carbone.	»	»	7,5392
en oxygène 8,4096 } faisant en eau.	»	9,4608	»
en hydrogène 1,0512 }			
100　　　Totaux	0,7767	59,2233	40,0000

(left margin, rotated) 58 parties liquides.

L'observation faite (IV et VI), au sujet des variations que les accroissements de température font éprouver aux proportions des produits entre eux de la distillation du bois, est expressément renouvelée pour les résultats moyens ci-dessus de la carbonisation en vase clos. Je n'ai pas cru devoir mentionner dans cette énumération, le peu d'azote que l'on rencontre dans le bois et qui ne joue ici qu'un rôle négatif et absolument sans importance ; non plus que la teneur exacte en méthylène qui approche 2 pour cent, parce que le surplus reste dans le goudron, qui en est augmenté d'autant et où une distillation spéciale le fait retrouver.

VIII.

Hypothèse d'après Elbelmen du mode d'action de l'air atmosphérique dans la carbonisation à l'air libre.

J'admettrai aussi le fait établi par les expériences d'Elbelmen (pages 118 et 128, vol. 2 de de ses œuvres), que dans la carbonisation à l'air libre, l'oxygène de l'air qui pénètre dans les meules par les évents d'admission, se convertit entièrement en acide carbonique et que l'action de cet oxygène est nulle sur les produits de la distillation qui s'opère de la même manière qu'en vase clos.

IX.

Moyen d'apprécier le rendement en charbon du procédé.

Les données qui précèdent fourniraient quelques éléments nécessaires pour se fixer, quant au rendement en quantité, sur le mérite de la carbonisation à l'air libre, si l'on connaissait la chaleur latente de vaporisation de l'acide acétique, du méthylène et des huiles et goudrons, ainsi que la caloricité de leurs vapeurs. En effet, on voit que 100 parties de bois ont fourni :

$$75 \text{ parties volatiles, dont} \left\{ \begin{array}{l} \text{matières} \\ \text{condensables} \end{array} \left\{ \begin{array}{ll} \text{acide acétique.} \ldots & 7 \\ \text{méthylène.} \ldots \ldots & 1 \\ \text{huiles et goudrons.} & 5 \\ \text{eau.} \ldots \ldots \ldots & 45 \end{array} \right\} 58 \right\} 75$$

Gaz permanents 17

Or, les chaleurs latentes de vaporisation et les caloricités non connues des matières condensables permettraient de déterminer la chaleur absorbée par leur volatilisation ; on en déduirait le carbone consommé pour la production de cette chaleur, et par suite la quantité de carbone mis en liberté, qui resterait après ce départ des substances volatiles, en tenant compte, comme de raison, de ce qui se rapporte à la chaleur des gaz permanents. Mais pour avoir la quantité nette théorique de carbone brûlé dans cette carbonisation, que j'appellerai normale, et si nulle autre cause ne venait modifier ces chiffres, il y aurait encore à ajouter aux chaleurs de volatilisation trouvées, un coefficient de consommation résultant : 1° de la chaleur sensible emportée par l'azote de l'air qui aurait servi à la combustion et par l'acide carbonique né de cette combustion ; 2° de la chaleur du rayonnement qui aurait eu lieu pendant toute la durée de l'opération et de celle absorbée par le contact de l'air et du sol. Cette consommation totale trouvée ferait connaître par différence la quantité maximum de charbon que l'on devrait obtenir dans une opération bien conduite et la comparaison de cette quantité, avec celle qu'on obtient dans la pratique ordinaire, ferait juger du degré de perfection de cette dernière. Mais il est une circonstance inaperçue jusqu'à présent, qui d'une part, modifie en l'accroissant la consommation due aux causes énoncées et qui d'autre part, lorsqu'on ne parvient pas à la maîtriser, a la plus mauvaise influence sur la qualité du charbon. Cette circonstance assez complexe est le mouvement calorifique généré par la décomposition de la partie des substances du bois qui correspond aux gaz permanents de la distillation. Mais quant à présent, je ne considérerai la question qu'au point de vue seulement de la consommation de chaleur. Je parlerai ultérieurement (XXV) de l'importance capitale qu'il y a pour la qualité du produit à se rendre maître de ce fait, et je calculerai la valeur calorifique de l'oxyde de carbone et des hydrocarbures qui en sont une des conséquences. Afin de procéder avec ordre, je vais reprendre, avec les développements convenables, chacun des points que je viens d'énumérer pour en déduire la solution cherchée.

X.

Détermination de la quantité théorique du carbone nécessaire à l'expulsion des substances volatiles et de la caloricité moyenne de ces produits.

La température à laquelle les produits gazeux s'échappent dans l'air est comprise entre 200 et 300 degrés, car le réservoir d'un thermomètre étant plongé de quelques centimètres dans les divers évents d'un fourneau en cuisson, le thermomètre oscille constamment entre ces limites. Il est à observer toutefois, qu'il ne s'agit que de la période moyenne du temps de l'ouverture de l'évent. Car au commencement, il ne donne que des vapeurs aqueuses à une très-faible température et à la fin, lorsque les vapeurs aqueuses sont épuisées et que, par conséquent, une moins grande quantité de chaleur passe à l'état latent, la température s'élève rapidement jusqu'à celle du rouge cerise et persiste jusqu'à sa fermeture qui est le terme de la cuisson de la zone où il est ouvert. J'admettrai 250 degrés pour cette température moyenne, déduction faite de 10 degrés supposés celle de l'air ambiant. Or, l'eau pour produire de la vapeur de zéro à la température de 250 degrés, absorbe 682°,75 calculées d'après la formule fournie par M. Regnault, $C = A + BT$ dans laquelle :

C est la chaleur cherchée ;

A une constante égale à 606,5 ;

B un autre coefficient égal à 0,305 ;

T la température.

On ne peut pas être fixé exactement sur la quantité de chaleur emportée tant à l'état latent qu'à l'état sensible par les 13 kilog. de matières volatiles condensables autres que l'eau, puisqu'on ne connaît ni les chaleurs latentes de vaporisation, il faut même ajouter ni celles de liquéfaction, car ces corps sont à l'état solide dans le bois, ni les caloricités de certains d'entre eux, ni leurs proportions. Cependant, il est possible et même facile de déterminer une limite supérieure de cette chaleur. Il est évident, que si cette limite supérieure concourt à la preuve où je veux aboutir de l'imperfection du système que je discute, le fait vrai serait plus concluant encore. Or, si l'on considère que l'acide acétique dérive par oxydation de l'alcool, dont la chaleur latente de vaporisation est 207 (Despretz), que le méthylène est un alcool, que les huiles et les goudrons peuvent avoir pour type l'hydrogène bicarboné, car en ce qui concerne ces dernières substances, il ne faut point perdre de vue qu'il s'agit ici, non de leur composition rigoureuse, mais de la chaleur latente ou sensible dont elles sont pourvues, ce qui laisse une certaine latitude à l'appréciation, si l'on considère qu'aucun de ces corps ne possède une chaleur latente de vaporisation égale à beaucoup près à la moitié de celle de l'eau, non plus que leur vapeur une caloricité égale à celle de la vapeur d'eau, on peut être certain qu'en admettant pour les 13 kilog. de liquides condensables autre que l'eau, une quantité de chaleur égale à celle qu'absorberait la moitié d'une même quantité d'eau, on dépassera notablement le fait vrai. J'admettrai donc comme $6^k,50$ de vapeur d'eau, dans le calcul de la chaleur emportée par les matières volatiles de la combustion du bois, les 13 kilos de matières condensables autres que l'eau. On verra d'ailleurs, dans la seconde expérience rapportée (XXV), que ces corps ont une caloricité très-inférieure à celle de l'eau, en y comprenant sa chaleur latente.

En ce qui touche les 17 kilog. de gaz permanents, puisque les $8^k,4096$ d'oxygène qui entrent dans leur composition (VII), auront produit en volumes égaux de l'oxyde de carbone et de l'acide carbonique, le poids de l'oxyde de carbone sera $4^k,9056$ et il contiendra, savoir :

En oxygène. $2^k,8032$
En carbone. . . . . $2^k,1024$

Le poids de l'acide carbonique sera $7^k,7088$ et il contiendra :

En oxygène. . . . . 5 ,6064
En carbone . . . . 2 ,1024
                    Totaux . . . 4 ,2048   8 ,4096

Et puisque sur les $7^k,5392$ de carbone qui entrent dans les gaz permanents, l'oxyde de carbone et l'acide carbonique en ont pris $4^k,2048$, les $3^k,3344$ restant, prendront pour faire $3^k,89013$ d'hydrogène bicarboné $0^k,55573$ d'hydrogène sur les $1^k,0512$ (VII) de ce dernier corps, en sorte qu'il restera $0^k,49547$ d'hydrogène libre et les gaz permanents seront composés de la manière suivante :

Oxyde de carbone. . . . . $4^k,9056$
Acide carbonique . . . . 7 ,7088
Hydrogène bicarboné. . . . . 3 ,89013
Hydrogène libre. . . . . 0 ,49547
                    Totaux . . . . $17^k,00000$

Quant à la manière dont ces gaz ont été formés et au mouvement calorifique qui en a été la conséquence, quelle que soit l'explication que l'on donne de cet ensemble de réactions, les chiffres obtenus par les expériences ne sauraient en être modifiés et toutes les théories qui peuvent se produire à cet égard, doivent avoir pour bases et conclusions communes les résultats trouvés et les conséquences de ces résultats. On peut admettre que l'hydrogène, le carbone et l'oxygène qui composent les gaz permanents forment dans le bois d'où la distillation les extrait, certains groupements particuliers inconnus qui ne peuvent se décomposer, d'après ce que nous savons des lois qui régissent les combinaisons et les manifestations de chaleur qui les accompagnent toujours, qu'en donnant lieu à une absorption de chaleur et de même qu'il ne peuvent entrer dans des combinaisons nouvelles qu'en dégageant de la chaleur qui se compenserait jusqu'à concurrence d'autant avec celle absorbée, mais le chiffre final de la chaleur nette sera invariablement le même dans tous les systèmes, qui seront de plus assujettis à la nécessité de concorder avec les lois connues et bien fixées.

Si l'on considère les éléments de l'eau qui se trouvent dans les gaz permanents comme étant conjugués dans les composés du bois dont ils font partie, de manière à y jouer le rôle d'un radical, il est évident que leur dissociation n'en donnera pas moins lieu à l'absorption de chaleur qu'entraîne la décomposition de l'eau. Dans le cas présent, cette chaleur absorbée serait $1,0512 \times 34\,462 = 36\,226^{\text{cal.}},4544$ (VII).

Il n'est pas moins évident, 1° que la formation d'oxyde de carbone qui aurait suivi cette décomposition de l'eau, soit que cette formation ait été directe, soit qu'elle ait été précédée par de l'acide carbonique qui aurait pris un atome de carbone en passant à travers le charbon, aura dû être accompagné d'un dégagement de chaleur donné par $2,1024 \times 2473 = 5\,199^{\text{cal.}},2352$, 2 473 étant la puissance calorifique du charbon passant à l'état d'oxyde (Fabre et Silbermann) ; 2° que la formation d'acide carbonique donnera lieu à un dégagement de chaleur égal à $2,1024 \times 8\,080 = 16\,987^{\text{cal.}},3920$. Dans cette hypothèse, on devra déduire des $36\,226^{\text{cal.}},4544$ absorbées, les $22\,186^{\text{cal.}},6272$ des deux dernières quantités de chaleur produite et le reste $1\,4039^{\text{cal.}},8272$ représentera la chaleur nette absorbée par la décomposition des parties du bois qui auraient donné lieu aux gaz permanents de la distillation.

Parmi les objections qui pourraient être faites à cette explication, serait celle résultant de ce que la température ne serait pas assez élevée pour permettre à ces réactions de s'accomplir ; car on verra dans la 2ᵉ expérience rapportée (XXV) que le dégagement d'oxyde de carbone et d'acide carbonique commence à 153 degrés. Mais il peut être répondu que les circonstances de l'opération peuvent faire varier les affinités de manière à rendre ces résultats possibles.

En se plaçant à un autre point de vue, on pourrait supposer dans le bois l'existence de certains sels végétaux, tels notamment que des formiates et des oxalates, dont la décomposition fournirait les gaz permanents de la distillation. Cette hypothèse aurait l'avantage d'échapper à l'objection tirée de de la difficulté de faire concorder les hautes températures nécessaires aux réactions mentionnées avec les basses températures de la distillation ; car l'acide formique et l'acide oxalique se décomposent précisément dans le voisinage des températures où commencent à apparaître l'oxyde de carbone et l'acide carbonique. De plus, l'acide oxalique, par une coïncidence remarquable, se dédouble en les deux volumes égaux d'oxyde de carbone et d'acide carbonique observés. Enfin, la présence de l'azote se trouve expliquée par l'alcoloïde quelconque qui serait la base du sel décomposé. Dans ce cas, les $14\,039^{\text{cal.}},8272$ absorbées seraient le résultat de cette décomposition.

Ou bien encore, y aurait-il lieu de supposer que l'acide acétique existerait dans le bois en de plus fortes proportions que celles indiquées ici, mais engagé dans des combinaisons dont certaines d'entre elles ne subiraient leur décomposition qu'aux températures les plus élevées de la distillation et auxquelles l'acide lui-même, sous l'influence des affinités développées par la chaleur se décomposerait en donnant les produits trouvés de la distillation. Cette opinion est celle que j'adopterai (XXV), mais en reconnaissant qu'elle aurait besoin d'être examinée de nouveau. Ce qui lui donnerait créance au moins pour partie, c'est que la quantité d'acide acétique obtenu diminue avec l'accroissement de la température de distillation, en même temps que les proportions d'oxyde de carbone et d'acide carbonique augmentent et qu'il se produit aussi dans le bois d'une manière concomitante un dégagement de chaleur qui semble proportionnée à la quantité d'acide acétique décomposé. Dans ce cas, les éléments de l'eau absorberaient une plus grande quantité de carbone que celle que l'acide acétique contient, puisque par une distillation rapide, c'est-à-dire à une haute température, on obtient en résidu une moindre quantité de charbon que par la distillation lente ; c'est donc qu'il en passe davantage dans les gaz. En tout cas, la qualité du charbon est d'autant plus inférieure que la température de distillation a été plus élevée. Quoiqu'il en soit, et dans les données de la présente discussion, j'adopterai le nombre de 14 039^{cal},8272 pour la chaleur nette absorbée par ces décompositions par cent parties de bois.

On peut maintenant établir le chiffre de la chaleur totale absorbée par le départ des 75 parties volatiles de 100 de bois. En adoptant, d'après M. Regnault, pour les caloricités de l'oxyde de carbone, de l'acide carbonique, de l'hydrogène bicarboné et de l'hydrogène libre les chiffres suivants, 0,2479, 0,2164, 0,3694, 3,4046, la chaleur latente de volatilisation absorbée par les 51^k,50 d'eau en y comprenant pour 6^k,50 les 13 kilos de matières condensables autres que l'eau est :

	Calories
51,50 × 682,75	35 161,625
Par l'oxyde de carbone 4,9056 × 0,2479 × 250. . .	304,02456
Par l'acide carbonique 7,7088 × 0,2164 × 250. . .	417,04608
Par l'hydrogène bicarboné 3,89013 × 0,3694 × 250 . .	359,2535055
Par l'hydrogène libre 0,49547 × 3,4046 × 250. . . .	421,7192905
Chaleur nette absorbée par la décomposition du bois. . .	14 039,8272
Total.	50 703,4956360

qui représentent 6^k,275 de carbone pour la quantité de combustible absorbée par cette volatilisation.

Si les 75 kilos de matières volatiles n'étaient formés que d'eau, la chaleur nécessaire pour les vaporiser et les élever de 0° à 250 degrés serait 75 × 682,75 = 51 208^{cal},25 ; d'où l'on voit que la chaleur totale absorbée par la volatilisation des 75 kilos de matières volatilisables sur cent de bois dans les conditions des données, est sensiblement égale à celle nécessaire pour convertir le même poids d'eau en vapeur à la même température de 250 degrés. Si l'on faisait abstraction de la chaleur latente de décomposition des substances du bois, la chaleur nette totale des matières volatiles serait : 50 703^c,495636 — 14 039^c,8272 = 36 663^c,668436, et dans ce cas, le rapport de leur caloricité moyenne à celle d'un pareil poids d'eau serait :

$$\frac{36\,663,6684}{51\,208,25} = 0,715.$$

XI.

Erreur d'Elbelmen à ce sujet.

Elbelmen traitant le même sujet, énonce comme conséquence de ses recherches, page 485, vol. 2 de ses œuvres, que cette caloricité moyenne des matières volatiles du bois est à peine la moitié de celle de la vapeur d'eau. S'il eût isolé l'eau de la distillation, il eût vu à priori et sans calcul, par le poids seul de cette eau, que cette conséquence était fausse. Son erreur résultait de ce qu'il faisait usage dans son calcul du nombre 1386 donné par Dulong pour la puissance calorifique du carbone passant à l'état d'oxyde, tandis que cette même puissance calorifique est 2478 (Fabre et Silbermann). A la page suivante, il commet une nouvelle erreur en disant :

« La quantité de chaleur absorbée par la distillation du bois simplement desséché à l'air, est à peu près égale à celle développée par la transformation du carbone produit par cette distillation en oxyde de carbone. »

Cette proposition ne saurait être vraie, malgré la réserve dont l'auteur la fait suivre, qu'autant que l'on comprendrait dans l'expression *à peu près* les larges limites dans lesquelles oscille la composition de la masse gazeuse et qui imprime à la quantité de chaleur qu'elle emporte des variations correspondantes, même en ne parlant pas de la perte due au rayonnement.

XII.

Chaleur sensible emportée par l'azote de l'air employé à la combustion et l'acide carbonique résulté de cette combustion.

Pour avoir la totalité du combustible dépensé, il convient d'ajouter à la quantité qui vient d'être calculée :

1° Celui nécessaire pour fournir à l'azote de l'air introduit par les évents dans la meule pour la combustion et à l'acide carbonique résulté de cette combustion, la température de 250 degrés des autres gaz. Ici se présente une remarque, c'est que ce combustible destiné à fournir la chaleur de température de l'air brûlé, exigera lui-même pour se brûler une petite quantité d'air, dont il faudra aussi chauffer à 250 degrés l'azote et l'acide carbonique qui en proviendra. On voit que cet échauffement nouveau donnera lieu à son tour à une consommation nouvelle d'une plus petite quantité de combustible qui reproduira la même phase, et ainsi de suite, en décroissant jusqu'à zéro par une série infinie de termes, dont la somme représenterait la quantité de combustible à ajouter à celui consommé. Il n'y aurait qu'un intérêt de curiosité à rechercher la loi de cette série en raison de son importance nulle au point de vue de la consommation. Je me bornerai à déterminer les quatre premiers termes et l'on reconnaîtra par leurs chiffres qu'on peut négliger le reste sans inconvénient et que l'erreur ne porte ainsi que sur une fraction de calorie.

2° Celui nécessaire pour fournir la chaleur du rayonnement qui a lieu pendant toute la durée de l'opération et celle absorbée par le contact de l'air et du sol.

Or 6^k,275 de carbone (X) exigent 16^k,733 d'oxygène pour leur conversion en acide carbonique et 16^k,733 d'oxygène correspondent à 55^k,987 d'azote. On aura donc pour le poids d'acide carbonique formé 6,275 + 16,733 = 23^k,008. Sa chaleur spécifique étant 0,2164 (Regnault), on aura pour la chaleur développée pour l'élever à une température de 250 degrés 23,008 × 0,2164 × 250 = 1 244^c,7328. La chaleur spécifique de l'azote étant 0,244 (Regnault), la chaleur développée pour l'élever à la température de 250 degrés sera 55,987 × 0,244 × 250 = 3 415^{cal},207, soit un nombre total de 4 659^{cal},9398 correspondant à une consommation de carbone de 0,57672. On trouverait, par un calcul semblable, le premier terme de la série décroissante de coefficients égal à 0^k,053, le second terme égal à 0^k,00487, le troisième terme égal à 0^k,00044, et enfin le quatrième terme égal à 0^k,000004, lesquels, avec le chiffre de 0^k,57672, forment un total de 0,63507 pour cet objet.

XIII.

Calorique perdu par rayonnement et par le contact de l'air et du sol.

La quantité de chaleur perdue par le rayonnement et par le contact de l'air et du sol, varie dans des limites fort étendues, parce qu'elle dépend elle-même de deux causes très-variables dans leur intensité. Ces deux causes sont : 1° l'habileté et le soin du charbonnier ; 2° de bonnes conditions de cuisage. Je dirai plus loin ce qu'on entend par bonnes conditions de cuisage. J'admettrai pour le cas présent, et comme état normal, un charbonnier et un cuisage irréprochables. Or donc un fourneau ordinaire contenant 37st,50^c de bois supposés peser moyennement 300 kilog. le stère, avec une base de 6^m,90 de diamètre, une hauteur de 3 mètres comporte une surface totale de 86^{mq},13, y compris la base qui y figure pour 37^{mq},38. La cuisson dure cinq jours effectifs et un jour pour refroidir, total six jours et le charbon extrait conserve encore au moment de son extraction, le septième jour, une température de 60 degrés. On sait la manière dont la carbonisation s'opère dans un fourneau. Elle se propage du centre à la périphérie, à partir de la ligne verticale formant l'axe du fourneau, suivant la surface d'un cône renversé dont le sommet s'appuie au centre de la base du fourneau et dont l'angle formé par la génératrice avec cette verticale, qui est aussi son axe, va toujours en s'élargissant, jusqu'à ce que la génératrice soit devenue horizontale. Ce moment est celui du terme de la cuisson. On voit de là que la base du fourneau est la portion de sa périphérie qui commence le plus tard à recevoir de la chaleur. Cette chaleur s'écoule en partie dans le sol avec une intensité proportionnelle à celle du flux et à la conductibilité du sol.

La formule générale de transmission du calorique à travers les corps $M = \dfrac{C(t - t')}{E}$, donnée par Péclet, n°s 826 et 861, dans laquelle M représente la quantité de chaleur qui s'écoule par l'unité de surface pendant l'unité de temps, C la conductibilité de la substance à travers laquelle elle s'écoule, E l'épaisseur de la substance, $(t - t')$ la différence de température des deux faces d'E, fournit le moyen de déterminer la quantité de chaleur perdue dans le sol pendant la carbonisation du fourneau.

Pareillement, la formule générale de la chaleur perdue par le rayonnement et le contact de l'air pendant un temps $M = R + A$, dans laquelle M représente la totalité de la chaleur perdue, R celle enlevée par le rayonnement et A celle enlevée par l'air, permet de trouver la perte due à ces deux causes pendant l'opération.

Il est à propos d'observer ici qu'il ne faut pas perdre de vue dans les recherches sur la transmission de la chaleur à travers les corps, ainsi que sur son rayonnement par les surfaces et surtout dans de pareilles conditions, que l'on ne peut, en raison de causes dont il est complétement impossible de fixer exactement la nature et les limites, se promettre la précision presque mathématique du laboratoire, mais seulement une approximation qui suffit le plus communément dans les usages et les besoins ordinaires de l'industrie.

En ce qui touche les matières traitées dans le présent mémoire, je me suis, autant qu'il était en moi, efforcé de fonder mes données sur les expériences les plus multipliées et sur les constatations les plus nombreuses de maxima et de minima. J'ai donc été ainsi induit à admettre :

1° Que la perte due à la dispersion du calorique par la base du fourneau pendant sa cuisson équivaut à celle qui aurait lieu pendant 24 heures par cette même base, dans l'hypothèse d'un régime établi, c'est-à-dire, d'une marche uniforme, en faisant dans la formule $(t - t') = 300°$ et $E = 1$ mètre.

2° Que la perte due au rayonnement dans l'air et au contact de l'air est équivalente à celle qui, toujours dans l'hypothèse d'un régime établi, aurait lieu par la surface d'un segment de sphère ayant même base que le fourneau, les deux tiers de sa hauteur et même nature de surface, pendant tout le temps de la cuisson et du refroidissement, en faisant dans les valeurs de R et de A, $t = 30$ degrés. Ce segment de sphère est la forme que sous l'influence du retrait et de l'affaissement produits par la cuisson, le fourneau prend après un espace de temps à partir de sa mise en feu, égal au tiers de la durée totale de l'opération et du refroidissement. Dans le cas présent, il a deux mètres de hauteur et 43^m,34 de surface à très-peu près. D'après ces données, la formule $M = \dfrac{c(t - t')}{E}$ quant à ce qui concerne la perte de calorique due à sa dispersion dans le sol, devient $M = C \times 300$. Si l'on admet pour la valeur de C, c'est-à-dire, pour la conductibilité du sol celle du sable quartzeux 0,27 (Péclet, vol. 1er page 406), comme étant celle d'un bon cuisage, on aura $M = 0,27 \times 300 = 81$ calories ; d'où la perte entière dans le sol pendant 24 heures et par la surface de la base du fourneau égale à $81 \times 24 \times 37,38 = 72\,675^{cal}$,72 équivalant à 9 kilog. de carbone. Ce chiffre est

peu important, comme pouvait le faire prévoir à l'avance la faible conductibilité du sol et cette circonstance que les gaz qui tendent toujours à s'élever
et n'entrent point dans le sol, entraînent avec eux la plus forte partie du
calorique.

Pour avoir le chiffre de la chaleur perdue par le rayonnement dans l'air
et par le contact de l'air, les valeurs de R et de A par mètre carré et par
heure de l'équation générale M = R + A sont fournies par les formules suivantes :

$$R = 124,72 \times Ka^\theta \, (at - 1) \text{ Péclet, vol. I, page 373.}$$
$$A = 0,552 \times K' + t^{1,255} \text{ Péclet, vol. I, page 375.}$$

dans lesquelles θ représente la température de l'air ambiant, t l'excès de la
température de la surface sur celle de l'air ambiant, a un nombre constant
égal à 1,0077, k un nombre qui dépend de la nature de la surface et K' un
nombre qui varie avec la forme et la dimension du corps. Ces valeurs calculées d'après les tableaux 796 et 804 donnés par Péclet, vol. I, en faisant
$t = 30°$ avec cette observation qu'ici $\theta = 10°$ au lieu de 15°, chiffre adopté
par Péclet, ce qui motive l'emploi d'un coefficient égal à 0,96 (page 375,
même vol.) en faisant K = 3,42 puissance rayonnante du charbon en poudre (Péclet, vol. I, page 374) comme équivalant à celle du fraisil employé,

en faisant $r = 4$ mètres dans la valeur de $K = 1,778 + \dfrac{0,13}{r}$ (ibid 375)

ce qui donne K' = 1,8105 les valeurs de R et de A par mètre carré deviennent :

$$R = 0,96 \times 36,1 \times 3,42 = 118^{cal}, 52352$$
$$A = 36,6 \times 1,8105 = 66,2643$$

substituant dans M on a :

$$M = R + A = 118,52352 + 66,2643 = 184^c, 78782 ;$$

d'où l'on déduit pour 6 jours ou 144 heures et pour une surface de 43^{mq},34 :

$$M' = 184,78782 \times 144 \times 43,34 = 1\,153\,253^c, 3497672$$

qui correspondent à 142^k,72 de carbone.

Ce chiffre, avec les 9 kilog. trouvés précédemment pour la perte dans le
sol, forment un total de 151^k,72 de carbone consommé par le rayonnement, le contact de l'air et la dispersion dans le sol pendant toute l'opération et pour les 37st,50 de bois, ce qui à raison de 300 kilog. le stère, donne
par 100 kilog. de bois une perte due à ces causes de 1^k,437 de carbone.

Enfin, on a vu que le charbon conservait encore une température de 60
degrés au débardage du fourneau un jour après son extinction ; la température de l'air ambiant étant 10 degrés, la capacité calorifique du charbon
étant 0,2415 (Regnault), le poids du charbon obtenu étant la quantité contenue moins celle dépensée, c'est-à-dire, 25^k,834707 = 16^k,65293, la quantité de chaleur nécessaire pour lui donner la température de 60 degrés,
dans l'hypothèse d'une température atmosphérique de 10 degrés sera
16,65293 × 0,2415 × 50 = 201^{cal},8412975, qui correspondent à 0^k,02488
de carbone.

XIV.

Consommation totale de carbone nécessaire à la carbonisation de 100 kilog. de bois en forêt.

La récapitulation de ces diverses quantités de carbone dépensé dans la carbonisation de 100 kilog. de bois est la suivante :

Départ des produits volatils 6ᵏ,275
Calorique de température de l'acide carbonique produit pour cette volatilisation et celui de l'azote de l'air employé . . . . 0 ,63507
Perte due à la dispersion dans le sol, au contact de l'air et au rayonnement . . . . 1 ,437
Température du charbon obtenu . . . . 0 ,02488

Total 8ᵏ,37195

Ainsi en tenant strictement compte de toutes les causes de combustion du carbone dans une opération normale de carbonisation à l'air libre, on arrive à un chiffre de consommation obligée et inévitable de 33,4878 pour cent de la quantité de carbone réalisable en nature contenu dans le bois (VII).

Les diverses expériences que j'ai faites moi-même en forêt avec le soin le plus extrême, ont constamment confirmé ces résultats et me permettent de regarder cette consommation comme la règle exacte du procédé exécuté dans les conditions les plus favorables, c'est-à-dire, comme la limite supérieure du rendement qu'on peut en obtenir. Mais la moyenne ne dépassant pas 15 0/0 en poids du bois pour des causes qui seront examinées (XVI) et que j'ai pu éviter dans des expériences faites spécialement en vue d'éclaircir la question du rendement, il y aura à ajouter à ces 33,48 0/0, une quantité nouvelle de 1ᵏ,62805, soit 6, 5122 0/0, à ajouter, soit en totalité 40 0/0 sur la quantité réalisable, c'est-à-dire, sur les 25 0/0 en poids du bois.

XV.

Valeur industrielle du procédé de carbonisation en forêt.

Ce qui vient d'être dit permet maintenant de poser les bases d'appréciation de la valeur industrielle du procédé de carbonisation à l'air libre, usité en forêt.

Dans ce procédé, sur

25 kilog. de charbon réalisable des 40 contenus dans 100 kilog. de bois,

8ᵏ,37195 sont brûlés pour fournir la chaleur nécessaire à l'opération.

10 kilog. { 1ᵏ,62805 sont également brûlés par suite d'un excès de consommation dû à diverses causes inévitables et inhérentes au procédé, ainsi qu'on le verra (XVI).

15 kilog, reliquat en rendement net du bois.

On a vu (VII), comment les 15 kilog. de carbone restant sur les 40 kilog. contenus dans les 100 de bois, se répartissent entre les produits volatils de la carbonisation, qui s'écoulent sans profit dans l'atmosphère. Ceux de ces produits qui peuvent recevoir une destination utile, sont les suivants :

Acide acétique monohydraté	$7^k,00$
Méthylène.	1 ,00
Huiles et goudrons	5 ,00
Oxyde de carbone	4 ,9056
Hydrogène bicarboné	3 ,89013
Hydrogène libre.	0 ,49545
Total.	$22^k,29120$

qui, additionnés avec les 25 kilog. de charbon réalisable, forment un total de $47^k,2912$ de matières utiles contenues dans le bois.

La perte de combustible par ce procédé, évaluée en carbone, en y faisant entrer les $1^k,62805$ de carbone brûlé en excès dans la carbonisation et en prenant pour la puissance calorifique des goudrons, la somme des puissances calorifiques des composants (VII), sera :

Carbone brûlé en excès dans la carbonisation	$1^k,62805$
Huiles et goudrons évalués en carbone (Favre et Silbermann).	7 ,33193
Oxyde de carbone — —	1 ,45893
Hydrogène bicarboné	5 ,70869
Hydrogène libre.	2 ,11322
Total de la perte en combustible évaluée en carbone . . .	$18^k,24082$

Ainsi, la perte totale par le procédé de carbonisation en forêt se compose :

1° D'un équivalent de carbone, supérieur de 21,60 0/0 au rendement total moyen obtenu par ce procédé ;

2° De 7 kilog. d'acide acétique monohydraté et de 1 kilog. de méthylène par 100 kilog. de bois.

Reste à fixer la valeur nette de ces deux dernières substances, c'est-à-dire, la différence entre leur prix vénal et leurs frais d'extraction. Cette circonstance m'induira à entrer dans des considérations de prix dont il sera facile, au moyen de modifications appropriées, de faire application à chaque cas particulier. Mais je me hâte de dire que ces évaluations n'ont rien d'absolu, même pour la région à laquelle elles seront appliquées. Leur raison d'être ici était de donner une base nécessaire à ma discussion. Encore dois-je reconnaître que cette base, mobile comme tout ce qui dépend du rapport de l'offre à la demande, est soumise par ce fait même à des oscillations qui la placent continuellement en-deçà ou au-delà du point choisi.

Sous le bénéfice de cette observation, je prendrai pour évaluer le charbon rendu à l'usine, les prix-courants actuels des bois de charbonnage, des frais de cuisage et de transport moyen des charbons de la forêt à l'usine ; pour évaluer les produits accessoires de la distillation, je prendrai des chiffres au-dessous des prix-courants commerciaux moyens de ces substances, et de ces chiffres je défalquerai les frais moyens de fabrication qui seront déterminés lors de la discussion de la carbonisation en vase clos ; la différence représentera la valeur nette de ces produits. Enfin, sans entrer dans l'examen des causes nombreuses qui peuvent faire varier la valeur de ces derniers produits, je raisonnerai dans le cas d'une des limites extrêmes de ces variations, celle où leur valeur se réduirait à zéro, pour en déduire les conséquences qui résulteraient sur le mérite des procédés exposés dans ce mémoire.

Le chiffre de rendement déjà si faible de la carbonisation en forêt qui vient d'être établi, n'est cependant point net encore, il est affecté par une cause grave et permanente. Cette cause est le déchet qui résulte du transport du charbon de la forêt à l'usine et des manipulations que ce transport occasione. On ne peut guère estimer cette perte en moyenne à moins de 3 parties sur les 15 obtenues, soit 20 0/0 du rendement. Enfin, il faut noter de plus comme faits importants : 1° qu'on est loin d'atteindre d'une manière constante la qualité requise pour l'emploi, ainsi qu'on le verra ultérieurement, lorsqu'il sera question de cuisage ; 2° que sur la quantité de charbon obtenu, il faut toujours compter un tiers en menu fourni par le centre du fourneau. Cette détérioration inévitable du produit porte précisément sur le plus gros et le meilleur bois qu'on est obligé de mettre au milieu, afin d'offrir plus de résistance à la durée et à l'intensité de la température pendant l'opération ; 3° la nécessité de ne pouvoir cuire qu'à certains moments opportuns de l'année et qui se traduit par une augmentation de frais de transport et d'autres accroissements de dépense.

XVI.

Improbabilité de toute amélioration de ce procédé.

Avec toutes ces défectuosités, on devrait pouvoir au moins espérer parvenir à restreindre d'une manière fixe et dans son application courante ce procédé dans les limites rigoureuses de consommation normale de combustible, qui vient d'être exposée. Ce serait assurément encore une grande amélioration sur ce qui existe. Mais il est difficile de conserver quelque illusion à cet égard, lorsqu'on vient à se livrer à l'examen des nombreuses causes presqu'insurmontables d'insuccès que l'on rencontre, et qui toutes aboutissent à une augmentation de consommation. Parmi ces causes, les unes, telles que certaines natures du sol, l'excès d'humidité, de sécheresse, de chaud, de froid, les divers vents, les taupes, sont indépendantes de la volonté de l'homme et échappent presque complétement à son action défensive ; les autres, telles que le défaut de soin des ouvriers dans la disposition des places à cuire, dans le dressage, dans la répartition du bois suivant les grosseurs, dans le bougeage, la négligence, le sommeil, la fatigue des charbonniers dans la conduite des fourneaux, etc., quoique dépendantes de la volonté de l'homme, sont tout aussi funestes sans être plus faciles à vaincre. Il serait chimérique de se flatter de n'avoir pas à compter, dans les circonstances les plus favorables, avec plusieurs au moins de ces obstacles. On peut donc affirmer que le procédé de carbonisation à l'air libre, en rendant en moyenne trois huitièmes du charbon contenu dans le bois, ou 15 0/0 du poids du bois, donne en quantité tout ce qu'il peut donner, et qu'il est irrévocablement renfermé dans cette limite moyenne de production, sans espoir de pouvoir jamais arriver d'une manière permanente et régulière à une amélioration tant soit peu notable. L'aptitude à la métallurgie des charbons qu'il fournit et l'absence d'une autre méthode, sont ses seules raisons d'être. Encore verra-t-on plus loin que la condition de qualité est loin d'être toujours acquise.

XVII.

Prix de revient du charbon rendu à l'usine.

Pour fixer de suite les idées quant au prix moyen de revient à l'usine des charbons obtenus en forêt, par des chiffres qui serviront de base à mes calculs ultérieurs, j'admettrai pour la région du centre :

1° Que $2^{st},5$ de bois à charbon sont la mesure de ce qu'on appelle la corde ;

2° Que ces $2^{st},5$ ou corde se vendent moyennement 8 fr. en forêt ;

3° Que le stère pèse 300 kilog. ;

4° Que le dressage du fourneau se paie à raison de $0^f,30$ les $2^{st},5$;

5° Que la cuisson se paie au charbonnier 3 francs pour la même mesure en charbon de $2^{st},5$ appelée banne et pesant 450 kilog. ;

6° Que le prix moyen du transport des charbons à l'usine, évalué sur une moyenne distance est de 3 francs pour la même mesure ;

7° Que l'usure des sacs coûte $0^f,12$ par 100 kilog. de charbon ;

Ces données et celles du rendement (IV) conduisent aux résultats suivants : $2^{st},5$ de charbon pesant 450 kilog. et formant la mesure de la banne, sont fournis par 10 stères de bois formant 4 cordes, qui ont coûté . . . 32f,00
Dressage des 10 stères a coûté . . . . 1 ,20
Cuisson a coûté. 3 ,00
Conduite a coûté. . . . . 3 ,00
Usure de 12 sacs . . . . 0 ,48
Faux frais et frais généraux. . . . . mémoire
Total du prix de revient de la mesure de charbon dite banne pesant 450 kilog 39f,68

D'où l'on voit qu'un stère de bois pesant 300 kilog. aura produit en charbon rendu à l'usine 45 kilog. et aura coûté 3f,968.

XVIII.

Substitution de la carbonisation en vase clos à celle à l'air libre.

Je me propose d'établir, dans ce qui va suivre, que l'on peut à ce mode de carbonisation, substituer un autre procédé exempt de tous les vices irrémédiables reprochés à celui-ci, qui soit d'une pratique simple et au moins aussi facile ; qui non-seulement donne, non comme lui d'une manière irrégulière des charbons propres à la métallurgie, mais encore toujours de première qualité, sans menus et dans une proportion à peu près double pour la même quantité de bois ; qui donne en outre des produits accessoires d'une valeur nette considérable en atténuation d'autant du prix des charbons ; qui se prête, au contraire de l'autre, à tout contrôle, échappant ainsi aux graves abus qui naissent du défaut, ou plutôt de l'impossibilité d'une surveillance suffisante ; enfin qui n'exige de la part des ouvriers chargés de son application, ni une expérience aussi laborieuse ni une tension habituelle d'efforts aussi grande et aussi longue. Ce mode nouveau, qui n'est autre que la carbonisation en vase clos pratiquée suivant certains errements, présente en outre l'avantage de ne point être soumis au déchet du transport des charbons de la forêt à l'usine et aussi celui de pouvoir fonctionner en tout temps.

XIX.

Discussion de cette substitution.

A toutes les époques, les maîtres de forges et les métallurgistes, frappés des imperfections qui viennent d'être exposées, et dont certains signes leur faisaient soupçonner la gravité, ont cherché par de vaines tentatives à améliorer cette situation. L'état d'enfance des sciences physiques et chimiques est vraisemblablement l'une des principales causes qui jusqu'ici ont fait obstacle à toutes les investigations. Enfin, tous ces efforts dont rien ne gouvernait la direction, mais qui attestent l'importance du sujet, n'ont pu jusqu'à ce jour parvenir à faire trouver un moyen moins imparfait d'obtenir des charbons durs propres à la métallurgie. Une industrie nouvelle, celle de la carbonisation en vase clos, qui recueille les produits volatils de la distillation du bois est née, il est vrai, de ces essais ; mais sous le rapport de la métallurgie, on peut dire que l'art de la carbonisation n'a pas fait un pas depuis plusieurs siècles.

A mon tour, j'ai repris cette question avec la pensée qu'en cette matière comme en toute autre, la méthode analytique était le guide le plus sûr pour conduire à la solution et que l'oubli de ce principe avait dû avoir une grande influence sur l'insuccès des recherches antérieurement faites. Il ne sera peut-être pas sans intérêt de rappeler brièvement ici comment j'ai dû me poser le problème et la série d'inductions et d'opérations consécutives qui m'ont conduit aux conclusions que je rapporte.

Les termes précis, généraux et complets de ce problème, me paraissent manifestement compris dans l'énoncé suivant :

« Trouver les moyens simples et d'une exécution facile, en recueillant
« les produits utiles de la carbonisation et en réduisant la consommation du
« combustible aux strictes limites du calorique nécessaire, 1° au départ des
« substances volatiles ; 2° à un coefficient minimum et inévitable de perte due
« au rayonnement et à l'absorption des appareils, milieux et corps ambiants ;

« de créer artificiellement et à volonté les conditions d'un bon cuisage et d'ob-
« tenir en même temps aussi d'une manière permanente et régulière en char-
« bons propres à la métallurgie, la plus forte proportion du charbon contenu
« dans le bois. »

De la question ainsi formulée, il résulte d'abord que s'il existe une solution, cette solution est incompatible avec tout procédé pratiqué en forêt ;
que par conséquent tout système de ce genre est condamné, sans retour, par
la nature des choses et doit être définitivement abandonné. On comprend
en effet que la condensation seule des substances volatiles condensables qui
atteignent près de 60 pour cent de la totalité du poids du bois, exigeant
des appareils chers, volumineux, encombrants, lourds, difficiles à mouvoir et qui, par conséquent, doivent être établis à poste fixe, fait naître
un obstacle insurmontable dans l'impossibilité de transporter ce matériel
dans chaque forêt, et bien plus, à chaque opération dans les différentes
parties d'une même forêt. Mais en supposant cette première difficulté
vaincue, une autre plus grande surgirait immédiatement, celle de trouver
les masses d'eau nécessaires à cette condensation, sans parler des frais
d'installation se renouvelant à chaque déplacement. Ces premiers motifs
dispensent évidemment d'en articuler d'autres et d'entrer dans de plus
amples développements que révéleraient d'ailleurs de plus grandes impossibilités encore. Ces considérations préliminaires eussent évité bien des
dépenses et bien des déceptions aux maîtres de forges imprudents qui, séduits
par une simplicité apparente, ont cru devoir suivre d'autres voies et risquer des tentatives en forêt. C'est donc vers le système de carbonisation
à l'usine que l'attention doit se tourner. Ce mode soulève de prime abord
une objection relative à la différence des frais de transport entre le bois
et le charbon. Je réserve en son lieu à cette objection (XLV).
Lorsque je parlerai de la carbonisation en vase clos, j'établirai : 1° que
cette différence est moindre qu'elle ne semble ; 2° qu'elle n'a qu'une importance très-faible, comparativement aux avantages du système et par suite
très-peu d'influence sur le chiffre net du bénéfice.

On a vu précédemment (XIV) que la limite de la consommation du combustible nécessaire à la carbonisation du bois, y compris le coefficient de
rayonnement et d'absorption de l'air et du sol devait, dans une opération
normale à l'air libre, peu dépasser le 1/5 ou les 8/40 de la quantité totale de
carbone contenue dans le bois, et que le rendement net était compris entre
16/40 et 17/40 de la même quantité, mais qu'en réalité la consommation
moyenne ordinaire s'élève aux 10/40 et que le rendement affecté en sens
inverse, se trouve réduit aux 15/40 de cette quantité totale. Je démontrerai
plus loin que cette proportion de consommation normale, c'est-à-dire du
cinquième, est à peine dépassée dans un système convenable de distillation
en vase clos, que de plus elle doit être prise sur les matières combustibles
volatiles, gaz et goudrons, de la distillation, perdus dans le procédé à l'air
libre, en sorte que, sans préjudice des autres produits accessoires (acide
acétique, méthylène et huiles) obtenus, tout le charbon réalisable en nature,
soit les 5/8 de la totalité, ou 25 pour cent en poids du bois, se trouvera

rester en résidu dans la cornue, sans consommation de combustible étranger. Ainsi donc, ces deux points éliminés provisoirement, reste seule la difficulté de reproduire artificiellement dans l'usine les conditions d'un bon cuisage. Mais préalablement surgit cette nouvelle question : en quoi consistent les conditions d'un bon cuisage ?

XX.

Examen des causes d'un bon cuisage en forêt.

Il n'est personne, maître de forges, charbonnier ou autre, ayant quelques notions de carbonisation en forêt, qui ne puisse au premier aspect et sans hésitation, discerner un terrain de bon cuisage d'avec un terrain de mauvais cuisage, ainsi que les nuances très-variées d'aptitude que présentent à cet égard les sols divers des forêts. Cependant on chercherait vainement près des hommes les plus versés dans le métier, un renseignement un peu précis pouvant servir de base à une opinion quelconque, sur les causes d'un bon ou d'un mauvais cuisage. On ne trouve non plus sur cette matière, dans tous les nombreux ouvrages de métallurgie publiés jusqu'ici, aucun document méritant quelque confiance. Le peu qui s'y rencontre ne consiste qu'en quelques explications si vagues, si confuses, si incohérentes et souvent si contradictoires, qu'il est impossible d'en tirer quelques lumières. On est à bon droit, surpris d'une telle pauvreté sur un sujet que nul autre dans l'industrie ne surpasse en importance et que l'on peut considérer comme le point de départ et la base même de la métallurgie au combustible végétal. Quoiqu'il en soit, pour éclaircir ce point inexploré et arriver à la connaissance raisonnée des conditions d'une bonne carbonisation, ainsi qu'à la possibilité économique de les reproduire artificiellement dans les usines, le moyen le plus certain était l'examen minutieux et attentif de toutes les circonstances bonnes ou mauvaises de la carbonisation. J'énonce dans l'énumération qui suit toutes celles de ces circonstances que j'ai pu connaître et dont une expérience empirique a constaté l'influence. Leur étude conduit de la manière la plus satisfaisante à la solution cherchée.

Le cuisage est toujours bon, dans les terrains d'origine ignée, surtout quand ils sont granitiques ; dans les terrains de transport, quand ils sont arénacés, siliceux, même avec des silex d'une certaine grosseur, comme ceux de la craie, par exemple, c'est-à-dire, qu'on y obtient des charbons durs et un rendement plus considérable, toutes autres conditions égales d'ailleurs, que dans les autres terrains.

Le cuisage est toujours mauvais dans les terrains calcaires, argileux, tourbeux, c'est-à-dire qu'on y obtient des charbons tendres, friables, et un rendement moins considérable que dans les autres terrains, toutes autres conditions aussi égales d'ailleurs.

Entre ces deux limites extrêmes, il se trouve une grande variété dans la qualité des terrains pour le cuisage, suivant que leur nature les rapproche plus ou moins de l'une ou de l'autre de ces deux catégories.

La présence de la fougère, des bruyères et du houx est un indice certain que le sol où croissent ces plantes appartient à la première catégorie ; la présence du prunellier indique un sol de la seconde.

On rencontre des terrains où certaines essences de bois sont plus abondantes que d'autres et paraissent y croître volontiers. Mais quelles que soient les causes inconnues de cet effet, elles ne semblent pas avoir de relations avec la qualité du cuisage. Par conséquent, les espèces de bois ne peuvent servir d'indice à cet égard. Cependant, le hêtre est en général plus commun et plus vigoureux dans les terrains granitiques, et l'érable dans les terrains calcaires et de mauvais cuisage.

Dans les terrains de bon cuisage, la terre que le charbonnier rassemble sur les fauldes pour bouger les fourneaux et qui, mélangée au fraisil d'opérations précédentes, lui sert à étouffer son feu, pour le modérer, le ralentir, en un mot pour en être maître, afin de conduire lentement et graduellement son opération, est fine, pulvérulente, éminemment propre à cet usage et reste telle, sans que la chaleur du fourneau amoindrisse ses propriétés. On observe qu'elle possède ces qualités après avoir servi, à un plus haut degré que la première fois. C'est ce qui explique pourquoi il y a plus d'avantages à cuire sur une vieille place que sur une nouvelle.

Dans les terrains de mauvais cuisage, au contraire, la terre de bougeage ne se pulvérise pas. Elle affecte une forme grumeleuse due à l'argile qu'elle contient et en rapport avec les quantités qu'elle en contient, à ce point que dans certains terrains entièrement argileux, le bougeage serait tout à fait impossible sans une addition suffisante de fraisil. La chaleur du fourneau ne fait qu'accroître et exagérer cette disposition grumeleuse, en opérant sur cette terre une espèce de frittage ou de cuisson. Cette manière d'être la rend, suivant le degré de ce défaut, plus ou moins impropre à sa destination, c'est-à-dire à intercepter à la volonté du charbonnier la communication de l'intérieur en feu des fourneaux avec l'air extérieur, ce qui détermine dans la même proportion une température plus élevée, une combustion plus rapide, une consommation plus grande et des charbons plus poreux, plus légers, plus tendres, plus fragiles et moins abondants.

On voit donc que la différence essentielle entre un bon et un mauvais cuisage consiste dans le moyen que la nature pulvérulente des terres de bougeage des bons cuisages fournit au charbonnier d'être maître de son feu, de le modérer, et de conduire la carbonisation progressivement et surtout lentement. Cette dernière condition est indispensable pour obtenir un bon rendement en quantité et en qualité. J'en dirai la raison plus loin.

Le degré de qualité bonne ou mauvaise d'un cuisage n'est point fixe et absolu. Beaucoup de causes le font varier en plus ou en moins. Mais on peut affirmer sans exception et comme une expérience définitivement acquise, que toutes celles qui tendent à maintenir et à assurer au charbonnier le moyen d'être maître de son feu, sont des causes d'amélioration du cuisage et que toutes celles qui tendent à le lui enlever, produisent l'effet contraire. Ainsi, l'excès de chaleur, de froid, d'humidité, les vents, concourent à diminuer la qualité du cuisage. De même une pluie à propos survenue, ou un arrosage quand on le peut, rendent à un bon cuisage sa qualité suspendue ou amoindrie par une sécheresse ou par une récente carbonisation. Il est manifeste que l'eau en se vaporisant modère la température du fourneau par la chaleur latente qu'elle absorbe et ralentit la carbonisation. L'expérience suivante, que j'ai répétée plusieurs fois à diverses époques, a constamment donné les mêmes résultats et mis ce fait dans une complète évidence.

XXI.

Expérience sur l'influence de l'humidité sur le cuisage à l'air libre.

Si l'on dispose sur deux faultes contiguës deux fourneaux dans des conditions absolument identiques, on obtient au premier tour de cuisage et par une double opération uniformément et simultanément conduite, des charbons absolument identiques aussi en quantité et en qualité.

Puis au second tour si l'on rafraîchit l'une des places par une aspersion d'eau suffisante pour lui rendre l'humidité que lui a enlevée le premier tour, de plus, si dans le cours de la cuisson de la pièce, on modère la chaleur par de légères et judicieuses aspersions à la surface, la marche de la carbonisation de ce fourneau est plus lente que celle de l'autre et se termine plus tard, mais le charbon est meilleur et en plus grande quantité. Si l'on renouvelle l'épreuve, sans changement survenu, tel qu'une pluie par exemple, les mêmes effets se renouvellent aussi, mais avec une plus grande différence ; car tandis que l'une des places est restée dans son état primitif, l'autre desséchée par deux opérations successives, a perdu presque toute son aptitude au cuisage, par la rapidité avec laquelle la combustion s'y opère malgré les efforts du charbonnier et par l'excès de consommation et le défaut de qualité et de quantité qui en sont la conséquence. Dans cette situation, si l'on intervertit l'expérience, on obtient d'une manière inverse exactement le même résultat.

XXII.

Examens des charbons provenant d'un bon et d'un mauvais cuisage.

Les observations et les expériences dont je viens de parler sont assez décisives pour qu'on puisse en déduire, en réponse à la question préalable posée, la conclusion que les seules conditions d'un bon cuisage, c'est-à-dire d'un cuisage propre à produire des charbons convenables pour la métallurgie, sont la lenteur, la basse température et la régularité de l'opération. L'examen et la comparaison des charbons obtenus par une carbonisation rapide et par une carbonisation lente, confirment d'ailleurs cette conclusion de la manière la plus décisive. En effet, les charbons provenant d'une carbonisation rapide présentent les apparences suivantes, et d'autant plus prononcées que la carbonisation a duré moins longtemps. Tous les rondins de charbon qui dépassent une grosseur de deux à trois centimètres de diamètre, sont ouverts par les bouts suivant des plans longitudinaux qui suivent les fibres et contiennent presque toujours l'axe du morceau. Ces fentes s'étendent sur une longueur qui croît avec la grosseur du bois et atteint jusqu'à 20 centimètres et partagent le charbon en deux, trois ou quatre faisceaux de fibres qui se recourbent du dedans en dehors d'une manière analogue aux pétales d'une fleur de lys épanouie. Des fissures suivant des plans perpendiculaires à l'axe, c'est-à-dire, aux plans longitudinaux dont il vient d'être parlé, très-rapprochées, plus ou moins apparentes, existent dans tous ces faisceaux de fibres et dans le corps du rondin lui-même, de manière qu'au choc le plus léger, un morceau de charbon paraissant souvent parfaitement exempt de solution de continuité, se divise comme par une espèce de clivage suivant ces plans en un grand nombre de petits fragments de formes pseudo-cubiques. Il arrive fréquemment que ces fragments déjà réduits à un faible volume, peuvent se diviser encore suivant des plans semblables et inaperçus. Il n'est pas rare de voir des faisceaux pareils à ceux des bouts se détacher du milieu du morceau. La chaleur produit sur ces charbons un effet plus prompt et plus complet qu'un choc et fait ouvrir immédiatement les fissures suivant les plans de ce faux clivage. Cet épanouissement est accompagné d'un décrépitement qui les projette tout autour d'eux en petits fragments, lorsque la cuisson n'a pas été poussée à son terme. Ce décrépitement, qui est un vice très-grave pour tous les usages, est dû à des hydrocarbures volatils très-carburés restés probablement tout formés dans l'intérieur des tissus qu'ils brisent par une espèce de petite explosion, à la première influence de la chaleur, en brûlant comme un jet, avec une flamme fuligineuse sur les bords, et très-blanche au centre. Le charbon lui-même est poreux, léger et a une densité moindre que le charbon cuit lentement. Cet état n'est point dû à un effet de retrait, mais au départ des hydrocarbures volatils dont il vient d'être question et qui se forment à une haute température. Enfin, à raison de sa porosité, qui le rend plus perméable aux gaz, il brûle facilement à l'air et avec une extrême rapidité et n'offre aucune résistance au vent et au feu.

Le charbon cuit lentement ne présente au contraire que peu ou point de fissures. Elles ne sont jamais ouvertes et épanouies comme dans le charbon tendre ; elles sont rarement transversales, mais seulement longitudinales, sans disposition au contournement observé sur les charbons tendres, toujours d'une faible longueur et d'une apparence semblable à celles que l'on remarque sur le chêne équarri exposé à l'air. La chaleur ne les fait point ouvrir, ni ne fait décrépiter le charbon, bien que cependant on observe quand il brûle un petit pétillement sans inconvénient et dû aussi à des gaz interposés. Il est très-dur à casser et d'autant plus qu'il a été cuit plus lentement. La cassure est aussi souvent anfractueuse que conchoïdale ou plane. Enfin il est très-résistant au feu et au coup du vent ; après calcination, il est aussi réfractaire que le coke.

Ces différences entre ces deux espèces de charbon motivent suffisamment la préférence que la métallurgie accorde au charbon dur. Au surplus, les faits fournissent de ces différences l'explication la plus rationnelle que l'on puisse désirer. Dans le cas de carbonisation rapide, le bois se trouve, à sa surface ou sur une zone de faible épaisseur à partir de la surface, porté à une température très-élevée avant que l'intérieur y puisse participer, en raison de la faible conductibilité de la substance. Il en résulte des retraits qui, ne se propageant pas uniformément dans toute la masse de chaque morceau, déterminent les fissures, leur prolongement et les contournements que l'on y remarque. Enfin, il se forme dans le tissu même du charbon à ces températures appliquées sans transition suffisamment ménagée, des hydrocarbures volatils très-chargés en carbone dont le départ trop rapide brise les fibres, laisse des vides, et par suite un charbon poreux, léger, tendre et fragile.

Dans le cas de lente carbonisation, le retrait, sous l'influence d'une température graduelle et doucement amenée, et par conséquent sensiblement uniforme de l'extérieur à l'intérieur de chaque morceau, se propage d'une manière simultanée dans toute sa masse, d'où il résulte que le morceau se réduit également et à la fois dans toutes ses parties et suivant toutes ses dimensions, sans rupture de fibres et sans solution de continuité. De plus, l'hydrogène qui s'y trouve s'échappe moins brusquement, mais lentement et à travers les pores, soit à l'état libre, soit engagé dans les combinaisons moins carburées qui se forment à ces températures plus modérées et laisse un charbon plus dense, plus lourd, plus dur et moins fragile.

Il n'est pas hors du sujet de remarquer ici en passant que ce qui précède explique pourquoi les charbons provenant de bois coupés depuis trop longtemps ont moins de qualité que ceux des bois récemment coupés. Cette raison est que la fibre des premiers, relâchée par un commencement de décomposition, résiste moins à la force expansive des gaz et que le charbon lui-même, pour ce motif, a moins de ténacité. D'où il suit que les bois à carboniser amenés à l'usine devront être disposés le plus sainement possible. J'aurai l'occasion (XXXII) de signaler divers avantages très-importants à les mettre à couvert, notamment une économie de combustible qui couvrirait promptement les frais de l'abri qu'il y aurait à construire.

XXIII.

Bois en nature impropre au service des hauts-fourneaux.

L'ensemble de ces considérations, rapproché de ce que j'ai dit relativement à la chaleur de volatilisation des substances volatiles du bois, explique aussi pourquoi le bois vert donne moins de charbon et de meilleure qualité que le bois sec, et pourquoi le bois en nature n'est pas propre au service des hauts-fourneaux. Dans le premier cas, l'eau de végétation par sa chaleur latente de vaporisation fait fonction de réfrigérant et détermine la qualité du produit, en même temps que la chaleur de la volatilisation entraîne une consommation de combustible, d'où qualité et moindre quantité. Dans le second cas, la carbonisation s'opérant avec une extrême rapidité, ne donne lieu qu'à un produit de la plus mauvaise qualité (XXII). Mais en parlant du haut-fourneau, je reviendrai sur ce dernier point dans la 2e partie (LXXXXII).

XXIV.

Conditions d'un bon cuisage en forêt réalisé par la carbonisation en vase clos.

Les expériences qui viennent d'être décrites, mettent dans une évidence hors de discussion que la lenteur de la carbonisation est la condition unique d'un bon cuisage à l'air libre. Il est facile de voir que l'eau, de même que les autres causes favorables, n'agit que comme modérateur de la température seulement, par le calorique de vaporisation qu'elle enlève au bois en voie de se carboniser, puisqu'elle ne se décompose pas à cette température.

Il n'est pas moins évident que cette condition de la lenteur de l'opération peut être réalisée sans aucune difficulté et absolument dans la mesure de la volonté de l'homme dans une fabrication pratique, courante et de tous les jours par le procédé en vase clos. Toutefois, sur un point aussi important, il était intéressant d'établir le fait autrement que par voie d'induction, toujours contestable, malgré les apparences les plus plausibles et de le fonder sur des expériences directes, répétées dans les diverses conditions qui peuvent se présenter. Ces expériences ont toutes été faites au gaz d'éclairage, avec des précautions extrêmes, dans un fourneau construit à cet effet et elles ont toutes donné les mêmes résultats, c'est-à-dire, avec des différences presqu'insensibles que l'on peut négliger. Je rapporte ci-après trois de ces expériences, dont la première a été faite en présence et sous le contrôle de M. Worms, de Rémilly, ingénieur au corps des mines, et désigné *ad hoc* par son Excellence M. le Ministre des travaux publics.

XXV.

Première expérience de carbonisation en vase clos.

Description du four. Matériaux. — Le four est construit en brique double ordinaire du pays, plus dure et plus résistante à la taille que la brique réfractaire du Montet, mais ne présentant pas à beaucoup près le fini, la précision et la régularité de formes de cette dernière. Le liant est une argile sableuse à grain fin, jaune d'ocre, très-égale et d'excellente qualité. Ces matériaux, sans être réfractaires, offriraient, s'il était nécessaire, une bonne résistance au feu.

Forme. Disposition et dimensions. — Sa forme extérieure est celle d'un cône tronqué reposant par sa grande base sur un socle carré d'un mètre soixante centimètres de côté et de quarante centimètres de hauteur. La grande base du cône est inscrite au carré du socle et a par conséquent 1^m,60 de diamètre, sa hauteur est de 1 mètre, non compris la hauteur du socle. Cette forme conique est à peine sensible à l'œil.

L'intérieur du four a la même forme que l'extérieur. L'ouverture a cinquante-trois centimètres de diamètre et la base en a cinquante-neuf. Cette base se raccorde avec une cuvette ayant la forme d'un segment de sphère et pénétrant en partie dans le massif du socle, y formant une dépression, ainsi que le ferait un segment de sphère imprimé dans de l'argile. Cette cuvette est percée à son centre par une cavité cylindrique verticale de 20 centimètres de diamètre, qui descend jusqu'à la base du socle et sert de passage au tuyau adducteur du gaz et à l'air nécessaire à la combustion. Ce tuyau passe sous le socle et part d'un compteur destiné à mesurer la consommation. Ce dernier résultat ne put être obtenu utilement, c'est-à-dire exactement, parce que malgré les précautions prises, comme on n'avait pas de moyen de régler l'introduction d'air, il en passa un excès faible à la vérité, mais dont il n'était pas possible de connaître la quantité. Il eût été utile, d'ailleurs, pour la sûreté du calcul, d'être assuré de l'exactitude du compteur.

La forme intérieure conique donnée au four a pour but un échauffement plus facile et plus économique de la cornue qui est cylindrique, et vers laquelle les parois du four qui vont en se rétrécissant, font converger les gaz brûlés qui la chauffent.

Sur la ligne de raccordement, entre la cuve du four et la cuvette, sont engagés dans le massif de maçonnerie, trois corbeaux en fer équidistants, faisant saillie de 15 centimètres dans l'intérieur du four et destinés à supporter la cornue.

Le tuyau en plomb qui amène le gaz, est solidement noyé dans la maçonnerie, jusqu'à son entrée dans la cavité cylindrique, dont il occupe le centre. Il a 34 millimètres de diamètre extérieur, il est proportionné au compteur, qui peut fournir à la consommation de cinq grands becs de gaz, soit mille litres à l'heure. Il est terminé par une couronne creuse en laiton de 15 centimètres de diamètre et percée sur tout son pourtour extérieur d'une rangée de petits orifices, servant au passage du gaz. Cette couronne est soutenue par trois branches creuses, qui se réunissent en un seul tube en laiton aussi, lequel s'assemble avec le tuyau de plomb suivant le mode adopté pour les conduites de gaz. Cette couronne est obturée entre ses branches par un morceau de tôle, qui intercepte le passage de l'air et elle est entourée extérieurement d'une armature en tôle destinée à favoriser le mélange du gaz, avec l'air nécessaire à la combustion et qui monte du fond comme il va être dit. Elle sort de cinq centimètres au-dessus du bord supérieur de la cavité, et se trouve à 12 centimètres du fond de la cornue. On allume le gaz par une ouverture de quelques centimètres carrés de section, pratiquée à la même hauteur dans le massif du fourneau et que l'on ferme hermétiquement, au moyen d'un morceau de verre luté avec de l'argile et qui permet de voir le gaz se brûler.

Le massif du four est composé de deux enveloppes concentriques, ayant chacune pour épaisseur la longueur d'une brique, soit de 23 à 24 centimètres. Ces deux enveloppes sont séparées sur toute leur étendue par un espace annulaire vide de deux centimètres et demi d'épaisseur et qui est fermé à la partie supérieure du four, par le dernier rang de briques de la chemise extérieure au moyen d'une retraite d'autant du dit rang. Néanmoins, cette retraite laisse six ouvertures, chacune de la largeur d'une brique, également espacées et protégées chacune par deux briques disposées en recouvrement.

C'est par ces ouvertures qu'entre l'air froid qui descend en s'échauffant au contact de la chemise intérieure jusqu'au bas du massif pour de là, et par huits conduits horizontaux disposés en rayon, pénétrer dans le fond de la cavité cylindrique. Puis il remonte ensuite le long du tuyau de gaz et procure la combustion complète du gaz, auquel la disposition de l'armature en tôle dont il vient d'être question, le force de se mélanger intimement. Un de ces conduits est ouvert à l'extérieur pour y introduire un thermomètre à mercure gradué à 200°, qui s'enfonce jusqu'à la cavité cylindrique et sert à indiquer la température de l'air introduit pour la combustion. Cette ouverture, que l'on ferme au moyen d'un tampon en chiffon, ne s'ouvre que pour donner passage au thermomètre. Les ouvertures d'introduction de l'air qui dépassent de beaucoup les besoins du tirage, peuvent être obturées à volonté pour le régler.

A la partie supérieure du four, à la hauteur et dans l'épaisseur de l'avant dernier rang de briques, est pratiquée une ouverture de grandeur suffisante pour laisser passer le col de la cornue. Les bords de cette ouverture sont lutés avec soin après l'introduction du col de la cornue. Enfin, l'orifice du four est recouvert par un chapeau conique, aplati en tôle et mobile, terminé à sa partie supérieure et suivant son axe, par un tuyau d'un décimètre de hauteur sur un décimètre de diamètre, pour donner issue aux gaz produits par la combustion. Ce chapeau se lute par ses bords avec de l'argile sur le four. Il est en outre percé d'une ouverture pour laisser passer un étui qui contient le thermomètre à hautes températures, destiné à donner la température de l'intérieur de la cornue. Les trois figures ci-dessous reproduisent toutes ces dispositions.

Coupe horizontale suivant AA.

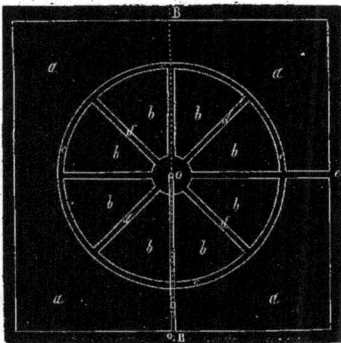

aaa Chemise extérieure.

bbb etc. Massifs de maçonnerie supportant la chemise intérieure.

cccc Espace annulaire vide laissant passer entre les deux chemises l'air destiné à la combustion du gaz.

dddd Conduits amenant sous la dépense du gaz l'air servant à le brûler.

ed Conduit destiné à l'introduction d'un thermomètre.

oo Tuyau de plomb amenant le gaz de combustion.

Coupe verticale suivant BB.

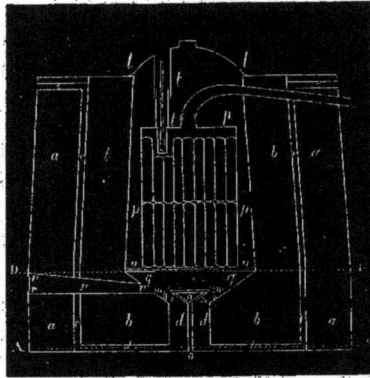

aaaa Chemise extérieure.

bbbb Chemise intérieure.

cccc Espace annulaire vide séparant les deux chemises et donnant passage à l'air qui doit brûler le gaz.

dddd Conduits amenant l'air sous la dépense de gaz.

nn Dépense du gaz.

mm Armature de tôle favorisant le mélange de l'air et du gaz.

rr Regard destiné à allumer le gaz et fermé par une plaque de verre *rr*.

ppp Cornue contenant le bois à carboniser munie d'un tuyau conduisant au serpentin les gaz de la distillation du bois.

qq Corbeaux supportant la cornue.

uu Plaque de fer empêchant la déformation de la cornue.

tt Thermomètre.

oo Tuyau en plomb amenant le gaz à brûler.

ll Couvercle du four.

Coupe horizontale suivant DD.

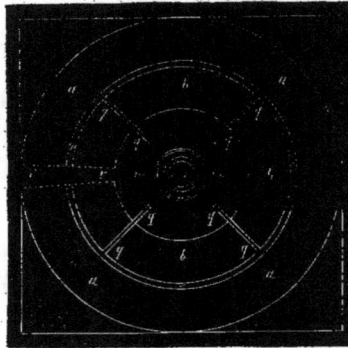

aaaa Chemise extérieure.

bbb Chemise intérieure.

ccc Espace annulaire vide séparant les deux chemises et donnant passage à l'air qui doit brûler le gaz.

n Dépense du gaz.

mm Armature de tôle favorisant le mélange de l'air et du gaz.

qq Corbeaux supportant la cornue.

rr Regard servant à allumer le gaz.

Cornue et accessoires. — La cornue est de forme cylindrique. Ses dimensions intérieures sont $0^m,48$ de diamètre et $0^m,70$ de hauteur. Sa capacité est donc $0^{mc},126$. Elle est en feuilles de cuivre d'un millimètre d'épaisseur. La conductibilité du cuivre à déterminé le choix de ce métal. Le couvercle également en cuivre se lute avec de l'argile sur la cornue. Il est percé : 1° par un étui dans lequel se place le thermomètre à hautes températures ; 2° par une valve rectangulaire de $0^m,08 \times 0^m,12$ de surface, qui se lute aussi avec de l'argile et qui soutient les échantillons d'essai ; 3° à son centre par le col qui conduit les vapeurs au serpentin. Ce col a cinq centimètres de diamètre et sa forme est légèrement conique pour s'adapter au serpentin.

Le serpentin pour la condensation, est un serpentin ordinaire de distillation de marc de raisin, et ne présente aucune particularité spéciale.

Tout le système de ces appareils ainsi disposé, après avoir fonctionné plusieurs fois d'une manière irréprochable, a été mis en expérimentation.

Données de l'expérience. — Le bois à carboniser se composait de rondins de chêne et de charme d'un diamètre moyen de $0^m,05$. Il avait deux ans de coupe et était abrité depuis trois mois sous un hangar. Il fut scié en longueurs de 30 à 32 centimètres et empilé verticalement dans la cornue sur deux hauteurs. La cornue pleine de bois avec son couvercle pesa $61^k,90$, vide elle pesait $9^k,20$, d'où poids net du bois, $52^k,70$.

Elle fut introduite le premier août 1865 dans le fourneau qui était lui-même abrité, et le gaz fut allumé à 5 heures 30 minutes du soir du même jour.

Je donne dans le tableau ci-après les indications thermométriques de l'expérience, recueillies d'heure en heure, la première observation ayant été faite une heure et demie après la mise en feu, c'est-à-dire, à sept heures du soir et à la suite, les observations particulières par numéros d'ordre, correspondant aux heures auxquelles elles ont été faites, sur les diverses circonstances qu'a présentées l'expérience.

Dans ce tableau, les indications disposées sur cinq colonnes donnent, savoir : dans la 1re colonne, les dates et heures des observations ; dans la 2e colonne, la température de l'air extérieur, à l'ombre, à couvert et à l'abri du vent ; dans la 3e colonne, la température de l'air qui circule entre les deux chemises, au moment où il arrive sous la dépense de gaz, pour en brûler le gaz ; dans la quatrième, la température de l'intérieur de la cornue fournie par un thermomètre à hautes températures, isolé par un étui en cuivre et qui pénètre dans la cornue au moyen de cet étui ; dans la cinquième, les numéros d'ordre des observations particulières, correspondant aux températures et aux heures auxquelles ces observations ont été faites.

Enfin, dans deux colonnes supplémentaires, je donne les températures du four aux différents instants où je les ai recueillies.

Dates et heures	Tempér. de l'air extér.	Temp. de l'air d'alimentation.	Temp. de l'intérieur de la cornue.	Numéros d'ordre des observ. particul.	Températures de l'intérieur du four.	
					Dates et heures.	Température.
1er août.						
5h 30 s.	21°	21	21	»	»	»
7	18,5	21	68	»	»	»
8	17	21	95	1	»	»
9	15	21	85	»	»	»
10	12	22	108	»	»	»
11	11	23	118	2	»	»
12	11	24	118	»	»	»
2 août					2 août	
1	11	25	125	»	matin	»
2	10	25	135	3	»	»
3	10	25¾	140	»	3	168°
4	10	27	140	»	»	»
5	9	28	148	4	»	»
6	12	30	156	»	»	»
7	15	31	160	»	»	»
8	16	33	168	»	»	»
9	17,5	35	168	»	»	»
10	18	35,5	170	»	»	»
11	18	36	177	»	»	»
12	20	40	180	»	»	»
1	20,5	40	182	»	soir	»
2	21	40	185	5	»	»
3	20¼	42	185	»	»	»
4	22	43	190	»	»	»
5	22	44	196	»	»	»
6	18¼	46	198	»	6h,30	215
7	18	47	220	6	»	»
8	17¼	48	203	7	»	»
9	16½	49	203	»	»	»
10	15¾	49	205	»	»	»
11	15½	50	203	»	»	»
12	»	»	»	»	12	215
3 août					3 août	
1	14¾	52	218	»	matin	»
2	14¾	53	220	»	»	»
3	14¾	53	223	»	»	»
4	14¾	54	231	8	»	»
5	14¼	55	236	»	»	»
6	14½	55	»	9	6	235
7	15	56	233	»	»	»
8	16	56	240	»	»	»
9	16½	56	238	»	»	»
10	17¾	58	232	»	»	»
11	19¼	59	»	»	11	232
12	19	60	241	»	»	»
1	»	»	»	10	soir	»
2	16½	60	240	»	»	»
3	17¾	61	242	11	3,30	240
4	16½	62	246	»	»	»
5	17½	62	248	»	»	»
6	17	62	253	12	6,30	246
7	15	63	265	»	»	»
8	16	62	260	13	»	»
9	15	64	300	»	»	»

Dates et heures.	Temp. de l'air extér.	Temp. de l'air d'alimentation.	Temp. de l'intérieur de la cornue.	Numéros d'ordre des observ. particul.	Températures de l'intérieur du four.	
					Dates et heures.	Température.
10	14½	65	323	14	»	»
11	14	68	292	»	11	248°
12	14	67	275	»	»	»
4 août					4 août	»
1	13½	68	265	»	matin	»
2	12¼	69	272	»	»	»
3	12¼	69	280	»	»	»
4	12	69	280	»	»	»
5	12	69	286	»	»	»
6	12	70	280	»	»	»
7	13	71	278	»	»	»
8	14⅓	71	290	»	8h,30	288
9	15⅔	72	300	»	»	»
10	15⅔	73	305	»	»	»
11	17	73	312	»	»	»
12	17½	74	315	»	»	»
1	18	75	318	»	soir	»
2	19	76	320	»	»	»
3	20	78	325	»	»	»
4	»	»	»	»	4	307
5	19	80	325	»	»	»
6	18	80	326	»	»	»
7	14¼	82	332	15	»	»
8	15½	82	352	»	»	»
9	15	84	364	»	»	»
10	14¼	84	361	»	»	»
11	12½	85	361	»	»	»
12	12	85	368	16	»	»
5 août					5 août	»
1	12	88	363	»	matin	»
2	11	88	356	»	1½	323
3	11¼	88	351	»	»	»
4	10½	89	348	»	»	»
5	11	89	340	»	»	»
6	11¾	89	336	»	»	»
7	12½	91	330	17	»	310
8	15	92	340	»	»	»
9	16	92	366	»	»	»
10	17	93	380	»	»	»
11	17½	95	388	»	»	»
12	18	96	396	»	soir	»
1	20	97	400	»	1½	340
2	20	98	356	»	»	»
3	20½	99	334	»	»	»
4	20¾	100	318	»	»	»
5	20½	100	312	»	»	»
6	18¾	100	308	»	6½	286
7	17	100	312	»	»	»
8	15½	100	340	»	»	»
9	13½	100	363	»	»	»
10	11½	100	367	»	»	»
11	10	100	375	»	»	»
11½	10	100	380	»	»	»

OBSERVATIONS PARTICULIÈRES.

N° 1. Arrivée de la pression du gaz.

N° 2. Le liquide distille en gouttes rapides, sa couleur est blond très-clair ; il a l'odeur éthérée du méthylène.

N° 3. Mêmes apparences. Réaction acide légère.

N° 4. Mêmes apparences. Réaction très-acide des liquides rougissant fortement le papier de tournesol.

N° 5. Mêmes apparences. Aucune trace de gaz inflammables. Un corps enflammé plongé dans le courant gazeux refroidi s'éteint immédiatement.

Forte réaction des gaz par l'eau de chaux.

N° 6. Arrivée de la pression de nuit. Elévation correspondante de la température. Les liquides passent du blond clair au roux et présentent quelques gouttelettes de goudron. Point de traces de gaz combustibles ; même réaction à l'eau de chaux.

N° 7. Mêmes caractères. Légères apparences d'oxyde de carbone. Un corps enflammé plongé dans le courant gazeux en détermine la combustion ; mais le gaz s'éteint aussitôt qu'on retire le corps enflammé du courant.

N° 8. Mêmes caractères des liquides et des gaz. Mais les liquides coulent avec un peu plus d'accélération depuis deux heures et sont devenus très-roux depuis le même temps.

N° 9. Accélération d'écoulement des liquides et des gaz. Les liquides ont pris la teinte de café brûlé. Un corps enflammé plongé dans le coura[nt] ga- pour zeux, s'y éteint en l'enflammant et le gaz brûle pendant quelques in, avec la flamme bleue pure d'oxyde de carbone.

N° 10. On n'a pas pris les indications thermométriques de l'heure l'après-midi du 3, pour ouvrir le four et visiter extérieurement la cornue qui n'a présenté rien de particulier.

N° 11. Mêmes caractères des gaz et des liquides, mais beaucoup de ralentissement dans leur écoulement. Les liquides sont toujours couleur café brûlé, mais non troubles, sans dépôt de goudron et sans séparation d'huiles. Cet effet est dû à la grande solubilité des goudrons et des huiles dans le méthylène, dont la présence dans les liquides se manifeste par une forte odeur. La température de l'intérieur de la cornue est devenue supérieure à celle du four.

N° 12. Mêmes caractères. Accroissement des gaz. Ils brûlent avec la flamme bleue d'oxyde de carbone à l'approche d'un corps enflammé, mais s'éteignent immédiatement. Ils éteignent un corps en ignition qu'on y plonge.

N° 13. Mêmes caractères. Les liquides coulent plus vite.

N° 14. Augmentation subite de pression dans le gaz de combustion causée par les besoins d'une représentation théatrale. Immédiatement la cornue en subit le contre-coup. Il se manifeste dans son intérieur la plus vive effervescence. Il en résulte un abondant écoulement de liquides et de gaz qui s'échappent comme une fusée par l'extrémité du serpentin. Les liquides conservent leur couleur de café brûlé, mais laissent se séparer du goudron et des gouttelettes d'huile. L'oxyde de carbone domine dans le gaz et il s'y trouve une petite quantité d'hydrogène carboné. La température de l'intérieur de la cornue, par l'effet de l'afflux de chaleur, s'élève et dépasse celle du four de 52 degrés.

N° 15. Le courant gazeux reste enflammé d'une manière permanente lorsqu'on y met le feu. La flamme a 15 centimètres de hauteur. Elle est moitié bleue et moitié blanche. La partie blanche est supérieure.

4.

Nº 16. Décroissance graduelle depuis la dernière observation, de l'écoulement des liquides qui ne sont plus que du goudron. Ils ne coulent plus qu'avec une vitesse de 27 à 28 gouttes par minute. La flamme conserve sa permanence et les mêmes apparences, mais n'a plus que 8 centimètres de longueur. La pression du gaz à brûler a diminué et ne donne plus assez de gaz pour pouvoir expulser les dernières traces de goudron du charbon et achever la carbonisation.

Nº 17. La décroissance de gaz et de liquides continue. Au constat de la dernière température du four, à 6 heures et demie du soir, il n'y avait plus de réaction apparente dans la cornue, qui ne rendait plus de liquide et ne donnait plus en gaz que de quoi alimenter une flamme vacillante de 2 à 3 centimètres de longueur et s'éteignant au moindre souffle. Le faible reste de gaz qui s'écoulait ne paraissait point contenir d'acide carbonique. Cependant, comme l'excès de température de l'intérieur de la cornue sur celle du four se maintenait, il était évident que la carbonisation n'était point terminée. Mais on ne pouvait espérer la mener à fin, puisqu'on n'avait pas assez de gaz de combustion pour élever la température du four. La pression dé rivée vers ce moment, n'apporta qu'un changement insuffisant à la ʟon. Il n'y avait point d'intérêt à poursuivre ; on arrêta l'opération à ʟeures 30 minutes du soir.

Il est à noter comme fait intéressant pour les dispositions d'une usine, que le four situé sous un hangar ouvert de deux côtés, resta froid extérieurement il est vrai, durant toute l'opération, grâce à sa double enveloppe, mais que cependant la face du four tournée vers la partie fermée du hangar, présentait une température notablement supérieure à celle de la face tournée du côté de la partie ouverte. Il y avait donc, par le fait de cette circonstance, une déperdition de chaleur qu'une clôture eût interceptée.

Le lendemain, ouverture de la cornue. Sans son couvercle, elle a pesé avec le charbon 26ᵏ,40
Vide elle pesait. . . . . 9 ,20
D'où poids net du charbon 17ᵏ,20
Soit 32,63 pour cent du poids du bois.

Ce résultat suffirait à lui seul pour faire reconnaître que la carbonisation n'était point encore terminée et qu'il restait encore une quantité notable de parties volatiles dans le charbon. Il était dur, très-résistant à la casse, bien qu'il fût encore très-chaud à l'ouverture de la cornue. La cassure était conchoïdale et lustrée comme dans les charbons de première qualité. Tous les morceaux de bois s'étaient carbonisés sans se briser. La cuisson avait fait ouvrir dans quelques-uns les fentes que le bois présentait à son introduction dans la cornue. L'écorce de beaucoup de morceaux de charme quoique solide, résistante et crépitante à la casse, s'était séparée du bois, était voilée, contournée et n'était adhérente que partiellement au charbon. Dans ces morceaux, la partie du charbon immédiatement en contact avec l'écorce se composait sur une épaisseur d'un millimètre d'un charbon spongieux, sans consistance, s'entamant facilement à l'ongle, d'une couleur brun noir sale, comme si cette portion eût éprouvé un commencement de combustion. Cet effet s'était effectivement produit et était dû à l'afflux subit de gaz de combustion signalé à la note 14, qui avait déterminé dans la cornue entre les substances du bois une conflagration et par suite une élévation de température, des effets trop prompts de laquelle on avait eu grande peine à se défendre.

Le liquide brut a pesé . . . . 26^k,98 soit 51,19 pour cent du poids du bois.

Goudron.

De ce liquide on a extrait par une décantation faite avec soin, en goudron 1^k,053. Soit 3,9 pour cent du poids des liquides et 2 pour cent du poids du bois.

Méthylène.

On a en outre extrait par distillation au bain-marie, 2^k,052 de méthylène brut, très-acide, qui, traité par la chaux, a donné en méthylène rectifié 1^k,002. Soit 3,71 pour cent du poids des liquides et 1,91 pour cent du poids du bois.

Acide acétique.

L'acétimètre de Salleron a donné une richesse des liquides en acide acétique monohydraté de 14 pour cent, soit en poids une quantité totale d'acide acétique monohydraté de 3^k,7772 faisant 7,167 du poids du bois.

En sorte que les liquides sont composés comme suit:

Goudron.	1^k,053
Méthylène	1 ,002
Acide acétique monohydraté.	3 ,7772
Eau par différence.	21 ,1478
Total	26^k,98

Gaz.

Le bois a pesé.		52^k,70
Sur quoi à déduire :		
Poids des liquides.	26^k,98	
Poids du charbon.	17 ,20	44^k,18
Poids du gaz par différence.		8^k,52

Soit 16,16 p. 0/0 du poids du bois.

La composition du bois soumis à l'expérience serait donc :

Charbon	17^k,20
Acide acétique monohydraté	3 ,7772
Méthylène	1 ,002
Goudron	1 ,053
Eau	21 ,1478
Gaz	8 ,52
Total égal au poids du bois	52^k,7000

Ou pour cent de bois :

Charbon 32ᵏ,63
Acide acétique monohydraté . . . . 7 ,169
Méthylène . . . . 1 ,90
Goudron 2
Eau . . . . 40 ,128
Gaz . . . . 16 ,167

Total . . . . 99 ,994

Première calcination du bois de l'expérience de carbonisation en vase
clos des 1, 2, 3, 4, 5 Août 1865.

On a pris un rondin de chêne et un de charme de cinq centimètres de diamètre et d'autant de longueur ; on les a fendus en petits parallélipipèdes d'une section de cinq millimètres de côté sur deux millimètres et demi, puis on en a disposé 102ᵍʳ,46 de chêne dans un creuset et 105ᵍʳ,26 de charme dans un autre. Après quoi les deux creusets bien lutés, bien fermés, ayant un orifice de sortie des gaz, disposés sur un support en brique réfractaire, ont été introduits dans un petit fourneau parallélipipédique à courant d'air libre et construit à cet effet. Le feu a été allumé au charbon de bois à 1ʰ,50 du soir et vigoureusement poussé à l'aide d'un fort tirage. A 2ʰ,30 on a chargé avec des escarbilles. Le feu a été arrêté à 4ʰ,15 après avoir été poussé au rouge-cerise. Un accident n'a pas permis de constater le résultat du creuset contenant le chêne, mais le creuset contenant le charme après refroidissement a présenté les faits suivants :

Le charbon était très-dur, très-sonore. Les morceaux étaient entiers, mais tous plus ou moins contournés et leurs fentes s'étaient largement ouvertes.

Le poids s'est trouvé être de 16ᵍʳ,80 soit 15,96 p. 0/0 en charbon du poids du bois.

Deuxième calcination.

On a disposé dans deux creusets des morceaux du même bois que dans l'opération précédente, mais coupés en morceaux un peu plus gros, savoir :

Chêne 115ᵍʳ,2
Charme . . . . 130 ,6

Les creusets chauffés à la même température et aussi rapidement que dans l'opération précédente ont donné en charbon, savoir :

Le chêne, 20ᵍʳ,03, soit 17,38 p. 0/0 du bois calciné.
Le charme 18ᵍʳ,11, soit 13,86 p. 0/0 du bois calciné.
Soit pour les deux creusets une moyenne de 15,51 p. 0/0.

Calcination comparative du charbon de forge et du charbon obtenu
par distillation en cette expérience.

On a disposé dans un creuset du charbon de choix de forges, savoir :

Du charbon de charme 22ᵍʳ,62
Du charbon de chêne . . . . 43 ,52

Total 66ᵍʳ,14

Puis dans un autre creuset du charbon provenant de la distillation de la présente expérience, savoir :

Charbon de charme. . . . . 18^{gr},2
Charbon de chêne . . . . 38 ,4
Total. . . . . $\overline{56^{gr},6}$

Les deux creusets bouchés lutés et pourvus d'un orifice pour la sortie des gaz, ont été soumis ensemble dans le même fourneau à la chaleur blanche. Après quoi ils ont présenté les résultats suivants :

Le charbon de forge a pesé, savoir :
Le charme. 18^{gr},47 soit 81,67 p. 0/0 }soit en moyenne 84,74
Le chêne. 37 ,58 soit 86,35 p. 0/0 }p. 0/0
Total . . . . $\overline{56^{gr},05}$

Le charbon de distillation a pesé, savoir :
Le charme 12^{gr},87 soit 70,71 pour cent } soit en moyenne 68,47
Le chêne 25 ,89 soit 67,42 pour cent } pour cent.
Total. . . $\overline{38^{gr},76}$

Les 56^{gr},6 de charbon de distillation se sont réduits à 38^{gr},76 , il s'ensuit qu'un poids de ce charbon de 66^{gr},14 égal à celui de charbon de forge se serait réduit à 45^{gr},257. La différence de perte entre les deux charbons serait donc en ce cas 56^{gr},05 — 45,25 = 10,80. C'est-à-dire que la cuisson complète du charbon de distillation pour l'amener à l'état du charbon de forge eût dû lui enlever 10^{gr},80 par 66^{gr},14 soit 16,32 pour cent. Si l'on applique cette réduction de 16,32 pour cent au résultat de la présente expérience, les 17^{k},20 se réduisent à 14^{k},40, ce qui fait un rendement en charbon de 27,32 pour cent et les 2^{k},80 que le charbon perdrait pour sa cuisson complète, se répartiraient entre les liquides et les gaz, de manière à les rapprocher des chiffres posés (VII).

Examen de quelques circonstances remarquables de cette expérience dans l'ordre où elles ont été notées.

N° 2. La coloration des liquides et la mise en liberté du méthylène à 118 degrés indiquent qu'à cette température la décomposition du bois est déjà commencée. Par conséquent, en soumettant le bois à une dessiccation préalable de 150 degrés pour en faire l'analyse, on ne peut point avoir la composition exacte du bois. On verra dans l'expérience suivante que cette décomposition commence vers 100 degrés. La volatilité du méthylène, qui bout à 66 degrés, pouvait faire prévoir le fait *à priori*.

N° 3. La réaction acide constatée à 135 degrés par la présente observation, fortifie la conclusion précédente. On verra dans l'expérience suivante que cette réaction coïncide avec l'arrivée du méthylène dans les liquides, c'est-à-dire vers 100 degrés également, bien que l'acide acétique ne bouille qu'à 120 degrés. D'où la conséquence qu'il fait sans doute partie, avec le méthylène, d'une combinaison peu stable et qu'il est entraîné par les premières vapeurs d'eau et de méthylène.

N° 4. La réaction très-acide accusée à cette température confirme de nouveau la conclusion de l'observation n° 2.

N° 5. L'acide carbonique est évidemment produit par une décomposition et n'est point généré de toutes pièces. L'absence de gaz combustibles n'est qu'une apparence et tient à ce que leur faible quantité, jointe au mélange d'acide carbonique et de vapeur d'eau, les empêche de manifester leur présence, car dans l'expérience suivante on les verra accompagner constamment l'acide carbonique comme s'ils étaient dûs à la même réaction n°s 6, 7, 8, 9, 10, 11, 12, 13. Ces huit observations mettent bien en évidence la marche de la carbonisation, qui n'est troublée que par l'irrégularité de l'arrivée du gaz de combustion et elles jettent quelque jour sur la nature des réactions qui s'accomplissent et dont la carbonisation est le résultat. Car on voit la température de la cornue, inférieure d'abord à celle du four, s'en rapprocher par une accélération plus rapide, l'atteindre et enfin la dépasser. Je remets à parler de ce fait important à l'observation suivante.

N° 14. Le fait capital de cette observation, et qui jusqu'à ce jour n'avait point encore été signalé, c'est l'excès énorme de 52 degrés de température du bois soumis à la carbonisation sur la source de chaleur, au moyen de laquelle elle s'opère, excès de température mis en évidence par celui de la cornue sur celle du four. Ce fait que la carbonisation en vase clos permet d'isoler et d'étudier dans ses effets bien distincts, a une importance telle que l'on peut dire qu'il comprend toute la carbonisation ; car c'est de la manière dont il est maîtrisé que dépend le succès où l'insuccès de l'opération. J'entrerai donc à cet égard dans quelques développements qui me paraissent d'ailleurs fixer les vrais principes de la carbonisation.

On sait que les produits de la distillation du bois, ou carbonisation, sont constamment les mêmes, de quelque manière que l'opération s'accomplisse et ne varient que dans leurs proportions suivant la température à laquelle elle a lieu, en telle sorte qu'une plus grande quantité de produits solides et liquides correspond à de basses températures, tandis qu'aux plus élevées ce sont les produits gazeux qui dominent aux dépens des autres. Cet énoncé, loin de fournir des éclaircissements sur les lois qui, au point de vue des mouvements calorifiques, régissent le mode de décomposition du bois, tend au contraire à pousser en de fausses inductions sur cette question. Il semblerait en résulter que l'opérateur pût faire varier au gré de sa volonté les effets des forces mises en action par la température. Rien ne serait plus faux qu'une pareille conclusion ; les règles d'une saine philosophie, non moins que tous les principes connus se dresseraient devant elle pour la contredire. On ne pourrait même pas soutenir avec raison que les phénomènes de la décomposition des substances qui constituent le bois, oscillent réellement dans des limites plus ou moins amples, plus ou moins déterminées. S'ils subissent dans une certaine mesure, ainsi qu'on va le voir, l'influence de quelques circonstances accessoires qui tendent à masquer le fait vrai, on n'en doit pas moins admettre qu'ils sont soumis à un équilibre mathématique et rigoureux de forces qui ne comporte aucun écart pour le fait isolément considéré, en telle sorte que chaque décomposition possède son point fixe et invariable de température et toute opinion contraire ne saurait être fondée que sur de fausses apparences et sur des faits mal observés qui, vus de plus près, confirment les principes loin de les affaiblir. L'examen des phases de la carbonisation conduit sans ambiguïté à ces déductions. Voici ce qu'on observe dans toutes les expériences, sans exception, de carbonisation en vase clos.

Si l'on fait une opération d'une manière graduée et sans soubresauts, avec une température croissant avec continuité et sans intermittence, depuis le point où commence la décomposition jusqu'au moment où elle s'achève, c'est-à-dire, jusqu'au moment où il ne reste plus que du charbon dans la cornue, la distillation aura elle-même suivi une marche continue et les produits correspondront dans de certaines proportions d'une manière invariable, à chaque degré de température supposé avoir été maintenu assez longtemps pour que toutes les réactions que détermine cette température puissent avoir eu lieu. Après chaque effet accompli, la distillation discontinue pendant tout le temps que la température qui a fait obtenir cet effet est maintenue et elle ne reprend son cours qu'avec un accroissement de température pour reproduire exactement le même fait d'arrêt après l'épuisement de la puissance distillatrice, afférente à ce nouveau degré de température et ainsi de suite, jusqu'à la fin de la carbonisation.

L'expérience, répétée dans les mêmes conditions, autant de fois qu'on voudra, ramènera absolument les mêmes circonstances, les mêmes détails et les mêmes produits en mêmes quantités et proportions. Ces résultats sont très-voisins de ceux consignés (VII) qui ne sont, il faut le rappeler, que des moyennes.

On comprend donc que de même, qu'entre les deux limites extrêmes de température qui comprennent toute l'opération ; il y a une infinité de températures, pareillement il y a une infinité de degrés d'avancement de la distillation correspondant, terme pour terme, à ceux de la température.

On peut rendre ce raisonnement sensible par une figure.

Soit un trapèze ABCD supposé généré par le mouvement de la droite AB parallèlement à elle-même sur les deux droites AD et BC supposées dans le même plan.

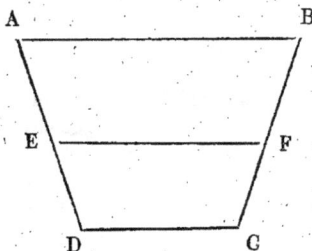

Ce trapèze pourra représenter la somme de toutes les températures appliquées à la carbonisation du bois, [le plus petit côté DC des côtés parallèles, la température du point de départ et le plus grand, celle de la fin de l'opération.

Dans ce cas, un élément quelconque EF de la surface trapézoïdale représente une des températures par lesquelles est passée l'opération, et il se trouve un état d'avancement de la distillation correspondant exactement à ce point.

Ces données admises, il est évident que la carbonisation la plus complète, la plus parfaite et que j'appellerai normale, sans parler, quant à présent de la chaleur et par suite du combustible dépensé pour l'obtenir, serait celle qui aurait passé par toutes ces phases et pendant un temps strictement assez long, pour donner à chaque réaction correspondante à chaque point, le temps de s'accomplir. Il est évident de même que si, par une cause quelconque, au lieu de commencer l'opération à la température du zéro de l'échelle de carbonisation, zéro qui est représenté par la plus petite des bases DC du trapèze, on la commençait à une température quelconque, plus élevée, qui aurait une ligne EF pour expression, toute la quantité de la carbonisation représentée par l'espace trapézoïdal partiel EFCD devra, dans ce cas, s'effectuer à cette température EF plus élevée qu'il ne serait arrivé si l'on eût suivi la voie de la carbonisation normale, et le temps de l'opération sera abrégé, toutes autres choses étant égales d'ailleurs, de tout le temps nécessaire dans la carbonisation normale à la portion initiale de la carbonisation représentée par la surface trapézoïdale partielle EFDC. Ce cas serait le même que celui du bois que l'on jette dans un haut-fourneau et qui rencontre tout à coup une température très-élevée, avant d'avoir passé par les températures du début de l'opération. Dans ce cas, il résultera sur les produits des effets qui n'auraient pas eu lieu dans la carbonisation normale, et qui changent les proportions de ces produits et amoindrissent la qualité du produit fixe, le charbon. Ces effets sont d'autant plus accusés que l'écart de température est plus considérable. Ainsi, il arrivera que l'hydrogène qui, aux basses températures se dégage à l'état libre ou à l'état d'hydrogène peu carburé, prendra davantage de carbone aux plus hautes températures et que l'on obtiendra dans ce cas une plus forte proportion de goudron, ce qui diminuera d'abord la quantité de carbone fixe, ensuite laissera cette partie fixe plus spongieuse, c'est-à-dire moins résistante et de moindre qualité que si l'opération eût été autrement conduite ; d'où l'on voit que cette circonstance influera pour produire des charbons tendres et légers. C'est en effet ce qui a lieu. Il arrivera aussi que le départ plus rapide et en moins de temps que par la méthode normale, des matières volatiles dont la masse recevra en outre un accroissement du fait lui-même, produira dans les fibres du charbon, des ruptures qui rendront celui-ci fragile et diminueront encore ainsi sa qualité. C'est aussi ce qu'on observe. Quant aux liquides et aux gaz, on sait que l'acide acétique et le méthylène se décomposent à certaines températures et surtout sous l'influence des affinités développées par la chaleur, en eau, en oxyde de carbone et en acide carbonique, et que l'eau elle-même pourra subir sa décomposition favorisée par le milieu de carbone et donnera lieu alors à de l'oxyde de carbone et à des hydrocarbures. Tous ces effets s'accroîtront d'autant plus que la température prise comme point de départ et représentée par la ligne EF sera plus élevée. Les faits confirment de point en point ces appréciations. On voit que le même raisonnement s'appliquerait identiquement au cas où dans le cours d'une opération commencée au point zéro de la carbonisation, on supprimerait une ou plusieurs zones de températures, en passant sans transition de températures relativement basses à des températures plus élevées. C'est le cas où dans la carbonisation en vase clos, on chauffe subitement trop fort la cornue, où dans la carbonisation en forêt, on laisse pénétrer trop d'air à la fois dans le fourneau.

Ainsi, l'on pourra changer le point de départ de la carbonisation, en le portant à des températures plus élevées que par le procédé normal ; on pourra supprimer des zones intermédiaires de températures de l'opération ; ces modifications volontairement ou forcément subies, ne changeront point la limite supérieure de température de la carbonisation, et n'auront pour effet que d'abréger d'autant la durée de l'opération et de remplacer les produits qu'on obtient pendant les périodes supprimées par ceux obtenus aux températures qui succèdent à ces périodes supprimées et de modifier, ainsi qu'il a été dit, et dans une mesure correspondante, la quantité et la qualité du produit fixe, le charbon. Tous les cas possibles de carbonisation sont donc compris dans les deux classes qui viennent d'être signalées.

Étant donc admis qu'il y a pour la carbonisation une limite supérieure infranchissable et jusqu'à laquelle il faut aller pour mener cette opération à terme, reste à mettre d'accord avec le principe de l'invariabilité du point de décomposition des substances organiques du bois le fait patent, suivi dans ses phases, discuté dans ce qui précède, à savoir que la décomposition du bois commencée à de basses et poursuivies à de moyennes températures, ne se continue pas aux mêmes températures après certaines limites variables avec les quantités déjà décomposées et exige des températures de plus en plus élevées, à mesure que l'opération s'avance vers son terme.

Ebelmen frappé de ce fait, l'expliquait page 124 et 125 du vol. 2 de ses œuvres, en admettant :

« Que chacun des principes immédiats qui entrent dans la composition « du bois, éprouve, à un certain degré de température, une altération d'où « résulte un produit pyrogéné fixe, un produit pyrogéné volatil et un déga- « gement de gaz provenant de la combustion d'une partie du carbone et de « l'hydrogène par l'oxygène contenu dans le bois. Pour chaque température, « il s'établit un certain équilibre ; à une température plus élevée, l'équilibre « est détruit de nouveau, et il y a formation de nouveaux produits pyrogé- « nés, les uns fixes, les autres volatils, jusqu'à ce qu'enfin il ne reste plus « que du charbon pur, etc. »

Cette explication fort ingénieuse me paraît soulever des objections qui ne permettent pas de l'admettre. Car d'abord, on ne comprend pas la distinction établie par l'auteur entre le produit volatil pyrogéné et les gaz produits dans chaque réaction ; ensuite, puisqu'il y a entre le point où commence la carbonisation et celui où elle se termine, une infinité de températures pendant toutes lesquelles la carbonisation se continue, il faudrait, dans l'hypothèse d'Ebelmen, qu'il y eût une infinité de produits pyrogénés, ce qui est évidemment faux. Cette théorie, en se précisant, ferait naître au point de vue de la chaleur et des gaz générés, des objections non moins graves.

Il n'y a aucune raison ni aucune nécessité de supposer que les groupements des molécules des substances entrant dans la composition du bois, varient depuis le commencement jusqu'à la fin de la carbonisation. Les principes connus paraissent parfaitement suffisants pour expliquer ce qui se passe. C'est évidemment une influence de masse qui se manifeste ici et qui rend compte d'une manière satisfaisante des faits observés. Le départ des premières parties des corps volatils rendant libre la partie correspondante du corps fixe, le carbone qui était combiné, augmente d'autant la somme des puissances d'affinité de la masse de ce dernier corps pour faire obstacle dans la même mesure à la décomposition du reste du bois. Cette influence de masse dont on a tant d'exemples et dont on reconnaîtra de plus en plus la grande généralité, est ici favorisée par l'état naissant du carbone mis en liberté. Elle va croissant à mesure que la décomposition, en s'opérant rend libres de nouvelles quantités de carbone et exige par conséquent, pour terminer la carbonisation, des températures de plus en plus élevées, ce qui est entièrement d'accord avec le fait et affranchit de la nécessité d'hypothèses, qui conduisent immédiatement à des impossibilités.

Ce serait un curieux sujet d'études de rechercher la chaleur totale de décomposition, dans ses éléments premiers d'un végétal. Cette chaleur ne doit être autre que celle développée dans sa composition affectée de signe contraire et à la connaissance de laquelle on parviendrait de cette manière. Cet examen révèlerait peut-être des lois générales d'une grande importance et pourrait jeter beaucoup de jour sur la nature et l'origine des forces mises en action dans les phénomènes de la vie organique végétale.

Si l'on compare entre eux les chiffres correspondants de température de l'intérieur de la cornue et du four, on voit la température du four rester supérieure à celle de l'intérieur de la cornue jusqu'à la fin du second jour, c'est-à-dire, pendant 31 heures, ce qui est facilement concevable, puisque c'est le four qui fournit la chaleur à la cornue qui la reçoit. Cependant dans cet intervalle, l'écart s'est peu à peu réduit et 32 heures après la mise en feu, les chiffres se sont à peu près nivelés et oscillent dans des alternances de quelques degrés en plus ou en moins pour l'une ou l'autre des deux températures pendant 14 heures, au bout duquel temps, c'est-à-dire le 3 août, à 3 heures de l'après-midi, celle de l'intérieur de la cornue contracte enfin sur celle du four une prédominance bien marquée, qui se maintient jusqu'à la fin de l'opération.

Dans cette période de température supérieure de l'intérieur de la cornue sur celle du four, la température de la cornue se montre très-sensible et très-mobile avec une disposition extrême à s'élever en produisant une vive effervescence au moindre mouvement d'accroissement de celle du four. Ainsi, on la voit vers les 9 heures du soir du 3, monter subitement de 260 à 300 degrés et dépasser ce terme pendant deux heures, à la première influence ressentie d'un excès de pression donné au gaz de combustion pour le besoin d'une représentation théâtrale qui avait lieu à ce moment, malgré le soin qu'on prit immédiatement de réduire l'arrivée du gaz pour modérer la température du four et en graduer l'accroissement.

Trois conclusions importantes naissent de ces constatations.

La première, c'est que la décomposition du bois donne lieu, indépendamment de la chaleur latente et sensible absorbée par les volatilisations, à une chaleur propre de décomposition, ou plutôt qui se dégage par l'effet des combinaisons nouvelles dans lesquelles entrent les éléments mis en liberté par la décomposition.

La deuxième, est que la première de ces chaleurs, celle absorbée, ne saurait être équilibrée par la seconde, celle dégagée, car si l'on suspend le chauffage de la cornue, l'opération s'arrête et ne se continue pas par la seule chaleur produite dans l'intérieur de la cornue ; mais bien plus, elle s'arrête encore même lorsque le chauffage de la cornue continue d'avoir lieu sans accroissement, si la quantité de distillation afférente à la température produite par cette chaleur est épuisée.

La troisième enfin, c'est que c'est cette chaleur subitement développée et la facilité avec laquelle le phénomène a lieu, qui font le danger de la carbonisation, par les modifications qu'elle détermine dans les produits et la diminution de qualité et de quantité de charbon qui en est la suite.

Il n'y a pas lieu de croire que cette chaleur développée soit autre que celle qui résulte de la différence entre la chaleur absorbée par la décomposition de l'acide acétique et de la base organique ou alcaloïde avec lequel il est combiné dans le bois et dont ils constituent ensemble à peu près toute la masse avec l'eau non combinée et celle dégagée par les éléments de ces substances se regroupant entre eux en acide carbonique, en oxyde de carbone et en hydrogène carburé associés à de l'hydrogène libre ou à de l'eau. L'égalité suivante rend compte de l'un des groupements que les éléments de l'acide acétique et du méthylène peuvent subir.

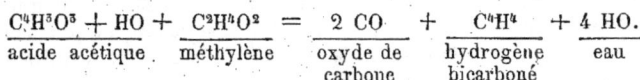

$$\underset{\text{acide acétique}}{\underline{C^4H^3O^3}} + HO + \underset{\text{méthylène}}{\underline{C^2H^4O^2}} = \underset{\text{oxyde de carbone}}{\underline{2\ CO}} + \underset{\substack{\text{hydrogène} \\ \text{bicarboné}}}{\underline{C^4H^4}} + 4\ HO.$$

Mais on voit qu'ils peuvent en former plusieurs autres.

La présence de l'azote de l'alcaloïde ne paraît apporter aucune complication dans ces combinaisons. Le peu de masse de ce gaz, la faiblesse relative de ses affinités expliquent cette circonstance.

L'analogie conduit à penser que la portion du bois qui se décompose dans les hautes températures de la distillation n'est pas autrement constituée que celle qui se décompose dans les plus basses. Seulement, une plus grande élévation de température détermine une plus grande décomposition de l'acide acétique et de l'alcaloïde auquel il est combiné et par suite une plus grande quantité des gaz qui en dérivent. Les faits sont parfaitement d'accord avec cette explication. On a vu dans ce qui précède qu'on pouvait attribuer à des influences de masse la résistance à la décomposition à mesure que la distillation avance et qui force à recourir à des températures de plus en plus élevées. On ne pourrait donc pas fonder une objection sur cette particularité. Mais ce qui tend à confirmer cette opinion d'uniformité de composition du bois, c'est que lorsqu'on soumet le bois sans transition à une haute température de distillation, on n'obtient que les produits des hautes températures de la distillation graduée. Il résulte de là que les quantités d'acide acétique et de méthylène combinés dans le bois sont beaucoup plus considérables que les quantités maximum que l'on peut obtenir par la carbonisation normale, parce que l'élévation de température à laquelle les dernières parties de la carbonisation s'opèrent oppose un insurmontable obstacle à leur mise en liberté avant leur décomposition. Un moyen analytique approprié, pourra vider quelque jour ce point d'une manière définitive ; mais en attendant, il convient de rappeler que le *consensus omnium* réserve toujours de substituer le fait vrai, quand on le connaîtra, aux points hypothétiques d'une solution, qui ne sont jamais acceptés que provisoirement, et comme certaines vérités relatives, pour remplir une lacune, compléter un ensemble et fournir une base à des recherches nouvelles.

Pour terminer ce que j'ai à dire sur les conflagrations qui se produisent dans la carbonisation entre les éléments qui entrent dans la composition du combustible soumis à l'opération, car le phénomène est commun et pour les mêmes causes à tous les combustibles qui peuvent être carbonisés, il me reste à parler de l'effet d'une réaction qui se passe dans la cornue et qui est la conséquence immédiate de l'excès de température déterminé par cette conflagration. Cet effet, dont l'intensité est en raison directe de celle de cette combustion intérieure, ou ce qui est la même chose, en raison directe de la rapidité de l'opération, consiste dans le dépôt en feuillets, sur les parois de la cornue d'un carbone graphiteux très-dur, d'une couleur gris d'acier, d'une structure grenue, serrée et brillante. Ce dépôt, dont la disposition feuilletée indique des intermittences marquées par le nombre d'opérations qui y ont donné lieu, est évidemment le résultat de la décomposition d'hydrocarbures très-carburés, mais n'a été l'objet jusqu'à ce jour que de fausses explications basées sur un fait mal apprécié lui-même et faussement invoqué, car il ne se produit pas dans le cas de la distillation du bois ou de la houille. Ce fait est le suivant : Si l'on fait passer dans un tube de porcelaine chauffé au rouge un courant d'hydrogène bicarboné, ce gaz se décompose et laisse déposer du carbone sur les parois du tube. On en conclut que le dépôt de graphite sur les parois des cornues est dû à la même cause, c'est-à-dire, que les hydrocarbures gazeux formés dans l'intérieur de la cornue, rencontrant la surface de la cornue plus échauffée par la chaleur extérieure, s'y décomposent et y laissent déposer le carbone graphiteux qu'on y remarque.

Deux objections capitales se présentent contre cette explication et ne permettent pas de l'admettre.

La première, c'est que la décomposition des hydrocarbures à l'état gazeux a toujours lieu à toutes les températures lorsqu'ils passent d'un milieu plus chaud à un milieu plus froid. Cette décomposition donne lieu d'abord dans les hautes températures comme dans le cas de l'intérieur de la cornue, à un dépôt de carbone sur les parois de la cornue, puis à mesure que le gaz chemine dans un milieu de plus en plus refroidi, à des dépôts successifs de goudrons solides, de goudrons pâteux, puis liquides, et enfin d'huiles et ainsi de suite, jusqu'à ce que la partie gazeuse soit arrivée à la composition du gaz d'éclairage. Encore faut-il ajouter que cette décomposition se continue encore même après ce point, puisque dans les gazomètres le gaz perd de son pouvoir éclairant au bout d'un certain temps, ce qui tient à un nouveau départ de carbone. Cette succession de phénomènes s'observe constamment et sans exception aussi bien dans la distillation du bois que dans celle de la houille. Elle présente d'autant plus d'intensité dans ses résultats que la distillation a été conduite plus rapidement et l'on peut remarquer que les phases en sont d'autant plus complètes et plus nettement tranchées. Il faut donc reconnaitre que si l'échauffement des hydrocarbures est un moyen de décomposition de cette espèce de gaz, le refroidissement produit les mêmes effets et qu'alors l'échauffement comme le refroidissement ne sont pas la cause elle-même, mais ne font que mettre cette cause en action, c'est-à-dire, la force de dissociation de l'hydrogène et du carbone. Cette force de dissociation ne parait autre que la différence de volatilité aux diverses températures subies des deux corps combinés.

La seconde objection plus décisive encore, c'est que l'intérieur de la cornue où se forment ces hydrocarbures, aussi bien dans la distillation de la houille que dans celle du bois est, comme on peut l'observer et pour les raisons qu'on a vues, plus chaud que l'intérieur du four et que par conséquent le dépôt de carbone graphiteux sur les parois de la cornue, n'est pas dû à un effet de surchauffe, mais au contraire à un effet de refroidissement et, je le répète, on peut suivre sans la moindre ambiguïté la succession de ces phases depuis la cornue jusque dans le gazomètre.

La conséquence manifeste de ces considérations, entièrement d'accord au surplus avec celles qui précèdent est, même au point de vue de la fabrication du gaz d'éclairage par la distillation de la houille, qu'une distillation lente est plus avantageuse qu'une distillation rapide. Cette conclusion est donc identique avec celle précédemment déduite de l'observation et de la discussion de faits différents.

Le moyen de prévenir une conflagration dans la cornue ne présente aucune difficulté et ne demande de la part de l'opérateur, quel qu'il soit, que l'attention la plus vulgaire, s'il est chargé de régler l'arrivée du gaz de combustion. Cependant on pourrait même l'affranchir de ce soin dans une fabrication courante. Le charbonnier en forêt connait parfaitement, mais sans s'en rendre compte, les effets de cette conflagration. Elle est toujours le résultat de mauvaises conditions de cuisage ou autres qui laissent pénétrer trop d'air dans le fourneau en cuisson. Le charbonnier caractérise ce fait en disant que sa pièce grille. Ce que j'en ai dit (XX) me dispense de nouveaux développements.

Avant de faire, dans les mauvaises conditions de chauffage où j'étais placé, du charbon de qualité première, et dans les proportions maximum de rendement discutées et établies par ce qui précède, il était intéressant de montrer comment se distribue entre les différentes phases de la carbonisation la quantité d'acide acétique obtenu, afin d'en déduire les moyens les plus économiques d'extraction. Je me suis proposé ce but principal dans l'expérience suivante, où j'ai néanmoins réuni les mêmes observations thermométriques que dans l'expérience précédente.

Deuxième expérience de carbonisation en vase clos.

Le fourneau, la cornue et le reste de l'appareil ont servi tels qu'ils ont été décrits, je n'ai donc point à entrer dans des détails nouveaux.

Tout le bois était en rondins de charme, sauf deux billons en chêne et un billon en merisier. Il était de même grosseur moyenne et de même longueur que la première fois, et il fut disposé de même, c'est-à-dire, verticalement et sur deux longueurs dans la cornue. Celle-ci pleine de bois, sans son couvercle

a pesé 64ᵏ,50

Vide, elle a pesé . . . . 9 ,20

                      Poids net du bois 55ᵏ,30

Pour avoir le rapport du volume du charbon obtenu à celui du bois employé, j'ai pris et marqué deux morceaux de charme de la cornue, l'un du pied et l'autre du milieu d'une lance. Le premier a déplacé par immersion 0ᵐ,158 de hauteur d'eau dans un vase cylindrique, le second en a déplacé 0ᵐ,138 après quoi ils ont été remis dans la cornue. La cornue fut introduite le 5 septembre 1865 dans le fourneau et à trois heures du soir du même jour le gaz fut allumé. Les observations furent faites d'heure en heure, comme dans la première expérience et le tableau qui suit et qui les contient est disposé de la même manière.

Dates et heures	Temp. de l'air extér.	Temp. de l'air d'alim.	Temp. de l'intérieur de la cornue.	Numéros d'ordre des observ. partic.	Températures de l'intérieur du four. — Dates et heures	Températures
5 sept.						
3h. soir	27°	19°	27°	»	»	»
4	25	19	52	»	»	»
5	24	19	70	»	»	»
6	23	20	80	»	»	»
7	22½	20	82	»	»	»
8	21	21	84	»	»	»
9	20½	22	88	»	»	»
10	20	23	94	»	»	»
11	19	24	102	1	»	»
12	18	25	106	»	»	»
6 sept.						
1	17½	26	111	»	6 sept. matin	»
2	16¾	27	108	»	»	»
3	16	27	115	»	3h. ½	139°
4	16	28	116	»	»	»
5	16½	29	117	»	»	»
6	16½	30	124	2	»	»
7	17½	31	126	»	»	»
8	18	31	129	»	8 h. ½	160
9	20	33	132	»	»	»
10	22½	33	145	»	»	»
11	25	34	144	3	»	»
12	26½	36	142	»	»	»
1	27½	37	143	»	soir	»
2	28	38	143	»	»	»
3	28	39	148	»	»	»
4	27	39	«	»	4.h	175
5	26½	40	151	»	»	»
6	25	41	154	»	»	»
7	18	42	147	»	»	»
8	17	43	153	»	»	»
9	20½	44	153	4	»	»
10	19½	44	156	»	»	»
11	18	45	156	»	»	»
12	18	45	158	»	»	»
7 sept.						
1	16½	45	162	»	7 sept. matin	»
2	16½	45	165	»	»	»
3	16	45	167	»	»	»
4	15	46	173	»	»	»
5	15	46	176	»	»	»
6	15	47	171	5	6 ½	194
7	18	47	177	»	»	»
8	20	48	180	»	»	»
9	23	49	181	»	»	»
10	25	50	185	6	»	»
11	26½	50	191	»	11½	209
12	28½	50	193	»	»	»
1	29	51	200	7	soir	»
2	29½	52	203	»	»	»
3	29	53	207	»	»	»
4	27	53	«	»	4	225
5	27	54	216	»	»	»
6	25½	55	221	»	»	»
7	24	56	210	»	»	»
8	22½	56	218	8	»	»
9	21	57	218	»	»	»
10	20	58	219	»	»	»
11	19½	59	224	»	»	»
12	19	59	225	9	»	»
8 sept.						
1	18	59	227	»	8 sept. matin	»
2	17	58	228	»	2	234
3	17	58	229	»	»	»
4	16	58	229	»	»	»
5	15½	59	230	10	»	»
6	16	60	229	11	»	»
7	17¾	59	225	12	7	224
8	20	60	234	»	»	»
9	22½	61	241	»	»	»
10	24	61	244	»	»	»
11	26	62	»	»	11	255
12	27	62	254	»	»	»
1	28	63	256	»	soir	»
2	27½	65	255	13	»	»
3	28	66	257	»	»	»
4	27	66	»	»	4	260
5	27	66	259	»	»	»
6	25	68	261	»	»	»
7	23¾	68	255	»	»	»
8	21½	69	257	»	»	»
9	22	69	259	»	»	»
10	20½	70	257	»	»	»
11	20	70	257	»	»	»
12	18½	70	262	»	»	»
9 sept.						
1	18	70	262	14	9 sept. matin	»
2	17½	69	271	»	»	»
3	16¾	70	280	»	»	»
4	16½	71	289	»	»	»
5	16	72	»	»	5	292
6	16¼	73	296	15	»	»
7	17½	73	295	16	7½	286
8	20¾	75	295	»	»	»
9	23	75	290	»	»	»
10	25½	75	290	»	»	»
11	26	75	291	»	»	»
12	28	75½	290	»	soir	»
1	28½	76	287	»	1½	282
2	29¼	76	290	»	»	»
3	28½	77	289	»	»	»
4	28¾	78	292	»	»	»
5	28	78	295	17	»	»
6	26½	79	306	»	»	»
7	24	80	314	»	»	»
8	23	80	314	»	»	»
9	21	80	315	»	»	»
10	19	81	»	»	10	292
11	19	82	308	»	»	»
12	18	83	326	18	»	»
10 sept.						
1	17½	83	370	19	10 sept. matin	»
2	17	85	»	»	»	»
3	16½	86	390	20	»	»
»	»	»	»	»	4	390

OBSERVATIONS PARTICULIÈRES.

Nᵒ 1. — Les liquides commencent à couler, très-clairs, mais avec une couleur légèrement ambrée et odeur faible, mais nette de méthylène. Leur réaction au papier de tournesol est à peine perceptible, et sur le bord seulement de la partie mouillée.

N° 2. — Mêmes apparences des liquides, mais réaction accusée au papier de tournesol, et sur les bords seulement de la partie mouillée. L'acétimètre Salleron indique 1/2 pour cent de richesse.

N° 3. — Mêmes apparences des liquides. Réaction acide plus accusée au papier de tournesol. L'acétimètre Salleron indique 1,5 0/0 de richesse.

N° 4. — Mêmes apparences des liquides. Traces d'acide carbonique et d'oxyde de carbone. Un corps allumé présenté au bout du tube par où les gaz s'écoulent, tantôt s'éteint, tantôt donne une flammèche bleue, suivant la prédominance de l'un ou l'autre de ces gaz. On rend leur présence plus sensible en recueillant au fond d'un flacon, au moyen d'un tube en caoutchouc, les gaz qui sortent par l'orifice du serpentin, puis, versant dans le flacon de l'eau de chaux qui donne une réaction très-nette, et, mettant le feu au reste du gaz du flacon non absorbé par l'eau de chaux. On obtient une très-faible flamme bleue à peine visible, en raison de la légèreté de l'oxyde de carbone, qui ne lui a pas permis de rester dans le flacon pendant son écoulement, mais qui n'en dénote pas moins sa présence.

N° 5. L'expérience du flacon et de l'acide carbonique, répétée plusieurs fois entre les observations 4 et 5, accuse de plus en plus nettement et avec un accroissement permanent, la présence de l'oxyde de carbone et de l'acide carbonique. A ce moment, l'eau de chaux prend presque l'opacité du lait. A l'acétimètre de Salleron, les liquides indiquent une richesse de 4 0/0. La moyenne de la richesse entre les observations 4 et 5 est de 3 0/0.

N° 6. Les liquides prennent une teinte jaune un peu plus accentuée et l'acétimètre indique une richesse de 9 0/0.

N° 7. Les liquides ont pris une teinte d'ambre plus foncée et l'acétimètre y indique une richesse de 22 0/0. La température de l'intérieur de la cornue se rapproche de celle du four. Le dégagement d'oxyde de carbone et d'acide carbonique est très-abondant. Un corps enflammé plongé dans la partie vide du vase qui reçoit les liquides, s'éteint à l'instant. Le gaz à sa sortie du serpentin ne brûle pas encore de flamme continue. On obtient par l'eau de chaux, un précipité abondant des gaz recueillis dans un flacon vide. Les liquides prennent une teinte graduelle et rapide de plus en plus brune et passent à la couleur café brûlé, mais ils sont très-clairs et ne laissent séparer aucune trace de goudron.

N° 8. Liquides toujours clairs et couleur café brûlé. L'acétimètre indique une richesse de 48 0/0. Dégagement croissant d'acide carbonique et d'oxyde de carbone, mais l'oxyde de carbone paraît en proportion moindre que l'acide carbonique.

N° 9. Liquides très-clairs sans trace de séparation du goudron, très-piquants au nez. Leur couleur est café brûlé foncé. Dégagement abondant d'oxyde de carbone qui commence à donner une flamme plus longue à la sortie du serpentin, quand on l'enflamme. Elle a six centimètres environ de longueur et elle persiste plus longtemps. Mais l'acide carbonique domine et une aspiration dans le vase qui reçoit les liquides produit immédiatement les symptômes de l'empoisonnement et de l'asphyxie. L'acétimètre indique une richesse de 44 0/0. Il est évident qu'il y a une action très-vive et production de chaleur dans la cornue, mais combattue par la distillation abondante de liquide et le calorique latent absorbé par cette vaporisation. En regard de cette observation dernière, se place cette autre, que l'eau qui circule du serpentin et qui sert à la condensation, ne s'échauffe pas sensiblement pendant cette période de conflagration intérieure, ce qui prouve une faible capacité calorifique des vapeurs condensées.

N° 10. Diminution dans la distillation des liquides qui restent clairs et ont pris une teinte plus foncée encore de café brûlé. Point de traces de séparation de goudron. Le tuyau adducteur des matières volatilisées de la cornue au serpentin se refroidit de manière à pouvoir y tenir la main. L'acétimètre indique une richesse de 37 0/0.

N° 11. Mêmes apparences et même situation. La chaleur baisse dans la cornue.

N° 12. Les liquides ne coulant plus, on donne du gaz.

N° 13. Même apparence des liquides. L'acétimètre indique une richesse de 26 0/0. Le dégagement d'oxyde de carbone est beaucoup plus abondant. En quelques secondes, la partie vide d'un demi-litre environ du vase qui reçoit les liquides, s'en remplit et il brûle à l'approche d'une allumette enflammée avec la belle flamme bleue qu'on lui connaît, sans mélange d'autre nuance. Les gaz recueillis donnent une réaction assez abondante à l'eau de chaux, mais moins que précédemment. Les liquides à l'odorat provoquent la sensation piquante de l'acide acétique et présentent l'odeur de fumée caractéristique de la créosote. Au goût, ils ont à la fois la saveur acide de l'acide acétique et la saveur brûlante de la créosote. Les matières distillées avaient une très-faible capacité calorifique, car à cette température déjà élevée, leur condensation ne changeait pas la température de l'eau du condensateur, tandis qu'au commencement de l'opération à 100 et quelques degrés seulement, lorsque les liquides étaient très-aqueux et pour des quantités moindres de liquide, la couche supérieure d'eau du condensateur était assez chaude pour y pouvoir tenir à peine la main.

N° 14. Même apparence des liquides. Leur ralentissement fait donner de la chaleur. L'acétimètre indique une richesse de 20 pour cent.

N° 15. Même apparence des liquides. Seulement on y remarque une légère diminution dans l'intensité de la couleur. Ils distillent plus fort et la chaleur intérieure de la cornue dépasse celle du four de 4 degrés. La flamme de l'oxyde de carbone allumé à l'extrémité du serpentin atteint 20 centimètres de hauteur, mais elle s'éteint en raison de l'acide carbonique qui s'y trouve mélangé. Dans l'intervalle du temps employé à écrire cette observation, les liquides toujours clairs ont perdu la moitié de leur couleur et ont pris une consistance sirupeuse.

L'acétimètre indique 14 0/0 de richesse.

N° 16. Le goudron se sépare abondamment des liquides qui distillent.

Ils ont une couleur ambrée intense et indiquent à l'acétimètre 12 0/0 de richesse. Les gaz sont très-abondants. Quand on les enflamme, l'extrémité de leur flamme est légèrement rouge, ce qui indique la présence d'une petite quantité d'hydrogène. La séparation du goudron des liquides, la diminution de couleur de ces derniers et l'excès de température de l'intérieur de la cornue sur l'intérieur du four, sont trois faits qui coïncident.

5

N° 17. Les liquides coulent à peine ; ils ont une couleur ambrée foncée et laissent séparer du goudron. L'acétimètre indique 8 0/0 de richesse.

N° 18. Les liquides ne coulent presque plus et sont moitié goudron.

Leur richesse acétique est de 8 0/0. On augmente le gaz de combustion. Le gaz donné par la cornue ne paraît être que de l'oxyde de carbone. Il est abondant, mais irrégulier, car il ne reste pas enflammé plus d'une demi-minute. Puis il se prend à brûler d'une manière permanente avec une flamme de 30 centimètres de longueur, que des bouffées d'acide carbonique font varier. La flamme est devenue blanche sur la moitié de sa hauteur, ce qui dénote la présence de l'hydrogène carboné. Lorsque les bouffées d'acide carbonique soufflent, la flamme s'éloigne de l'orifice du tube de sortie de 4 à 5 centimètres, probablement en vertu de la différence de pesanteur spécifique des gaz qui les séparent ainsi en les faisant cheminer avec des vitesses inégales. La flamme, dans ce cas, perd sa couleur blanche et redevient bleue d'oxyde de carbone. Ces intermittences deviennent presque permanentes à ce moment.

N° 19. On a enlevé le thermomètre de la cornue, parce qu'il ne paraissait plus à cette température offrir d'indications assez sûres. Le liquide coule abondamment et avec beaucoup de goudron. Le dégagement d'acide carbonique est si abondant que le jet de gaz ne peut rester enflammé et qu'on est obligé de se tenir à distance pour ne pas en être incommodé. Le liquide coule à jet continu, mais se compose presqu'entièrement de goudron liquide mélangé d'un liquide jaune paille dont la richesse à l'acétimètre est de 7,5 0/0.

N° 20. L'état des choses a continué jusqu'à 3 heures moins un quart du matin du 10. Le dégagement d'acide carbonique qui avait baissé peu à peu, a fini par cesser tout à fait. Il est alors resté une belle flamme à jet continu, bleue et blanche, qui avait 40 centimètres environ de hauteur mais qui diminuant peu à peu, n'avait plus que 25 centimètres à 3 heures et demie. A ce moment les liquides coulaient encore, mais moins abondants, très-clairs et presque blancs, avec goudron dont ils se séparaient nettement. L'acétimètre indiquait encore une richesse de 7 0/0. Le thermomètre introduit dans la cornue a marqué 390 degrés : mais il était clair que non-seulement l'opération tirait à sa fin, mais encore que la distillation afférente à cette température était épuisée, car la flamme et les liquides baissaient rapidement et le col de la cornue se refroidissait. A quatre heures, les liquides ne coulaient plus ; l'acétimètre dans les dernières parties passées, n'indiquait plus qu'une teneur de $\frac{1}{2}$ 0/0. La flamme des gaz devenue presqu'entièrement blanche avait encore cependant une longueur de 20 centimètres, mais elle baissait visiblement. On n'avait aucun moyen d'augmenter la température pour terminer l'opération, puisque le gaz de combustion manquait. On laissa s'éteindre de lui-même le gaz de la cornue, ce qui eut lieu vers 7ʰ,30 du matin. L'intérieur de la cornue marquait encore 330 degrés, mais son col était froid et l'opération fut arrêtée.

La cornue refroidie a pesé sans son couvercle et avec le charbon $25^k,70$
Poids de la cornue vide à déduire. . . . . $9 ,20$

Poids du charbon . . . . $16^k,50$

soit 30,956 0/0 du poids du bois.

Ce résultat fait voir *à priori* que si le charbon était à un degré plus avancé de cuisson que celui de l'opération précédente, il n'était cependant pas encore assez cuit. A cela près, il avait la plus belle apparence et ne laissait rien à désirer. On peut être certain que les matières volatiles qu'il avait encore à perdre, n'eussent fait qu'ajouter à sa qualité en s'en séparant.

Les liquides ont pesé avec le vase. . . . . $42^k,50$
A déduire le poids du vase . . . . $12 ,17$

Poids du liquide . . . . $30^k,33$

soit 54,846 0/0 du poids du bois.

Teneur en acide des liquides. A l'acétimètre Salleron, ils ont marqué une richesse de 14 0/0, soit 7,6776 0/0 du poids du bois.

Poids des gaz. Le bois a pesé. . . . . $55^k,30$
Sur quoi à déduire :
Poids du charbon . . . . $16^k,50$ }
Poids des liquides . . . . $30 ,33$ } $46 ,83$

Poids du gaz par différence . . . . . . $8^k,47$

soit 15,31 0/0 du poids du bois.

Ces résultats présentent avec ceux de l'expérience précédente une concordance aussi satisfaisante qu'on puisse le désirer, et les modifications qui y seraient apportées par la volatilisation du goudron et de l'eau restés dans le charbon, si l'on avait pu pousser l'opération à sa fin, les identifieraient sensiblement avec ceux de la donnée (VII).

Mesure du volume du charbon. — Le charbon provenant du morceau de bois n° 1 à patte, a déplacé dans le même vase qui avait servi à mesurer le volume du bois, une hauteur d'eau de 101 millimètres, le deuxième a déplacé une hauteur de 100 millimètres, soit le rapport du volume de charbon du premier à celui du bois $\frac{101}{158} = 0,639$ et du second $\frac{100}{138} = 0,724$, soit la moyenne 0,681. Cette moyenne exigerait deux faibles corrections; la première résultant de ce que le charbon obtenu aurait encore à perdre un peu d'eau et de goudron dont la volatilisation accroîtrait le retrait déjà subi; la deuxième, de ce que le charbon de pied de lance, n'entre pas pour moitié à beaucoup près dans la masse totale du charbon et que cette partie inférieure du bois présente ce fait remarquable de rendre en charbon moins que les parties supérieures du végétal. On peut admettre que le volume du charbon parfaitement cuit, obtenu en vase clos dans les conditions qui viennent d'être exposées, est sensiblement les deux tiers du volume du bois qui l'a fourni, soit 0,66. Cette proportion ne s'applique qu'à la carbonisation normale, elle diminuerait avec toute autre.

Lorsqu'on examine le tableau des températures relevées dans le cours de cette expérience, on y trouve la confirmation claire des principes précédemment posés et de leurs déductions. Ce serait entrer dans des répétitions que d'y revenir. En ce qui concerne la manière dont la distillation de l'acide acétique se répartit entre les différentes périodes de la distillation, on voit que la richesse des liquides, malgré le départ d'une assez grande quantité d'eau, n'atteint encore que 4 0/0 à 171 degrés, mais que cette richesse tend à s'accroître rapidement aux températures immédiatement supérieures, puisqu'on la voit être de 9 0/0 à 185 degrés, de 22 0/0 à 200 degrés, enfin de 48 0/0 à 218 degrés. C'est vers cette dernière température que paraît se trouver le maximum de la richesse, car à 225 degrés on la voit tomber à 44 0/0, vers 230 degrés à 37. A 255 degrés elle n'est plus que de 26 0/0. La marche décroissante de richesse se poursuit avec l'augmentation de température. A 262 degrés elle est tombée à 20 0/0; à 295 degrés elle est encore à 12, mais à 326 elle n'est plus qu'à 8. A 370 elle est à 7,50, à 390 elle n'est plus qu'à 7. C'est vers ce moment que l'insuffisance de gaz de combustion a forcé d'interrompre l'opération qui touchait à sa fin. A la dernière heure, l'acétimètre n'indiquait plus dans les derniers liquides qu'une richesse de 1/2 0/0, tandis que les gaz avaient suivi une progression inverse. Ce dernier fait donne une grande probabilité à l'opinion de la présence dans le bois d'une plus grande quantité d'acide acétique que celle trouvée par la carbonisation normale et de la décomposition de la partie excédante dans les hautes températures de la carbonisation.

Le mode de répartition de l'acide acétique entre les différentes périodes de la distillation, fournirait un moyen très-simple d'obtenir des liquides concentrés, et par conséquent une économie dans les frais d'extraction en grand de l'acide acétique. Ce serait d'écouler les premiers et les derniers liquides de la condensation au degré de teneur que l'on jugerait convenable, dans de grands bassins en béton bien étanchés et couverts, dans lesquels on saturerait l'acide avec de la chaux, puis on les abandonnerait à l'évaporation naturelle, pour reprendre le résidu ultérieurement, et de ne recueillir que les liquides riches pour les traiter immédiatement.

Troisième expérience de carbonisation en vase clos.

Les deux expériences qui précèdent n'ayant pu, faute de gaz suffisant de combustion conduire à la démonstration nette et non sujette à objection, de la possibilité d'obtenir, d'une manière constante et pratique du charbon propre à la métallurgie par le procédé de carbonisation en vase clos, j'ai fait agrandir les orifices de dépense de la couronne donnant le gaz de combustion, pour suppléer, par l'étendue des sections de sortie, au défaut de pression, et l'appareil sans autre modification fut mis en expérimentation.

Le bois de grosseur de moulée ordinaire, dont les morceaux dépassant 8 centimètres de diamètre furent fendus, était scié à même longueur et empilé dans la cornue de la même manière qu'aux opérations précédentes. Il avait deux ans de coupe, était à l'abri comme le précédent et depuis le même temps sous un hangar. Ses essences étaient chêne, charme et marronnier d'Inde. Quelques morceaux de chêne présentaient un commencement de décomposition de l'aubier. Son poids net total était 49k,60.

Le gaz fut allumé le 27 octobre à 5 heures 30 minutes du soir et la température extérieure de l'air était 5,5 degrés. Je me bornerai à une description sommaire puisque je ne me proposais que l'obtention d'un point, le charbon. Je ne crus pas devoir faire usage du condensateur, et les gaz et vapeurs s'écoulèrent directement du col de la cornue dans l'atmosphère.

L'opération suivit exactement les mêmes phases que dans les précédentes, à cela près que la consommation du gaz de combustion fut plus régulière, puisque j'en étais le maître, ce qui abrégea les délais de l'opération en les réduisant à la mesure nécessaire.

Le 28, à 7 heures du matin, la température de l'air extérieur était 2 degrés, celle de l'air d'alimentation 20 degrés. Ce peu d'élévation, comparativement aux moments correspondants des opérations précédentes, tenait sans doute 1° à la température de l'air extérieur ; 2° à ce que le four avait pris de l'humidité depuis qu'il avait servi. A ce même moment, la température de l'intérieur de la cornue était de 108 degrés et celle de l'intérieur du four 118.

Le même jour 28, à 7 heures du soir, l'intérieur de la cornue était à 185 degrés. Le liquide coulait goutte à goutte, mais avec un peu moins d'intensité qu'au commencement. Leur teinte blond-clair, avait bruni un peu, les vapeurs étaient très-acides. Il ne faut point perdre de vue que l'absence du condensateur faisait écouler les produits condensables, partie en liquide, partie en vapeurs.

Le 29, à une heure du matin, l'intérieur de la cornue était à 223 degrés, les liquides avaient pris une teinte plus foncée et coulaient avec la même vitesse. Les gaz étaient extrêmement acides.

A 2 heures du matin, l'intérieur de la cornue était à 230 degrés, même écoulement des liquides devenus couleur café noir. Les gaz avaient pris un nouveau degré d'acidité et excitaient fortement la toux. Les gaz, au contact d'un corps allumé, commençaient à s'enflammer avec la flamme bleue caractéristique de l'oxyde de carbone, mais s'éteignaient sur-le-champ.

A 3 heures du soir, l'intérieur de la cornue était à 320 degrés, les gaz brûlaient avec une flamme bleue légèrement blanche et rouge, sur les bords avec des nuances vertes, ce qui accusait un sel de cuivre volatilisé et formé aux dépens de l'extrémité du col de la cornue. L'air d'alimentation était à 60 degrés, les liquides coulaient de même ; ils étaient clairs et leur couleur était celle du café noir intense. Les gaz étaient très-âcres au nez et aux yeux.

Le 30 à 10 heures du matin, l'air d'alimentation était à 95 degrés, les gaz brûlaient avec une flamme continue, blanche, légèrement fuligineuse au sommet, et bordée d'un liseré bleu à la sortie du col de la cornue.

Le liquide était redevenu blond de pierre à fusil, et ne coulait plus que par saccades de 10 à 12 gouttes mélangées de petites gouttelettes de goudron. Ce dernier ensemble de caractères indiquait la disparition du méthylène, ou sa décomposition par la chaleur, si l'on admet d'après ce qui a été dit qu'il fasse partie d'un alcaloïde inconnu qui serait combiné dans le bois avec l'acide acétique. Cette décomposition mettait en liberté le goudron, qui se séparait du liquide dont la teinte par suite était devenue plus claire.

Le thermomètre de l'intérieur de la cornue avait été retiré à 418 degrés, comme ne donnant plus d'indications exactes et pour éviter de le faire briser. J'estime que l'intérieur de la cornue, s'éleva peu après à 450 degrés. A une heure et demie de l'après-midi, l'air d'alimentation était à 113 degrés. Les liquides étaient blonds, ne coulaient presque plus et n'avaient aucune réaction, la flamme des gaz avait beaucoup diminué et ceux-ci ne paraissaient se composer que d'hydrocarbures. L'odeur du gaz non brûlé était celle du goudron. A quatre heures du soir, on a donné tout le gaz de combustion ; à l'instant la flamme des gaz de la cornue est devenue longue de 30 centimètres, vive, éclatante et blanche, et quand on l'éteignait les gaz s'enflammaient spontanément à leur sortie à l'air, par suite de la température élevée de l'intérieur de la cornue. Le gaz de la cornue a ainsi brûlé pendant une heure et demie en s'abaissant progressivement, jusqu'à ne plus donner qu'une petite flamme bleue d'oxyde de carbone, vacillante, de quelques centimètres de hauteur et s'éteignant au moindre souffle. Depuis quatre heures, les vapeurs aqueuses mêlées aux gaz combustibles et que l'on pouvait encore apercevoir comme un nuage blanc qui obturait l'orifice de sortie, mais qui ne donnait lieu à aucune partie de liquide condensé, allèrent en diminuant jusqu'à disparaître. A ce moment il était 5 heures 30 minutes du soir, la cornue à sa partie supérieure vue dans l'obscurité du four, commençait à prendre une couleur rouge naissant et devait être un peu plus chaude à la partie inférieure qui recevait plus tôt l'impression de la chaleur. Il ne se dégageait plus rien, l'opération fut arrêtée. Elle avait duré 72 heures, et l'on avait gradué, pendant toute sa durée, l'accroissement de la chaleur de manière à ménager les transitions de température et à éviter dans la cornue des conflagrations subites et trop intenses, toujours nuisibles à la quantité et à la qualité du charbon obtenu. L'air d'alimentation au dernier moment était à 128 degrés.

Le lendemain la cornue refroidie et ouverte pesa sans son couvercle   22^k,20
Vide, elle pesait . . . .   9 ,20

　　　　　　　　Poids net du charbon . . . .   13^k,

Soit 26,21 0/0 du poids du bois.

Ce chiffre de rendement n'a rien qui doive surprendre et l'on devait s'y attendre au contraire. Il est la preuve décisive de l'exactitude des données et de la justesse des déductions qui conduisent à la conclusion du résultat fourni par cette expérience. Pour donner à ce fait toute son évidence théorique, il suffit de remarquer : 1° que puisque d'une part la carbonisation en forêt n'a lieu qu'aux dépens du charbon sans altération des autres produits (VIII) ; 2° que d'autre part la production en forêt du charbon est 15 et la consommation par le fait de la carbonisation est 10 (XIV), le rendement en vase clos, où il n'y a pas de charbon consommé, sera nécessairement 25.

Toutefois, une carbonisation lente est de rigueur, car par une carbonisation rapide, il y aura des produits accessoires décomposés, de l'oxygène mis en liberté qui absorbera du carbone pour faire de l'oxyde de carbone et diminuera dans une proportion correspondante le rendement en charbon. On comprend que le degré de dessiccation du bois fera osciller ce rendement dans certaines limites assez étroites.

Le charbon avait la plus belle apparence. Il était parfaitement cuit et avait cette sonorité particulière qui en est l'indice, ainsi que de sa qualité. Les morceaux s'étaient conservés entiers sans autre modification dans leur forme que le retrait qui leur avait pu faire perdre un tiers environ de leur volume, d'après ce qu'on pouvait juger à la vue du charbon et du vide de la cornue. Il était très-dur et très-résistant à la fracture, quoique chaud encore, la cassure était conchoïdale avec un brillant éclat métallique et les fentes du bois ne s'étaient pas ouvertes. Ces trois derniers caractères paraissent constants dans les charbons cuits par ce mode. Enfin, il présentait les diverses qualités extérieures que l'on pouvait constater dans ce premier examen, à un degré au moins égal à celui des meilleurs charbons cuits en forêt.

Calcination comparative avec le charbon cuit en forêt ou charbon de forge.

Cette opération a été ajournée pour laisser au charbon le temps de se mettre dans les conditions ordinaires du charbon de forge et, dix mois après, on a disposé dans un creuset du charbon de choix de forge, mais arrivant de la forêt, savoir :

Du charbon de charme. . . . . 16^{gr},14
Du charbon de chêne. . . . . 16 ,22

Total. . . . . 32^{gr},36

Puis, dans un autre creuset, du charbon provenant de la distillation de la présente expérience, savoir :

Du charbon de charme. . . . . 19^{gr},2
Du charbon de chêne . . . . 18 ,14

Total . . . . 37^{gr},34

Les deux creusets bouchés, lutés et pourvus d'un orifice pour la sortie des gaz, ont été soumis ensemble dans le même fourneau à la chaleur blanche.

Après quoi, ils ont présenté les résultats suivants :

Le charbon de forge a pesé, savoir :

Le charme. . 13^{gr},29 soit 82,342 pour cent ⎫ soit en moyenne,
Le chêne. . . 14 ,33 soit 83,415 pour cent ⎭ 82,88 pour cent.

Total . . . 26^{gr},82

Le charbon de distillation a pesé, savoir :

Le charme. . 15^{gr},72 soit 81,875 pour cent ⎫ soit en moyenne,
Le chêne. . . 14 ,23 soit 76,996 pour cent ⎭ 80,476 pour cent.

Total. . . 30^{gr},05

Ce faible écart de richesse moyenne en matières fixes, entre les deux charbons, s'explique par la différence du temps depuis lequel ils étaient cuits. La calcination ne produisit aucun effet défavorable sur les deux échantillons, qui restèrent aussi compactes et aussi durs après qu'avant l'opération. Les apparences ne changèrent pas et se trouvèrent encore toutes en faveur du charbon de distillation.

Cette expérience, dans son ensemble comme dans ses détails, est aussi concluante que possible, et permet de considérer comme résolue la question d'obtenir en vase clos et d'une manière permanente du charbon propre à la métallurgie, en quantité et en qualité, à un degré supérieur à tout ce qu'on a fait jusqu'ici. En effet, en ce qui regarde la quantité, si l'on considère que le charbon de forêt subit en moyenne un déchet de 3.0/0 dans les diverses manipulations auxquelles il est forcément soumis avant son emploi (XV), on voit que le rendement en vase chauffé au gaz dépasse pour la même quantité de bois le double du rendement en forêt.

En ce qui concerne la qualité, on a vu (XV, XVI et XX) que la carbonisation en forêt est affectée d'un tel nombre de causes insurmontables de l'infériorité du produit, que dans les cas les plus favorables, on n'obtiendra jamais qu'une moyenne fort médiocre de qualité, ne fût-ce que la moyenne qui s'établit entre les menus charbons du milieu d'un fourneau, et qui sont précisément fournis par le plus gros et le meilleur bois, et le reste du charbon supposé irréprochable du même fourneau, tandis que le procédé en vase clos échappe à toutes ces causes de détérioration et atteindra toujours la limite maximum de qualité du produit. Je vais démontrer qu'au point de vue pécuniaire, la question n'est pas moins avantageusement tranchée.

CHAPITRE II.

XXVI.

Généralités.

La carbonisation en vases clos consiste à chauffer le bois dans une cornue de tôle hermétiquement fermée et disposée elle-même dans un fourneau, avec un combustible étranger qui transmet sa chaleur à travers les parois de la cornue. Cette cornue porte à sa partie supérieure un col par où s'échappent les matières volatilisées pour se rendre dans un serpentin d'une capacité proportionnelle à la cornue ou au nombre de cornues qu'il est destiné à desservir. Ce serpentin, qui est de cuivre, est immergé dans une cuve en tôle ou en toute autre matière remplie d'eau froide, qui se renouvelle incessamment de manière à ne jamais s'échauffer. Le tube qui termine son extrémité et par où s'écoulent les liquides de la distillation, plonge dans un godet dont le trop plein tombe continuellement dans un récipient en bois, où ces liquides sont repris pour recevoir leur traitement ultérieur. Enfin un tube de retour muni de robinets de distribution, ramène dans les foyers, pour s'y brûler, les gaz combustibles non condensés. L'ensemble de ce dernier appareil avec ses accessoires, s'appelle un condensateur. Dans le système présenté dans ce mémoire, le tube de retour conduirait, au moyen d'une pompe aspirante et foulante, les gaz permanents dans un gazomètre pour de là être distribués aux foyers qui doivent les brûler.

XXVII.

Division en deux phases de la carbonisation en vases clos.

Ce procédé se divise en deux phases bien distinctes et tout à fait indépendantes l'une de l'autre. La première est la carbonisation proprement dite, la deuxième est la séparation et la rectification des produits de la distillation. Je vais décrire et examiner successivement chacune de ces phases, en ne m'arrêtant toutefois qu'aux détails essentiels.

CARBONISATION.

Préliminaires. — Bois.

XXVIII.

Bois à carboniser.

Le bois employé dans la carbonisation en vase clos se prépare identiquement de la même manière que celui carbonisé en forêt. L'exploitation forestière n'a donc à subir aucune modification de l'adoption de ce procédé. Les rondins trop gros doivent être fendus de même qu'en forêt, à peine de donner un charbon friable comme en forêt, pour les causes précédemment déduites. On le dispose verticalement et par étages dans la cornue.

L'expérience semble condamner la position horizontale. Dans ce dernier cas, la carbonisation est irrégulière et inégale.

XXIX.

Cornues.

J'ai essayé les cornues carrées, coniques et cylindriques.

Ces dernières m'ont toujours donné les meilleurs résultats. Dans les premières on obtient difficilement une chaleur uniforme et au prix d'une plus grande consommation de combustible. Dans les secondes, qu'une idée plausible et spécieuse m'avait fait essayer, le résultat n'a pas répondu à mon attente, le dégagement des gaz s'y fait mal et le service de la cornue est plus compliqué.

La capacité la plus avantageuse des cornues cylindriques est de quatre stères et leur forme celle d'un cylindre de 2^m,30 de hauteur sur 1^m,50 de diamètre. En deçà ou au delà de cette capacité et de cette forme, on rencontre à la fois des difficultés de manipulations et des augmentations de consommation de combustible. Les cornues doivent être en tôle de 7 à 8 millimètres d'épaisseur. Une plus faible épaisseur n'offre point assez de solidité et les cornues s'affaissent sur elles-mêmes lorsqu'elles arrivent au rouge, ce qui accélère l'usure, accroît la dépense et de plus détermine un mauvais service. Une plus grande épaisseur entraînerait une augmentation de dépense sans avantage et ferait obstacle à la transmission de la chaleur. Elles se ferment au moyen d'un couvercle de tôle semblable, qui entre dans la cornue, où il s'appuie sur un liteau en fer disposé sur le pourtour du bord. Ce couvercle se fixe à la cornue par des clavettes coniques. Il est percé à son centre d'une ouverture circulaire de 20 centimètres de diamètre, portant un collet dans lequel s'emboîte le col mobile de la cornue, qui la met en communication avec le condensateur.

Ce couvercle et ce col sont lutés d'argile pendant l'opération, pour empêcher les fuites de gaz et le chauffeur doit toujours avoir à sa disposition un seau plein d'argile détrempée et une brosse pour étancher les fentes que la chaleur produit dans ce lut. Les cornues se recouvrent à l'intérieur d'une couche de quelques millimètres de charbon communément d'apparence métallique et provenant de la décomposition du goudron. Cette couche de charbon les protège parfaitement contre toute réaction acide, mais à l'extérieur elles doivent être badigeonnées d'une couche d'argile pour les garantir de l'action oxydante de la flamme. La rivure et l'assemblage des feuilles de tôle doivent être exécutés avec un soin extrême, afin d'intercepter toute communication de l'intérieur avec l'extérieur et prévenir ainsi soit les mélanges explosibles au cas d'introduction de l'air par absorption, soit la perte des matières volatiles que l'excès de pression de l'intérieur de la cornue chasserait dehors.

Une cornue vide pèse avec son couvercle à peu près 1000 kil. et contient de 1000 à 1200 kil. de bois, suivant l'empilage, la grosseur et l'état hygrométrique du bois. Ce poids s'élève jusqu'à 1400 kil., quand c'est du bois de moulée. C'est donc un poids moyen de 2200 kil. à mouvoir. On se sert pour la manœuvre, de petits chemins de fer reliant les chantiers aux fours et de grues mobiles ou à demeure, et les cornues sont munies à cet effet de crochets à leur bord supérieur et d'une boucle à leur partie inférieure.

XXX.

Fours.

Il m'a paru inutile de décrire les fours en usage dans la carbonisation ordinaire en vase clos et dans lesquels sans exception, on brûle de la houille, ni de rechercher les nombreux défauts qui existent généralement dans ces appareils et de signaler les améliorations qui peuvent leur être apportées, parce qu'ils présenteraient toujours, à un degré moindre, il est vrai, que dans l'état actuel, le grave inconvénient d'une trop forte consommation et celui non moins grave de ne pouvoir utiliser toutes les espèces de combustibles. Je me bornerai à donner les moyennes de leur consommation et de leur production dans une fabrication courante, pour les mettre en parallèle avec celles des fours au gaz.

Les résultats obtenus par ces derniers, soit au point de vue de la qualité et de la quantité des produits, soit au point de vue de l'économie, soit même au point de vue de la facilité et de la simplicité de la manœuvre, sont tellement décisifs, qu'ils doivent faire exclure tout autre mode. C'est donc par conséquent de celui-là seulement que je dois me borner à parler.

Les fours peuvent être construits en briques ordinaires, la température du foyer ne devant jamais être portée au delà du rouge sombre. Cependant, l'action du feu sur ce genre de briques les désagrégeant assez promptement, on aura avantage à faire la chemise intérieure en briques réfractaires. La durée qu'on obtiendra compensera largement la différence de dépense. Les détails que j'ai donnés sur le four d'essai (XXV) font à l'avance comprendre l'agencement en grand d'un four de carbonisation au gaz et permettent d'abréger des explications nouvelles, en les restreignant autant que possible à ce qui reste à ajouter pour compléter l'exposition du système.

Bien que l'on puisse penser que l'application révèlera comme en toutes choses, une foule d'améliorations de détail, impossibles à prévoir au début, voici pour un four, parmi toutes les dispositions qui peuvent être adoptées, celles qui m'apparaissent les plus propres à satisfaire aux conditions d'une bonne fabrication.

Il y aurait économie évidente et sous le rapport de la construction et sous celui de la consommation de chaleur, à grouper quatre cornues dans un four quadrangulaire à angles intérieurs arrondis. Chaque cornue aurait son foyer particulier disposé exactement comme celui décrit (XXV), pour recevoir sé-

parément l'air et le gaz nécessaires à la combustion et chaque foyer aurait son
regard bouché par un carreau de verre mobile pour permettre d'allumer et
de voir le feu, mais bien luté pendant l'opération. L'air serait à courant forcé,
déterminé par un ventilateur, dont la pression serait limitée par une soupape.
Il entrerait par le haut du massif de chaque four, circulerait entre les deux
chemises pour en absorber la chaleur et serait introduit dans chaque foyer au
moyen d'un robinet muni d'une aiguille à cadran pour régler son introduction. On opérerait également l'introduction des gaz au moyen d'un robinet
aussi muni d'une aiguille à cadran et l'ouvrier chauffeur pourrait avec la plus
grande précision équilibrer l'air et le gaz. Le fond de la cornue, au lieu de
reposer sur des corbeaux en fer qui peuvent se déjeter par la chaleur et produire des dégradations dans le four, reposerait directement sur le ballast qui
contiendrait les foyers, et chaque cornue servirait d'obturateur à son foyer.
Dans la surface supérieure du ballast seraient pratiquées par des briques en
saillie sur lesquelles reposeraient les cornues, des rainures équidistantes et
rayonnant des bords de chaque foyer pour laisser passer les gaz brûlés qui
monteraient vers la partie supérieure du four par les espaces vides laissés autour des cornues. La plus petite distance entre la paroi du four et les cornues
pourrait être de cinq centimètres ainsi qu'entre les cornues. Les cornues avec
leur col seraient contenues tout entières dans le four sans saillies au dehors
et le four lui-même serait pourvu d'un couvercle en tôle mobile, s'adaptant
bien et manœuvré à l'aide d'une potence tournant sur pivot. Pour diminuer
la hauteur du four et faciliter le service, le four serait enfoncé dans le sol
le plus qu'il serait possible, soit d'un mètre au moins. La manœuvre des
cornues serait faite par une grue mobile sur un chemin de fer au niveau de
la partie supérieure du four. Entre les quatre cornues, au milieu du four
serait une colonne creuse en fonte, revêtue de briques extérieurement, ouverte par les deux bouts, de même hauteur ou même quelque peu plus haute que
les cornues et servant de retour aux gaz brûlés qui entrent par l'ouverture
supérieure. Cette colonne serait en communication par en bas avec un conduit passant à travers le ballast entre deux foyers pour se rendre immédiatement, à sa sortie du massif des fours, sous une première bassine d'évaporation en tôle juxta-posée aux fours, puis de là passer sous une seconde
contenant des liquides moins concentrés, puis sous une troisième pour
épuiser la chaleur sensible des gaz qui seraient enfin expulsés dans l'atmosphère par une cheminée n'ayant qu'une faible hauteur, puisque les gaz che-
mineraient par la pression du ventilateur. Ces trois bassines, qui serviraient
à la concentration des acétates de soude résultant de la fabrication des quatre
cornues, seraient échelonnées en cascades pour faciliter le transvasement de
l'une dans l'autre et en forme telle, que la colonne gazeuse réduite à une
mince lame leur abandonnerait la plus grande quantité possible de chaleur.
Du côté opposé du four serait placé le condensateur dont il va être parlé
et qui recevrait les produits volatils des quatre cornues. On pourrait disposer à la suite les uns des autres autant de massifs semblables de fours à quatre cornues que l'exigerait l'importance de l'usine et de sa fabrication; mais
de manière à ce que le service des uns et des autres en fût facilité et non
embarrassé.

XXXI.

Condensateur.

Un condensateur est un vase clos immergé dans l'eau froide et dans lequel se rendent les gaz à condenser. Il doit remplir les conditions suivantes :

1° Offrir la plus grande surface possible au liquide réfrigérant pour opérer la condensation des matières condensables ;

2° Être disposé de façon à forcer les vapeurs à se mettre successivement en contact avec ses parois ;

3° Être immergé dans une cuve où l'eau puisse se renouveler continuellement et assez vite pour être toujours ramenée à la température atmosphérique ; d'où l'on voit qu'en été la condensation sera plus lente, toutes autres choses égales d'ailleurs, et exigera plus d'eau qu'en hiver ;

4° Être d'une substance à la fois peu attaquable aux vapeurs acides et très-conductrices de la chaleur.

Cette question se complique de tant d'éléments divers, variables et ignorés, qu'il est impossible de la soumettre au calcul et d'espérer par cette voie une solution exacte et méritant quelque confiance. Voici sur ces divers points les résultats que l'expérience a consacrés et que l'on peut admettre, en se guidant dans leur usage sur les principes fixés, les propriétés et les faits connus.

Un condensateur doit avoir une forme légèrement conique. Il doit faire retour sur lui-même, à la fois pour éviter l'embarras d'un appareil trop long dans une usine, pour rompre la veine fluide et pour en mettre ainsi toutes les parties au contact de la paroi intérieure de l'appareil. Le nombre de ces retours et son développement en longueur doivent être en rapport avec la quantité de vapeur à condenser. Mais il y a une vitesse de l'afflux des vapeurs et que l'expérience seule fait connaître, passé laquelle la condensation n'est plus efficace et où le courant des gaz permanents entraîne une quantité notable de matières condensables. D'où l'on voit qu'une carbonisation rapide nécessite, à peine d'une perte considérable, de plus grands appareils de condensation qu'une carbonisation lente. Les coudes de retour doivent être hors la cuve et mobiles, afin de rendre possible le nettoyage de l'appareil. Il doit entrer par le haut dans sa cuve et sortir par le bas, en conservant sur tout son parcours une légère inclinaison pour permettre l'écoulement des liquides condensés. L'eau doit arriver par le fond de la cuve et sortir par le bord supérieur, de façon à suivre une direction inverse du courant gazeux. Au delà de deux cornues sur un même condensateur, avec une carbonisation rapide, la condensation devient de plus en plus incomplète, par la raison que le courant des gaz combustibles que l'on envoie dans les foyers ou dans un gazomètre, acquiert une trop grande vitesse et présente l'inconvénient déjà signalé d'entraîner des portions considérables et très-riches de vapeurs acides et méthyliques. Ce vice, qui augmente dans la proportion de vitesse du courant, c'est-à-dire avec le nombre des fours desservis par le même condensateur, en fait naître deux autres : le premier de diminuer

la puissance calorifique des gaz combustibles, lorsqu'on les envoie directement dans le foyer, par le mélange de vapeurs aqueuses, au point qu'ils
s'éteignent d'eux-mêmes dans le foyer ; le second de corroder et d'user rapidement les ajutages de cuivre par lesquels on les fait pénétrer dans le foyer.
Il sera donc toujours à propos, même dans de bonnes conditions d'établissement de cet appareil, de combattre cet inconvénient par des repos ou
petits récépients établis sur le parcours du condensateur au foyer ou au gazomètre, munis de robinets pour écouler les produits de cette condensation
supplémentaire.

De la chaux vive disposée convenablement dans ces récipients résoudrait
complétement la difficulté en condensant ces dernières vapeurs. Elle aurait
de plus l'avantage de retenir au moins une partie de l'acide carbonique qui
se trouve mélangé en assez forte proportion avec ces gaz, en sorte que ceux-ci
arriveraient au foyer ou au gazomètre dans le plus grand état de pureté
possible, c'est-à-dire, avec toute leur puissance calorifique. Cette chaux,
qu'on renouvellerait après saturation, serait traitée ultérieurement pour en
extraire l'acide acétique. Une carbonisation lente fait disparaître ou atténue
tous ces inconvénients et permet de mettre au moins quatre cornues sur le
condensateur, qui n'en aurait supporté que deux avec une carbonisation
rapide.

Les dimensions et l'agencement les plus convenables pour un condensateur de quatre cornues de la capacité indiquée (XXIX) marchant à 72 heures,
sont : 40 centimètres de diamètre à son entrée dans la cuve, 15 centimètres
à sa sortie, avec une décroissance graduelle entre ces deux limites et un développement total en longueur de 50 à 55 mètres environ. Cette longueur doit
être partagée en cinq retours faisant six longueurs de 8 mètres l'une plongée dans la cuve. On voit de là que la cuve devra avoir huit mètres de longueur en dedans et $1^m,60$ environ de hauteur. Cette cuve pourra être in-
différemment, suivant le prix de revient en métal, en béton ou en bois. Toutefois, la tôle paraît plus avantageuse dans le service, par la moindre place
qu'elle occupe.

La seule matière qui convienne pour le condensateur est le cuivre. Il est
moins attaquable que la tôle par les vapeurs acides, ce qui permet d'employer des feuilles de peu d'épaisseur. De plus, sa conductibilité calorifique
qui est à celle du fer comme 898 est à 374 (Despretz) est plus grande que
celle d'aucune autre substance qui puisse être employée économiquement.

XXXII.

Dispositions pour le traitement ultérieur des liquides de la condensation.

Les liquides condensés devront s'écouler du condensateur dans une cuve en
bois de capacité suffisante, qu'il sera utile de graduer pour se rendre compte
de la quantité de produit brut. Elle devra aussi être isolée, élevée de terre,
et accessible dans une fosse en béton parfaitement étanchée, afin de recueillir
les liquides qui s'échappent toujours par les fuites impossibles à prévenir de
ce récipient. On aurait autant de récipients à établir que l'on voudrait obte-

nir de divers degrés de richesse des liquides. Cette séparation par ordre de richesse ne présente aucune difficulté (XXV). De là, les liquides seront montés dans d'autres cuves en bois, au moyen d'une pompe mue à bras ou par un autre moteur à un niveau supérieur, de manière à avoir une hauteur suffisante pour pouvoir faire écouler successivement ces liquides dans les appareils destinés à leurs manipulations ultérieures. On devra faire communiquer ces cuves entre elles tant en bas qu'en haut, pour en faciliter la vidange. Mais ces communications pourront être interceptées par des robinets. Ces détails entendus, je n'ajouterai rien à ce que j'ai dit (XXV) sur les phases de la carbonisation, sinon que dans un temps très-court les ouvriers et contre-maîtres seront au courant de l'opération au point d'y mettre une précision presque mathématique pour accroître successivement la chaleur de combustion, c'est-à-dire, l'émission des quantités exactement nécessaires de gaz et d'air et aux moments voulus. On a vu (XXX) qu'à cet effet les robinets d'introduction devront être munis chacun d'une aiguille à cadran qui permettra de graduer cette émission à volonté.

XXXIII.

Calcul de la perte causée par l'emploi de bois mouillés.

Les produits bruts de la distillation du bois prennent le nom d'acide pyroligneux. L'intérêt qu'il y a à les obtenir concentrés (XXXI), ramène à l'observation faite (XXII) sur l'avantage d'avoir des bois secs et par conséquent à couvert, indépendamment de la bonne conservation du bois et de la qualité du charbon qui en est la conséquence. En ne considérant donc que l'eau d'imbibition fournie par les pluies et que l'on doit expulser dans la carbonisation, on peut faire le calcul suivant pour comparer le bénéfice obtenu à la dépense faite. Si l'on suppose six mois de pluie et six mois de beau et une consommation moyenne annuelle de 15000 stères, on aura 7500 stères qui seront carbonisés mouillés. On peut admettre pour l'effet moyen de la pluie un accroissement d'eau hygrométrique de 10 pour 0/0 du poids du bois. Or, 7500 stères à 300 kilog. l'un, pèseront ensemble 2250000 kilog. qui, à 10 pour 0/0 auront pris une quantité totale d'eau hygrométrique d'un poids de 225000 kilog. Si l'on admet l'expulsion de cette eau au commencement de l'opération en vapeur à 50 degrés, il y aura 621^{cal},7 (Regnault) absorbées par kilog. pour l'expulsion de cette eau, soit pour la totalité 139882500 calories, qui correspondent sensiblement à 250 hectolitres de houille, en prenant 84 kilog. pour le poids de l'hectolitre, et 7000 calories pour la puissance calorifique de la houille. Cette eau volatilisée sera précipitée dans le condensateur pour être de nouveau vaporisée, afin de la séparer des liquides utiles, à moins que l'on adopte le moyen de ne pas recueillir les premiers liquides de la distillation, et exigera de nouveau 250 hectolitres de houille pour ce deuxième départ ; soit pour le tout et par chaque année 500 hectolitres, lesquels à 2^f,50 l'un, font une somme de 1250 francs. En conséquence, et d'après cela, chaque industriel aura à calculer suivant les conditions dans lesquelles il sera placé l'avantage qu'il aura, ou à élever un hangar, ou à perdre 1250 francs par an, en observant en outre que l'empilage à couvert sera plus commode pour les ouvriers et par suite moins coûteux. D'ailleurs, il ne serait pas utile d'avoir un hangar pouvant contenir plus de trois mois d'approvisionnement.

XXXIV.

Examen de la consommation en combustible d'une cornue. Chauffage à la houille. Chauffage au gaz.

La substitution du combustible gazeux au combustible concret dans la carbonisation du bois, présente des avantages divers tels que cette substitution ne saurait être l'objet de la moindre hésitation. Les développements qui suivent, mettent ce fait hors de doute.

Dans le calcul du combustible nécessaire à la carbonisation d'une cornue chauffée au gaz, afin de ne point baser des appréciations sur des économies non encore justifiées par l'expérience, malgré l'évidence des déductions théoriques, je prendrai d'abord pour point de départ la consommation d'une cornue chauffée à la houille. Après quoi je rechercherai quelles quantités de gaz peuvent suppléer à cette consommation et je ferai remarquer les économies que cet emploi du gaz permet d'espérer sur celui du combustible en nature, lesquelles, en fin de compte se traduisent par un ensemble important de réductions dans les dépenses.

On peut admettre comme un point établi par un grand nombre d'observations, qu'une cornue des dimensions que je considère (XXIX) contenant 1200 kilog. de bois, dans les conditions d'une carbonisation rapide bien conduite et d'une durée de 10 heures, qui est la durée adoptée dans les usines de distillation de bois, consommera 100 kilog. de houille de Commentry et en outre tous les gaz combustibles du bois qu'elle contient. Par cette carbonisation rapide, il n'y aura pas plus de 21 à 22 pour 0/0 du poids du bois en charbon obtenu et avec les graves défauts reprochés au charbon produit par voie rapide, et pas plus de trois et demi pour 0/0 en acide acétique monohydraté, mais il en résultera en même temps une plus grande proportion de gaz et de goudron que par la voie ménagée (XXV). Néanmoins, pour baser le calcul et par une hypothèse favorable au système que je combats, j'admettrai la proportion des produits de la distillation donnée (VII) et pour puissance calorifique de la houille, le chiffre de 7000 calories.

En conséquence, les gaz combustibles de la cornue se composeront (VII et X), en oxyde de carbone de $4,9056 \times 12$ . . . . $58^k,8672$
En hydrogène bicarboné de $3,89013 \times 12$ . . . . $46^k,68156$
En hydrogène libre de $0,49547 \times 12$ . . . . $5^k,94564$

Je n'ai point à parler ni de la vapeur d'eau entraînée dans le foyer ni de l'acide carbonique des gaz de la cornue, qui ensemble dans le chauffage à la houille, emportent une grande quantité de chaleur sensible, parce que dans le chauffage au gaz, l'emploi d'un gazomètre et d'un exhausteur est indispensable pour des raisons qui seront données plus loin (XXXVII), que dans ce cas, la vapeur d'eau non condensée de la cornue le sera dans les repos, ou sinon, dans le gazomètre et que l'acide carbonique sera retenu au moins en partie, mais en tout cas sera ultérieurement dépouillé de sa chaleur sensible en passant sous les bassines d'évaporation.

Ces quantités de houille et de gaz produiront en chaleur par leur combustion, savoir :

La houille 100 kilog., $\times$ 7000 . . . . 700000^{cal},
L'oxyde de carbone 58,8672 $\times$ 2403 . . . . 141457 ,8816
L'hydrogène bicarboné 46,68156 $\times$ 11857 . . . . . 553503 ,25692
L'ydrogène libre (5,94564 $\times$ 34462)—32454^c,27594. 172444 ,36974

Total de la chaleur dépensée à la carbonisation d'une cornue . . . . 1567405^{cal},50826

La chaleur de combustion de l'hydrogène libre donnée ci-dessus est la chaleur nette, c'est-à-dire, celle trouvée en déduisant de la chaleur de combustion de l'hydrogène, la chaleur latente de volatilisation de l'eau née de cette combustion.

Cette quantité totale de chaleur présente ce fait remarquable que sa composition s'accorde avec l'observation des ouvriers chauffeurs, qui estiment tous que la chaleur de combustion de la houille et celle des gaz se partagent sensiblement par parties égales le chauffage d'une cornue.

La chaleur qui vient d'être trouvée, qui est celle absorbée par une cornue chauffée à la houille et que j'admets sous les réserves faites, comme celle consommée dans une opération par une cornue chauffée au gaz, se répartit évidemment entre les trois causes suivantes de consommation, savoir :

1° La chaleur théorique absorbée par la distillation.

2° Le coefficient pratique de cette chaleur théorique.

3° La chaleur sensible des gaz de la combustion à leur sortie du four.

La première se compose de la chaleur absorbée par les produits volatils de la distillation et de la chaleur sensible du charbon à la sortie du four.

La deuxième, de la chaleur sensible de la cornue à la sortie du four et de la chaleur du rayonnement afférent à une cornue pendant toute la durée de l'opération, soit un quart de tout le rayonnement de l'appareil.

La troisième enfin, de la chaleur sensible des gaz brûlés.

Il convient de fixer les limites de ces trois causes pour déterminer les améliorations qui peuvent et doivent être introduites.

En ce qui concerne la première, si l'on admet que les produits volatils quittent la cornue à la température moyenne de 250 degrés, comme dans la carbonisation en forêt (X) ; que la cornue et le charbon qu'elle contient soient extraits du four à une température de 600 degrés, puisque le départ des produits volatils de 100 kil. de bois dans ces conditions absorbe une quantité de chaleur équivalente à 6^k,275 de carbone (XIV) ; la quantité de carbone qui représentera la chaleur absorbée par le départ des produits volatils de 1200 kil. de bois, sera 6,275 $\times$ 12 = 75^k,30 ; la quantité du carbone qui représentera la chaleur sensible du charbon sera $\dfrac{300 \times 0,2415 \times 600}{8080} = 5^k,3799$,

soit un total de 80^k,6799 de carbone représentant 651893^c,592.

En ce qui concerne la deuxième, en admettant la caloricité du fer entre 0°
et 100° égale à 0,11379 (Regnault), et son coefficient d'accroissement de caloricité par 100 degrés égale à 0,0065 calculé d'après Petit et Dulong, la
quantité de chaleur possédée par la cornue à la sortie du four à une température de 600 degrés sera :

$$1000\ (0,11379 + 0,0065 \times 5)\ 600 = 87774^c.$$

La chaleur de rayonnement de tout le massif sera donnée par la formule
M = R + A (XIII), qui exprime la chaleur perdue par mètre carré et par
heure et dans laquelle les valeurs de R et de A sont :

$$R = 124,72 \times K a \theta (a^t - 1);$$
$$A = 0,552 \times K' t^{1,235};$$

Dans ces deux dernières formules K est le pouvoir émissif du muraillement de briques que j'admets égal à celui de la pierre à bâtir, c'est-à-
dire à 3,60 (Péclet, vol. 2, page 374), a une constante égale à 1,007 (ib. 7,
page 373), θ la température de l'espace ambiant (ibid.), que je suppose égal
à 10°, t l'excès de la température de la surface sur l'espace ambiant (ib.) ; je
suppose dans ce cas et d'après mes propres constatations cet excès égal à 10
degrés ; K' un coefficient de la chaleur enlevée par le contact de l'air pour
les surfaces planes verticales (ib., page 376).

Je suppose le massif du four formant un parallélipipède droit à quatre faces
latérales, égales entre elles et égales l'une à $3^m \times 4^m,20 = 12^{mq},6$;
3^m étant la hauteur du four et par conséquent donnant $K' = 2,13$.

La face inférieure qui repose sur le sol et pour laquelle j'admettrai une
déperdition proportionnelle au rayonnement des faces latérales, sera égale à

$4^m,2 \times 4^m,2 = 17^{mq},64$, dont le quart pour une cornue est $\dfrac{17,64}{4} = 4^{mq},41$.

La face supérieure est représentée par le couvercle en tôle. Je supposerai
à celui-ci un pouvoir émissif de 3,36 (Péclet, vol. 2, page 374) et une température moyenne de 150 degrés. Cette température moyenne a été déterminée en prenant pour deux opérations et pour un couvercle semblable en
tôle, la moyenne de toutes les températures du four pendant toute l'opération,
depuis le commencement jusqu'à la fin et prenant la moyenne entre ces deux
moyennes, puis diminuant d'après des observations thermométriques directes
de cette moyenne nouvelle, qui s'est trouvée en nombre rond de 200 degrés,
la quantité de 50 degrés. Je supposerai sa surface égale à $3^m,4 \times 3^m,4 =$
$= 11^{mq},56$ seulement, en raison de ce qu'il ne recouvre pas toute l'épaisseur

du muraillement ; soit pour une cornue $\dfrac{11,56}{4} = 2^{mq},89$. La même formule

M = R + A, dans la valeur de laquelle t devient $150° - 10° = 140°$, donnera la chaleur rayonnée par le couvercle et dont le quart devra être attribué
à une cornue. Ainsi, la chaleur rayonnée afférente à une cornue sera émise
pendant 72 heures par une surface en brique égale à $12^{mq},6 + 4^{mq},41 =$
$17^{mq},01$, ayant un excès de température de 10° sur la température de
l'espace ambiant et pendant le même temps par une surface en tôle de $2^{mq},89$
ayant un excès de température de 140° sur celle de l'espace ambiant. En

conséquence, les valeurs de R et de A par mètre carré de surface en brique et par heure, deviennent en faisant usage des tableaux donnés par Péclet, vol. 2, pages 374 et 377, et en faisant la correction relative à θ égal ici à 10° au lieu de 15 adoptés dans les formules de Péclet :

$$R = 0,96 \times 11,2 \times 3,60 = 38^c,7072,$$
$$A = 9,4 \times 2,13 = 20^c,022.$$

Substituant dans la valeur de M, on a :

$$M = R + A = 38,7072 + 20,022 = 58^c,7292 ;$$

d'où l'on déduit pour une surface de $17^{mq},01$ et pour 72 heures :
$M' = 58,7292 \times 17,01 \times 72 = 71926^c,825824$, qui représentent le rayonnement afférent à une cornue. Cette quantité de chaleur correspond à $8^k,9017$ de carbone.

Les valeurs de R et de A par mètre carré de surface en tôle et par heure, deviennent, en faisant usage des mêmes formules et procédant d'après la même méthode et en considérant que t est égal ici à 140 degrés, K égal à 3,36 et que la surface du couvercle en tôle étant horizontale, la valeur de K' doit être déduite de cette même valeur de K' donnée pour un corps sphérique

(Péclet, vol. 2, page 375) et qui est $K' = 1,778 + \dfrac{0,13}{r}$, dans laquelle on fait

r égal à l'infini, ce qui ramène au plan et réduit K' à K' = 1,778.

$$R = 0,96 \times 269,5 \times 3,36 = 869^{cal},2992.$$
$$A = 244,4 \times 1,778 = 434^c,5432.$$

Substituant dans la valeur de M, on a :

$$M = R + A = 869^c,2992 + 434^c,5432 = 1303^c,8434,$$

d'où l'on déduit pour une surface de $2^{mq},89$ et pour 72 heures :
$$M' = 1303,8434 \times 2,89 \times 72 = 271303^{cal},526592.$$

Cette quantité de chaleur correspond à $33^k,502$ de carbone.

Ainsi, la perte à attribuer au coefficient pratique de la chaleur théorique de la distillation d'une cornue, se compose :

De la chaleur de la cornue à la sortie du four . . . . . . 87774 calories.

Du quart du rayonnement du massif du four afférent à une cornue pendant une opération . . . . $71926^c,825824$

Du quart du rayonnement du couvercle pendant le même temps . . . . $271303^c,526592$

Total du coefficient pratique de la chaleur théorique de distillation d'une cornue . . . . $431004^c,352416$
Cette chaleur correspond à $46^k,30$ de carbone.

On a vu que la chaleur théorique de la distillation proprement dite était . . . . : . . . $651893^c,592$

Total de la chaleur nécessaire à la distillation d'une cornue . . . . $1082897^c,944416$
Cette chaleur correspond à $134^k,0223$ de carbone.

Or, j'ai admis provisoirement que la chaleur totale

consommée par la distillation d'une cornue chauffée au gaz était égale à celle d'une cornue chauffée à la houille, laquelle dernière chaleur est égale à.................   1567405^c,50826

Il resterait pour la chaleur sensible des gaz à leur sortie du four ....   484507^c,563844

Cette chaleur sensible, qui est perdue par le procédé ordinaire de carbonisation à la houille en vase clos, correspond à 59^k,9643 de carbone et la chaleur totale consommée à 134^k,0223 + 59,9643 = 193^k,9866 de carbone. On aurait pu déduire directement ce résultat des 1567405 calories consommées.

Avant d'examiner certaines circonstances du chauffage des cornues au gaz et de les comparer à celles du chauffage au combustible en nature, il convient de revenir sur la réserve faite au commencement de ce paragraphe de rechercher la quantité de gaz nécessaire au chauffage d'une cornue.

Il faut d'abord remarquer que la quantité de chaleur nette dépensée à opérer les réactions de la distillation aux mêmes températures étant invariable, quelle que soit la source productrice de cette chaleur, le calcul auquel je viens de procéder fournit le chiffre réel de cette chaleur, qui est 1082897^c,944416 et les différences dans la dépense ne pourront porter que sur les accessoires, c'est-à-dire, sur les moyens d'obtenir cette chaleur et la manière de l'employer. Il ne s'agit donc que de trouver la quantité de gaz combustibles qui, par leur combustion sans excès d'air, développeraient cette chaleur, plus celle qu'ils emporteraient à l'état sensible, après avoir été brûlés. Cette chaleur sensible d'après l'hypothèse (X) serait celle qui leur donnerait la température moyenne de 250 degrés.

Pour pouvoir faire ce calcul, il faut connaitre la composition du gaz destiné à la combustion. Parmi toutes les compositions de gaz pouvant servir à cet usage, je supposerai celle qui résulterait de la conversion en oxyde de carbone et en hydrogène protocarboné du bois composé comme il a été dit (VII), en admettant cette conversion en hydrogène protocarboné, de tout l'hydrogène combiné dans l'acide acétique, le méthylène et les hydrocarbures au moyen d'air sec dans un générateur spécial. Au surplus, il est fait cette observation que tout ce qui va être dit sur le mode de combustion et de répartition de la chaleur produite, s'appliquerait littéralement à toute autre composition des gaz combustibles.

En conséquence, 100 kilog. de bois mettraient en liberté, par la décomposition de leurs 7 kilog. d'acide acétique, savoir:

En oxygène, 3^k,733, } qui se combineront pour faire 6^k,533 d'oxyde
En carbone, 2^k,80, } de carbone.

En hydrogène 0^k,467, qui se combinera avec 1^k,401 de carbone pour faire 1^k,808 d'hydrogène protocarboné;

Par la décomposition de leur 1 kil. de méthylène, savoir:

En hydrogène 0^k,125, } qui se combineront pour faire 0^k,5 d'hydrogène protocarboné.
En carbone   0^k,375, } gène protocarboné.

En oxygène 0^k,50, qui prendra 0^k,375 de carbone pour faire 0^k,875 d'oxyde de carbone;

Par la décomposition de leurs huiles et goudrons, savoir :

En hydrogène $0^k,7142$ qui retiendront $2^k,1426$ de leur carbone pour faire $2^k,8568$ d'hydrogène protocarboné et mettront en liberté $2^k,1432$ de carbone;

Par la transformation de leurs gaz permanents, savoir :

En hydrogène $1^k,0512$, lesquels retiendront de leur carbone $3^k,1536$ pour faire $4^k,2048$ d'hydrogène protocarboné;

En oxygène $8^k,4096$, qui prendront $6^k,3072$ de carbone pour faire $14^k,7168$ d'oxyde de carbone.

En récapitulant, on voit que l'ensemble de ces produits se compose, savoir :

En oxyde de carbone $6^k,533 + 0,875 + 14,7168 = 22^k,1248$;

En hydrogène protocarboné $1^k,868 + 0,50 + 2,8568 + 4,2048 = 9^k,4296$.

Ces corps pour se former auront pris en carbone sur les 40 kil. contenus dans les 100 parties de bois, savoir :

L'oxyde de carbone $2^k,80 + 0,375 + 6,3072$ . . . . . $= \quad 9^k,4822$

L'hydrogène protocarboné $1^k,401 + 0,375 + 2,1426 + 3,1536 =$ . . . . $7^k,0722$

Total en carbone . . . . $16^k,5544$

Lesquels retranchés des 40 kil., laissent un reste de $23^k,4456$ à transformer en oxyde de carbone.

Ces $23^k,4456$ de carbone, pour subir cette transformation, prendront à l'oxygène de l'air $31^k,2608$ et feront $54^k,7064$ d'oxyde de carbone.

Les $31^k,2608$ d'oxygène correspondent à $104^k,6557$ d'azote.

En conséquence, la transformation avec de l'air sec en gaz combustibles de 100 kil. de bois dans les conditions de siccité posées (VII) donnera, savoir :

En hydrogène protocarboné. . . . . $9^k,4296$

En oxyde de carbone. . . . . $76 ,8312$

En azote. . . . . $104 ,6557$

Total du poids des gaz permanents résultant de la transformation de 100 kil. de bois. . . . . $190^k,9165$

J'ai supposé de certaines proportions dans les combinaisons ci-dessus de gaz combustibles; ces proportions pourraient être en réalité quelque peu différentes, c'est-à-dire, qu'il pourrait y avoir une certaine quantité d'hydrogène libre et des variations correspondantes dans l'hydrogène carboné et l'oxyde de carbone, mais la puissance combustible totale ne présenterait entre les deux cas qu'une différence à peine sensible.

J'ai donné le résultat de cette transformation du bois en gaz parce que dans le voisinage d'une exploitation forestière, on aura toujours à sa disposition une quantité considérable de débris ligneux, tels entre autres que les bourrées, aujourd'hui à peu près perdues, bien qu'elles aient à poids égal la même composition et la même puissance calorifique que le bois. On pourra tirer de ces débris un parti aussi avantageux que du bois au moyen du générateur de gaz dont je parlerai plus loin, en même temps que de certains détails de cette conversion, que j'omets ici pour cette raison.

Enfin j'ai supposé de l'air sec pour produire ces gaz afin de simplifier le calcul, bien qu'il ne puisse jamais arriver d'avoir de l'air entièrement privé de vapeur. Mais cette hypothèse était sans inconvénient, parce que la vapeur d'eau introduite avec l'air dans le générateur devant se décomposer, absorbera à l'état latent exactement autant de chaleur que l'hydrogène mis en liberté par cette décomposition, en dégagera pour se brûler de nouveau. Il y aura donc compensation entre la dépense et le produit et par suite un effet nul dont on pouvait se dispenser de parler pour simplifier l'exposition.

De plus et d'ailleurs, l'introduction de la vapeur d'eau dans le gazogène présente des avantages sur lesquels nous aurons plus loin à revenir.

Pour se rendre compte de la quantité de chaleur disponible que l'on pourrait obtenir avec des gaz ainsi composés, en admettant qu'il ne soit employé à les brûler que de l'air sec, mais avec cette observation cette fois et pour ce cas, qu'il y aura intérêt à opérer avec de l'air sec, parce que la chaleur absorbée par la décomposition de la vapeur d'eau contenue dans l'air ne sera pas restituée, on remarquera que ces $9^k,4296$ d'hydrogène protocarboné contiennent :

1° $2^k,3574$ d'hydrogène, qui prendront $18^k,8592$ d'oxygène pour se brûler et faire $21^k,2166$ d'eau ;

2° $7^k,0722$ de carbone, qui prendront $18^k,8592$ d'oxygène pour se brûler et faire $25^k,9314$ d'acide carbonique ;

3° Enfin que cet hydrogène carboné dégagera par sa combustion (Fabre et Silbermann), une quantité de chaleur donnée par :
$$9,4296 \times 13063 = 123178^c,8648.$$

On remarquera que les $76^k,8312$ d'oxyde de carbone prendront $43^k,9035$ d'oxygène pour se convertir en $120^k,7347$ d'acide carbonique et dégageront une quantité de chaleur (Fabre et Silbermann), donnée par :
$$76,8312 \times 2403 = 184625^c,3736.$$

La quantité totale de chaleur produite par ces combustions sera :
$$123178^c,8648 + 184625^c,3736 = 307604^c,2384$$

et la quantité d'oxygène absorbée sera :

$18^k,8592 + 18,8592 + 43,9035 = 81^k,6219$ d'oxygène, qui correspondent à $273^k,2559$ d'azote. En sorte qu'après la combustion, la masse des gaz brûlés se composera comme suit :

Vapeur d'eau . . . . $21^k,2166$
Acide carbonique. . . . . 146 ,6661
Azote . . . . 377 ,9116

Total du poids des gaz brûlés . . . . $545^k,7943$

Si l'on suppose que ces gaz sortent du four avec une température moyenne de 250 degrés (IX), la chaleur sensible qu'ils emporteront, y compris la chaleur latente de la vapeur d'eau calculée pour 250 degrés, suivant la loi donnée par M. Regnault et en adoptant, d'après le même auteur, le nombre de 0,2164 pour la caloricité de l'acide carbonique et celui de 0,2440 pour celle de l'azote sera savoir :

Pour la vapeur d'eau $21,2166 \times 682,6$ . . . . $= 14482^c,45116$
Pour l'acide carbonique $146,6661 \times 0,2164 \times 250$. . $= 7934\ ,63601$
Pour l'azote $377,9116 \times 0,2440 \times 250$ . . . . . . $= 23052\ ,6076$

Total de la chaleur emportée par les gaz brûlés. . . . $45469^c,69477$

Si de la chaleur trouvée par la combustion des gaz produits par 100 kil. de bois, on retranche la chaleur emportée par les gaz brûlés qui vient d'être calculée, la différence :

$$307704^c,2384 - 45469^c,69477 = 262234^c,54363$$

est la chaleur disponible qui s'appliquera à la distillation.

Or il a été établi dans ce même paragraphe que la chaleur totale nécessaire à la distillation d'une cornue est égale à $1082897^c,944416$, non compris la chaleur sensible des gaz brûlés et la chaleur latente de la vapeur d'eau qui en fait partie ; en conséquence, la quantité x de bois qu'il faudrait transformer en gaz combustibles pour produire par leur combustion cette chaleur disponible, ainsi que celle emportée par les gaz brûlés, sera donnée par la proportion suivante :

$$\frac{100}{262234,54363} = \frac{x}{1082897,944416}; \text{ d'où } x = 412,950.$$

Ces $412^k,950$ de bois produiront, conformément à ce qui vient d'être établi, les quantités suivantes de gaz combustibles :

En hydrogène protocarboné	$38^k,9395332$
En oxyde de carbone.	$317^k,2744404$
En azote	$432^k,17571315$

Total des gaz combustibles nécessaires à la distillation d'une cornue. . . . . $788^k,38968675$

Ces gaz combustibles produiront par leur combustion les quantités de gaz brûlés suivantes :

En vapeur d'eau	$87^k,6139497$
En acide carbonique.	$605,65765995$
En azote.	$1560,58595220$

Total des gaz brûlés résultant de la carbonisation d'une cornue . . . . $2253^k,85756185$

De même on voit que la chaleur x' emportée par les gaz brûlés pour carboniser une cornue serait donnée dans ce cas par la proportion :

$$\frac{100}{45469,69477} = \frac{412,950}{x'}; \text{ d'où } x' = 187767^c,104552715.$$

Cette dernière quantité de chaleur correspond à $23^k,238$ de carbone.

Ainsi la quantité totale de chaleur consommée par la distillation d'une cornue chauffée au gaz obtenu au moyen du bois et dans les conditions dites, est égale à :

$$1,082,897^c,944416 + 187,767^c,104552715 = 1,270,665^c,048968715.$$

Ce chiffre peut encore subir d'importantes réductions, que ce qui précède peut faire pressentir et que j'indiquerai dans ce qui va suivre ; mais en le prenant tel qu'il est, il présente encore sur la consommation du chauffage de la cornue à la houille une économie donnée par la différence $1,567,405^c,50826 - 1,270,665^c,048968715 = 296,740^c,459291285$, qui correspond à $36^k,7253$ de carbone.

On a supposé que l'on n'employait à la combustion du gaz que la quan-

tité d'air strictement nécessaire. Cette condition est essentielle ; un excès
d'air donnerait d'autres résultats que ceux qui viennent d'être obtenus et qui
s'en écarteraient d'autant plus que l'excès d'air serait plus considérable. Le
moyen de réduire l'afflux d'air à la proportion nécessaire, soit qu'on l'insuffle,
soit qu'on en détermine le courant par l'effet du tirage, est d'en régler l'introduction sur le gaz au moyen d'un robinet que le chauffeur ouvrirait au
degré voulu et en rapport avec la quantité de gaz à brûler.

Ce point ne présente aucune difficulté et une très-courte expérience suffira
pour permettre au chauffeur d'atteindre la limite aussi exactement qu'on puisse
le désirer. On pourra faciliter cette réglementation de l'introduction de l'air,
ainsi que du gaz que cet air doit brûler, en adaptant sur chaque robinet une
aiguille à cadran qui indiquerait sur le limbe la quantité d'air ou de gaz introduite correspondant à la position de l'aiguille.

XXXV.

**Examen des principales différences que présentent les deux modes de
chauffage. Avantage incontestable du chauffage au gaz.**

La différence de consommation de chaleur dans le chauffage de la cornue
à la houille d'avec le chauffage au gaz tient à plusieurs causes dont il est facile
de se rendre compte. Ainsi, dans le chauffage à la houille, on a une perte notable en escarbilles qui tombent sous la grille ; on a un excès d'air introduit, qui résulte surtout de la fréquence des chargements de la grille, qui for-
cent d'ouvrir la porte du foyer à chaque fois et, chose remarquable, en
même temps qu'on a un excès d'air, on a une combustion incomplète, ainsi
que l'on peut en juger par la fuliginosité des flammes à leur sortie à l'air, ce
qui prouve l'extrême difficulté d'obtenir de bons résultats par la combustion
des combustibles en nature ; on a entre le foyer et la cornue l'interposition
d'une voûte rendue nécessaire par l'action des vapeurs sulfureuses sur la
cornue, tandis que par le chauffage au gaz, le contact de la flamme est immédiat et partant plus efficace ; enfin, dans le chauffage à la houille, la déperdition due au rayonnement est plus considérable en raison du massif du four,
proportion gardée, que par le chauffage au gaz. A l'égard de ce dernier point,
on peut considérer que l'excès de la durée de l'un est compensé par l'excès de
la température de l'autre.

Mais ces deux modes de chauffer et leurs durées déterminent encore entre
les deux procédés d'autres différences qu'il est intéressant d'examiner.

Dans le chauffage à la houille, les cornues seront plus rapidement et plus
profondément détériorées, d'abord par l'effet de la plus haute température à
laquelle elles sont soumises, car cette température ne va pas à moins de 800
à 900 degrés, ensuite par les vapeurs sulfureuses que le gaz de la houille,
quelque pure qu'elle soit, contiennent toujours. D'un autre côté, la différence de durée de la carbonisation introduira une différence correspondante
dans le matériel. L'importance de cette circonstance exige quelques éclaircissements. Je prendrai pour exemple une usine de huit fours chauffés à la
houille et marchant tous les jours à raison de deux opérations par jour,

pour chacun de ces huit fours. Dans ces conditions, il faudra 8 cornues en cuisson, 8 refroidissant, 8 en charge et 4 de rechange, soit en tout 28 cornues et 8 fours à une cornue. L'on dénaturera en marchant tous les jours de l'année, sans chômage, à raison de 8 stères par cornue par jour, 23360 stères par année, soit 9344 cordes de 2 stères et demi l'une.

Dans une usine de semblable importance, marchant au gaz et à 72 heures ou trois jours par opération, il faudra 16 cornues défournées tous les jours, soit pour trois jours 48 cornues et 16 en charge, soit en tout 64 cornues et et douze fours de quatre cornues chacun. Mais cette différence ne consiste que dans la dépense première et encore n'est-elle qu'apparente, car on peut évaluer qu'elle sera couverte en trois années à peine, par l'économie dans l'usure des cornues et des fours.

Il est trois autres chefs de dépense importants et spéciaux pour la carbonisation au gaz qui ne seront compensés que par un excès dans la quantité du charbon et de l'acide acétique et par la qualité supérieure du charbon, en outre de l'économie de combustible qui vient d'être signalée et de celles que l'on peut encore raisonnablement espérer. Ces trois chefs de dépense sont un gazomètre, un exhausteur avec son moteur et un gazogène. Ce que j'en dirai plus loin ne laissera aucun doute sur l'avantage incontestable d'accepter ces innovations.

La différence de quantité du charbon et de l'acide acétique, et de la qualité du charbon introduite dans les résultats par les deux modes consiste, ainsi que j'ai eu l'occasion de le dire (XXXIV), en ce que par le mode de carbonisation rapide à la houille, on n'obtient pas en moyenne plus de 21 à 22 pour 0/0 de charbon en poids du bois, et plus de 3,5 à 4 pour 0/0 tout au plus en acide acétique, et en ce que le charbon est poreux, léger et friable, se réduisant en braise au moindre choc et tout à fait impropre à la métallurgie ; tandis que par le procédé au gaz et par voie lente, la quantité de charbon varie entre 25 et 26 pour 0/0 du poids du bois et l'acide acétique entre 7 et 8 pour cent (XXV) et que le charbon réunit au plus haut degré toutes les qualités, notamment la dureté et la résistance au feu, requises par la métallurgie.

XXXVI.

Preuves qu'une cornue produit le combustible nécessaire à sa cuisson.

J'ai dit (XXXIV) que le chiffre trouvé de consommation de combustible par le chauffage au gaz pouvait encore subir d'importantes réductions. Ces réductions sont au moins au nombre de deux. La première porterait sur le rayonnement dû au couvercle du fourneau. On a vu (ibid.) que ce rayonnement pendant 72 heures et pour une cornue, c'est-à-dire, pour le quart du couvercle, était de $271303^{cal},526592$, représentant $33^k,577$ de carbone. Il serait pour le couvercle tout entier $271303^c,526592 \times 4 = 1085214^c,106368$, représentant $134^k,308$ de carbone. Le moyen consisterait à faire en tôle de trois millimètres ce couvercle avec un double fond soutenu par un léger bâti en fer, qui ne le rendrait pas plus lourd que s'il était fait en tôle de 7 millimètres sans double fond. Les deux fonds seraient espacés de cinq à six centimètres. Le coussin d'air interposé entre les deux fonds suffirait pour faire presqu'entièrement obstacle au rayonnement, et les gaz brûlés en conserveraient d'autant plus de chaleur sensible à céder aux bassines d'évaporation sous lesquelles ils doivent passer pour s'en dépouiller.

La seconde économie à faire est précisément la chaleur sensible que l'on peut enlever aux gaz brûlés en leur faisant chauffer des bassines d'évaporation. Il n'est pas douteux, d'après quelques essais que j'ai tentés à ce sujet, que l'on réduise la température de la face à l'air du couvercle à 30 degrés tout au plus et qu'on amène, en leur enlevant une chaleur suffisante, les gaz brûlés à se disperser dans l'atmosphère à la même température. Au surplus, on ne peut guère, à cet égard, atteindre autre chose que des approximations, qui suffiraient néanmoins dans la pratique et l'on devra toujours être gouverné dans une économie à faire par la question de dépense comparativement à l'effet à obtenir. Dans le cas présent, le rayonnement se rapportant à une cornue, c'est-à-dire, celui qui s'accomplit par le quart de la face du couvercle possédant une température moyenne de 30 degrés pendant 72 heures, calculé par le procédé déjà employé (XXXIV), serait $37770^{cal},4651968$ soit une différence économisée égale à $271303^c,526592 - 37770^c,4651968 = 233533^c,0613952$.

Cette différence représente $28^k,9026$ de carbone, soit pour 48 cornues pendant 72 heures, $1387^k,488$ de carbone et en supposant 360 jours de travail pendant l'année, ou 120 passées de trois jours pour les 48 cornues, soit pour toute l'année une économie pour ce point seul de $1387,488 \times 120 = 166498$ kilog. de carbone.

Cette quantité de carbone, si l'on admet le nombre de 7000 pour la puissance calorifique soit du charbon végétal, soit de la houille, représente un poids de $192176^k,909$ de l'un ou de l'autre de ces combustibles.

Cette dernière économie et celle résultant de la chaleur enlevée aux gaz brûlés, ne changeraient rien à la quantité de gaz combustibles nécessaires à la carbonisation, mais porteraient, en diminuant d'autant la consommation, sur le combustible nécessaire aux opérations de rectification des produits. Par conséquent, les calculs qui précèdent sur la consommation des gaz combustibles n'en seraient pas modifiés.

L'économie que l'on obtiendrait sur la consommation totale d'une cornue par la chaleur sensible que l'on enlèverait aux gaz brûlés en les abaissant à la température de 30 degrés au moyen de bassines évaporatoires sous lesquelles on les ferait passer, est facile à déterminer. Ces gaz (XXXIV), à une température de 30 degrés, seraient pourvus d'une quantité de chaleur, savoir :

La vapeur d'eau (Regnault) $87,6139497 \times 615,7 = 53943^c,90883029$
L'acide carbonique $605,65765995 \times 0,2164 \times 30 = 3931^c,9295283954$
L'azote $1560,58595220 \times 0,2440 \times 30 = 11423^c,489170104$

Total de la chaleur sensible emportée par les gaz
à une température de 30 degrés.................. $69299^c,3275287894$

Cette chaleur correspond à $8^k,576$ de carbone.

Leur chaleur à 250 degrés de température étant $187767^c,104552715$,
la différence économisée sera pour une cornue :

187767^c,104552715 — 69299^c,3275287894 = 118467^c,7770239256.

Cette chaleur correspond à 14^k,661 de carbone.

Cette économie pour 48 cornues pendant trois jours sera :

118467^c,7770239256 × 48 = 5686453^c,2971484288 ;

et pour une année de 360 jours de travail :

5686453^c,2971484288 × 120 = 682374395^c,657811456.

Si d'après ces données nouvelles on rectifie le chiffre de consommation totale d'une cornue pour sa cuisson, y compris la chaleur nette emportée par les gaz brûlés, ce chiffre s'établit comme suit :

Dernier chiffre rectifié de consommation totale
d'une cornue .... 1270665^c,048968715

Sur quoi à déduire :

Réduction sur le rayonnement du couvercle afférent
à une cornue .... 233533^c,0613952 ⎱
                                              ⎰ 352000^c,8384191256
Réduction sur la chaleur
des gaz brûlés .... 118467^c,7770239256 ⎰

Chaleur nette totale consommée par une cornue
chauffée au gaz par voie lente .... 918664 ,2105495894

Cette chaleur correspond à 113^k,696 de carbone.

Si l'on rapproche de ce chiffre celui de 193^k,9866 trouvé (XXXIV) pour la consommation d'une cornue chauffée à la houille par voie rapide, la différence en faveur de la cornue chauffée au gaz est exprimée par 193,9866 — 113,6960 = 80^k,2906 de carbone qui représentent 92^k,67829 de charbon ou de houille.

Cette différence pour 48 cornues marchant par tournée de 72 heures est 80,2906 × 48 = 3853^k,9488 de carbone, et pour les 120 passées des 48 cornues pendant une année de travail de 360 jours, elle est 3853,9488 × 120 = 462473^k,856 de carbone.

Ce carbone correspond à 533826^k,9652 de charbon ou de houille, ou à 6672,837 hectolitres de houille pesant l'un 80 kilog. valant ensemble en argent à raison de 2^f 50 l'un rendu à l'usine 16682^f,09, à l'avantage du procédé au gaz pour ce qui regarde le chauffage des cornues seulement. La supériorité de ce procédé, en ce qui concerne la plus grande quantité d'acide acétique et de charbon et la qualité hors de toute comparaison que l'on obtient par son moyen pour ce dernier produit, dépasse de beaucoup en importance l'économie du chauffage, ainsi qu'il sera justifié plus loin.

Je suis parti d'une hypothèse de 100 kil. de houille pour le chauffage d'une cornue ; on vient de voir que par le procédé de chauffage au gaz on pouvait économiser sur cette quantité 92^k,678 ; la consommation d'une cornue au gaz se réduirait donc à la valeur de la puissance calorifique de 100 kilog. — 92,678 = 7^k,322 de houille et en outre à l'équivalent des gaz combustibles de cette cornue. Mais il est facile de reconnaître qu'il ne sera pas nécessaire de faire cet emprunt à un combustible étranger, puisque la cornue devant fournir (VII) cinq pour cent de goudron dont on pourra extraire

un de méthylène et un d'huiles lourdes et légères, il restera encore en goudron proprement dit trois pour cent en poids du bois.

Ces trois pour cent pour 1200 kilog. de bois forment un total de 36 kilog.,
dont la puissance calorifique, en la supposant égale à celle de l'hydrogène bicarboné 11857 (Fabre et Silbermann), sera exprimée par $36 \times 11857 =$
426852 calories.

Cette quantité de chaleur, qui est huit fois plus forte environ que celle que
produiraient 7 kilog. de houille, suffira donc non-seulement au surplus des
besoins de la cornue, mais encore pourra s'appliquer pour la plus forte part
à d'autres usages, toujours nombreux dans une usine de ce genre, et compen-
ser des pertes inévitables.

XXXVII.

Gazomètre, exhausteur, gazogène.

J'ai énoncé (XXXIV et XXXV) mais sans développement, qu'une usine
chauffée au gaz nécessitait pour fonctionner convenablement :

1° Un gazomètre ; 2° un exhausteur ; 3° un gazogène.

La création d'un gazogène dans une usine marchant au gaz n'a pas besoin
d'être justifiée ; quant aux deux premiers appareils, rien ne peut suppléer à
l'absence de l'un ou de l'autre. On ne parvient à créer la possibilité de gou-
verner la température à son gré et de régler suivant le besoin la consommation du combustible qu'au moyen de l'emploi simultané de ces deux organes
indispensables d'une pareille usine. Mais avant d'entrer dans les détails nécessaires sur leur établissement, il est à propos d'exposer brièvement le but
et la fonction de chacun d'eux.

Le but du gazomètre est d'emmagasiner les gaz combustibles pour pouvoir
en ralentir ou en accélérer la dépense dans la mesure exacte de l'effet que
l'on veut atteindre. On comprend qu'en faisant communiquer directement la
source productrice avec le foyer de consommation, il n'y aura jamais de concordance entre le besoin du foyer et l'afflux de gaz. Il y aura toujours trop
ou trop peu et par suite dans l'un et l'autre cas, une irrégularité permanente
qui se traduira par un mauvais fonctionnement et une perte.

Le défaut de provision de gaz créera en outre le danger toujours mena-
çant de la suspension du travail au moindre arrêt du gazogène. Il faut donc
un gazomètre, à peine de ne pouvoir marcher.

La nécessité du débit exige dans le gazomètre une certaine pression.

Il est évident que s'il se trouvait directement en communication avec le
gazogène ou avec les cornues dont il reçoit les gaz, sa pression réagirait dans
leur intérieur et y produirait les désordres les plus nuisibles. Un intermédiaire est donc nécessaire entre les sources productrices de gaz et le gazomètre pour obvier à cet inconvénient. C'est le but et la fonction de l'exhausteur, qui non-seulement le fait disparaître, en diminuant la pression dans le
gazogène et dans les cornues et l'accroissant à volonté dans le gazomètre,
mais encore se prête merveilleusement à débarrasser les gaz de leurs impuretés et au moins en partie de leur acide carbonique.

A l'égard de cet appareil, il n'y a rien autre chose d'innové ici que son application, car depuis longtemps les mêmes motifs l'ont fait adopter et il fonctionne avec un succès complet dans les usines à gaz. Il consiste soit en un ventilateur, soit en un certain nombre de corps de pompes aspirantes et foulantes, dont les pistons sont mus par le même arbre de couche, coudé dans des plans différents pour chaque piston, de manière à produire par les alternances de va-et-vient une aspiration dans la cornue et le gazogène et un refoulement dans le gazomètre continus, dont on règle la vitesse à volonté. Une petite machine spéciale donne le mouvement à l'un ou à l'autre de ces appareils, ventilateur ou pompes, qui fonctionnent très-bien dans les usines à gaz. Toutefois, le système des pompes, quoique un peu plus coûteux, me paraît préférable de tout point.

Le gazogène, comme son nom l'indique, est destiné à la production du gaz nécessaire aux besoins de l'usine, en outre de celui fourni par les cornues.

On pourra y dénaturer avec le plus grand avantage tous les combustibles de qualité inférieure, et pour cette raison sans emploi dans l'industrie, tels notamment que les débris ligneux perdus dans les exploitations forestières, les anthracites, les schistes bitumineux, etc.

Je n'ai rien à dire de particulier sur l'établissement du gazomètre ; les usines à gaz d'éclairage présentent à cet égard les meilleurs modèles à suivre. Quant aux dimensions, bien que l'on puisse penser que l'expérience doive en fixer les proportions exactes en rapport dans chaque cas donné avec le chiffre de la fabrication, j'estime que pour une usine de l'importance dont il est question ici, un gazomètre de trois mille mètres cubes, non-seulement satisferait aux plus larges besoins, mais conviendrait encore si l'on jugeait à propos d'accroître les proportions de l'usine.

Il est facile de s'en assurer. Il suffit pour cela de se rappeler (XXXVI) que les cornues fourniront autant de gaz qu'elles en recevront, moins une quantité de gaz se rapportant à la valeur calorifique de $7^k,322$ de houille par cornue, qui forment l'appoint de leur consommation. Le gazomètre supposé plein au point de départ, tendra donc à se vider de la quantité de gaz combustibles se rapportant à cet appoint pour chaque cornue, soit pour les 48

cornues et pour un jour $7,322 \times \dfrac{48}{3} = 117^k,152$, représentant $117,152 \times$

$7000 = 820064$ calories. Si l'on suppose que cette chaleur doive être fournie par la décomposition du bois (XXXIV), on trouverait, par des calculs semblables à ceux qui ont été faits, que les quantités de gaz produits de cette manière, donneraient lieu à la décomposition de $312^k,721$ de bois et seraient les suivantes :

Hydrogène protocarboné........................	$29^k,488339416$
Oxyde de carbone.............................	$240^k,267296952$
Azote..	$327^k,280351597$
Total....................................	$597^k,035987965$

Si l'on admet par une approximation suffisante ici que ces gaz sous une pression de 2 à 4 centimètres de mercure pour leur donner la vitesse d'écoulement nécessaire, soient amenés à la densité de l'air et le poids du mètre cube d'air étant $1^k,30$, le volume de ces gaz dans le gazomètre sera exprimé par $\dfrac{597,085987965}{1,30} = 459^{mc},258$; soit le $6^e,53$ de la capacité du gazomètre. En sorte que dans le cas où le gazogène viendrait à s'arrêter et ne fournirait plus au gazomètre l'appoint journalier nécessaire pour le conserver plein, celui-ci mettrait près de sept jours à se vider en fonctionnant.

Ce temps, à moins de circonstances toutes exceptionnelles, sera toujours plus que suffisant pour permettre de prendre les mesures nécessaires et de ne pas se laisser surprendre. On voit donc qu'une capacité de 3000 mètres cubes pour un gazomètre dans une semblable usine, suffira largement à tous les besoins.

Mais un motif décisif de préférence pour une pareille capacité, c'est qu'on ne peut guère évaluer à plus de 45000 francs l'installation d'un semblable appareil, et qu'on ne peut guère estimer à moins de 40000 francs le coût d'un gazomètre de 1500 mètres cubes.

J'ai supposé, pour la composition des gaz combustibles, celle qui résulte de la décomposition du bois. Une objection à cet égard peut se produire en ce qui concerne la capacité du gazomètre, c'est celle qui résulte des différences de compositions de ces gaz et qui, pour la même puissance calorifique, pourraient nécessiter des capacités différentes. Il était utile de prévenir cette objection.

La réponse serait simple et péremptoire, c'est que la composition que j'ai choisie à dessein, pour ne pas me placer dans un cas favorable qui eût pu donner aux conclusions une apparence contestable, est à peu près, de toutes celles qui peuvent avoir lieu, celle qui présente la plus grande masse du corps inerte, l'azote. Pour peu qu'il y ait décomposition de vapeur d'eau dans le gazogène, et il est certain qu'il y en aura toujours, l'oxygène de cette eau donnera lieu à de l'oxyde de carbone sans correspondre à aucune partie d'azote et les gaz combustibles en seront en outre plus riches, non-seulement par cet oxyde de carbone mais aussi par l'hydrogène mis en liberté. Cette décomposition d'eau sera très-importante dans la conduite du gazogène pour diminuer la température et dépouiller plus facilement les gaz combustibles de leur chaleur sensible, tout en les enrichissant dans une plus forte proportion et elle devra être favorisée dans la plus grande mesure possible.

Les autres consommations auxquelles le gazomètre pourra avoir à fournir, notamment celles de la rectification, seront alimentées par le gazogène, dont la marche sera réglée en conséquence. J'ajoute, en terminant ce qui touche le gazomètre, qu'il ne peut et ne doit être en communication avec un foyer quelconque, que par l'intermédiaire d'un tuyau spécial, enté sur une artère unique et muni d'un robinet spécial destiné à régler le débit.

J'ai dit le but et la fonction de l'exhausteur, je n'ai rien à y ajouter. Il pourra être de quatre corps de pompes, dont la vitesse et les dimensions seront corrélatives et en rapport avec la quantité de volumes de gaz qu'il doit faire mouvoir. On vient de voir que ces volumes se réduisent à celui de l'azote comme maximum, le calcul du volume pour les quarante-huit cornues qui en a été fait et qui n'offre d'ailleurs aucune difficulté, me dispense d'y revenir. Une machine de 7 à 8 chevaux fournirait plus de force qu'il n'en faudrait pour le faire fonctionner. Le mouvement doit en être lent, quoique suffisant pour avoir la faculté de l'accélérer suivant les besoins des cornues et du gazogène. Il communiquera avec tous les appareils dont il doit opérer l'exhaustion au moyen d'une artère principale, sur laquelle s'entera, pour chacun un tuyau indépendant faisant suite au condensateur et muni d'un robinet bien étanché, tant pour le cas d'arrêt ou de suspension que pour celui de ralentissement de l'appareil auquel il se rapportera. Les robinets devront être construits de façon à ce qu'en interceptant la communication entre l'exhausteur et le gazogène, ou une cornue, ils mettent ce dernier ou cette dernière en communication avec l'air extérieur. Enfin l'exhausteur aura un tuyau d'expulsion pour pousser ses gaz dans le gazomètre. Tout ce tuyautage pourra être au-dessous du sol de l'usine, pour ne point gêner la circulation, mais il devra être disposé dans des conduits accessibles, pour pouvoir en opérer la visite et en réparer les fuites.

On voit qu'un autre effet de l'exhausteur sera de faciliter la distillation en diminuant la pression, soit dans les cornues, soit dans le gazogène ; mais cet effet ne doit pas être exagéré, parce qu'il aurait pour résultat de favoriser des entrées de gaz brûlés dans la cornue ou d'air extérieur dans le gazogène.

Un appareil complet d'exhausteur, dans les conditions qui viennent d'être dites, non compris le générateur de vapeur, pourrait coûter 12000 francs environ. Au surplus, il existe un grand nombre de bons constructeurs qui s'engageraient à le fournir tout posé et à en garantir le bon fonctionnement.

Le gazogène peut avoir la forme d'un petit haut-fourneau. Ses dimensions dépendront de la quantité du combustible que l'on se proposera d'y transformer et certains détails de la construction de la nature du combustible. Dans une usine comme celle dont il est question ici, où l'on ne consommerait que des débris ligneux, des poussières de charbon et des goudrons, un gazogène aux dispositions et aux dimensions suivantes suffirait largement à tous les besoins.

Dispositions. — Ce fourneau serait à grille.

L'air d'alimentation, poussé par un ventilateur placé sur la machine de l'exhausteur, arriverait sous la grille dans un cendrier hermétiquement fermé, mais que l'on pourrait ouvrir pour en retirer les cendres et nettoyer la grille. Le conduit d'air pourrait être obturé par un registre pour ralentir ou accélérer le travail, suivant le besoin.

Le gueulard devrait être pourvu d'une fermeture hydraulique et d'une large soupape de sûreté pouvant jouer facilement et peu chargée, afin de prévenir les explosions toujours à craindre avec ce genre d'appareils.

L'orifice d'échappement des gaz pourrait être placé immédiatement au-dessous du gueulard.

Enfin le fourneau devrait avoir deux chemises, l'intérieure en briques réfractaires, l'extérieure en briques ordinaires. Ces chemises seraient séparées par un espace de 5 centimètres d'épaisseur, rempli de morceaux de brique concassée non liés. Le tout serait consolidé par des brides et armatures de fer et de fonte.

Dimensions. — Diamètre au gueulard . . . . 0^m,40
— au ventre . . . . . 1 ,00
— à la grille . . . . . 0 ,40
Hauteur totale. . . . . . . , 3 ,00

Si l'on y brûlait un combustible minéral quelconque, il ne pourrait marcher qu'à la condition d'y remplacer la grille et le cendrier par une ou deux
tuyères, et d'ajouter au combustible un fondant pour liquéfier les impuretés
qui s'y trouvent toujours mêlées et qui s'écouleraient alors sous forme de
laitier.

Dans ce cas, ce gazogène se rapprocherait beaucoup de celui décrit par
Ebelmen, vol. 2 de ses œuvres, pages 466 et suivantes, et qui est dû à
M. Page, ingénieur de la compagnie des usines d'Audincourt (Doubs).

J'ai pu supposer, sans inconvénient (XXXIV), pour le calcul que j'avais
à faire, la transformation complète du bois ou matières ligneuses dans le
gazogène en oxyde de carbone et en hydrogène protocarboné. Mais en
réalité ce résultat ne sera atteint qu'en partie et quoiqu'on fasse, quelque
rapides que soient les réactions dans le gazogène, il y aura toujours une
certaine quantité d'acide acétique, de méthylène et de goudron sans compter
la vapeur d'eau, qui se volatiliseront avant que les matières ligneuses n'aient
atteint dans leur descente le point où la température serait assez élevée
pour les décomposer entièrement. Il sera donc utile de placer un condensateur entre le gazogène et l'exhausteur, à la fois pour recueillir ces substances et prévenir les inconvénients de leur présence dans les appareils. On
atteindrait ce but avec un condensateur qui aurait le quart des dimensions
de celui décrit (XXXI), en tenant néanmoins l'orifice de sortie de ce condensateur de même largeur que celui du grand pour faciliter l'écoulement
des gaz.

La basse température des gaz à leur sortie du gazogène, lorsqu'on opérera sur des matières amenées à leur plus grand état de siccité possible, sera
l'indice d'un bon fonctionnement. La limite inférieure de cette basse température serait la température de l'air atmosphérique. Il sera toujours facile
de se rapprocher de cette température par une injection d'une certaine
quantité de vapeur d'eau avec l'air de la tuyère. Cette vapeur d'eau, en se
décomposant, refroidirait le courant gazeux proportionnellement et enrichirait les gaz combustibles de la quantité exacte de chaleur qu'elle aurait ainsi
enlevée au courant gazeux. Mais il est bon d'avertir en même temps qu'on
n'obtiendrait pas ce résultat par l'introduction d'eau ou de matières humides
par le gueulard. La quantité de chaleur latente que cette eau enlèverait
pour se vaporiser, car elle ne se décomposerait pas, serait entièrement
perdue et l'on s'exposerait en outre au danger des explosions. Le calcul
approximatif *à priori* de cette quantité de vapeur à injecter par la tuyère
ne présentera aucune difficulté lorsqu'on connaîtra la composition du combustible dénaturé, et la quantité et la proportion des gaz auxquels il donnera
lieu. A défaut de ces documents, un court tâtonnement y conduira sans
peine et sans expériences coûteuses. Cette pratique bien exécutée produira

toujours les résultats les plus avantageux, en permettant d'utiliser tout ce que le combustible employé peut rendre de chaleur.

Je bornerai là ce que j'avais à dire de la carbonisation en vase clos, à proprement parler, au moyen du gaz, et j'exposerai dans ce qui va suivre les procédés de séparation et de rectification des produits de la distillation, avec les prix de revient de ces produits, afin de pouvoir établir une comparaison exacte avec le système de carbonisation en forêt.

Peut-être eût-il suffi, pour terminer, de faire remarquer que cette industrie, telle qu'elle fonctionne aujourd'hui, est dans un état prospère et qu'elle réalise de beaux bénéfices avec ses 2 pour cent de méthylène, ses 3,5 pour cent d'acide acétique et ses 22 pour cent de mauvais charbon, et de tirer une conclusion *à fortiori* d'un rendement de 2 de méthylène, 7 d'acide acétique et 25 d'un charbon supérieur en qualité à tout ce qui se produit. Mais j'ai préféré m'exposer au reproche d'être entré dans quelques détails superflus, plutôt que d'en avoir omis un seul essentiel.

Tout ce que je rapporte, je l'ai observé et suivi moi-même un grand nombre de fois, avec un soin des plus minutieux, dans une exploitation en grand; aussi je n'ai point à justifier les résultats énoncés par des considérations théoriques. Je laisserai subsister les évaluations de prix et de quantité du chauffage à la houille telles qu'elles ont été recueillies dans mes notes, mais il restera entendu que je ne fais aucune concession sur l'avantage incontestable de la substitution du combustible gazeux au combustible solide et sur l'intérêt qu'il y a pour l'industrie à opérer cette transformation. Enfin, j'ai estimé pour le temps présent 50 francs les 100 kilos d'acide acétique bon goût à 40 pour cent de richesse qui valaient de 95 à 100 francs lors de mes premières observations. On reconnaîtra que dans les conditions posées et qui sont loin de leur terme de perfectionnement, ce prix de 50 francs peut subir encore des réductions considérables avant d'avoir épuisé le bénéfice du fabricant.

Nota. — Le prix des 100 kilos d'acide acétique du commerce dans les 10 dernières années à Paris, n'est jamais tombé au-dessous de 60 francs et a souvent dépassé 100 francs.

CHAPITRE III.

Séparation et rectification des produits de la distillation.

XXXVIII.

Il existe divers moyens d'opérer la séparation et la rectification des produits liquides de la distillation. Ceux que je décrirai sommairement ici sont ceux que ma propre expérience m'a fait reconnaître comme remplissant le plus complétement toutes les conditions désirables sous le rapport de la simplicité des opérations, de l'économie dans les dépenses et de la pureté des produits obtenus. Il est évident qu'une amélioration dans ces moyens, ou l'emploi de moyens nouveaux plus perfectionnés fortifierait les conclusions de ce mémoire.

XXXIX.

Séparation du goudron ; sa distillation ; huiles obtenues et goudrons solides.

On a vu (XXXII) que les liquides de la condensation s'écoulaient du condensateur dans une cuve en bois graduée, isolée et d'un abord facile, afin de pouvoir en prévenir les fuites ; que de là ils étaient remontés au moyen de pompes dans d'autres cuves en bois à une hauteur suffisante pour pouvoir conduire ces liquides par le seul effet de la chute dans les appareils destinés à leur traitement. Il s'opère dans les cuves supérieures un premier départ d'une partie des goudrons, que leur pesanteur spécifique entraîne au fond par un repos de quelques jours. Ces goudrons sont conduits par un tuyau placé au bas de chaque cuve et muni d'un robinet, dans leur alambic de distillation chauffé à feu nu. Cette distillation donne du méthylène et de l'acide acétique impur, mêlés à d'autres substances liquides dites huiles lourdes et légères d'une extrême combustibilité et d'une composition très-compliquée et pour résidu dans l'alambic un goudron liquide à chaud et solide à froid. A la fin de l'opération, ce goudron, qui paraît contenir une quantité notable de paraffine, est tiré par un robinet pendant qu'il est encore chaud du fond de son alambic dans une fosse où le mélange s'en opère avec des poussières de charbon et les débris de bois de toute espèce qui se produisent chaque jour, pour le faire servir après cette préparation, à chauffer les foyers.

Le méthylène et l'acide impurs de cette première opération sont reversés dans les autres produits semblables, pour subir avec eux leur traitement de rectification. Quant aux huiles, il ne paraît pas que jusqu'à ce jour elles aient eu d'autre destination que d'être brûlées dans les usines qui les produisent. Elles paraissent contenir diverses substances, notamment de la créosote et probablement de l'acide phénique et rendent le bois inaltérable.

On peut compter que tous ces liquides ensemble forment deux cinquièmes de goudron brut, soit deux pour cent du poids du bois. On en extrait près d'un quart de leur quantité en huiles légères.

XL.

Séparation du méthylène. Sa rectification

L'acide pyroligneux des cuves, séparé par décantation de cette première partie de son goudron, est conduit dans un alambic chauffé à la vapeur, pour en extraire le méthylène qui bout à 66 degrés et se trouve isolé par différence de volatilité d'avec le reste du liquide. Le chauffage au gaz avec robinets à aiguille permettrait, au moyen d'un bon thermomètre, d'approcher aussi près qu'on voudrait du degré voulu de température et affranchirait ainsi de l'emploi plus coûteux de la vapeur. Ce méthylène est repris et distillé de nouveau à la vapeur dans des appareils spéciaux, deux et même trois fois avec addition de chaux pour lui enlever ses dernières traces de goudron et d'acide acétique et l'obtenir à l'état de pureté requis dans le commerce. De toutes les substances provenant de la distillation du bois, c'est la seule qu'il soit à propos de traiter par la vapeur. A cet effet, on peut, si l'on possède un cours d'eau d'une force suffisante pour les besoins de l'usine, se borner à un petit générateur de vapeur proportionné à la production de cette matière. Si l'on n'avait point de cours d'eau, on prendrait, sur le générateur de la machine à vapeur de quelques chevaux, qui serait indispensable en ce cas pour remplacer le cours d'eau, la vapeur nécessaire au traitement du méthylène.

L'opération dont il va être parlé, au moyen de laquelle on obtient l'acétate de soude, peut servir en même temps à extraire le méthylène de l'acide pyroligneux. Mais la simplicité de ce moyen n'est qu'apparente, car on obtient un méthylène chargé d'acide acétique et dilué dans une quantité d'eau beaucoup plus grande que par le procédé à la vapeur, ce qui exige plus de dépense en main-d'œuvre et en combustible pour le rectifier et entraîne en même temps une perte notable d'acide acétique.

XLI.

Fabrication de l'acétate de soude.

L'extraction du méthylène de l'acide pyroligneux étant terminée, on fait passer cet acide pyroligneux dans l'alambic de l'appareil destiné à le transformer en acétate de soude. Cet appareil, appelé appareil de transmission, consiste dans un alambic chauffé à feu nu, disposé dans un massif de maçonnerie où se trouve aussi un récipient de même dimension, dans lequel on dissout du sulfate de soude avec une addition de chaux amortie en quantité suffisante pour neutraliser l'acide sulfurique du sulfate de soude. Ces matières étant à l'état de pâte liquide, sont incessamment agitées par une tringle verticale en fer, munie de bras traversant ce récipient de bas en haut et faisant 25 tours par minute, au moyen d'un pignon commandé par un engrenage monté sur un arbre de couche mû par une courroie. L'acide acétique se distille et passe avec des vapeurs d'eau et de goudron de l'alambic dans le récipient au moyen d'un tuyau de communication qui plonge de quelques centimètres dans la bouillie de chaux et de sulfate de soude contenue dans ce récipient. Ces vapeurs sont condensées dans cette bouillie sans cesse agitée et la réaction qui s'opère donne lieu à du sulfate neutre de chaux à peu près insoluble et à de l'acétate de soude soluble. Cette réaction est représentée par la formule suivante:

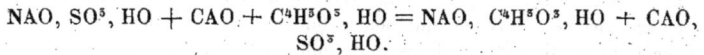

$$NAO, SO^5, HO + CAO + C^4H^5O^5, HO = NAO, C^4H^5O^5, HO + CAO, SO^3, HO.$$

On reconnaît que l'opération est terminée lorsque le magma du récipient ne donne plus de réaction acide. On vide alors ce récipient dans une bâche en tôle, on sépare la dissolution d'acétate de soude par décantation, après l'avoir laissé éclaircir par voie de dépôt, puis on lave le dépôt de sulfate de chaux en bouillie, jusqu'à ce qu'il ne contienne plus de traces d'acétate de soude utilement appréciable. Les eaux faibles de ce lavage sont réservées pour une opération suivante. Le goudron qui, dans le cours de la distillation, s'est déposé au fond de l'alambic, est décanté et réuni aux autres goudrons pour être distillé et l'on recommence immédiatement une autre opération.

La dissolution d'acétate de soude est rapprochée jusqu'à saturation dans des bassines de fonte disposées et chauffées comme il a été dit (XXX) ou de toute autre manière, puis décantée dans des cristallisoirs en tôle, où elle se prend en refroidissant en une masse de cristaux translucides, mais plus ou moins colorés en noir par du goudron. Il reste toujours au fond des bassines d'évaporation un résidu de sulfate de soude impur provenant d'un excès de ce sel mis dans le récipient et qui s'est précipité par la concentration de la liqueur. On le recueille et on le réunit sans inconvénient à du sulfate de soude neuf pour une opération nouvelle.

XLII.

Blanchiment de l'acétate de soude.

L'acétate de soude ainsi obtenu est repris par l'eau à une douce chaleur avec un mélange de 10 pour cent de noir animal, puis remué au moyen d'agitateurs dans des bassines de cuivre ou de fonte. Après quoi on laisse reposer. Les liqueurs claires sont décantées, mises à cristalliser dans des cristallisoirs et fournissent un sel parfaitement blanc et propre à la fabrication de l'acide bon goût.

J'ai la croyance que l'on pourrait économiser cette dernière opération et le matériel qui s'y rapporte en traitant immédiatement l'acétate brut de soude liquide par le noir animal au sortir des chaudières d'évaporation. Je n'ai pas eu la possibilité d'expérimenter cette modification et d'autres encore qui amèneraient des économies nouvelles notables dans la fabrication.

XLIII.

Obtention de l'acide acétique rectifié et régénération du sulfate de soude.

Quoiqu'il en soit, dans cet état de pureté, ce sel est distillé dans un alambic en cuivre avec deux équivalents d'acide sulfurique à 66 degrés et est condensé dans un serpentin d'argent. Mais ici je dois déclarer que dans le cas de chauffage au gaz végétal, ou du moins purifié de vapeurs sulfureuses, lorsqu'on fait emploi de gaz minéral, il n'y aurait pas à hésiter à substituer l'argent au cuivre pour cet alambic.

On achèterait ainsi au prix d'un sacrifice contestable, même au point de vue de l'immobilisation de capitaux, et léger en tous cas, la certitude de la pureté absolue de l'acide acétique obtenu et l'avantage très-grand de pouvoir faire partager cette certitude aux acheteurs. Les produits de cette opération sont un résidu de bisulfate de soude dans l'alambic et de l'acide acétique parfaitement pur et propre à tous les usages. La formule de ces réactions est :

$$NAO, C^4H^3O^5 + HO + 2SO^5 = NAO, 2SO^5 + C^4H^3O^5 + HO.$$

Cent kilogrammes d'acétate de soude pur et hydraté, dont la formule est $NAO, C^4H^3O^5 + 6HO$, fourniraient 100 kil. d'acide acétique bon goût à 44,11 pour cent de richesse. Mais on comprend que le degré d'hydratation du sel de soude fait varier en sens contraire sa richesse en acide acétique.

La moyenne du rendement des opérations ordinaires est 100 kil. d'acide acétique à 40 degrés pour 100 kil. d'acétate de soude. Cette distillation donne au commencement de l'opération de l'acide acétique monohydraté, dit cristallisable, que l'on peut recueillir séparément à volonté, suivant le besoin. Quant au bisulfate de soude, on peut le traiter de plusieurs manières pour régénérer le sulfate. Un de ces moyens consiste à le distiller avec de l'acétate de soude brut, dans la proportion de un et demi contre un d'acétate de soude.

Dans cette opération, le sulfate de soude est régénéré et l'on obtient moyennement 1,25 de sulfate anhydre de soude contre un d'acide acétique à 40 pour cent de richesse. Cette réaction est exprimée par la formule suivante :

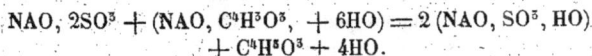

$$NAO, 2SO^3 + (NAO, C^4H^3O^5, + 6HO) = 2 (NAO, SO^5, HO)$$
$$+ C^4H^3O^3 + 4HO.$$

XLIV.

Bases d'appréciation du prix de revient du charbon et des produits accessoires de la distillation.

Pour se rendre compte de la valeur de ce procédé et établir les prix de revient du charbon et des produits rectifiés de la distillation, il est nécessaire de compléter les données qui précèdent par quelques données nouvelles. Car il faut se placer dans l'hypothèse d'une fabrication industrielle courante et devant livrer ses produits au commerce, avec un certain bénéfice, frais généraux, amortissement et intérêt du capital engagé et frais de fabrication prélevés.

Je supposerai donc, en calculant largement ces trois genres de dépenses, dans une usine consommant annuellement 23360 stères de bois de charbonnage (XXXV) soit neuf mille trois cent quarante-quatre cordes :

1° Pour la fixation des frais généraux, que la location de l'usine comprenant sur une superficie de 5 hectares environ, un cours d'eau, ses retenues et tournants, bâtiments d'exploitation, bureaux, logements de maîtres et d'employés, coûtera annuellement...........................   5,000 fr.

Un comptable   3,000
Un expéditionnaire..   600
Un chimiste...   3,000
Deux contre-maîtres pour le jour et la nuit à 1,200 fr. l'un.   2,400
Un facteur de bois..   1,000
Un homme de peine...   600
Les frais de bureau, y compris l'entretien et l'amortissement
du mobilier..   2,000
Impôts, patentes et menus frais...............................   2,000

Total......................   19,600 fr.

2° Pour la fixation des frais d'amortissement et des intérêts du capital engagé, si l'on adopte pour la carbonisation la durée de 72 heures, en faisant du charbon pour la métallurgie, qu'il faudra, savoir :

Pour 23,360 stères à carboniser dans l'année, à 4 stères par cornue et par suite à 16 cornues par jour (XXXV).

12 fours de 4 cornues l'un (ibid.), munis de leurs potences et couvercles
à 2,000 fr. le four..   24,000 fr.
64 cornues (ibid.), à 300 fr. l'une...........................   19,200
Deux grues et leurs agrès, savoir : une mobile sur le chemin
de fer des fours, pour leur service, et une à demeure sous
la halle, pour vider et remplir les cornues   7,500
Chemin de fer accolé aux fours et à leur niveau pour leur
service et chemin de fer des fours à la halle.................   2,000
Quatre wagons en fer à claire-voie pour rouler les cornues
à 400 fr. l'un   1,600
Quatre condensateurs pour les quatre fours à 7,000 fr. l'un.   28,000
Quatre tonnes en bois, égales, communiquant entre elles à
volonté, mesurables au moyen d'une règle graduée, pour recevoir les liquides condensés, à raison de 150 francs l'une, y
compris tuyaux et robinets de communication et la fosse en
maçonnerie hydraulique...   600
Une pompe pour monter ces liquides, agrès, tuyauterie,
transmission de mouvement......................................   500
Trois cuves pour les recevoir à un niveau supérieur, afin de
les écouler au moyen de la chute dans les appareils du traitement, ensemble le beffroi, tuyauterie, planches de cuivre formant plancher pour recevoir les liquides des fuites...........   1,500

Un alambic en cuivre à goudron et son condensateur avec son récipient...	1,500
Un alambic pour extraire le méthylène brut et l'acide pyroligneux, son condensateur et son récipient	1,500
Quinze appareils dits de transmission pour faire l'acétate de soude brut, avec les bâches en tôle, la tuyauterie, arbre de couche, pignons, etc., pour donner le mouvement à raison de 4,000 fr. l'un...	60,000
Douze chaudières d'évaporation en fonte ou en tôle pour concentrer l'acétate de soude brut, disposées par groupes de trois et étagées sur des fourneaux contigus aux fours à carboniser, afin de les chauffer avec les flammes perdues desdits fours (XXX)...	2,400
Huit cristallisoirs en tôle, à 60 fr. l'un	480
Une chaudière pour reprendre l'acétate brut par le noir animal et son fourneau...................................	500
Six bassines en cuivre avec leurs agitateurs pour la même opération et transmission de mouvement.................	600
Trois alambics d'argent avec leurs serpentins en argent pour obtenir l'acide acétique bon goût à 8,000 fr. l'un...........	24,000
Deux appareils à distiller le méthylène................	1,000
Un gazomètre.....................................	45,000
Un exhausteur....................................	12,000
Un générateur à gaz, son condensateur et son récipient....	3,000
Deux machines à vapeur de huit chevaux chacune et leur générateur......................................	16,000
Outillage, pelles, crochets, ringards, etc., lampisterie.....	2,000
Laboratoire de chimie, réactifs et mobilier...............	3,000
Forge et mobilier..................................	3,000
Imprévu..	7,000
Total du coût de l'établissement de l'usine de distillation.	267,880 fr.

Si l'on admet 10 pour cent d'usure ou frais d'entretien et d'amortissement du capital engagé et 5 pour cent d'intérêt, on aura à ajouter pour ces 15 pour cent des 267,880 fr. de dépenses qui viennent d'être évaluées, la somme de 40,182 fr. aux 19,600 fr. de frais généraux déjà trouvés, ce qui fait un chiffre annuel de 59,782 fr. pour la totalité des frais généraux d'une usine de distillation du bois, pouvant dénaturer 23,360 stères, soit 9,344 cordes par chaque année, soit par jour une somme de 166^f,06. Mais il est à observer que la plupart de ces chiffres de dépenses, qui ne sont que des nombres approchés, peuvent, si exacts qu'on les suppose, varier par l'effet d'un grand nombre de circonstances; que de plus l'amortissement éteignant graduellement chaque année le capital engagé, ce chiffre annuel de frais généraux subira une réduction proportionnelle jusqu'au remboursement de ce capital.

3° Pour la fixation des frais de fabrication, que la houille coûte 2^f,50 l'hectolitre (XXXIII) rendu à l'usine; que la chaux vive pèse 750 kilog. le mètre cube et qu'elle coûte 10 francs cette même mesure rendue à l'usine ; que le sulfate de soude à 90 pour cent de richesse coûte rendu à l'usine 10 francs les 100 kilog. ; que le prix de la journée d'homme soit de deux francs ; enfin, que le prix de transport moyen de deux stères et demi de bois de la forêt à l'usine, en rapport avec le prix de transport de 450 kilog. de charbon de la forêt à l'usine (XVII) soit de cinq francs.

XLV.

Réponse à l'objection posée (XIX) relativement à la différence du prix des transports de la forêt à l'usine entre le bois et le charbon.

Avant de passer outre et pour dégager d'autant la question, il n'est pas hors de propos de placer la réponse à l'objection posée (XIX) relativement à la différence du prix de transport de la forêt à l'usine des 15 kilog. de charbon fournis par le procédé de carbonisation à l'air libre d'avec celui du transport de 100 parties de bois par le procédé en vase clos.

Il faut d'abord remarquer qu'en forêt, le charbon ne peut se faire qu'à certains moments favorables et que dès lors la conduite est subordonnée à cette circonstance ; que ce transport est impératif et ne souffre point de retard, à peine de détérioration du charbon et qu'il a lieu communément à des moments de l'année qui sont rarement en concordance avec les beaux temps, les bons chemins et le chômage de l'agriculture, c'est-à-dire, avec la saison opportune des voituriers ; tandis qu'au contraire ces derniers peuvent en tout temps et à leur convenance, prendre ou quitter leurs transports de bois ; que de plus le charbon est plus volumineux, d'un maniement plus long, plus compliqué, plus difficile et plus délicat que le bois ; que toutes ces causes tendent à établir dans le prix du transport des différences importantes, toutes à l'avantage du bois et qui diminueront certainement d'une notable quantité le prix moyen adopté ici. Ensuite, il faut encore remarquer que l'excédant de transport de 100 kilog. de bois sur celui de 15 kilog. de charbon obtenu en forêt, ne s'applique pas à 85 parties de matières stériles, puisque au lieu de 15 kilog. de charbon on recueille en vase clos et en poids et par 100 kilog. de bois (VII et XXV), savoir :

25 kilog. de charbon.

　7 id. d'acide acétique.

　2 id. de méthylène.

34　Total des substances utiles recueillies.

C'est donc 66 pour cent du poids du bois environ seulement de substances stériles composées d'eau, d'acide carbonique et du combustible solide ou gazeux brûlé ou dissipé à la carbonisation, que l'on transportera de la forêt à l'usine de plus que par le procédé à l'air libre. Enfin, comme la surface forestière d'approvisionnement d'une usine diminuera de moitié, puisque la quantité de charbon obtenu de la même quantité de bois aura doublé, le rayon d'approvisionnement en vase clos serait au rayon d'approvisionnement par l'ancien procédé comme 1 est à $\sqrt{2}$.

De ce qui précède, il est rationnel de conclure que le prix de cinq francs adopté ici, subira en réalité une diminution qui ne s'éloignera guère de 50 pour cent. En faisant le calcul sur ces bases, puisque le stère pèse 300 kilog. (XVII), les deux stères et demi ou la corde pèseront 750 kilog. et contiendront, à raison de 15 pour cent de leur poids (IV), 112^k,50 de charbon cuit en forêt, dont la part dans le prix de 3 fr. de transport afférent aux 450 kilog. de charbon (XVII), est de 0 fr. 75. Or, puisque les deux stères et demi de bois qui auront produit ce charbon en forêt coûteront 2^f,50 de transport à l'usine, c'est, par le procédé en vase clos, un peu plus de trois fois le prix du transport par le procédé en forêt qu'il en coûtera pour obtenir le double en quantité de charbon incomparablement meilleur et des produits accessoires qui, ainsi qu'on va le voir, dépassent, tous frais payés, la valeur du charbon. Pour fixer l'attention par des chiffres, l'excédant de prix de transport serait dans le cas actuel de 1^f,75, mais on aurait en retou 112^k,50 de charbon de plus, et des produits accessoires pour une valeur plus considérable que celle de tout le charbon. Enfin et au surplus, on peut ajouter que sur ce point, la question est sortie des considérations spéculatives, puisque le fait existe pour les usines de distillation du bois qui marchent actuellement avec grand succès et dans de moins bonnes conditions que celles qui sont exposées dans ce mémoire, et sans être affectées dans leur prospérité par cette circonstance. Néanmoins, le calcul du prix de revient sera effectué avec le prix de 5 francs de transport.

XLVI.

Prix de revient des divers produits de la carbonisation.

Il est facile d'établir maintenant le prix de revient des différents produits de la carbonisation en vase clos au gaz et par voix lente. En effet, si l'on applique les données qui précèdent à une cornue de 4 stères, on trouve que ces 4 stères auront coûté, savoir, en frais généraux et sous la réserve de la diminution incessante de ces frais généraux par l'amortissement (XLIV),

$$\frac{59782}{23360} \times 4 \dots \dots \dots \dots \dots \dots \quad 10^f,23$$

En achat à raison de 8 fr. les deux stères et demi (XVII) . . .   12 ,80
En transport à raison de 5 fr. les deux stères et demi (XVII et XLIV)   8
Main-d'œuvre de dix hommes d'équipe par jour pour la manœuvre et le chargement des 16 cornues, leur chauffage, le gazomètre et travaux divers à 2 fr. l'un font 20 fr., soit pour

une cornue $\dfrac{20}{16} = \dots \dots \dots \dots \dots \dots$ 1 ,25

Total du coût de 4 stères de bois. . . . .   32^f,28

Ils auront produit par leur carbonisation en brûlant une partie seulement de l'équivalent des gaz et du goudron solide de la cornue (XXXIV, XXXV et XXXVI) savoir:

En charbon à raison de 25 pour cent du poids du bois (VII)   300 kilog.

En acide pyroligneux à raison ⎱ en acide acétique monohydra-
de 58 pour cent du poids du ⎰ té (VII et XXV)   84 —
bois (VII) 696 kilog., qui con- ⎱ en méthylène,   24 —
tiennent   ⎰ en liquide huileux.   12 —

Il est à propos de noter que si l'on a observé les précautions recomman-
dées (XXV) de recevoir séparément les premiers et derniers liquides de la
condensation, les 696 kilog. d'acide pyroligneux pourront se réduire facilement d'une quantité assez importante, sans perte sensible de méthylène et
d'huiles, et sans perte aucune d'acide acétique, puisque ce dernier sera re-
cueilli ultérieurement comme il a été dit. On peut donc considérer que l'on
n'aura pas un poids moyen de liquides à traiter de plus de 600 kilogrammes par cornue.

Avant de déterminer les frais d'extraction et de rectification, et par suite
le prix de revient des trois substances ci-dessus qui entrent dans la composition de l'acide pyroligneux, il est opportun de fixer la valeur de ce dernier à l'état brut et à la sortie de la condensation. Or, en donnant au charbon la valeur de celui obtenu à l'air libre (XVII), le prix des 300 kilog. de
charbon produit par une cornue sera de 26^f,45, qui déduits de 31^l,87,
montant du coût des 4 stères de bois dans la cornue qui vient d'être trouvé,
laissent un reliquat de 5^f,42, imputable sur les 600 kilog. d'acide pyroligneux brut et qui peut en être regardé comme le prix net. Soit pour les 16
cornues $5,42 \times 16 = 86,72$.

Toutefois ne figurent pas dans cette somme le prix de la consommation en
combustible de la machine de l'exhausteur et la main-d'œuvre du chauffeur. Cette dépense a été ajoutée comme étant commune à celle de la machine motrice des appareils de transmission et elle figurera dans le prix de
revient de l'acétate de soude.

L'ordre dans lequel je vais énumérer les opérations est le suivant :

1° Séparation du goudron libre et sa distillation ;

2° Séparation du méthylène brut et sa rectification ;

3° Transformation de l'acide acétique, sa régénération et sa rectification.

On a vu (XXXIX) le moyen de séparer le goudron libre par décantation et
d'en isoler les liquides huileux et le méthylène par distillation. Il serait
donc superflu de revenir sur ce point. Il suffit de se borner à énoncer que la
production en goudron de 16 cornues étant 960 kilog., à raison de 60 kilog.
par cornue (VII), on pourra distiller en une seule fois dans le même alambic le
produit de deux jours, et que cette distillation coûtera une journée d'homme
à 2 fr.   2^f.

et moins de 3 hectolitres de houille, soit 3 hectolitres à 2^f,50 l'un,   7^f,50

                                          Total.   9^f,50

dont le trente-deuxième pour une cornue est 0^f,296.

On obtient dans cette opération en liquides huileux, quand ils sont séparés de l'acide acétique, qui s'y trouve mélangé, un cinquième environ de
la quantité de goudron et un cinquième en méthylène, soit 192 kilog. de

l'une et de l'autre de ces substances. Il n'y a pas lieu de mentionner l'acide acétique et le méthylène trouvés dans le goudron ; ces quantités font partie de la teneur signalée (VII) et reproduite au présent paragraphe.

On a vu aussi (XL) que l'on isolait le méthylène brut de l'acide pyroligneux par une distillation à la vapeur, qui est le seul moyen d'extraction employé pour cette substance. Or la chaleur nécessaire pour échauffer par la vapeur d'eau 8000 litres d'acide pirolygneux, produit d'un jour de 16 cornues, en séparer 192 kilog. de méthylène par volatilisation, redistiller deux fois le méthylène brut obtenu avec celui en égale quantité extrait du goudron, sera fournie par la combustion de 4 hectolitres de houille, supposée produire 5 kilog. de vapeur par kilog. de houille brûlée. On sait qu'une houille d'une puissance calorifique de 7000 produirait $\dfrac{7000}{606,5} = 11^k54$ de vapeur par kilog. de houille brûlée (Regnault). Il est de plus observé que la consommation théorique de cette opération atteindrait tout au plus la moitié de cette consommation. En conséquence :

4 hectolitres de houille à $2^f,50$ l'un . . . . 10^f,00
4 journées d'homme pour 24 heures à ce travail tant à la distillation qu'à la rectification, à 2 fr. l'une. . . . . 8 ,00
Chaux de rectification. . . . . 0 ,75

Total de la dépense pour extraire 192 kilog. de méthylène de 8000 litres d'acide pyroligneux produit par 16 cornues et rectifier la totalité du méthylène des dites 16 cornues, soit $192 \times 2 = 384$ kilog. de méthylène. . . . . 18^f,75

D'où l'on voit que les 24 kilog. de méthylène provenant d'une cornue auront coûté d'extraction et de rectification $\dfrac{18,75}{16} = 1^f,17$.

Cette extraction du méthylène des 8000 kilog. d'acide pyroligneux peut se faire en trois fois et en traitant un tiers de cette quantité chaque fois. Après quoi l'acide pyroligneux dépouillé de son méthylène est envoyé dans l'alambic de l'appareil de transmission (XLI) avant d'être refroidi ; ce qui économise d'autant le combustible.

Pour l'intelligence des détails qui suivent, il est entendu qu'ils s'appliquent au traitement du tiers de ces 8000 kilog. d'acide pyroligneux réduits à 8000 — 192 =7808 kilog. augmentés de l'acide acétique du goudron ; que de plus on a réuni à la chaux l'acétate de chaux provenant du traitement des premières et dernières eaux pauvres de la condensation, de façon à comprendre dans trois opérations égales tout l'acide pyroligneux du produit des 16 cornues. On en déduira facilement les résultats qui concernent une cornue et les prix de revient cherchés.

Il convient, pour connaître les quantités en matières accessoires nécessitées par la transformation de l'acide pyroligneux en acétate de soude et les mains-d'œuvre qui en sont la conséquence, d'examiner les équivalents chimiques qui correspondent aux réactions qui doivent se produire et les opérations qui s'accomplissent.

Or ce tiers des liquides d'acide pyroligneux, plus l'acétate de chaux fait avec les eaux pauvres de la condensation, contiendront ensemble $\frac{84 \times 16}{3} = 448$ kilog. d'acide acétique monohydraté (VII). Cet acide acétique prendra 246 kilog. de chaux pour faire de l'acétate de chaux. Il n'y a point d'inconvénient à employer un excès de chaux, de manière à ce que l'on soit bien certain de la neutralisation entière de l'acide. Cet excès devra être calculé d'après le degré d'impureté de la chaux qu'on aura à sa disposition. Je suppose que trois cents kilog. seront la quantité convenable.

Pareillement cet acide prendra $231^k,468$ de soude pour se saturer. Cette soude correspond à un équivalent d'acide sulfurique de $298^k,658$ pour faire $530^k,126$ de sulfate neutre et pur de soude. En sorte que le poids du sulfate de soude anhydre à 90 pour cent de richesse correspondant à cette réaction, serait de $589^k,02$. J'admettrai qu'il en soit fait emploi de 600 kilog., avec cette observation que l'on retrouvera cet excès de sulfate de soude dans les eaux-mères de l'acétate de soude concentré et qu'il pourra recevoir un nouvel emploi.

Cette réaction donnera lieu à un poids de $1015^k,458$ d'acétate brut de soude dont la formule est NAO, $C^4H^3O^3$, 6HO et qui contiendra :

En soude .... $231^k,468$
En acide acétique absolu .... $380^k,8$
En eau .... $403^k,19$

                 Total .... $1015^k,458$

D'où l'ont voit, en rétablissant l'atome d'eau de l'acide acétique monohydraté dit cristallisable, que l'on retrouve la quantité de 448 kilog. d'acide acétique monohydraté que l'on a à traiter. Cet acétate de soude donnerait une quantité d'acide bon goût de 1015 kilog. à 44,11 pour cent de richesse en acide acétique monohydraté pour 1015 kilog. d'acétate de soude, suivant la proportion déjà signalée (XLIII) ou une quantité de 1120 kilog. d'acide bon goût à 40 pour cent seulement de richesse en acide acétique monohydraté pour la même quantité d'acétate de soude. C'est de la teneur de 44,11 pour cent de richesse qu'il s'agira dans la présente discussion, lorsque j'énoncerai 40 pour cent de richesse.

Il a été établi dans ce même paragraphe que l'acide pyroligneux provenant de la distillation de 16 cornues restait, toute défalcation faite de frais, pour un prix net de $86^f,72$ dont le tiers $28^f,90$ devra être imputé sur le prix de revient qui fait l'objet de la présente recherche. Un calcul de proportionnalité avec la consommation moyenne par l'appareil de transmission dans une grande usine donne, pour la houille qui serait employée à cette même opération, pour la quantité d'acide acétique traitée ici, 15 hectolitres et demi de houille à $2^f,50$ l'un font $38^f,76$. J'adopterai ce chiffre en renouvelant la réserve faite au sujet du chauffage au gaz et en outre avec cette observation que la réduction dans la quantité des liquides diminuera encore la consommation du combustible.

L'appareil de transmission étant supposé marcher sept jours pour une opération et un chauffeur avec un manipulateur pouvant en conduire deux, soit un homme pendant sept jours pour un appareil, ce qui à 2 fr. par jour, fait 14 francs.

Enfin quant au chauffage des deux machines pour l'exhausteur et pour l'appareil de transmission réunissant ensemble 16 chevaux de vapeur et chauffées par un seul homme, si l'on admet une consommation de 5 kilog. de houille par cheval et par heure, la consommation totale par 24 heures sera, $5 \times 16 \times 24 = 1920$ kilog. de houille.

Soit 24 hectolitres de houille, lesquels à . 2ᶠ,50 l'un font. . 60 fr.

Plus 2 journées d'homme pour 24 heures à 2ᶠ,00 l'une...... 4

$$\text{Total........................ 64 fr.}$$

dont le tiers est 21,33.

En ce qui concerne la concentration de l'acétate de soude pour l'amener au degré nécessaire à la cristallisation, si l'on considère que dans les 58 kilog. de liquide (VII) qui ont donné les 696 kilog. trouvés pour une cornue, il n'y a que 45 kilog. d'eau et par conséquent pour toute la cornue $45 \times 12 = 540$ kilog.; que la distraction des eaux faibles que l'on poussera aussi loin que l'on voudra et le départ du goudron et du méthylène leur en auront encore fait perdre une notable partie ; que l'acétate de soude retiendra 40 pour cent d'eau de cristallisation ; si le lavage du sulfate de chaux résultant de l'opération est fait économiquement et judicieusement, si les eaux faibles de ce lavage sont réservées pour l'opération suivante, on reconnaîtra qu'il est possible de réduire la quantité d'eau à enlever à l'acétate de chaux à 300 kilog. par cornue, soit pour les 16 cornues $300 \times 16 = 4800$ à évapo-

rer ; soit pour un tiers $\dfrac{4800}{3} = 1600$ kilog. La chaleur nécessaire à cette

volatilisation, en supposant qu'elle donne lieu à de la vapeur d'eau à 100 degrés de température, sera égale à $1600 \times 637 = 1019200$ calories (Regnault). Mais en admettant ce chiffre de quantité d'eau, on peut être assuré qu'il ne sera pas atteint. On a vu (XXXVI) que la chaleur sensible disponible des gaz brûlés de la carbonisation applicable à cet objet était de $118467^c,777$ pour une cornue en ne tenant point compte des $233533^c,061$ gagnées par la modification du couvercle proposée (ib.); pour 16 cornues, cette chaleur sera $118467,777 \times 16 = 1895484^c,432$ dont le tiers est $631828^c,144$. En retranchant ce nombre de celui trouvé pour la vaporisation des 1600 kilog. d'eau, la différence $1019200 - 631828^c,144 = 387371^c,856$ est la chaleur à laquelle il faut pourvoir pour compléter cette vaporisation. Si l'on remarque que ces 387371 calories correspondent à $55^k,33$ de houille ; si l'on admet que la houille ne produise que la moitié de son effet utile, il faudrait consacrer 110 kilog. de houille pour achever cette vaporisation. J'admettrai qu'on y emploie trois hectolitres pesant ensemble 240 kilog., à raison de 80 kilog. l'un.

Mais si l'on réalisait l'économie des 233533 calories qui ont été calculées pour la modification du couvercle (et il est évident qu'on la réaliserait en grande partie), l'économie totale pour 16 cornues serait :

$$233533^c,0613952 \times 16 = 3736528^c, 9823232,$$

dont le tiers serait 1245509°,6607744. Dans ce cas, non-seulement on économiserait les 3 hectolitres de houille, soit 7f,50, mais encore on aurait un reliquat de 1245509°,6607744 — 387381° = 858133°,66 correspondant à 122,59 kilog. de houille à employer à d'autres usages et qui ne représentent que le tiers de l'économie totale à faire sur ce point, pour les 16 cornues. Toutefois, cette chaleur ne serait point nette ; le rayonnement en absorberait une partie. Je ne ferai point entrer en compte cette économie dans le prix de revient, mais il était utile d'en faire l'observation.

Enfin les liquides d'acétate de soude exigeront quelques soins, pendant leur concentration et de la main-d'œuvre pour les transvaser dans les cristallisoirs, j'admettrai pour ces frais 2 journées et demie d'homme à 2 fr. l'une, font 5 fr.

En conséquence de ce qui vient d'être dit, on voit d'abord que le traitement du tiers de l'acide pyroligneux de la distillation de 16 cornues, dans les conditions posées pour le convertir en acétate de soude brut, produira 1015 kilog. de ce sel, en suite que ce traitement entraînera les dépenses suivantes :

Chaux vive 300 kilog. à 10 fr. les 750 kilog. 4f,00

Sulfate de soude anhydre à 90 pour cent de richesse, 600 kilog. à 10 fr. les 100 kilog. 60,00

Prix de l'acide pyroligneux traité 28,90

Houille pour la distillation de l'appareil de transmission 15 hectolitres et demi à 2f,50 l'un 38,75

Sept journées pour la conduite du dit appareil et manipulation . . 14,00

Trois hectolitres de houille auxiliaires aux chaleurs perdues des fours de carbonisation pour concentrer l'acétate, à 2f,50 l'un. 7,50

Chauffeur pour cette évaporation et main-d'œuvre pour mettre les liqueurs concentrées au cristallisoir 5,00

1/3 des frais de chauffage des deux machines 21,33
_____

Total du prix de revient de 1015 kilog. d'acétate de soude brut. 179f,48

Soit le prix de revient de 1000 kilog. égal à 176f,83.

Ce prix de revient serait amélioré par la valeur du sulfate de soude employé en excès et que la concentration des liqueurs d'acétate de soude fait déposer au fond des bassines d'évaporation où on le retrouve pour le faire servir à des opérations nouvelles. Il serait encore amélioré dans le cas où l'on aurait un cours d'eau qui pourrait remplacer l'une des deux ou les deux machines à vapeur, temporairement ou d'une manière permanente.

La purification de l'acétate de soude a pour but d'enlever à ce sel le goudron qui le noircit et qui suivrait dans ses ultimes manipulations l'acide acétique qui en proviendrait sans aucun moyen connu de l'expulser. Cette purification peut avoir lieu de plusieurs manières. La plus simple, la plus sûre et la plus économique consiste dans l'emploi du noir animal (XLII).

1000 kilog. d'acétate brut de soude exigent :

100 kilog. de noir animal à 35 fr. les 100 kilo. 35f,00
5 journées d'homme à 2 fr. l'une. . . . . 10 ,00
5 hectolitres de houille à 2f,50 l'un. . . . . 12 ,50

Total de la dépense pour purifier 1000 kilog. d'acétate de
soude brut. 57f,50

En conséquence le prix de revient de 1000 kilog. de ce sel pur est
176,83 + 57,50 = 234f,33.

La transformation de l'acétate de soude pur en acide acétique pur dit
bon goût (XLIII) et en bisulfate de soude, nécessitera pour 1000 kilog. d'a-
cétate de soude pur, savoir :

700 kilog. d'acide sulfurique à 16 fr. les 100 kilog. 112f,00
Main-d'œuvre. . . . . 5 ,00
10 hectolitres de houille à 2f,50 . . . . 25 ,00
10 litres d'alcool bon goût à 2 fr. . . . . 20 ,00

Total. 162f,00

Elle donnera naissance à 900 kilog. de bisulfate de soude estimé 15 fr. les 100 kilog. soit à déduire 135f,00

Reste net en frais pour l'obtention de 1000 kilog. d'acide
acétique bon goût à 40 pour cent. de richesse 27f,00
En sorte qu'ils coûteront savoir :
Coût de 1000 kilog. d'acétate de soude brut. 176f,83
Rectification de cet acétate de soude. . . . . 57 ,50
Régénération de l'acide acétique. . . . . 27 ,00

Total du coût de 1000 kilog. d'acide acétique bon goût à
40 pour cent de richesse 261f,33

Il est inutile de mentionner dans l'état de dépenses de fabrication ci-dess-
sus, la régénération du sulfate de soude, d'ailleurs décrite (XLIII), puisque je
donne une valeur au bisulfate.

En résumant ce qui précède et l'appliquant aux 64 stères de bois des 16
cornues, on voit que pour isoler et obtenir les diverses substances qui composent ces 64 stères de bois, il en aura coûté, en comprenant dans ce compte,
les frais généraux, les frais d'acquisition et de transport du bois et tous autres généralement quelconques du traitement :

Frais généraux $\frac{59782}{23360} \times 64$ 163f,78

Acquisition du bois à raison de 8 fr. les 2st,5 . . . . 204 ,80
Transport de la forêt à l'usine à raison de 5 fr. les 2 stères
et demi . . . . 128 ,00
Main-d'œuvre de manipulation des cornues, etc. . . . . 20 ,00
Distillation du goudron . . . . 4 ,75
Extraction et rectification du méthylène . . . . 18 ,75
Frais de fabrication de l'acétate de soude brut (176,83 —
28,90) × 3 . . . . 443 ,79

Frais de rectification de l'acétate de soude brut $\left(57,50 \times \dfrac{1015}{1000}\right)$

$\times 3.$ . . . .   175 ,08

Frais de régénération de l'acide acétique $\left(27 \times \dfrac{1015}{1000}\right) \times 3.$ 82 ,21

Total de tous les frais généralement quelconques occasionnés par le traitement de 16 cornues 1241ᶠ,16

Par contre, ces 64 stères auront produit en substances commerciales et non consommées dans le traitement, savoir :

Huiles $12 \times 16 = 192$ kilog. à 100 fr. les 100 kilog.   192ᶠ,00

Méthylène $24 \times 16 = 384$ kilog. à 100 fr. les 100 kilog. . . . .   384 ,00   } 2521ᶠ,75

Acide acétique bon goût à 40 pour cent de richesse $1015 \times 3 = 3045$ à 50 fr. les 100 kilog. . . .   1522 ,50

Charbon $300 \times 16 = 4800$ kilog. calculé proportionnellement à 39ᶠ,68 pour 450 kilog. (XVII) . . . . .   423 ,25

Bénéfice net par jour sur 16 cornues contenant ensemble 64ˢᵗ. ou 25ᶜᵒʳᵈ.,6 de 2ˢᵗ.,5, l'une de bois de charbonnage . . .   1280ᶠ,59

Soit pour une corde de 2ˢᵗ.,5 un bénéfice net égal à $\dfrac{1280,59}{25,6} = 50^ᶠ,02.$

Soit pour un stère $\dfrac{1280,59}{64} = 20^ᶠ,009.$

Soit pour 10 stères un bénéfice net de 200ᶠ,09, dans lesquels le charbon d'un poids de 750 kilog., figure pour une somme de 66ᶠ,13 au prix établi (XVII).

XLVII.

Comparaison des deux procédés à l'air libre et en vases clos.

Si l'on se reporte au rendement et au prix de revient trouvés (XVII) de 10 stères carbonisés en forêt, on voit que ces 10 stères ont produit en charbon de qualité variable, suivant les conditions du cuisage (XVI et XX à XXIII), 450 kilog. dont un tiers environ de menu et qui subiront de plus un déchet et une détérioration considérables pour venir de la forêt à l'usine, tandis qu'en vases clos ils ont donné 750 kilog. d'un charbon de première qualité sans menu et sans déchet, ce qui permet d'évaluer largement le rendement en vase clos au double de celui en forêt. On voit que par ce dernier procédé pour obtenir ses 450 kilog. de charbon, le maître de forges aura dépensé 39ᶠ,68, tandis que par le procédé en vase clos, non-seulement il n'aura rien dépensé pour avoir gratuitement son charbon de qualité toujours supérieure et en rendement double pour la même quantité de bois que par le procédé en forêt, mais encore il lui restera en main pour 10 stères un bénéfice net de 200ᶠ,09 — 66,13 = 133ᶠ,96. Pour le fabricant de charbon qui livrerait son charbon au commerce comme les autres marchandises, le bénéfice net en argent serait comme il vient d'être dit de 200^r,09^c.

XLVIII.

Circonstances qui feront varier dans un sens favorable les résultats trouvés de la carbonisation en vase clos.

Les évaluations qui, avec les faits révélés par l'expérience, ont servi à établir les résultats trouvés, sont presque toutes des maximum qui, par l'effet de circonstances particulières et générales, pourront subir des réductions importantes. Ces réductions amélioreraient d'autant les avantages qui viennent d'être signalés, en diminuant les prix de revient et accroissant proportionnellement les bénéfices. Ainsi 1° plusieurs dépenses portées aux frais généraux disparaîtront ou s'atténueront dans des usines placées favorablement, ou déjà créées pour d'autres industries, et qui par suite possèdent par avance leur terrain, leur personnel et même une partie de leur outillage, force motrice, etc. 2° ces dépenses ont été le plus souvent exagérées et elles seront par conséquent sujettes, dans l'exécution, à de notables économies dont on peut dans une certaine mesure, entrevoir l'étendue. Je rappelle de nouveau, et comme exemple, la substitution au combustible concret, du combustible gazeux, qui pourra, dans la plupart des cas, être préparé avec des matières sans emploi et sans valeur, à raison de leur inaptitude. Enfin j'ai raisonné sur des chiffres absolus de quantités, bien que dans des manipulations aussi fréquentes et aussi grandes de liquides, on doive nécessairement s'attendre à des déchets. A cet égard, mes observations personnelles me permettent d'affirmer que l'ensemble de ces déchets, dans des opérations faites avec soin, n'atteindra pas un pour cent, mais en même temps il ne faut pas perdre de vue que par une hypothèse qui ne se vérifiera pas, j'ai admis pour l'acide acétique commercial, qui est l'article le plus important de cette fabrication, une richesse de 40 pour cent, tandis que en réalité elle est de 44,11, soit 10 pour cent d'augmentation, lesquels, tout déchet compensé, produisent encore un boni considérable.

XLIX.

Abandon de la fabrication de l'acide acétique dit *des arts*. Causes de cet abandon.

On distingue dans le commerce deux espèces d'acide acétique dont les qualités sont indépendantes de leur teneur ou richesse en acide absolu; l'un dit acide des arts, dont la pureté se trouve altérée par diverses substances que les manipulations n'ont pu lui enlever ou y ont introduites, telles que goudron, acide chlorhydrique et cuivre à l'état d'acétate; l'autre dit bon goût et dont je viens de décrire la fabrication. Le premier, obtenu par le procédé allemand, n'est propre qu'aux usages industriels, encore faut-il ajouter que dans certains cas, notamment dans la teinture, son impureté nuit tellement à l'éclat et à la fraîcheur des couleurs, que ce défaut, lorsqu'il sera plus connu, le fera certainement abandonner par les manufacturiers. Le second est propre à tous les usages des arts et de la vie et ne présente dans sa composition absolument aucune différence appréciable aux réactifs les plus sensibles, soit avec l'acide absolu obtenu par l'acétate de cuivre, soit avec l'acide acétique du vin.

L'écart entre les prix commerciaux de ces deux espèces d'acide est assez grand, c'est-à-dire, que le premier est coté à un prix notablement plus bas que le second, tandis que leurs frais de fabrication sont à peu près les mêmes. Cette remarque faite, il me paraît tout à fait inutile de s'occuper du premier.

L.

Quelques conséquences de l'adoption de ce procédé dans l'industrie.

Les conséquences de l'adoption générale du procédé de carbonisation en vase clos au gaz seraient nombreuses. Les unes touchent aux intérêts généraux de l'ordre le plus élevé, les autres à des intérêts privés importants. Les considérations qui se rapportent à ces deux classes, ne font pas nécessairement partie de mon sujet, tout en s'y rattachant et peuvent être présentées isolément et sans perdre de leur valeur. Elles exigeraient d'ailleurs des développements que ne comportent ni l'étendue de ce mémoire, ni même son but direct et spécial, qui n'est autre que la solution d'une question technique. Je me bornerai à énoncer que ce système nouveau,

1° Equivaudrait à un agrandissement de la surface forestière exploitée de cette manière, proportionnel à l'accroissement de produit qui en serait la conséquence, sans l'inconvénient corrélatif d'une plus grande surface sur laquelle il faudrait recueillir ce supplément de produit. Il faciliterait par suite dans la même mesure les approvisionnements en général, notamment celui des hauts-fourneaux et rendrait ainsi disponible pour d'autres usages le combustible économisé par ce moyen. En ce qui concerne les hauts-fourneaux il est un point peu apparent dont l'expérience ferait bientôt reconnaître toute la gravité. Ce point est la qualité supérieure, indiscutable et constante des charbons ainsi obtenus qui se traduirait d'abord par une qualité correspondante dans la fonte et ensuite par une économie nouvelle ;

2° Améliorerait la situation de la métallurgie au charbon de bois au moins de toute la diminution du prix du combustible que ces changements détermineraient. On verra dans la seconde partie de ce mémoire quelques-uns des avantages que le mode d'emploi du combustible peut ajouter à ces conséquences.

LI.

Réponse à une objection au système en vase clos.

De toutes les objections que l'examen le plus minutieux du système nouveau peut faire surgir, une seule paraît mériter l'attention, c'est celle qui résulte de la difficulté de trouver des consommateurs pour une aussi grande grande masse de produits que celle à laquelle donnerait lieu une fabrication

générale. Il serait aussi contraire à la raison de se dissimuler que de s'exagérer l'importance de cette difficulté. Il convient au contraire d'en mesurer
le plus exactement possible toute l'étendue, pour se rendre compte de ce
qu'on peut craindre de ce côté.

Il faut d'abord remarquer que l'objection ne porte que sur l'acide acétique, car le goudron, en outre d'un grand nombre d'usages auxquels il est
éminemment propre, peut se brûler avec avantage sur place. Quant aux
huiles et au méthylène, ils répondent à un si grand nombre de besoins jour-
naliers, si loin d'être satisfaits et que les progrès des arts, de l'industrie et
du bien-être tendent à accroître dans une telle proportion, que l'on ne voit
pas de limite à leur consommation. Les sophistications commises sur le méthylène en sont la preuve. Il n'y aurait donc pas à s'inquiéter de ce côté.

En ce qui concerne l'acide acétique, on doit reconnaître et admettre qu'il
s'emparera du marché d'une manière absolue et excluera toute matière similaire d'une autre provenance. Il est facile d'en faire la preuve. Le prix revient
de 100 kilog. d'acide acétique monohydraté est 26^f,39 (XLVI) mais il
est probable que ce prix ne dépassera pas 20 fr. Or 100 kilog. d'acide acé-
que monohydraté feront 1400 litres de vinaigre au degré requis pour l'a-
limentation. C'est donc à peu près un centime et demi que coûtera au producteur le litre de vinaigre que le consommateur ne paie pas moins de 40
à 50 centimes chez le détaillant. On voit donc sous le rapport de la question
de prix qu'il n'y a point d'acide acétique provenant d'une liqueur fermen-
tée qui puisse lutter contre l'acide acétique du bois. Vainement oppose-
rait-on la résistance du consommateur lui-même à cette substitution, je
réponds hardiment et avec raison que le bon marché vaincra tous les préjugés et triomphera de toutes les répugnances. Il y aurait en outre dans ce
changement cet autre avantage produit, c'est que les petits vins qui servent
aujourd'hui à cette fabrication feraient retour à la consommation de la
population ouvrière.

Aux besoins alimentaires se joindraient ceux des arts industriels qui ne
peuvent que prendre de l'accroissement. On aura donc ainsi un marché d'environ 40 millions de consommateurs. Mais il est permis de croire que le libre
échange nous ouvrira pour ce produit un débouché important chez nos voi-
sins, qui ne sont pas à beaucoup près aussi bien partagés que nous en riches-
ses forestières.

Au surplus, il ne doit venir à la pensée de personne que cette industrie
puisse échapper à la loi commune qui régit toutes les valeurs, le rapport de
l'offre à la demande. Le fabricant de ce produit n'aura à subir l'effet ou
l'application d'aucun principe nouveau; il combinera ses opérations suivant
les errements universels et pratiqués en tout et partout et quoiqu'il arrive,
même dans les circonstances les plus mauvaises, il aura toujours une certaine masse de consommateurs dont les besoins fourniront un écoulement
important et peu variable à sa fabrication.

Mais les avantages de ce système sont tels qu'il peut supporter les situa-
tions et les hypothèses les plus extrêmes sans éprouver d'autres inconvénients qu'une réduction dans ses bénéfices. Si l'on supposait par impossible
que l'usage de l'acide acétique pût tomber en désuétude, tant dans les be-

soins de la vie que dans ceux de l'industrie et que la fabrication de cette substance dût cesser entièrement; dans ce cas, en conservant la pratique de ce procédé et en se bornant à extraire le goudron et ses huiles et le méthylène, il faudrait retrancher de l'état de frais généraux établi (XLIV) au moins moitié, soit 10000 francs, puis des 267880 francs de matériel au moins 100000 francs pour ce qui est relatif à l'acide acétique, ce qui réduirait le capital engagé à 167880.

Les 15 pour cent d'amortissement et d'intérêt de cette somme seraient 25182 francs, lesquels ajoutés aux 9600 francs de frais généraux, feraient un total de 34782 francs, et alors le prix de revient de la fabrication de 16 cornues établi (XLVI) serait fait comme suit :

Frais généraux $\dfrac{34782}{23360} \times 64$. . . . . 95^f,28

Acquisition du bois à raison de 8 fr. les deux stères et demi. .   204 ,80
Transport de la forêt à l'usine à raison de 5 fr. les deux stères
  et demi . . . . 128 ,00
Main-d'œuvre de manipulation des cornues, etc . . . .   20 ,00
Distillation du goudron. . . . .   4 ,75
Extraction et rectification du méthylène. . . . .   18 ,75

Total de tous les frais de fabrication de 16 cornues. . . . . 471^f,58

Par contre, ces 64 stères auront produit :
Huiles $12 \times 16 = 192$ kilog à 100 fr. les 100 kilog. . 192,00 ⎫
Méthylène $24 \times 16 = 384$ kilog à 100 fr. les 100 kilog 384,00 ⎪
Charbon $300 \times 16 = 4800$ calculé proportionnellement   ⎬ 999,25
  à 39^f,68 pour 450 kilog (XVII) . . . . 423,25 ⎭

Bénéfice net sur 16 cornues contenant ensemble 64 stères
  ou 25 cordes, 6 de deux stères et demi l'une de bois
  de charbonnage . . . .   527^f,67

Soit pour les 25 cordes,6 un bénéfice net, non compris le charbon de 527^f,67 — 423^f,25 = 104^f,42 ; soit pour une corde 4^f,07.

Ainsi, dans le cas le plus défavorable, le bénéfice net dépasserait encore la valeur du charbon obtenu, mais il est facile de voir que ce cas ne se présentera jamais et que la stagnation prolongée et la mévente des produits sera comme pour toutes les autres industries lorsque leur puissance productrice surpasse les besoins de la consommation, un avertissement de suspendre momentanément l'activité de la fabrication.

J'admettrai, lorsqu'il sera question dans la seconde partie du prix de revient de la fonte dans le traitement des minerais de fer au haut-fourneau, que le charbon soit obtenu gratuitement.

LII.

Procédé nouveau de carbonisation par le gaz oxyde de carbone.

Lorsqu'on examine dans tous ses détails le système de carbonisation en vase clos qui vient d'être décrit, il est difficile de concevoir un espoir raisonnable de grandes améliorations nouvelles. Il est manifeste, puisque toutes les substances du bois sont recueillies, que ces améliorations ne pourraient porter que sur des détails de consommation dont quelques-unes ont une certaine importance, il est vrai, mais n'affectent, en réalité que très-peu le résultat général.

La principale de ces améliorations, dont la possibilité m'a toujours frappé et la réalisation toujours semblé des plus désirables, est celle que procurerait l'application directe et sans intermédiaire, de la chaleur au bois à carboniser, ainsi que cela a lieu par le procédé à l'air libre qui possède ce notable avantage sur le procédé en vase clos. On a vu (XXXIV) l'énorme différence qui existe entre la chaleur théorique de la carbonisation en vase clos et la chaleur réellement dépensée, puisque la première est à la seconde dans le rapport de 651893 à 1270665. On a vu (XXXVI) le mode proposé pour atténuer cet inconvénient, en utilisant la chaleur sensible des gaz brûlés.

J'ai cherché un moyen direct d'y remédier, tout en conservant les autres avantages du système. C'est une observation consignée par M. Leplay dans un intéressant mémoire rapporté à l'Académie des sciences le 18 janvier 1836, par Arago et publié dans les *Annales des mines*, tome XIX, onzième livraison de 1841, page 305 qui m'en a suggéré l'idée. D'après cette observation confirmée par les travaux ultérieurs d'Elbelmen, un courant d'air forcé passant à travers un milieu embrasé de charbon d'une épaisseur d'au moins $0^m,06$ convertit complétement son oxygène en oxyde de carbone. Or si l'on considère que le carbone développe pour se changer en oxyde de carbone 2473 calories par kilog. de carbone brûlé (Fabre et Silbermann), il est évident qu'il ne restait plus pour appliquer ce principe qu'à trouver l'appareil économique et d'un usage pratique pour soumettre le bois à un courant d'oxyde de carbone au point et au moment de la production immédiate de ce gaz afin de profiter de toute sa chaleur sensible pour isoler le carbone en expulsant les matières volatiles du bois.

La fabrication de l'oxyde de carbone, au surplus, ne me paraissait offrir que des avantages au point de vue du principe de la conversion des combustibles en gaz, soit dans une usine de simple carbonisation, soit dans une usine de carbonisation réunie à une usine métallurgique. Il est facile de voir, en se reportant à ce qui précède, que les besoins ultérieurs seuls de la rectification des produits accessoires de la carbonisation pouvaient absorber cet oxyde de carbone, ainsi que les gaz combustibles propres de la carbonisation. En effet, on trouverait en basant le calcul sur les données de consommation qui ont été rapportées et qui de plus ont été exagérées à dessein, que les produits accessoires d'une cornue de 4 stères, exigent pour leur extraction de de l'acide pyroligneux et leur rectification, une quantité de $6^{hectol},6249$ de houille pesant $529^k,992$, dont la combustion fournit à ces opérations, $529,992 \times 7000 = 3709994$ calories.

Or on a vu XXXIV que la carbonisation d'une cornue consommait 1270665 calories pour sa carbonisation, en y comprenant la chaleur sensible des gaz brûlés. Si donc on admet que cette chaleur soit fournie par la chaleur sensible d'oxyde de carbone, obtenu au moyen de la combustion d'un charbon quelconque, il faudra une quantité de ce charbon au moins égale à $\dfrac{1270665}{2473}$

$= 513^k,8152$, car il y aura en outre à échauffer l'azote qui aura servi à la combustion et qui sera mélangé au gaz produit. Comme ce charbon aura dégagé déjà par sa conversion en oxyde de carbone 2473 calories par kilo., il n'aura plus à dégager pour achever sa combustion que $8080 - 2473 = 5607$ calories.

En conséquence, la chaleur que cet oxyde de carbone, après avoir épuisé sa chaleur sensible, pourrait fournir par sa transformation en acide carbonique, serait égale à :

$$513,8152 \times 5607 = 2880961^c,8264.$$

Il s'agit donc de trouver une différence de $3709994^c - 2880961^c = 829033$ calories.

Il est probable que la consommation réduite à ses justes limites diminuerait beaucoup cette différence XXXVI. Quoiqu'il en soit, elle serait amplement fournie par les gaz de la cornue dont la puissance calorifique est de 867405 XXXIV non compris les goudrons.

Il ne pourrait pas être question d'employer le bois à cet usage, en raison de la trop grande quantité de chaleur latente absorbée tant par la volatilisation que par la décomposition partielle de l'eau, ce qui n'aurait pas permis d'obtenir une température suffisante.

Ce point éclairci, naissait la difficulté de trouver la forme, les dimensions de l'appareil, son agencement et celui de ses organes. Ceux qui ont été aux prises avec des difficultés de cette nature, savent seuls ce qu'elles coûtent d'efforts, d'essais infructueux, de recherches, de dépenses de temps et d'argent, pour aboutir le plus communément à l'insuccès.

Je rappellerai cette partie de mes investigations à titre de renseignement pour les personnes qui voudraient reprendre cette question dont je crois la solution possible, parce qu'à mon sens il y a toujours dans un échec, au moins l'enseignement utile de montrer les fausses voies dans lesquelles il ne faut pas s'engager.

J'ai expérimenté sur la forme, les dimensions, et la position de la cornue, sur sa disposition à l'air libre ou dans un four ; puis successivement avec le bois, le charbon, la houille et le coke ; à combustion renversée ou droite ; avec et sans courant d'air forcé ; avec et sans vapeur d'eau ; enfin par opération lente et par opération rapide. Je ne suis point parvenu à obtenir de résultat complet. Je suis toujours resté en deçà où j'ai toujours transgressé au delà du point cherché. Où j'obtenais un charbon insuffisamment cuit, ou lorsque je voulais atteindre le degré nécessaire, j'avais une trop forte introduction d'air et une partie du charbon brûlait. C'est la seule difficulté que je n'ai pu surmonter et je la considère comme très-grande. Je ne puis m'en prendre ni au défaut de soin d'autrui, ni à des instructions mal comprises et mal exécutées ; j'ai fait toutes mes expériences moi-même.

En résumé, voici le résultat de ces expériences :

J'ai opéré,

1° Sur des cornues coniques ayant leurs grandes bases par en bas, parallélipipédiques et cylindriques. La forme la plus avantageuse a été la forme cylindrique d'une hauteur un peu moindre du double du diamètre.

2° Sur des cornues qui ont varié dans leur capacité depuis 0^m,25 jusqu'à 8 mètres cubes. La capacité la plus avantageuse a été de 4 mètres cubes ;

3° Sur des cornues horizontales, inclinées et verticales. C'est la position verticale qui a donné les meilleurs résultats.

4° Sur des cornues entièrement à découvert, partiellement à découvert sur une partie de leur hauteur par en haut et entièrement renfermées dans un four. Les meilleurs résultats ont été donnés par les cornues entièrement renfermées.

5° Avec le bois, le charbon, la houille et le coke. C'est le feu du bois qui est le plus difficile et le feu du coke le plus facile à conduire et c'est le coke qui est le plus économique.

6° A combustion droite ou renversée. Je n'ai point remarqué de différence en avantages ou en inconvénients. Mais je crois que la combustion renversée se prête mieux à régler l'introduction d'air.

7° Avec ou sans courant d'air forcé. Le courant d'air forcé donne des résultats plus réguliers, mais il faut pouvoir, à peine d'usure énorme, le régler à volonté, ce qui m'a manqué.

8° Avec ou sans vapeur d'eau. Point d'autre différence entre les deux moyens, sinon qu'avec la vapeur d'eau on a une plus grande quantité d'eau dans les liquides condensés et plus de combustible dépensé ;

9° Par carbonisation lente et rapide. Différence de bien à mal. Dans diverses opérations de 80 à 92 heures, j'ai obtenu constamment un charbon de première qualité et des liquides très-riches ; par opération de 10 à 24 heures, j'ai eu des conflagrations proportionnelles dans la cornue, des mauvais charbons et en moindre quantité et des liquides moins riches.

Les dernières dispositions auxquelles je me suis arrêté sont les suivantes :

Le fond de la cornue servait d'obturateur au foyer qui, lui-même, faisait fonction de générateur de gaz. Les gaz s'élevant du foyer rencontraient le fond de la cornue où ils pénétraient par des trous très-rapprochés et équidistants, dont le fond était percé. Ils circulaient dans toute la masse du bois et quittaient la cornue par l'orifice pratiqué dans son couvercle pour se rendre au condensateur. Le foyer se composait d'une grille sur laquelle on introduisait le combustible par une ouverture latérale que l'on devait fermer avec soin dans les intervalles des chargements. Il recevait l'air par dessous la grille au moyen d'un ventilateur.

Si ces recherches sont reprises au point où j'en suis resté, j'ai la croyance qu'avec la persévérance nécessaire et une étude attentive, l'on arrivera à un succès complet ; mais à condition de régler à volonté l'arrivée de l'air et d'améliorer l'introduction du combustible et sa disposition sur la grille. Au surplus, ce procédé, qui aurait pour but et pour résultat d'utiliser la chaleur sensible de l'oxyde de carbone obtenu avec la combustion du charbon végétal ou minéral, peut être suppléé d'une manière assez satisfaisante par une introduction convenable de vapeur d'eau par la tuyère du générateur à gaz. Cette vapeur, par sa décomposition, ne laisserait au gaz que la chaleur nécessaire à la marche de l'appareil et les enrichirait de toute celle qu'elle leur enlèverait.

Je bornerai là ce que j'avais à dire sur la carbonisation. Dans la seconde partie de ce mémoire, j'exposerai les principes qui, suivant moi, doivent régir l'emploi du combustible dans la métallurgie du fer, les moyens d'atteindre le maximum utile de la combustion et quelques-unes des conséquences de l'application de ces principes et de ces moyens. Les améliorations nouvelles qui seront proposées devront naturellement accroître l'importance de celles qui viennent d'être discutées.

FIN·DE LA PREMIÈRE PARTIE.

oupe proportionnelle suivant l'axe du Haut-fourneau de CORBELIN et Tableau théorique des évolutions calorifiques à chaque position de la charge, des modifications de la charge et de la portion de la colonne gazeuse correspondante à cette charge.

88

CARBONISATION

DU BOIS

EMPLOI DU COMBUSTIBLE

DANS LA

MÉTALLURGIE DU FER

CARBONISATION

DU BOIS

EMPLOI DU COMBUSTIBLE

DANS LA

MÉTALLURGIE DU FER

PAR **A. GILLOT**

INGÉNIEUR CIVIL DES MINES

1re PARTIE. Carbonisation en forêt. — Carbonisation en vase clos. — Séparation et rectification des produits de la distillation.

2e PARTIE. Perte en combustible dans les traitements des minerais de fer. — Perte en combustible dans le traitement de la fonte. — Économies réalisables dans les traitements des minerais de fer et de la fonte.

3e PARTIE. Résumé et appendice.

DEUXIÈME ET TROISIÈME PARTIES

PARIS

LIBRAIRIE SCIENTIFIQUE, INDUSTRIELLE ET AGRICOLE

Eugène LACROIX, Imprimeur-Éditeur

Libraire de la Société des Ingénieurs civils de France, de celle des anciens Élèves des Écoles d'Arts et Métiers, de la Société des Conducteurs des Ponts et Chaussées de MM. les Mécaniciens de la Marine

Fournisseur des Écoles professionnelles, etc., etc.

54, rue des Saints-Pères, 54

1873

CARBONISATION DU BOIS

ET

EMPLOI DU COMBUSTIBLE

DANS LA MÉTALLURGIE DU FER

DEUXIÈME PARTIE

DE L'EMPLOI DU COMBUSTIBLE DANS LA MÉTALLURGIE DU FER

LIII.

Généralités.

Le carbone et l'hydrogène sont les deux seuls corps combustibles dont la sidérurgie met à profit les affinités chimiques pour se procurer la chaleur et les réactions nécessaires à ses opérations (2).

La différence de leurs propriétés leur assigne à chacun dans la fabrication du fer un rôle spécial que des tâtonnements coûteux et empiriques et une longue expérience ont fini par consacrer. Les méthodes qui en sont la conséquence, n'ont besoin, malgré la gravité de leurs défauts, pour obtenir des résultats inespérés d'économie et atteindre un grand degré de perfection, que de quelques modifications simples et déjà préparées par les travaux des savants qui, dans ces derniers temps, ont traité ces questions. Ces modifications, sur lesquelles mes propres recherches m'ont permis de fixer mes idées, font l'objet de cette deuxième partie du présent mémoire.

La fabrication du fer se partage en deux phases nettement tranchées. La première se rapporte à la conversion des minerais en fonte. Elle requiert un combustible fixe, dur, résistant, pouvant sous l'action d'un courant gazeux énergique, marchant en sens inverse, accompagner jusqu'à la fin de l'opération la matière à traiter, afin de fournir au moment voulu la chaleur et le gaz réductif nécessaire. L'appareil et le combustible qui répondent à cette exigence sont le haut-fourneau et le carbone obtenu à un certain état de dureté et de compacité. On voit aussi déjà et en admettant provisoirement ces prémisses qui seront ultérieurement et amplement justifiées, que l'hydrogène et ses composés carburés sont par leur volatilité tout à fait impropres au service du haut-fourneau ; on verra pour des causes qui seront expliquées (92) qu'ils y sont en outre nuisibles. On est donc, dans l'état actuel de nos connaissances, amené à la nécessité absolue de les expulser préalablement des combustibles végétaux ou minéraux par la carbonisation, pour rendre le charbon apte au traitement des minerais.

La deuxième phase comprend la conversion de la fonte en acier et en fer. Elle demande une haute température moyenne et des gaz oxydants et réductifs. L'appareil qui correspond à cette exigence est le four à reverbère, et le combustible par excellence est l'hydrogène d'abord, puis les hydrocarbures et l'oxyde de carbone.

Ce sont les houilles plus ou moins grasses qui, jusqu'à présent, ont été presque exclusivement en possesion de fournir ces agents gazeux.

L'examen de l'emploi des combustibles dans la sidérurgie peut donc se diviser en deux parties. La première qui comprend les charbons durs et résistants, se rapporte à la conversion des minerais en fonte, c'est-à-dire, à leur réduction au haut-fourneau ; la deuxième, qui comprend les gaz combustibles, se rapporte à la conversion ultérieure de la fonte en fer ou en acier.

Ce simple énoncé fixe les limites de cette partie du mémoire et naturellement l'ordre des matières qui y seront traitées. Il ne saurait y être question d'aucun des modes particuliers mis en œuvre pour approprier aux besoins divers de l'industrie ces trois manières d'être du fer, car ce n'est point ici un traité de métallurgie et d'ailleurs on pourra voir que l'application des principes qui doivent régir l'emploi économique du combustible ne présente aucune difficulté dans ces cas particuliers. Je ne parlerai ni de ces procédés presque semblables entre eux qui sous de fausses apparences de simplicité ont pour but d'obtenir dans de bas foyers le fer et l'acier directement des minerais et qui entraînent de monstrueuses consommations, ni des méthodes diverses de conversion de la fonte fer ou en acier, dites comtoises, nivernaises et autres, toutes pratiquées dans de bas foyers et toutes aussi entachées, entr'autres défauts, de celui d'un excès de consommation qui doit les faire abandonner sans retour. L'examen et la discussion ne porteront donc que sur le haut-fourneau et sur le four à reverbère. Je me propose de démontrer que ces appareils, moyennant des changements et additions simples, d'une dépense relative faible et praticable partout, peuvent et doivent suffir à l'emploi rationnel, c'est-à-dire, complet du combustible, en d'autres termes, à l'utilisation de toute sa puissance calorifique et réductive pour obtenir dans des conditions données, la plus grande somme de fonte, d'acier et de fer aux prix les plus bas possibles. Il résultera entr'autres choses de cette méthode normale de fabrication, cette conséquence importante, que tous les combustibles, quelles que soient leur espèce et leur nature, sont également propres, sans distinction de qualité et sans autre classification que celle de leur teneur en carbone et en hydrogène, à donner de bons produits au four à reverbère ; enfin aussi cette autre conséquence non moins considérable, d'accroitre la faculté productrice de l'industrie sidérurgique dans la mesure, non-seulement de toute l'économie réalisée, mais encore de toute la quantité de combustible nouveau rendu apte aux usages métallurgiques. Mais avant de pénétrer plus loin dans le sujet, il importe ici, pour le dégager de toute obscurité, de bien préciser les points à résoudre. Le problème me paraît complétement posé dans les termes suivants :

Quelle est la perte en combustible qui résulte,

1° Du traitement du minerai de fer au haut-fourneau?

2° Du traitement de la fonte au four à réverbère pour la convertir en fer ou en acier?

Quelles sont les économies réalisables et quels sont les moyens de les réaliser?

Je discuterai successivement ces trois points dans l'ordre où ils sont ici présentés.

CHAPITRE QUATRIÈME.

Traitement des minerais de fer au haut-fourneau.

LIV.

Haut-fourneau.

Je considérerai dans ce qui va suivre un haut-fourneau marchant au charbon de bois et à l'air froid. Je prendrai pour exemple le haut-fourneau de Corbelin (Nièvre), que j'ai possédé pendant dix-sept ans, et qui représente assez exactement le type moyen des hauts-fourneaux au charbon de bois dans la région du centre. Jamais il ne s'est manifesté de graves irrégularités dans son allure, bien qu'il me soit arrivé quelquefois de le faire marcher sans arrêt pendant deux années consécutives. On peut donc regarder sa consommation et sa production comme à peu près normales. Il sera facile, au reste, pour des cas différents, de modifier du moins au plus ou du plus au moins, les conclusions qui découleront de ce que j'ai à dire, les principes restant invariables.

J'avais fait reconstruire ce fourneau en entier de pied en faîte. J'avais renoncé à ces masses énormes de maçonnerie au moyen desquelles on croit devoir protéger l'appareil contre l'expansion des gaz, parce que ces constructions sont toujours et sans exception une cause de dépenses considérables et stériles, un embarras à demeure et non-seulement ne protégent rien du tout, mais encore font souvent participer l'intérieur du fourneau aux lézardes qui se produisent constamment dans leur masse au bout d'un temps de marche très-court. J'avais donc, en raison de la disposition des lieux et pour profiter des canaux d'assainissement déjà existants, fait pratiquer dans la maçonnerie du précédent, une cavité cylindrique dans laquelle j'avais édifié mon fourneau nouveau. Ce dernier consistait tout simplement en une chemise intérieure faite en briques réfractaires de première qualité du Montet, de 50 centimètres de longueur, de dix centimètres d'épaisseur et ayant toutes une forme conique de voussoir que l'on modifiait avec une tranche à la demande de l'emploi. Ces briques étaient liées par un sable blanc argileux très-réfractaire. On les maçonnait en retraite les unes sur les autres dans les étalages, ce qui faisait ressembler ceux-ci à des gradins ou à de certaines cristallisations géodiques de sel marin ou de bismuth. Les anciens piliers laissaient entre eux et l'ouvrage nouveau qui était rond, un espace suffisant pour y circuler librement, ce qui donnait la plus grande facilité pour prévenir, voir et réparer les accidents toujours dangereux dans cette partie délicate d'un fourneau. On voit ainsi que le creuset et l'ouvrage formaient une espèce de gobelet en briques réfractaires dont le muraillement n'avait que 50 centimètres d'épaisseur. J'avais eu contre moi, dans cette disposition, l'avis contraire et l'opposition de tous les employés et ouvriers du fourneau. Cependant aucun inconvénient ne vint justifier par la suite les craintes exprimées, et jamais je n'ai obtenu les mêmes avantages de durée et de résistance avec les grès les plus réfractaires. A la partie supérieure des étalages, c'est-à-dire, à leur raccordement avec le ventre et où commence la démolition après chaque campagne, la chemise était portée sur des cornières en fonte supportées elles-mêmes par un cadre de gueuses encastrées dans les vieux piliers et s'élevait de là en cône jusqu'au gueulard qui était muni d'un couvercle hydraulique. A 50 centimètres en contre-bas du gueulard se trouvait la trémie pour la prise de gaz. Il n'en résultait point d'inconvénient sensible, mais il est de la plus haute importance, pour la bonne allure d'un fourneau et l'économie de sa consommation, de faire cette prise le plus près possible du gueulard. Une chemise extérieure de 40 centimètres en brique et mortier de chaux ordinaire entourait la chemise intérieure dont elle était séparée par un espace annulaire de 10 centimètres d'épaisseur rempli de brique concassée à la grosseur d'un œuf et qui n'était réunie par aucun ciment. Cette chemise extérieure se reliait de loin en loin par des briques transversales à celle d'intérieur et elle était en outre de mètre en mètre percée en rangs alternants d'ouvreaux de cinq centimètres de côté, qui mettaient l'espace annulaire compris entre les deux chemises et rempli de brique concassée, en communication avec l'air extérieur. Cette disposition atteignait complétement le double but de réduire à son minimum la perte de chaleur due à l'échauffement des parois et au rayonnement, et de prévenir les lézardes de la cuve. La température de la surface extérieure ne dépassait pas celle de l'air ambiant au bout de la campagne. Tout le système était en outre consolidé extérieurement du haut en bas par des cercles et des bandes verticales de fer espacés de trente centimètres. Je crois devoir observer ici qu'on a rarement à se louer de l'emploi des briques ordinaires dans la chemise extérieure. Les alternances de température en désagrégent la matière et les font tomber en poudre au bout d'un certain temps, effet qui ne se produit pas sur les briques réfractaires. Il sera donc toujours plus prudent d'user de ces dernières. Enfin cette chemise extérieure ne commençait qu'à la hauteur du sommet des étalages, reposait comme la chemise intérieure sur le cadre de cornières et de gueuses dont il vient d'être question et l'armature en fer ne garnissait non plus que cette partie, en sorte que le creuset et l'ouvrage étaient, comme il vient d'être dit, absolument nus et à découvert.

Les dimensions du fourneau que des calculs basés sur la nature des matières que j'y traitais, et fortifiés par l'expérience, m'avaient fait reconnaître comme les plus convenables, étaient les suivantes :

Hauteur totale du fourneau du fond du creuset au bord supérieur du gueulard.	$9^m,80$
Hauteur de la tuyère au-dessus du fond du creuset. . . .	$0^m,60$
Hauteur de l'ouvrage au-dessus de la tuyère	$1,30$
Hauteur des étalages, ou distance de la partie supérieure de l'ouvrage au ventre	$2^m,35$
Distance du ventre au bord supérieur du gueulard	$5,35$
Hauteur de la galerie circulaire en fonte pour la fermeture hydraulique et couronnement du gueulard.	$0,20$
Total.	$9^m,80$

Distance de la tuyère à la rustine . . . . 0^m,30

Le creuset était rond comme il vient d'être dit et son diamè-
'tre était de. . . . . 4 . . . . 0 ,85

La distance de la dame à la rustine était . . . . 1 ,50

Diamètre à la partie supérieure de l'ouvrage. . . . . 1 ,05

Diamètre au ventre . . . . 2 ,70

Diamètre au gueulard . . . . 0 ,85

La partie supérieure de la cuve était cylindrique sur une hauteur de 1^m,45 pour l'établissement de la prise de gaz. Des dimensions ci-dessus on déduit pour la capacité totale de la cuve depuis la tuyère jusqu'au gueulard 22^{mc},46.

LV.

Mines traitées. Leur origine due à des actions électriques.

Les mines traitées dans ce fourneau étaient un hydrate argilo-siliceux fourni par 2 minières exploitées l'une et l'autre dans le diluvium qui s'étend dans la Nièvre sur des espaces considérables, et quelquefois avec une puissance qui dépasse vingt mètres. Ces mines, bien que d'une provenance similaire et classées minéralogiquement dans la même famille, présentaient des qualités, des propriétés et une composition fort différentes.

Le premier de ces gîtes, celui de Saint-Malo (Nièvre), consiste en grains anguleux à vives arêtes, empâtés dans de l'argile, et disposés en amas comme dans des poches et sans stratification apparente. L'ensemble de ces indices prouve un transport subit, rapide, torrentueux et un dépôt peu éloigné du point de départ. Ses caractères me le font considérer comme un détritus du terrain des *grès-verts* que l'on trouve assez près de là. En effet, ce terrain affleure et s'enfonce sous la craie sur une zone presque continue dirigée du nord-est au sud-ouest entre Auxerre et Neuvy-sur-Loire, et se montre encore en divers points sur la rive gauche de la Loire. Cette zone, dans ce parcours, forme un sinus rentrant au sud qui touche Entrains et comprend Saint-Verain. Ces grès sont très-ferrugineux dans ces localités et passent insensiblement à un fer hydraté très-riche, très-abondant et intimement mélangé de silice. On trouve fréquemment dans la contrée et surtout du côté de Saint-Amand et dans l'Yonne des amas considérables de laitiers très-riches en fer provenant de forges à bras qui remontent vraisemblablement à l'époque gauloise et donnent le vrai sens de l'appellation de *gens ferrea* appliquée par César aux habitants du pays. Il ne me semble pas douteux que l'extrême fusibilité de ces mines attestée par les laitiers qui restent de leur traitement, ait dû être une des causes déterminantes de ces établissements métallurgiques primitifs qui n'avaient pas à leur disposition les moyens puissants de l'industrie moderne. Ces amas de laitiers sont exploités aujourd'hui pour l'entretien des routes et par les potiers de Saint-Amand pour les couvertes de leurs poteries. On pourrait, si leur intérêt historique l'exigeait, faire servir ces débris du temps passé comme des repères que l'on noterait sur une carte pour fixer les limites de la surface sur laquelle s'exerçait l'industrie sidérurgique à ces époques reculées.

Les mines du gîte de Saint-Malo sont très-fusibles et donnent des fontes éminemment propres à la fabrication de l'acier. Elles contiennent en petites quantités du plomb, du zinc, du cuivre et du titane probablement à l'état de sulfures et du peroxyde de manganèse. On trouve à la fin de chaque campagne les deux premiers de ces métaux, en cadmies vertes et jaunes, très-dures et très-résistantes, à grain fin et cristallin dans la cassure, déposées en lames très-minces et par sublimation en forme de collier très-adhérent à la paroi intérieure du fourneau, un peu au-dessous du coup de la charge. Le troisième se rassemble à l'état métallique au fond du creuset, et sort à la suite des coulées, mais sans mélange avec la fonte. Le quatrième se trouve à l'état d'alliage avec la fonte après la mise hors du fourneau dans les enfractuosités de l'ouvrage et dans les veinules métalliques qui ont rempli les lézardes. Enfin, le cinquième se réduit en partie en s'alliant au fer, et passe en partie dans les laitiers, auxquels il communique une teinte violette qui le fait reconnaître. J'attribue la fusibilité de ces mines à la présence d'une quantité assez notable du premier de ces métaux.

Le second gîte, situé à Vielmannay (Nièvre), s'il date de la même époque géologique que le premier, quant à son dépôt, ce qui est fort probable, provient certainement des débris d'un étage plus ancien que celui des grès-verts.

Les rares fossiles qu'on y trouve sont tous marins. Ils sont roulés, c'est-à-dire qu'ils n'ont pas vécu sur place. Ils sont en général assez frustes, bien qu'avec des angles peu usés, ce qui indique un court transport et paraissent appartenir au calcaire pholadomien si développé dans la Nièvre et qui se rencontre à la base de la formation oolithique, immédiatement au-dessus du fullers-earth des Anglais qu'il surmonte.

Les mines qu'on en tire sont au contraire des précédentes, à grains ronds formés de couches concentriques autour d'un point central siliceux. Ces grains ont en moyenne les dimensions du plus gros plomb de chasse, et ne sont nullement usés par le transport. Ils sont empâtés dans l'argile et ont absolument le même mode de gisement que celui de Saint-Malo. On y remarque souvent des fragments anguleux de la grosseur du poing, ne portant non plus aucune trace d'usure, composés de grains semblables, agglutinés par un ciment calcaire blanc très-dur.

On peut conclure encore de ces diverses indices que ce dépôt est aussi à une faible distance de son point de départ, et que la structure oolithique des grains est le résultat d'une action qui avait précédé leur remaniement. On verra plus loin que cette action est postérieure au dépôt de la couche sédimentaire primitive, dont les débris ont fourni la matière de ce transport. Ces mines sont plus réfractaires que les précédentes, ne paraissent point contenir de métaux étrangers et donnent de très-bons résultats, en mélange avec celles de Saint-Malo.

Les brefs détails qui précèdent sur l'origine des mines traitées dans le fourneau de Corbelin, sont en désaccord complet, comme on le voit, avec l'opinion généralement accréditée et acceptée sans discussion, que toutes celles exploitées dans le rayon des usines du centre de la France ont une provenance commune paludéenne qui leur a fait donner le nom spécifique de fer limoneux des marais. L'examen des nombreux gîtes autres que les précédents et que celui des grès-verts, que j'ai pu explorer dans les limites de ce groupe, n'est pas plus favorable à cette hypothèse inutile, gratuite et insoutenable. La seule chose vraie est que ces mines sont des hydrates sans exception ; mais je n'ai jamais rencontré un seul gisement auquel on pourrait, par un motif ou un signe quelconque, attribuer cette origine paludéenne. Tous ces minerais appartiennent incontestablement soit aux divers étages de la formation oolithique, ou de la partie supérieure du lias, dans lesquels on les observe encore en place, en divers points avec les mêmes caractères, tels par exemple qu'à Sangué, à Sarrasin, à Nevers même et dans d'autres lieux ; soit au calcaire d'eau douce tels qu'à la Charbonnière, près Nevers ou à la Chapelle, près Bourges ; soit enfin au diluvium composé des débris de ces formations, ce qui est le cas le plus ordinaire. La forme et la structure oolithiques à couches concentriques qu'ils affectent à peu près partout, n'est point le résultat de l'usure causée par le charriage, mais bien du transport moléculaire chimique de la substance ferrugineuse disséminée dans la masse, autour de petits centres calcaires ou siliceux. Les couches concentriques indiquent : 1° l'action d'une force obéissant à une loi régulière et symétrique dans sa manifestation ; 2° des intermittences dans l'effet de cette force. Il n'y a rien de contraire aux principes admis, à reconnaître des actions électriques dans ce mouvement et ce déplacement moléculaire ; car nous voyons ces forces en toutes circonstances coexister inséparablement sous les formes les plus variées avec la matière dont elles semblent être un des attributs, et comme une propriété virtuelle toujours prête à manifester sa puissance active sous l'influence d'un agent quelconque. Il paraîtrait donc irrationnel de quitter ici les voies de l'analogie et de répudier les conséquences des lois connues qui régissent les corps, pour attribuer à des causes imaginaires dont rien du moins ne nous révèle ou ne nous induit à reconnaître l'existence, l'explication des faits qui frappent notre attention. Mais ces actions ont été postérieures aux dépôts de ces terrains et antérieures aux convulsions de la croûte minérale, qui en les émergeant, en ont déterminé le remaniement ainsi que le transport de leurs débris et le dépôt de ces débris le long des pentes nouvelles que les eaux suivaient en opérant leur retraite. Les preuves de cette opinion sur les époques relatives et du métamorphisme du terrain sédimentaire, et du cataclysme diluvien abondent. Je me borne à en citer une décisive pour chacun de ces points. On trouve fréquemment dans ces terrains sédimentaires, des coquilles qui ont évidemment vécu sur place, et qui présentent dans l'épaisseur même de leur têt, sans que la forme ni les détails en aient été altérés, des grains ferrugineux à couches concentriques comme ceux du reste de la roche. C'est donc un véritable phénomène de cémentation postérieur à la vie de l'animal, et aussi au dépôt de la couche, qui a donné lieu à cette transposition de matière. Enfin, on rencontre dans le diluvium, mais très-rarement, des fragments de ces têts brisés, dont les faces de rupture coupent les grains oolithiques dont ils sont composés. Le phénomène était donc accompli, lorsque les têts ont été brisés et remaniés dans le diluvium. Ces faits ont la même portée que celui des fragments anguleux oolithiques mentionné ci-dessus, et mettent hors de discussion la question posée d'époques relatives.

Il est probable que ces actions électriques sont dues à une cause permanente, et qui sans doute subsiste encore de nos jours, mais probablement avec une intensité amoindrie ou modifiée par les changements qui se sont accomplis à la surface de la terre depuis cette époque. On en rencontre des traces fréquentes et postérieures au dernier cataclysme diluvien de nos contrées, celui d'eau douce. Je n'en veux citer ici qu'un exemple. A Saint-Ouen, près Nevers, on peut observer dans un dépôt diluvien, des fragments de rognons siliceux du calcaire pholadomien avec des empreintes de fossiles de ce calcaire, recouverts sur leurs surfaces de cassures d'une enveloppe de fer hydraté de plusieurs centimètres d'épaisseur. Cet enduit a nécessairement une date plus récente que celui du dépôt lui-même et par conséquent est dû à une action ultérieure.

Ces faits ne seraient-ils pas de simples cas particuliers et restreints d'une grande cause unique, inconnue dans son essence, que nous appelons tour à tour, affinité, lumière, chaleur, électricité, magnétisme, pesanteur, suivant la variété de ses manifestations, et qui imprime à la matière qui compose l'écorce minérale du globe des mouvements et des oscillations en sens divers, qui transforment incessamment avec des intensités variables, sa manière d'être et dont le géologue désigne les effets à peine entrevus sous le nom de métamorphisme ? Quoiqu'il en soit, l'hypothèse d'Ampère sur le magnétisme terrestre, et les courants thermo-électriques nés de l'action solaire sur la terre paraissent devoir donner une explication satisfaisante des phénomènes de métamorphisme qui viennent d'être brièvement exposés. Dans ce cas, les intermittences des couches concentriques qui composent les grains, sembleraient devoir correspondre à des variations dicernes ou annuelles, tandis que des variations séculaires pourraient être représentées par des changements en rapport avec la durée et l'intensité de cette force.

C'est à dessein que j'ai cru devoir faire ici cette petite incursion dans le domaine de la géologie, parce que les faits que je viens d'examiner me paraissent identiques avec ceux dont j'ai à parler plus loin (93) et qui sont relatifs à la réduction des minerais et à la carburation du fer dans les hauts-fourneaux. Dans l'un et l'autre cas, ce sont des mouvements et des transports moléculaires des substances, sur lesquels règne une grande obscurité, mais qui s'expliquent avec une extrême facilité en admettant l'intervention de forces électriques et qui en en tout cas ne sauraient être régis que par les lois générales quelconques qui président aux évolutions de la matière. Le but de cette digression est de faire ressortir la similitude complète des phénomènes naturels avec ceux créés artificiellement dans l'industrie et d'en déduire, afin d'en simplifier l'étude, l'identité et l'universalité des causes auxquelles on doit les attribuer.

LVI.

Fondant. Nature de ses zones bleues.

Le fondant dont j'usais à Corbelin était un calcaire argileux exploité sur place dans la partie inférieure de l'étage oolithique. Ce calcaire, d'une structure grossière, d'une tcinte générale jaune, présente néanmoins fréquemment et à mesure que la roche s'enfonce, de grandes taches et même des zones assez étendues d'une couleur bleue d'azur, que l'on observe dans beaucoup de roches secondaires et particulièrement dans le lias. J'avais remarqué que la castine bleue donnait constamment des laitiers plus liquides et une allure plus vive au fourneau ; je reconnus par l'analyse que cette teinte bleue que j'attribuais à une substance bitumineuse, résultant de la décomposition des matières animales, provenant des fossiles dont ces calcaires sont remplis, était due à des cristaux microscopiques de fer sulfuré. Ce fait explique l'extrême fusibilité de ce fondant. Cette circonstance s'ajoutait à celle de la composition des minerais pour rendre les fontes de Corbelin aciéreuses et tout à fait impropres à la fabrication des fers nerveux. Il est à propos de remarquer comme renseignement utile à la monographie de l'acier, lorsque l'état de la question permettra de la faire, qu'une légère proportion de soufre dans la fonte non-seulement ne nuit pas à la qualité des aciers, mais encore leur donne une extrême dureté à la trempe, seulement ils sont plus difficiles au travail de la forge.

Ce calcaire, après un an d'extraction, à l'abri et concassé pour son emploi à la grosseur de la moitié d'un œuf avait, d'après des constatations faites avec un soin extrême et en grand pour atteindre un chiffre plus exact, la composition moyenne suivante, savoir :

Eau hygrométrique   10
Carbonate de chaux   65 correspondant à 36,4 de chaux et à 28,60 d'acide
                        carbonique
   argile, silice et fer   25

     Total. . . .   100

J'avais reconnu de plus qu'il était très-avantageux pour le marnage des terres, qu'il y fusait avec une grande promptitude et qu'à la calcination à la température de la cuisson de la chaux il donnait une chaux hydraulique des plus énergiques, ce que sa composition pouvait faire prévoir.

LVII.

Charge du haut-fourneau.

La charge du fourneau se composait de :

10 resses de charbon contenant 15 kilog. chaque, soit ensemble. .   150^k
12 cléons de mine contenant 25 kilog. chaque, soit ensemble . . .   300
4 cléons de castine contenant 25 kilog. chaque, soit ensemble. . .   100

                           Total. . . . . .   550^k

Le fourneau était à une seule tuyère, comme étant pour les hauts-fourneaux au bois la disposition la plus convenable, également justifiée par la théorie et par l'expérience (90). On coulait toutes les douze heures, pendant lesquelles on faisait passer vingt charges et l'on obtenait moyennement par coulée 2000 kilo. de fonte.

Ainsi, pour 1000 kilog. de fonte produite on consommait :

1500 kilog. de charbon ;

3000 kilog. de mine ;

1000 kilog. de castine ;

5800 à 6000 mètres cubes d'air environ, suivant l'état hygrométrique et la température de l'air ; soit un rendement pour la mine de 33,33 pour cent, dans lesquels se trouve compris le carbone de carburation de la fonte. Mais il est à observer que ces mines contenant comme la castine une quantité moyenne d'eau hygrométrique de 10 pour cent., le rendement eût été de 37 pour cent avec des mines sèches.

Je reviendrai (88) avec les détails nécessaires sur les lois qui régissent ces consommations.

LVIII.

Composition de la mine et des laitiers.

Ces chiffres de rendement ont conduit à la composition théorique suivante de ces mines, en admettant dans les laitiers une teneur de 3 pour cent de la fonte obtenue :

Eau hygrométrique	10
Fer	33,33
Oxygène pour faire du sesquioxyde de fer	14,28
Eau de combinaison	8,03
Argile, silice et carbonate de chaux	34,34
Total	99,98

Les laitiers étaient en effet très-pauvres et très-fusibles. Ils ne contenaient jamais plus de 2 à 3 pour cent de fer et leur vitrification, sauf de rares exceptions, était toujours parfaite. Ils avaient constamment avec les mines de Vielmannay une teinte translucide enfumée, signe d'une bonne marche, et avec celles de St-Malo, un reflet violacé, indice de la présence de manganèse. On peut affirmer que de tous les symptômes propres à renseigner l'observateur sur la marche d'un haut-fourneau, celui tiré de l'aspect des laitiers est le plus certain et le plus précis et qu'il doit être l'objet continuel de l'attention de ceux qui dirigent une usine de cette espèce.

La formule moyenne de ceux du fourneau de Corbelin correspondait à peu de chose près, quant au rapport de l'oxygène des bases avec celui de la silice, au silicate multiple très-fusible représenté par la formule $2\,SIO^5, CAO, AL^2O^5$. En effet, j'avais à diverses fois et par diverses méthodes dosé et fait doser les matières fixes tant de la castine que des mines qui passaient dans les laitiers, afin de bien connaître la masse et la composition de ces derniers et de pouvoir apprécier leur influence sur la consommation du combustible. Il en était résulté des chiffres moyens à l'exactitude desquels la marche régulière du fourneau, gouverné en conséquence, donnait une grande probabilité. Ces chiffres étaient pour 100 kilog. de castine.

		Matières volatiles. —	Matières fixes. —	Totaux
Eau hygrométrique		10	»	10,00
Carbonate de chaux	acide carbonique	28,60	»	65,00
	chaux	»	36,40	
Argile	silice	»	12,50	
	alumine et fer	»	8,75	25,00
	eau de combinaison	3,75	»	
Totaux.		42,35	57,65	100,00

Ainsi, dans une charge, la castine contribuait aux laitiers pour 57^k,65. Or on vient de voir (58) que 100 kil. de mine fournissaient eux-mêmes aux laitiers un appoint de 34^k,34 de matières stériles, soit 103^k,02 pour les 300 kilog. de mine de la charge entière. Des moyennes d'analyses des mines et des laitiers permettaient de déduire pour ces matières stériles la composition suivante :

Matières volatiles 15,37489 contenant
{ acide carbonique combiné à la chaux. 9,28714
{ eau combinée à l'alumine. 6,08775

Chaux. 11,82
Alumine . . . 23,25 } soit 87^k,64511 de matières fixes.
Silice 52,57511

Total. . . . 103^k,08000

En conséquence, la masse du laitier par charge se composera de :

Matières fixes de la castine . . . . 57^k,65
Matières fixes stériles de la mine. . . . . 87 ,645
Protoxyde de fer { fer. . . . . . 3 } . . . . 3 ,00
{ oxygène. . . 0,85 }
Cendres du charbon . . . . 4 ,50

Total. . . . . 152^k,795

desquels il convient de déduire 0^k,75 pour le poids du silicium réduit (66) qui se combine avec la fonte, en sorte que le poids net des laitiers par charge qui sortiront par dessus la dame est 152^k,045. L'épreuve de la pesée a toujours confirmé ces données d'une manière suffisamment approchée.

J'adopterai ces chiffres dans la suite de ce mémoire. Il est observé que le fer dosé dans ces laitiers à l'état de protoxyde, provenant de l'hydroxyde, il devra être et il sera tenu compte dans les calculs de l'eau et de l'oxygène afférents à ce dernier état de ces 3 kilog. de fer, tandis que l'oxygène avec lequel ils forment actuellement du protoxyde étant emprunté à la silice, qui déjà fait partie du laitier, il n'y a pas de changement de poids pour cet objet.

LIX.

Quantité de chaleur absolue absorbée par le travail d'un haut-fourneau, et quantité de combustible consommé.

La quantité absolue de calorique absorbé par le travail d'un haut-fourneau, se compose invariablement de deux éléments, savoir :

Le premier, le calorique net théoriquement nécessaire à toutes les réactions dont le fourneau est le siège et dont les résultats ultimes, solides et gazeux sont la fonte et les laitiers qui s'écoulent par le bas et les gaz qui s'échappent par le haut ;

Le deuxième, le calorique absorbé par l'échauffement et le rayonnement de l'appareil, plus la chaleur sensible des produits liquides et gazeux. Enfin la quantité totale de combustible dépensé se compose du combustible correspondant aux deux causes qui viennent d'être dites, plus de celui que représentent les gaz combustibles qui sortent par le gueulard.

La détermination de ces différents chiffres de calorique et de combustible est très-complexe et exige pour atteindre un degré d'exactitude suffisant, une étude attentive et détaillée de toutes les données de la question.

LX.

Établissement des données de la question.

Je prendrai pour type dans ce qui va suivre, comme il a été posé (57), les consommations et la production du fourneau de Corbelin et aussi les matières qui y étaient traitées ainsi que leur composition moyenne énoncée (59). Péclet, vol. 1er de ses œuvres, pages 42 et 43, admet, d'après les expériences de Laplace et Lavoisier, d'Hassenfratz, de Clément Desormes et de M. Sauvage, ingénieur des mines, le nombre de 7000 pour la puissance calorifique du charbon ordinaire, ce qui correspond (Fabre et Silbermann), à une teneur effective en carbone de 86,63 et sans qu'on puisse rien induire sur les quantités de matières volatiles et cendres. Mais il est facile de voir que ce chiffre de puissance calorifique n'est pas absolu et exigerait dans son application, suivant les cas posés, et en tenant pour constante la composition des combustibles, des modifications dépendantes des températures des matières gazeuses et liquides à leur sortie des appareils métallurgiques. En effet, on peut admettre, d'après les nombreuses analyses d'Ebelmen, rapportées vol. 2 de ses œuvres, une composition moyenne du charbon de :

8		pour cent d'eau.
2	—	d'hydrogène en excès sur celui de l'eau.
3	—	de cendres, chiffre déjà trouvé par Berthier, vol. 1er, page 284 de son traité de voie sèche.
87	—	de carbone.
100		Total.

Cette composition concorde assez avec la teneur qui vient d'être indiquée ; mais il est évident que l'effet utile dépendra de la température des gaz à leur sortie au gueulard et de celle des cendres à l'état de laitier à la tuyère et que ces températures feront varier en sens inverse la teneur effective en carbone. Dans les conditions posées au présent mémoire, la teneur effective en carbone du charbon ne dépasserait pas 68,05 pour cent correspondant à une puissance calorifique de 6952 calories.

C'est sur ces données et pour les avoir vérifiées plusieurs fois, que j'établirai mes calculs dans ce qui va suivre. Mais j'adopterai le chiffre de 7000 calories pour la puissance calorifique du charbon dans les calculs où cet élément me sera nécessaire.

J'admettrai que l'hydrogène du carbone se volatilise à l'état libre et sans entrer dans aucune combinaison avec le carbone, bien que les dernières parties n'abandonnent le charbon qu'à une température très-élevée et à laquelle se forment des hydrocarbures. Mais le peu d'importance de cette réaction la laisse sans influence sur les résultats qui vont être déterminés. J'admettrai la température moyenne de 10 degrés pour l'air insufflé et pour les matières employées ; une pression barométrique de 0,76 et un état hygrométrique de $9^g,50$ de vapeur aqueuse par mètre cube d'air (Péclet, vol. 1er, page 470, paragraphe 57). Il est observé que l'hypothèse de $9^g,50$ de vapeur par mètre cube d'air, à 10 degrés, qui est l'état de saturation à cette température, n'a point d'autre but que de fixer un chiffre moyen de vapeur introduite, le plus près possible de la vérité et nullement de poser comme une chose habituelle un état de saturation hygrométrique qui ne se présente probablement presque jamais. J'ai dû faire entrer dans les éléments du calcul de cette moyenne, non-seulement la grande quantité de vapeur de l'air aux températures d'été, mais encore cette circonstance que l'air aspiré par une soufflerie est toujours très-chargé d'humidité, soit que la soufflerie se trouve au voisinage de l'eau, lorsqu'elle est mue par un moteur hydraulique, soit qu'elle ait pour moteur une machine à vapeur, et qu'alors elle se trouve placée dans l'enceinte tiède et presque saturée de la machine. A cette occasion, il n'est pas sans intérêt de remarquer que la consommation de chaleur due à cette cause n'est qu'apparente dans le cas d'utilisation des gaz combustibles, puisque l'hydrogène provenant de la décomposition de la vapeur d'eau, se retrouve à la sortie au gueulard et augmente d'autant la puissance calorifique des gaz.

De plus et en outre, l'oxygène rendu libre dans la même réaction, faisant fonction de celui qu'une quantité proportionnelle d'air serait obligée de fournir et par conséquent économisant la chaleur perdue à chauffer l'azote qui s'y rapporte, tant dans le fourneau même qu'ultérieurement à l'utilisation des gaz combustibles, il y a avantage dans une certaine mesure dont on peut calculer les conditions, à l'introduction de vapeur d'eau par la tuyère. Je puiserai mes autres données hypothétiques aux meilleures sources, en ayant soin d'indiquer ces origines à mesure que j'y aurai recours et je raisonnerai sur une charge, c'est-à-dire sur trois cents kilog. de mine traitée, correspondant à 100 kilog. de fonte obtenue.

Enfin, je supposerai le régime établi, en d'autres termes, le fourneau roulant régulièrement. Mais dès à présent, et à l'avance, je dois avertir que la méthode de recherche et d'appréciation présentée dans ce mémoire étant fondée sur les principes généraux qui servent de base à la théorie du haut-fourneau qui sera exposée, s'appliquerait sans aucune difficulté à tout autre qu'à celui de Corbelin et qu'il n'y aurait de différences que celles introduites dans les chiffres par les variations dans l'espèce, la composition et la quantité des matières employées. Il sera facile de se rendre compte des limites dans lesquelles ces variations peuvent osciller.

LXI.

Causes de consommation de chaleur dans le haut-fourneau.

Les causes de consommation de chaleur par le travail du haut-fourneau dans le traitement des 300 kilog. de mine d'une charge étaient les suivantes :

1° Volatilisation de 12 kilog. de l'eau hygrométrique du charbon (64) ;

2° Volatilisation de 10 kilog. d'eau hygrométrique des 100 kilog. de castine de la charge (64).

3° Volatilisation des 30 kilog. d'eau hygrométrique des 300 kilog. de mine (64.)

4° Volatilisation des 3 kilog. d'hydrogène libre contenus dans le charbon (64) ;

5° Volatilisation des $24^k,107$ d'eau d'hydratation contenue dans les 300 kilog. de mine (65) ;

6° Réduction des $142^k,85$ de sesquioxyde de fer contenu dans les 300 kilog. de mine (66) ;

7° Décomposition de l'hydrate d'alumine contenu en la charge et des $9^k,83$ d'eau de combinaison (66) ;

8° Décomposition des 65 kilog. du carbonate de chaux contenu dans la castine et des $21^k,10$ de celui contenu dans les matières stériles du minerai (67) ;

9° Chaleur de liquéfaction des laitiers et de la fonte (68) ;

10° Chaleur sensible de 100 kilog. de fonte produite, à leur sortie du fourneau pour entrer dans le creuset (86) ;

11° Chaleur sensible de $152^k,045$ de laitiers afférents à la même quantité de mine, y compris $4^k,50$ des cendres du charbon à leur sortie du fourneau par dessus la dame (86) ;

12° Décomposition de la vapeur d'eau entrant par la tuyère à raison de $9^g,50$ par mètre cube d'air et pour le nombre de mètres cubes d'air nécessaires au traitement de 300 kilog. de mine (70) ;

13° Chaleur sensible à leur sortie par le gueulard des gaz produits par le traitement de ces 300 kilog. de mine (87) ;

14° Conversion dans la région de la tuyère en oxyde de carbone de l'acide carbonique formé à la tuyère (70) ;

15° Portion de la perte causée par le rayonnement, afférente au traitement d'une charge (83) ;

Outre les causes d'absorption de chaleur qui viennent d'être énumérées, il en existe d'autres accidentelles, mais qui n'ont qu'une faible importance et ne peuvent entrer dans une appréciation théorique normale, bien qu'en

réalité on ne puisse guère les faire disparaître entièrement. Telle est la décomposition de quelques petites quantités de vapeur d'eau, indépendamment
de celle de l'eau de combinaison de l'alumine et dont il sera parlé. Telle est
la conversion en oxyde de carbone d'une portion de l'acide carbonique provenant de la réduction du fer. Elles naissent dans les cas où des circonstances
quelconques font descendre les dernières parties de la vaporisation et de la
réduction dans une zone du fourneau assez chaude pour que ces décompositions puissent avoir lieu et leur action correspond toujours à un accroissement de la richesse des gaz combustibles au gueulard.

LXII.

Sources de production de chaleur dans un haut-fourneau.

Les sources de production de chaleur pour subvenir à ces diverses consommations étaient :

1° La conversion en acide carbonique à la tuyère et suivant ce qui sera
expliqué (70), du charbon de la charge.

2° La formation d'hydrogène carboné soit avec l'hydrogène libre du charbon, soit avec celui rendu libre par des décompositions d'eau en divers
points du fourneau.

3° La conversion en acide carbonique d'une partie de l'oxyde de carbone du courant gazeux par la réduction du fer.

4° Enfin la carburation de la fonte et la formation des silicates multiples
qui composent les laitiers.

Mais de ces sources de chaleur, la première et la troisième seules ont de
l'importance, les autres irrégulières, incertaines ou inconnues ne sont pas
assez énergiques pour influencer la marche du fourneau et peuvent être négligées sans inconvénient pour l'exactitude des résultats cherchés, ainsi qu'on
le verra lorsqu'il en sera question.

LXIII.

Système d'examen et de discussion de la question.

Je me propose d'examiner successivement chacun de ces points pour en
déterminer la valeur et préparer les conclusions de cette partie de ce travail.
A cet effet, j'adopterai un mode qui me paraît indiqué par la nature des
choses et qui d'ailleurs a l'avantage d'établir la relation et la filiation de
phénomènes entre eux, ainsi que leur succession jusqu'aux composés nouveaux auxquels ces phénomènes auront donné lieu. Ce mode, qui consiste à
suivre pas à pas les corps solides et gazeux qui font l'objet de cet examen
depuis leur entrée dans le fourneau soit par en haut, soit par en bas, jusqu'à
leur sortie par l'un ou l'autre de ces orifices sous une forme et dans une combinaison quelconque, en notant et en discutant à son rang chacune des transformations et évolutions calorifiques qu'elles auront subies dans leurs mouvements et les faits nouveaux résultant de ces diverses modifications, ainsi que

es conséquences qui en découleront. Mais outre cette raison, il m'a semblé d'un grand intérêt de procurer par une méthode synthétique, c'est-à-dire, inverse de la méthode analytique qui avait été suivie par Ebelmen, la solution d'une question aussi importante, sans m'arrêter devant les difficultés que je devais rencontrer dans une voie non suffisamment encore éclairée par les travaux préalables du laboratoire. C'était créer à l'un et à l'autre mode des moyens de contrôle qui ne pouvaient être qu'au profit de l'exactitude des résultats, condition qui est la première, sinon la seule que l'on doive avoir à cœur de remplir en pareille occurence, car il était présumable que les erreurs ou l'impuisssance de chaque procédé ne porteraient pas sur les mêmes détails.

En conséquence donc, je suppose la charge que je vais considérer, comm introduite dans le fourneau dans l'ordre suivant :

1° 10 resses de charbon ;

2° 2 cléons de castine ;

3° 12 cléons de mine ;

4° 2 cléons de castine par dessus le tout.

Je ne m'occuperai des 19 autres charges antérieures qui remplissent le fourneau et qui subissent elles-mêmes les phases par lesquelles va passer celle dont est question, ainsi que de la colonne ascendante d'air incessamment poussée par la tuyère qu'au point de vue : 1° de la composition et de la température des gaz qu'elles fournissent et qui vont traverser d'une manière continue la charge que je vais suivre jusqu'à son arrivée au dernier terme de sa course devant la tuyère ; 2° des réactions auxquelles ce passage des gaz à travers ce lit de fusion va donner lieu et des modifications réciproques qui en résulteront et dans la colonne gazeuse ascendante et dans le lit de fusion descendant pour le préparer à sa transformation finale. Ici d'abord cette disposition particulière et universellement adoptée dans les matières des charges des hauts-fourneaux, aurait besoin d'une explication ; mais comme les développements qui vont suivre rendront cette explication sinon superflue, au moins des plus faciles, je remettrai, et aussi pour ne pas diviser l'attention, cet éclaircissement avec d'autres sur quelques-uns des points que j'ai à traiter, lorsque l'intelligence de la question ne rendra pas ces éclaircissements immédiatement nécessaires, après l'examen théorique du procédé qui sera exposé plus loin (91) et où ils se trouveront aussi plus naturellement placés.

LXIV.

Volatilisation de l'eau hygrométrique.

1re *période. Zone de dessiccation.* — A sa position initiale, le seul et premier effet que subira cette charge est la volatilisation de l'eau hygrométrique du charbon, de la castine et de la mine, ainsi que celle de l'hydrogène du charbon par l'effet de la chaleur sensible de la colonne gazeuze ascendante.

10

On voit donc d'abord que s'il est nécessaire que la température du courant gazeux ascendant soit assez élevée, pour déterminer cette volatilisation, l'économie du combustible requiert, toutes autres conditions étant observées, que cette température ne dépasse que de peu de chose ce minimum. Cependant comme j'avais besoin d'une qualité spéciale de fonte qui exigeait une allure très-régulière, comme la chaleur sensible des gaz au gueulard fait fonction de réservoir et joue le rôle de régulateur, ainsi qu'on le verra (97), j'avais adopté la consommation de charbon posée dans ce mémoire parce qu'elle me donnait une température moyenne au gueulard de 150 degrés. C'est sur ce chiffre qu'il sera raisonné.

Mais il est observé que cette consommation de combustible pourrait être abaissée sans inconvénient dans les cas ordinaires dans une proportion suffisante pour donner 50 degrés seulement de température au gueulard. Je calculerai en son lieu le chiffre d'économie de combustible auquel cette diminution de 100 degrés dans la température des gaz correspondrait (73).

Or, pour trois cents kilog. de mine et cent kilog. de castine, cette eau hygrométrique est de 40 kilog. (56 et 57), pour 150 kilog. de charbon, elle est de 12 kilog. (60), total 52 kilog. La chaleur pour faire passer cette quantité d'eau de 0° à l'état de vapeur à 150° est donnée (Regnault), par l'équation $652,2 \times 52 = 33914^{cal},4$. En retranchant 520 calories pour les 10 degrés de température initiale des matières, il reste pour cet objet $33394^{cal},4$. 3 kilog. d'hydrogène pour passer de 10 degrés à 150, la capacité calorifique de ce gaz étant 3,4046 (Regnault), absorberont $3 \times 3,4046 \times 140 = 1429^c,932$ qui, réunies au nombre ci-dessus, forment un total de $34824^c,332$.

Il est observé que, par des raisons de simplification, et parce qu'il n'y avait aucun inconvénient à le faire, j'ai placé ici le départ de l'hydrogène tout entier, bien que cette séparation s'accomplisse sur une zone beaucoup plus étendue et à une température très-élevée pour les dernières parties de cet hydrogène qui se volatilise alors à l'état de protocarbure. Mais l'exiguité de cette réaction lui ôte toute importance dans le présent calcul. A cette occasion, il n'est pas hors de propos de remarquer que les gaz d'un haut-fourneau au charbon de bois contiennent toujours de petites quantités de gaz hydrocarburé et d'acide acétique qui sont vraisemblablement dus à quelques portions de charbon imparfaitement cuit. Si c'est un accident, il peut être regardé comme permanent.

LXV.

Déshydratation du minerai.

2e période. *Zone de déshydratation du minerai.* La charge poursuivant sa marche descendante arrive à la zone de température de décomposition de l'hydrate de fer. Cette zone comprend depuis le point où la température s'élève déjà à 350 degrés jusqu'à celui où commence le rouge sombre, de beaucoup au-dessus du ventre du fourneau. Ce fait se vérifiera lorsque je donnerai (87) le moyen de déterminer d'une manière directe avec une approximation suffisante les lieux des températures diverses dans un fourneau et par suite, des réactions qui s'y opèrent. On a vu (58) que la quantité d'eau en combinaison dans 100 kilog. d'hydrate de mine est de $8^k,03$, soit pour les 300 kilog. de mine de la charge entière avec une plus grande approximation $24^k,107$. Il n'existe aucune recherche connue soit sur la chaleur dégagée par l'hydratation du peroxyde de fer, soit sur celle absorbée par la décomposition de l'hydrate, mais les principes permettent de se fixer à cet égard avec la plus grande facilité. En effet, l'eau se trouvant à l'état solide dans l'hydrate de fer, il y aura pour la faire passer à l'état liquide à zéro, 79 calories absorbées et de zéro à l'état gazeux à 150 degrés de température $652^{cal},2$ dont on devra déduire les 10 degrés de température initiale. Par conséquent le résultat cherché est fourni par la relation :

$$24,107 (79 + 652,2) - 241,07 = 16685^{cal},9684 \text{ (Regnault)}.$$

Cette réaction ayant lieu au-dessous du rouge sombre, l'eau n'est pas décomposée.

Ebelmen, vol. 2 de ses œuvres, p. 174, propose l'hypothèse de 16 p. 0/0 d'eau combinée dans le minerai brut d'hydrate de fer qu'il considère, sans parler de l'eau hygrométrique et commet ainsi deux erreurs en sens contraire et qui tendent à se masquer en se compensant ; la première, en ne parlant pas de l'eau hygrométrique qui existe toujours en quantité assez notable dans toutes les mines de cette espèce, la seconde en attribuant au minerai brut une proportion d'eau combinée qui n'appartient qu'au minerai dégagé de sa gangue. Enfin, à la page suivante, il propose mais comme un minimum, pour le calcul de la chaleur absorbée par la décomposition de l'hydrate de fer, des données qui conduiraient à un chiffre certainement trop faible et inférieur à celui qui vient d'être trouvé dans le cas présent d'environ 2000 calories.

En donnant les quantités de chaleur absorbée à l'état latent par la déshydratation du fer et celle emportée du fourneau à l'état de chaleur sensible par la vapeur née de cette décomposition, c'est simplement le résultat net de cette réaction, au point de vue de la chaleur consommée, que j'entends établir ; mais il existe des mouvements calorifiques intermédiaires depuis le degré de température auquel cette décomposition a lieu jusqu'à la température moins élevée de sortie du fourneau de cette vapeur. Ces mouvements calorifiques résultent de la variabilité avec la température, de la capacité pour le calorique latent de la vapeur d'eau. Cette propriété dont la découverte est due à M. Regnault, consiste dans une décroissance moyenne de la chaleur latente de $7^{cal},15$ par élévation de 10 degrés de température de la vapeur entre 0° et 230°, point auquel s'est arrêté M. Regnault. Je remets à en parler au calcul des températures (87).

LXVI.

Réduction de l'oxyde de fer. Théorie de la réduction du silicium. Décomposition de l'hydrate d'alumine.

3e *période. Zone de réduction de l'oxyde de fer et de décomposition de l'hydrate d'alumine.* — Lorsqu'on examine la manière dont s'opère la réduction de l'oxyde de fer dans un haut-fourneau, la température, la hauteur et l'étendue de la zone dans laquelle a lieu cette réduction, les affinités mises en action et accrues par la température, à mesure que cette dernière s'élève en descendant dans le fourneau, il est impossible de ne pas admettre la réduction complète du minerai dans les limites de cette zone qui est située au-dessus du ventre. La coupe du haut-fourneau et le tableau synoptique des mouvements calorifiques qui s'y accomplissent, dont ce mémoire est accompagné, rendent la chose plus sensible encore. On ne voit pas, en effet, quels obstacles pourraient s'opposer à cette réduction ou l'interrompre avant sa fin, alors que les causes qui l'ont fait naître prennent et impriment elles-mêmes un nouveau degré d'activité à mesure que la charge descend. Il y a donc un point sur la hauteur du fourneau où la réduction est totalement terminée. Comme elle commence au rouge naissant et finit au rouge cerise, on verra (87), ainsi qu'il vient d'être dit, que ce point ne dépasse pas le ventre.

Cependant il passe toujours dans les laitiers une certaine quantité de fer à l'état de silicate de protoxyde. Il faut donc qu'il y ait ultérieurement à la réduction une réoxydation de fer au premier degré due à une cause qu'il importe de déterminer. Or, si l'on considère que depuis ce point limite jusqu'à la tuyère, il n'y a pas d'oxygène libre dans le fourneau ; qu'à la tuyère l'oxygène libre provenant de l'air insufflé ne peut, par suite d'influence de masse qui neutralise toute autre action, produire que de l'acide carbonique, et ces deux points seront amplement prouvés et établis (69) ; si l'on considère enfin, et comme fait concomitant, qu'il y a toujours une certaine quantité de silicium réduit qui se combine avec la fonte, on est forcément amené à conclure que ces deux faits, la réoxydation du fer et la réduction du silicium, et qui sont d'ailleurs de beaucoup postérieurs à la réduction du fer comme on le va le voir, sont corrélatifs et dans une dépendance mutuelle et que cette transformation se produit au moyen de l'oxygène emprunté par le fer à la silice. Mais comme elle ne peut avoir lieu qu'entre des matières dont le contact soit réel, il faut nécessairement le concours de la fusion et, par conséquent, d'une haute température. C'est donc dans la région de la tuyère où ces deux conditions se trouvent réunies, qu'elle doit s'accomplir. On voit évidemment que le fer joue ici le rôle d'agent réducteur de la silice, ainsi qu'il agit dans d'autres cas analogues comme agent désulfurant, et que cette transformation est favorisée à la fois par l'énergie basique du protoxyde de fer pour former un silicate, par un excès de silice dans le fondant, enfin, par l'affinité du silicium pour le fer. Cette explication théorique dont mes observations m'ont mis à même souvent de reconnaître l'incontestable vérité, rend compte de la manière la plus satisfaisante de ce phénomène chimique.

La relation qui exprime cette réaction est :

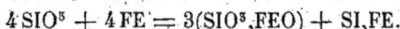

$$4\,SIO^5 + 4\,FE = 3(SIO^5, FEO) + SI, FE.$$

Ce qui précède fait ressortir l'importance d'une bonne composition du fondant. Un excès de l'un ou de l'autre des deux éléments électro-positif ou électro-négatif produit des inconvénients également nuisibles.

Il n'est pas probable que le silicium déplace du carbone de la fonte parce que le point de saturation de la carburation du fer est fort éloigné, mais dans le cas où ce déplacement aurait lieu, il ne produirait d'autre effet que d'ajouter à la masse du carbone qui se brûle à la tuyère le faible appoint du carbone déplacé. Si la zone de fusion était très-étendue en hauteur, la quantité de silicium réduit pourrait être beaucoup plus grande, puisque l'effet se prolongerait d'autant plus longtemps. Il s'en suit que les minerais siliceux seraient plus faciles à traiter dans un fourneau où cette circonstance se présenterait. C'est le cas des fourneaux au coke, dans lesquels en raison de la plus grande quantité de carbone qu'on y brûle toute proportion gardée, la zone de haute température est plus étendue que dans les fourneaux au charbon de bois. L'on remarque, en effet, que les minerais siliceux se traitent avec plus d'avantage dans les premiers que dans les seconds et que les fontes au coke sont toujours plus chargées de silicium que les fontes au charbon de bois. L'expérience que je rapporte (94) ne me paraît laisser aucun doute à cet égard, au moins sur le premier point. Toutefois, il sera établi (94) et il est à propos de le remarquer dès à présent, que si une plus grande consommation de combustible entraîne un plus grand développement de chaleur et une zone échauffée plus étendue, la température est indépendante de ces conditions et n'est pas plus élevée dans les uns que dans les autres avec de l'air au même degré. Il importe, en outre, de noter comme cause de consommation de chaleur par les minerais siliceux, la quantité plus considérable de calcaire qu'ils nécessitent et qui équivaut par une plus forte addition de matière stérile à une diminution réelle de richesse du minerai.

On ignore la quantité de chaleur développée par l'oxydation du fer au premier degré et celle absorbée par la réduction du silicium ; mais comme c'est la même quantité d'oxygène mise en liberté et rentrée dans une combinaison nouvelle sous un état semblable, il est vraisemblable que si les quantités de chaleur dégagée et absorbée ne s'équilibrent pas, elles ne sauraient en tous cas présenter une grande différence en raison de la faible quantité de matière soumise à cette réaction. J'admettrai la compensation ainsi que pour la formation du silicate nouveau, c'est-à-dire, qu'il n'y a dans cette circonstance aucun mouvement de chaleur.

La théorie qui vient d'être exposée sur la réduction du silicium dans les hauts-fourneaux permettrait d'apprécier directement d'une manière approximative suffisante et sans le secours de l'analyse, la teneur moyenne en silicium de fontes, si l'on connaissait la richesse moyenne des minerais qui ont servi à les fabriquer, celle en fer combiné des laitiers et la composition du fondant. Il est entendu toujours qu'il n'est question que d'un fourneau marchant régulièrement ; s'il en était autrement, les conditions seraient tout à fait autres et le passage du fer dans les laitiers serait dû à d'autres causes qui feraient obstacle à l'exactitude du calcul et à l'emploi de la présente méthode pour déterminer la quantité du silicium contenu dans la fonte provenant de cette mauvaise marche.

Dans le cas présent, le fer réoxydé et passé dans les laitiers à l'état de silicate de protoxyde étant supposé être de 3 pour cent du poids de la fonte obtenue, 28 et 21 les équivalents atomiques du fer et du silicium, la relation

$$\frac{3FE}{SI} = \frac{3}{x}$$ fournit pour la valeur de x qui représente le silicium réduit et

qui se combine avec la fonte $x = \frac{SI}{FE} = \frac{21}{28} = 0,75$. Ainsi $0^k,75$ de sili-

cium combiné dans la fonte correspond à 3 kilog. de fer métallique passé dans les laitiers à l'état de silicate de protoxyde, et il est évident que pour toute quantité, l'un des éléments étant connu, le même calcul fournirait l'autre.

On pourrait à première vue objecter à cette théorie de la réduction du silicium, cette conséquence que dans le cas de fabrication de fontes très-siliciurées, il devrait passer dans les laitiers une proportion considérable de fer que pourtant l'on n'y a pas remarqué. Mais on reconnaîtra facilement que cette objection n'est que spécieuse, si l'on considère le milieu réducteur où s'opèrent ces réactions et la réductibilité du fer plus grande que celle de silicium et qui ramène le premier à l'état métallique après la réduction du silicium.

Les expériences de Dulong établissent qu'un litre d'oxygène à $0°$ et à $0^m,76$ de pression barométrique, dégage par sa combinaison avec le fer pour le faire passer à l'état de peroxyde une quantité de chaleur représentée par $6,216$. Dans ces conditions, un litre d'oxygène pèse $1^{gr},4295408$ et ce poids d'oxygène correspond à $3^{gr},3355952$ de fer pour le changer en peroxyde. De ce dernier nombre et de la quantité de chaleur qui vient d'être donnée et qui

s'y rapporte on déduit la relation $\frac{6,216}{0,0033355952} = \frac{x}{1} = 1893^c,51,$ dans

laquelle x représente la puissance calorifique du fer, ou en d'autres termes, la chaleur dégagée par un kilog. de fer pour se brûler, ou absorbée pour se régénérer. Mais il est probable que ce chiffre est beaucoup trop faible.

Fabre et Silbermann dans les comptes-rendus de l'*Académie des sciences*, vol. XXVIII, année 1849, indiquent le chiffre de $37,609$ calories comme représentant la chaleur totale dégagée par la combustion complète d'un kilogramme de fer.

On a vu (57) que les 300 kilog. de mine traitée ont fourni 100 kilog. de fonte, que sur ces 100 kilog. il y a 3 kilog. de carbone il est vrai, mais on vient de voir qu'ultérieurement à la réduction et dans la région de la tuyère, 3 kilog. de fer avaient passé à l'état de silicate de protoxyde et en réduisant $0^k,75$ de silicium. Ainsi donc la réduction s'est réellement produite sur les 100 kilog. de fer et le calcul doit être fait sur cette donnée.

En conséquence 100 kilog. de fer ont absorbé pour se réduire 100×1893, $51 = 189351$ calories, en dégageant $42^k,8571428571$ d'oxygène. Cet oxygène se combinera avec 75 kilog. d'oxyde de carbone composé de la même quantité d'oxygène et de $32^k,142,857$ de carbone pour former $117^k,857,1428$ d'acide carbonique. Or, 1 kilog. de carbone pour passer à l'état d'oxyde dégage 2473 calories (Fabre et Silbermann), et pour prendre un nouvel atôme d'oxygène qui le convertit en acide carbonique, il dégage une nouvelle quantité de chaleur égale à 5607 calories, total 8080. Les 75 kilog. d'oxyde de carbone pour se transformer en acide carbonique par leur combinaison avec les $42^k,85714$ d'oxygène enlevé au fer dégageront donc une quantité de chaleur donnée par $32,142855 \times 5607 = 180224^{cal},987985$. Si l'on compare ce résultat avec celui que je viens de calculer pour le calorique absorbé par la réduction du fer, on trouve une différence de $9126^c,012015$ absorbées par la réduction du fer. Mais ce chiffre exige quelques corrections. Les matières étant introduites dans le fourneau avec une température de 10 degrés, les 189351 calories absorbées par la réduction du fer doivent être diminuées de la quantité de chaleur afférente à ces 10 degrés qui est donnée par la relation $100 \times 0,11379 \times 10 = 113^c,79$, le nombre 0,11379 étant la chaleur spécifique du fer (Regnault). Par une raison semblable les kilog. $42,85714$ d'oxygène du fer ayant aussi une température initiale de 10 degrés, la chaleur dégagée de leur combinaison avec l'oxyde de carbone pour faire de l'acide carbonique sera augmentée d'autant et cette augmentation sera représentée par la relation $42,85714 \times 0,2182 \times 10 = 93^c,51427948$, le nombre 0,2182 étant la chaleur spécifique de l'oxygène (Regnault). Au moyen des rectifications qui précèdent, le premier nombre devient $189237^c,21$ et le second $180318^c,50226448$ et leur différence $8918^c,70773552$ au lieu de $9126^c,012015$.

Je terminerai ce que j'ai à dire sur la réduction par deux courtes observations. La première est que l'oxyde de carbone est le seul agent réducteur dans le haut-fourneau, parce que d'abord le minerai se trouve séparé du charbon et que lors-même qu'il y aurait mélange intime des deux matières, disposition que l'expérience a condamnée d'une manière décisive, non moins que le raisonnement, le contact réel nécessaire à la réaction n'existe pas ainsi que l'a fort bien démontré M. Leplay et qu'ensuite l'oxyde de carbone neutralise par une influence de masse la petite quantité d'hydrogène carboné qui se trouve mélangé aux gaz.

Le deuxième est que cette réduction ayant lieu dans une région où la température n'est pas assez élevée pour convertir en oxyde de carbone l'acide carbonique qui résulte de cette réduction, la conversion ultérieure en oxyde de carbone d'une partie de l'acide carbonique de la réduction ne peut avoir lieu que dans les cas accidentels où une chute de minerai fait parvenir le minerai non réduit à la région de la tuyère qui seule présente la température nécessaire pour que cet effet se produise. Par cela même ce cas est un accident qui s'accroît de ses propres conséquences et que je n'ai pas à considérer ici.

C'est dans la zone de réduction que s'opère la décomposition de l'hydrate d'alumine qui n'a lieu comme on sait qu'au rouge cerise. A cette température et sous l'influence du milieu, cette décomposition est accompagnée de celle des $9^k,83775$ de l'eau d'hydratation. Cette eau se trouvant à l'état solide dans cette combinaison a du dégager pour passer à cet état 79 calories par kil, et c'est probablement là l'expression exacte du mouvement calorifique de ce composé. C'est aussi l'hypothèse que j'adopte. Elle reprendra donc cette chaleur en se dissociant d'avec l'alumine, soit $9,83775 \times 79 = 777^c$ 18225 absorbées dans cette réaction. De plus elle se volatilisera avant sa décomposition et absorbera sa chaleur latente de vaporisation. Mais comme cette dernière quantité sera restituée à la séparation des éléments, il n'y a pas à s'en occuper. Cette réaction mettra en liberté.

$8^k, 744667$ d'oxygène.

$1., 093083$ d'hydrogène.

Total kilog . . . . . . $9^k, 837750$ égal au poids de l'eau décomposée.

L'oxygène en vertu de la prédominance de masse du carbone prendra un atome de carbone seulement, soit $6^k, 5585$ pour faire $15^k, 303167$ d'oxyde de carbone. L'hydrogène par la même cause donnera naissance à de l'hydrogène protocarboné et je remets pour plus amples détails à ce qui sera dit (69) sur les influences de masse en examinant les effets de l'insufflation et sur les composés hydrocarburés à l'occasion de l'hydrogène de la vapeur d'eau introduite par la tuyère. En conséquence, $1^k, 09308$ d'hydrogène absorberont $3^k, 27925$ de carbone pour faire $4^k, 37233$ d'hydrogène protocarboné. La quantité de carbone prise par ces deux dernières réactions au charbon de la charge qui en sera diminué d'autant sera $6^k, 5585 + 3,27925$ $= 9, 83775$ et la colonne gazeuse s'accroîtra de $15^k, 303167$ d'oxyde de carbone et de $4^k, 37233$ d'hydrogène protocarboné. En passant on peut noter ce résultat singulier mis en évidence par le calcul qui précède, que la quantité de carbone nécessaire pour convertir en oxyde de carbone et en hydrogène protocarboné l'oxygène d'une quantité quelconque d'eau est précisément égale au poids de cette eau.

La chaleur absorbée par la décomposition de l'eau sera donnée par $1,09308 \times 34462 = 37669^c, 72296$ (Fabre et Silbermann). La chaleur dégagée par la formation d'hydrogène protocarboné sera égale à la somme de la valeur calorifique de l'hydrogène et du carbone qui entrent dans la combinaison moins celle du protocarbure formé, ce qui est représenté par la relation $37669^c, 72296 + 26496^c, 34 - 57115^c, 785979 = 7050^c, 276981$ (Fabre et Silbermann) et celle dégagée par la formation du protoxyde de carbone $6,5585 \times 2473$ . . . . $16219^c, 1705$

Total de la chaleur dégagée . . . . $23269^c, 447481$

Ainsi donc il y aura d'une part en chaleur absorbée

Chaleur latente de fusion de la glace. . . . . $777^c, 18225$

Chaleur de décomposition de l'eau . . . . $37669, 72296$

                       Total. . . . $38446^c, 90521$

et d'autre part en chaleur dégagée ci-dessus . . . . . . $23269^c, 447481$

soit une différence absorbée de. . . . . $15177^c, 457729$

Ce chiffre exige la correction de 10 degrés de température initiale des matières qui entrent dans la composition des gaz et des 150 degrés des gaz à leur sortie au gueulard. Le poids de l'eau étant $9^k, 83775$, celui de l'hydrogène carboné $4^k, 37233$ et celui de l'oxyde de carbone $15,303167$, les caloricités de ces divers corps étant (Regnauld), pour l'hydrogène carboné 0,5929, pour l'oxyde de carbone 0,2479 et pour le carbone 0,2415 la relation $9,83775 \times 10 = 98$, c. 37;5 donne la chaleur des 10 degrés de l'eau, celle $9,83775 \times 0,2415 \times 10 = 23$, c. 75821455 donne celle du charbon, celle $15,303167 \times 0,2479 \times 150 = 569$, c. 048264895 donne les 150 degrés de l'oxyde de carbone à la sortie du gueulard;

Enfin celle $4,37233 \times 0,5929 \times 150 = 388$, c. 85316855 donne les 150 degrés de l'hydrogène carboné.

La somme des deux premières quantités de chaleur 122, c. 13571455 retranchée de la somme des deux dernières 957, c. 901433445 laisse un reste de 835, c. 765718895 lequel ajouté aux 15177, c. 457729 qui viennent d'être trouvées forment un total de 16013, c. 223447895 exprimant le chiffre net de la chaleur absorbée par la décomposition de l'eau de l'hydrate d'alumine.

LXVII.

4e période. Réduction du carbonate de chaux.

L'accomplissement des faits que je viens de rapporter conduit la charge que je considère assez près du ventre, c'est-à-dire, non loin de la partie supérieure des étalages. Je me borne, quant à présent, à énoncer cette circonstance sans en fournir la preuve, parce qu'il me paraîtrait prématuré de traiter cette partie du sujet avant d'avoir suivi toutes les phases d'une charge jusqu'à sa dernière transformation devant la tuyère; car c'est de cet examen rationnel que résultera une méthode simple, facile et certaine pour fixer avec une approximation suffisante les points du fourneau où se produisent les divers phénomènes du traitement du fer. Procéder autrement serait s'exposer à des longueurs, à des redites et au décousu d'une explication incomplète et hors de place, et à jeter ainsi de l'obscurité sur une matière déjà assez compliquée par elle-même.

Malgré tout l'intérêt de la question, on ne connaît le calorique latent de l'acide carbonique sous aucun des états de ce corps. Cependant on possède un document mais peu précis, il est vrai, sur le calorique latent absorbé dans la décomposition du carbonate de chaux. On trouve, au tome IX, page 301 des *Annales des mines* de l'année 1840, une expérience de Bischoff rapportée en quelques lignes, de laquelle il résulte que l'acide carbonique provenant de la réduction du carbonate de chaux dans un canon de fusil, aurait rendu latente la quantité de chaleur suffisante pour élever le carbonate de chaux soumis à l'expérience à 1096 degrés de Réaumur, température prétendue de sa réduction correspondant à 1370 degrés centigrades. Mais cette température est évidemment beaucoup trop élevée, et plusieurs faits importants concourent à en établir la preuve d'une manière irréfragable. Ainsi, lorsqu'on plonge un morceau de fer dans un four à chaux marchant sans excès de température au point où la réduction est la plus active et où la chaleur est la plus intense, on ne parvient pas à obtenir une nuance de température plus prononcée que le rouge cerise clair, quelle que soit la durée de l'expérience. De plus, on sait par une expérience d'Ebelmen relatée page 217, vol. 2 de ses œuvres, expérience que j'ai eu l'occasion de répéter plusieurs fois moi-même, que le carbonate de chaux de la charge se trouve réduit au ventre du haut-fourneau

10.

et qu'à ce point la température atteint à peine, mais ne dépasse jamais la température du rouge cerise clair. Enfin si l'on admettait au ventre une température de 1370 degrés pour la réduction du carbonate de chaux, il s'en suivrait d'après les principes exposés et les faits consignés dans ce mémoire (87), dans les parties du fourneau, tant au dessus qu'au dessous du ventre, des températures plus élevées que celles que les expériences, les données et le calcul indiquent et, par suite, des phénomènes chimiques qui ne se produisent pas, tel entre autres que la fusion des matières à cette hauteur, ce qui serait un désordre tellement grave que la marche du fourneau en serait immédiatement arrêtée. En conséquence j'admettrai comme satisfaisant à toutes les conditions du problème, la température de 900 degrés pour celle de la réduction du carbonate de chaux, et le nombre 0,21485 pour la caloricité du carbonate de chaux (Regnault).

Ces préliminaires posés, la formule atomique du carbonate de chaux étant CAO, $CO^2=28\times22=50$, la quantité de chaux pour faire avec 1 d'acide carbonique du carbonate de chaux étant, par conséquent, 1,2727 la formule $Q=PCT$ dans laquelle Q est la chaleur cherchée, P le poids du corps, C sa caloricité, T sa température, donnerait en substituant les valeurs de P, C et T la chaleur absorbée par un kilo. d'acide carbonique pour se séparer de la chaux et par suite celle de toute quantité. En effet on a $Q=2,2727\times0,21485\times900=439$, c. 4606355.

Appliquant ce chiffre aux kil. 28,60 de l'acide carbonique de la castine, ainsi qu'aux kil. 9,28714 de l'acide carbonique du carbonate de chaux de la gangue de la mine (58), la chaleur absorbée par cette quantité d'acide carbonique pour le séparer de la chaux et ramener le tout à zéro, sera 439,4606355×37, 88714=16649, c. 90662167747.

Mais comme j'ai supposé les matières introduites avec une température de 10 degrés, et comme le gaz acide carbonique sort à 150 degrés, il y aura à apprécier une différence de 140 degrés. La chaleur représentant cette différence est exprimée par 37,88714×0,2164×140=1147, c. 82879344 ce qui ajouté au nombre ci-dessus, fait pour la chaleur totale absorbée par la décomposition des kil. 86,10714 du carbonate de chaux de la castine et des matières stériles de la mine la quantité de 17797, c. 73541511747.

On pourrait penser que l'acide carbonique mis en liberté par la décomposition du carbonate de chaux, devrait, sous l'action des influences de masse du carbone à travers lequel il monte vers le gueulard, se transformer en oxyde de carbone. Pour être certain qu'il n'en est rien, il suffit de remarquer que la température du milieu, déjà et en outre, refroidi par cette décomposition, n'est pas à beaucoup près assez élevée pour opérer cette transformation.

LXVIII.

5ᵉ période. Carburation du fer. Fusion de la fonte et des laitiers.

La carburation du fer peut commencer bien au-dessus du ventre du fourneau et à une température très-inférieure à celle de cette dernière région. Je rapporterai plus loin (93) des expériences qui le prouvent. Elle ne s'opère point en même temps que la réduction qui lui fait évidemment obstacle et l'on peut s'en assurer en suivant, au moyen d'échantillons, la désoxydation progressive du minérai à mesure que la charge descend, mais on peut considérer comme vrai qu'elle commence immédiatement et sans intervalle après la fin de la réduction dont elle favorise probablement la terminaison. Elle s'achève elle-même vers le bas des étalages et avant la fusion. Les détails dans lesquels j'entrerai lors de la recherche des températures à toutes les hauteurs du fourneau, pourront, je l'espère, contribuer à jeter quelque jour sur ces divers points. Je me borne donc, pour le moment, puisqu'il est seulement question du mouvement calorifique, à remarquer que cette carburation se faisant aux dépens de l'oxyde de carbone et par sa décomposition, il y aura 2473 calories absorbées par chacun des 3 kil. de carbone fournis au fer. Mais comme l'oxygène mis en liberté, par cette décomposition, reprendra immédiatement, sous l'influence de la température, un atôme de carbone pour régénérer l'oxyde de carbone, et qu'il dégagera précisément la même quantité de chaleur que celle absorbée, il y aura compensation et par conséquent nulle variation de température. Il est donc inutile de s'y arrêter plus longtemps. Au surplus l'influence de masse déjà signalée, et sur laquelle je reviendrai (69), fera obstacle à ce qu'il y ait autre chose que de l'oxyde de carbone régénéré.

Il ne paraît pas que, jusqu'à ce jour, on ait publié aucun renseignement sur la chaleur développée soit par la combinaison du carbone avec le fer pour former la fonte, soit par la combinaison de la silice avec les bases pour former les laitiers, non plus que sur la chaleur latente absorbée par la liquéfaction de ces produits. Mais à l'égard des chaleurs dégagées par ces combinaisons, lorsque l'on considère que ces réactions n'apportent dans les produits, et aux mêmes températures, que de faibles variations d'état, qu'elles n'y déterminent dans les dentités et les caloricités que des différences à peine appréciables avec celles des composants et desquelles ces densités et caloricités nouvelles paraissent être des moyennes, ce qui est conforme avec les principes mis en lumière par M. Regnault, on est conduit à cette conséquence, que cette chaleur développée se réduit à très-peu de chose et je n'en tiendrai pas compte dans le présent calcul.

Quant à ce qui concerne la chaleur latente de liquéfaction de ces mêmes produits, j'admettrai hypothétiquement, mais en me fondant sur des indications tirées par analogie des documents fournis par Person sur certains cas de liquéfaction, le nombre de 20 calories pour la chaleur latente de fusion de la fonte et celui de 40 calories pour celle des laitiers. En conséquence les relations suivantes donnent,

pour la chaleur de fusion de la fonte. . . . $100 \times 20 = 2000$ calories,
pour celle des laitiers. . . . . $152,795 \times 40 = 6111, c. 80$

Total pour ces deux causes. . . $8111, c. 80$

LXIX.

Considérations préliminaires avant la détermination de la chaleur sensible de la fonte et des laitiers à leur sortie du fourneau. Examen des réactions qui s'accomplissent à la tuyère ou dans sa région.

Pour déterminer la chaleur sensible des laitiers et de la fonte à leur sortie du fourneau, sortie qui a lieu pour les premiers, par-dessus la dame et pour la fonte, par son écoulement dans le creuset, il est nécessaire de connaître d'abord la température du milieu d'où sont expulsés ces produits ultimes, c'est-à-dire, la température de la région de la tuyère. Mais ce dernier point exige lui-même la connaissance des phénomènes de combustion qui s'y sont accomplis, de l'espèce, du nombre, de la quantité et de la caloricité des corps gazeux qui en sont résultés et qui composent la colonne gazeuse ascendante à laquelle cette chaleur sensible a été empruntée.

Ces phénomènes ont une importance extrême et non-seulement leur étude jette le plus grand jour sur la marche et sur le fonctionnement du haut-four-neau, sur le degré de perfection et de perfectibilité du procédé qu'il représente et, par suite, sur les améliorations que l'on peut rationnellement espérer atteindre, mais encore elle est la base même et le point de départ de la théorie de cet appareil. Car on peut dire avec vérité, que la région de la tuyère est le siége réel de sa vie, que c'est là que sa chaleur vitale se génère, que c'est de là qu'elle part transportée par les gaz, pour produire sur tous les points de sa hauteur les réactions et les transformations qui doivent s'y accomplir. Il convient donc de faire cette étude avec détail. Mais, préalablement et dans ce but, il est indispensable de poser avec netteté et de dégager de toute obscurité quelques faits principaux qui fourniront les considérations dont le cours de cet examen amènera la discussion ultérieure. Ces faits sont les suivants :

1º Le combustible introduit dans le fourneau ne subit d'autre modification dans son parcours jusqu'à la région de la tuyère, que celle résultant de la perte de ses parties volatiles, en sorte que sa partie solide y arrive tout entière, sauf ce qui a été dit (66 et 68) relativement à l'absorption de carbone par l'oxygène et l'hydrogène de l'eau combinée à l'alumine et par la carburation du fer.

2º Le combustible qui parvient devant la tuyère s'y brûle complétement, c'est-à-dire, se convertit en acide carbonique sous le vent de la tuyère qui lui-même s'y désoxygène entièrement.

3º A une distance de quelques centimètres de ce point, cet acide carbonique, dans sa marche ascendante vers le gueulard, sous la pression du vent de la tuyère et à travers le charbon incandescent de la colonne descendante, est amené à l'état d'oxyde de carbone avec un abaissement correspondant de température : en sorte que la moitié seulement du charbon introduit dans le fourneau parvient devant la tuyère pour s'y convertir en acide carbonique, tandis que l'autre moitié fournit à cet acide carbonique sur-le-champ, c'est-à-dire à une distance de quelques centimètres au-dessus de ce point, l'atôme nécessaire pour le changer en oxyde de carbone.

Ces données résultent à la fois, soit d'indications éparses dans les œuvres de Berthier, soit du remarquable mémoire de M. Leplay sur la cémentation inséré tome XIX, 1841, 3º série des *Annales des mines*, soit des expériences postérieures de Bunsen et de Play-fair, d'Ebelmen et autres. Mais indé-pendamment de ces preuves, l'observation attentive des faits et les déductions rigoureuses des principes, y conduisent d'une manière plus directe, plus com-plète et dès lors plus satisfaisante. En effet, si l'on remarque que la tempé-rature élevée qui se produit à la tuyère au point de l'introduction de l'air, résulte nécessairement de la présence d'un corps combustible qui s'y brûle;

que ce corps combustible ne saurait être autre que celui introduit dans le fourneau, c'est-à-dire, le charbon privé de ses matières volatiles par suite de la chaleur sensible du milieu qu'il a traversé pour arriver là ; qu'il n'est pas possible d'attribuer une part quelconque dans ce phénomène permanent et régulier de haute température, à des causes accidentelles et passagères qui ne seraient elles-mêmes que des indices de désordres contraires à ce même effet, telles par exemple, que la réoxydation du fer déjà réduit, réoxydation qui est une anomalie et qui correspond toujours quand elle a lieu, à un refroidissement du fourneau facilement explicable, la conséquence absolue est que c'est le charbon qui arrive, et l'on peut ajouter en grande masse, à la tuyère et qui y produit, par sa combustion au moyen de l'air projeté, la haute température observée. Mais il n'est pas moins évident qu'il arrive en totalité dans la région de la tuyère sans autre perte que celle de ses parties volatiles et sauf ce qui a été dit (66 et 68), car s'il en était autrement, c'est qu'il y en aurait eu une partie brûlée dans son passage par les régions supérieures; or, dans ces régions supérieures, il n'y a point d'oxygène libre. Il est facile de le prouver. Cet oxygène libre, s'il s'en trouvait, ne saurait provenir de celui introduit par la tuyère, que ce soit l'air ou la décomposition de la vapeur d'eau dont cet air est accompagné, qui le fournisse, par la raison que tout cet oxygène est brûlé devant la tuyère. Ce fait résulte de ce qu'il ne peut être et n'est en effet introduit d'air, en y joignant l'oxygène de sa vapeur d'eau, que la quantité exactement nécessaire pour former la proportion d'oxygène suffisante à la conversion de tout le carbone en protoxyde. Une plus abondante et plus rapide insufflation n'a point d'autre effet que d'accélérer la marche du fourneau, marche dont toutefois la rapidité a pour limite le temps nécessaire aux réactions pour se produire. A cet égard on peut comprendre dès à présent sans qu'il soit besoin de plus amples éclaircissements, que l'air projeté par la tuyère, doit par suite de la disposition des matières de la charge (63), toujours rencontrer à son entrée dans le fourneau, le charbon et seulement le charbon de la charge qui passe, sans qu'il en puisse être autrement. Car puisque le charbon se présente le premier à la tuyère où sa fixité le maintient jusqu'à ce qu'il soit brûlé, il est évident que pendant cette combustion, les autres matières, la fonte et les laitiers qui font partie de cette charge et qui reposent sur le charbon, se trouvant fondus et amenés à un grand état de liquidité, se cribleront en gouttes à travers ce charbon, pour, suivant les lois de leur pesanteur spécifique respective, la fonte tomber dans le creuset et le laitier surnageant sortir par dessus la dame, en telle sorte que lorsque le charbon de cette charge est brûlé, les matières ont passé et qu'une autre charge instantanément, sans pause, ni interruption succède en présentant son charbon le premier, d'après l'ordre de disposition adopté, pour reproduire exactement les mêmes faits. Il résultera sans la moindre ambiguïté (73) que les choses ne peuvent se passer autrement sans mettre immédiatement le fourneau en péril de mort, si l'on ne rétablit pas sans le moindre retard un équilibre tel, que chaque charge suffise à toutes les nécessités de ses transformations. Ceci fait pressentir l'explication qui sera donnée (91) de la nécessité de la disposition adoptée des matières dans la charge.

Cette conversion totale du charbon en oxyde de carbone est non seulement favorisée mais encore forcément déterminée par l'agglomération du combustible dans la charge, sans mélange avec les matières à traiter ; car de cette manière la colonne gazeuse ascendante est contrainte de traverser une masse incandescente de charbon qui se renouvelle incessamment sans intermittence à la descente de chaque charge, et qui détermine invinciblement la transformation de l'acide carbonique en oxyde de carbone. On peut ajouter que si, par impossible, la plus petite quantité d'oxygène échappait à l'action du charbon devant la tuyère pour brûler plus haut, il y aurait, outre les désordres qui résulteraient du fait lui-même dans la partie du fourneau où cette combustion aurait lieu, déficit du même charbon à la tuyère, refroidissement consécutif et par suite manifestation proportionnelle des effets de cette même débauche. Cette raison explique pourquoi l'introduction d'un excès d'air aurait pour conséquence immédiate le dérangement du fourneau et nécessiterait sans le moindre retard le retour à l'insufflation normale.

Cet oxygène libre ne saurait provenir non plus, ni de la décomposition de l'eau hygrométrique ni de celle de l'eau de combinaison des matières introduites par le gueulard, par la raison que cette eau est volatilisée pendant la descente des charges avant d'arriver à la zône de température de sa décomposition. Il ne provient pas davantage de la réduction de l'oxyde de fer par le charbon, car on sait que le charbon solide est sans action sur le fer, que c'est l'oxyde de carbone qui en opère seul la réduction (66), même à l'exclusion de la petite quantité d'hydrogène qui se trouve dans les gaz, et dont l'action est paralysée par l'oxyde de carbone en vertu d'une influence de masse.

Enfin, pour bien faire apprécier les causes de cette succession et de cet ensemble de phénomènes dans la région de la tuyère, il suffit de considérer qu'au point de la projection de l'air par la tuyère, l'oxygène affluant avec énergie d'une manière constante sur une même partie et sur une même surface du charbon, s'y trouve en excès sur celui-ci, que par conséquent il y a prédominance de masse de l'oxygène sur le carbone et dès lors suroxydation de ce dernier, c'est-à-dire, formation d'acide carbonique ; qu'à partir de quelques centimètres de ce point, lorsque l'acide carbonique monte vers le gueulard, à travers la masse incandescente de charbon, cette influence de masse ne tarde pas à être renversée, dès lors c'est le contraire qui se produit et l'effet inverse qui a lieu, c'est-à-dire, conversion de l'acide carbonique en oxyde de carbone lequel doit, ultérieurement, opérer les réactions qui constituent le traitement des minerais de fer. C'est un phénomène de masse analogue à celui de la réduction de l'oxyde de fer par l'hydrogène, et de la la décomposition de l'eau par le fer. Comme cet effet se produit d'une manière incessante et continue, que chaque molécule d'acide carbonique absorbe un nouvel atôme de carbone, il s'en suit que la moitié seulement du carbone arrive devant la tuyère pour s'y changer en acide carbonique qui réagit ensuite à son tour presqu'immédiatement sur l'autre moitié, en passant au travers, et convertit le tout et lui-même en oxyde de carbone. Toutes les observations connues confirment sans exception ces déductions de la théorie.

Ces conditions, qui sont celles de la vie même du haut-fourneau, ne sauraient être faussées sans entraîner aussitôt un dérangement dans sa marche, une diminution dans sa production, une augmentation dans la consommation et des désordres qui améneraient bientôt sa mise hors d'emploi, si l'on ne remédiait promptement à cet état de choses sur lequel un praticien ne pourrait jamais se tromper si ces principes étaient bien compris.

L'explication qui précède fournit, en outre, le moyen d'éclaircir d'une manière satisfaisante les anomalies apparentes qui résultent de l'usage d'une ou de plusieurs tuyères. Mais pour ne pas scinder la question qui m'occupe par de trop longues digressions, je renvoie ce que j'ai à dire à ce sujet ainsi que sur d'autres points intéressants, tels notamment que la disposition du combustible dans les charges et le défaut d'aptitude des combustibles volatils, au moment où j'aurai terminé la présente discussion, c'est-à-dire, établi la richesse des gaz combustibles au gueulard.

LXX.

Calcul de la température développée par la combustion du carbone à la tuyère et de la température du tronçon gazeux à son point de départ.

Ces points fixés, sans m'arrêter quant à présent aux conséquences décisives que j'en tirerai pour la théorie du haut-fourneau, je rappelle que j'ai posé (57) comme résultat de mes propres expériences, une consommation de 1,50 de charbon pour 1 de fonte produit, que j'ai admis une richesse en carbone de 87 pour 100 du charbon consommé, 10 degrés pour la température de l'air introduit et 9 gr. 50 de vapeur par mètre cube pour son état hygrométrique.

Les deux premières données conduisent à une production de chaleur à la tuyère, proportionnelle à la quantité de kil. 130,50 de carbone contenu dans les 150 kil. de charbon d'une charge (60). Les deux dernières modifient et diminuent la température qui résulte, à la tuyère, de cette production de chaleur en lui fournissant un coefficient assez complexe.

Pour déterminer cette chaleur et le coefficient qui l'affecte, il importe de fixer d'abord le chiffre exact du carbone qui parvient dans la région de la tuyère. Or on a vu (66) que la décomposition de l'hydrate d'alumine en a pris kil. 9,83775, la carburation du fer, kil. 3, soit en total, kil. 12,83775 lesquels retranchés des kil. 130,50 disponibles, laissent un reste de kil. 117,66225 pour la quantité qui doit être dénaturée à la tuyère.

Sur les kil. 117,66225 qui viennent d'être trouvés, la moitié seulement devra être convertie à la tuyère en acide carbonique conformément aux principes exposés, si rien n'en venait contrarier ou modifier l'action. Mais comme les 9 gr. 50 de vapeur contenue dans un mètre cube d'air, se décomposeront à la haute température à laquelle ils seront exposés en présence surtout d'un excès de carbone, leur oxygène mis en liberté augmentera la quantité d'oxygène de l'air pour faire de l'acide carbonique, et leur hydrogène prendra un équivalent de carbone pour le convertir en hydrogène protocarboné qui diminuera d'autant la quantité de carbone applicable à l'effet utile pour se retrouver dans les gaz combustibles du gueulard. On voit, en outre, que la quantité d'azote se rapportant à la quantité d'oxygène fourni par la décomposition de la vapeur d'eau sera remplacée par de l'hydrogène et que la température en éprouvera une petite modification correspondante. Cette cause a donc, tant sur le chiffre de consommation utile de carbone à la tuyère, que sur la température qui en résulte, une influence dont il est indispensable de déterminer préalablement l'effet exact. Il suffit pour cela de trouver le nombre de mètres cubes d'air à la température de 10 degrés, à 9 gr. 50 de vapeur par mètre et à la pression donnée pouvant satisfaire aux conditions de cette transformation. Il est évident que si l'on connaissait la quantité de carbone qu'absorbera un mètre cube d'air dans ces termes de température, d'hygrométricité et de pression pour changer tout son oxygène en protoxyde de carbone et son hydrogène en protocarbure, on obtiendrait le nombre de mètres cubes cherchés en divisant par cette quantité de carbone le chiffre total de celui qui va se dénaturer. Or, le mètre cube d'air à zéro et à la pression barométrique de 0^m, 76 pesant kil. 1,293187 (Regnault) et contenant kil. 0,297433 d'oxygène et 0,995754 d'azote, pèsera à la température de 10 degrés et à 0^m, 76 de pression, en adoptant le coefficient de dilatation 0,00367 (Regnault), kil. 1,247407 non compris le poids de la vapeur d'eau et contiendra kil. 0,2869036 d'oxygène et 0,9605034 d'azote. De plus, les 9 gr. 50 de vapeur par leur décomposition mettront en liberté kil. 0,0010555 d'hydrogène et 0,0084445 d'oxygène. Le premier de ces gaz absorbera 0,0031665 de carbone pour former de l'hydrogène protocarboné ; le second se réunira aux 0,2869036 d'oxygène de l'air et le total d'oxygène 0,2953481 qui en résultera prendra 0,2215111085 de carbone pour se convertir en protoxyde de carbone. Si maintenant l'on divise par la somme 0,2246776085 de ces deux quantités de carbone le chiffre total, kil. 117,66225 à transformer dans la région de la tuyère, le quotient 523,6937084453 est précisément ainsi qu'il vient d'être dit le nombre cherché de mètres cubes d'air.

Le poids de cet air sera :

En air sec, 523,6937084453×1,247407. . . . . . . =   653,2591977706263371
En vapeur d'eau, 523,6937084453×9,50. . . . . . =   4,97509023023035

Total du poids de l'air. . . . . Kilo.   658,2342880008566871
Sa composition se déduit des relations suivantes :
En oxygène de l'air, 523,6937084453×0,2869036. =   150,24961025030697308
En oxygène de l'eau, 4,97509023023035×8 : 9. . =   4,4223024268714222

Total de l'oxygène. . . . . Kilo.   154,67191267717839530
En hydrogène de l'eau, 4,97509023023035 : 9. . . =   0,55278780335892777
En azote, 523,6937084453×0,9605034. . . . . . =   503,00958752031936402

Total des composants de l'air égal au poids de
l'air ci-dessus. . . . . Kilo.   658,23428800085668709
Les kilos 154,6719126771783953 d'oxygène ci-dessus absorberont pour produire kil. 212,6738799311202935375 d'acide carbonique une quantité de carbone égale
à. . . . . Kilo.   58,0019672539418982375
Les kilos 0,55278780335892777 d'hydrogène en absorberont.   1,65836341007678331
pour produire kil. 2,21115121343571108 d'hydrogène protocarboné.. . . . .

Enfin, les kil. 212,6738799311202935375 d'acide carbonique pour se changer en kil. 270,67584718506219177 d'oxyde de carbone en absorberont une quantité de. . 58,0019672539418982375

Total égal à la quantité de carbone à consommer dans la région de la tuyère. . . . . Kilo. 117,6622979179605797850

Avec un excédant négligeable moindre que 0,00005 qui tient à une approximation en plus dans le calcul de l'air qui a donné lieu à un excès d'oxygène auquel a été attribué l'excès correspondant de carbone qui se révèle ici. Le but de ce grand nombre de décimales est de rendre insensibles les erreurs dans l'application de ces chiffres au roulement entier du fourneau.

Il y aura par cette formation d'acide carbonique un dégagement de chaleur à la tuyère donné par,

$$58,0019672539418982375 \times 8080 = 468655 \text{ calories, } 895411850537759$$

Il y aura aussi par la production de l'hydrogène carboné un dégagement de chaleur de 3565 c, 4813316650841165, de différence entre la valeur calorifique des composants et du composé. Mais il y a à observer que cette dernière combinaison ne s'opèrera qu'au dessus de la tuyère et ne fournira son contingent de chaleur que pour la charge suivante, comme la charge qui passe l'a reçue de la précédente, puisque le fourneau est supposé roulant et son régime établi. Il n'y aura donc lieu à faire entrer cette chaleur dans l'évaluation de la température de la colonne gazeuse ascendante qu'à la transformation de l'acide carbonique en oxyde de carbone. Au surplus ce mode d'appréciation qui ne change rien au résultat, a l'avantage d'être conforme au fait.

Avant de passer outre, il est à propos de remarquer que le chiffre de 468655 c, 895411850537759 trouvé ici, augmenté de quelques autres portions de chaleur qui se dégageront de certaines réactions qui vont se produire, représente la quantité de chaleur qui va se consommer dans le traitement de 300 kilos de mine. J'ai déjà dans ce qui précède, passé en revue une partie des réactions qui absorbent ou accroissent cette chaleur, le surplus des phénomènes chimiques ou physiques dont il me reste encore à parler correspondra à la consommation du reste. Cette observation se reproduira à son lieu avec les éclaircissements nécessaires (72) et je reprends la suite de la question entamée qui est la détermination de la température à la tuyère.

Le chiffre de chaleur qui vient d'être trouvé, avant et pour qu'on puisse examiner quelles relations peuvent naître sur le point même de sa production et immédiatement entre lui et la chaleur sensible des matières qui arrivent à la tuyère, afin que la température commune s'y établisse exige deux corrections : La première est relative aux 10 degrés de température que j'ai supposés à l'air insufflé, ainsi qu'à la vapeur qu'il contient, la deuxième à la chaleur latente absorbée par la décomposition des kil. 4,97509023023035 de vapeur contenue dans l'air insufflé.

Pour la première, puisque le poids total 523 m. c., 6937084453 d'air sec est de kilo 653,2591977706263371, la quantité de chaleur contenue dans ce poids d'air, la caloricité de l'air étant 0,2377 (Regnault) sera donnée par $653,2591977706263371 \times 0,2377 \times 10 = 1552 c., 7971131007788032867$. La quantité de chaleur sensible contenue dans la vapeur d'eau, sa chaleur spécifique étant 0,475 (Regnault) sera de même exprimée par 4,97509023023035 $\times$ 0,475 $\times$ 10 = 23 c, 6316785935941625.

Ces deux nombres de calories additionnés font 1576c, 4287916943729657867 qui ajoutées aux 468655c, 895411850537759 déjà trouvées donnent un total de 470232c, 3242035449107247867.

Quand à la chaleur absorbée par la décomposition de la vapeur d'eau, elle est donnée par l'équation 0,55278780335892777 $\times$ 34462 = 19050c, 17327935536880974. Mais il y a à faire à ce chiffre une correction résultant de ce que cette vapeur d'eau que j'ai fictivement ramenée à zéro abandonnera en se décomposant sa chaleur latente 606, 5 (Regnault), ce qui pour le poids total de vapeur donne 4, 97509023023035 $\times$ 606, 5 = 3017c, 392224634707275 lesquelles déduites du nombre 19050c, 17327935536880974 qui vient d'être obtenu, le réduisent à 16032c, 78105472066153474. Ce dernier nombre retranché du total 470232c, 3242035449107247867 rectifié, laisse une quantité de 454199c, 5431488242491900467 pour chiffre net définitif de la chaleur due à la combustion du carbone à la tuyère et de laquelle chaleur est pourvu le tronçon gazeux qui vient de naître de cette combustion.

Avant de rechercher le rôle et la part de cette chaleur dans l'établissement de la température commune à la tuyère entre les gaz simples ou composés qui sont le résultat de cette combustion et les matières de la charge qui viennent dans cette même réaction d'achever leur dernière transformation et qui vont sortir du fourneau, il est à propos de calculer quelle serait la température de ce groupe gazeux s'il n'était soumis à aucune influence de perte ou de gain de chaleur autre que celle qui vient d'être expliquée : en un mot quelle serait la température résultant de la transformation complète de ces 58 kil. de carbone en acide carbonique par de l'air sans excès chargé de 9 gr., 50 de vapeur d'eau par mètre cube et dans le cas où les autres matières de la charge, la fonte et les laitiers ne fourniraient aucun contingent en plus ou en moins à la chaleur générée. Or sous la réserve de l'hypothèse que je poserai plus loin (70) pour l'intelligence de ce que j'ai à dire, le passage de la charge que je considère a donné lieu à la tuyère à

Kilo. . . . . 212,6738799311202935375 d'acide carbonique.
— . . . . 503,0095875203193640 d'azote.
— . . . . 0,55278780335892777 d'hydrogène.

Si l'on admet pour les caloricités de ces gaz celles trouvées par M. Regnault, sans variations avec les températures, conformément aux principes posés par le même auteur, leurs équivalents calorifiques en eau seront les suivants : pour l'acide carbonique, 212,6738799311202935375

$\times$ 0,2164 . . . . = 46,0226276170944315215155
pour l'azote, 503,00958752031936402 $\times$ 0,2440. . . = 122,73433935495792482088
pour l'hydrogène, 0,55278780335892777 $\times$ 3,4046. = 1,88202135531580548542

Total des équivalents calorifiques en eau, ... 170,638988327368161828137

d'où l'on déduit la température $\dfrac{454199,5431488242491900467}{170,638988327368161828137}$ = 2661°,757.

J'ai supposé dans le calcul qui précède un état hygrométrique de l'air employé de 9 gr., 50 de vapeur par mètre cube ; il est évident que la température varierait en sens inverse de l'état hygrométrique, toutes autres choses égales d'ailleurs et que la plus grande chaleur comme la plus haute température développée par la combustion correspond à un air parfaitement sec ; en sorte que si l'on considérait le cas qui vient d'être examiné comme un maximum d'état hygrométrique, la température qui a été calculée serait un minimum et toutes celles que l'on pourrait obtenir en brûlant du carbone avec de l'air froid sans excès d'air seraient comprises entre cette dernière et celle produite comme maximum avec de l'air entièrement sec. Dans ce dernier cas le même calcul que celui qui vient d'être fait conduit aux résultats suivants,

air sec à 10° nécessaire pour convertir en acide carbonique kilo. . . . $\dfrac{117,66225}{2}$

ou kilo. 58,831125 de carbone (70) 546,m.c.8143306671
poids de cet air, 546,8143306671 $\times$ 1,247407 (70) = k. 682,1000237744552097
poids de l'oxygène 156,883 . . . . $\left.\begin{array}{l} \\ \\ \end{array}\right\}$ = k. 682,10002377447381814
poids de l'azote 525,21702377447381814 . .
acide carbonique produit (58,831125 + 156,883) = k. 215,714125
chaleur générée 58,831125 $\times$ 8080 . . . . . . = 475355,49 calories

Équivalent calorifique en eau
de l'acide carbonique 215,714125 $\times$ 0,2164 . = 46,68053665
de l'azote 525,21702377447381814 $\times$ 0,2440 . = 128,15295380097161162616

Total des équivalents calorifiques en eau 174,83349045097161162616

d'où l'on tire pour la valeur de la température avec de l'air sec à 0 degré

$$\frac{475355.49}{174,83349045097161162616} = 2718°,904$$

Avec de l'air à 10°, la chaleur sensible de cet air étant donnée par 682,1000237744552097 $\times$ 0,2377 $\times$ 10 = 1621°,3517565118800334569 (a) l'augmentation de température résultera de la relation

$$\frac{1621,3517565118800334569}{174,83349045097161162616} = 9°,273$$

Ces 9°,273 ajoutés aux 2718°,904 forment un total de 2728°,177 qui expriment la température produite par la combustion du carbone dans de l'air sec sans excès d'air à 10°. Mais on comprend qu'on n'atteigne jamais ce maximum avec de l'air ordinaire parceque ce dernier contient toujours une certaine quantité de vapeur même dans les temps les plus secs.

J'ai divisé à dessein ce dernier calcul de température pour montrer que celle-ci croît avec la chaleur sensible de l'air insufflé et que le calcul de cette augmentation ne présente aucune difficulté. Ainsi avec de l'air à 300 degrés, la quantité de chaleur qu'il contiendrait serait d'après l'équation (a), 162,13517565118800334569 $\times$ 300 = 48640°,5526953564010037007 qui représentent 6 kil. de carbone et correspondent à une augmentation de 278°,210, ce qui porterait la température obtenue par la combustion du carbone dans de l'air sans excès et sec pourvu de cette chaleur à 2718,904 + 278°,210 = 2997°,114 Lors du calcul des températures de la charge à ses diverses positions, je donnerai l'appréciation exacte des effets de l'emploi de l'air chaud. Je démontrerai ses avantages, mais réduits à de justes proportions, les limites de température variable suivant les cas, dans lesquelles on doit en faire usage et au delà desquelles il est nuisible et les chimériques espérances que le défaut d'étude de cette question avait laissé concevoir et qui ne peuvent être réalisées. Ebelmen donne page 451 vol. 2 de ses œuvres le nombre de 2518 degrés pour la température de combustion du carbone dans les mêmes conditions. Ce résultat fondé snr une erreur, est évidemment lui-même entaché d'erreur.

Je me propose maintenant d'examiner comment la température, dans la région de la tuyère, s'établit à la suite de cette combustion. Il sera amplement prouvé qu'à ce point, nonobstant les transmissions de chaleur du tronçon gazeux qui se génère, à la fonte et aux laitiers qui vont sortir du fourneau, ces matières en fin de compte n'empruntent ni ne cèdent aucune portion de chaleur aux gaz en voie de se former, mais s'approprient seulement la chaleur sensible entière du charbon qui fait partie du même lit de fusion qui subit cette combustion, ou l'équivalent de cette chaleur.

A cet effet, je supposerai pour un instant, dans le but de simplifier et de faciliter le raisonnement, mais sans inconvénient d'ailleurs pour sa rigueur, que chacune des réactions qui s'opèrent devant la tuyère, ait lieu instantanément et complètement pour chaque charge toute entière comme si cette dernière était en quelque sorte circonscrite sans transgression dans des limites exactes et avec intermittence séparative qui l'isolerait de la précédente et de la suivante. Mais en réalité, cet isolement et cette délimitation tranchée des charges, cette rapidité, cette instantanéité de leur dernière transformation devant la tuyère n'existent pas; l'on comprend d'ailleurs sans qu'il soit nécessaire d'y insister les impossibilités nombreuses qui s'y opposeraient. Le passage de chaque charge à la tuyère dure 36 minutes, puisque leur nombre est de vingt par douze heures (57). Les produits de l'opération s'écoulent immédiatement, simultanément et d'une manière continue à mesure qu'ils se forment, chacun par leur voie, savoir, les laitiers par dessus la dame, la fonte dans le creuset, et les gaz vers le gueulard; en telle sorte, que les derniers restes d'une charge correspondent il est vrai, aux dernières gouttes de fonte et de laitiers et aux dernières parties de gaz qui s'y rapportent, mais sans aucune pause, ni accumulation des produits pendant et après leur génération et sans qu'il se manifeste dans la marche du fourneau, la moindre apparence de temps d'arrêt ni de transition d'une charge à la suivante.

L'hypothèse dans laquelle je viens de me placer m'autorise pour fixer les idées, à considérer la situation au moment supposé de séparation où tout l'acide carbonique résultant du passage d'une charge à la tuyère est formé et où l'oxyde de carbone n'existe pas encore. En conséquence l'état fictif des choses devant la tuyère après le passage d'une charge, mais avant la transformation de l'acide carbonique en oxyde de carbone et dans l'intervalle supposé de temps qui précède cette dernière phase, présenterait par cent kilog. de fonte non compris le carbone qui reste à dénaturer, savoir :

kilo. . 212,6738799311202935375 d'acide carbonique qui a dégagé 468655c,
895411850537759 réduites d'après les
corrections qui précèdent à 454199c,
5431488242491900467

— 503,00958752031936402 d'azote provenant de l'air brûlé.

— 0,55278780335892777   d'hydrogène provenant de la décomposition de la vapeur d'eau.

— 100,75   de fonte qui a déjà changé ses kilo. 3 de fonte contre kil. 0,75 de silicium.

— 152,045   de laitier y compris kilo. 4,50 des cendres du charbon et moins les kilo. 0,75 de silicium réduit et cédé à la fonte.

Total kil. 969,0312552547985853275

C'est entre ces matières que la chaleur qui vient de se produire, augmentée de la chaleur sensible acquise par la charge dans sa descente du gueulard, devra se répartir suivant les poids et caloricités respectifs de chacune de ces substances pour leur communiquer une température commune, avant leur séparation. On verra toutefois lors de l'examen des températures de la charge à ses diverses positions, que ce fait n'est point d'une vérité absolue, mais se trouve modifié par une circonstance simultanée qui sera expliquée (85).

L'observation qui se présente immédiatement ici, c'est que le charbon s'est éliminé et l'on peut comprendre dès maintenant comment l'abandon de sa chaleur sensible peut produire un certain accroissement de température pour les autres matières qui restent. Il sera prouvé que c'est exclusivement à la fonte et aux laitiers qu'est fait cet abandon de chaleur qui contribue d'autant à les mettre en équilibre de température avec le milieu gazeux. Il est vrai qu'à ce moment, par suite de la fiction admise pour un instant, il reste encore au sommet de la zône de la tuyère une quantité de kilog. 59,6603306640186815475 de carbone destiné à se partager entre l'acide carbonique qui vient de se former devant la tuyère et l'hydrogène qui vient d'y être mis en liberté par la décomposition de la vapeur d'eau, pour convertir le premier en oxyde de carbone et le second en hydrogène protocarboné. Mais il sera de même établi que la chaleur sensible que ce charbon possède et qu'il va transmettre au tronçon gazeux en se combinant avec lui vient d'être cédée par ce dernier aux matières de la charge avant leur sortie du fourneau pour les mettre en équilibre de température avec lui et de manière que celles-ci auront retenu et emporté la chaleur sensible de tout le charbon qui fait partie de la charge. On verra que cette dernière partie de chaleur est ce qui reste à employer de toute celle que la charge qui s'écoule a fait naître.

Dans cette ultime réaction qui achève de dénaturer le charbon, complète le traitement entier d'une charge et opère la constitution définitive du tronçon gazeux, avant sa transgression à travers la charge suivante qui va devenir la dernière en occupant à la tuyère la place de celle qui vient de passer, l'acide carbonique prendra. . . . . kilog. 58,0019672539418982375
et l'hydrogène. . . . . —   1,65836341007678331

Total. . . . . —   59,6603306640186815475

égal à la quantité restante.

Il importe, tant au point de vue général de la théorie du haut-fourneau, qu'à celui de la question que je veux éclaircir, savoir, celle de la température à la tuyère, de bien déterminer les modifications calorifiques qui ont lieu dans le tronçon que je considère de la colonne gazeuse, depuis son point de départ jusqu'au gueulard. La raison en est que les quantités de calorique que ce tronçon va céder successivement aux vingt charges qu'il va traverser, vont s'ajouter à celui que chacune de ces charges, dans son trajet du gueulard à la tuyère, va recueillir du reste de la colonne gazeuse, pour former son contingent de chaleur à la tuyère. Or, le mouvement calorifique qui s'est produit à la dernière réaction dont il vient d'être question et qui a changé l'acide carbonique en protoxyde de carbone, et l'hydrogène en protocarbure est, indépendamment de la chaleur sensible du carbone qui mettait ce dernier en équilibre de température avec les autres matières qui l'accompagnaient et qui sera ultérieurement déterminée, le suivant :

Il y a eu perte de 5607 calories pour chaque kilog. de carbone entrant dans la composition de l'acide carbonique, pour réduire ce dernier en oxyde de carbone et gain de 2473 calories (Fabre et Silbermann) par kilog. pour la même quantité de carbone réducteur qui passe à l'état d'oxyde de carbone, soit une différence de 3134 calories qui, pour kilog. . . . $\times$ 58,0019672539418982375 fait une différence totale de . . . . 181778^c,165383853909076225

Il y a à en déduire pour les kilog.

2,2115121343571108 d'hydrogène protocarboné un
gain (70) de . . . . $\qquad$ 3565,4813316650841165

soit une différence nette en perte qui refroidira d'autant la portion de la colonne gazeuse dont s'agit. , 178212^c,684052188824959725

La quantité de chaleur qui reste au tronçon gazeux après cette réaction, se compose de la différence entre la chaleur nette produite à la tuyère (70) et la chaleur absorbée qui vient d'être calculée. Cette différence est donnée par l'égalité 454199^c,5431488242491900467 — 178212^c,684052188824959725 = 275986^c,8590966354242303217.

La composition du tronçon gazeux est devenue la suivante :

Azote. . . . . kilog. 503,00958752031936402
oxyde de { acide carbonique. . . . . }
carbone { 212,6738799311202935375. . . . } 270,675847185062191775
composé de { carbone 58,0019672539418982375 }
hydrogène protocarboné. 2,2115121343571108

Les équivalents calorifiques de ces gaz sont :

azote 503,00958752031936402 $\times$ 0,2440. . . . . = 122,73433935495792482088
oxyde de carbone 270,675847185062191775
$\times$ 0,2479. . . . . = 67,10054251717691734410225
hydrogène carboné 2,2115124343571108. . .
$\times$ 0,5929. . . . . = 1,31099155444603309932

Total de l'équivalent calorifique du tronçon
gazeux. 191,14587342658087526123.45
et la température après cette réaction est donnée par

$$\frac{275986,8590966354242303217}{191,14587342658087526123.45} = 1443°,854654$$

Avec de l'air entièrement sec, la quantité de charbon convertie en acide carbonique devant la tuyère eût été (70) kilog. 58,83125 puisqu'il n'y aurait pas eu d'hydrogène provenant de la décomposition de la vapeur d'eau pour en absorber une partie, la quantité d'acide carbonique produit eût été kilog. 215,714125 celle de l'azote kilog. 525,21702377447381814, la chaleur générée 475355c,49.

Le poids de l'oxyde de carbone résultant de la transformation de l'acide carbonique eût été kilog. 215,714125 + 58,83125 = kilog. 274,545375.

La chaleur absorbée par cette transformation eût été (70) 58,83125 × 3134 = 184377c,13750 et par conséquent la chaleur sensible restée au tronçon gazeux eût été 475355c,49 — 184377c,1375 = 290978c,3525, et en faisant la correction relative à la chaleur fournie par les dix degrés de température de l'air injecté (70), 290978c,3525 + 1621c,3517565118 = 292599c,7042565118.

Les équivalents calorifiques de cet oxyde de carbone et de l'azote qui l'accompagne, étant pour l'oxyde de carbone 274,545375 × 0,2479 = 68,0597984625 pour l'azote (70)   128,152953800971

Total de l'équivalent calorifique du tronçon gazeux. .   196,212752263471
la température du tronçon gazeux à cet état et dans ces conditions serait
$$\frac{292599,7042565118}{196,212752263471} = 1491°,236$$

Si l'on considère comme un minimum la température du tronçon gazeux calculée d'autre part après la transformation de l'acide carbonique, et l'on peut admettre cette hypothèse, la température ci-dessus étant un maximum qui ne saurait jamais être dépassé, ni même atteint, ces deux températures forment les limites entre lesquelles sont comprises toutes celles que le tronçon gazeux issu d'une charge peut, dans un haut-fourneau marchant avec de l'air froid ne dépassant pas dix degrés de température, acquérir à son point de départ par la transformation de son acide carbonique en oxyde de carbone. Ce principe ne souffre pas d'exception et est commun aux hauts-fourneaux marchant au coke. Toutefois la limite inférieure baisserait proportionnellement si l'on admettait dans l'air injecté par la tuyère une plus forte quantité de vapeur que celle adoptée ici. Il est évident qu'il n'en saurait être de même pour les hauts-fourneaux marchant à air chaud et que la température initiale du tronçon gazeux au moment où il va commencer sa marche ascensionnelle vers le gueulard après la transformation de son acide carbonique, croît proportionnellement à la chaleur sensible de l'air injecté et l'application des principes posés dans ce mémoire en rendra toujours le calcul facile. Pour de l'air à 300 degrés, puisque la quantité de chaleur dont il est pourvu correspondant à cette température est 48640c,5526953564 (70), la température initiale du tronçon gazeux après la transformation de cet acide carbonique serait
$$\frac{288978,3525 + 48640,5526953564}{196,212752263471} = 1720°,677689$$

Cependant deux observations sont à faire ici. La première est que la diminution du charbon pour produire dans le fourneau la même quantité de chaleur qu'avec l'air froid, fera diminuer proportionnellement l'air destiné à le brûler et par suite les deux termes du rapport ci-dessus, mais sans faire varier le second membre de l'équation ; la deuxième est que par suite de l'équilibre de température qui s'établira entre les matières de la charge, la fonte et les laitiers, avant leur sortie du fourneau et le tronçon gazeux pourvu de ce supplément de température, la chaleur des premières croîtra et celle du tronçon gazeux diminuera d'autant. En conséquence, la température du tronçon gazeux à son point de départ, sera comprise entre 1491° et 1720°. Mais je ne pousserai pas plus loin cet examen quant à présent, puisque j'ai remis à parler de l'air chaud après la détermination des températures de la charge à ses diverses positions.

LXX bis

Causes entre lesquelles se répartit la chaleur sensible du tronçon gazeux.

Il est manifeste qu'à partir de ce point et de ce moment le tronçon gazeux fera une perte nouvelle à son croisement avec chaque charge, pour se mettre en équilibre de température avec elle et qu'arrivé au gueulard, sa perte totale serait, sans les causes perturbatrices, exactement égale à la différence entre sa température à son point de départ et celle au sortir du gueulard. La loi de cette déperdition de chaleur et de sa répartition entre les vingt charges, toutes égales en poids et en composition qui vont être traversées serait facile à établir, s'il ne se produisait aucun phénomène modificatif dans cette période trajectoire. Mais ce qui précède suffit pour démontrer qu'il n'en est point ainsi, puisqu'on a vu (64, 65, 66, 67 et 68) dans cet intervalle, c'est-à-dire, dans la descente des charges, s'opérer, sous l'influence même de la température de cette colonne gazeuze ascendante, des réactions diverses avec production et absorption de chaleur, départ des parties volatiles de la masse descendante et augmentation correspondante de la colonne gazeuse ascendante. Enfin, il y a en outre la perte provenant du rayonnement des parois du fourneau. Il résulte de là que la chaleur sensible de la colonne gazeuse ascendante se divise en quatre parties qui sont :

1° la chaleur abandonnée aux charges en les traversant et qui reste à l'état sensible ;

2° celle absorbée à l'état latent par les réactions qui ont lieu dans la descente des charges ;

3° la température conservée par les gaz à leur sortie du gueulard et qui est supposée de 150 degrés ;

4° enfin celle rayonnée par les parois du fourneau.

Je ne fais point de mention particulière de quelques parties de chaleur acquises par le courant gazeux en divers points de la hauteur du fourneau, parce que j'en ai opéré la compensation ainsi qu'on l'a vu chaque fois que le fait s'est produit. Mais je reviendrai sur ce sujet (72) dans la mesure de ce qui sera nécessaire, au point de vue de la question discutée, lorsque je parlerai de la chaleur générée et consommée dans le traitement de la charge. Comme je suppose la marche du fourneau normale, les charges égales, la production sans variations, les quantités de chaleur dégagées et dépensées seront constantes, enfin comme conséquence, les phénomènes chimiques et calorifiques se renouvelleront indéfiniment dans le même ordre avec la même régularité et la même intensité. Je vais successivement examiner chacune de ces quatre causes de consommation de chaleur et en déterminer l'amplitude.

LXXI.

1° Chaleur abandonnée aux charges par la colonne gazeuze.

Il est facile de prouver que la chaleur sensible de la dernière charge au moment fictif qui sépare son arrivée devant la tuyère, du moment où va s'y accomplir la combustion de son carbone, est exactement égale à la chaleur que le tronçon gazeux qui vient de naître de la charge qui a précédé, va perdre depuis la tuyère, après la formation de son acide carbonique, et avant celle de son oxyde de carbone, jusqu'à son arrivée au gueulard, moins la perte dans ce trajet due : 1° aux réactions chimiques subies par une charge; 2° au rayonnement des parois du fourneau afférent à ce tronçon. Il suffit pour cela de remarquer que ce tronçon gazeux, après avoir, au sortir de la tuyère, converti son acide carbonique en oxyde de carbone et avoir cédé à la charge que je considère et qui occupe la position devant la tuyère, en se tamisant au travers, une quantité de chaleur suffisante pour se mettre en équilibre avec elle, va rencontrer dans son ascension vers le gueulard les 19 autres charges qui composent avec celle en question la révolution du fourneau, précisément dans les mêmes positions et conditions que celles par lesquelles vient de passer la charge arrivée à la tuyère et va leur transmettre successivement des quantités de chaleur absolument égales à celles que cette dernière charge a empruntée aux 19 tronçons gazeux qu'elle a traversés. On voit de là qu'une charge en descendant pour arriver à la tuyère, se tamise à travers vingt tronçons gazeux et qu'un tronçon gazeux pour arriver au gueulard se tamise aussi lui-même à travers vingt charges ; de plus, qu'à chaque croisement il s'établit un équilibre de température entre les deux parties occurrentes, celle qui descend prenant et celle qui monte cédant ; enfin qu'une charge en parvenant du gueulard à la position de la dernière charge à la tuyère a gagné en vingt fois à son croisement avec vingt tronçons gazeux identiquement égaux, ce qu'un tronçon a perdu dans le même nombre de fois à son croisement avec vingt charges identiquement égales en montant de la tuyère au gueulard, sauf ce qui est enlevé par les réactions et le rayonnement. Un raisonnement semblable prouve que la charge qui suit la dernière, possède exactement la chaleur sensible que le tronçon gazeux qui vient de la traverser va perdre depuis ce point jusqu'au gueulard et ainsi de suite de charge en charge en remontant jusqu'au gueulard.

Il est évident en outre et d'après le même raisonnement que les réactions uniformes, régulières, périodiques, constantes et dans le même ordre qui se succèdent dans le cours de la marche ascensionnelle de chaque tronçon gazeux en lui enlevant de la chaleur pour la rendre latente et en accroissant sa masse par de nouveaux gaz ne modifient cette loi que dans le chiffre de l'abandon de chaleur aux croisements ultérieurs à ces réactions, c'est-à-dire, qu'elles diminuent ce chiffre en diminuant la température du courant mais sans altérer le principe, ni pour ainsi dire, la régularité de son action.

On voit d'après ce qui précède que la connaissance de la chaleur absorbée par les réactions et par le rayonnement donnerait celle de la chaleur sensible d'une charge arrivée à la tuyère, car la chaleur sensible des gaz à leur sortie au gueulard et qu'il est nécessaire de connaître aussi pour parvenir à cette détermination est facile à calculer. Or, on peut maintenant connaître et la chaleur absorbée par les réactions et celle des gaz à leur sortie du fourneau. Il est donc à propos de resserrer le problème en éliminant ces deux inconnues.

C'est l'objet des deux paragraphes qui vont suivre.

LXXII.

2º Chaleur absorbée par les réactions qui ont lieu dans la descente des charges.

On a vu que dans l'ordre descendant les 300 kil. de mine, les 100 kil. de castine et les 150 kil. de charbon qui composent une charge, perdent :

	Kil.		Calories.
(64) En eau hygrométrique et en hydrogène	55	en absorbant	34824,332
(65) En eau de combinaison et d'hydratation du minérai.	24,107	—	16685,9684
(66) En oxygène, réduction du fer.	42,85714	—	8918,70771552
(66) En eau d'hydratation de l'alumine.	9,83775	—	16013,223447895
En carbone absorbé par la décomposition précédente. . . , ...	9,83775		
(67) En acide carbonique, réduction de la chaux.	37,88714	—	17797,73541511747
Totaux	179,52678		94239,96697853247

Ce chiffre de chaleur correspond à kilog. 11,66336 de carbone ou à kilog. 13,46285 de charbon. Toutefois il convient de remarquer que la chaleur sensible de sortie au gueulard des gaz nés de ces réactions excepté celle de l'acide carbonique provenant de la réduction du fer a été comprise dans le calcul de ces chiffres de chaleur. Mais cette circonstance ne présente aucun inconvénient, d'abord par son peu d'importance en raison de la faible quantité de combustible à laquelle elle correspond, ensuite parce que je donnerai plus loin la composition exacte du tronçon gazeux à sa sortie du gueulard et la quantité de chaleur qu'il possède et qu'il emporte à la température de sortie.

Un simple coup-d'œil sur la série qui vient d'être donnée des matières volatiles enlevées dans la descente du gueulard à la tuyère de la charge, fait reconnaître que cette dernière se trouve réduite à ses matières fixes à une hauteur qui correspond à la décomposition des dernières parties du carbonate de chaux et que le poids de ces matières fixes se distribue à ce point comme suit :

Charbon y compris kil. 4,50 de cendres (60) 125,16225
Fer réduit non encore carburé (68) 100
Matières des laitiers non encore fondues, mais séparées de toutes leurs parties volatiles 145,295
Total kil. 370,45725

Que, par conséquent, à partir de ce même point jusqu'à la région de la tuyère, ce poids total restera sans variations, il est vrai, mais se modifiera dans sa distribution puisque le fer aura pris dans cet intervalle pour sa carburation kil. 3 au carbone par l'intermédiaire de l'oxyde de carbone ainsi qu'il a été expliqué (68); que les matières arrivées à ce dernier terme et avant d'opérer leur séparation, modifieront encore la répartition de leur poids par l'échange entre la fonte et les laitiers de kil. 3 de fer contre kil. 0,75 de silicium et par l'absorption par les laitiers des kil. 4,50 des cendres du charbon; qu'à ce moment et tout étant accompli, la fonte en fusion tombe en vertu de sa plus grande pesanteur spécifique dans le creuset où elle s'accumule, le laitier surnageant le bain métallique sort par dessus la dame, tandis que le charbon pendant le même temps, sous l'action du vent de la tuyère subit les transformations que je viens de décrire et après lesquelles il doit remonter vers le gueulard, sous son nouvel état comme partie du tronçon gazeux résulté de cette dernière phase et pourvu de la température qui a été calculée (70), pour reproduire les mêmes phénomènes et dans le même ordre.

Avant de passer outre, il me paraît utile de prévenir une objection qui pourrait être faite à la théorie qui vient d'être exposée et en même temps de revenir sur l'hypothèse épuisée maintenant dans laquelle je me suis placé relativement à la simultanéité de la combustion du carbone à la tuyère pour faciliter l'explication du sujet. Cette objection résulterait de ce que les laitiers ne pourraient pas s'approprier les kil. 4,50 de cendres du charbon, puisque la moitié de ce charbon ne se dénature ensuite de l'hypothèse, qu'après le passage de la fonte et des laitiers et même un peu au-dessus de la tuyère. La réponse à cette objection, si elle se produisait, serait simple et péremptoire. Elle consiste à faire remarquer que cette délimitation absolue de ces réactions, ces pauses séparatives et cette simultanéité dans la combustion, nécessaire à la clarté du raisonnement dont elles n'altèrent en rien les conclusions, comme l'hypothèse des astronomes qui supposent les astres arrêtés pour en calculer les mouvements, sont tout à fait imaginaires, qu'en réalité cette simultanéité de chaque réaction pour toutes les parties d'une charge n'existe pas, mais que ces réactions ont au contraire chacune et pour ainsi dire simultanément la durée de tout le passage de la charge et qu'elles sont concomittantes, en ce sens qu'un atôme de carbone devenu acide carbonique se transforme immédiatement en oxyde de carbone pendant qu'il se produit un autre atôme d'acide carbonique et ainsi de suite pendant toute la durée du passage de la charge, et qu'enfin puisque, le fourneau supposé en marche régulière, les charges se suivent égales et dans les mêmes conditions, on peut concevoir et dire qu'il y a continuité dans leur transformation et qu'à la façon des tuiles d'un toit, elles s'imbriquent pour ainsi dire les unes sur les autres de manière à ce que l'une quelconque rende à celle qui la suit ce qu'elle a reçu de celle qui l'a précédée. Il est donc évident que ce qui est dit de l'ensemble et de la masse d'une charge s'applique exactement à chacune des molécules qui la composent et qui subissent successivement les transformations décrites.

Ce qu'on vient de voir démontre en outre, que la colonne gazeuse ne commence à recevoir ses premières modifications qu'à partir du point où la charge se sépare de ses dernières parties volatiles, c'est-à dire de l'acide carbonique du carbonate de chaux. Jusque là, depuis son point de départ après sa constitution définitive, elle n'a participé aux dernières transformations de la charge avant l'arrivée de celle-ci à la tuyère que pour lui fournir le calorique nécessaire à ces dernières transformations et sans éprouver elle-même aucune variation dans sa masse et dans sa constitution chimique. Mais à partir de ce point, une solidarité intime s'établit entre elles deux, en telle sorte que les modifications de la colonne gazeuse sont absolument corrélatives à celles de la charge et en sens inverse, de façon que la colonne gazeuse gagne en poids exactement ce que la charge perd, comme celle-ci à son tour acquiert en chaleur tout ce que la colonne gazeuse perd à l'exception de ce qui est fourni aux chaleurs latentes des réactions et au rayonnement. Enfin jusqu'au gueulard elles prennent part l'une et l'autre avec les changements dans leur masse, leur composition et leur température qui en sont la conséquence à toutes les réactions qui viennent d'être successivement décrites.

Il est possible actuellement en reprenant dans leur ordre ascendant les diverses réactions et les phénomènes qui viennent d'être passés en revue, d'établir la somme des accroissements successifs de poids et par espèces de gaz de la colonne gazeuse qui en résultent ainsi que celle des consommations de chaleur.

La première de ces sommes servira à faire connaître le chiffre de la perte en gaz combustibles faite par le gueulard que je me suis proposé de trouver en commençant, elle permettra en outre de fixer la quantité de chaleur sensible de ces mêmes gaz à leur sortie du fourneau. La seconde servira à déterminer le chiffre de chaleur consommée dans le traitement d'une charge et dont fait partie la chaleur absorbée par les réactions qui vient d'être trouvée. Enfin de l'une et de l'autre je tirerai quelques conséquences nécessaires à la détermination soit de la température de la charge à sa dernière position avant son passage à la tuyère, ou de toute autre partie du fourneau, soit de la perte due au rayonnement.

Tout d'abord le tronçon gazeux né de la charge que je considère, après la dernière transformation dans la région de la tuyère qui lui a donné sa constitution initiale, au moment où il va commencer sa marche ascensionnelle, contient, (70)

en azote . . . . kilo.   503,00958752031936402
en oxyde de carbone . . . . —   270,675847185062191775
en hydrogène protocarboné . . . . —   2,21115121343571108

Total . . . . . kilo.   775,896585918807166875

Les équivalents calorifiques de ces gaz sont ;
pour l'azote 503,00958752031936402 × 0,2440 = ˙122,73433935495792482088
l'oxyde de carbone 270,675847185062191775
× 0,2479   =   67,10054251717691734410225
l'hydrogène proto-carboné 2,21115121343571108
× 0,5929   =   1,310991554446033099332

Total de l'équivalent calorifique du tronçon gazeux 191,145873426580875261234

La conversion de l'acide carbonique en oxyde de carbone et de l'hydrogène en hydrogène protocarboné au moyen du carbone restant de la charge qui vient de passer a eu pour résultat une absorption de chaleur nette de 178212c,684052188824959725 (70). Mais en retour le charbon qui a servi à cette transformation, a cédé sa chaleur sensible que nous ne connaissons pas encore au courant gazeux.

La réduction de kilo. 0,75 de silicium, la combinaison de ce corps avec la fonte et le passage à l'état de silicate de protoxyde dans les laitiers des kilo. 3 de fer correspondant à la réduction du silicium, n'ont donné lieu à aucune variation de chaleur ni de température par suite de la compensation opérée entre la chaleur dégagée et celle absorbée (66).

Au-dessus, la fusion de la fonte a absorbé à l'état latent 2000 calories (68). Puis celle des laitiers prend aussi à l'état latent 6111c,80 (68).

La décomposition du carbonate de chaux de la castine et de la mine fournit au tronçon gazeux kilo. 37,88714 d'acide carbonique et lui enlève 17797c,73541511747 (67).

A la suite, la décomposition de l'hydrate d'alumine lui fournit kilog. 15,303167 d'oxyde de carbone et kilog. 4,37233 d'hydrogène protocarboné et lui enlève pour l'ensemble de cette réaction une quantité nette de chaleur de 16013c.223447895 (66).

A la région de la réduction du fer il a gagné kilog. 117,8571428 d'acide carbonique en perdant kilog. 75 d'oxyde de carbone et 8918c,70771552 (66).

A celle de déshydratation du minérai il acquiert kilog. 24,107 de vapeur d'eau et perd 16685c,9684 (65).

A celle de dessication qui précède l'arrivée au gueulard, il acquiert kilog. 40 de vapeur provenant de l'eau hygrométrique de la mine et de la castine, plus kilog. 12 de celle du charbon, plus enfin kilog. 3 de l'hydrogène dégagé par le charbon et perd pour ces trois causes 34820c, 332 (64).

La récapitulation des chiffres qui précèdent, donne, savoir ; pour le poids des gaz au gueulard par charge traitée et 100 kllog. de fonte obtenus,

azote. . . . . . , ... , ... 503,00958752031936402
oxyde de carbone. 210,97901441850621917775
acide carbonique. 155,7442828
hydrogène protocarboné. , ... 6,58347121343571108
hydrogène libre. 3,
vapeur d'eau. 76,107

Total   kilog. 955,423355718817266875

d'où suit que le poids de la charge et le poids du tronçon gazeux né de cette charge sont entre eux comme 550 est à 955,423355 (57).

Pour la chaleur absorbée par les réactions se rapportant aux mêmes quantités de matières depuis le gueulard jusqu'à la tuyère,

                                            calories
Zône de dessication. 34820,332
déshydratation du minérai. 16685,9684
réduction du fer. 8918,70773552
décomposition de l'hydrate d'alumine. . . . , . . 16013,223447895
décomposition de la chaux 17797,73544511747
fusion des laitiers. 6111,8
fusion de la fonte. 2000,

transformation dans la région de la tuyère de l'acide carbonique en oxyde de carbone, déduction faite de la chaleur dégagée par la formation d'hydrogène carboné. . . . . : . 178212,684052188824959725

Total de la chaleur absorbée par les réactions

d'une charge du gueulard à la tuyère. 280560,451050721294959725

Des chiffres qui précèdent il est facile de déduire dès à présent la puissance calorifique des gaz combustibles qui s'échappent par le gueulard. Mais je remets à en parler à la fin de la présente discussion pour ne pas scinder celle-ci par une digression que ne requiert pas l'intelligence du point traité.

LXXIII

3° Température de 150 degrès conservés par les gaz à leur sortie du gueulard.

J'ai tenu compte (64, 65, 66, 67 et 70) dans le calcul des chaleurs absorbées par les réactions et dont le chiffre total vient d'être établi, de la température initiale de 10 degrés des kilog. 76,107 de vapeur d'eau contenue dans les gaz et celle de 150 degrés que cette vapeur conserve à sa sortie du fourneau ; pareillement, pour les kilog. 3 d'hydrogène dégagés par le charbon, pour les kilog. 15,303167 d'oxyde de carbone et les kilog. 4,37233 d'hydrogène protocarboné provenant de la décomposition de l'hydrate d'alumine, pour les kilog. 37,88714 d'acide carbonique provenant soit de la castine soit du carbonate de chaux du minérai. Enfin j'ai tenu compte de la chaleur initiale de 10 degrés de l'air et de de la vapeur d'eau introduits par la tuyère, en sorte qu'il ne reste plus à calculer pour avoir la quantité de chaleur absorbée par le surplus des gaz à leur sortie du gueulard à une température de 150 degrés, sous la réserve de la température initiale de 10 degrés pour les kilog. 117,66225 de carbone brûlé à la région de la tuyère (70) et dont il va être parlé plus loin, que celle nécessaire à kilog. 503,00958752031936402 . . . . d'azote

— 195,675847185062191775 . . . . d'oxyde de carbone

— 117,8571428 . . . . d'acide carbonique

— 2,21115121343571108 . . . . d'hydrogène protocarboné.

En adoptant les nombres de 0,2440 pour la caloricité de l'azote, de 0,2479 pour celle de l'oxyde de carbone, de 0,2164 pour celle de l'acide carbonique et de 0,5929 pour celle du protocarbure d'hydrogène (Regnault), ces quantités de chaleur seront fournies par les relations suivantes,

pour l'azote 503,00958752031936402×0,244×150=18410,150903243688723132

l'oxyde de carbone 195,675847185062191775 ×0,2479×150 . = 7276,206377576537601153375

l'acide carbonique 117,8571428 × 0,2164 × 150 = 3825,642855288

l'hydrogène carboné 2,21115121343571108×0,5929 ×150 = 196,6487331669049648998

Total 29708,6488692751312 89185175

En ajoutant ce nombre aux 280560^c,451050721294959725 qui viennent d'être trouvées, on a 310269^c,099919996426248910175 qui expriment le chiffre total de la chaleur consommée par le traitement d'une charge, moins la perte due au rayonnement afférent à cette quantité de matières et la chaleur sensible emportée par la fonte et le laitier à leur sortie du fourneau.

Ce qui a été dit (73) fait voir à priori que le chiffre de 29708 calories ne représente pas la chaleur totale possédée par le tronçon gazeux né d'une charge à sa sortie au gueulard à la température de 150 degrés. Pour connaître cette chaleur par un moyen direct, de la composition du tronçon gazeux à cette phase dernière, on déduit pour son équivalent calorique, savoir :

pour l'azote 503, 00958752031936402 $\times$ 0,2440 = 122,73433935495792482088
l'oxyde de carbone 210,979014185062191775
$\times$ 0,2479 . . . . = 52,3016976164769173410225
l'acide carbonique 155,7442828 $\times$ 0,2164 . . . . = 33,70306279792
l'hydrogène protocarboné 6,58348121343571108
= 0,5929 . . . . = 3,903346041446033099332
l'hydrogène libre 3 $\times$ 3,4046 . . . . = 10,2138
la vapeur d'eau 76,107 $\times$ 0,475 . . . . = 36,150825

Total de l'équivalent calorifique du tronçon
gazeux se rapportant à une charge, à sa sortie
au gueulard 259,00707078080087526123453345

La quantité de chaleur dont il est pourvu à sa sortie au gueulard à une température de 150 degrés sera donc donnée par l'équation

$$259,0070707808 \times 150 = 38851^c,06061712$$

On aurait pu construire ce nombre en ajoutant aux 29708 calories ci-dessus les quantités de chaleur sensible de sortie qui ont été comptées dans le calcul des réactions (72).

Une diminution de 100 degrés dans la température de sortie des gaz, procurerait une économie de 25900 calories par charge, correspondant à kilog. 148 de charbon par jour, soit en argent une somme de f. 13.05 (17), mais ferait perdre les deux tiers de la garantie créée par cette réserve contre les débauches accidentelles.

Le nombre de 310269 calories, qui vient d'être déterminé pour la chaleur totale consommée par une charge, moins celle enlevée par le rayonnement et celle emportée par la fonte et les laitiers à leur sortie du fourneau, exige pour être exact, une petite correction. C'est celle qui résulte des 10 degrés de température initiale qui n'ont pas été comptés pour le charbon et les laitiers.

La caloricité du charbon étant 0,2415 (Regnault), et celle des matières non fondues des laitiers 0,20016 calculée comme moyenne entre celle de 30 de chaux, 20 d'alumine et 50 de silice, conformément aux proportions de composition normale des laitiers (58), en prenant, d'après le même auteur :
pour la caloricité de la chaux 0,2169
pour celle de l'alumine, celle du corindon 0,19762
pour celle de la silice 0,191132

La quantité de chaleur nécessaire pour obtenir les 10 degrés de température du charbon en y comprenant les kil. 3 de carburation de la fonte et les kil. 4,50 de cendres et les 10 degrés de température des laitiers, déduction faite des kil. 4,50 des cendres du charbon et des kil. 3 de fer échangé contre de la silice, sera donnée par les relations suivantes : $125,16225 \times 0,2415 \times 10 = 302_c, 26683375$

$145,295 \times 0,20016 \times 10 \dots \dots \dots \dots \dots \dots \dots \dots = 290_c, 722472$

$$\text{Total} \dots \dots \dots \dots \dots \dots \dots \dots \quad \overline{592_c, 98930575}$$

qui, retranchées des $310269_c, 099919996426248910175$ trouvées, laissent un reste de $309676_c, 110614246426248910175$ pour la chaleur nette totale consommée par le traitement d'une charge, moins la perte due à la portion de rayonnement afférente à cette charge, et la chaleur emportée par la fonte et les laitiers à leur sortie du fourneau. En ce qui concerne ces deux dernières quantités de chaleur, leur somme est évidemment égale à la différence entre la chaleur nette générée à la tuyère (70) par la transformation en acide carbonique de la moitié du carbone de la charge et le reste ci-dessus de chaleur. Cette différence est donnée par l'égalité, $454199_c, 543148824249190467 - 309676_c, 110614246426248910175 = 144523_c, 432534577822941136525$.

<h2 style="text-align:center">LXXIV.</h2>

Équilibre entre les chaleurs produites et consommées par le traitement d'une charge.

Il s'agit maintenant pour avoir l'emploi complet de la chaleur développée par le traitement d'une charge, de déterminer la répartition entre la fonte, les laitiers et le rayonnement, de celle qui vient d'être trouvée. Mais préalablement il importe de justifier le principe posé (69), savoir : que dans tout haut-fourneau marchant régulièrement les chaleurs produites et dépensées par une charge s'équilibrent exactement. Les considérations suivantes conduisent d'une manière irréfragable à cette preuve qui est de la plus haute importance, car ce fait qui n'avait pas encore été signalé est la base même de la théorie du haut fourneau.

S'il pouvait arriver dans un fourneau marchant bien et ayant son régime établi, qu'une charge ne pût pourvoir à toutes les nécessités de sa dépense et si pour compléter cette dépense elle était obligée de faire un emprunt non restitué immédiatement par la chaleur sensible de son carbone, à la chaleur de combustion de ce même carbone, la chaleur du tronçon gazeux qui naît de combustion en serait diminuée d'autant. Or, comme toutes les charges sont égales (57), comme la chaleur absorbée par les réactions qui se rapportent à chaque charge est constante, comme la chaleur dont est pourvue une charge est précisément égale à celle d'un tronçon gazeux puisqu'ils sont tous égaux, moins ce que les réactions dont le détail a été donné (72) et le rayonnement ont enlevé à ce tronçon gazeux et ce qu'il a emporté lui-même à l'état de chaleur sensible par le gueulard, il s'en suit rigoureusement qu'à partir de cet emprunt, s'il pouvait avoir lieu, les charges arriveraient à la tuyère pourvues d'une moindre quantité de chaleur puisqu'elles en auraient moins reçu de la colonne gazeuse et feraient par conséquent des emprunts nouveaux plus considérables à leurs tronçons gazeux ; que cette insuffisance irait en croissant au passage de chaque charge à la tuyère et amènerait rapidement un refroidissement tel dans le fourneau, qu'au bout d'un temps très-court ce dernier s'arrêterait infailliblement si l'on n'obviait à ce danger par une diminution de mine ou une addition de combustible. Cependant il faut dire que cette insuffisance de combustible ne causerait pas dans le fourneau des désordres aussi prompts qu'ils apparaissent au premier aspect, parce qu'il se produirait d'abord un défaut de réduction de la mine et par suite un rendement moindre en fonte, ce qui diminuerait d'autant la consommation de chaleur et par suite la rapidité des effets sans les rendre moins certains.

Ce serait en vain que l'on prétendrait par une plus grande insufflation d'air, augmenter la quantité de chaleur développée; on ne ferait qu'accélérer la marche du fourneau, car la somme de la chaleur dégagée ne dépend que de la quantité de carbone brûlé et une introduction, si c'était possible, d'un excès d'air sur celui nécessaire à la quantité de charbon à brûler ne ferait que précipiter la mise hors en refroidissant les matières et en produisant d'autres désordres qui viendraient encore accélérer ce résultat. En un mot, la chaleur dont sont pourvues les matières d'une charge, c'est-à-dire, le charbon, la fonte et les laitiers au moment où cette charge pénètre devant la tuyère et où la fonte et les laitiers vont s'approprier en outre, pour acquérir la température du milieu et la fluidité nécessaire à leur séparation et à leur sortie, la chaleur sensible de leur charbon ou une quantité égale à cette chaleur sensible, a été fournie par la colonne gazeuse seule qu'elle a croisée dans sa descente et qui elle-même est le produit de charges passées. Il faut donc, à peine d'extinction pour le fourneau et pour que l'équilibre y soit conservé, qu'une charge n'emprunte rien à la chaleur de combustion de son charbon qui est destiné à rendre aux charges suivantes exactement la quantité de chaleur que cette même charge qui passe a reçue des précédentes. La conséquence de ce qui vient d'être dit, serait que la fonte et les laitiers pour quitter le fourneau la température de 2661 degrés, puisque c'est celle que donne au tronçon gazeux avec lequel leur chaleur les met en équilibre, la conversion du carbone en acide carbonique devant la tuyère (70). Cependant, il n'en est rien et je renouvelle la réserve d'en dire les motifs, lorsque je parlerai des températures de la charge à ses diverses positions. Ces motifs ne sont nullement en contradiction avec la présente théorie (85).

LXXIV bis.

Calcul de la puissance calorifique des gaz combustibles perdus par le gueulard.

Mais avant de passer outre, il est à propos de reconnaître la puissance calorifique des gaz combustibles qui s'échappent par le gueulard et son rapport avec celle du combustible dépensé, pour ne pas trop éloigner ce fait des éléments qui l'établissent.

Cette puissance calorifique est donnée par les relations suivantes :

pour l'oxyde de carbone (72)   calories

$210,979014185062191775 \times 2403$ . . . . $= 506982,571086704446835325$

pour l'hydrogène protocarboné (72)

$6,58348121343571108 \times 13063$ . . . . $= 86000,01509111069383804$

pour l'hydrogène libre 3×34462 . . . . $= 103386,$

Total de la puissance calorifique des gaz au gueulard. . . . . $696368,586177815140673365$

Cette quantité de chaleur correspond à kil. 86,1842147 de carbone ou à kil. 99,4812079354 de charbon (60), ce qui fait une perte de 66,32 pour 100 sur la quantité totale de charbon consommée (57).

La méthode qui a conduit à ce résultat est d'une généralité absolue pour tous les hauts-fourneaux, soit au charbon de bois, soit au coke et ne présente d'autres variations dans son application que celles qui résultent des différences dans les matières, la forme et le fonctionnement des appareils ainsi que dans la puissance des machines. On peut ajouter que pour des fourneaux en bonne allure, marchant dans des conditions semblables de l'air insufflé et des gaz au gueulard, la proportion trouvée entre la puissance calorifique totale consommée et celle perdue, varie assez peu pour que l'on puisse considérer ce chiffre comme une base d'appréciation suffisamment exacte pour être adoptée dans la pratique. On verra plus loin les raisons qui établissent que ce rapport est sensiblement constant (126). D'ailleurs, il sera toujours facile de ramener un fourneau quelconque à ce type, lorsqu'on connaîtra la température de l'air insufflé et celle des gaz à leur sortie au gueulard.

Le chiffre de perte qui vient d'être déterminé bien que très-exact, ne correspond pas dans l'utilisation des gaz à la quantité de charbon indiquée par le calcul, parce que dans ce calcul, je n'ai pas fait entrer un coefficient permanent mais variable dans sa valeur qui diminue le résultat. Ce coefficient se compose : 1° de la chaleur enlevée par l'azote et l'acide carbonique qui se trouvent mélangés aux gaz combustibles et qui devront être réchauffés par la combustion de ces derniers en diminuant d'autant leur effet utile ; 2° de la chaleur latente de vaporisation enlevée par l'eau générée par la combustion de l'hydrogène, chaleur qui varie avec la température d'après la loi trouvée par M. Regnault. Je reviendrai avec les détails nécessaires sur ce point, lorsque je parlerai de l'emploi des gaz combustibles et je reprends le cours de la discussion engagée sur la répartition des dernières parties de la chaleur générée par le traitement d'une charge.

LXXV.

Recherche de la caloricité de la fonte dans les hautes températures et de celle des laitiers. Généralités.

Un élément essentiel de tous les calculs relatifs à la chaleur, est la caloricité des corps que l'on considère et auxquels son action est appliquée. Malheureusement, cet élément faisait défaut sur plusieurs des points importants de la question traitée. Les travaux de Petit et Dulong, ceux de MM. Pouillet et Regnault, font connaître d'une manière générale que la caloricité des corps croît avec les températures, surtout aux approches de celles où ils changent d'état et que la caloricité des composés est sensiblement égale à la moyenne de celles des composants ; mais il n'existe pas de recherches publiées sur la loi d'accroissement de cette propriété pour les corps dont il s'agit ici, non plus que sur les caloricités à de hautes températures.

J'ai dû suppléer à cette lacune par de longues investigations dont je rapporte sommairement plus loin quelques-unes parmi celles qui ont principalement servi à fixer mes données. Si l'exactitude des résultats que je présente répond aux soins que j'ai donnés à ces expériences, elle ne laisse rien à désirer. En tout cas, ces résultats paraissent conformes aux principes connus et bien établis et leur application conduit à la confirmation la plus satisfaisante de la théorie exposée dans ce mémoire. Enfin au surplus, lorsqu'on vient à considérer d'une part, que cette propriété des corps semble varier avec leur état de pureté, avec le mode d'agrégation de leurs molécules ; d'autre part, que les fontes et les laitiers présentent des dissemblances pour ainsi dire innombrables dans leur composition, il faut bien reconnaître que lorsqu'on aura trouvé, ce qui est fort désirable, et la caloricité précise de ces substances et la loi absolue de ses variations pour une composition spéciale, un groupement moléculaire particulier et par suite pour une densité fixe, choisis comme type normal, on n'en sera pas moins réduit dans la pratique à se borner à des approximations heureusement suffisantes.

LXXVI.

Expériences à la fonderie de la Pique, à celle de Fourchambault et au haut-fourneau de Bizy.

Pour la fonte on sait par une expérience de Clément, rapportée sans détails par Péclet, vol. 2 de ses œuvres page 473, qu'un kil. de fonte en fusion élève de 14 degrés la température de 20 kil. d'eau ; d'où il suit que la quantité de chaleur nécessaire pour chauffer ce kil. de fonte et en opérer la fusion est de 280 calories. Mais on ne peut tirer de cette expérience aucune conclusion positive pour la caloricité de la fonte à de hautes températures, parce que, on ignore et sa chaleur latente de liquéfaction et la température qu'elle avait dans l'expérience citée. Les calculs fondés sur des analogies tirées des chiffres de caloricité du fer à diverses températures donnés par Petit et Dulong, semblent indiquer que le chiffre d'accroissement de caloricité de la fonte par 100 degrés doit être très-voisin et au-dessus de 0,006. Cependant ce résultat fort remarquable, peut être considéré comme un document précieux propre à éclairer la question, mais non comme sa solution. Quant aux laitiers, nous ne possédons rien autre chose que les caloricités des composants à de basses températures.

Les expériences que je rapporte et qui concernent la fonte, les laitiers et les gaz, ont été effectuées à deux fourneaux à manche, l'un de la fonderie de Fourchambault, l'autre de la fonderie de La Pique, à Nevers, et au haut-fourneau de Bizy près Guérigny. Je dois à l'obligeante courtoisie de M. Chaillet, directeur de la fonderie de Fourchambault, de M. Thévenin, directeur de la fonderie de La Pique, et de M. Martin, maître de forges à Bizy, d'avoir eu à ma disposition dans leurs usines toutes les facilités pour opérer. Les expériences sur la fonte et les laitiers ont été faites d'après le même mode et le même principe. Elles ont consisté à immerger dans un vase en fonte exactement pesé contenant un poids d'eau également connu, une certaine quantité de fonte ou de laitier en liquéfaction ; à prendre la température de l'eau avant et après l'immersion ; à calculer les quantités de chaleur abandonnées et par suite les températures des matières soumises à l'expérimentation d'après des données connues ; à en déduire leur caloricité à cette température et les lois d'accroissement des séries de caloricité dont les deux termes extrêmes se trouvent ainsi déterminés. Celles sur les gaz ont consisté à exposer à charge haute et à charge basse, pendant un temps suffisant, dans le courant gazeux, un vase plat en cuivre très-mince divisé en divers compartiments contenant des métaux d'une fusibilité différente, du papier et un thermomètre, le tout convenablement protégé contre les influences calorifiques étrangères sans nuire à celle du courant gazeux, et à apprécier les températures d'après les effets obtenus.

LXXVII.

Détermination d'un coefficient d'accroissement de caloricité de la fonte.

1re expérience de fonte.

FONTE D'UN CUBILOT DE LA FONDERIE DE FOURCHAMBAULT.

Données. Quantité d'eau pour l'expérience . . . . 40 litres
poids de l'eau. . . . . kil. 40, 20
température de l'eau avant l'immersion de la fonte. . . . . . . 11°,50
température de l'eau après l'immersion de la fonte. . . . . . . 34°,
poids de la fonte immergée . . . . kil. 3, 615
poids de la chaudière en fonte ayant servi à l'expérience . kil. 18, 415

La fonte était très-liquide et sa nuance était orangé-clair. On la recevait par l'orifice de coulée et dans une poche lutée d'argile et préalablement chauffée. Toutes les pesées furent faites avec les instruments de précision du vérificateur des poids et mesures.

Si l'on admet, d'après M. Pouillet, 1200 degrés pour la température de fusion de la fonte, on obtient d'après ces diverses données, pour la quantité de chaleur cédée à l'eau par la fonte $22,5 \times 40,20 = 904°,5$.

pour la quantité de chaleur sensible de la fonte après son immersion, la caloricité de la fonte étant 0,12983 (Regnault).

$$3,615 \times 34 \times 0,12983 = 15°,9574053$$

pour la chaleur cédée à la chaudière par la fonte

$$18,415 \times 0,12983 \times 22,50 = 53°,793437625,$$

d'où l'on tire pour la caloricité de la fonte à cette température,

$$x = \frac{904,5 + 15,9574053 + 53,793437625}{3,615 \times 1200} = \frac{974,250842925}{4338} = 0,22458$$

d'où il résulte que le coefficient d'accroissement de caloricité par 100 degrés, en supposant la loi régulière et uniforme, serait

$$\frac{0,22458 - 0,12983}{\frac{1200}{100} - 1} = \frac{0,09475}{11} = 0,00861$$

On voit à priori, étant admise l'exactitude des données, que ces résultats sont trop forts, puisque j'ai négligé le calorique latent de liquéfaction rendu libre par la coagulation de la fonte et qui a contribué d'autant à élever la température de l'eau. Leur application, notamment dans le calcul des températures des diverses parties d'un haut-fourneau, démontre qu'en effet ils sont trop élevés Dans cette hypothèse donc, cette chaleur de fusion pour kil. 3,615 étant (68) $3,615 \times 20 = 72°,30$ la valeur de x devient

$$x = \frac{974,250842925 - 72,30}{4338} = \frac{901,950842925}{4338} = 0,20791$$

d'où il suit que le coefficient d'accroissement de caloricité de la fonte par

100 degrés est $\dfrac{0,20791 - 0,12983}{\dfrac{1200}{100} - 1} = \dfrac{0,07808}{11} = 0,007$, ce qui paraît conforme

aux déductions tirées des nombres trouvés par Petit et Dulong, pour la caloricité du fer à diverses températures. C'est ce chiffre que j'adopterai dans les calculs qui vont suivre. Cependant il est observé que ce coefficient, obtenu sur de la fonte en fusion, dépasse probablement de quelque peu celui de la fonte à l'état solide que nous ne connaissons pas. Mais on peut reconnaître que cette erreur n'a qu'une importance faible et négligeable, en remarquant, que le coefficient moyen d'accroissement de caloricité par 100 degrés du fer d'après Petit et Dulong est de 0,0065 entre 0° et 350 degrés.

LXXVIII.

Calcul de vérification de l'expérience précédente.

Il était intéressant de contrôler l'exactitude de cette expérience par l'examen des réactions qui ont lieu dans le fourneau à manche, car il est évident que cette voie différente devait conduire au même résultat, si les données sont vraies. C'est en effet ce qui arrive.

Le cubilot sur la fonte duquel j'ai expérimenté a 4 mètres de hauteur du fond du creuset au gueulard. Sa forme intérieure est cylindrique et a 0ᵐ80, de diamètre. Il est à deux tuyères opposées, situées à 0ᵐ,50 au-dessus du fond et à partir de cette hauteur jusqu'au fond du creuset il subit une légère et graduelle réduction qui donne à cette partie intérieure la forme d'un tronc de cône renversé. Son ensemble consiste en une chemise intérieure de briques réfractaires contenue dans une chemise extérieure en tôle et en fonte.

Le gueulard est surmonté d'une cheminée en tôle qui l'enveloppe en ne laissant pour le service de la charge qu'une ouverture munie d'une porte que le chauffeur peut fermer lorsque la chaleur l'incommode. Cette cheminée et cette porte sont en outre destinées à prévenir les incendies lorsque le fourneau met hors. La déperdition de chaleur par le rayonnement autre que celui du gueulard peut être considéré comme insensible. La consommation de coke par tonne de fonte passée avait été, d'après le relevé des livres, pour quatre mois consécutifs de septembre 1865 à décembre, y compris les déchets et le coke nécessaire pour échauffer à la mise en feu, savoir :

pour septembre. Kil. 113,35⎫
pour octobre. — 110,71⎬ Soit par tonne de fonte une moyenne de kil.
pour novembre. — 110,91⎨111,11 de coke; soit par 100 kil. de fonte, kil.
pour décembre. — 109,47⎬11,111 de coke.
    Total kil.... 444,44⎭

Ce chiffre de consommation en bloc suffit au calcul du prix de revient pour connaître le bénéfice ou la perte; mais son adoption dans l'appréciation des phénomènes chimiques et physiques qui se passent dans le cubilot, induirait dans de graves erreurs. Sur cette consommation, $\dfrac{5}{12}$ avaient servi à échauffer le fourneau avant sa mise en marche et pour établir son régime, en sorte que la consommation réelle après son régime établi, et qui est celle qu'il importe de connaître ici, se réduisait à kil. 6,4815 par kil. 100 de fonte. A l'égard de ces $\frac{5}{12}$ il est à propos d'observer qu'ils ne représentent pas une proportion fixe toujours applicable soit au même cubilot, soit à d'autres cubilots de mêmes dimensions; mais résultent de la répartition de la quantité, à peu près fixe pour les cubilots semblables, dépensée à échauffer, sur la totalité du combustible consommé dans la tournée; en sorte que le chiffre proportionnel posé ici varie, nécessairement, avec la durée de cette tournée, toutes autres conditions étant égales, et bien que la quantité absolue du combustible d'échauffement, reste la même. Ainsi, par exemple, dans deux cubilots identiques qui auraient consommé chacun la même quantité de combustible d'échauffement mais dont l'un aura marché pendant un temps double de celui de l'autre, cette proportion de chaleur d'échauffement variera en sens inverse dans les deux fourneaux. Il y a donc intérêt, à conserver la mise en feu le plus longtemps possible.

Le coke contenait en moyenne 10 p. 100 de matières stériles et 8 p. 100 d'eau hygrométrique; d'où l'on voit que les kil. 6,4815 de consommation nette en coke lorsque le régime est établi correspondent à kil. 5,31483 de carbone effectif par 100 kil. de fonte passée. On ajoutait comme fondant 1,5 p. 100 du poids de la fonte d'un calcaire propre à faire de la chaux grasse ce qui introduisait dans les gaz kil. 0,66 d'acide carbonique contenant kil. 0,18 de carbone et kil. 0,48 d'oxygène. Le résultat en fonte coulée présentait un déchet de 5 à 6 p. 100 sur la fonte passée. Mais sur ce déchet, deux seulement, dont il y a à tenir compte, passaient dans le laitier pour former du silicate de protoxyde en absorbant kil. 0,571428 d'oxygène, le reste consistait en jets de coulée, ébarbures, grenailles etc. que l'on recueillait ultérieurement.

On voit donc que les produits solides pour 100 kil. de fonte traitée, se composaient en laitier de :

matières stériles du coke à 10 p. 100.	0,64815	
chaux de la castine	0,84	4,059578
protoxyde de fer.	2,571428	
en fonte.	98,00	

Total kil. 102,059578

Quant aux gaz, on peut douter (104) que les ressources du laboratoire eussent permis d'en trouver par l'analyse la composition exacte ; mais il est possible d'y suppléer d'une manière approximative suffisante par la considération des évolutions calorifiques. Ebelmen donne bien, il est vrai, page 381 et 382 vol. 2 de ses œuvres six analyses de gaz de deux cubilots dont la moyenne est p. 100 de gaz :

acide carbonique	11,674
oxyde de carbone	13,583
hydrogène.	0,875
azote.	73,868

Total. 100,000

Mais on ne peut rien conclure de ces analyses supposées exactes pour la composition des gaz dans le cas présent, en raison des différences considérables existant entre ces appareils et celui dont il est question ici. Le premier de ces cubilots avait $1^m,67$ de hauteur seulement et consommait kil. 19 de coke par kil. 60 de fonte ; le second avait $3^m,10$ de hauteur et consommait 18 à 20 kil. de coke par kil. 100 de fonte et les gaz dans le courant desquels l'antimoine fondait, s'enflammaient spontanément à l'air libre. Ebelmen en rapportant ces détails admet 600 degrés pour cette température au gueulard. On vient de voir que la consommation de coke à Fourchambault, une fois le régime établi, était comprise entre 5 et 6 p. 100 seulement du poids de la fonte. Ces conditions étaient les mêmes à la Pique où le coefficient d'échauffement était un peu plus élevé par des circonstances inhérentes au genre de mouleries de cette usine. Les gaz ne s'enflammaient pas au gueulard. A charge haute on y pouvait tenir la main sans être incommodé, et à charge basse, dans deux expériences successives faites avec un soin extrême, chacune pendant une durée de douze minutes d'une charge à l'autre, dans l'appareil d'expériences qui contenait en des compartiments séparés, de l'étain, du plomb, du zinc et de l'antimoine, l'étain seul a fondu complétement et le plomb n'a éprouvé qu'un commencement de fusion. Ainsi, la température maximum des gaz ne dépassait pas 330 degrés, mais la température moyenne n'atteignait pas à beaucoup près ce chiffre ainsi qu'on va le voir. Un papier allumé plongé dans le courant gazeux s'éteignait immédiatement, mais donnait lieu à une légère inflammation du courant gazeux qui durait quelques secondes et seulement dans la partie du courant en contact avec l'air extérieur.

Ce fait de ces flammes vacillantes, fugitives et sans permanence était d'abord la preuve certaine du défaut d'homogénéité de cette colonne gazeuse et de l'insuffisance des analyses qui ont pour but d'en déterminer la composition. Il était aussi la preuve qu'elle ne contenait point d'oxygène libre. Il y avait donc évidemment et nécessairement dans les cas cités par Ebelmen une plus grande conversion d'acide carbonique en oxyde de carbone que dans le cas qui m'occupe. Il est facile d'en apercevoir la raison dans la masse de fonte beaucoup plus considérable ici relativement au carbone, proportion gardée, arrivant avec un faible degré de température vers la région de la tuyère et produisant sur l'acide carbonique à mesure qu'il s'y formait et avec lequel elle se croisait, un refroidissement presque immédiat assez grand pour atténuer les affinités et par suite pour diminuer la quantité d'acide carbonique qui, sans cet obstacle, se serait converti en oxyde de carbone. Il est bon de remarquer que l'état d'agrégation du carbone dans le coke favorisait la résistance de l'acide carbonique à se décomposer, effet qui n'eut pas été obtenu avec du charbon de bois et à un degré moindre, avec du coke moins compacte et moins dur, tel par exemple que du coke de la fabrication du gaz.

Si maintenant l'on considère que le tronçon de la colonne gazeuse correspondant à une charge et dont il n'a que la moitié du poids, ainsi qu'on le verra plus loin, met douze minutes à s'écouler c'est-à-dire, exactement le temps du passage d'une charge, que par conséquent ce n'est que successivement que chacune de ces parties se trouve en contact avec la charge tout entière dont la température initiale est de 11°, 50 et qu'il en résulte une grande prédominance de la masse de celle-ci pour donner sa température aux gaz à mesure de leur affluence; que cet effet se trouve encore augmenté par la circonstance de l'eau hygrométrique à la température de 11°, 5 que la charge fournit au tronçon gazeux et par la chaleur latente que prend la vapeur qui se produit, on peut admettre sans erreur que les premières parties du tronçon gazeux qui atteignent la charge, prennent sa température de 11°, 50 et que cette température va en s'accroissant jusqu'à 330 degrés à mesure qu'affluent de l'intérieur du fourneau et au contact de la charge les autres parties du tronçon gazeux; en sorte que l'on peut regarder ce tronçon gazeux comme une colonne dont la longueur serait représentée par 12 minutes et dont la température d'une des extrémités serait 11°, 50 et la température de l'autre extrémité serait 330 degrés. Dans ces conditions la température moyenne du tronçon gazeux sera évidemment donnée par l'égalité $\frac{11,50 + 330}{2} = 170°, 75.$

C'est ce chiffre que j'adopterai dans ce qui va suivre. Mais il est entendu que ce chiffre moyen de température n'est que pour le cas du régime établi, car pendant la période d'échauffement un morceau de fer placé dans le courant gazeux du gueulard y rougit, ce qui suppose une température d'au moins cinq à six cents degrés et à la mise hors ce point est notablement dépassé.

Ceci expliqué, si l'on admet que dans l'oxydation du fer à différents degrés, la condensation de l'oxygène se fasse avec un dégagement de chaleur proportionnel à la quantité d'oxygène condensé, car ce gaz passe à l'état solide dans ces différents états d'oxydation, ce qui conduit à conclure, puisqu'un kilog. de fer pour produire FE^2O^3 a dégagé 1893° 51 (66), qu'un kilog. pour produire FEO dégagera 1262°, 34 et que deux kilog. par conséquent dégageront 2524°, 68; si pour simplification on attribue aux kilog. 4,059578 de laitier la même caloricité et la même chaleur de fusion qu'à la fonte, ce qui se peut sans erreur sensible, en raison de la faible quantité de laitier par rapport à la fonte d'abord, ensuite pour le peu de différence qui en résulte à de hautes températures, comme on peut s'en convaincre; si l'on remarque alors que puisque les kilog. 3,615 de fonte liquide avaient une quantité de chaleur de 974°, 250842925 (77), les kilog. 102,059578 en auront une quantité de 27505°, 2918105, nombre qui doit être un peu trop faible en raison de la perte due au rayonnement pendant les deux minutes d'expérience et dont il n'a pas été tenu compte, on arrive à reconnaître que le mode de combustion des kilog. 5,31483 de carbone par cent kilog. de fonte, qui correspond à très peu près à ces diverses conditions est celui par lequel la portion du carbone qui se brûle, se partagerait en deux parties égales pour faire de l'acide carbonique et de l'oxyde de carbone. Je raisonnerai d'abord dans cette hypothèse pour arriver ensuite à une approximation suffisante, parce que, ainsi qu'on en verra la preuve, outre qu'elle est très proche du fait vrai, elle fournit encore le moyen d'obtenir cette approximation.

En effet l'air était sec et frais et l'on pouvait admettre à la température trouvée de 11°, 50 un état hygrométrique de 3^{gr}, 50 de vapeur d'eau par mètre cube d'air injecté. A cette température un mètre cube d'air sans la vapeur pèsera kilog. 1,240824 (Regnault) (70) et contiendra :

en oxygène de l'air, kil. . . . . 0,2853895 ⎫ 0,2885006
en oxygène de la vapeur . . . . 0,0031111 ⎭
en azote 0,9554345
en hydrogène de la vapeur d'eau. 0,0003889
                    Total kil. 1,2443240

Les kil. 0,571428 d'oxygène absorbé par l'oxydation des kil. 2 de fer à la tuyère correspondront à 1 m. c. 980682 d'air, qui contiendra kil. 0,0007702872298 d'hydrogène et kil. 1,8924118617382 d'azote. Cet hydrogène prendra aux kil. 5,31483 de carbone net à dénaturer, kil. 0,0023108616894 pour se convertir en kil. 0,0030811489192 d'hydrogène protocarboné. Il se dégagera dans cette réaction 4°,96835263221, et le carbone net à brûler sera réduit à kil. 5,3125191383106, dont la moitié sera kil. 2,6562595691553. Ceci expliqué, les kil. 0,2885006 d'oxygène d'un mètre cube d'air prendront kil. 0,108187725 de carbone pour faire de l'acide carbonique, et les kil. 0,0003889 de l'hydrogène de la vapeur d'eau en prendront kil. 0,0011667 pour faire de l'hydrogène protocarboné, soit un total de kil. 0,109354425 de carbone pris par mètre cube d'air à 11°,5 de température et contenant 3^{gr},50 de vapeur d'eau. Divisant par cette quantité de carbone la moitié de celui qui doit être dénaturé devant la tuyère, le quotient exprime le nombre de mètres cubes d'air nécessaire dans ces conditions pour convertir avec son oxygène, y compris celui de la vapeur d'eau et avec l'hydrogène de la même vapeur, la moitié de carbone en acide carbonique et en protocarbure d'hydrogène.

L'égalité suivante exprime ce nombre de mètres cubes d'air,

$$\frac{2,6562595691553}{0,109354425} = 24^{mc},2903711409$$

Ces 24 m. c., 2903711409 contiendront en oxygène, y compris celui de la vapeur d'eau, 24,2903711409 × 0,2885006 = kil. 7,00778764881233454 et en hydrogène 24,2903711409 × 0,0003889 = kil. 0,00944652533669601. Les k. 7,00778764881233454 d'oxygène se combineront avec kil. 2,627920368304625452 de carbone pour faire kil. 9,6357080171169599925 d'acide carbonique en dégageant 21233°,596575901 et les kil. 0,00944652533669601 d'hydrogène se combineront avec le surplus du carbone, kil. 0,028339200850674547,5 pour faire kil. 0,0377857261873705575 d'hydrogène carboné en dégageant 60°,9318578410.

De même, par suite de la même hypothèse sur la combustion, les kil. 0,2885006 d'oxygène d'un mètre cube prendront kil. 0,216375450 de carbone pour se transformer en oxyde de carbone et l'hydrogène de la vapeur d'eau de ce mètre cube en prendra kil. 0,0011667 pour se changer en protocarbone d'hydrogène. Divisant la seconde moitié du carbone par la somme de ces deux quantités de carbone, le quotient exprime le nombre de mètres cubes d'air nécessaire dans ces conditions pour convertir avec son oxygène, y compris celui de sa vapeur d'eau, et avec l'hydrogène de cette même vapeur, l'autre moitié du carbone en oxyde de carbone et en protocarbure d'hydrogène. L'égalité suivante exprime ce nombre de mètres cubes d'air :

$$\frac{2,6562595691553}{0,21754215} = 12^{mc},21032139819$$

Il est à propos d'observer que cette production d'oxyde de carbone n'a pas lieu directement, mais qu'il y a d'abord sous le coup du vent, formation d'acide carbonique qui se convertit ultérieurement en oxyde de carbone en passant au travers du coke incandescent. Il m'a semblé inutile de répéter ici sur cette réaction les détails déjà exposés pour le fourneau (69).

Ces 12 m. c. 21032139819 contiendront en oxygène, y compris celui de la vapeur d'eau, 12,21032139819 $\times$ 0,2885006 $=$ kil. 3,522685049570653914, et en hydrogène, 12,21032139819 $\times$ 0,0003889 $=$ kil. 0,004748593991756091.

Les kilogr. 3,522685049570653914 d'oxygène se combineront avec kilogr. 2,6420137871779904355 de carbone pour faire kil. 6,1646988367486443495 d'oxyde de carbone en dégageant 6533c,7000956911307469915, et le surplus de carbone, kil. 0,0142457819773095645, se combinera avec les kil. 0,004748593991756091 d'hydrogène pour faire kil. 0,0189943759690656555 d'hydrogène protocarboné en dégageant 30c,6284312366.

Les kil. 0,66 d'acide carbonique de la castine absorberont 290c,04401943 pour se séparer de la chaux (67). La quantité totale de vapeur d'eau contenue dans les 38mc48137453909 d'air insufflé est, à raison de 3gr,50 par mètre cube, 38,48137453909 $\times$ 3,50 $=$ kil. 0,134684810886815. Cette vapeur renferme en hydrogène, 0,014964978987423 et absorbera, par sa décomposition, 0,014964978987423 $\times$ 34462. $=$ 515c,723105864571426 (Favre et Silbermann) et restituera pour sa chaleur latente de vaporisation, 0,134684810886815 $\times$ 606,5 $=$ 81c,6863378028532975 (Regnault), soit une quantité nette de chaleur absorbée 515c,723105864571426 — 81c,6863378028532975 $=$ 434c,0367680617181285. En récapitulant ce qui précède, on trouve que la composition des gaz par 100 kil. de fonte traitée sera :

en vapeur d'eau hygrométrique du coke à 8 pour 100
   sur kil. 6,4815. 0,51852

en acide carbonique, y compris les kil. 0,66 de celui
   de la castine. 10,2957080171169599925

en oxyde de carbone. 6,1646988367486443495

en hydrogène carboné. 0,059861251075636213

en azote pour les 38 m. c., 48137453909 d'air à
   0,9554345, l'un. 36,766432842068184605

Total en poids des gaz. . . . . . . kil. 53,8052209470094251600

soit un peu moins de moitié que le poids des matières correspondant qui est de kil. 107,9815.

Ils emporteront les quantités de chaleur suivantes :   calories

la vapeur d'eau, 0,51852 (606,5 $+$ 0,305 $\times$ 170,75). $=$ 343,052832

l'acide carbonique 10,2957080171169599925 $\times$ 0,2164 $\times$ 170,75 $=$ 380,4294999448

l'oxyde de carbone 6,1646988367486443495 $\times$ 0,2479 $\times$ 170,75 $=$ 260,9450747083

l'hydrogène carboné 0,059861251075636213 $\times$ 0,5929 $\times$ 170,75 $=$ 6,0602138814

l'azote 36,766432842068184605 $\times$ 0,2440 $\times$ 170,75 $=$ 1531,7998914990

Total de la chaleur emportée par les gaz. 2522,2875120335

La chaleur de la vapeur d'eau se compose de la chaleur latente et de la chaleur sensible et elle a été calculée au moyen de la formule C$=$A$+$BT donnée par M. Regnault et déjà précédemment appliquée (64 et 66).

Enfin la quantité de chaleur pour la température initiale de 11°,5 des matières sera donnée par les relations suivantes, le poids du mètre cube d'air à 11°,50 étant avec sa vapeur hygrométrique kil. 1,244324 (70), sa caloricité 0,2377, celle de la fonte 0,12983, et celle du coke et de la castine, 0,20085 sans distinction, vu la petite quantité de la castine et la faible différence de sa caloricité d'avec celle du coke (Regnault).

calories.

pour l'air 38,48137453909 × 1,244324 × 0,2377 × 11,5 . . . = 130,8913889526

pour la fonte 100 × 0,12983 × 11,5. . . . . = 149,3045

pour la castine et le coke 7,9815 × 0,20085 × 11,5 . . . . . = 18,4354691625

Total de la chaleur de température initiale des matières. . 298,6313581451

On peut maintenant mettre en regard la chaleur générée ou fournie et la chaleur dépensée par 100 kil. de fonte traitée. On aura donc :

Chaleur générée :	calories	*Chaleur dépensée :*	calories
kil. 2 de fer transformé en protoxyde à la tuyère. . .	2524,68	chaleur sensible et chaleur de fusion de la fonte et des laitiers pour kil. 102,059578	27505,29
kil. 2,6279203683046254525 de carbone transformé en acide carbonique à la tuyère	21233,59	chaleur nette absorbée par la décomposition de kilog. 0,134345571388 de vapeur d'eau introduite par la tuyère.	434,03
kil. 2,6420137871779904355 de carbone transformé en oxyde de carbone	6533,70		
kil. 0,0448958445173841120 de carbone transformé en hy-drogène carboné.	96,52	chaleur absorbée par la dé-composition de kil. 1,50 de carbonate de chaux	290,04
chaleur sensible intiale des matières	298,63	chaleur emportée par les gaz.	2522,28
Total de la chaleur générée. .	30687,12	Total de la chaleur dépensée.	30751,64

La composition de ces deux colonnes révèle un excès de 64 c. 52 de la chaleur dépensée sur la chaleur générée, résultat évidemment impossible; d'où il suit que l'hypothèse du partage du carbone en deux parties égales pour faire de l'acide carbonique et de l'oxyde de carbone, s'éloignerait un peu de la vérité, étant supposées exactes toutes les autres données qui servent de bases à ces calculs. En d'autres termes, il y aurait au moins dans la proportion du déficit, un peu moins d'acide carbonique décomposé et partant un peu moins d'oxyde de carbone formé, ce qui augmenterait d'autant la chaleur disponible et rétablirait l'équilibre entre la quantité produite et la quantité dépensée. On voit que l'hypothèse admise ici reste en deçà du fait et est moins favorable que lui ; l'hypothèse contraire et distante du fait vrai d'un écart égal, eut conduit à une conclusion identique mais en sens inverse, en sorte que les signes + et — eussent pu marquer ces différences. Pour être bien convaincu de l'exactitude de ce raisonnement, il suffit de remarquer, que les réactions absorbant toujours des quantités fixes et invariables de chaleur, les variations ne pouvaient porter que sur la température mobile des gaz du gueulard. Dans le premier cas le déficit trouvé, pour que l'équilibre eût pu se rétablir, eût diminué d'autant cette température, dans le second cas l'excédant l'eût augmentée de cette même quantité. Il faut donc nécessairement, puisque la température des gaz du gueulard est un fait d'observation, que ce soit l'hypothèse qui se ploie au fait qui la rectifie et non le fait à l'hypothèse qui le fausserait.

Cependant, cette erreur complétement insignifiante et négligeable dans l'application pratique, puisque d'ailleurs elle reste en deçà du fait, s'accroît encore néanmoins de la perte inconnue due au rayonnement, si faible qu'on l'admette, des parois du fourneau. En donnant une faible valeur à ce rayonnement qui est en effet à peu près nul, la chaleur totale se trouverait ainsi fixée et le calcul permettrait alors d'atteindre les limites pour ainsi dire mathématiques des mouvements calorifiques produits et par conséquent des transformations du carbone en acide carbonique et en oxyde de carbone desquelles naissent ces mouvements, en un mot de déterminer exactement les amplitudes respectives et corrélatives des réactions accomplies. On peut reconnaître déjà, et dès à présent, la concordance parfaite qui existe entre les faits de l'expérience de Fourchambault et les considérations théoriques sur les phénomènes qui s'opèrent dans le fourneau à manche et qui viennent d'être exposées. Il est douteux que l'analyse des gaz de laquelle toutefois je n'entends point nier la valeur, s'il était possible de la faire dans des conditions convenables, eût pu conduire à un degré de précision aussi grand que celui qui vient d'être trouvé et, en tous cas, cette analyse n'eût point dispensé de l'appréciation à laquelle je viens de procéder. Mais on va voir que l'on peut encore, et sans avoir recours à aucune fixation arbitraire de la chaleur rayonnée, pousser plus loin la certitude au moyen d'une contre-épreuve fort simple qui permettra en même temps de noter, en passant, quelques points intéressants du sujet et qui mériteraient à ce titre au moins une brève mention. En effet les résultats qui viennent d'être trouvés prouvent d'abord que la quantité théorique de carbone nécessaire pour fondre kil. 102, 059578 de fonte et de laitier est de kil. 3, 40412 correspondant dans le cas présent à kil. 4, 15136 de coke ; ensuite que le coefficient d'application pratique de ce chiffre théorique est dans l'hypothèse actuelle, de 3246°36 qui correspondent à kil. 0,401778 de carbone représentant kil. 0, 489973 de coke ce qui fait pour les kil. 100 de fonte passé avec kil. 1,50 de castine une quantité totale de carbone de kil. 3,805898 représentant kil. 4, 640666 de coke, indépendamment de la chaleur perdue pour chauffer. Ce chiffre, puisqu'on a vu et dans ce même paragraphe, que la consommation normale à partir du régime établi était de kil. 5, 31483 de carbone par kil. 100 de fonte passée, conduit à conclure que tout ce carbone n'est pas brûlé et que la quantité qui échappe à la combustion est 5, 31483 — 3, 805898 = 1, 508932. La quantité de chaleur dégagée par la combustion complète de cette différence est, 1, 508932 × 8080 = 12192° 17056.

Mais on se tromperait, si l'on regardait ce chiffre de chaleur comme le total de toute celle qui reste à consommer du traitement des kil. 100 de fonte.

Il suffit pour s'en assurer, d'observer que dans la quantité de chaleur générée il se trouve en chaleur non fournie par le carbone, qui doit par conséquent en avoir conservé l'équivalent dans les gaz combustibles :

1° 2524°,68 de la combustion de kil. 2 de fer ; 2° 96°,52 de la formation d'hydrogène carboné ; 3° 298°,63 de la chaleur sensible initiale des matières ; ensuite qu'une partie de la chaleur dépensée a servi à rendre libre par la décomposition de la vapeur d'eau, kil. 0,014964978987423 d'hydrogène qui enrichit d'autant les gaz combustibles du gueulard. Il a été compté en chaleur absorbée par cette décomposition 515°,72 qui seront exactement restituées par la combustion de l'hydrogène moins les 96°,52 déjà comptées pour la combinaison de cet hydrogène avec le carbone, soit une différence nette de

$419^c,20$ formant le surplus du contingent en puissance calorifique de l'hydrogène dans les gaz combustibles du gueulard.

En récapitulant donc ces divers quantités de chaleur, on aura :

chaleur due à la combustion de 2 kil. de fer. . . . . $2524^c,68$

chaleur due à la formation de l'hydrogène carboné. . . . . . . $96, 52$

chaleur sensible initiale des matières. . . . . $298, 63$

surplus de la puissance calorifique de l'hydrogène dans l'hydrogène carboné. . . . . $419, 20$

Total. . . . . $3339^c,03$

lesquelles ajoutées aux $12192^c,17056$ ci-dessus, forment un total de $15531^c,20$ représentant rigoureusement toujours dans l'hypothèse posée, la puissance calorifique des gaz au gueulard par 100 kil. de fonte traitée. Or, l'oxyde de carbone des gaz combustibles calculé dans cette même hypothèse du partage en parties égales du carbone pour faire de l'acide carbonique et de l'oxyde de carbone, donnerait par sa combustion :

$6,1646988367486443495 \times 2403$. . . . . $= 14813^c,7713047069923718485$

l'hydrogène carboné calculé dans la même hypothèse donnerait $0,059861251075636213 \times 13063 = 781, 967522801035850419$

Total. . . . . $15595^c,7388275080282222675$

soit un excès de puissance calorifique des gaz au gueulard sur leur puissance réelle de 64^c53, égal à la quantité déjà trouvée par la première méthode et correspondant à $7^{gr}9$ de carbone transformé en acide carbonique.

Ainsi l'on est arrivé par une autre voie à reconnaître et à circonscrire l'inexactitude de la donnée relative à la répartition du carbone en acide carbonique et en oxyde de carbone et l'amplitude maximum de l'erreur est fixée de nouveau par le résultat qui vient d'être trouvé. Pour faire disparaître cette erreur, il ne s'agit que de restituer par une répartition appropriée, à la portion du carbone qui reste convertie en acide carbonique et aux dépens d'autant de celle qui se transforme en oxyde de carbone, la faible quantité de carbone nécessaire pour faire équilibre aux $64^c, 53$ d'excédant et satisfaire aux modifications légères qui en seraient la conséquence dans les chiffres des trois tableaux qui viennent d'être établis.

Il était sans intérêt d'entrer dans les calculs nouveaux et assez longs que cette rectification eût exigés ; mais je dois faire remarquer que la puissance calorifique des gaz au gueulard en éprouve une diminution corrélative, très-faible, il est vrai, qui prouve que l'hypothèse est moins avantageuse que le fait lui-même et que les conclusions valent a fortiori.

Cependant cet écart de puissance calorifique des gaz entre le fait et l'hypothèse ne peut encore être considéré que comme un minimum, car en réalité, il s'élargit de toute la quantité inconnue de chaleur enlevée par le rayonnement que j'ai supposé nul, mais qui, quelque faible qu'on le suppose et quelques précautions que l'on prenne pour l'atténuer, ne sera jamais entièrement nul. Il faut donc, pour satisfaire à cette consommation non comptée du rayonnement, qu'il y ait une quantité correspondante d'acide carbonique qui ne soit point transformée en oxyde de carbone, c'est-à-dire, en d'autres termes que la conclusion de ce qui précède, est qu'aux fourneaux à manche des fonderies de Fourchambault et de la Pique, le régime étant supposé établi, plus de la moitié du combustible employé se trouvait convertie en acide carbonique et le reste en oxyde de carbone, sauf la petite quantité absorbée par l'hydrogène provenant de la décomposition de la vapeur d'eau introduite avec l'air par la tuyère. Mais en restant dans l'hypothèse adoptée de partage par moitié en acide carbonique et en oxyde de carbone du combustible consommé à partir du régime établi, on voit que dans ces usines, que l'on peut citer comme offrant le type d'un bon travail, il y avait pour 100 kil. de fonte passée au cubilot, avec un déchet de 2 pour 100 sur la fonte, avec l'emploi de kil. 1,50 de castine pour faire des silicates fusibles avec les impuretés argilo-siliceuses du coke, savoir :

1º Kil. 6,4815 de coke consommé correspondant à kil. 5,31483   calories.
de carbone dont la puissance calorifique est 5,31483 × 8080 . . = 42943,8264

2º Une production de chaleur par l'oxydation des kil. 2 de fer à ajouter à la précédente.   2524,68

3º Pareillement pour la formation d'hydrogène protocarboné. .   96,52

4º A ajouter le surplus du contingent de puissance calorifique de cet hydrogène carboné   419,20

5º A ajouter encore la chaleur sensible initiale des matières . . .   298,63

Total de la puissance calorifique entière dépensée dans le traite-

ment de kil. 100 de fonte.   46282,8564

Cette chaleur se répartit comme suit :

Chaleur théorique nécessaire à la fusion de la fonte et du laitier représentant 64,05 p. 100 du coke employé   27505,29

Coefficient pratique de cette chaleur théorique dans lequel est comprise la chaleur absorbée par la décomposition de la vapeur d'eau et qui se retrouve dans la puissance calorifique des gaz. (Ce coefficient pratique correspond à 7,5 p. 100 du coke employé). . . .   3246,35

Puissance calorifique de l'oxyde de carbone 14813º,77

Puissance calorifique de l'hydrogène carboné. . . .   781,96

Total de la puissance calorifique des gaz au gueu-
ard, correspondant à 36,3 p. 100 du coke employé. 15595º,73 ci 15595,73

Total.   46347,37

qui dépasse la chaleur disponible de la faible différence de 64,53 calories déjà signalées.

Les chiffres qui viennent d'être trouvés montrent que la puissance calorifique des gaz combustibles perdus par le gueulard du fourneau à manche, dans l'hypothèse posée de l'égal partage du combustible en acide carbonique et en oxyde de carbone, dépasse de quelque peu le tiers de toute la chaleur développée par la combustion complète de tout le combustible employé, augmentée de celle générée par l'oxydation des deux kilog. de fer pour cent de fonte traitée et par les autres réactions nécessaires, ainsi que de la chaleur sensible des matières. Mais comme ce rapport serait légèrement affaibli comme il vient d'être observé, 1º par la faible différence trouvée de 64º, 53 entre le mode hypothétique et le mode réel de combustion; 2º par le rayonnement dont il n'a pas été tenu compte dans le calcul précédent, on peut considérer le chiffre de $\frac{1}{3}$ comme son expression suffisamment exacte dans la pratique pour des cubilots fonctionnant dans les conditions de ceux de la fonderie de Fourchambault. Je remets à son lieu, c'est-à-dire à l'examen général de la question des économies réalisables de combustible, à parler de celles que l'on peut, d'après la discussion qu'on vient de voir, se promettre dans le fourneau à manche.

Le faible chiffre de kilog. 3,40412 de carbone qui a été trouvé pour la quantité théorique nécessaire à la fusion de 100 kilog. de fonte et de 2 kilog. de matières stériles, explique l'importance des effets calorifiques produits par la combustion du carbone de la fonte dans le traitement de cette dernière pour la réduire en fer ou en acier. Ce carbone de la fonte qui, le plus souvent, est presque égal en poids à celui requis par la fusion, brûle lorsque déjà la fonte est amenée à l'état de fusion et lorsque, par conséquent, l'effet utile de cette combustion peut contribuer de la manière la plus profitable à procurer la haute température exigée par le résultat qu'on se propose. C'est surtout dans le procédé anglais Bessemer pour la conversion de la fonte en acier que cet effet est mis en évidence et trouve une application importante.

LXXIX.

Expériences au haut-fourneau de Bizy. Détermination du coefficient d'accroissement de caloricité des laitiers.

2me expérience de fonte.

FONTE DU HAUT-FOURNEAU DE BIZY.

Le fourneau marchait à l'air froid et son allure était très régulière.

Données :

Quantité d'eau pour l'expérience. . . . . litres	40,2135
poids de l'eau. . . . . kilog.	40,2135
température de l'eau avant l'immersion de la fonte.	20°
poids de la fonte immergée. . . . . kilog.	1,596
poids de la chaudière en fonte ayant servi à l'expérience. . . . . id.	18,415

La fonte avait une nuance beaucoup plus claire et paraissait beaucoup plus chaude que celle de Fourchambault. Le creuset était aux $_2/^3$ plein, il y avait six heures que la dernière coulée était faite et la fonte fut puisée dans le devant du creuset en dehors du fourneau et près de la dame dans une poche en fer, lutée d'argile, préalablement chauffée et qui, ainsi préparée, pouvait peser huit kil. environ. La chaudière de l'expérience était près le fourneau, mais protégée contre le rayonnement. L'opération conduite rapidement dura deux minutes compris le temps nécessaire à l'établissement de l'équilibre de température. J'eus soin de remuer la fonte dans l'eau immédiatement après son immersion pour déterminer plus rapidement cet équilibre, empêcher la fonte de céder à la chaudière par une trop longue station sur un même point une trop grande quantité de chaleur et prévenir ainsi le rayonnement qui en serait résulté.

On tire des nombres ci-dessus :

quantité de chaleur cédée à l'eau par la fonte $40,2135 \times 12,75 = 512°,722125$

— — à la chaudière — $12,75 \times 18,415 \times 0,12983 = 30,4829479875$

— — conservée par la fonte $1,596 \times 20 \times 0,12983 = 4,1441736$

Total de la chaleur de la fonte. . . . . $547°,3492465875$

déduisant la chaleur latente de fusion $1,596 \times 20$ (68). . . . $= \overline{\quad 31,92 \quad}$

reste net pour la chaleur de température de la fonte. . . . . $\overline{515°,4292465875}$

Tout d'abord on voit que la température de la fonte du haut-fourneau de Bizy était plus élevée que celle du fourneau à manche de Fourchambault, puisque de l'égalité $\dfrac{3,615}{901,950842925} = \dfrac{1,596}{x}$ dans laquelle x représente la quantité de chaleur nécessaire pour donner à la fonte expérimentée à Bizy la température de celle de Fourchambault on tire $x = 398°,2056833497$ ce qui fait une différence de $117°,2235632378$ que les kilog, 1,596 de fonte de Bizy possèdent en excès sur la même quantité de fonte de Fourchambault.

Les développements qui précèdent pouvaient faire prévoir ce résultat qui d'ailleurs, et en outre, était apparent à l'aspect même des fontes. Les faits mis en évidence par cette discussion permettent de déterminer à quelle température correspond cet excès de chaleur, en supposant aux fontes comparées la même caloricité ce qui, probablement, n'est ni vrai ni faux d'une manière absolue.

En effet soit x cette température cherchée, la caloricité C à cette température x puisque 0,007 est son coefficient d'accroissement par cent degrés (77), sera $\left(0,12983 + 0,007 \left(\dfrac{x}{100} - 1\right)\right)$. En substituant dans l'équation de la chaleur $Q = MCT$ dans laquelle Q est la quantité de chaleur sensible du corps, M son poids, C sa caloricité, T sa température, les valeurs fournies par le cas présent, c'est-à-dire, en faisant :

$Q = 515°,4292465875$

$M = \quad 1,596$

$C = \quad 0,12983 + 0,007 \left(\dfrac{x}{100} - 1\right)$

$T = \quad X$

On aura $515,4292465875 = 1,596 \left(0,12983 + 0,007 \left(\dfrac{x}{100} - 1\right)\right)$ x

Donnant à cette équation la forme ordinaire elle devient :

$$x^2 \times 0,00011172 + x \times 0,1960366 - 51542,92465875 = 0.$$

Les calculs de sa résolution conduisent à $x = 1442°,844$.

Ce résultat est plus faible que celui qui sera calculé pour la température de la fonte à son entrée dans le creuset ; néanmoins on le trouvera parfaitement concluant si l'on considère, 1° que d'une part la poche qui servit à puiser était à une température très-peu élevée relativement à celle de la fonte expérimentée, tandis que, d'autre part, la masse de cette poche était considérable comparativement à la quantité de fonte puisée, et a dû pour ce double motif enlever à cette dernière une quantité notable de chaleur, qu'enfin le rayonnement pendant le cours de l'opération, si faible qu'on le suppose a dû produire aussi un léger effet, qu'ainsi ces trois causes ont agi dans le même sens pour diminuer la chaleur cherchée; 2° que la fonte avait déjà six heures de séjour dans le creuset et avait dû subir par le rayonnement, surtout dans cette partie qui se trouvait hors du fourneau, une perte d'autant plus appréciable que la faible caloricité de la fonte rend sa température plus sensible aux mouvements calorifiques. La perte due au rayonnement dans le creuset est évidemment la plus importante de ces causes de déperdition de chaleur et elle est une réponse sans réplique à ceux qui pensent que l'on pourrait supprimer le creuset dans le haut-fourneau.

3e expérience de fonte.

Même haut-fourneau.

Cette expérience a été faite immédiatement après celle qui vient d'être rapportée et dans des conditions identiques. Je me borne donc à en présenter les données et les résultats.

Données — quantité d'eau pour l'expérience. . . . . 40 litres
poids de l'eau. . . . . Kilo. 40,4098
température de l'eau avant l'immersion de la fonte. . . . . 7°25
température de l'eau après l'immersion de la fonte. . . . . 19°
poids de la fonte immergée. . . . . Kilo. 1,505
poids de la chaudière d'expérience. . . . . » 18,415

On tire de ces nombres :
quantité de chaleur cédée à l'eau par la fonte $11,75 \times 40,4098 = 474°,81515$
$\quad$ D° $\quad$ à la chaudière $\quad$ D° $\quad 11,75 \times 18,415 \times 0,12983 = 28,0921285375$
$\quad$ D°. $\quad$ conservée par la fonte $19 \times 1,505 \times 0,12983 = 3,71248885$
$\qquad\qquad$ Total de la chaleur de la fonte. . . $506°,6197673875$
déduisant la chaleur latente de fusion $1,505 \times 20$. . . . . . $30,1$
reste net pour la chaleur de température de la fonte $\quad 476,5197673875$

Comme dans le cas précédent l'égalité $\dfrac{3,615}{901,950842925} = \dfrac{1,505}{x}$

donne $x = 375°,5$ qui représentent la chaleur dont est pourvu un poids égal de fonte du fourneau à manche de Fourchambault, ce qui fait dans ce cas un excès de 101 calories de la fonte de Bizy sur celle de Fourchambault pour ce poids. Ce nombre est, proportion gardée, plus faible de 9 calories que celui de 117 trouvé dans l'expérience précédente. Cette circonstance tient vraisemblablement à ce que au moment de verser la fonte qui était en petite quantité dans la poche, on se servit d'un ringard froid pour écarter le laitier qui la couvrait, ce qui dut produire un refroidissement qui cause cette différence.

En faisant dans l'équation de la chaleur
$Q = 476°,5197673875$
$M = 1,505$
$C = 0,12983 + 0,007 \left(\dfrac{x}{100} - 1 \right)$
$T = x$

on a $476,5197673875 = 1,505 \left(0,12983 + 0,007 (\dfrac{x}{100} - 1) \right) x$
d'où $x^2 \times 0,00010535 + x \times 0,18485915 - 47651,97673875 = 0$
d'où $x = 1423°,286$

Ce résultat ne motive pas d'observations nouvelles après celles qui ont déjà été présentées pour le précédent que j'adopterai dans les calculs de la caloricité des laitiers.

13

1° expérience des laitiers.

Même haut-fourneau.

Les deux expériences qui suivent ont été faites le même jour et immédiatement à la suite de celles qui précèdent. J'ai dit que l'allure du fourneau était parfaitement régulière, le laitier était vitreux, très-liquide, translucide et légèrement violacé par transparence, ce qui accusait la présence du manganèse.

Données :

quantité d'eau pour l'expérience. . . . . 40 litres
poids de l'eau . . . . kil. 40,3116
température de l'eau avant l'immersion du laitier . . . . 7°,25
température de l'eau après l'immersion du laitier. . . . . 17°
poids du laitier immergé . . . . kil. 1,1237
poids de la chaudière d'expérience. . . . . , ... kil. 18,415
caloricité du laitier, prise égale à celle du verre, donnée par Petit et
Dulong.. 0,1770
calorique latent de fusion (hypothèse déduite des indications de
Person, sur les chaleurs de fusion). . . . . 40°
température du laitier. . . . . 1442°,844

On tire de ces chiffres :   calories
chaleur cédée à l'eau par le laitier $9,75 \times 40,3116$. . . . . . = 393,0381
chaleur cédée à la chaudière par le laitier $9,75 \times 18,415$
$\times 0,12983$. . . . . = 23,3104896375
chaleur retenue par le laitier $1,1237 \times 0,1770 \times 17$. . . . . = 3,3812133
Chaleur totale du laitier. 419,7298029375
à déduire chaleur latente de fusion $1,1237 \times 40$. 44,948
Chaleur sensible nette du laitier. 374,7818029375

Si maintenant dans l'équation de la chaleur, on fait :

$Q = 374^c,7818029375$

$M = 1,1237$

$T = 1442°,844$

$C = x$ la caloricité du laitier à cette température.

On a :

$$x = \frac{374,7818029375}{1,1237 \times 1442,844} = \frac{374,7818029375}{1621,3337928} = 0,231156$$

d'où l'on voit que le coefficient d'accroissement de caloricité des laitiers par 100 degrés, serait : $\dfrac{0,231156 - 0,1770}{\dfrac{1442,844}{100} - 1} = 0,00403$

2° expérience des laitiers.

Quantité d'eau pour l'expérience. . . . . 40 litres
poids de l'eau. . . . . , ... , . . kil. 40,2135
température de l'eau avant l'immersion du laitier . . . . 7°,25
température de l'eau après l'immersion du laitier. . . . . 20°
poids du laitier immergé. . . . . kil. 1,4276

poids de la chaudière d'expérience . . . . kil. 18,415
caloricité du laitier 0,1770
calorique latent de fusion. 40
température du laitier. 1442,844

On tire de ces chiffres : calories

chaleur cédée à l'eau par le laitier $12{,}75 \times 40{,}2135$ . . . . . = 512,722125

chaleur cédée à la chaudière par le laitier $12{,}75 \times 18{,}415$
$\times$ 0,12983 . . . . = 30,4829479875

chaleur retenue par le laitier $1{,}4276 \times 0{,}1770 \times 20$ . . . . . = 5,053704

Chaleur totale du laitier 548,2587769875

à déduire chaleur latente de fusion du laitier $1{,}4276 \times 40$. . . 57,104

Chaleur sensible nette du laitier. 491,1547769875

On tire de même pour la valeur de x

$$x = \frac{491{,}1547769875}{1{,}4276 \times 1442{,}844} = \frac{491{,}1547769875}{2059{,}8040944} = 0{,}238447$$

d'où l'on voit que le coefficient d'accroissement de caloricité serait dans ce cas

$$\frac{0{,}238447 - 0{,}1770}{\dfrac{1442{.}884}{100} - 1} = \frac{0{,}061447}{13{,}42884} = 0{,}00457$$

La moyenne entre les deux coefficients d'accroissement de caloricité qui viennent d'être trouvés est 0,00430.

Ce chiffre est au-dessous du chiffre réel pour trois causes dont il fut facile de comprendre et d'apercevoir les effets sans pouvoir en mesurer l'intensité.

Le premier fut le dégagement dans l'une et l'autre expérience d'une quantité notable d'hydrogène provenant de l'eau décomposée par l'immersion du laitier incandescent et qui dut enlever une quantité correspondante de chaleur à l'état latent; la deuxième fut l'emploi pour puiser, d'une poche de fer revêtu d'argile non suffisamment échauffée et dont la masse, par rapport à la petite quantité de laitier contenue, dut causer un refroidissement notable au laitier soumis à l'expérience; la troisième, enfin, résultait de ce que le laitier, en raison de sa pesanteur spécifique moindre que celle de la fonte, surnageait dans le bain métallique et bien que recouvert d'une couche de poussière de charbon pour le protéger contre le refroidissement, devait être, par suite du rayonnement, à une température inférieure à celle de la fonte qui lui fut attribuée. Par ces motifs j'ai cru devoir adopter pour coefficient d'accroissement du laitier par cent degrés le chiffre 0,0065 qui est celui qu'on déduit pour le verre des expériences de Petit et Dulong, comme j'ai adopté pour le laitier lui-même le chiffre de caloricité de 0,1770 fourni par les mêmes auteurs pour le verre.

Mais il est observé qu'il sera fait usage pour la caloricité des matières de la moyenne 0,20016 entre celles de leurs composants (73) quand elles ne seront pas fondues.

LXXX.

Détermination des températures de la charge à toutes ses positions.
Généralités.

Les expériences qui précèdent en fixant les données relatives aux caloricités de la fonte et des laitiers ainsi qu'aux lois des variations de ces caloricités suivant les diverses températures, permettent de reprendre la question de la répartition de la quantité de chaleur dont le chiffre total a été déterminé (73) entre la fonte et les laitiers à leur sortie du fourneau et la portion de rayonnement se rapportant à une charge et accomplie durant le cours du passage de cette charge. Mais cette répartition, bien qu'elle achève et termine l'emploi de toute la chaleur générée dans le traitement d'une charge, n'est manifestement qu'un détail de la question générchaleursale des de la charge à ses diverses positions dans le fourneau, ainsi que des températures, des modifications et des transformations qui en résultent à chacune de ces hauteurs. Il y avait donc opportunité à aborder le sujet dans son entier, à comprendre toutes ses parties dans une discussion unique pour en mieux dissiper toutes les obscurités et rendre claire la filiation et la liaison des phénomènes entre eux, de manière enfin à présenter un ensemble complet dans le cadre duquel le cas particulier que j'ai à traiter trouvera naturellement sa place.

Il suit de ce qui a été dit :

1° Sur l'abandon de chaleur par la colonne gazeuse aux charges à son croisement avec elles dans le fourneau (70 bis et 71) ;

2° Sur la chaleur absorbée par les réactions que subissent les charges dans leur descente à la tuyère et sur les températures auxquelles ces réactions ont lieu (64, 65, 66, 67, et 68) ;

3° Sur la production de chaleur et de gaz, par le fait de la combustion du carbone à la tuyère (70) ;

4° Sur la température qui résulte de cette chaleur pour le tronçon gazeux né de cette combustion (70) ;

5° Sur les caloricités des matières de la charge aux diverses températures, en supposant connue la capacité de chacune des parties du fourneau, en admettant certaines corrections qui seront reconnues exactes (81) pour le retrait des charges dans leur descente et sous l'influence de la chaleur (75, 76, 77, 78 et 79), qu'il sera possible, malgré l'incertitude de plusieurs de ces données, de déterminer avec une approximation suffisante, la température de chacune des charges du fourneau, ou ce qui est la même chose, d'une charge à chacune de ses positions; le rang qu'occupera une charge dans la série au moment où se produira la réaction que l'on aura à considérer; enfin les hauteurs dans le fourneau auxquelles ces charges, ces températures et ces réactions correspondront.

L'examen de ces divers points en même temps qu'il complètera la théorie du haut-fourneau, apportera à cette théorie par les résultats qui vont être mis en lumière, la confirmation la plus éclatante, la preuve la plus efficace que l'on puisse désirer de la certitude des principes sur lesquels elle repose.

Il est nécessaire pour cela de recourir à une hypothèse analogue à celle admise (70) à l'occasion de la recherche de la répartition de la chaleur à la tuyère. Je supposerai donc d'abord que chaque charge possède sa température propre, égale dans toutes ses parties, limitée à cette charge seulement et sans transgression de l'une sur l'autre; ensuite que les mouvements calorifiques et chimiques ont lieu dans une position quelconque simultanément pour toutes les parties considérées de la charge. En fait ces limites nettes et tranchées de température et cette simultanéité dans les modifications calorifiques et chimiques de toutes les parties d'une charge n'existent pas; car il est évident au contraire que tous ces phénomènes se produisent sans intermittence et d'une manière successive, progressive et continue. Mais le but de cette hypothèse, qui ne présente aucun inconvénient pour le fond de la question, est, comme pour l'étude des réactions de la tuyère, d'en faciliter l'explication. J'ai été conduit à l'adoption de cette hypothèse par la méthode choisie d'investigations, qui consiste à considérer chaque charge isolément et indépendamment de la précédente et de la suivante. Cette méthode elle-même découlait logiquement des motifs suivants : Si l'on suppose le fourneau en marche régulière et plein de ses vingt charges, il est évident que la descente d'une charge de la première position qui est celle du gueulard à la seconde position, correspond à dix-neuf évolutions semblables et accomplies dans le même temps qui est trente-six minutes des dix-neuf autres charges, que par conséquent, durant chaque période de trente-six minutes, toutes les phases du traitement d'une charge s'accomplissent en se répartissant comme on voit sur les vingt charges. Il y avait donc, par la marche même de l'appareil, une division naturellement indiquée dans l'étude des phénomènes qui s'y opèrent et il ne s'agissait que de considérer les faits survenus dans chacune des vingt charges pendant une période de trente-six minutes, ou ce qui est la même chose de suivre une charge, soit en descendant, soit en remontant dans ses vingt évolutions successives. C'est ce dernier mode que j'ai cru devoir préférer, parce que, d'abord, j'avais suivi l'étude des réactions dans l'ordre inverse, et qu'ensuite il était intéressant de partir de la génération de la chaleur pour suivre la distribution de cette dernière dans les phases successives de la charge, par un tronçon de la colonne gazeuse né du traitement d'une charge.

Tous les résultats fournis par le calcul dans les différentes parties de cette question, ont été réunis en colonnes distinctes et par nature de faits dans leur ordre de succession, avec indications corrélatives dans un tableau où elles sont en outre associées à une coupe proportionnelle verticale du fourneau et suivant son axe. J'ai divisé cette coupe en vingt sections représentant chacune l'épaisseur et la place d'une charge. Chacune de ces sections est traversée par une diagonale aux extrémités de laquelle se trouve inscrit le même chiffre de température. Celui inférieur indique la température de la charge croisée par le tronçon gazeux, celui supérieur indique la température du tronçon gazeux croisé par la charge. Le but de cette disposition est de représenter le mouvement de bascule qui s'est opéré entre la charge et le tronçon gazeux, mouvement, d'ailleurs indiqué dans la figure par deux flèches dirigées en sens contraire. Enfin il est observé que ces résultats sont en partie fondés sur des chiffres de caloricités dans lesquels l'état actuel de nos connaissances force d'accorder une certaine part à l'hypothèse, mais que les corrections qui pourraient introduire dans quelques-uns de ces chiffres de nouvelles recherches sur ces caloricités et sur leurs lois, ne préjudicieraient en rien à la sûreté et à l'efficacité de la méthode suivie, non plus qu'à la vérité des principes qui lui servent de fondement.

On a vu (70) que la quantité de chaleur que possède un tronçon de la colonne gazeuse né d'une charge, et qui détermine sa température au moment fictif où son acide carbonique vient d'être changé en oxyde de carbone et où il va commencer sa marche ascensionnelle vers le gueulard, en se croisant avec la

19ᵉ charge qui va devenir la 20ᵉ et dernière et remplacer à la tuyère celle qui vient de passer et de laquelle ce tronçon gazeux est issu, se compose de la différence entre la chaleur nette produite à la tuyère par la combustion complète de la moitié du carbone de la charge et celle absorbée par la réduction de l'acide carbonique qui vient d'avoir lieu. Il est rappelé que cette moitié du carbone s'entend, ainsi qu'on peut le reconnaître en s'y reportant (70), de la moitié de toute la quantité parvenue à ce point, moins celle nécessaire à la carburation de l'hydrogène provenant de la décomposition de la vapeur d'eau devant la tuyère. Cette différence est exprimée par l'égalité 454199ᶜ,5431488242491900467 — 178212ᶜ,68405218882495725 = 275986ᶜ,8590966354242303217, et la température initiale du tronçon gazeux à laquelle elle donne lieu, est 1443ᵒ,854654 (70). C'est de cette quantité de chaleur possédée par le tronçon gazeux après sa constitution définitive et de la température qui en résulte, que je vais partir pour suivre, en remontant de charge en charge, les modifications successives dans sa masse, sa composition et sa température que son croisement avec chacune d'elle lui fait éprouver jusqu'au gueulard.

LXXXI.

Méthode de recherches de la perte due au rayonnement dans le haut-fourneau.

Tout d'abord ici, et avant de passer outre, il importait de fixer la part d'influence modificatrice due au rayonnement sur les phénomènes que je vais passer en revue. L'application des formules sur les lois du rayonnement, données par les auteurs, indépendamment de l'incertitude avouée de leurs résultats, même dans les conditions les plus simples, présentait dans ce cas des difficultés telles, et sans apporter en retour aucune garantie d'exactitude, qu'après de nombreuses et infructueuses tentatives, j'ai dû y renoncer. Je me suis donc, à la suite de longs tâtonnements, déterminé pour le choix du moyen empirique que je vais décrire, et en faisant entrer dans la solution que je présente tous les éléments connus de la question. J'ai pensé que, puisque ce mode que j'ai suivi à l'égard de ce point préalable, conduit à des résultats satisfaisants, et d'ailleurs très-suffisants dans la pratique, il devait peu s'écarter de celui qu'une théorie rigoureuse suggérerait si elle était possible.

Ceci entendu, si l'on suppose provisoirement par une hypothèse qui peut être faite, que le fourneau soit représenté par un cylindre ayant même capacité intérieure et même surface, et construit en briques semblables et sur une même épaisseur de 50 centimètres que la chemise intérieure du fourneau; si de plus, on admet que la charge ne subisse pas dans son volume en descendant, de réduction assez forte pour causer une erreur appréciable dans le cas dont s'agit, enfin si l'on admet que la température croisse d'une manière régulière du gueulard à la tuyère (on reconnaîtra par la comparaison entre eux des chiffres de température qui seront calculés, que cette hypothèse nécessaire à cette explication n'est pas tout à fait exacte, mais qu'elle n'apporte néanmoins aucune modification sensible dans la répartition du rayonnement faite dans les deux cas, et d'ailleurs n'en change pas le chiffre total), on pourra :

1° Considérer ce fourneau cylindrique comme divisé en vingt tronçons égaux, correspondant chacun à une position de la charge;

2° Admettre aussi comme conséquence très-approchée de la vérité, que le rayonnement dans un semblable appareil s'opère du gueulard à la tuyère, suivant une progression géométrique croissante telle que le rayonnement afférent à chacune des positions de la charge soit précisément un des termes de cette progression croissante. Dans ce cas, en supposant ce qui sera prouvé tout à l'heure, que la surface extérieure d'un tronçon soit égale à 3,9971 mètres carrés, il est évident que le rayonnement, par l'unité de surface, à chaque position de la charge, en faisant cette unité de surface égale à un mètre carré, sera égal au quotient du nombre représentant la chaleur rayonnée à cette position par le nombre 3,9971, qui exprime en mètres carrés la surface de ce tronc de cylindre. Si, de plus, on admet que par un moyen quelconque on ait supprimé le rayonnement dans la série supérieure des positions de la charge sans modifier le régime de la partie inférieure du fourneau toujours supposé cylindrique, il est tout aussi évident que rien ne sera changé ni dans la loi ni dans l'intensité du mouvement calorifique de la partie inférieure, et que le rayonnement s'y opérera comme si rien n'avait été modifié dans les zones supérieures du fourneau, en sorte que la série des termes de la progression géométrique représentant le rayonnement sera limitée, il est vrai, aux positions de la charge, depuis la tuyère jusqu'au point de la hauteur où commence l'obstacle opposé au rayonnement, mais sans modification des termes de cette série. Enfin, si par une nouvelle hypothèse, on suppose que la forme cylindrique de la partie inférieure soit à son tour modifiée de manière à revenir à la forme connue du haut-fourneau, les surfaces extérieures de chaque tronçon conique du fourneau et par où le rayonnement s'opère correspondant à une charge ne seront plus égales entre elles, et leur somme ne sera pas non plus égale à la somme des surfaces cylindriques qu'elles remplacent. Cependant j'admettrai que le rayonnement, nonobstant l'obliquité des parois, restera soumis à la loi d'une progression géométrique pour des surfaces égales comme avec la forme cylindrique, et que par conséquent, la quantité de chaleur rayonnée à chaque position de la charge sera proportionnelle à l'étendue de la surface rayonnante, et en prenant pour point de départ la chaleur totale trouvée pour la forme cylindrique. La raison de cette hypothèse est que la température, l'épaisseur et la nature de la chemise dans l'un et l'autre cas ne subissent aucun changement.

Or la chemise extérieure dont est revêtu le fourneau depuis le ventre jusqu'au gueulard, forme l'obstacle qui annule le rayonnement dans toute cette partie du fourneau sans apporter de modifications à la partie inférieure. Il sera établi que ce revêtement, en partant du ventre, comprend théoriquement treize volumes de la charge, mais qu'en fait il ne recouvre que douze charges. Il est dès lors inutile de s'occuper des changements survenus dans la forme des zones supérieures et pour connaître les variations dans la répartition du rayonnement dans les parties inférieures, il suffit de calculer la surface extérieure de chaque tronçon modifié, correspondant à une position de la charge dans cette zone inférieure, étant supposée préalablement calculée et connue la série de la progression géométrique représentant le rayonnement et afférente à cette partie du fourneau, dans l'hypothèse de cylindricité de ce dernier. Toutefois il est observé que l'obstacle apporté au rayonnement dans la partie supérieure du fourneau, aura pour effet d'élever quelque peu la température des charges qui cesseront d'y être soumises et d'avoir une influence correspondante sur celle des charges inférieures et sur leur rayonnement.

Pour connaître la surface extérieure de ce cylindre, il faut déterminer celle extérieure du fourneau dans sa forme ordinaire et réduit à sa chemise intérieure, puisque ces deux surfaces sont égales. Les éléments de ce calcul sont les suivants : •

La cuve étant considérée comme un tronc de cône de $5^m,55$ de hauteur, de $1^m,85$ de rayon à la grande base, y compris l'épaisseur de la chemise, qui est de $0^m,50$ et de $0^m,925$ de rayon à la petite base, y compris aussi l'épaisseur de la chemise, on en déduit par des considérations géométriques qu'il serait superflu de reproduire ici, et au moyen de la formule géométrique de la mesure de la surface du tronc de cône $S = \pi (R + r) A$ dans laquelle S est la surface, R et r les rayons des deux bases, A l'apothème et π le rapport de la circonférence au diamètre, l'apothème $A = 5^m,626$, et la surface $S = 49^m$ q, 4713044.

Pareillement, la région des étalages était considérée comme un tronc de cône renversé de $2^m,35$ de hauteur, de $1^m,85$ de rayon à la grande base, et de $1^m,025$ à la petite base, on en déduit l'apothème $= 2^m,49$ et la surface 22^m q, 489929.

Enfin, l'ouvrage étant aussi considéré lui-même comme un tronc de cône renversé ayant $1^m,30$ de hauteur, $1^m,025$ de rayon à la grande base, et $0^m,925$ à la petite base, on en déduit l'apothème $= 1^m,303$, et la surface $= 7^m$ q, 98233436, ce qui donne pour la surface totale extérieure du fourneau réduit à sa chemise intérieure 79^m q, 94356776, d'où l'on tire la surface d'un des 20 troncs cylindriques $\dfrac{79,94356776}{20} = 3^m$ q, 9971, conformément au résultat annoncé.

On trouve, au moyen des mêmes données, en appliquant la formule géométrique de la mesure du volume du tronc de cône $V = \dfrac{1}{3} \pi H (R^2 + r^2 + R r)$ dans laquelle V est le volume cherché, π le rapport de la circonférence au diamètre, H la hauteur du tronc de cône, R et r les rayons des deux bases :

le volume intérieur de la cuve. . . . . $14^{mc},976694425$
celui de la région des étalages. . . . . $6 ,9074944916$
et celui de l'ouvrage. . . . . $0 ,92487375$

Total du volume intérieur du fourneau. . . . . $22^{mc},8090626666$

d'où résulte que le volume de la charge est $\dfrac{22,8090626666}{20} = 1^{mc},140453$

et que la cuve en contient. 13,132
la région des étalages 6,056
et l'ouvrage. 0,8109

Total. 19,9989

d'où résulte encore que la chemise extérieure commençant au ventre, comprend une capacité du fourneau de 13 charges suivant le fait annoncé (81). Toutefois ces chiffres ont besoin d'une rectification, et pour poser la donnée principale de la discussion qui va suivre sur la répartition de la chaleur, il importe de fixer ce point dès à présent. Or, un morceau de fonte attaché à une chaîne de longueur connue, descendait jusqu'au ventre à la douzième charge ; d'où il suit que la partie inférieure du fourneau en contenait huit, et que la réduction de volume produite par la volatilisation des gaz, le ramollissement et la pression des matières était sur 20 charges de 1,140453. Ce fait servira de base au calcul du volume occupé par chaque charge dans l'ouvrage et les étalages.

Afin de pouvoir établir la répartition que je me propose du calorique de rayonnement entre les différentes positions de la charge, supposée quant à présent cheminer sans réduction de volume dans une capacité cylindrique, il faut préalablement connaître le chiffre total de ce rayonnement. Pour y parvenir, il convient de rappeler qu'en retranchant successivement des 275986^c,8590966354 composant la chaleur initiale du tronçon gazeux, toutes les consommations de chaleur auxquelles il a dû fournir pour les diverses circonstances du traitement de la charge, il s'est trouvé un reste final de 144523^c,4325545778 représentant, confondues ensemble : 1° la chaleur sensible des matières de la charge à leur 20e et dernière station, c'est-à-dire, à leur sortie du fourneau ; 2° la chaleur totale du rayonnement (73). Il est évident que si l'on connaissait l'une de ces deux quantités, on obtiendrait l'autre par différence, Or les données qui précèdent, ainsi que d'autres posées antérieurement dans le cours de ce mémoire, permettent d'obtenir une valeur aussi approchée qu'on voudra de la chaleur sensible de la charge à sa vingtième et dernière station.

Rappelons celles de ces données qui sont nécessaires pour conduire à la solution de ce point de la question et les conséquences qui en découleront immédiatement :

1° La température initiale, c'est-à-dire maximum du tronçon gazeux, à qui la charge à tous leurs croisements emprunte sa chaleur sensible et sa température est 1443^c,854654 (70). On peut donc être certain d'abord que l'équilibre de température, qui au premier croisement s'établira entre la charge descendant d'un milieu supérieur et par suite moins chaud, c'est-à-dire de la 19e position de ce tronçon gazeux, et qui donnera à la première sa température à la 20e position et complétera la chaleur que doivent prendre la fonte et les laitiers à leur sortie du fourneau, aura pour effet d'abaisser cette température du tronçon gazeux. En outre, il faut ajouter qu'une autre cause importante de diminution de cette température à ce croisement sera le rayonnement que nous ne connaissons pas encore, afférent à cette position et qui s'y opère avec une intensité maximum et par une surface également maximun, ainsi qu'on le verra bientôt.

2° La température de fusion de la fonte est 1200 degrés (77) (Pouillet), et l'on sait, d'ailleurs, par des expériences directes et nombreuses, que cette fusion oscille dans les limites d'une zone assez étroite au-dessus de la tuyère. Ce qui vient d'être dit rend le fait évident, puisque, aussitôt que la charge atteindra une région à 1200 degrés, c'est-à-dire, au-dessus du point où se génère le tronçon gazeux, la fusion commencera. Mes expériences personnelles m'induisent à admettre la hauteur de cette zone de fusion au passage de la charge de la 19e à la 20e position. Il est presque hors de propos de rappeler qu'il ne peut être question que d'un fourneau en bonne marche. On voit donc que l'équilibre de température au dernier croisement s'établira entre la charge à 1200 degrés et le tronçon gazeux à 1443 degrés, en supposant pour un instant le rayonnement nul à cette position, et qu'ainsi la température finale de la charge et avant la séparation de son charbon d'avec les autres matières, sera certainement comprise entre 1200 et 1400 degrés comme limites extrêmes. Ce point résolu, il sera facile d'en déduire la chaleur sensible de la charge à sa position dernière. et par suite la somme cherchée des chaleurs du rayonnement. Il est évident que cette chaleur totale du rayonnement, dans ce cas, sera un minimum, et par contre la chaleur de la charge un maximum. Mais je vais démontrer que cette hypothèse de rayonnement, nul à la dernière position, conduit à la connaissance d'une valeur aussi approchée que l'on voudra du chiffre total et véritable du rayonnement, les données premières étant admises.

LXXXII.

Données supplémentaires de la discussion.

Avant d'entrer en matière, pour ne pas interrompre le cours de la discussion par des digressions à l'occasion de données et de certains accessoires nécessaires de détail, il me paraît utile de fixer ces divers points dès à présent. Ainsi donc, je me bornerai à 10 décimales dans l'approximation des quantités de chaleur et des équivalents calorifiques dont j'aurai à faire usage dans les calculs, et à 6 dans celle des températures, m'étant assuré par des calculs préalables que ces approximations suffisent pour mettre les résultats à l'abri d'inexactitudes appréciables.

J'admettrai, d'après mes propres expériences (77), le nombre de 0,007 pour le coefficient d'accroissement de caloricité par 100 degrés de la fonte, expérience confirmée, d'ailleurs, dans une certaine mesure, par des résultats analogues pour le fer, extraits des travaux de Petit et Dulong. Mais je ne ferai pas varier cette loi pour la fonte passée de l'état solide à l'état liquide, parce que, bien qu'il soit possible et même probable que par l'effet de ce changement d'état, cette loi subisse quelque modification, légère vraisemblablement, je n'ai trouvé dans les travaux des savants qui se sont occupés de ces matières, aucune indication qui put me procurer le moindre renseignement à cet égard. Au surplus, une variation de caloricité de la fonte par son passage de l'état solide à l'état liquide à cette hauteur, n'aurait d'autre effet dans les calculs que de modifier dans une proportion correspondante, et en tout cas peu importante, la température finale de la charge et la quantité nécessaire de chaleur pour lui donner cette température, mais sans porter atteinte en quoi que ce soit aux considérations présentées sur les phénomènes qui auront précédé l'état de fusion.

J'admettrai (69) pour les laitiers en fusion la caloricité du verre, donnée par Petit et Dulong, en raison du point de ressemblance de ces substances, et quant à leur composition et quant à l'état d'agrégation de leurs molécules, avec un coefficient d'accroissement de caloricité par 100 degrés de 0,0065, mais pour l'état de fusion seulement, d'après mes propres expériences (79), qui présentent sous le bénéfice des observations faites, le même accord avec l'accroissement de caloricité trouvé pour le verre par Petit et Dulong, que celui qui vient d'être signalé entre le fer et la fonte. Pour l'état solide de ces matières, j'adopterai pour l'ensemble, des moyennes d'après les caloricités trouvées par M. Regnault, pour chaque substance et en égard à leurs masses respectives.. Je ferai entrer dans le calcul de cette moyenne, celle de l'eau, lorsqu'elle se trouvera en combinaison dans le composé, mais en la considérant alors comme étant à l'état solide, c'est-à-dire l'état de glace avec une caloricité de 0,474. Enfin, j'adopterai pour le fer à l'état d'oxyde, quel qu'en soit le degré, la caloricité de l'oxyde magnétique 0,16780, donnée par Regnault, et qui diffère assez peu de celle du peroxyde donnée par le même auteur. Les caloricités des différents oxydes de fer, calculées comme moyennes entre les caloricités des composants, sont notablement inférieures à celle adoptée ici; mais il est à observer que dans le calcul de ces moyennes il n'est pas tenu compte de l'état d'agrégation moléculaire de la matière,. état qui dans le cas présent, exerce une influence sensible sur la caloricité et en élève d'autant le chiffre. L'hypothèse adoptée peut donc être considérée comme plus près de la vérité que toute autre. Au surplus, l'état d'oxyde magnétique est celui qui paraît persister le plus longtemps dans le cours de la réduction de l'oxyde de fer en fer métallique.

En ce qui concerne les températures auxquelles s'opèrent les réactions d'où résultent la décomposition, les modifications et les transformations des substances traitées, bien que l'on connaisse les limites à peu près exactes, mais assez étendues, qui comprennent le phénomène complet de la transformation ou décomposition entière de ces matières, néanmoins il règne une assez grande incertitude à l'égard des points intermédiaires ou modifications partielles, telles qu'un moindre degré d'hydratation de l'alumine ou d'oxydation du fer. J'ai été conduit à y suppléer d'une manière assez satisfaisante par la considération des quantités de chaleur disponibles ou abandonnées par le tronçon gazeux, comparées aux quantités de chaleur latente absorbées par ces mêmes réactions partielles. Les calculs de tâtonnement effectués sur des maxima et des minima établis d'après ces données, m'ont toujours permis de circonscrire l'erreur possible dans un cercle très-étroit, de modifier, quand cela a été nécessaire, les hypothèses adoptées et de leur donner ainsi presque la certitude d'un fait expérimental. Je remets à parler de chacune de ces réactions avec les détails convenables lorsqu'elles se présenteront.

Au surplus, je dois dire d'une manière générale, que dans l'ensemble d'un travail aussi complexe, il m'a paru de beaucoup préférable de risquer l'inexactitude de quelques points secondaires que des recherches ultérieures pourront toujours rectifier, au grave inconvénient de sacrifier les faits désormais acquis du travail lui-même et perdre ainsi les résultats de longues et laborieuses recherches.

Quant aux modifications de la répartition des matières dans la charge à ses différentes positions : 1° en ce qui concerne les cendres du charbon, comme elles n'abandonnent le charbon que lors de sa combustion. leur poids de kil. 4,50 ne sera transposé dans les laitiers qu'à ce moment, c'est-à-dire à celui de la sortie du fourneau de ces derniers; 2° pareillement pour l'échange entre la fonte et les laitiers des kil. 3 de fer contre kil. 0,75 de silicium; 3° pour la carburation j'admettrai qu'elle s'opère par parties égales, entre la 11e position et la 19e, c'est-à-dire à peu près depuis la réduction jusqu'à la fusion.

De plus et en outre, pour prévenir toute ambiguïté dans les explications, je compterai les croisements de la charge avec le tronçon gazeux de bas en haut, en donnant le n° 1er à celui de la tuyère, et qui sera le 20e pour la charge et en continuant la série des numéros jusqu'au croisement du gueulard qui sera le 20e pour le tronçon gazeux et le 1er pour la charge. J'observerai l'ordre contraire en parlant de la position de la charge.

LXXXIII.

Détermination de la perte due au rayonnement.

En conséquence de ce qui vient d'être dit, l'équation de la température du lit de fusion dans laquelle la quantité de chaleur sensible de ce dernier est l'inconnue, à la 19e et avant dernière position, au moment où ayant atteint 1200 degrés, la fonte n'étant point encore fondue, mais entièrement carburée, il va passer à la 20e et dernière position, peut-être établie comme suit :

$$\left[122,16225 \times 0,2415 + 103 \left(0,12983 + 0,007 \left(\frac{1200}{100} - 1 \right) \right) + 145,295 \left(0,1770 \right. \right.$$

$$\left. \left. + 0,0065 \left(\frac{1200}{100} - 1 \right) \right) \right] 1200 = x. \qquad (a)$$

Dans cette équation (122,16225 × 0,2415) représente le charbon avec ses cendres (70), dépouillé des 3 kil. fournis au fer pour le carburer et multiplié par sa caloricité : $103 \left(0,12983 + 0,007 \left(\frac{1200}{100} - 1 \right) \right)$ représente la fonte encore pourvue des 3 kil. de fer qu'elle va céder à l'état de protoxyde aux laitiers, contre 0,75 de silicium (66) avant de quitter le fourneau, multipliée par sa caloricité augmentée du coefficient de caloricité, multiplié lui-même par le nombre de centaines de degrés, moins un auquel la charge est parvenue, conformément aux données posées : $145,295 \left(0,1770 + 0,0065 \left(\frac{1200}{100} - 1 \right) \right)$ représente le produit du poids des laitiers par leur caloricité augmentée comme pour la fonte, de leur coefficient de caloricité multiplié lui-même par le nombre de centaines de degrés, moins un auquel la charge est parvenue conformément aux données posées. L'emploi qui est fait de la caloricité du verre fait reconnaître qu'ils sont fondus à cette position. Les circonstances de cette fusion se présenteront à leur lieu dans ce qui va suivre.

Ces indications permettent, sans qu'il soit nécessaire de les répéter, de se rendre compte des modifications que ces différents termes auront à subir dans l'équation de la température à chacune des positions de la charge jusqu'au gueulard.

On tire de cette équation : $x = 104293°,77705$.

L'équation de la température de la charge à la position suivante, qui est la vingtième et dernière, avant la combustion du charbon, le croisement avec le tronçon gazeux étant effectué, et dans l'hypothèse d'un rayonnement nul à cette position, l'équivalent calorifique du tronçon gazeux étant, $191,1458734265$, et sa chaleur sensible, $275986°,8590966354$ (70), $2000°$, étant la chaleur de fusion de la fonte, sera :

$$\left[122,16225 \times 0,2415 + 103 \left(0,12983 + 0,007 \left(\frac{y}{100} - 1\right)\right) + 145,295 \left(0,1770\right.\right.$$
$$\left.\left. + 0,0065 \left(\frac{y}{100} - 1\right)\right) + 191,1458734265\right] y = 104293°,77705 + 275986°,8590966354$$
$$- 2000; \text{ d'où l'on tire pour la racine positive, } y = 1348°,451344. \qquad (b)$$

L'équation de la température qui vient d'être résolue permet de donner une autre forme à l'équation de la température de la charge après ce premier croisement du tronçon gazeux au moment fictif où la combustion de carbone n'est point encore opérée, et où, par conséquent, il fait toujours partie de la charge qui vient de descendre. De cette forme résultera la connaissance immédiate du chiffre total de la chaleur perdue par le rayonnement, toujours dans l'hypothèse temporaire d'un rayonnement nul à cette position de la charge. En effet, puisque $144523°,4325545778$ représentent la somme de la chaleur de la charge à cette dernière position et de celle du rayonnement total, en désignant ce dernier par R, qui sera l'inconnue à trouver, la température étant maintenant déterminée, on aura :

$$\left[122,16225 \times 0,2415 + 103 \left(0,12983 + 0,007 \left(\frac{1348,451344}{100} - 1\right)\right) + 145,295\right.$$
$$\left.\left(0,1770 + 0,0065 \frac{1348,451344}{100} - 1\right)\right] \times 1348,451344 = 144523°,4325545778 - R \, (c)$$

d'où $R = 23993°,7184979765$.

Il est facile de voir que cette hypothèse d'un rayonnement nul à la dernière position où il atteint en réalité son maximum laisse trop fort le terme indépendant dans l'équation (b) et donne une valeur trop forte de y et par suite une valeur trop faible de R dans l'équation (c). Mais si l'on ne considère cette valeur trop faible de R que comme un minimum qui procure le moyen d'approcher du chiffre réel, on parviendra à ce résultat avec une aussi grande approximation qu'on le jugera nécessaire ainsi qu'il a été dit, par un procédé simple mais assez long fondé sur les considérations suivantes : puisque la valeur de R qui a été obtenue au moyen d'une valeur de y trop forte précisément parce que j'ai fait égal à zéro le rayonnement partiel que j'appellerai R' qui doit affecter en moins la valeur de y dans l'équation et qui donnerait à cette inconnue son expression véritable si son propre chiffre était exact, se trouve trop faible, elle donnera nécessairement pour R' une valeur trop faible aussi, mais qui introduite dans l'équation d'y diminuera d'autant l'écart à combler entre y trop fort et y exact. Cette introduction de R' trop faible dans l'équation de y ramènera à une nouvelle valeur moins forte de cette inconnue et par suite à une valeur de R moins faible et plus près de la vérité. Cette valeur nouvelle de R donnera à son tour une valeur de R' un peu plus approchée, qui une valeur un peu plus faible de y, qui une valeur un peu plus forte de R et ainsi de suite jusqu'à ce que au bout d'un nombre suffisant de substitutions on soit parvenu à l'approximation que l'on désire obtenir sans que l'on puisse jamais arriver au chiffre exact de R, puisqu'on opèrera toujours alternativement avec des chiffres trop forts de y et trop faibles de R et de R'.

En conséquence ayant admis que la chaleur perdue par le rayonnement se répartit entre les vingt positions de la charge suivant une progression géométrique croissante du gueulard à la tuyère, la théorie des progressions géométriques fournirait le moyen d'établir cette progression, si l'on possédait trois de ses cinq éléments, savoir, le premier terme que je désignerai par a, le dernier que je désignerai par R', la somme des termes par R, le nombre des termes par n et la raison par q. Le premier terme en suite de nombreuses données expérimentales et de calculs de tâtonnement desquels il résulte que la valeur de ce terme peut osciller de 50 à 100 presque sans modifications dans la valeur des autres termes de la progression dont la raison seule varie en conséquence, sera pris égal à 50 ; la somme des termes R n'est autre que le rayonnement total déterminé comme il vient d'être dit ; enfin le nombre n des termes n'est autre que le nombre des lits de fusion. Les relations qui lient ces trois éléments connus aux deux inconnus seront donc

$$q^{n-1} + q^{n-2}, \text{ etc.}, + q + 1 = \frac{R}{a} \text{ et } R' = a\, q^{n-1}.$$

Mais ici se présente une observation prévue (81), c'est que puisque le rayonnement est nul pour les 12 premières positions de la charge, il ne subsiste de cette progression que les huit derniers termes qui n'en sont nullement affectés, la valeur trouvée de R ne s'applique qu'à ces huit derniers termes et le nombre N devient égal à huit.

Substituant dans la première de ces équations ces valeurs de R, de N, et de A, on obtient :

$$q^{19} + q^{18} + q^{17} + q^{16} + q^{15} + q^{14} + q^{13} + q^{12} = \frac{23993^c,7184979765}{50} = 479,87436995953$$

La résolution de cette équation donne pour la valeur de q :
$q = 1,288$,

d'où $R' = 50 \times 1,288^{\overline{19}} = 6291^o,465.$

En substituant conformément au procédé décrit, cette valeur de R' dans l'équation (b) où elle était supposée égale à 0, on a :

$$\left[122,16225 \times 0,2415 + 103\left(0,12983 + 0,007\left(\frac{y}{100} - 1\right)\right) + 145,295\left(0,1770 + \right.\right.$$

$$\left.\left. 0,0065\left(\frac{y}{100} - 1\right)\right) + 191,1458734265\right] y = 104293,77705 + 275986,8590966354$$

$$- 2000 - 6291,465,$$

d'où $y = 1327^o,960507.$

La substitution de cette valeur nouvelle d'y dans l'équation (c), à la place de la première, donne en effectuant les calculs :
$R = 26278^c,4326836898.$

La substitution de cette valeur nouvelle, et plus approchée de R dans la formule de la progression, conduit à

$$q^{19} + q^{18} + \text{———} + q^{13} + q^{12} = \frac{26278,4326836898}{50} = 525,568653673796$$

d'où q = 1,2957,

d'où R' = $50 \times \overline{1,2957}^{19}$ = 6863°,655.

La substitution de cette valeur nouvelle, plus approchée de R' dans l'équation (b) à la place de la précédente, donne :

$$\left[122,16225 \times 0,2415 + 103\left(0,12983 + 0,007\left(\frac{y}{100} - 1\right)\right) + 145,295\left(0,1770 + \right.\right.$$

$$\left.\left.0,0065\left(\frac{y}{100} - 1\right)\right) + 191,1458734265\right] y = 104293,77705 + 275986,8590966354 -$$

2000 — 6863°,655,

d'où y = 1325°,769770.

La substitution de cette valeur nouvelle de y dans l'équation (c), donne en effectuant les calculs :
R = 26521°,8721096122,
remplaçant R par sa nouvelle valeur dans l'équation de la progression géométrique, on a

$$q^{19} + q^{18} + \text{———} + q^{13} + q^{12} + = \frac{26521,8721096122}{50}\ 530,437442192244$$

d'où q = 1,2964,

d'où R' = $50 \times \overline{1,2964}^{19}$ = 6934°,435.

En résolvant de nouveau l'équation (b) avec cette nouvelle valeur de R', on obtient pour la valeur positive de y :
y = 1325°,535575, dont la substitution dans l'équation (c), donne :
R = 26547°,8869056903
une quatrième opération d'approximation donne les résultats suivants :

$$q^{19} + q^{18} + q^{17} + \text{———} + q^{13} + q^{12} = \frac{26547,8869056903}{50} = 530,9577381138$$

q = 1,296455 et R' = $50 \times \overline{1,296455}^{19}$ = 6940°,015.

En résolvant encore l'équation (b) avec cette dernière valeur de R', on trouve une nouvelle racine positive :
y = 1325°,512112,
dont la substitution dans l'équation (c) a conduit
R = 26549 ,9377307962
q = 1,296462
R' = 6940°,715.

La comparaison de ces valeurs avec les précédentes immédiates fait reconnaître qu'il n'y a aucun intérêt à pousser plus loin l'approximation. En conséquence, en adoptant ce dernier chiffre de rayonnement total toujours dans l'hypothèse d'un fourneau cylindrique, les termes de la progression géométrique qui représentent le rayonnement aux huit dernières positions de la charge, seront :

calories.

pour la 13e position $50 \times \overline{1,296462}^{12} =$ 1127,4215

— 14e — $50 \times \overline{1,296462}^{13} =$ 1461,659

= 15e — $50 \times \overline{1,296462}^{14} =$ 1894,985

— 16e — $50 \times \overline{1,296462}^{15} =$ 2456,7755

— 17e — $50 - \overline{1,296462}^{16} =$ 3185,1155

— 18e — $50 \times \overline{1,296462}^{17} =$ 4129,381

— 19e — $50 \times \overline{1,296462}^{18} =$ 5353,58

— 20e — $50 \times \overline{1,296462}^{19} =$ 6940,715

Total de la chaleur rayonnée 26549,6325

La petite différence de $\frac{3}{10}$ de calorie, qui se remarque entre ce total et le chiffre de rayonnement trouvé, vient de ce que la valeur de q, qui a servi à calculer ces termes. n'est qu'une valeur approchée.

Du tableau qui précède, il résulte que la chaleur rayonnée par mètre carré de surface, à chaque position de la charge, serait dans l'hypothèse de la forme cylindrique du fourneau (81).

pour la 13e position, $\dfrac{1127,4215}{3,9971} =$ 282,0598

— 14e $\dfrac{1461,659}{3,9971} =$ 365,6798

— 15e — $\dfrac{1894,985}{3,9971} =$ 474,0899

— 16e — $\dfrac{2456,7755}{3,9971} =$ 614,6394

— 17e — $\dfrac{3185,1155}{3,9971} =$ 796,8565

— 18e — $\dfrac{4129,381}{3,9971} =$ 1033,0967

— 19e — $\dfrac{5353,58}{3,9971} =$ 1339,3660

— 20e — $\dfrac{6940,715}{3,9971} =$ 1738,9394

Mais la forme de la partie du fourneau à laquelle il faudrait appliquer ce fourneau, présente de notables dissemblances avec la forme cylindrique pour laquelle il est fait, et il en résulte des différences dans la surface de chaque portion afférente à une position de la charge et par suite des différences correspondantes dans le rayonnement. De plus, le volume de la charge s'est modifié puisqu'on a vu (81) que la région des étalages et de l'ouvrage ensemble en contiennent huit au lieu de sept. En ce qui concerne ce dernier point, la question de savoir si ces modifications de volume se continuent inférieurement, me paraît devoir être tranchée par les considérations suivantes : on peut remarquer, 1° que la charge ne perd plus rien du ventre à la tuyère, que si d'une part la pression qu'elle supporte et qui tend à diminuer son volume, s'accroît en descendant, d'autre part, cet effet se trouve contrebalancé en tout, ou au moins en partie par ce fait bien connu des métallurgistes, de la disposition des matières et surtout du charbon à s'arc-bouter entre elles et à résister ainsi à la pression supérieure à mesure que la section du fourneau dans laquelle elles pénètrent se rétrécit ; 2° que ce n'est que dans la région de la tuyère où elle subit sa fusion bien complète et où par conséquent, elle éprouve la plus grande réduction dans son volume. Pour ces motifs, j'admettrai que le volume à la 20e et dernière position soit réduit à la capacité de l'ouvrage qui est $0^{m\,c}$, 92487375, et dont la surface extérieure est 7^{m}q.98233436 (81), et que la capacité des étalages qui est de $6^{m\,c}$,9074944916 se partage en parties égales entre les sept autres charges, ce qui fait un volume de $0^{n\,c}$,98678492737 pour chacune de ces dernières. Il était donc nécessaire de calculer les surfaces extérieures de tous les troncs de cône dans lesquels se divise entre ces sept charges la portion du massif du fourneau, comprise depuis la naissance des étalages jusqu'au ventre, afin de reconnaître les proportions dans lesquelles se répartit entre ces charges la perte due au rayonnement dans toute cette région.

Les données de ce calcul sont les suivantes : (voir la figure) E′ B′ C′ D′ est la coupe verticale par l'axe du tronc de cône, qui représente la région des étalages, supposée divisée en sept tronçons de volumes égaux :

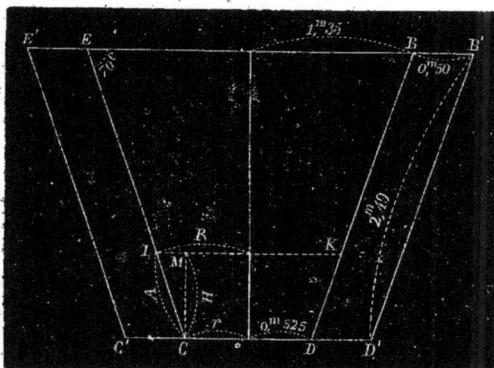

E B C D représente la capacité intérieure totale ; r est le rayon intérieur de la petite base, égal à 0^{m},525 ; D D′ est l'épaisseur du muraillement ou chemise, égal à 0^{m},50, en sorte que le rayon de la petite base, muraillement compris, est égal à $(0,525 + 0,50) = 1^{m}$,025 ; R, le rayon de la grande base est égal à 1^{m},35, en sorte que le rayon total de la grande base, y compris le muraillement, est égal à $(1^{m},35 + 0^{m}.50) = 1^{m}$,85 ; B′ D′, apothème du tronc de cône total, est égal à 2^{m},49. L'angle aigu de l'apothème avec l'horizontal, est égal à 70 degrés.

Si maintenant on considère le tronçon inférieur C D K I par où le calcul va commencer, la perpendiculaire C M, menée du point C, extrémité du rayon de la petite base intérieure sur le rayon de la grande base intérieure que je désignerai toujours par R, divise ce dernier en deux parties dont l'une est égale à r et l'autre est M I, en sorte que l'on a l'égalité R = r + M I.

14

Or dans le triangle rectangle C M I puisque l'angle en I est égal à 70°, l'angle en C sera égal à 20°. En désignant par A l'hypothénuse C I, qui n'est autre chose que l'apothème cherché de ce tronc de cône partiel, et qui, par conséquent, est un des éléments de sa surface, et en désignant par H le côté C M qui n'est autre que la hauteur de ce tronc de cône, on a

$H = A$ sinus 70 (1)

$M I = A$ sinus 20

d'où $R = r + A$ sinus 20 (2).

Mais si l'on considère que la charge dont le volume est égal à $0^{m\,c},98678492737$, se moulant dans la capacité qui la contient, est un tronc de cône qui a pour mesure $\frac{1}{3} \pi H (R^2 + r^2 + R r)$, il en résulte l'égalité

$$0,98678492737 = \frac{1}{3} \pi H (R^2 + r^2 + R r) (3).$$

En outre, la surface cherchée S de ce tronc de cône a pour mesure :

$$S = \pi \left[(R + 0,5) + (r + 0,5) \right] A. (4).$$

En éliminant H et R entre les équations (1) (2) et (3), cette dernière devient A^3 sin. 20 sin. 70 $+ 3 r A^2$ sin. 20 sin. 70 $+ 3 r^2 A$ sin. 70 $- 0,9423079 = 0$ (3).

Cette équation donne l'apothème, par suite R et la surface.

Maintenant connaissant R, on en déduit une équation semblable qui fait connaître les mêmes inconnues du tronc de cône suivant et ainsi de suite jusqu'au ventre, pour les sept positions de la charge qui constituent le volume des étalages. Ces sept résultats rectifiés par la répartition proportionnelle entre eux de $0^{mq},1780989292$ quantité en moins sur l'ensemble provenant des décimales négligées dans ces calculs, sont les suivants de haut en bas :

le 1er au ventre . . . . $2^{mq},1828983365$

le 2e   —   . . . . 2 ,3334092513

le 3e   —   . . . . 2 ,5273072657

le 4e   —   . . . . 2 ,7913308847

le 5e   —   . . . . 3 ,1828557248

le 6e   —   . . . . 3 ,8607236595

le 7e contigu à l'ouvrage . . . . 5 ,6113882756

Total égal à la surface du tronc de cône calculée directement. 22 ,4893131981

Pour connaître la manière dont se répartissent entre les huit surfaces, y comprise celle de l'ouvrage, les $26549^c,9377307962$ composant la chaleur totale perdue par le rayonnement calculée (83), en restant dans l'hypothèse adoptée pour des surfaces égales, d'un rayonnement croissant en progression géométrique dont la raison est à trouver, il y a lieu de remarquer que l'expression de ces diverses surfaces peut prendre la forme suivante :

1re au ventre 2,18289

2e au-dessous . . . . $2,18289 \times \dfrac{2,3334}{2,18289}$

3e   —   . . . . $2,18289 \times \dfrac{2,52730}{2,18289}$

4e   —   . . . . $2,18289 \times \dfrac{2,79133}{2,18289}$

$$5^e \quad - \quad \ldots\ldots\ldots\ldots\ldots\ldots\ldots\ldots\ldots\ldots\ldots 2,18289 \times \frac{3.18285}{2,18289}$$

$$6^e \quad - \quad \ldots\ldots\ldots\ldots\ldots\ldots\ldots\ldots\ldots\ldots\ldots 2,18289 \times \frac{3.86072}{2,18289}$$

$$7^e \quad - \quad \ldots\ldots\ldots\ldots\ldots\ldots\ldots\ldots\ldots\ldots\ldots 2,18289 \times \frac{5,61138}{2,18289}$$

$$8^e \quad - \quad \ldots\ldots\ldots\ldots\ldots\ldots\ldots\ldots\ldots\ldots\ldots 2,18289 \times \frac{7\ 98233}{2,18289}$$

Cette forme rend évident que pour rester fidèle à l'hypothèse posée sur le mode dont s'opère le rayonnement, en considérant comme unité de surface, la surface totale $2^m_q, 18289$ de la 13e position de la charge, et en désignant par x le coefficient inconnu qui doit fixer la valeur encore incertaine du premier terme de la progression géométrique représentant le mouvement calorifique dû au rayonnement de la tuyère au ventre, cette progression géométrique, q étant sa raison cherchée, sera :

$$x \times 2,18289 + qx \times 2,18289 + q^2 x \times 2,18289 + q^3 x \times 2,18289 + q^4 x \times 2,18289 + q^5 x \times 2,18289 + q^6 x \times 2,18289 + q^7 x \times 2,18289.$$

Alors on aura évidemment aussi :

$$x \times 2,18289 + q x \times 2,18289 \times \frac{2,33340}{2,18289} + q^2 x \times 2,18289 \times \frac{2,52730}{2,18289} +$$

$$q^3 x \times 2,18289 \times \frac{2,79133}{2,18289} + q^4 x \times 2,18289 \times \frac{3,18285}{2,18289} + q^5 x \times 2,18289 \times \frac{3\ 86072}{2,18289} +$$

$$+ q^6 x \times 2,18289 \times \frac{5,61138}{2,18289} + q^7 x \times 2,18289 \times \frac{7,78233}{2,18289} = 26549^c,9377307962$$

Pour faire disparaître le caractère indéterminé de cette équation, il suffit de remarquer que le premier terme de la progression géométrique qui en fait partie, représente la chaleur rayonnée à cette position de la charge. Or il a été trouvé que cette chaleur rayonnée dans la supposition du fourneau à forme cylindrique est à cette hauteur par mètre carré de surface de $282^c.0598$. J'admettrai à cette même position et pour la forme réelle du fourneau, le même rayonnement par mètre carré, et c'est là le vrai caractère hypothétique de la thèse ici présentée et le seul but des recherches longues dont quelques détails précèdent et auxquelles j'ai dû me livrer pour restreindre cette hypothèse dans ses plus étroites limites et l'appuyer sur les plus grandes probabilités possibles. On verra dans ce qui va suivre qu'elle résiste à l'épreuve du fait en conduisant à un résultat qui satisfait à toutes les conditions de la question. J'ajoute que c'est à dessein que j'ai donné en même temps les chiffres des chaleurs rayonnées par mètre carré et par chaque partie de la charge dans le cas du fourneau cylindrique pour que l'on puisse reconnaître que le calcul d'approximation du rayonnement véritable en suite du point de départ qui vient d'être fixé, ne conduirait pas au but en adoptant ces chiffres pour bases. En conséquence. puisque la valeur de x devient 282,0598. la chaleur rayonnée totale à la 13e position de la charge, c'est-à-dire, le premier terme de la progression géométrique est

$$2,18289 \times 282,0598 = 615^c,705516822$$

et l'équation qui vient d'être posée, devient :

$615,705516822 + q \times 658.15833732 + q^2 \times 712,84973254 + q^3 \times 787,321981534 + q^4 \times 897.75403443 + q^5 \times 1088,953911056 + q^6 \times 1582,744810524 + q^7 \times 2195,082443334 = 26549^c,9377307962.$

La solution de cette équation donne pour la valeur approchée de q à moins de $\dfrac{1}{1000000}$ près q = 1,253831.

La chaleur rayonnée aux diverses positions de la charge, du ventre à la tuyère, sera donc, sous les réserves des corrections qui vont suivre :

					calories
à la 13e position,	2,18289	$\times$	282,0598., ...	=	615,705516822
à la 14e	—	1.253851	$\times$ 658.15883732	=	825,23311633251932
à la 15e	—	1,572092	$\times$ 712,84973254.	=	1120,66536172827368
à la 16e	—	1,971137	$\times$ 787,321981534	=	1551,919488714984158
à la 17e	—	2,471474	$\times$ 897,75403443	=	2218,77575448884982
à la 18e	—	3,098817	$\times$ 1088,953911056	=	3374,468891706820752
à la 19e	—	3,885384	$\times$ 1582,744810524	=	6149,571362892981216
à la 20e	—	4,871615	$\times$ 2195,082443334	=	10693,59655718256441

Total égal au rayonnement total à moins
de $\dfrac{2}{1000}$ de calorie, près. 26549,936049958993356

La simple inspection de ce tableau suffit pour montrer que ce rayonnement total est trop faible. Car, puisqu'il a été obtenu avec R' = 6940°,715, il est manifeste que la nouvelle valeur de R' = 10693°,59655718256441 substituée dans l'équation (b) donnera une nouvelle valeur de R plus forte, qu'en renouvelant les calculs d'approximation qui ont été faits, qu'en opérant les corrections auxquelles ils vont donner lieu et qu'en réitérant cette opération un nombre de fois suffisant, on arrivera à un chiffre que l'on pourra considérer, sinon comme la véritable expression du rayonnement, mais au moins comme la plus probablement vraie. En introduisant donc cette nouvelle valeur du rayonnement à la tuyère dans l'équation (b), cette équation devient :

$$\left[122,16225 \times 0,2415 + 103\left(0,12983 + 0,007\left(\tfrac{y}{100} - 1\right)\right) + 145,295\left(0,1770 + 0,0065\left(\tfrac{y}{100} - 1\right)\right) + 191,1458734265\right] y = 104293,77705 + 275986,8590966354 - 2000 - 10693,5965571825$$

d'où y = 1313°,088699,

La substitution de cette valeur de y dans l'équation (c) donne la valeur de R suivante :

R = 27927°,8792830978.

La différence d'avec le chiffre précédemment trouvé, est :

27927°,8792830978 — 26549°,9360499589 = 1377°,9432331389.

La répartition proportionnelle de ces 1377°,9432331389 entre les quantités de chaleur enlevées par le rayonnement à chaque position de la charge qui viennent d'être calculées, donnera :

calories

$615,705516822 + 31,9551163230 \dots \dots \dots = 647,6606331450$

$825,2331163325 + 42,8295987376 \dots \dots \dots = 868,0627150701$

$1120,6653617282 + 58,1625322736 \dots \dots \dots = 1178,8278940018$

$1551,9194887149 + 80,5446214643 \dots \dots \dots = 1632,4641101792$

$2218,7757544888 + 115,1544616579 \dots \dots \dots = 2333,9302161467$

$3374,4688917968 + 175,1349354842 \dots \dots \dots = 3549,6038272810$

$6149,5713628929 + 319,1627537341 \dots \dots \dots = 6468,7341166270$

$10693,5965571825 + 554,9992134642 \dots \dots \dots = 11248,5957706467$

Somme totale du rayonnement rectifié afférent aux huit

dernières positions de la charge . . . . $27927,8792830975$

Les quantités de chaleur rayonnées qui viennent d'être calculées ne sont que des valeurs approchées. En substituant dans l'équation (*b*) le nouveau chiffre de rayonnement trouvé pour la dernière position, celle de la tuyère, cette équation devient :

$$\left[122,16225 \times 0,2415 + 103\left(0,12983 + 0,007\left(\frac{y}{100} - 1\right)\right) + 145,295\left(0,1770 + \right.\right.$$

$$\left. 0,0065\left(\frac{y}{100} - 1\right)\right) + 191,1458734265 \right] y = 104293,77705 + 275986,8590966354 -$$

$$2000 - 11248,5957706467$$

d'où $y = 1311°,249604$.

La substitution de cette valeur de y dans l'équation (*c*), donne :

$R = 28131°,3432553678$.

La différence entre ce résultat et le précédent, est :

$28131°,3432553678 - 27927,8792830975 = 203°,4639722703$.

La répartition proportionnelle de ces $203°,4639722703$, entre les dernières quantités rectifiées de chaleur enlevées par le rayonnement à chaque position de la charge, sera :

calories

$647,6606331450 + 4,7182077124 \dots \dots \dots = 652,3788408574$

$868,0627150701 + 6,3238368792 \dots \dots \dots = 874,3865519493$

$1178,8278910018 + 8,5877612078 \dots \dots \dots = 1187,4156552096$

$1632,4641101792 + 11,8925010426 \dots \dots \dots = 1644,3566112218$

$2333,9302161467 + 17,0026816246 \dots \dots \dots = 2350,9328977713$

$3549,6038272810 + 25,8588638817 \dots \dots \dots = 3575,4626911627$

$6468,7341166270 + 47,1247280396 \dots \dots \dots = 6515,8588446666$

$11248,5957706467 + 81,9553918821 \dots \dots \dots = 11330,5511625288$

Total du rayonnement rectifié afférent aux huit dernières

positions de la charge. . . . . $28131,3432553675$

Les quantités de chaleur qui viennent d'être trouvées ne sont encore que des valeurs approchées des chiffres véritables, mais assez pour qu'on pût s'y borner sans inconvénient. Toutefois, j'ai cru devoir faire encore dans l'équation (*b*) la substitution de la valeur nouvelle trouvée pour le rayonnement à la dernière position de la charge. Par cette substitution l'équation devient :

$$\left[122,16225 \times 0,2415 + 103\left(0,12983 + 0,007\left(\frac{y}{100} - 1\right)\right) + 145,295\left(0,1770 + \right.\right.$$

$$\left.\left. 0,0065\left(\frac{y}{100}\right)\right) + 191,1458734265\right] y = 104293,77705 + 275986,8590966354 - 2000$$

$$- 11330,5511625288$$

d'où y $= 4310°,977998$.

La substitution de cette nouvelle valeur de y dans l'équation (c), donne :
R $= 28161°,3822021931$.

La différence entre ce résultat et le précédent, est :
$28161°,3822021931 - 28131°,3432553675 = 30°,0389468256$.

Cette différence répartie entre les dernières chaleurs de rayonnement ttrouvées, donne les résultats suivants :

		calories
652,3788408574 + 0,6966101262	=	653,0754509836
874,3865519493 + 0,9336699601	=	875.3202219094
1187,4156552096 + 1,2679224366	=	1188,6835776462
1644,3566112218 + 1,7558439894	=	1646,1124552112
2350,9328977713 + 2,5103261482	=	2353,4432239195
3575,4626911627 + 3,8178790616	=	3579,2805702243
6515,8588446666 + 6,9576340743	=	6522,8164787409
11330,5511625288 + 12,0990610292	=	11342,6502235580

Somme totale du rayonnement rectifié afférent aux huit dernières positions de la charge. 28161,3822021931

LXXXIV.

Détermination de la température de la charge à la vingtième et dernière position, au moment où elle pénètre dans cette position et avant que son charbon ait commencé à brûler.

La comparaison de ces derniers nombres avec les précédents fait connaître qu'il était absolument sans intérêt de pousser l'approximation plus loin. En conséquence, je les adopterai dans les calculs qui vont suivre comme l'expression des chaleurs rayonnées à chacune des huit dernières positions de la charge. Ce rayonnement total correspond à une consommation par charge de kil. 3,4853 de carbone, ou kil. 4,023 de charbon, soit 2,682 p. 100 du charbon de la charge. Il n'est pas douteux que cette consommation ne puisse se réduire en faisant descendre plus bas la chemise extérieure ; mais cette légère économie dont le tableau ci-dessus donnerait le chiffre ex ct, serait compensée par l'inconvénient de diminuer d'autant l'avantage de pouvoir surveiller plus efficacement cette partie du fourneau et d'en réparer plus facilement les avaries.

Reprenant donc l'équation (b) avec le chiffre nouveau de rayonnement à la tuyère comme point de départ, elle devient :

$$\left[122,16225 \times 0,2415 + 103\left(0,12983 + 0,007\left(\frac{y}{100} - 1\right)\right) + 145,295\left(0,1770 + \right.\right.$$

$$0,0065 \left(\frac{y}{100} - 1 \right) \Big) + 191,1458734265 \Big] \; y = 104293^c,77705 + 275986,8590366354 -$$

$$2000 - 11342,6502235580$$

d'où $y = 1310^o,937900$.

On peut remarquer en passant, comme preuve d'une approximation suffisante dans le calcul des chaleurs rayonnées, que cette valeur de y ne diffère de la précédente que de moins de $\frac{5}{100}$ de degré.

La quantité de chaleur conservée par le tronçon gazeux après ce premier croisement, est $191,1458734265 \times 1310,9379 = 250580^c,3699034017$.

Or, il avait à son point de départ (70), $1443^o,854654$ de température et une quantité de chaleur de $275986^c,8590966354$, la perte à ce premier croisement sera donc :

$$275986^c,8590966354 - 250580^o,3699034017 = 25406^o,4891932237$$

qui se répartissent comme suit :

	calories
rayonnement.	11342,6502235580
chaleur latente absorbée par la fusion de la fonte.	2000
chaleur prise par la charge pour passer de 1200 degrés à 1310°,9379.	12063,8389696757
Total égal à la perte trouvée ci-dessus.	25406,4891932337

LXXXV.

Détermination de la somme de chaleur emportée du fourneau par la fonte et les laitiers et de leur température de sortie.

Avant d'aller plus loin, il est à propos de revenir sur la température de la fonte et des laitiers à leur sortie du fourneau et sur la quantité de chaleur qu'ils emportent avec eux et d'épuiser ce qui me reste à dire à cet égard, puisque l'on connaît maintenant tous les éléments de ce point de la question.

On a vu (74) que la charge n'empruntait ni ne cédait aucune portion de chaleur au tronçon gazeux qui va naître de la combustion de son carbone ; il faut donc nécessairement, pour que ce résultat soit atteint, que la fonte et les laitiers arrivés à la vingtième position, c'est à dire, devant la tuyère. et après leur dernier croisement avec le tronçon gazeux, croisement qui leur a donné la température de $1319^o,5379$ qui vient d'être calculée, s'approprient toute la chaleur sensible de leur carbone, ce qui élévera d'autant leur température qui, ainsi modifiée, sera celle de leur sortie. Or la chaleur sensible entière de la charge que la fonte et les laitiers seuls vont s'approprier à leur sortie du fourneau, est (73 et 83)

$$144523^o,4325545778 - 28161^c,3822021931 = 116362^c,0503523847,$$

d'un autre côté, on a vu aussi (69) que la moitié seulement de carbone se brûlait devant la tuyère pendant le passage de la charge et que l'autre moitié servait après ce passage, à transformer en oxyde de carbone, en subissant elle-même cette transformation, l'acide carbonique qui vient d'être produit. Il faut donc aussi pour que ce double effet ait lieu, que la fonte et les laitiers empruntent à l'acide carbonique déjà formé et à travers lequel ils passent pour sortir du fourneau, une quantité de chaleur exactement égale à la quantité de chaleur sensible de cette moitié de carbone de la charge qu'ils laissent derrière eux pour donner au tronçon gazeux sa constitution définitive et lui transmettre sa chaleur propre en compensation de celle qu'il a fournie aux matières à leur sortie. Une autre conséquence de cette théorie, c'est que le tronçon gazeux, en cédant une portion de sa chaleur avant leur sortie du fourneau à la fonte et aux laitiers, abaissera d'autant sa température qu'on a vu (70) être de 2661°,757 en élevant celle des matières pour former une température d'équilibre. Cette température sera évidemment donnée par l'équation.

$$\left[100,75 \left(0,12983 + 0,007 \left(\frac{y}{100} - 1 \right) \right) + 152,045 \left(0,1770 + 0,0065 \left(\frac{y}{100} - 1 \right) \right) \right]$$
$$y = 116362°,0503523847 \; (d)$$

dans laquelle j'ai opéré les corrections résultant de la réduction des kil. 0,75 de silicium, de l'échange entre la fonte et les laitiers de kil. 3 de fer contre ce silicium et du passage dans les laitiers des kil. 4,50 de cendres du charbon (60); la résoluti n de cette équation donne. $y = 1723°,998593$.

L'établissement d'une température d'équilibre entre celle du milieu d'acide carbonique formé devant la tuyère, et qui est de 2661°,757 (70), et celle de 1310°,9379 des matières de la charge qui traversent ce milieu pour sortir du fourneau, non-seulement n'offre à l'espri rien que de très-rationnel et de très-satisfaisant, mais semble devoir être rigoureusement vrai et, exclure tout autre résultat. C'est donc cette température d'équilibre, que l'on pouvait au premier aspect, s'attendre à trouver pour la valeur de y dans l'équation précédente. On va voir cependant qu'elles diffèrent notablement entre elles. En effet, la température d'équilibre est donnée par l'équation

$$\left[100,75 \left(0,12983 + 0,007 \left(\frac{y}{100} - 1 \right) \right) + 152,045 \left(0,1770 + 0,0065 \left(\frac{y}{100} - 1 \right) \right) \right.$$
$$\left. + 170,6389883273 \right] y = 116362°,0503523847 + 454199°,5431488242 \; (f)$$

dans laquelle 170,6389883273 est l'équivalent calorifique du tronçon gazeux, et 454199°,5431488242 est la quantité de chaleur dont il est pourvu (70) après la génération de l'acide carbonique.
de cette équation on tire $y = 2301°,451181$
soit une différence entre la température réelle des matières de la charge à leur sortie du fourneau et la température théorique d'équilibre entre elles et le tronçon gazeux de 2301°,451181 — 1723°,998593 = 577°,452588
mais cette contradiction n'est qu'apparente; pour s'en convaincre, il suffit de remarquer que si la température de sortie de la fonte et des laitiers était réellement 2301 degrés, il en résulterait, puisque la chaleur sensible totale du charbon qu'ils se sont appropriée, n'a pu leur donner que 1723 degrés (d), qu'ils auraient fait au tronçon gazeux un emprunt de chaleur non restituable, ce qui est contraire à la théorie posée et démontrée (74). C'est donc la température du tronçon gazeux qui a diminué et s'est abaissée à 1723 degrés sans que ce dernier leur ait rien cédé de la chaleur normale qu'il doit conserver. Il est facile de s'en rendre

compte, si l'on se rappelle que la production simultanée de tout l'acide carbonique d'un tronçon gazeux n'est qu'une fiction destinée à f ciliter le raisonnement, mais qu'en réalité cette génération d'acide carbonique n'est que successive, dure 36 minutes et n'a lieu à la fois que pour des quantités relativement faibles, à l'égard desquelles les influences de masse ont d'autant plus d'action au profit de la rapidité de leur transformation, en sorte qu'il se forme toujours pendant ces trente six minutes par une réaction concomitante de l'oxyde de carbone en même temps que de l'acide carbonique, ce qui refroidit le milieu suivant une proportion correspondante. On comprend en effet que l'acide carbonique généré au coup du jet d'air, rencontre aussitôt dans ce milieu de carbone, des influences de masse qui sous l'action de la température, le transforment immédiatement en oxyde de carbone et qu'enfin l'ensemble des phénomènes du passage de la charge à la tuyère s'accomplit de telle façon, que ce passage opéré, il ne reste d'acide carbonique que l'amorce en quelque sorte de le charge suivante qu'elle laissera elle même à celle qu'elle précède sans qu'il se manifeste aucune intermittence dans la marche du fourneau.

C'est ce qui explique à la fois pourquoi la durée de la présence de l'acide carbonique dans la région de la tuyère est permanente et la zône de sa formation si étroite qu'on n'en trouve plus de trace à 10 ou 12 centimètres au-dessus du point où il se produit et qui se trouve dans la section horizontale de la tuyère.

La comparaison entre elles des deux dernières équations (d) et (f) fournirait le moyen de calculer, s'il y avait intérêt à le faire, la quantité d'acide carbonique qui à un moment donné, a été réduite en oxyde de carbone pendant le passage des matières de la charge à la tuyère pour sortir du fourneau et qui a refroidi d'autant la température d'équilibre en l'abaissant de 2301° à 1723°. Je me suis borné à indiquer sur le tableau des températures de la charge, à sa hauteur probable dans la région de la tuyère, cet état transitoire et intermédiaire du tronçon gazeux entre la température produite par la formation d'acide carbonique et celle résultant du changement complet de cet acide carbonique en oxyde de carbone qui est de 1443°,85. J'y ai joint l'indication correspondante pour la charge.

LXXXVI.

Répartition entre la fonte et les laitiers de leur chaleur de sortie du fourneau.

Les 116362°,0503523847 emportées du fourneau par la fonte et les laitiers, se répartissent entre eux comme suit :
la part de la fonte est,

	calories
100,75 (0,12983 + 0,007 × 16,23998593) 1723,998593 . . . =	42295,7308041694
celle des laitiers	
152,045 (0,1770 + 0,0065 × 16,23998593) 1723,998593 . . . =	74066,1194648225
Total égal au terme indépendant de l'équation (d), .	116362,0502689919

La quantité de chaleur de la fonte correspond à kilog. 5,234648 de carbone ou à kilog. 6,042275 de charbon.

La quantité de chaleur des laitiers correspond à kilog. 9,166598 de carbone ou à kilog. 10,580374 de charbon.

Il convient de remarquer que ces quantités de charbon ne représentent pas à beaucoup près les parts respectives de consommation de charbon de la fonte et des laitiers, mais ne sont qu'un des éléments du calcul de cette consommation que je donne plus loin (96).

LXXXVII.

Calcul de la température de la charge et du tronçon gazeux à chacune de leurs positions, jusqu'au bas de la première position de la charge et de la dernière du tronçon gazeux à sa sortie du gueulard.

Je reviens aux équations (a) et (b) pour reprendre la suite des mouvements calorifiques qui ont lieu de la tuyère au gueulard et des modifications tant dans la charge que dans le tronçon gazeux qui en sont la conséquence.

J'ai admis par hypothèse d'après M. Pouillet la fusion de la fonte à 1200 degrés; je place cette fusion d'après mes propres observations au passage de la charge de la 19e à la 20e position. Cette condition est exprimée par l'équation (a). Toutefois il convient de remarquer que pour les hauts-fourneaux qui produisent des fontes fusibles à des températures différentes, les résultats du calcul seraient changés, mais non les principes sur lesquels ils sont fondés. Il serait fort désirable qu'un travail général sur cette matière fût fait et qui rapportât notamment à des types de composition définie la température de fusibilité de chaque variété de fonte. Le calcul des chaleurs normales nécessaires au traitement de ces fontes et par suite de la consommation de combustible en serait singulièrement facilité et présenterait plus de garanties d'exactitude.

Il suit, de la donnée adoptée ici que la chaleur retenue par le tronçon gazeux après ce 2e croisement, est,

$$191,1458734265 \times 1200 = 229375^c,0481118$$

Or au croisement précédent et qui est le premier il avait conservé

$$191,1458734265 \times 1310,9379 = 250580^c,3699034017 \ (84)$$

Il a donc fait à ce croisement une perte de

$$250580^c,3699034017 - 229375^c,0481118 = 21205^c,3217916017$$

Afin de pouvoir fixer les chiffres de répartition de cette chaleur entre les causes de perte qui l'absorbent, il faudrait connaître la température de fusion des laitiers supposés, comme de raison, d'une composition normale et définie. Mais on n'a aucun documents précis à cet égard et j'ai dû y suppléer par de nombreuses observations personnelles et desquelles il résulte que cette fusion, abstraction faite de faibles réactions accessoires dues sans doute à la présence de l'alcali des cendres du charbon et qui tendaient à en modifier l'apparence, avait lieu entre 1100 et 1200 degrés et dans le cas présent de la 18e à la 19e à la position de la charge. En conséquence j'ai déterminé d'après des calculs de tâtonnement et des inductions rigoureuses, les prémisses étant admises, la proportion dans laquelle cette réaction se partage entre la 18e et la 19e position.

Cette proportion est de $\frac{13}{20}$ pour la 19e et de $\frac{7}{20}$ pour la 18e. La réparti-

tion de la chaleur perdue au 2e croisement du tronçon gazeux avec la charge

a donc lieu comme suit,

rayonnement (83). 6522c,8164787409

$\frac{13}{20}$ de la chaleur latente de fusion des laitiers (68). . . . 3972c,67

chaleur prise sur la charge. 10709c,8353128608

Total égal à la perte trouvée. 21205c,3217916017

Or d'après l'équation (a) la charge avait à la 19e position

104293c,77705, d'où il résulte qu'à la 18e elle avait

$$104293,77705 - 10709c,8353128608 = 93583c,94173$$

NOTA. — Il est observé que dans la chaleur latente de fusion des laitiers j'ai compris celle de kilog 4,50 de cendres du charbon bien que ces matières ne se séparent du charbon pour entrer dans la composition des laitiers qu'à la 20e, position lors de la combustion du carbone devant la tuyère, parce que cette transposition économisait un détail peu important sans préjudice pour l'exactitude du résultat général.

Pour apprécier et établir les conditions de l'équation de la température de la charge à la 18e position, il convient de remarquer : 1o que puisque $\frac{13}{20}$ des laitiers sont entrés en fusion à la 19e c'est qu'ils étaient à l'état solide à la 18e que par conséquent ils doivent reprendre dans cette équation leur caloricité à l'état solide qui est 20016 (73) sans coefficient d'accroissement; 2o que puisque j'ai admis que la carburation s'opère par parties égales entre la 11e et la 19e position, le dernier huitième de cette réaction va s'accomplir dans le passage de cette charge à cette position. L'exactitude de cette hypothèse qui paraît très près de la vérité est au surplus sans influence sur les effets calorifiques puisqu'elle s'opère sans mouvement de chaleur. Mais il ne faut pas perdre de vue que ces limites ne sont pas absolues et varient avec la température et pour chaque fourneau, mais qu'en outre si la carburation ne commence qu'après la réduction complète, néanmoins les inégalités de grosseur des fragments font que la réduction ne se terminant pas en même temps pour tous, la carburation commence pour les premiers réduits avant que la réduction des plus gros ne soit entièrement achevée, ce qui tendrait à faire croire que les deux réactions peuvent avoir lieu simultanément. Le but de cette dernière observation est d'expliquer cette anomalie apparente. En conséquence en effectuant ces modifications dans l'état des matières, l'équation de la température à la 18e position de la charge, sera,

$$\left[122,16225 + 0,2415 + 103 \left(0,12983 + 0,007 \left(\frac{y}{100} - 1 \right) \right) + \frac{145,295 \times 13}{20} \times 0,20016 \right.$$

$$\left. + \frac{145,295 \times 7}{20} \left(0,1770 + 0,0065 \left(\frac{y}{100} - 1 \right) \right) \right] y = 93583c,9417371392$$

d'où y = 1144°,571359.

La quantité de chaleur conservée par le tronçon gazeux après ce 3e croisement, est : 191,1458734265 × 1144,571359 = 218780c,0921150110,

d'où perte, 10594c,9559967890, qui se répartit comme suit :

calories

rayonnement, ... 3579,2805702243

$\dfrac{7}{20}$ de la chaleur latente de fusion des laitiers (68). 2139,13

chaleur prise par la charge. 4876,5454265647

     Total égal à la perte trouvée 10594,9559967890

d'où résulte que la charge avait à la 17ᵉ position,

         93583°,9417371392 — 4876°,5454265647 = 88707°,3963105745.

Ici se présente pour les $\dfrac{7}{20}$ des laitiers qui ont subi la fusion à la 18ᵉ position, l'observation faite pour les autres $\dfrac{13}{20}$ à l'équation précédente. Leur caloricité devient 0,20016 sans coefficient d'accroissement. De plus, les kil. 0,375 de carbone, qui se sont combinés avec le fer à la position qui vient d'être examinée, doivent être à celle-ci déduits du fer et restitués au charbon. Le fer lui-même non carburé doit reprendre sa caloricité 0,11379 (Regnault), ainsi que son coefficient d'accroissement de caloricité par 100 degrés 0,0065 déduit des indications tirées de Petit et Dulong. En conséquence, l'équation qui donne la température de la charge à cette position est :

$$\left[122,53725 \times 0,2415 + 90,125 \left(0,12983 + 0,007 \left(\frac{y}{100} - 1 \right) \right) + 12,5 \left(0,11379 + 0,0065 \left(\frac{y}{100} - 1 \right) \right) + 145,295 \times 0,20016 \right] y = 88707°,3963105745$$

d'où l'on tire y = 1121°,814804.

La quantité de chaleur conservée par le tronçon gazeux après ce 4ᵉ croisement est : 191,1458734265 × 1121,814894 = 214430,2877364865, d'où perte, 4349°,8043785245, qui se répartit comme suit :

calories

rayonnement 2353,4432239195

chaleur prise par la charge 1996,3611546050

     Total égal à la perte trouvée. 4349,8043785245

d'où suit que la charge avait à la 16ᵉ position

         88707°,3963105745 — 1996° 3611547050 = 86711°,0351559695.

En opérant les modifications nécessitées par le mouvement de la carburation, l'équation de la charge à cette position est :

$$\left[122,91225 \times 0,2415 + 77,25 \left(0,12983 + 0,007 \left(\frac{y}{100} - 1 \right) \right) + 25 \left(0,11379 + 0,0065 \left(\frac{y}{100} - 1 \right) \right) + 145,295 \times 0,20016 \right] y = 86711°,0351559695$$

d'où l'on tire y = 1101°,986126.

La chaleur conservée par le tronçon gazeux après ce 5ᵉ croisement est :

         191,1458734265 × 1101,986126 = 210640°,1005581550

d'où perte, 3790°,1871783315, qui se répartit comme suit :

calories

rayonnement 1646,1124552112

chaleur prise par la charge 2144.0747231203

     Total égal à la perte trouvée. 3790,1871783315

d'où résulte que la charge avait à la 15e position,
$$86711^c,0351559695 - 2144^c,0747231203 = 84566^c,9604328492.$$

Par les mêmes motifs que pour l'équation précédente, l'équation de la température de la charge à cette position est :

$$\left[123,28725 \times 0,2415 + 64,375 \left(0.12983 + 0,007 \left(\frac{y}{100} - 1\right)\right) + 37,50 \left(0,11379\right.\right.$$
$$\left.\left. + 0,0065 \left(\frac{y}{100} - 1\right)\right) + 145,295 \times 0,20016\right] y = 84566^c,9604328492$$

d'où l'on tire $y = 1080°,211714$.

La chaleur conservée par le tronçon gazeux après ce 6e croisement est :
$$191,1458734265 \times 1080,211713 = 206478^c,0113669207$$
d'où perte, $4162^c,0891912343$, qui se répartit comme suit :

	calories
rayonnement.	1188,6835776462
chaleur prise par la charge	2973,4056135881
Total égal à la perte trouvée. . . . . :	4162,0891912343

d'où il résulte que la charge avait à la 14e position,
$$84566^c\ 9604328492 - 2973^c,4056135881 = 81593^c,5548192611.$$

En conséquence, l'équation de la température de la charge à cette position, en continuant d'opérer les modifications dues à la carburation du fer est :

$$\left[123,66225 \times 0,2415 + 51,5 \left(0,12983 + 0\ 007 \left(\frac{y}{100} - 1\right)\right) + 50 \left(0,11379 +\right.\right.$$
$$\left.\left. 0,0065 \left(\frac{y}{100} - 1\right)\right) + 145,295 \times 0,20016\right] y = 81593^c,5548192611$$

d'où l'on tire $y = 1048°,437404$.

La chaleur conservée par le tronçon gazeux après ce 7e croisement est :
$$191,1458734265 \times 1048,437404 = 200404^c,4833205922$$
d'où perte $6073^c,5280463285$, qui se répartit comme suit :

	calories
rayonnement.	875^c,3202219094
chaleur prise par la charge.	5198^c,2078244191
Total égal à la perte trouvée.	6073^c,5280463285

d'où il résulte que la charge avait à la 13e position $81593^c,5548192611 - 5198^c,2078244191 = 76395^c,3469948420$.

En conséquence, l'équation de la température de la charge à cette position avec les mêmes modifications produites par la carburation du fer, est,

$$\left[124,03725 \times 0,2415 + 38,625 \left(0,12983 + 0,007 \left(\frac{y}{100} - 1\right)\right) + 62,50 \left(0,11379 +\right.\right.$$
$$\left.\left. 0,0065 \left(\frac{y}{100} - 1\right)\right) + 145,295 \times 0,20016\right] y = 76395^c,3469948420$$

d'où l'on tire $y = 989°,778742$.

Ce chiffre de température montre que puisque la décomposition du carbonate de chaux a lieu d'après mon hypothèse à 900 degrés (67), le point où cette réaction s'accomplit est très près de la 13e position de la charge. Il convient donc avant de passer outre d'entrer ici dans quelques détails pour établir la clarté nécessaire dans le sujet. Or, en premier lieu pour que la décomposition ait pu commencer et s'achever, la charge a dû atteindre et conserver pendant toute la durée de la réaction la température de 900 degrés et comme l'acide carbonique faisait partie de sa masse, il est évident que cet acide carbonique participant à la température commune doit figurer dans le calcul de la quantité de chaleur dont elle était pourvue au moment où la réaction a commencé. Pour faire le calcul de cette chaleur j'admettrai une moyenne de caloricité, entre la caloricité 0,20016 des matières des laitiers et 0,2164 celle de l'acide carbonique. Le poids de ces matières étant à cette hauteur, kil. 145,295 et celui de l'acide carbonique total qui s'y trouvait combiné, kil. 37,88714 (67), cette caloricité moyenne est 0,203518 ; par conséquent la quantité de chaleur de la charge à 900 degrés au moment où a commencé et avant la décomposition du carbonate de chaux, en opérant la modification résultant du huitième de carburation du fer pour la 12e position, était :

$$[124,41225 \times 0,2415 + 25,750 \ (0,12983 + 0,007 \times 8) + 75 \ (0,11379 + 0,0065$$
$$\times 8) + (145,295 + 37, 88714) \ 0,203518] \ 900 = x = 76091^c,2142791680.$$

Pour se rendre compte de la manière dont cette quantité de chaleur a été acquise par la charge et des modifications ultérieures qu'elle a subies en plus et en moins jusqu'à la température de 989°,778742 qu'elle atteint plus bas et qui vient d'être calculée, il suffit de considérer :

1° Que si la charge, au moment où se trouvant encore pourvue de son acide carbonique à cette position, elle se croise avec le tronçon gazeux, ne possédait pas les 76091°,2142791680 de chaleur normale nécessaire au départ de l'acide carbonique qui vient d'être trouvée le tronçon gazeux a dû fournir l'appoint, qu'ainsi cette donnée est parfaitement exacte ;

2° Que cette quantité de chaleur a subi à partir du commencement de la réaction jusqu'à sa fin, la diminution de toute la chaleur sensible que l'acide carbonique a enlevée à la charge en la quittant pour se réunir au tronçon gazeux. Cette chaleur sensible enlevée, est $37,88714 \times 0,2164 \times 900 = 7378^c,8993864$
ce qui réduit les 76091°,21427988 à 68712°,314892768 ;

3° Que ce reste de 68712°,314892768 que possède à 900 degrés la charge dépourvue de son acide carbonique, a dû être accru de 76395°,346994842 — 68712°,314892768 = 7683°,032102074
pour faire atteindre à la charge 989 degrés.

En second lieu, le fait de la décomposition du carbonate de chaux, rendra libre une certaine quantité d'acide carbonique, qui en diminuant la masse des matières, accroîtra d'autant celle du tronçon gazeux et son équivalent calorifique. Cet acide carbonique apportera au tronçon gazeux la chaleur dont il est pourvu et qui lui donne la température du milieu. Mais dans cette chaleur totale dont il est pourvu, il y a à faire la distinction de celle qu'il avait en propre, venant de la position précédente de celle qu'il a prise en quelque sorte pour appoint au tronçon gazeux, pour contracter dans le croisement que j'examine la température commune. C'est la première seule de ces deux quantités de chaleur dans le calcul de sa chaleur à la position immédiatement supérieure qu'il s'agit de déterminer. De ce qui vient d'être dit, il résulte que cette adjonction d'acide carbonique au tronçon gazeux et à la même température ne fait point varier celle de ce dernier ; ensuite que puisque la charge cède de l'acide carbonique, c'est qu'aux positions supérieures cet acide carbonique était toujours en combinaison et faisait partie de sa masse et devra par conséquent en remontant être restitué dans les matières avec les modifications de caloricité que sa présence introduit.

Ces diverses observations s'appliquent littéralement au départ des autres matières volatiles de la charge. il deviendra inutile de les reproduire dans ce qui va suivre et je me bornerai à mentionner la circonstance quand elle se présentera, mais les calculs seront faits en conséquence.

Ceci expliqué, si l'on remarque que le produit de l'équivalent calorifique du tronçon gazeux par la température donnée par le dernier croisement, est,
$$191,1458734265 \times 989,778782 = 189192^c,1221385723$$
ce qui ferait une quantité de $11212^c,3611820199$ de chaleur abandonnée tout entière à la charge par le tronçon gazeux, sauf prélèvement d'un très-faible chiffre de rayonnement, on reconnaîtra en comparant cet écart de chaleur à celle nécessaire pour porter la charge de 900 degrés à 989, que la décomposition du carbonate de chaux n'était point encore entièrement terminée lors de l'entrée de la charge à la position 13e que j'examine.

Cette conséquence n'est nullement altérée par les légères modifications introduites dans le résultat ci-dessus, par l'acide carbonique qui dans ce cas passe de la charge au tronçon gazeux. En effet puisque le tronçon gazeux par sa rencontre avec la charge à ce croisement, l'a amenée de la température quelconque qu'elle avait, à celle de 989 degrés en lui abandonnant 11212 calories, que d'un autre côté la charge après la décomposition complète de son carbonate de chaux n'a eu besoin pour élever sa température de 900 degrés qu'elle avait à ce moment là à celle de 989 degrés, que de 7683 calories, il est évident que le tronçon gazeux dans le cours de la transmission de ses 11212 calories à la charge a rencontré ce point de 900 degrés précisément au moment où celle-ci s'est trouvée pourvue des 7683 calories nouvelles, et que de ce moment limite inférieure de la réduction du carbonate de chaux, tout excédant de chaleur fournie en remontant par le tronçon gazeux à la charge occurrente a été jusqu'à concurrence de 16649^c, (67) absorbé par cette réaction.

La charge avait donc 900 degrés à la 12e position ainsi que lorsqu'elle a pénétré dans la 13e, puisqu'elle avait encore du carbonate de chaux à décomposer. Pour avoir la quantité exacte de chaleur abandonnée à cette 13e position par le tronçon gazeux, il faudrait connaître la quantité exacte de carbonate de chaux qui restait, car l'acide carbonique qui a été mis en liberté est venu modifier quelque peu la répartition de la chaleur cédée. Cette quantité de carbonate de chaux est déterminée par un moyen simple et facile d'approximation qui conduit à un degré aussi approché que l'on veut du chiffre vrai.

Si l'on fait la répartition suivante de la chaleur abandonnée par le tronçon gazeux savoir :

rayonnement. . . . . $653^c,0754509836$
chaleur prise par la décomposition du carbonate de chaux. $2876^c,2536289623$
chaleur prise par la charge. $7683^c,032102074$

Total égal à la perte trouvée. . . . $11212^c,3611820199$

On voit que la quantité de chaleur attribuée à la décomposition du carbonate de chaux est trop forte puisque l'acide carbonique mis en liberté par cette décomposition a absorbé, pour s'élever de la température de 900 degrés à laquelle il a quitté la charge à celle de 989 degrés qu'il a prise avec le tronçon gazeux, une certaine quantité de chaleur dont il n'a pas été tenu compte et qui diminuerait d'autant la chaleur disponible pour la décomposition du carbonate de chaux et par suite la quantité correspondante de ce corps.

Si maintenant d'après ce chiffre trop fort de carbonate de chaux obtenu, on rectifie la chaleur conservée par le tronçon gazeux après ce croisement cette rectification trop forte conduit à son tour à un chiffre nouveau trop faible de chaleur applicable à la décomposition du carbonate de chaux. Ce chiffre nouveau trop faible de chaleur donne une quantité trop faible d'acide carbonique qui à son tour conduit à un résidu trop fort de chaleur applicable à la décomposition du carbonate de chaux, mais plus approché que les deux autres et ainsi de suite en continuant jusqu'à ce qu'on ait atteint le degré d'exactitude que l'on désire. Le chiffre cherché de kil. 14,24511 de carbonate de chaux que j'ai obtenu de cette manière est exact à moins de $\dfrac{1}{100000}$ près.

Ce chiffre correspond à kil. 6,26785 d'acide carbonique dont l'équivalent calorifique est $6,26785 \times 0,2164 = 1,35636274$.

L'équivalent calorifique total du tronçon gazeux s'en est accru d'autant et est devenu $191,1458734265 + 1,35636274 = 192,5022361665$
et la quantité de chaleur exacte qu'il a conservée après ce huitième croisement, est, $192,5022361665 \times 989,778742 = 190534^c,6211450652$.

Pour avoir la perte de chaleur qu'il a éprouvé dans ce croisement, il faut ajouter à la chaleur qu'il avait au croisement précédent, la chaleur que les kil. 6,27015 d'acide carbonique dont il s'est accru lui ont apportée et de la somme retrancher le produit ci-dessus. La différence est la perte nette qu'il a faite. Les deux égalités suivantes expriment ces relations,
$200404^c,4833205922 + 1,35636274 \times 900 = 201625^c,2097865922$
$201625^c,2097865922 - 190534^c,6211450652 = 11090^c,5886415270$

D'après ce qui précède la répartition de cette chaleur abandonnée a lieu de la manière suivante :

rayonnement. . . . . $653^c,0754509836$
chaleur prise par la décomposition de kil. 14,24511 de
 carbonate de chaux . . . . $2754^c,4810885694$
chaleur prise par la charge. . . . . $7683^c,032102074$

Total égal à la perte trouvée. . . . . $11090^c,5886415270$

Pour connaître la quantité de chaleur sensible qu'avait la charge à la 12e position, il faut lui restituer celle qu'avait à la même 12e position, l'acide carbonique qui l'a quittée en lui enlevant nécessairement la chaleur dont il était pourvu. Cette quantité, est, $6,26785 \times 0,2164 \times 900 = 1220^c,726466$ (n).

En conséquence, la chaleur qu'elle avait à la 12e position, est, $76395^c,3469948420 + 1220^c,726466 - 7683^c,032102074 = 69933^c,0413587680$.

Pour calculer maintenant sa température, on devra remarquer que les kil. 14,2411 de carbonate de chaux qui viennent d'être décomposés existent à cette position de la charge, que par conséquent le poids de leur acide carbonique kil. 6,26785 qui vient d'être calculé doit être rétabli dans les matières avec les modifications de caloricité auxquelles il donne lieu. Ces modifications consistent en une caloricité moyenne de 0,200831 prise entre celle des matières pour leur poids de kil. 145,295. et celle de kil. 6,26785 d'acide carbonique. En conséquence l'équation de la température de la charge en continuant à tenir compte de la carburation du fer, sera :

$$\left[124,41225 \times 0,2415 + 25,750\left(0,12983 + 0,007\left(\frac{y}{100} - 1\right)\right) + 75\left(0,11379\right.\right.$$

$$\left.\left. + 0,0065\left(\frac{y}{100} - 1\right)\right) + 151,56285 \times 0,200831\right].\ y = 69933^c,0413587680.$$

d'où l'on tire y $= 899^o,999244$

soit 900° à moins de $\frac{1}{1000}$ de degrés près.

On peut remarquer en passant que la restitution de 1220^c. 726466 au terme indépendant de cette équation et celle de l'acide carbonique à l'autre membre, n'étant autre que l'addition de l'égalité (n) à l'équation, n'a aucune influence sur la valeur de y. Mais cette opération fait connaître le mouvement des matières et les modifications de leur groupement.

Pour avoir la chaleur conservée par le tronçon gazeux après ce 9e croisement, il faudrait connaître la quantité d'acide carbonique dont sa masse s'est accrue. Or, si l'on remarque que ce dernier gaz ayant quitté la charge à 900 degrés et ayant retrouvé la même température dans le tronçon gazeux auquel il s'est réuni, ainsi que déjà l'observation en a été faite, on peut le considérer provisoirement pour un instant et sous la réserve d'y revenir tout-à-l'heure comme n'ayant exercé aucune influence sur le mouvement calorifique du tronçon gazeux, que par conséquent la quantité de chaleur cédée par ce dernier est indépendante de celle de ce gaz nouveau dont il s'est accru. Cette quantité de chaleur cédée est donc égale à celle qu'il avait au croisement précédent moins celle qu'ont conservé après celui-ci les gaz seulement qui composaient sa masse, sans avoir égard au nouveau gaz acquis qui n'a rien cédé ni rien reçu. La chaleur conservée, est, $192,5022361665 \times 900 = 173252^c,0125493500$

et par suite la chaleur abandonnée à la charge, est :
$190534^c,6211450652 - 173252^c,01254985 = 17282^c,6085952152$

De ce chiffre, si l'on considère que la chaleur nécessaire à la décomposition totale du carbonate de chaux n'est que de 16649 calories (67), que déjà au croisement précédent 2754 calories ont été absorbées pour une partie de ce carbonate de chaux on conclut que l'autre partie, pesant kil. $86,10714 - 14,24511 = 71,86203$ (67) a été totalement décomposée à cette 12e position. L'acide carbonique mis en liberté, est kil. $37,88714 - 6,26785 = 31,61929$ (67) et son équivalent calorifique, est $31,61929 \times 0,2164 = 6,842414356$.

En conséquence l'équivalent calorifique du tronçon gazeux modifié dans ce croisement par cette adjonction nouvelle d'acide carbonique, est
$192,5022361665 + 6,842414356 = 199,3446505225$
et la chaleur totale sensible qu'il a conservée en tenant compte de celle du gaz

15

nouveau dont il s'est accru, est, $173252^c,01254985 + 6,842414356 \times 900 = 179410^c,18547025$

La décomposition des kil. 71,86203 restant du carbonate de chaux a absorbé $16649^c,9066216774 - 2754^c,4810855694 = 13895^c,425536108$.

En conséquence les 17282^c, 6085952152 abandonnées par le tronçon gazeux se répartissent comme suit :

Chaleur absorbée par la décomposition de kil. 71,86203
de carbonate de chaux. . . . . $13395^c,4255361080$
Chaleur prise par la charge. . . . . $3387^c,1830591072$

$\qquad\qquad$ Total égal à la perte trouvée. . . . . $17282^c,6085952152$

Pour connaître, la quantité de chaleur sensible qu'avait la charge à la 11e position, il faut lui restituer celle que lui a enlevée son acide carbonique en la quittant pour se réunir au tronçon gazeux. Toutefois dans cette chaleur enlevée, il n'est question que de celle que cet acide carbonique avait dans la charge à la position supérieure et elle ne comprend pas la part proportionnelle qu'il a prise dans les 3387 calories cédées à la charge pour l'élever à 900 degrés. Cette dernière observation répond à la réserve faite au sujet de la chaleur apportée au tronçon gazeux par le nouveau gaz.

La chaleur sensible ainsi entendue, enlevée à la charge par l'acide carbonique qui s'est séparé d'elle à ce croisement, a pour expression :

$$31,61929 \times 0,2164 \times y, \text{ ou si l'on simplifie, } 6,842414356 \times y,$$

y étant la température inconnue de la charge à la 11e position. La quantité de chaleur qu'avait la charge à cette 11e position. est donc :
$69933^c,041358768 - 3387^c,1830591072 + 6,842414356 \times y$, ou si l'on simplifie,
$$66545^c,8582996608 + 6,842414356 \times y.$$

La caloricité moyenne entre 0,200831, qui est celle des kil. 151,56285 des matières et celle des kil. 31,61929 d'acide carbonique, étant 0,203618, l'équation de la température de la charge à la 11e position est :

$$\left[124,78725 \times 0,2415 + 12,875\left(0,12983 + 0,007\left(\frac{y}{100} - 1\right)\right) + 87,50\left(0,11379\right.\right.$$
$$\left.\left. + 0,0065\left(\frac{y}{100} - 1\right)\right) + (151,56285 + 31,61929)\,0,203518\right]y = 66545^c,8582996608$$
$$+ 6.842414356 \times y$$

d'où l'on tire $y = 861^\circ,762883$.

Cette valeur de y donne pour la quantité de chaleur de la charge à cette position :
$$66545^c,8582996608 + 6,842414356 \times 861,762883 = 72442^c,3970165973$$

Pour avoir la chaleur abandonnée par le tronçon gazeux à ce 10e croisement, puisque ses augmentations de masse n'ont aucune influence sur cette chaleur abandonnée, il suffit de connaître la chaleur conservée à cette dernière température par le gaz de sa composition précédente et de prendre la différence d'avec la chaleur qu'ils avaient à cette même position précédente. Cette différence est la perte cherchée. Les deux relations suivantes réalisent ces conditions et donnent cette perte :

$$199,3446505225 \times 861,762883 = 171787^c,8207448970$$
$$179410^c,18547025 - 171787^c,8207448970 = 7622^c,3647253530$$

Avant de passer outre et pour déterminer la répartition de cette chaleur perdue, il convient de remarquer que l'on entre dans la zone de la décomposition de l'hydrate d'alumine ainsi que de l'eau elle-même combinée à l'alumine et de la réduction du fer, que par conséquent, il y a lieu d'examiner comment la chaleur fournie par le tronçon gazeux se distribue entre la charge pour l'échauffer et les réactions que ses matières subissent. Tout d'abord, on peut reconnaître que, pour que ces phénomènes se produisent, il faut que le tronçon qui est le réservoir de chaleur qui fournit à la consommation qui s'en fait à chacun de ces croisements avec la charge, puisse en abandonner la quantité nécessaire. Il est donc évident que l'étendue des zones de ces réactions, que le temps que ces dernières mettent à s'accomplir, dépendent absolument de la rapidité avec laquelle la chaleur dont elles ont besoin, leur est abandonnée par le tronçon gazeux et que ce temps enfin suit exactement les variations de cette transmission de chaleur. Ainsi donc, bien que nous n'ayons que des données assez confuses sur les températures auxquelles ont lieu la décomposition de l'hydrate d'alumine et la réduction de l'oxyde de fer, les documents fort incomplets que nous possédons à cet égard, combinés avec les notions plus nettes de la quantité de chaleur qui leur est nécessaire et de celle que peut fournir le tronçon gazeux, procurent néanmoins le moyen facile d'atteindre un degré d'approximation suffisant dans la fixation des limites des zones et du mouvement de ces réactions, et par suite de déterminer comment la chaleur fournie par le tronçon gazeux à ses croisements successifs se distribue entre ces diverses causes d'absorption.

En ce qui concerne l'hydrate d'alumine, on sait que cette substance, soumise à la calcination, commence à perdre graduellement son eau d'hydratation à partir de cinq à six cents degrés, et ne se sépare des dernières parties qu'à la chaleur rouge; mais on ignore dans quelles proportions s'opèrent ces décompositions partielles.

En ce qui regarde le fer, on sait aussi par de nombreuses expériences souvent répétées par moi, que l'oxyde de fer à l'état fragmentaire où on le traite, soumis à un courant d'oxyde de carbone, commence à perdre de l'oxygène, c'est-à-dire à passer à un degré moindre d'oxydation au rouge naissant, et que la réduction s'achève autour de 800 degrés. Au fourneau de Corbelin et dans les conditions présentes, des observations nombreuses permettaient de penser que ces deux réactions s'opéraient de la 11e à la 5e position de la charge.

J'admettrai dans les calculs qui vont suivre, en combinant ces faits d'observation avec les quantités de chaleur disponible du tronçon gazeux à chacun de ces passages, quantités qui d'ailleurs, paraissent présenter un accord remarquable avec ces expériences, que la réduction avait lieu dans les six positions consécutives de la charge, à partir de la 11e, et en l'y comprenant. Il n'y avait pas à se préoccuper du mouvement de ces deux réactions et des proportions suivant lesquelles elles pouvaient s'accomplir aux différentes positions de la charge, puisque c'était la quantité de chaleur disponible du tronçon gazeux qui déterminait ce mouvement, son accélération ou son ralentissement et dispensait ainsi de toutes les hypothèses à ce sujet.

Pour donner une base aux calculs et atteindre en même temps un degré suffisant d'approximation, je compterai le mouvement de ces réactions par centièmes; j'admettrai que le fer ne passait à l'état métallique qu'au voisinage d'une température de 800 degrés, c'est-à-dire, au bas de la zone de réduction et après avoir été préalablement amené à l'état de protoxyde, hypothèse d'accord avec l'observation; de plus, que la quantité de chaleur absorbée est proportionnelle à la quantité d'oxygène expulsé, quel que soit le degré d'oxydation dans lequel il se trouve engagé. Cette dernière hypothèse pourrait ne pas être vraie sans préjudicier en quoi que ce soit à l'exactitude du chiffre total de la chaleur absorbée.

En conséquence, en ce qui concerne l'hydrate d'alumine, les quantités totales d'eau décomposée et de chaleur nette rendue latente par cette réaction, étant pour l'eau, kil. 9,83775, et pour la chaleur 15177^c,457729 (66) la décomposition de $\frac{1}{100}$ absorbera en eau 0,0983775, et en chaleur 151^c,77457729, et donnera lieu aux résultats suivants.

Il y aura :

en oxygène mis en liberté. kil.　0,0874466666
en carbone absorbé pour faire de l'oxyde de carbone. . . . . . .　0,0655849999

poids de l'oxyde de carbone formé. . . . . kil.　0,1530316665
en hydrogène mis en liberté. . . . .　0,0109308334
en carbone absorbé pour faire de l'hydrogène protocarboné. . .　0,0327925002

poids de l'hydrogène carboné formé. . . . . kil.　0,0437233336

En ce qui concerne le fer, la totalité de l'oxygène combiné avec les 100 kil. de fer pour composer du peroxyde étant, kil. 42,8571428571 (66), l'oxygène, pour faire du protoxyde avec la même quantité de fer étant, kil. 28,5714285714 et la chaleur nette totale absorbée par la réduction complète des kil. 100 de fer étant 9126^c,012014, le dégagement de $\frac{1}{100}$ d'oxygène mettra en liberté k. 0,428571428571 de ce gaz et amènera à l'état métallique, kil. 1,5 de fer de l'état de protoxyde. La chaleur absorbée par cette réaction sera 91^c,26012014 : il y aura, kilog. 0,7499999999 d'oxyde de carbone du tronçon gazeux converti en k. 1,1785714285 d'acide carbonique.

Il convient de rappeler que cette succession de réactions résultant de la réduction du fer n'est qu'une fiction adoptée pour faciliter le raisonnement et l'exposition de la théorie, mais qu'en fait, la mise en liberté de l'oxygène du fer par l'oxyde de carbone, et l'acidification de ce dernier par cet oxygène, ne forment qu'une seule réaction sans intervalle entre les deux temps supposés ici.

Il sera tenu compte en leur lieu à mesure qu'elles se présenteront et au moment de leur discussion, des diverses modifications produites soit dans la charge, soit dans le tronçon gazeux par toutes ces réactions.

Revenant donc au 10e croisement que je considère les 7622^c,3647253530 abandonnées par le tronçon gazeux, sont l'indice d'une réaction qui a eu lieu et qui a dû en absorber une partie. Cette réaction, vu la température et la réduction du fer achevée en ce moment, est évidemment la décomposition de ce qui reste de l'hydrate d'alumine. Il en est résulté de l'oxyde de carbone et de l'hydrogène protocarboné, c'est-à-dire, un accroissement de masse du tronçon gazeux. Mais

.a quantité de chaleur trouvée comme cédée par ce dernier à ce passage n'en a pas été influencée. Il est facile de s'en convaincre. Il suffit pour cela d'observer ainsi qu'il l'a été au croisement précédent, que les gaz qui sont venus s'ajouter à sa masse, participaient à la température du milieu dont ils faisaient partie ; que cette température, ils la devaient à celle de la position supérieure où ils étaient combinés, augmentée de l'appoint nécessaire emprunté précisément aux 7622 calories fournies à la charge par le tronçon gazeux, pour opérer sa transformation en même temps que pour la mettre en équilibre de température avec lui, que par conséquent, ils n'ont exercé aucune influence en plus ou en moins sur la température du tronçon gazeux, en dehors de la chaleur abandonnée.

Quant à la quantité d'hydrate d'alumine qui restait à décomposer à cette position de la charge, c'est un calcul de tâtonnement qui conduit à en fixer le chiffre. Ce calcul de tâtonnement trop long pour être exposé sans nécessité, et qu'il suffit d'indiquer pour en faire comprendre le mécanisme, consiste à comprendre alternativement la quantité cherchée entre deux limites maximum et minimum, et à suivre ainsi la marche ascendante du tronçon gazeux jusqu'au gueulard, puis à comparer les résultats en plus et en moins. Cet examen conduit ici à un chiffre très-approché de $\frac{15}{100}$ de la totalité de l'hydrate d'alumine.

C'est ce chiffre que j'adopterai. En conséquence cette réaction absorbera kil. 1,4756625 d'eau et 2276°,618976660 67) en mettant en liberté, savoir :

oxygène . . . . kil. 1,3116999990
qui ont pris en carbone pour faire de l'oxyde de carbone. . . . 0,9837749985

Total de l'oxyde de carbone formé . . . . . . kil. 2,2954749975

hydrogène. . . . . kil. 0,1639625010
qui ont pris en carbone pour faire de l'hydrogène protocarboné. 0,4918875030

Total de l'hydrogène protocarboné formé. . . . kil. 0,6558500040

La carburation au premier degré des éléments de l'eau, présente ainsi qu'on le voit, ce fait remarquable d'exiger un poids de carbone égal à celui de l'eau décomposée, et semble conduire à la conséquence que le poids atomique d carbone ne serait que la moitié du nombre adopté. La même conséquence paraît résulter d'une circonstance dans la carburation du fer, se rapportant vraisemblablement à la même cause. Mais ces points sortant de mon sujet. je me borne à les énoncer sans plus amples digressions.

Les équivalents calorifiques des deux gaz provenant de la décomposition de l'eau étant :

pour l'oxyde de carbone, 2,2954749975 × 0,2479 . . . . . . = 0,5690482518
pour l'hydrogène protocarboné, 0,65585 × 0,5929 . . . . . . = 0,3888534650

l'équivalent calorifique modifié du tronçon gazeux est devenu :

199,3446505225 + 0,5690482518 + 0.3888534650 = 200,3025522393.

La quantité de chaleur qu'il a conservée après le 10e croisement est :

200,3025522393 × 861,762883 = 172613°,304889972.

De ce qui précède, il suit que les 7622°,3647253530 abandonnées se répartissent comme suit :

chaleur absorbée par la décomposition de $\frac{15}{100}$ de l'hydrate d'alumine et de kil. 1,4756625 d'eau correspondante . . . . , 2276°,6189766600

chaleur prise par la charge. . . . . 5345 ,7457486930

Total égal à la perte trouvée. . . . . 7622°,3647253530

Pour connaître la chaleur de la charge à la 10e position, il faut remarquer qu'elle avait la chaleur de la 11e moins les 5345°,7457486930 ci-dessus, qu'elle a dû prendre pour atteindre la température de cette même 11e position, plus celle que lui ont enlevée les matières des gaz qu'elle a cédés au tronçon gazeux. Ici se reproduit l'observation déjà faite et que je ne renouvellerai plus pour éviter des répétitions, au sujet de cette dernière chaleur qui est celle que ces matières avaient à la position immédiatement supérieure, c'est-à-dire, dans l'équation qui va être posée, en ne tenant point compte comme de raison, de celles qu'elles ont acquise dans la 11e position du tronçon gazeux, pour se mettre en équilibre avec lui. Ces matières sont l'eau décomposée, et le carbone que ses éléments ont absorbé pour se transformer. Elles sont donc :

en carbone. . . . . kil. 1,4756625

en eau 1,4756625

Leurs équivalents calorifiques, la caloricité de l'eau étant 0,474, comme se trouvant à l'état solide dans sa combinaison, seront :

pour le carbone, 1,4756625 × 0,2415. . . . . = 0,3563724937

pour l'eau, 1,4756625 × 0,474 . . . . = 0,699464025

d'où il suit que la quantité de chaleur enlevée à la charge est

$(0,3563724937 + 0,699464025) \times$ y, y étant la température inconnue de la charge à la 10e position, et que la chaleur de la charge à cette même 10e position, est

72442°,3970165973 — 5345°,7457486930 × (0,3563724937 + 0,699464025) y.

Quant à sa composition, puisqu'elle a perdu à la 11e position, kil. 1,4756625 d'eau combinée à l'alumine et un poids égal de carbone, ils devront être rétablis dans les matières à la 10e position. La moyenne entre la caloricité 0,474 des kil. 1,4756625 d'eau à l'état solide, et 0,203518 des kil. 188,18214 de matières est 0,205679. En conséquence, en opérant ces diverses modifications ainsi que celle relative à la première phase de carburation du fer, l'équation de la température de la charge sera la suivante :

$$\left[126,6379125 \times 0,2415 + 100\left(0,11379 + 0,0065\left(\frac{y}{100} - 1\right)\right) + (183,18214 + 1,4756625)\,0,205679\right] y = 72442°,3970165973 - 5345°,7457486930 + (0,3563724937 + 0,699464025)\,y$$

d'où l'on tire y = 803°,919270.

Cette valeur de y donne pour la quantité de chaleur de la charge à cette position :

67096°,6512679043 + 1,0558365187 × 803,919270 = 67945°,4585912569.

Pour déterminer la chaleur sensible conservée par le tronçon gazeux après ce 11e croisement, il importe d'examiner auparavant quelles modifications sont survenues dans sa masse et sa composition afin de savoir quels mouvements de chaleur en ont été la conséquence. A cet égard, la méthode employée pour le croisement précédent conduit encore à admettre $\frac{15}{100}$ d'hydrate d'alumine décomposé ; mais en ce qui concerne le fer, les données posées (66) fixent à cette hauteur sa réduction complète à l'état métallique de l'état de protoxyde.

La décomposition de l'hydrate d'alumine a absorbé kil. 1,4756625 d'eau, et 2276°,618976660 de chaleur. en mettant en liberté :

oxygène . . . . kil. 1,3116999990
qui ont pris en carbone pour faire de l'oxyde de carbone 0,9837749985

Total de l'oxyde de carbone formé. . . . . kil. 2,2954749975

hydrogène. . . . . kil. 0,1639625010
qui ont pris en carbone pour faire de l'hydrogène protocarboné . 0,4918875030

Total de l'hydrogène protocarboné formé. 0,6558500040

Les kil. 100 de fer réduits de l'état de protoxyde ont mis en liberté kil. 28,5714285714 d'oxygène, et ont absorbé à l'état latent 6084°,0080092481 (87). Cette réaction, par suite de la transformation en acide carbonique de l'oxyde de carbone qui l'a effectué, a fait perdre au tronçon gazeux :
en oxyde de carbone. . . . . kil. 49,9999999999
et lui a fait gagner en acide carbonique. 78,5714285714

Si l'on compense l'oxyde de carbone formé avec égale quantité perdue, l'oxyde de carbone perdu se réduit à

$$49,9999999999 - 2,2954749975 = 47,7045250024.$$

Les équivalents calorifiques de cet oxyde de carbone, de cet acide carbonique et de cet hydrogène carboné, étant :
pour l'oxyde de carbone, $47,7045250024 \times 0,2479$ . . . . . . = 11,8259517480
pour l'acide carbonique, $78,5714285714 \times 0,2164$ . . . . . . = 17,00285.1428
pour l'hydrogène carboné, $0,65585 \times 0,5929$. . . . . = 0,3888534650
l'équivalent calorifique modifié du tronçon gazeux sera :
200,3025522393 − 11,8259517480 + 17,0028571428 + 0,388853465 = 205,8683110991

La quantité de chaleur qu'il a conservée après ce 11e croisement sera donc
$$205,8683110991 \times 803,919270 = 165501°,5023749213.$$

Pour avoir la chaleur cédée à la charge à ce croisement, il suffit de considérer que, puisque c'est le tronçon gazeux qui est la source de chaleur qui fournit aux consommations de chaque croisement, que les gaz nouveaux qui se sont réunis à lui n'ont modifié en rien sa température, car, ainsi qu'il a été dit, ils proviennent de matières descendues de la position supérieure moins chaude et qui se sont mises en équilibre de température avec lui, au moyen de la chaleur qu'il a cédée à la charge et qu'il s'agit de trouver, ce qui fait que ces gaz avaient cette même température au moment où ils sont venus accroître sa masse. Par conséquent, la chaleur cédée par le tronçon gazeux, est évidemment égale à la quantité de chaleur qu'il avait à la position précédente, moins celle qu'il aurait à la présente si sa composition n'avait pas changé.

Or la chaleur qu'il aurait dans ce cas à la position actuelle est :
$$200,3025522393 \times 803,919270 = 161027°,0815753549$$
d'où la chaleur cédée à la charge est donnée par
$$172613°,3048899972 - 161027°,0815753549 = 11586°,2233146423.$$

Elle se répartit comme suit :

chaleur absorbée par la décomposition de $\frac{15}{100}$ de l'hydrate d'alumine et de

l'eau correspondante.   2276°,618976660

chaleur absorbée par la réduction de kil. 100 de fer de l'état

   de protoxyde . . . .   6084°.0080092481

chaleur prise par la charge 3225 5963287342

Total égal à la perte trouvée. . . . .   11586 ,2233146423

Pour avoir la chaleur de la charge à la 9e position, il convient de remarquer qu'elle avait la chaleur de la 10e position, moins les 3225°,5963287342 ci-dessus qu'elle a dû prendre pour atteindre la température de cette même 10e position, plus celle que lui ont enlevée les matières des gaz qu'elle a cédés au tronçon gazeux. Ces matières sont :

l'eau décomposée. . . . . kil.   1,4756625

le carbone absorbé par les éléments de l'eau   1,4756625

enfin l'oxygène mis en liberté par la réduction du fer.   28,5714285714

Les équivalents calorifiques de ces trois corps étant :

pour l'eau à l'état solide, 1,4756625 $\times 0,474$ . . . . =   0,699464025

pour le carbone,   1,4756625 $\times 0,2415$ . . . . =   0,3563724937

pour l'oxygène,   28,5714285714 $\times 0,2182$ . . . . =   6,2342857142

la chaleur qu'ils avaient à la 9e position et qu'ils ont enlevée à la charge, est

$$(0,699464025 + 0,3563724937 + 6,2342857142)\,y.$$

Il résulte de ce qui précède, que la chaleur qu'avait la charge à la 9e position, est

$$67945°,4585912569 - 3225°,5963287342 + (0,699464025 + 0,3563724937 +$$
$$6,2342857142)\,y.$$

Quant à sa composition, puisqu'elle a perdu à la 10e position, kil. 1,4756625 d'eau combinée à l'alumine, un poids égal de carbone et kil. 28,5714285714 d'oxygène, ces corps devront être rétablis dans les matières à la 9e position. La moyenne entre la caloricité 0,474 des kil. 1,4756625 d'eau à l'état solide, et 0,205679 celle des kil. 184,6578025 de matières est 0,207806 ; enfin, la caloricité du protoxyde de fer est 0,16780. Ce que j'ai dit à cet égard (82), me dispense d'y revenir ici.

En conséquence, en opérant ces diverses modifications dans la masse, le groupement et les caloricités des matières, l'équation de la température de la charge à la 9e position sera la suivante :

$$\left[128,113575 \times 0,2415 + 128,5714285714 \times 0,16780 + (184,6578025 + 1,4756625) \right.$$

$$\left. 0,207806 \right]\,y = 67945°,4585912569 - 3225°,5963287342 + (0,699464025 +$$

$$0,3563724937 + 6,2342857142)\,y$$

d'où l'on tire $y = 771°,363069.$

Cette valeur de y donne pour la quantité de chaleur de la charge à cette position :

$$64719°,8622625227 + 7,2901222329 \times 771,363069 = 70343°,1933214775.$$

Pour connaître la chaleur conservée par le tronçon gazeux après ce 12e croise-

ment, il faut comme précédemment, se rendre compte des modifications survenues dans sa masse et sa composition et l'on en déduira facilement la chaleur cherchée. Le fer à cette température n'a subi dans ce passage aucun
changement nouveau ; il est à l'état de protoxyde, la température de l'oxyde
des battitures, ou oxyde magnétique Fe^3O^4, est plus haut, et celle de la réduction complète est plus bas, ainsi qu'on vient de le voir. La méthode de tâtonnement déjà employée fait encore reconnaître que tout s'est borné à cette
position de la charge à la décomposition de $\frac{20}{100}$ d'hydrate d'alumine. La quantité de chaleur disponible justifie d'ailleurs entièrement cette déduction.

La décomposition de $\frac{20}{100}$ d'hydrate d'alumine absorbera kil. 1,96755 d'eau et
3035°,491968 (67), en mettant en liberté :

oxygène . . . . kil. 1,74893
qui prendront en carbone pour faire de l'oxyde de carbone 1,31169

Total de l'oxyde de carbone formé . . . . kil. 3,06062
hydrogène 0,21862
qui prendront en carbone pour faire de l'hydrogène carboné 0.65586

Total de l'hydrogène protocarboné formé . . . . kil. 0,87448

Les équivalents calorifiques de ces deux gaz étant :
pour l'oxyde de carbone, 3,06062 × 0,2479 . . . . = 0,758727698
pour l'hydrogène carboné 0,87448 × 0,5929 . . . . = 0,518479192

L'équivalent calorifique modifié du tronçon gazeux, est devenu :
205,8683110991 + 0,758727698 + 0,518479192 = 207,1455179891.

La quantité de chaleur qu'il a conservée après ce 12ᵉ croisement est donc :
207.1455179891 × 771,363069 = 159784°,4024856668.

Pour avoir la chaleur cédée à la charge à ce croisement, le produit de l'équivalent calorifique du tronçon gazeux avant les accroissements que je viens de
constater, étant :
205.8683110991 × 771,363069 = 158799°,2122592485.

Il suffit de prendre la différence entre ce produit et la chaleur conservée par
le tronçon gazeux au passage précédent. Cette différence est :
165501°.5023749213 − 158799°,2122592485 = 6702°,2901156728

qui se répartissent comme suit :

chaleur absorbée par la décomposition de $\frac{20}{100}$ d'hydrate d'alumine et de l'eau
correspondante . . . . 3035°,491968
chaleur prise par la charge . . . . 3666°,7981476728

Total égal à la perte trouvée. . . . . 6702°,2901156728

La chaleur de la charge à la 8ᵉ position est égale à la chaleur de la 9ᵉ position, moins les 3666°,7981476728 ci-dessus qu'elle a dû prendre pour atteindre
la température de cette même 9ᵉ position, plus celle que lui ont enlevée les
matières des gaz qu'elle a cédés au tronçon gazeux. Ces matières sont :

l'eau décomposée . . . . kil. 1,96755
le carbone absorbé par les éléments de l'eau 1, 6755

Les équivalents calorifiques de ces deux corps étant :

pour l'eau à l'état solide, $1,96755 \times 0,474$ . . . . $= 0,9326187$

pour le carbone, $1,96755 \times 0,2415$ . . . . $= 0,475163325$

la chaleur qu'ils avaient à la 8ᵉ position et qu'ils ont enlevée à la charge, est

$$(0,9326187 + 0,475163325) \; y.$$

Il résulte de ce qui précède que la chaleur qu'avait la charge à la 8ᵉ position, est :

$$70343°,1933214775 - 3666°,7981476728 + (0,9326187 + 0,475163325) \; y$$

quant à sa composition, puisqu'elle a perdu à la 9ᵉ position $1,96755$ d'eau combinée et un poids égal de carbone, ils devront être réintègrés dans les matières à la 8ᵉ position. La moyenne entre la caloricité $0,474$ des kil. $1,96755$ d'eau à l'état solide et $0,207806$, celle des kil. $186,133465$ des matières est $0,210590$. En conséquence, en opérant dans l'équation de la température de la charge les modifications qui viennent d'être dites, cette équation devient pour la 8ᵉ position :

$$\left[130,081125 \times 0,2415 + 128,5714285714 \times 0,16780 + (186,133465 + 1,96755) \right.$$
$$\left. 0,21059 \right] y = 70343°,1933214775 - 3666°,7981476728 + (0,9326187 + 0,475163325) y,$$

on en tire $y = 731°,154611$.

Cette valeur de y donne pour la chaleur de la charge à cette 8ᵉ position,

$$66676°,3951738047 + 1,407782025 \times 731,154611 = 67705°6994926663.$$

La chaleur conservée par le tronçon gazeux après ce 13ᵉ croisement se détermine de la même manière que précédemment. Il est observé comme à la 9ᵉ position que la température exclut toute modification dans l'état du fer et que la quantité de chaleur disponible conduit à admettre la décomposition de $\frac{40}{100}$ d'hydrate d'alumine. Cette réaction absorbera kilogr. $3,9351$ d'eau et $6070°,983937760$, et mettra en liberté :

oxygène . . . . kil. $3,4978666656$

qui prendront en carbone pour faire de l'oxyde de carbone . . . . $2,6233999984$

Total de l'oxyde de carbone formé . . . . kil. $6,1212666640$

hydrogène . . . . $0,4372333344$

qui prendra pour faire de l'hydrogène protocarboné . . . . $1,3117000032$

Total de l'hydrogène protocarboné formé . . . . $1,7489333376$

Les équivalents calorifiques de ces deux gaz étant :

pour l'oxyde de carbone, $6,1212666640 \times 0,2479$ . . . . . . $= 1,5174620060$

pour l'hydrogène carboné, $1,7489333376 \times 0,5929$ . . . . . . $= 1,0369425758$

l'équivalent calorifique modifié du tronçon gazeux est devenu :

$$207,1455179891 + 1,5174620060 + 1,0369425758 = 209,6999225709.$$

La quantité de chaleur qu'il a conservée après ce 13ᵉ croisement est :

$$209,6999225709 \times 731,154611 = 153323°,0653140565.$$

Pour avoir la chaleur cédée à la charge à ce croisement, le produit de l'équivalent calorifique du tronçon gazeux, avant les accroissements dont il vient d'être question, étant :

$$207,1455179891 \times 731,154611 = 151455°,4006257139.$$

Il suffit de prendre la différence entre ce produit et la chaleur conservée par le tronçon gazeux au passage précédent. Cette différence est :

$$159784^c,4024856668 - 151455^c,4006257139 = 8329^c,0018599529$$

qui se répartissent comme suit :

chaleur absorbée par la décomposition de $\frac{40}{100}$ d'hydrate d'alumine et d'eau

correspondante . . . . $6070^c,983937760$
chaleur prise par la charge. . . . . $2258 ,0179221929$

Total égal à la perte trouvée. . . . . $8329 ,0018599529$

La chaleur de la charge à la 7e position est égale à la chaleur de la 8e position, moins les $2258^c,0179221929$ ci-dessus qu'elle a dû prendre pour atteindre la température de cette même 8e position, plus celle que lui ont enlevée les matières des gaz qu'elle a cédés au tronçon gazeux. Ces matières sont :
l'eau décomposée. . . . . kil. $3,9351$
le carbone absorbé par les éléments de l'eau . . . . $3,9351$
Les équivalents calorifiques de ces deux corps étant :
pour l'eau à l'état solide, $3,9351 \times 0,474$. . . . . = $1,8652374$
pour le carbone, $3,9351 \times 0,2415$. . . . . = $0,95032665$
La chaleur qu'ils avaient à la 7e position et qu'ils ont enlevée à la charge, est $(1,8652374 + 0,95032665)$ y, y étant la température inconnue de la charge à la 7e position. Il résulte de là que la chaleur qu'avait la charge à la 7e position est :

$$67705^c,6994926663 - 2268^c,0179221929 + (1,8652374 + 0,95032665) y,$$

quant à sa composition, puisqu'elle a perdu à la 8e position, kil. $3,9351$ d'eau combinée et un poids égal de carbone, ces corps devront être réintégrés dans les matières à la 7e position. La moyenne entre la caloricité $0,474$ des kil $3,9351$ d'eau à l'état solide, et $0,290590$ des kil. $188,101015$ des matières, est $0,215987$. En conséquence, en opérant dans l'équation de la température de la charge, les modifications qui viennent d'être dites, cette équation devient pour la 7e position :

$$\left[134,016225 \times 0,2415 + 128,5714285714 \times 0,16780(188,101015 + 3,9351)0,215987 \right]$$

$y = 67705^c,6994926663 - 2258^c,0179221929 + (1,8652374 + 0,95032665) \times y$
on en tire $y = 706^c,771210$.

Cette valeur de y donne pour la chaleur de la charge à cette 7e position,
$65447^c,6815704734 + 2,81556405 \times 706,771210 = 67437^c,6411809244$.

La chaleur conservée par le tronçon gazeux après ce 14e croisement, est fixée par les mêmes considérations que précédemment. On est parvenu à la zone de température à laquelle a lieu la transformation de l'oxyde magnétique, ou oxyde des battitures en protoxyde. Cette réaction s'est donc produite à cette rencontre de la charge et du tronçon gazeux. La chaleur disponible de ce dernier, s'est distribuée entre cette réduction partielle du fer, la décomposition des $\frac{10}{100}$ d'hydrate d'alumine qui restent et qui commencent, en descendant, cette phase de décomposition et l'échauffement de la charge.

Pour se rendre compte du mouvement de chaleur, et des modifications produites dans le groupement des éléments des matières par la métamorphose de l'oxyde magnétique en protoxyde, on peut remarquer que l'oxyde magnétique dont la formule est, FE³O⁴ contient 84 de fer et 32 d'oxygène; en conséquence l'égalité $\frac{84}{32} = \frac{100}{x}$ donne la quantité d'oxygène x que 100 kil. de fer prendront pour former de l'oxyde magnétique. Cette quantité est :

x = 38,0952380952. Or, si l'on se reporte à la composition du protoxyde, on a vu (85) que les 100 kilog. de fer à cet état contenaient kilog. 28,5714285714 d'oxygène; la réduction de l'oxyde magnétique en protoxyde a donc mis en liberté une quantité d'oxygène donnée par 38,0952380952 — 28,5714285714 = 9,5238095238 en rendant latentes 2028ᶜ,0026697777. Les kilog. 9 5238095238 d'oxygène ont transformé une quantité proportionnelle d'oxyde de carbone en acide carbonique. En conséquence, le tronçon gazeux à cette réaction a perdu en oxyde de carbone 16,6666666666, et a gagné en acide carbonique, 26,1904761904.

La décomposition des $\frac{10}{100}$ d'hydrate d'alumine absorbera kil. 0,983775 d'eau et 1517ᶜ,74598444, et mettra en liberté :

oxygène . . . . kil. 0,8744666666
qui prendront en carbone pour faire de l'oxyde de carbone. . . 0,6558499999

Total de l'oxyde de carbone formé . . . . . . kil. 1,5303166665
hydrogène. 0 1093083334
qui prendront en carbone pour faire de l'hydrogène carboné. . . 0 3279250002

Total de l'hydrogène protocarboné formé. . . . . kil. 0,4372333336
En compensant l'oxyde de carbone formé avec une égale quantité perdue, l'oxyde de carbone perdu se trouve réduit à kil. 15,1363500001.

Les équivalents calorifiques de cet oxyde de carbone, de cet acide carbonique et de cet hydrogène carboné étant :
pour l'oxyde de carbone,   15,1363500001 × 0.2479. . . . = 3,7523011650
pour l'acide carbonique,   26,1904761904 × 0,2164. . . . = 5,6676190476
pour l'hydrogène protocarboné, 0,4372333336 × 0,5929. . . . = 0,2592356434
l'équivalent calorifique modifié du tronçon gazeux est devenu :
209,6999225709 — 3,7523011650 + 5,6676190476 + 0,2592356434 = 211,8744760969.
La quantité de chaleur qu'il a conservée après ce 14ᵉ croisement est :
        211,8744760969 × 706,771210 = 149746ᶜ,7798391220.
Pour avoir la chaleur cédée à la charge à ce croisement, le produit de l'équivalent calorifique du tronçon gazeux avant les accroissements qui viennent d'être calculés, par le chiffre de la température, 706,771210 étant :
        209,6999225709 × 706,771210 = 148209ᶜ,8680123443
il suffit de retrancher cette chaleur de celle qu'il avait au croisement précédent. Cette différence est :
        153323ᶜ,0653140565 — 148209ᶜ,8680123443 = 5113ᶜ,1973017152
qui se répartissent comme suit :
chaleur absorbée par la réduction de l'oxyde de fer de l'état d'oxyde magnétique à l'état de protoxyde. 2028ᶜ,0026697777

chaleur absorbée par la décomposition de $\frac{10}{100}$ d'hydrate d'alumine et de

l'eau correspondante 1517,74598444
chaleur prise par la charge 1567,4486474975

Total égal à la perte trouvée . . . . 5113°,1973017152

La chaleur de la charge à la 6e position est égale à la chaleur de la 7e, moins les 1567°,4486474975 ci-dessus qu'elle a dû prendre pour atteindre la température de cette même 7e position, plus celle que lui ont enlevée les matières des gaz qu'elle a cédés au tronçon gazeux. Ces matières sont :

l'oxyde abandonné par l'oxyde magnétique . . . . kil 9,5238095238
l'eau décomposée 0,983775
le carbone absorbé par les éléments de l'eau 0,983775

Les équivalents calorifiques de ces trois corps étant :

pour l'eau à l'état solide, 0,983775 × 0,474 . . . . = 0,46630935
pour le carbone, 0,983775 × 0,2415 . . . . = 0,2375816625
pour l'oxygène, 9,5238095238 × 0,2182 . . . . = 2,0780952380

La chaleur qu'ils avaient à la 6e position et qu'ils ont enlevée à la charge, est $(0,46630935 + 0,2375816625 + 2,0780952380)$ y, y étant la température inconnue de la charge à la 6e position. Il résulte de là que la chaleur qu'avait la charge à la 6e position est :

$$67437°,6411809244 - 1567°,4486474975 + (0,46630935 + 0,2375816625 + 2,0780952380) \, y.$$

Quant à sa composition, puisqu'elle a perdu à la 7e position kil. 9,5238095338 d'oxygène, 0,983775 d'eau combinée et un poids de carbone égal à celui de cette eau, ces corps devront être réintégrés dans les matières à la 6e position. La moyenne entre la caloricité 0,474 des kilog. 0,983775 d'eau et 0,215987 des kilog. 192,036115 des matières est 0,217302. En conséquence, en opérant dans l'équation de la température de la charge les modifications qui viennent d'être énoncées, cette équation devient pour la 6e position :

$$\left[135 \times 0,2415 + 138,0952380952 \times 0,16780 + (192,036115 + 0,983775) 0,217302\right] \, y$$
$$= 67437°,6411809244 - 1567°,4486474975 + (0,46630935 + 0,2375816625 + 2,0780952380) \, y$$

d'où l'on tire y = 693°,834200.

Cette valeur de y donne pour la chaleur de la charge à cette 6e position
$$65870°,1925334269 + 2,7819862505 \times 693.834200 = 67800°,4297379535$$

Pour avoir la chaleur conservée par le tronçon gazeux après ce 15e croisement, il faut remarquer que l'on est arrivé à la température où le peroxyde de fer commence à perdre son oxygène pour passer à l'état d'oxyde magnétique (82). On a vu (66) que le poids total de l'oxygène du peroxyde est de kil. 42,8571428571, l'oxygène combiné dans l'oxyde magnétique étant kilog. 38,0952380952, la réduction du peroxyde en oxyde magnétique mettra donc en liberté kilog. $42,8571428571 - 38,0952380952 = 4,7619047619$ d'oxygène. Cette réaction absorbera en outre 1014°,0043349742 (87).

La méthode de tâtonnement déjà employée conduit à reconnaître qu'il ne restait à réduire à cette 6e position en oxyde magnétique que les $\frac{71}{100}$ seulement du peroxyde de fer. En conséquence, cette réaction ne mettra en liberté à ce croisement que $\dfrac{71}{100} \times 4,7619047619 = 3,3809523809$ d'oxygène et n'absorbera

que $\dfrac{71}{100} \times 1014\ 0013349742 = 719°,9409478316$. Cet oxygène transformera en kilog. 9,2976190475 d'acide carbonique kilog. 5,9166666666 d'oxyde de carbone du tronçon gazeux qui perdra ainsi cette quantité d'oxyde de carbone en gagnant la quantité d'acide carbonique correspondant.

Les équivalents calorifiques de ces deux gaz étant :
pour l'oxyde de carbone, 5 9166666666 $\times$ 0,2479 . . . . $=$ 1,4667416666
pour l'acide carbonique, 9,2976190475 $\times$ 0,2164 . . . . $=$ 2,0120047618
l'équivalent calorifique modifié du tronçon gazeux est devenu :
$$211,8744760969 - 1,4667416666 + 2,0120047618 = 212,4197391921$$
et la chaleur qu'il a conservée après ce 15e croisement est :
$$212,4197391921 \times 693,834200 = 147384°,0798029233.$$

Quant à la chaleur qu'il a abandonnée, la chaleur qu'il aurait si sa composition n'avait pas varié, étant :
$$211,8744760969 \times 693,834200 = 147005°,7576231117$$
la chaleur qu'il a abandonnée est :
$$149746°,7798391220 - 147005,7576231117 = 2741°,0222160103,$$
qui se répartissent comme suit :

chaleur absorbée par la réduction des $\dfrac{71}{100}$ du peroxyde de fer en acide magnétique . . . . 719°,9409478316
chaleur prise par la charge . . . . 2021 ,0812681787

Total égal à la perte trouvée . . . . 2741 ,0222160103

La chaleur de la charge à la 5e position était égale à celle de la 6e, moins les 2021°,0812681787 qu'elle a dû prendre pour atteindre la température de cette même 6e position, plus celle que lui ont enlevée les kil. 3,3809523809 d'oxygène mis en liberté qu'elle a cédés au tronçon gazeux et qui ont transformé une partie de l'oxyde de carbone de ce dernier en acide carbonique. L'équivalent calorifique de cet oxygène étant 3,3809523809 $\times$ 0,2182 $=$ 0,7377238095, la chaleur qu'il avait à la 5e position est 0,7377238095 $\times$ y, y étant la température inconnue de la charge à cette position. Il résulte de là que la chaleur qu'avait la charge à la 5e position est :
$$67800°,4297379535 - 2021°,0812681787 + 0,7377238095 \times y.$$

Quant à sa composition, puisqu'elle a perdu à la 6e position kil. 3,3809523809 d'oxygène, cet oxygène devra être restitué au fer. En conséquence, l'équation de la température de la charge à cette 5e position sera :
$$\left[135 \times 0,2415 + (138,0952380952 + 3,3809523809)\ 0,16780 + 193,01989 \times \right.$$
$$\left. 0,217302 \right] y = 67800°,4297379535 - 2021°,0812681787 + 0,7377238095 \times y,$$
d'où y $=$ 674°,327391.

Cette valeur de y donne pour la chaleur de la charge à cette position :
$$65779°,3484697748 + 0,7377238095 \times 674,327391 = 66276°,8158416135.$$

Pour connaître la quantité de chaleur conservée par le tronçon gazeux après ce 16e croisement, il convient d'opérer dans sa composition les modifications produites par la réduction des $\frac{29}{100}$ du peroxyde de fer en oxyde magnétique.

Cette réaction mettra en liberté, kil. 1,3809523810 d'oxygène, et absorbera 294c,0603871426. Cet oxygène transformera en kil. 3,7976190477 d'acide carbonique, kil. 2,4166666667 d'oxyde de carbone du tronçon gazeux qui perdra ainsi cette quantité d'oxyde de carbone en gagnant la quantité d'acide carbonique correspondant. Les équivalents calorifiques de ces deux gaz étant :

pour l'oxyde de carbone, 2,4166666667 + 0,2479. . . . . = 0,5990916666
pour l'acide carbonique, 3,7976190477 × 0,2164 . . . . = 0,8218047619

L'équivalent calorifique modifié du tronçon gazeux est devenu :

$$212,4197391921 - 0,5990916666 + 0,8218047619 = 212.6424522874,$$

et la quantité de chaleur qu'il a conservée après ce 16e croisement est :

$$212,6424522874 \times 674,327391 = 143390c,6300668044.$$

Quant à la chaleur qu'il a abandonnée, la chaleur qu'il aurait si sa composition n'avait pas varié, étant :

$$212,4197391921 \times 674,327391 = 143239c,4485264092$$

la chaleur qu'il a abandonnée est :

$$147384c,0798029233 - 143239c,4485264092 = 4144c,6312765141,$$

qui se répartissent comme suit :

chaleur absorbée par la réduction des $\frac{29}{100}$ du peroxyde de fer en oxyde magnétique. 294c,0603871426
chaleur prise par la charge. . . . . 3850 ,5708893715

Total égal à la perte trouvée. . . . . 4144 ,6312765141

La chaleur de la charge à la 4e position était égale à celle de la 5e, moins les 3850c,5708893715 qu'elle a dû prendre pour atteindre la température de cette même 5e position, plus celle que lui ont enlevée les kil. 1,3809523810 d'oxygène mis en liberté qu'elle a cédés au tronçon gazeux et qui ont transformé une partie de l'oxyde de carbone de ce dernier en acide carbonique. L'équivalent calorifique de cet oxygène étant 1,3809523810 × 0,2182 = 0,3013238095, la chaleur qu'il avait à la 4e position est 0,3013238095 × y, y étant la température inconnue de la charge à cette position. Il résulte de là que la chaleur qu'avait la charge à la 4e position est :

$$66276c,8158415135 - 3850c5708893715 + 0,3013238095 \times y.$$

Quant à sa composition, puisqu'elle a perdu à la 5e position kil. 1,3809523810 d'oxygène, cet oxygène devra être restitué au fer. En conséquence, l'équation de la température de la charge à cette 4e position, sera :

$$\left[135 \times 0,2415 + 142,8571428571 \times 0,16780 + 193,01989 \times 0,217302\right] y =$$
$$66276c,8158415135 - 3850,5708893715 + 0,3013238095 \times y$$

d'où l'on tire y = 635°,600203.

Cette valeur de y donne pour la chaleur de la charge à cette position :

$$62426c,2449521420 + 0,3013238095 \times 635,600203 = 62617c,7664266289.$$

La quantité de chaleur conservée par le tronçon gazeux après ce 17e croisement est :

$$212,6424522874 \times 635,600203 = 135155^c,5858402892$$

et la chaleur abandonnée par lui à la charge est :

$$143390^c,6300668044 - 135155^c,7858402892 = 8235^c,0442265152.$$

En conséquence, la quantité de chaleur qu'elle avait à la 3e position est :

$$62617^c,7664266289 - 8235^c,0442265152 = 54382^c,7222001137,$$

et l'équation de sa température à cette même position est :

$$\left[135 \times 0,2415 + 142,8571428571 \times 0,16780 + 193,01989 \times 0,217302 \right] y = 54382^c,7222001137$$

d'où y = 552°,010576.

La quantité de chaleur conservée par le tronçon gazeux après ce 18e croisement est :

$$212,6424522874 \times 552,010576 = 117380^c,8825692201,$$

et la chaleur abandonnée par lui à la charge est :

$$135155^c,5858402892 - 117380^c,8825692201 = 17774^c,7032710691.$$

En conséquence, la quantité de chaleur qu'elle avait à la 2e position est :

$$54382^c,7222001137 - 17774^c,7032710691 = 36608^c,0189290446,$$

et l'équation de sa température à la même position est :

$$\left[135 \times 0,2415 + 142,8571428571 \times 0,16780 + 193,01989 \times 0,217302 \right] \bar{y} = 36608^c,0189290446$$

d'où l'on tire y = 371°,588857.

Ce chiffre de température montre, en admettant l'hypothèse de la décomposition de l'hydrate de fer à 350° (65), que c'est à ce passage qu'a lieu cette réaction. Il y a donc à examiner d'abord quelles modifications elle a produites dans la masse du tronçon gazeux et dans sa caloricité pour connaître la quantité de chaleur conservée par ce dernier à ce 19e croisement. Or, puisque la quantité totale d'eau combinée dans l'hydrate de fer est kilog. 24,107 (65), le tronçon gazeux se trouvera augmenté d'une égale quantité de vapeur d'eau, en supposant que tout l'hydrate ait été décomposé et l'on va voir qu'en effet la décomposition est complète. Mais auparavant et en raison de cette adjonction de vapeur d'eau au tronçon gazeux, il est nécessaire ici de revenir sur le point réservé (65) au sujet de la décroissance de la chaleur latente de vaporisation avec l'élévation de température et de la variation concomitante de la caloricité de la vapeur, afin de pouvoir déterminer l'appoint de chaleur sensible apporté au tronçon gazeux par cette dernière.

L'emploi de la formule C = A + BT déjà invoquée (78), trouvée par M. Regnault comme l'expression de la chaleur totale latente et sensible de la vapeur d'eau à une température quelconque T donnerait dans le cas présent pour cette chaleur, le point de départ étant supposé zéro :

$$24,107 (606,5 + 0.305 \times 371,588857) = 17353^c,0527355881.$$

M. Regnault, l'auteur de la découverte importante du principe appliqué ici, donne la loi de cette décroissance de 10 en 10 degrés, mais n'a poussé ses recherches que de zéro à 230 degrés. Le mouvement de décroissance entre ces limites paraît être à peu près régulier et continu. Il est croissant mais très-lent dans son accélération, puisque la diminution de caloricité latente entre 0 et 10 degrés est de 7 calories, et qu'elle n'est que de 7°,5 entre 220 et

230 degrés. J'ai cru devoir, par extension du principe, adopter dans le calcul de la chaleur latente de la vapeur à 371 degrés du cas présent, ce dernier chiffre de 7°,5 de diminution par 10 degrés pour l'écart entre 230° et 371°, bien qu'il soit vraisemblable que l'accélération se continue, mais avec une lenteur qui enlève toute importance à l'erreur probable. En conséquence, les parts respectives de la chaleur latente et de la chaleur sensible dans la chaleur totale de la vapeur à 371 degrés qui vient d'être calculée, s'établissent comme suit : le chiffre de chaleur latente à 230 degrés donné par M. Regnault étant 441°,9, et l'écart entre 230° et 371° étant 141° ou 14°,1 $\times$ 10, le chiffre de chaleur latente de cette vapeur à 371 degrés sera

24,107 (441,9 — 7,5 $\times$ 14,1). . . . . $=$ 8103°,56805

et la chaleur sensible obtenue par différence sera

17353°,0527355881 — 8103°,56805. . . . . $=$ 9249°,4846855881

Total égal à la chaleur trouvée. . . . . 17353°,0527355881

Il va de soi, et j'admets, que la température, en s'abaissant, fera varier ces quantités suivant la loi posée. Il sera, dans le calcul, tenu compte de cette circonstance et des modifications qui en résulteront.

On voit donc que le tronçon gazeux en s'accroissant des kilo. 24,107 de vapeur d'eau d'hydratation du minérai, aura acquis en même temps 9249°,4846855881 de chaleur sensible de cette vapeur à la température de 371 degrés. Pour avoir sa chaleur totale après ce croisement, il suffit d'ajouter cette chaleur acquise à celle qu'il aurait, si sa composition n'avait pas changé. Cette dernière est donnée par

212,6424522874 $\times$ 371,588857. . . . . $=$ 79015°,5657951520

à quoi ajoutant. . . . .   9249°,4846855881

Total de la chaleur du tronçon gazeux après le 19e croisement. . . . . 88265°,0504807401

Il est observé que pour créer un moyen de contrôle de l'exactitude des calculs, la composition de l'équivalent du tronçon gazeux, nonobstant ce qui vient d'être dit, sera établie comme si la caloricité 0,475 de la vapeur d'eau restait invariable à toutes les températures. En conséquence, l'équivalent calorifique de cette vapeur d'eau serait 24,107 $\times$ 0,475 $=$ 11,450825, et l'équivalent calorifique modifié du tronçon gazeux deviendrait

212,6424522874 + 11,450825 $=$ 224,0932772874

Le chiffre de chaleur latente, absorbée par la volatilisation de l'eau d'hydratation du fer qui vient d'être trouvé, ne représente pas toute la chaleur latente absorbée dans cette réaction. Puisque l'eau est à l'état solide dans cette combinaison, elle a dû, en se dissociant d'avec le fer et en passant à l'état liquide, absorber 79 calories par kilo. La quantité totale absorbée par cette cause est donc 24,107 $\times$ 79 $=$ 1904°,453, lesquelles ajoutées aux 8103°,56805 trouvées pour la chaleur latente de volatilisation, forment un total de 10008°,02105 pour la chaleur latente totale absorbée par la décomposition de l'hydrate de fer et la volatilisation de son eau en vapeur à 371 degrés. En ajoutant la chaleur sensible de cette vapeur, on a un total de 19257°,5057355881, qui représente toute la chaleur employée à cette réaction, avec cette observation que ce calcul est fait en supposant l'hydrate à zéro ; mais comme il avait la température de la posi-

16

tion précédente, la chaleur afférente à cette température devra être déduite de ce chiffre et le diminuera d'autant.

Il est facile de prouver maintenant que tout l'hydrate de fer a été décomposé.

En effet, puisque la chaleur abandonnée par le tronçon gazeux est égale à la différence entre la chaleur conservée par lui, après le croisement précédent, et celle qu'il aurait après le croisement présent, si la composition n'avait pas changé, la chaleur abandonnée est par suite,

$$117380^c,8825692201 = 79015^c,5657951520 = 38365^c,3167740681$$

Or, si l'on considère que la charge a conservé la température de 350 degrés jusqu'à la volatilisation complète des dernières parties d'eau combinée dans l'hydrate de fer, qu'à ce moment final, c'est-à-dire, après le départ de cette eau, la quantité de chaleur qu'elle avait était,

$$\left[135 \times 0,2415 + 142,8571428571 \times 0,16780 + 193,01989 \times 0,217302 \right] 350 = x$$
$$= 34481^c,13784787$$

que parvenue à 371°, elle a une quantité de chaleur égale à $36608^c,0189290446$; il s'en suit que pour s'élever de 350 degrés, point de décomposition de l'hydrate de fer, à 371 degrés, elle a pris une quantité de chaleur donnée par

$$36608^c,0189290446 - 34481^c,13784787 = 2126^c,8810811746$$

Si, maintenant, on retranche ces 2126 calories des 38365 calories abandonnées, on obtient un reste de $36238^c,4356928935$, presque double de la quantité de chaleur nécessaire pour fournir à la décomposition de l'hydrate de fer (65), et élever la vapeur formée à 371 degrés.

De ce qui précède, il résulte :

1° Que tout l'hydrate de fer a été décomposé à ce 19e croisement;

2° Que la charge, à son entrée dans la deuxième position, ne possédait pas la température de 350 degrés. Si les calculs sont justes et les données hypothétiques exactes, on devra trouver près de 150 degrés pour cette température de la charge à son entrée dans cette 2e position.

D'après ces éclaircissements, la répartition des 38365 calories abandonnées par le tronçon gazeux dans son passage de la 2e à la première position, ou 19e croisement, devient facile. Cependant comme la présence de la vapeur d'eau dans l'équation de la température de la charge à la première position, introduit, en raison de la variabilité de la capacité calorifique de chaleur latente et de chaleur sensible de cette vapeur, des complications dans les explications, sans utilité pour la détermination de la température, il était sans inconvénient de ne point rétablir cette eau dans sa combinaison avec l'oxyde de fer, sauf, lorsque cette température sera connue, à ajouter la chaleur sensible de cette eau combinée pour avoir la chaleur totale de la charge à cette position.

Par suite de ce qui vient d'être dit, la distribution de cette chaleur abandonnée s'opérera de la manière suivante :

La chaleur latente totale des kilo. 24,107 de l'eau d'hydratation, en absorbera ainsi qu'il a été calculé à cette température de 371 degrés $10008^c,02105$; la chaleur sensible à cette même température de cette vapeur en absorbera $9249^c,4846855881$, moins la chaleur sensible de l'eau combinée de cette vapeur dans la charge à la première position. Cette eau combinée étant à l'état solide, sa caloricité sera 0,474, son équivalent calorifique sera donc $24,107 \times 0,474 =$

11,426718. Si l'on désigne par y la température de la position première, la quantité de chaleur sensible de cette eau combinée sera $11,426718 \times y$, et la quantité nette de chaleur sensible prise par la vapeur de cette eau dans les 38365 calories abandonnées sera $9249°,4846855881 - 11,426718 \times y$. Le surplus de ces 38365 calories sera pris à l'état de chaleur sensible par les autres matières de la charge. L'expression de cette chaleur sensible est donc :

$$38365°,3167740681 - 10008°,02105 - (9249°,4846855881 - 11,426718 \times y) =$$
$$19107°,81103848 + 11,426718 \times y$$

La quantité totale de chaleur de ces matières à la première position sera donc égale à celle qu'elles avaient à la seconde, moins la chaleur qui vient d'être déterminée et qu'elles ont prises pour atteindre la température de 371 degrés de cette même 2e position. L'expression de cette chaleur est :

$$36608°,0189290446 - 19107°,81103848 - 11,426718 \times y =$$
$$17500,2078905646 - 11,426718 \times y$$

En conséquence, l'équation de la température de la charge, au bas de sa première position, peut être posée comme suit :

$$\left[135 \times 0,2415 + 142,8571428571 \times 0,16780 + 193,01989 \times 0,217302 \right] y =$$
$$17500°,2078905646 - 11,426718 \times y$$

On en tire $y = 159°,173464$

Ce résultat, qui dépasse le chiffre normal de $9°,173464$, est parfaitement satisfaisant, et l'on devait s'attendre à ce petit excès, en admettant l'exactitude des données dans les limites possibles et la justesse rigoureuse des calculs. Pour en être convaincu, une simple observation suffit, c'est que dans toutes les équations qui ont été résolues et qui conduisent à cette dernière, les caloricités et l'inconnue y, qui est la température cherchée, entrent constamment dans le premier membre de l'équation comme facteurs d'un produit que l'on peut considérer comme représenté par le terme indépendant. Or, les caloricités adoptées ne sont, en général, que des nombres approchés des caloricités véritables, c'est-à-dire sont des chiffres trop faibles. Il s'en suit que le produit ne variant pas, si l'un des facteurs (les caloricités) diminue, l'autre facteur y, dont on cherche la valeur, augmentera en une proportion correspondante. L'on peut reconnaître combien ces différences entre les caloricités adoptées et les caloricités véritables doivent être faibles pour que, se multipliant dans vingt équations successives dérivant les unes des autres, elles ne conduisent qu'au faible écart trouvé de $9°,173464$. Au surplus, cet écart n'a aucune influence ni sur les théories exposées, ni sur les applications pratiques que l'on peut en faire, et il est de plus une éclatante confirmation de l'exactitude des données puisées dans les travaux des savants cités dans ce mémoire, car l'on peut même attribuer et avec raison cette insuffisance reprochée ici aux caloricités, plus particulièrement et pour la plus forte part aux hypothèses, tant sur ce point que sur d'autres, que l'absence de documents m'a obligé d'admettre.

Cette valeur de y donne pour la quantité de chaleur de la charge au bas de la 1re position, l'eau combinée non comprise,

$$17500°,2078905646 - 11,426718 \times 159,173464 = 15681°,3776043535$$

Pour apprécier les mouvements calorifiques qui ont eu lieu à ce dernier croisement du tronçon gazeux avec la charge, et déterminer la quantité de chaleur sensible que le premier a conservée et qu'il emporte hors du fourneau ainsi que celle qu'il a cédée à la charge, il faut remarquer :

1° Que les kilo. 24,107 de vapeur d'eau d'hydratation du fer n'ayant, au lieu de 371 degrés que 159 degrés à cette position immédiatement supérieure, auront, d'après la loi de M. Regnault, réduit leur chaleur latente et leur chaleur sensible à celles afférentes à cette dernière température ;

2° Que les kilo. 52 d'eau hygrométrique (64) ont été volatilisés;

3° Que les kilo. 3 d'hydrogène, contenus dans le charbon, ont également été volatilisés.

Ces kilo. 52 de vapeur d'eau et ces kilo. 3 d'hydrogène grossiront d'autant la masse du tronçon gazeux, et pour vider immédiatement tout ce qui a rapport à son équivalent calorifique total, tel qu'il résultera de cette adjonction, on voit en restant dans l'hypothèse posée (73), que l'équivalent calorifique de cette

vapeur d'eau serait $52 \times 0{,}475$. . . . . = 24,70

celui de l'hydrogène $3 \times 3{,}4046$. . . . . = 10,2138

Total. 34,9138

qui ajouté à 224,0932772874 équivalent calorifique du tronçon gazeux, après le 19e croisement, forme un total définitif de 259,0070772874, qui ne diffère de celui calculé en bloc (73), que de 0,0000008 par suite des décimales négligées au-delà des limites adoptées d'approximation. Cette circonstance est un des indices de la confiance due aux calculs.

Pour ce qui concerne les kilo. 24,107 de vapeur d'eau de l'hydrate de fer, en adoptant sans rectification jusqu'à la fin de la présente discussion, le chiffre trouvé de 159 degrés de température, la chaleur totale, latente et sensible de cette vapeur a 159°,173464, sera $24{,}107 \times 655$. . . . . . . = 15790°,085

Dans cette quantité, la part de la chaleur latente est :

$24{,}107 \times 494{,}2$. . . . . = 11913°,6794

et celle de la chaleur sensible déduite par différence est :

15790°,085 — 11913°,6794. . . . . = 3876°,4006

Total égal. . . . . = 15790°,0850

Il est expliqué que le nombre 655, facteur dans le premier de ces produits, a été obtenu au moyen de deux nombres 652,2 et 655,3 trouvés par M. Regnault, pour la quantité de chaleur absorbée par un kil. d'eau vaporisée de 0° à 150 degrés pour le premier et de 0° à 160 degrés pour le second. J'en ai déduit qu'un accroissement de 1 degré entre ces deux températures correspond à une augmentation de 0,31 d'unité du plus petit de ces deux nombres, et par suite qu'un accroissement de 9°,173464 correspond à un accroissement de 2,8, ce qui donne pour 150° + 9°,173464 le nombre adopté 652,2 + 2,8 = 655. De même, le facteur 494,2 du second produit a été obtenu par un procédé analogue au moyen des deux nombres 500,7 et 493,6 trouvés par le même auteur pour la chaleur latente absorbée par un kil. d'eau, de 0° à 150 degrés pour le premier, et de 0° à 160 degrés pour le second.

On a vu au calcul de la chaleur de cette vapeur à 371 degrés, que sa chaleur latente à cette température était de. . . . . 8103°,56805

et sa chaleur sensible. . . . . 9249°,4846855881

Il s'en suit qu'elle absorbera à l'état latent à sa nouvelle température de

159 degrés, une différence égale à $11913^c,6794 - 8103^c,56805 = 3810^c,11135$ qu'elle rendra de sa chaleur sensible une différence égale à

$$9224^c,4846855881 - 3876^c,4006 = 5348^c,0840855881$$

et que le résultat de ces évolutions calorifiques sera une différence de chaleur sensible rendue, égale à

$$5348^c,0840855881 - 3810^c,11135 = 1537^c,9727355881.$$

Pour ce qui concerne les kil. 52 d'eau hygrométrique volatilisée, la chaleur totale latente et sensible de cette vapeur à $159^o,173464$ sera, par suite de ce qui vient d'être dit, $52 \times 655 = 34060$ calories.

Dans cette quantité, la part de la chaleur latente est $494,2 \times 52 = \quad 25698^c,4$ et celle de la chaleur sensible déduite par différence est :

$$34060^o - 25698^c,4 \dots\dots\dots\dots\dots\dots\dots = \quad 8361^c,6$$

$$\text{Total égal au nombre trouvé} \dots\dots\dots\dots \quad 34060^o$$

Sur cette quantité, il y aura à déduire dans le compte de la chaleur cédée par le tronçon gazeux à cette eau hygrométrique, 520 calories pour la température initiale de 10 degrés des matières, ce qui réduit la chaleur cédée à 33540 calories.

Enfin, pour ce qui concerne les kil. 3 d'hydrogène du charbon, en admettant que leur départ du charbon ait lieu sans absorption de chaleur latente, leur équivalent calorifique étant 10,2138, leur quantité de chaleur sensible à la température de 159 degrés, sera $10,2138 \times 159,173464 = 1625^c,7659266032$.

Sur cette quantité, il y aura à déduire dans le compte de la chaleur cédée par le tronçon gazeux la chaleur relative aux 10 degrés de température initiale des matières. Cette chaleur est $10,2138 \times 10 = 102^c,138$, ce qui réduit la chaleur sensible à $1625^c,7659266032 - 102^c,138 = 1523^c,6279266032$.

Il est facile de connaître maintenant la chaleur sensible possédée après le dernier croisement et emportée du fourneau par le tronçon gazeux. En y ajoutant la chaleur latente de la vapeur d'eau qu'il contient, on aura la perte totale de chaleur due au tronçon gazeux. Des chiffres qui vont être déterminés, je déduirai l'abandon de chaleur fait à la charge à ce dernier croisement, et la répartition de cette chaleur abandonnée terminera cette étude du haut-fourneau.

L'équivalent calorifique du tronçon gazeux, sans la vapeur d'eau et sans l'hydrogène, est celui du 18e croisement 212,6424522874, sa quantité de chaleur sensible à sa température de sortie est par suite :

$212,6424522874 \times 159,173464 = \quad 33847^c,0357240401$

la quantité de chaleur sensible des kil. 24,107 de la vapeur d'eau provenant de l'hydrate de fer, à cette même température, est $\dots\dots\dots\dots\dots\dots\dots \quad 3876 ,4006$

celle des kil. 52 d'eau hygrométrique $\dots\dots\dots\dots \quad 8361 ,6$

celle des kil. 3 d'hydrogène $\dots\dots\dots\dots\dots \quad 1625 ,7659266032$

$\quad$ Total de la chaleur sensible du tronçon gazeux

à sa sortie du fourneau à $159^o17 \dots\dots\dots\dots\dots 47710 ,8022506433$

Si à cette quantité de $47710^c,8022506433$ on ajoute la chaleur latente de l'eau de l'hydrate de fer $11913^c,6794$ et celle de l'eau hygrométrique $25698^c,4$, le total

85322°,8816506433 exprime la chaleur entière emportée du fourneau par le tronçon gazeux produit d'une charge. Mais ce chiffre de chaleur exige deux corrections avant de déterminer la quantité de combustible à laquelle il correspond. La première est relative à la chaleur due à la température initiale de 10 degrés des matières à leur introduction dans le fourneau ; la deuxième résulte de la différence de 9°,173464 de température en excès à laquelle ont conduit des caloricités trop faibles d'avec la température réelle. Je reviendrai plus loin sur ces deux corrections.

Pour avoir la chaleur abandonnée à la charge par le tronçon gazeux dans ce dernier croisement, il convient de rappeler qu'après l'avant dernier croisement, le tronçon gazeux sans la vapeur des kil. 24,107 de l'eau d'hydratation du fer, et par conséquent réduit à un équivalent calorifique égal à 212,6424522874, possédait une quantité de chaleur égale à . . . . 79015°,5657951520

on vient de voir que réduit au même équivalent et tombé
à une température de 159°,173464 après son vingtième et
dernier croisement, il possède en chaleur sensible. . . . 33847 ,0357240401

d'ou suit que la différence abandonnée est. . . . . 45168 ,5300711119
à quoi il faut ajouter la chaleur abandonnée par la vapeur
d'eau de l'hydrate de fer. . . . . 1537°,9727355881

Total de la chaleur abandonnée. . . . . . . 46706 ,5028067000
qui se répartit comme suit :
chaleur nette prise par les kil. 52 d'eau hygrométrique . . 33540°
d° par l'hydrogène du charbon. . . . . . . 1523 ,6279266032
reste pris à l'état de chaleur sensible par les autres matières de la charge pour leur faire contracter la température de 159 degrés de la première position. . . . . . . 11642 ,8748800968

Total égal à l'abandon. . . . . 46706 ,5028067000

Ces 11642 calories abandonnées aux matières solides de la charge sont évidemment insuffisantes pour les élever à la température de 159 degrés, puisque la solution de l'équation donne pour ces mêmes matières à cette température une quantité de chaleur de 15681°,3776043535.

Cependant ce dernier nombre ne représente pas même toute la chaleur de la charge à cette position, car il y a encore à ajouter celle de l'eau de l'hydrate de fer qui ne s'est point encore séparée de sa combinaison et que je n'ai point fait entrer dans l'équation pour simplifier la discussion. Cette eau se trouvant à l'état solide dans cette combinaison, sa caloricité est celle de la glace, son équivalent calorifique est 24,107 × 0,474 = 11,426718 et la quantité de chaleur qu'elle aurait dans ce cas serait 11,426718 × 159,173464 = 1818°,8302862111.

Cette chaleur ajoutée à celle des matières forme un total de 17500°,2078905646 que la charge tout entière, moins l'eau hygrométrique et l'hydrogène du charbon qui l'ont quittée à ce moment, posséderait à cette position à cette température. Toutefois cette chaleur n'est pas toute fournie par le tronçon gazeux, puisque les matières avaient 10 degrés de température initiale que leur donnait leur chaleur propre qu'il faut en déduire. Cette chaleur est déterminée par la dernière équation dans laquelle on fait y = 10° et la chaleur à trouver est l'inconnue nouvelle y'. La relation suivante exprime ces conditions :

$$\left[135 \times 0,2415 + 142,8571428571 \times 0,16780 + 193,01989 \times 0,217302 + 11,426718\right] 10 = y'$$

d'où y' = 1099°,4425479820138.

En conséquence, la chaleur fournie à ce dernier croisement par le tronçon gazeux aux matières non volatilisées de la charge, serait :

$$17500°,2078905646 - 1099°,4425479820138 = 16400°,7653425826$$

La différence entre cette chaleur nette qui serait fournie d'avec celle trouvée est donc, 16400°,7653425826 — 11642°,8748800968 = 4757°,8904624858.

Ce déficit imaginaire qui correspondrait, s'il était réel, à kil. 0,588 de carbone ou à kil. 0,679 de charbon par charge, est la conséquence des 9°,173464 d'excès de température résultant des insuffisances de caloricités signalées.

L'évidence de ce fait rend superflu de plus amples développements. Au surplus son exiguïté lui ôte toute importance.

Pour avoir la chaleur totale de la charge à son entrée dans le fourneau, il suffit aux 1099 calories qui viennent d'être trouvées pour la chaleur initiale des matières non volatilisées, d'ajouter les chaleurs afférentes aux 10 degrés de température initiale des 52 kil. d'eau hygrométrique et des 3 kil. d'hydrogène qui ont été volatilisés. La première est 52 × 10 = 520, la seconde est 3 × 3,4046 × 10 = 102°,138; soit ensemble 622°,138, lesquelles ajoutées aux 1099 calories trouvées forment un total de 1721°,5805479820138 pour la chaleur initiale totale de la charge à son entrée dans le fourneau à 10 degrés.

Je reviens aux deux corrections qui, pour clore ces calculs, restent à faire à la chaleur emportée du fourneau par le tronçon gazeux.

La première est relative aux 10 degrés de température initiale des corps composant le tronçon gazeux, et dont par conséquent, la chaleur n'a pas été fournie par le combustible; la deuxième aux 9°,173464 d'excès de température causé par l'insuffisance des données, et qu'en réalité le tronçon gazeux ne possède pas; soit pour ces deux objets une température totale de 19°,173564, dont la chaleur doit être retranchée des 85322 calories trouvées, pour avoir la chaleur nette exacte fournie par le combustible au tronçon gazeux et emportée du fourneau par ce dernier. En d'autres termes, c'est la chaleur du tronçon gazeux à 140 degrés qu'il s'agit de trouver; car c'est la seule fournie par le combustible employé, et par conséquent la seule qu'il importe de connaître.

Or, l'équivalent calorifique du tronçon gazeux sans les kil. 76,107 de vapeur d'eau, se compose du nombre qui le représentait à l'avant-dernière position augmenté de l'équivalent calorifique de l'hydrogène du charbon, soit :

$$212,8562522874 + 10,2138 = 222,8562522874.$$

La quantité de chaleur qu'il aura à 140 degrés est :

222,8562522874 × 140 . . . . = 31199°,8753202360

la chaleur totale latente et sensible des kil. 76,107 de vapeur d'eau à 140 degrés, est (Regnault) 76,107 × 649,2 = 49408°,6644

Total de la chaleur du tronçon gazeux à 140 degrés . . 80608°,5397202360

Cette chaleur correspond à kil. 9,976 de carbone ou à kil. 11,515 de charbon, soit 7,67 p. 100 de tout le charbon consommé. Dans cette chaleur la part de la chaleur totale des kil. 24,107 de l'eau de l'hydrate de fer, est (Regnault) :

en chaleur latente	en chaleur sensible	totaux.
$24,107 \times 508 = 12246^c,356$	$24,107 \times 141,2 = 3403^c,9084$	$15650^c,2644$

celle des kil. 52 d'eau hygrométrique est :

$52 \times 508 = 26416^c.000$	$52 \times 141,2 = 7342^c,4$	$33758^c,4$
celle du reste du tronçon gazeux	$31199^c,8753$	$31199^c,8753202360$

Totaux . . . $38662^c,356$	$41946^c,1837$	$80608^c,5397202360$

Je donne à dessein cette division pour isoler et mettre en évidence la valeur des économies qu'il est possible d'obtenir en utilisant certaines portions de chaleur sensible perdues dans toutes les usines.

LXXXVIII.

Tableau synoptique des températures, des chaleurs sensibles, des compositions et des poids de la charge et du tronçon gazeux à toutes leurs positions, ainsi que des réactions qui les ont modifiées.

Tous les chiffres trouvés dans le cours de cette recherche de la température de la charge à toutes ses positions ont été, ainsi qu'il a été dit (80), réunis dans un tableau ci-annexé avec la coupe proportionnelle verticale du fourneau suivant l'axe, afin de présenter le coup-d'œil synoptique de tous ces résultats et faire ressortir ainsi plus clairement les causes, les effets et l'enchaînement de toutes les réactions dont le haut-fourneau est le siége, faire apprécier le degré de perfection auquel cette méthode de réduction des minérais de fer est parvenue, ses avantages, ses inconvénients et les améliorations dont on peut encore espérer la réalisation pour laisser enfin peu de chose à désirer. Cette simple observation motive et explique les considérations suivantes par lesquelles je terminerai cette partie de ce travail, en y comprenant les divers points que j'ai remis à traiter à ce moment pour ne point interrompre la discussion principale.

LXXXIX.

Coup-d'œil général critique sur le haut-fourneau, et le mérite de ses dispositions et proportions.

La fin qu'on se propose dans le travail du haut-fourneau est l'extraction du fer de ses minérais, c'est-à-dire la séparation du métal d'avec les corps gazeux avec lesquels on le trouve combiné dans la nature ainsi que des matières stériles ou gangues avec lesquelles il est en outre mélangé. Le procédé consiste d'une manière générale, à engager dans des combinaisons nouvelles par des affinités plus fortes développées par la chaleur, les corps étrangers au fer et à favoriser ce départ en faisant entrer le fer lui-même dans un composé nouveau, la fonte, plus fusible que le fer à ces hautes températures, et qui, dans l'état liquide où il est amené ainsi que tous les autres corps qui l'accompagnent, s'isole naturellement et de lui-même par une simple différence de pesanteur spécifique. Le charbon est le moyen et l'agent spécial calorifique et réducteur à la fois, dont on se sert pour mettre en action ces diverses propriétés des corps traités et les faire concourir au but proposé ; le haut-fourneau est en quelque sorte l'instrument de cette opération multiple et compliquée.

Lorsqu'on examine avec quelque attention cet appareil et en même temps les nombres rassemblés ici et qui expriment les résultats des phénomènes qui s'y sont accomplis ; on peut remarquer alors dans toutes ses parties, chose qui avait moins frappé d'abord en raison de l'obscurité qui enveloppait les faits, une harmonie et une perfection, une rationnalité dans ses fonctions, dans son régime et dans les dispositions que nécessitent ce régime pour en assurer la régularité et le succès, telles qu'il serait difficile de rencontrer dans aucun autre art industriel où la science aurait développé ses plus grandes ressources, rien qui en approchât et surtout qui présentât au même degré le mérite d'aussi graves difficultés vaincues. Un coup-d'œil rétrospectif sur les formes et les méthodes qui ont précédé le système actuel, confirme entièrement ces idées. Les matières y sont introduites par le gueulard par quantités égales, dites charges ou lits de fusion et dans un certain ordre invariable dont je dirai la raison d'être, (91) pour de ce point, parcourir toute la hauteur du fourneau jusqu'à la région de la tuyère. Dans cette descente, sous l'influence de la chaleur et des gaz réductifs de la colonne gazeuse occurrente qui se forme incessamment à la tuyère et monte vers le gueulard, elles subissent toutes les modifications nécessaires à leur transformation ultime en gaz, fonte et laitier. Parvenues à ce terme de leur évolution, elles se séparent, savoir : le charbon (69 et 70), passé à l'état gazeux par sa combustion devant la tuyère, en remontant vers le gueulard pour reproduire sur les charges suivantes les mêmes phénomènes qui préparent leur transformation; la fonte en tombant dans le creuset et les laitiers en s'écoulant par dessus la dame. Dans cette série de phases par lesquelles a passé une charge depuis le gueulard jusqu'à la tuyère, elle a acquis exactement la chaleur que perd un tronçon gazeux égal à celui qu'elle va produire elle-même par la combustion de son carbone à la tuyère, moins : 1° la chaleur absorbée par les réactions afférentes à cette charge et qui ont eu lieu dans le cours de la descente ; 2° moins la quantité de chaleur enlevée par le rayonnement qui se rapporte aussi à une charge ; 3° enfin, moins la chaleur sensible des gaz d'un tronçon gazeux à leur sortie du gueulard. La première et la dernière de ces quantités de chaleur varient avec la richesse et la composition des minerais et celle de leur gangue. Cependant en ce qui regarde la dernière, il est évident que c'est une espèce de réserve volontaire destinée à obvier aux petits accidents d'oscillation de consommation de chaleur, mais qui toutefois ne saurait être supprimée sans danger, car la moindre débauche produisant un déficit de chaleur dont elle est presque toujours elle-même un effet, prend sur le champ de la gravité sans cette ressource qui comble le déficit à mesure qu'il se produit, maintient l'équilibre de consommation et aussi ce qui n'est pas de peu d'importance, la qualité de la fonte. Le thermomètre en ce cas est un indicateur précieux de ce qui se passe. Cet excès de chaleur que chaque maître de forges peut faire varier à sa volonté, suivant les conditions de marche qu'il veut créer à son fourneau, ne présente aucune espèce d'inconvénient au point de vue de la perte du combustible qui peut en résulter, lorsqu'on emploie la chaleur sensible des gaz, ce qui est un procédé qu'on ne saurait trop recommander quand il est possible. J'y reviendrai lorsque je traiterai des chaleurs perdues. Dans cette mention de la chaleur des gaz du gueulard, il n'est et ne peut être nullement question de celle qui se manifeste au gueulard par suite d'une débauche dans le fourneau. Quant au rayonnement, je n'ai rien à ajouter à ce que j'en ai dit, sinon que des matériaux de bonne qualité et une construction soignée, tendront toujours à l'affaiblir.

La forme, les dimensions et les proportions du haut-fourneau favorisent d'une façon merveilleuse tous les phénomènes chimiques et physiques qui ont été examinés et qui viennent d'être rappelés. Elles ne peuvent subir dans leur dispositions que de faibles variations qui doivent toujours être rigoureusement motivées par des changements correspondants dans les matières traitées, à peine d'apporter des obstacles insurmontables à une bonne allure.

L'orifice étroit du gueulard et la forme de tronc de cône de la cuve ont pour effet de répercuter la chaleur le plus complétement possible et de repousser les gaz sur les matières pour multiplier leur contact avec elles, faciliter ainsi la transmission de chaleur et par suite les réactions, tandis que cette même disposition permet aux matières de s'épanouir en descendant et de s'offrir d'elles-mêmes à la colonne gazeuze occurente sur la plus faible épaisseur et dans le plus grand état de perméabilité qu'on puisse obtenir par une action automatique. Cette forme se prolonge sur une hauteur suffisante pour favoriser le plus efficacement celles des réactions, notamment la réduction, qui doivent s'opérer dans cette partie. Au point où ces réactions sont terminées et qui est le ventre et au moment où il faut préparer les matières à la haute température qu'elles doivent atteindre, la capacité, à cette fin, commence à se resserrer, les parois prennent une inclinaison inverse et la forme intérieure devient un tronc de cône renversé, subjacent et relié par sa grande base et dans le même axe au tronc de cône de la cuve. C'est la région des étalages. C'est dans cette partie que s'opère la carburation. Mais il convient d'observer qu'elle commencerait beaucoup plus tôt, c'est-à-dire plus haut et à une température moins élevée sans la réduction qui paraît y faire obstacle. Car je me suis assuré par des expériences directes et nombreuses que je mentionne plus loin, que la carburation, au moins à un premier degré, peut, dans un délai suffisant, s'opérer entre 4 et 500 degrés. Elle devrait donc, par conséquent, être commencée bien avant l'arrivée de la charge au ventre. Mais on remarque constamment que dans chaque fragment de mine, la carburation ne commence qu'après l'expulsion complète de l'oxygène. Il s'en suit qu'elle a lieu d'autant plus tôt que les morceaux sont plus vite réduits, c'est-à-dire plus petits. C'est une des raisons pour lesquelles le minérai ne doit pas être introduit par fragments trop gros et trop inégaux afin de rétrécir autant que possible les limites de chaque réaction et d'assurer la régularité de la marche qui est toujours un signe et une nécessité de bonne allure. Sans cette précaution, il arrive que de petits grains se trouvent déjà amenés à l'état de fonte au-dessus du ventre, alors qu'au-dessous, des grains plus gros ne sont pas même encore entièrement réduits. Cet effet dû à des différences de grosseur, explique la contradiction apparente d'opinions sur ce point, nées d'observations faites dans des conditions dissemblables. Je me réserve d'entrer tout à l'heure dans de nouveaux détails en parlant de la carburation. Enfin les limites de la zone de cette réaction qui dépendent, comme on voit, de la nature du minérai, fixent celles des étalages. Alors leur inclinaison s'arrête et la région de l'ouvrage qui comprend celle de la tuyère commence. Les parois prennent une inclinaison à peine sensible jusqu'à la tuyère et de là se continuent verticalement jusqu'au fond du creuset qui termine par en bas la capacité du fourneau.

La disposition du creuset où se rassemble la fonte, à la suite et au-dessous de la tuyère, a pour but et pour effet de protéger celle-ci contre le refroidissement, et par suite tout le fourneau lui-même.

Le rétrécissement que subit la section horizontale du fourneau dans la région de l'ouvrage, n'est pas seulement destiné à concentrer la chaleur, mais il doit en même temps et surtout, en donnant une forme alongée à la charge dans le sens de la direction verticale, concourir à procurer la combustion la plus régulière possible du charbon, en l'isolant des autres matières de la charge et de manière à ce que ces dernières amenées ainsi à un grand état de liquidité par la haute température développée par cette combustion, puissent passer très-rapidement devant la tuyère et échapper à un coup de vent trop longtemps prolongé. C'est dans cette dernière partie du fourneau que se produit la plus haute température et que s'accomplissent les phénomènes qui constituent la vie même de cet appareil. Les détails dans lesquels je suis entré à cet égard me dispensent d'y revenir.

On a souvent cherché en divers pays, depuis l'adoption à peu près générale et définitive des formes et proportions respectives entre elles, des différentes parties du haut-fourneau, à y apporter des modifications ; mais sans succès et toujours au bout d'un temps très-court, il a fallu revenir aux dispositions que je viens de décrire. Tous ces divers changements, dont plusieurs ont été bruyamment et prématurément préconisés par leurs auteurs, n'ont pu soutenir le choc de l'épreuve ; mais on reconnaît sans peine au premier abord qu'ils reposaient sur des idées la plupart du temps tout empiriques ou seulement spécieuses et contredites invariablement d'une manière absolue par les principes les plus évidents. Enfin leurs promoteurs semblaient n'avoir eu nulle préoccupation de l'harmonie nécessaire, eu égard aux matières employées, mines, fondants et charbons, entre les différents organes de l'appareil pour la faire concourir de la manière la plus profitable à la conquête du résultat poursuivi. C'est ainsi, entr'autre, qu'on a proposé de larges gueulards, des cuves cylindriques, des prises de gaz au milieu de la hauteur du fourneau, et la suppression de l'avant-creuset. Je me bornerai à une simple observation et sur cette dernière modification seulement, parce qu'elle est encore en cours d'expérimentation dans quelques pays ; c'est que pour le creuset comme pour les autres parties du fourneau, on n'est pas plus maître, à moins de pertes certaines, de supprimer les conditions auxquelles il doit satisfaire pour donner lieu à une bonne marche.

Or, quelle est la fonction du creuset ?

C'est :

1° De fournir entre deux coulées un récipient de dimensions suffisantes à la fonte qui s'y accumule incessamment. Il est évident que la suppression de l'avant-creuset équivaut à la diminution de la capacité du creuset, et qu'il faudra retrouver dans l'élargissement ou l'approfondissement de celui-ci l'espace enlevé par cette suppression.

2° D'entretenir le maintien et la régularité d'une haute température dans la région de la tuyère en faisant fonction d'écran contre le rayonnement de cette partie du fourneau. On ne voit pas en quoi la modification proposée présente à ce point de vue un avantage quelconque sur ce qui est. Mais si l'on considère la facilité que fournit l'avant-creuset pour reconnaître les mille circonstances qui se produisent à tout instant dans le voisinage de la tuyère, et pour obvier aux conséquences mauvaises qui en naissent, sans démolir une partie du poitrail, ni subir le refroidissement qui en résulte, infailliblement on demeurera bien convaincu que l'avant-creuset à sa raison d'être et que sa suppression ne peut donner lieu qu'à de nombreux inconvénients plus ou moins graves, sans aucune compensation, et que son adoption avait probablement pour but et pour résultat de faire disparaître.

Les principes qui viennent d'être exposés fournissent, sans ambiguïté, les éléments nécessaires pour déterminer, dans un cas quelconque donné, les dimensions et les proportions entr'elles des diverses parties d'un haut-fourneau. Le coup d'œil le plus superficiel permet de s'assurer immédiatement que la diversité presqu'infinie de composition des minerais et des fondants, ainsi que la nature variable aussi des combustibles, doit introduire dans les dimensions particulières et dans l'ensemble de ces parties des différences correspondantes. Les minerais dont la décomposition est lente, ceux qui sont réfractaires, exigeront un plus long parcours dans l'appareil, par conséquent une plus grande hauteur de celui-ci que ceux dont la décomposition est rapide ou qui sont plus fusibles. L'effet calorifique de ces réactions se résoudra en consommations de chaleur variables avec les cas.

Il y a une grande importance à calculer ces consommations, parce qu'elles se rapportent terme pour terme à des dépenses proportionnelles de combustible, et ont par conséquent une influence directe sur le chiffre du résultat utile qu'on se propose d'obtenir. Toutefois, chacune de ces diverses variétés de types de minerais est évidemment comprise entre deux limites fixés et infranchissables. Ceux qui présentent le maximum de richesse, c'est-à-dire ceux qui ne contiennent pas de matières étrangères et sont absolument purs, forment la limite supérieure. Ceux qui ont une teneur minimum au-dessous de laquelle il n'y a plus d'avantage à les traiter, forment la limite inférieure.

Mais nous devons sur le champ faire ici deux observations sur le sens tout à fait relatif qu'il faut attacher au mot richesse. Elles feront comprendre la nature de la principale cause de consommation de combustible. La première est que deux minerais peuvent être absolument purs et différer considérablement dans leur richesse, leur rendement et la consommation de combustible pour des quantités égales de produit. Rendons la chose sensible par des chiffres et considérons, savoir :

Un kilogramme de fer oxydulé pur ou fer magnétique;

Un kilogramme de fer oligiste pur;

Un kilogramme de fer hydraté pur;

Et un kilogramme de fer carbonaté pur, qui fournissent toutes les espèces de minérais traités dans l'industrie.

La formule atomique du fer oxydulé étant,

$$FE^3O^4$$

L'équivalent atomique du fer étant 28 et celui de l'oxygène 8, cette formule se décompose en poids dans les parties suivantes :

oxygène.	$4 \times 8 =$	32
fer.	$3 \times 28 =$	84
Total.		116

La formule atomique du fer oligiste étant,

$$FE^2,O^3$$

cette formule se décompose en poids dans les parties suivantes :

oxygène.	$3 \times 8 =$	24
fer.	$2 \times 28 =$	56
Total.		80

La formule atomique du fer hydraté étant,

$$2FE^2,O^3 + 3HO$$

et l'équivalent atomique de l'hydrogène étant 1, cette formule se décompose en poids dans les parties suivantes :

eau.	$3 (1+8) =$	27
oxygène.	$2 \times 3 \times 8 =$	48
fer.	$2 \times 2 \times 28 =$	112
Total.		187

La formule atomique du fer carbonaté étant,

$$FEO,CO^2$$

et l'équivalent atomique de l'acide carbonique étant 22, cette formule se décompose en poids dans les parties suivantes :

acide carbonique.	22
oxygène.	8
fer.	28
Total	58

En conséquence :

			kilo.
Un kilogramme de fer oxydulé pur contiendra. .	{	oxygène	0,27586
		fer	0,72414
Un kilogramme de fer oligiste pur contiendra. .	{	oxygène	0,3
		fer	0,7
Un kilogramme de fer hydraté pur contiendra. .	{	eau.	0,14439
		oxygène.	0,25668
		fer.	0,59893
Un kilogramme de fer carbonaté pur contiendra.	{	acide carbonique.	0,37931
		oxygène	0,13793
		fer.	0,48276

Ainsi donc on voit que théoriquement à son plus grand état de pureté, ou ce qui est la même chose, à son maximum de richesse,

le fer oxydulé rendra au maximum. . . . . 72,414 pour 100 de son poids ;
le fer oligiste en rendra. 70
le fer hydraté. 59,893
le fer carbonaté. 48,276

et qu'il y aura à expulser en matières volatiles, savoir :

dans le premier cas . . . . 27,586 pour 100 du poids ;
dans le second cas 30
dans le troisième cas. 40,107
et dans le quatrième cas. 51,724

Il est facile de calculer très-approximativement par la considération des volumes et des caloricités les quantités de chaleur, et par suite de combustible qui correspondent à ces quantités de matières volatiles à expulser. Ces quantités de chaleur et de combustible ne sont pas proportionnelles aux poids de ces matières volatiles, parce que les densités de ces dernières, et par suite leur caloricité sont inégales. Mais on verra plus loin que ces mêmes quantités de chaleur et de combustible imposent au haut-fourneau des hauteurs directement proportionnelles, toutes autres conditions dans deux cas comparés, étant égales d'ailleurs. Ce dernier point est celui que nous avons voulu principalement éclaircir en vue du but ici proposé, qui est l'établissement des règles de construction d'un haut-fourneau dans un cas quelconque donné. Ce serait donc sortir de mon cadre que de pousser plus loin la discussion du surplus.

La deuxième observation repose sur cette circonstance que deux minérais présentant à poids égal à l'analyse chimique, une teneur identique en fer, peuvent en réalité correspondre à des consommations très-différentes de combustible si leurs gangues ont des différences de composition telles qu'il faille plus de fondant pour l'un que pour l'autre. On voit alors que le chiffre réel de la teneur doit être calculée sur la composition des minérais comparés, rectifiée par l'addition de leur quantité respective de fondant. Cette deuxième observation conduit à la conséquence du mélange des minérais dont l'un contient le fondant de l'autre. L'emploi très-usité de ce moyen permet souvent d'utiliser des minérais très-pauvres qui ne pourraient sans ce moyen être fondus avec avantage. Il est évident dans ce cas que la teneur moyenne du mélange est la véritable teneur à considérer.

CUVE.

La connaissance des lois de la caloricité des corps nous permet de déterminer les quantités de chaleur qu'ils possèdent à des températures et à des pressions données, ou qui sont nécessaires pour produire certaines dilatations et faire naître entre leurs molécules simples ou composées une quantité de puissance expansive suffisante pour prédominer la force de cohésion ou de combinaison qui les unit, disjoindre ces molécules, les mettre en liberté et les rendre ainsi aptes à entrer dans de nouveaux composés, on a contracter une nouvelle manière d'être. Ces quantités de chaleur une fois connues, peuvent se représenter par l'expression numérique de la force mécanique équivalente et se prêter dès lors, non-seulement à tous les artifices de calcul propres à conduire aux solutions théoriques cherchées, mais encore à la détermination des moyens et procédés matériels de réalisation de ces solutions. De ces considérations découleront les règles de construction des appareils métallurgiques et l'harmonie de leurs parties au point de vue de l'effet proposé.

En résumé, cette question si compliquée qu'elle apparaisse et qu'elle soit en réalité, se réduira toujours en la dégageant des obscurités qui en masquent la nature, à une question générale de mécanique, l'équilibre d'une certaine quantité de forces dont la direction, les intensités, et les points d'application seront connus. L'enchaînement des déductions que l'on peut tirer de ces prémisses conduira toujours d'une manière sûre à la détermination de la forme et des proportions des diverses parties du haut-fourneau. Je rendrai la chose sensible par un exemple. Je suppose qu'il s'agisse du sesquioxyde de fer hydraté, puisque c'est de cette espèce de minérai qu'il a été question dans ce qui précède, et j'en considérerai un fragment du poids d'un kilogramme parfaitement pur, c'est-à-dire, exempt de matières étrangères et même d'eau hygrométrique afin de ne pas embarrasser mon raisonnement par des points accessoires, qui d'ailleurs, se résolvent par la variation du chiffre du coefficient pratique.

La formule atomique de cette substance, est $2F^2O^3 + 3HO$.

L'équivalent atomique du fer étant 28, celui de l'oxygène 8, et celui de l'hydrogène 1, cette formule se décompose en poids dans les parties suivantes :

sesquioxyde de fer $= 2 \times (2 \times 28 + 3 \times 8)$. . . . . $= 160$
eau $= 3 (1 + 8)$. $= 27$

Total. 187

En conséquence, notre kilogramme de sesquioxyde de fer hydraté se décomposera comme suit :

sesquioxyde de fer. . . . . $= $ kil. 0,85561
eau. . . . . $= $ kil. 0,14439

Total. . . . . kil. 1,00000

Pour éliminer cette eau, on devra d'abord élever l'hydrate de fer à la température de 300 degrés, qui est le point de décomposition de ce corps; puis, comme l'eau est à l'état solide dans cette combinaison et comme elle s'en ira à l'état de vapeur à une température minimum de 100 degrés, il faudra lui fournir la quantité de chaleur de fusion de la glace, celle de vaporisation de l'eau, plus celle de température à 100 degrés. Ces trois quantités de chaleur, dont les deux premières à l'état latent, sont pour un kilogramme d'eau (Regnault) $79° + 606°,5 + 30°,5 = 716$ calories.

Pour kil. 0,14439, elles seront 103°,38324.

Cette quantité de chaleur correspond à

$$103,38324 \times 425 = 43937,877 \text{ kilogrammètres}$$, qui eux-mêmes représentent

$$\frac{43937,877}{75} = 585,83 \text{ chevaux-vapeur}$$ pendant une seconde,

ou $$\frac{585,83}{3600} = 0,162 \text{ cheval-vapeur}$$ pendant une heure.

Pour avoir le rapport de cette quantité de chaleur absorbée par la vaporisation de l'eau de combinaison de l'hydrate de fer, à celle qui sera absorbée par la réduction, si l'on admet d'après Fabre et Silbermann (*Comptes-rendus de l'Académie des sciences*, année 1848, vol. 25, pages 595 et suivante), que cette chaleur pour un kilogramme de fer soit de 35964 calories, et si l'on observe que l'équivalent atomique du sesquioxyde de fer étant $2 \times 28 + 3 \times 8 = 80$, la quantité de fer contenue dans kil. 0,85561 de sesquioxyde ci-dessus, sera donnée par la relation $\dfrac{56 \times 0,85561}{80} = $ kil. 0,598927 de fer métallique, la chaleur absorbée par la réduction des kil. 0,85561 de sesquioxyde de fer résultera de la relation

$$\frac{35964 \times 0,598927}{1} = 21539^{c},81$$

et $\dfrac{21539,8}{103,4} = 208,3$ sera le rapport de la chaleur absorbée par le départ de l'eau de combinaison du fer hydraté dans le traitement de ce minérai à la chaleur absorbée par la réduction du sesquioxyde qui entre dans sa composition. Soit à peu près un deux centième, ou un demi pour cent d'accroissement de dépense en combustible par le fait de cette circonstance d'hydratation. Or, si l'on remarque que la composition de ce fer ainsi déshydraté est celle du fer oligiste, on peut en conclure que le traitement du fer oligiste présente un avantage d'économie de combustible sur celui du fer hydraté, mesuré par cet écart de consommation.

Ce rapport de perte sera majoré par l'eau hygrométrique qu'il faut aussi expulser et qui est souvent aussi considérable que l'eau de combinaison lorsque les minérais ne sont pas lavés longtemps à l'avance, mais qui est toujours plus grande que dans les minérais oligistes qui sont presque toujours en roche et n'ont pas besoin d'être lavés. Il serait également majoré dans une proportion très-considérable, si au lieu du chiffre de réduction donné par Fabre et Silbermann, on faisait usage de celui plus faible de Dulong.

Nous sommes entrés dans les détails de l'expulsion de l'eau des minérais hydratés, parce que la hauteur des hauts-fourneaux, non plus que les autres dimensions, n'est point comme beaucoup semblent le croire, une chose arbitraire ou indifférente. Elle est réglée comme on le verra plus loin, par un ensemble de conditions dont la mise en oubli ou l'observation entraîne des pertes, ou assure des bénéfices importants. La nature des minérais fixe une de ces conditions et c'est la conclusion de cette première partie de notre discussion. Dans le cas présent, on peut énoncer que la hauteur du haut-fourneau devra excéder, toutes autres conditions étant égales, celle d'un haut-fourneau où l'on ne traiterait que du fer oligiste, dans la proportion indiquée par la comparaison que nous avons faite. Cette loi se maintient évidemment pour les autres espèces de minérais. Des raisonnements analogues conduiraient à des conséquences identiques quant au principe, pour les minérais soit de fer carbonaté, soit de fer oxydulé, soit de fer silicaté. Enfin, on peut être certain que tous les hauts-fourneaux qui marchent bien, tiennent en partie leur succès du hasard heureux, favorisé souvent aussi par une expérience toute empirique, qui a permis l'observation du principe que nous venons d'éclaircir.

Avant de reprendre le cours de notre discussion, nous terminerons cette digression par deux observations. La première est que ce que nous venons de dire, n'affranchit pas des autres exigences de la question. La deuxième est, qu'on a déjà pu reconnaître par le fait de la vapeur d'eau générée par une décomposition chimique, et donnant lieu à une action physique d'absorption de chaleur, que les divisions strictement limitées qui ont été établies dans la science pour ses diverses parties, sont purement artificielles et dans un but uniquement didactique. Mais en réalité ces limites n'existent pas et l'on voit le plus souvent les phénomènes en quelque sorte à l'avance parqués dans leur enceinte conventionnelle, transgresser ces limites, et non-seulement devenir l'origine et la cause de phénomènes classés dans un autre ordre et réciproquement, mais encore se transformer les uns dans les autres et révéler clairement et constamment l'intervention d'un principe unique dans toutes ces actions même les plus opposées en apparence et qui ne semblent que les mille formes protéiques de cette même cause.

Nous venons de calculer la quantité de chaleur nécessaire pour expulser l'eau de combinaison de notre kilogramme de fer hydraté. En considérant la position de ce fragment dans le haut-fourneau, on reconnaît facilement que cette réaction a lieu graduellement de bas en haut par l'effet du courant gazeux ascendant et chaud, qui vient de la tuyère et rencontre le fragment par sa partie inférieure; en sorte que la déshydratation commence par cette partie inférieure, se poursuit à travers la masse du fragment et se termine par sa partie supérieure.

Il est évident que le moyen de rendre l'opération plus rapide serait d'accroître : 1° la surface de contact du fragment avec le courant gazeux; 2° l'intensité d'action du courant gazeux sans augmenter la consommation de combustible; 3° de changer la face suivant laquelle le fragment reçoit le choc du courant gazeux, c'est-à-dire, de le retourner sur lui-même. On ne saurait dire que le raisonnement ait présidé à la disposition actuelle de cette partie du haut-fourneau, disposition qui n'a dû, au contraire, être adoptée qu'après une suite de longs et aveugles tâtonnements, puisqu'on ignorait de quelle manière l'effet dont nous parlons se produisait, et que nombre de personnes qui s'occupent spécialement de la métallurgie du fer, préconisent encore aujourd'hui d'autres formes ; mais la division des minérais en fragments moins gros que celui dont nous parlons, et la forme tronconique de la cuve, de manière à réduire l'ouverture du gueulard à la plus petite dimension possible, remplissent ces trois conditions d'une manière satisfaisante.

Justifions cette proposition.

Il est d'abord évident que la division du fragment multiplie les surfaces dans une proportion dont on peut se rendre approximativement compte par la considération suivante :

Si l'on suppose que le morceau de mine dont il est question ici ait la forme cubique, et si l'on voulait le diviser en quatre morceaux égaux, les deux plus petites sections planes qu'on pourra pratiquer pour obtenir ce résultat seront faites par deux plans perpendiculaires entr'eux passant par le milieu des arêtes, tandis que les deux plus grandes sections passeront par les diagonales. Dans le premier cas on aura augmenté la surface totale d'un tiers, et dans le second on l'aura augmentée de deux tiers. Ces deux limites comprendraient tous les cas d'accroissement de surface par la division du morceau en quatre parties par des

17

sections planes. La moyenne entre ces deux limites est un demi. En adoptant cette moyenne, on voit que la division d'un morceau du poids d'un kilogramme en quatre morceaux égaux ferait gagner la moitié de la surface primitive, et en huit ferait plus que doubler cette surface.

En poussant l'application du principe à sa conséquence ultime, on arrive au volume miliaire comme étant le plus avantageux des minérais à traiter au point de vue du volume. C'est en effet ce que l'expérience confirme. Cette circonstance de l'état pulvérulent suffit à elle seule pour expliquer la grande fusibilité des minérais de cette espèce, sans qu'il soit nécessaire de l'attribuer comme on le fait toujours à des compositions le plus souvent imaginaires.

Le résultat utile de cette division ne se borne pas seulement à l'expulsion de l'eau ; il s'étend également à la réduction du fer. L'attaque est rendue plus efficace, et par conséquent plus rapide par cet accroissement de surface. Cependant on rencontre souvent dans cette voie un écueil qui force à s'arrêter. Cet écueil naît de l'étanchéité que produit l'état pulvérulent des matières dans la masse soumise au traitement. Dans ce cas, les gaz ne passant plus au travers de la masse, s'écoulent par des cheminées qu'ils se frayent sans opérer d'action réductive. Il s'en suit une mauvaise allure du fourneau qui avertit sur le champ de l'inconvénient qui se produit.

L'importance de la fragmentation en très-petits échantillons des minérais traités est considérable ; car lorsque les morceaux sont trop gros, ils arrivent devant la tuyère sans avoir eu le temps de se réduire et passent dans les laitiers, ce qui diminue le rendement d'abord, mais en outre ils donnent des fontes blanches dites de débauche, qui elles-mêmes ne produisent que de mauvais fers avec des déchets en rapport avec l'intensité du fait qui leur donne naissance. Cet inconvénient a naturellement plus de tendance à se produire et avec plus de gravité dans les petits hauts-fourneaux que dans les grands. Néanmoins, dans ces derniers il donne encore lieu à de mauvais effets, même lorsqu'il est peu apparent, parce qu'il équivaut littéralement à une diminution correspondante de hauteur du haut-fourneau, supposé avoir ses dimensions normales, et qu'il se résout toujours en un accroissement de consommation de charbon. La grosseur type qui nous paraît la meilleure est celle qui oscille autour des dimensions d'une noix. Nous allons voir que la forme n'est pas indifférente, que c'est la forme sphérique qui est la plus avantageuse et qu'elle a une relation directe avec celle de la cuve.

Nous avons fait remarquer que le courant gazeux chaud, qui opère les réactions nécessaires à la réduction des minérais jetés dans le haut-fourneau les choquait de bas en haut, et par conséquent produisait son effet graduellement et dans le même sens. Il est évident que cet effet serait activé et accéléré, si par un moyen quelconque on pouvait retourner sur lui-même chaque fragment de minc à mesure que s'accomplit la réaction poursuivie, de manière à faire présenter par ce fragment à la cause réductrice qui est le courant gazeux, la face qui est le moins avancée. Or, il suffit de l'examen le plus superficiel pour reconnaître que cette condition est parfaitement remplie par la forme tronconique de la cuve. Car il est évident qu'à mesure que la charge, sous l'influence de la fusion qui s'opère à la tuyère, descend peu à peu d'une manière graduelle et continue, sa base s'élargit dans la mesure même de l'élargissement de la cuve. Mais pour s'épanouir ainsi sur une plus grande surface, ses fragments doivent nécessairement rouler les uns sur les autres, et roulent en effet d'autant plus facilement qu'ils sont moins anguleux et plus arrondis.

On voit donc que dans le cas présentement discuté, la forme indiquée ici de la cuve, quant à ce qui concerne la déshydratation, soit pour l'eau combinée, soit pour l'eau hygrométrique, permet d'atteindre de la manière la plus efficace, c'est-à-dire la plus économique, le résultat poursuivi. Mais il n'est pas moins évident qu'en ce qui concerne la réduction, cette même forme procure les mêmes avantages.

Seulement une observation importante reste à faire sur ce dernier point, c'est que le degré d'oxydation des minerais traités exerce une influence directe sur la hauteur de la cuve ainsi que sur la consommation de chaleur ou de combustible, puisque suivant les cas, il faut expulser des quantités variables d'oxygène.

La hauteur de la région des étalages est déterminée par un principe analogue. Elle se règle sur le degré de carburation que l'on veut obtenir pour la fonte. On a vu que cette hauteur était de $2^m,35$ au fourneau de Corbelin où l'on fabriquait constamment des fontes grises pour fers fins et aciers. J'estime que ce type peut servir de terme de comparaison pour les variations que l'on peut avoir à faire subir à cette partie de l'appareil, suivant la nature des fontes que l'on se propose de produire.

La hauteur de l'ouvrage dépend du degré de fusibilité de la mine traitée. Elle est en proportion inverse de cette fusibilité.

Quant aux dimensions en largeur, on trouvera de bons types de comparaison dans celles que je donne (54) pour le même fourneau de Corbelin. A cet égard, il est essentiel d'observer qu'elles ne sont pas commandées moins impérieusement que les autres par les nécessités d'une bonne fabrication. Ainsi, une trop grande largeur au ventre ou à la tuyère imprime toujours une mauvaise allure au fourneau, et par suite occasionne des pertes souvent très-considérables. Les détails dans lesquels je suis entré suffiront pour faire éviter facilement ces défauts dans l'établissement d'un haut-fourneau marchant avec un combustible quelconque en tenant compte comme de raison de la nature de ce dernier.

L'évaluation des températures que j'ai donnée permet une appréciation suffisamment approchée de la loi décroissante ou croissante des évolutions calorifiques selon qu'on suivra le mouvement ascensionnel des gaz ou celui de descente des charges et j'ajoute de nouveau que la connaissance des caloricités exactes des corps traités dans le haut-fourneau à leurs divers états et températures, ainsi que celle des caloriques latents, fourniraient le moyen de fixer ces températures avec une précision presque mathématique. Enfin je termine ce résumé par cette observation capitale qui est en même temps une des conclusions principales de cette partie de ce mémoire, que si l'on considère : 1° le chiffre théorique des consommations de chaleur par les réactions auxquelles donne lieu le traitement des minerais de fer au haut fourneau ; 2° la faiblesse relative du coefficient d'application, inévitable dans tous les systèmes, de ce chiffre théorique, coefficient qui se compose de la chaleur perdue par le rayonnement et de la chaleur sensible emportée par les gaz, la fonte et les laitiers à leur sortie du fourneau, on demeurera convaincu de la vérité de cette proposition que j'admets comme établie par ce qui précède, que pour apporter au traitement des minérais de fer au haut-fourneau le degré de perfectionnement qu'il soit permis d'espérer, il suffira d'utiliser complétement la puissance calorifique des gaz combustibles qui sont un des résidus de cette fabrication.

Ebelmen comprenait toute l'importance de la détermination des températures du haut-fourneau. Aussi annonce-t-il page 351, vol. 2, de ses œuvres, à l'occasion d'expériences faites dans ce but et rapportées page 351 et suivantes, son intention de présenter plus tard un travail plus approfondi sur cette question. En comparant les résultats de ses expériences avec d'autres conséquences déduites par lui-même de ses autres recherches sur ces matières, on voit clairement qu'il n'était point encore parvenu à fixer dans son esprit les données de ce problème, ni par conséquent, et à plus forte raison, la théorie des phénomènes de chaleur qui s'y rapportent et les lois qui les régissent. Ainsi, après avoir énoncé page 323 (Ibid.) que la température de combustion entière du charbon à la tuyère est de 2232 degrés, fait démontré faux (70), il énonce page suivante que la conversion en oxyde de carbone de l'acide carbonique généré, fait tomber cette température à 789 degrés, fait plus faux encore (70), tandis que dans les expériences mentionnées, il constate qu'au fourneau d'Audincourt à 0m66 au-dessus du ventre, c'est-à-dire à plus de deux mètres au-dessus du point où il calcule cette température de 780 degrés, l'argent fondait, en d'autres termes, qu'il y avait une température d'au moins 1,000 degrés. Cette même erreur et ces mêmes incertitudes se répètent en divers passages de ses autres mémoires. A cet égard, je me borne à ajouter que la température de 1443 degrés calculés (70) pour celle de la conversion de l'acide carbonique en oxyde de carbone est un minimum, et qu'un fourneau serait arrêté bien avant que la température de cette même région se fut abaissée à 730 degrés.

Les faits inaperçus jusqu'à ce jour, et mis en évidence dans ce mémoire, relativement à la répartition de la chaleur produite à la tuyère et à la manière dont se constitue la température d'une charge arrivée dans cette région, sont d'une vérité absolue, et ne peuvent souffrir d'obstacle dans leur accomplissement sans mettre immédiatement la marche du fourneau en péril. On voit qu'ils ont une valeur extrême et qu'ils sont la base même de la théorie du haut-fourneau.

XC

Explication de la contradiction apparente entre l'établissement d'une tuyère et celui de plusieurs.

J'ai démontré (69), que la formation d'acide carbonique à la tuyère, puis la conversion à une faible distance de ce point, de cet acide carbonique en oxyde de carbone, doivent être attribuée à des influences de masse. L'application de ce principe fournit une explication rigoureuse de la contradiction apparente que présentent les effets de l'emploi d'une ou de plusieurs tuyères dans les hauts-fourneaux. Cette contradiction apparente est la suivante : lorsque dans un haut-fourneau au charbon de bois marchant bien avec une seule tuyère, on substitue l'emploi de deux tuyères, soit qu'on les place à vent opposé, à vent parallèle ou à vent croisé, immédiatement l'allure change, devient froide, le fourneau s'embarrasse, et l'on ne fait cesser les dangers qui naissent de cet état de choses qu'en revenant à une tuyère unique qui, lorsque le fourneau est d'ailleurs dans de bonnes conditions, le remet en bonne marche sur le champ et comme par enchantement, tandis que c'est précisément le contraire qui arrive dans un fourneau au coke. Or, si l'on se rappelle que j'ai démontré également que l'on ne pouvait introduire dans un fourneau plus d'air que n'en peut exiger la combustion du charbon (69), on comprendra facilement que l'introduction de l'air dans un fourneau au charbon de bois par deux tuyères, soit que l'on conserve leurs dimensions et qu'alors on diminue la vitesse, soit que l'on conserve la vitesse et qu'alors on diminue leurs dimensions, puisque l'on n'a toujours que le même débit d'air, a pour effet de disperser l'air affluent sur une plus grande surface du charbon qu'il doit brûler, et par conséquent de renverser l'influence de masse (ib.), qui avec une seule tuyère donne de l'acide carbonique, et avec deux doit donner directement plus ou moins complétement, suivant l'amplitude de la modification de l'oxyde de carbone, et doit par conséquent produire une moindre température. Dans les conditions créées par ces deux tuyères et à ce point du fourneau où la déperdition due au rayonnement est la plus grande, la fonte se trouvant presque à la limite de température de fusion, les moindres oscillations de chaleur rendent pâteux l'intérieur de l'ouvrage et font naître des dangers tout en donnant lieu à une mauvaise et insuffisante fabrication. L'emploi de deux tuyères produit en outre le grave défaut de multiplier les points de contact de l'air non brûlé avec la fonte qui tombe dans le creuset en passant devant ces tuyères, et d'opérer une réoxydation ou au moins une décarburation. Une rapidité beaucoup plus grande de l'air par ces deux tuyères serait un moyen insuffisant de remédier à ces inconvénients et en ferait surgir d'une autre nature, notamment celui d'une réduction incomplète.

Dans les fourneaux au coke, la fixité du combustible oblige d'en dépenser une quantité beaucoup plus considérable pour la même quantité de fonte produite, par conséquent de projeter une plus grande quantité d'air et avec une grande augmentation de vitesse, ce qui fait ainsi disparaître tous les vices qui viennent d'être signalés, en ramenant l'état des choses aux conditions d'une seule tuyère.

XCI.

Explication de l'ordre adopté dans le rang, et la disposition des matières de la charge.

L'ordre adopté dans le rang et dans la disposition des matières de la charge exerce une influence capitale sur ce qui se passe à la tuyère ; c'est donc le moment de compléter ce qui me reste à dire à cet égard. Sur ce point, comme sur

les autres détails du procédé, la même perfection se fait remarquer. Cette perfection est telle qu'il ne serait pas possible d'apporter à cet arrangement la moindre
modification sans mettre en péril le succès de la marche du fourneau. On a
vu (69) la raison qui rend évidente la nécessité de cette disposition ; je me borne
à ajouter comme un fait non moins évident, que si par un arrangement autre,
les matières pouvaient se présenter à la tuyère avant le charbon, le fer réduit
serait immédiatement réoxydé, les matières deviendraient pâteuses malgré la
chaleur produite par cette réoxydation et se coaguleraient au bout d'un temps
très-court, ce qui entraînerait inévitablement la mise hors du fourneau. En
même temps que ces faits se passeraient, la chaleur monterait à la hauteur où
se trouverait le charbon, ce qui produirait dans l'appareil un nouvel appoint de
désordre. Cette explication fait reconnaître que l'insuffisance du charbon dans
la charge ou l'excès d'air insufflé produiraient exactement le même effet. Par
les mêmes raisons, le charbon ne saurait être mélangé avec les matières, et en
outre par ce motif que la prédominance de masse qui donne lieu à de l'acide
carbonique à la tuyère n'existerait plus si le vent portait sur des matières mélangées, c'est-à-dire mi-partie sur le charbon, mi-partie sur les autres substances. Mais ce mélange de matières donnerait encore lieu à d'autres désordres
dans l'accomplissement des autres réactions, notamment de la carburation, qui
ne rendraient pas moins impossible cette modification. Enfin l'expérience confirme pleinement ces appréciations théoriques.

XCII.

**Causes qui rendent impropres au service du haut-fourneau, l'hydrogène et
ses composés carburés, ainsi que le bois en nature ét le bois torréfié.**

Les influences de masse dont il a été question dans ce qui précède, ne sont
point bornées à ce qui a été dit à différentes fois précédemment. On peut attribuer avec certitude à cette cause, l'impuissance réductive de l'hydrogène dans
un haut-fourneau en présence de l'énorme quantité d'oxyde de carbone avec
lequel il se trouve mélangé, ainsi que sa conversion en simple protocarbure.
Sa volatilité et celle de ses composés à des températures plus basses en général
que celles où les premières réactions commencent, explique en outre son inutilité dans les matières combustibles introduites par le gueulard. Mais il présente encore deux autres inconvénients : le premier d'emporter de la chaleur
sensible, et en outre, une forte quantité de chaleur latente lorsqu'il résulte de
la décomposition de vapeur d'eau ; le deuxième est de déterminer, lorsqu'il
provient de bois en nature, passés au fourneau, par sa trop rapide volatilisation
et celle de ses composés, une expansion, une spongiosité, des ruptures de fibres
dans la masse du charbon qui rendent ce dernier, léger, friable, sans consistance au feu, et dès lors impropre au service du haut-fourneau. Ceci suffirait
à expliquer pourquoi l'emploi du bois en nature ou torréfié ne convient en aucune façon dans les hauts-fourneaux, n'y a jamais donné de bons résultats et
doit être exclus de cet usage d'une manière absolue.

Mais indépendamment de ces inconvénients, un autre effet non moins nuisible de l'emploi du bois en nature ou torréfié est le refroidissement causé par le départ des matières volatiles du bois dans la zone du fourneau où la carbonisation s'opère. Le refroidissement que l'on peut calculer est tel, qu'il rend entièrement impossible une marche régulière et avantageuse avec cette espèce de combustible. Ces éclaircissements sont le complément de ce qui a été dit (23) dans la première partie et me paraissent une rectification suffisante aux idées spécieuses sur lesquelles est fondée l'erreur grave dans laquelle en divers temps sont tombés plusieurs métallurgistes et maîtres de forges sur la possibilité et l'utilité de l'emploi au haut-fourneau, du bois en nature ou torréfié.

XCIII.

Réduction et carburation.

La réduction et la carburation sont deux phénomènes du même ordre que l'on peut comprendre sous le nom générique de *cémentation*. Le premier s'accomplit par le déplacement moléculaire de l'oxygène et son transport à travers la masse de l'oxyde à réduire et dont il fait partie, le second par un mouvement identique, mais en sens inverse du carbone à travers le fer à cémenter et avec lequel il doit se combiner. L'oxydation appartient évidemment à cette classe de faits. Cette pénétration et cette translation de la matière à travers la matière supposent des molécules et des pores, et de plus, exigent un état particulier des corps entre lesquels la réaction doit avoir lieu pour qu'elle puisse s'opérer. M. Leplay, dans son remarquable mémoire déjà cité, inséré tome XIX des *Annales des mines* 1841, est le premier qui ait donné la véritable théorie de la cémentation et l'ait exposée sous son jour réel en démontrant cet axiôme de l'alchimie, *corpora nisi soluta non agunt*. Il a fait voir, en effet, qu'il faut qu'il y ait contact pour que la réaction ait lieu, et que le contact n'existe pas entre les solides. Il a ainsi préparé un des plus importants progrès qu'aient accompli de notre temps la docimasie et la métallurgie. Il ne saurait s'élever le plus léger doute sur la nature électro-dynamique de ces phénomènes, et par conséquent sur la cause qui les produit. Cependant M. Leplay en donne une autre explication. Suivant lui, la réduction commencée par l'effet du premier contact entre l'oxyde de carbone et la surface de la masse à réduire, se propagerait de proche en proche jusqu'au centre du fragment au moyen de la pénétration du même gaz à travers la pellicule métallique déjà formée, et à la faveur de la dilatation produite par la chaleur et de la perméabilité qui en résulte. Il attribue le mouvement des réactifs gazeux à travers la masse du fragment considéré, soit aux inégalités de température du milieu, siège de la réaction, soit à celles produites par la réaction elle-même et qui d'effet deviendraient causes à leur tour.

Avec la réserve que commande la question et l'autorité de l'auteur de la thèse discutée, voici la modification que me paraît exiger le passage rappelé. Ne pourrait-il pas arriver, et j'avoue que cette opinion est de tout point la mienne, que l'oxyde de carbone n'exerçât qu'une action toute extérieure sur le fragment à réduire. Dans cette hypothèse, la pellicule de métal ou mieux les premières molécules de métal une fois produites, réagiraient elles-mêmes sous l'action de la température et de leur état naissant, sur les molécules d'oxyde immédiatement en contact avec elles, leur enlèveraient une portion de leur oxygène et donneraient ainsi lieu à une double quantité d'oxyde à un degré moindre d'oxydation, dont la plus extérieure serait ramenée de nouveau à l'état métallique par l'oxyde de carbone revivifié lui-même sous l'influence du milieu et ainsi de suite, jusqu'au centre du fragment et jusqu'à sa réduction complète, en faisant passer chaque atôme par tous les états intermédiaires d'oxydation. On voit que c'est une série de ruptures d'équilibre se propageant de proche en proche dans toute la masse, et dont le point de départ est au contact de l'oxyde de carbone avec la première molécule d'oxyde de fer. C'était l'opinion de Berthier, qui décrit cette réaction en quelques mots avec une grande clarté dans son *Traité de la voie sèche*, vol. 2, page 286, et chose surprenante, sans en tirer aucune induction pour établir les bases d'une doctrine à cet égard, dans cet ouvrage pourtant spécial sur la matière. Cette explication découle d'ailleurs rigoureusement de l'hypothèse de Grothuss sur les décompositions électro-chimiques, tandis que l'hypothèse de M. Leplay, de pénétration par l'oxyde de carbone de la masse qu'il s'agit de réduire, est tout-à-fait gratuite et ne paraît justifiée par l'application ou les conséquences d'aucun principe, et d'ailleurs ne dispense pas de reconnaître l'existence de courants électriques qui suffisent pour rendre raison du phénomène décrit. Toutefois, il faut observer que les principes sur lesquels se fonde aujourd'hui ce système, étaient, lors de la publication du mémoire de M. Leplay, loin d'être fixés, et que maintenant encore la théorie de Faraday, sur l'électrisation dite par influence et qui trouve ici son application, ne semble pas, malgré son évidence, universellement et définitivement admise.

Ce phénomène de pénétration chimique des corps entre eux et de progression des uns au travers des autres, se présente dans la nature avec une fréquence, une diversité extrêmes et surtout avec une grande généralité. Bien que tout fasse penser que son intensité ait été beaucoup plus considérable dans le passé que de notre temps et qu'encore aujourd'hui elle varie avec l'énergie des causes nombreuses connues ou non qui peuvent le faire naître, l'observation conduit à le regarder comme le résultat d'une propriété virtuelle de la matière toujours prête à se manifester sous l'action des forces qui sollicitent les corps.

En effet à ne considérer dans l'écorce minérale du globe que les roches sédimentaires, on est constamment frappé des transformations qui s'y sont accomplies et le plus souvent dans les plus vastes proportions, non pas seulement par un changement dans le mode d'agrégation moléculaire, ce qui déjà en soi est un déplacement, mais aussi par des transports chimiques de matière à distance et bien caractérisés.

Toutes les transformations siliceuses, calcaires, ou même métalliques des débris organiques des êtres qui nous ont précédés, les rognons siliceux que l'on rencontre depuis la craie jusqu'à la base de l'oolithe, la spathisation ou cristallisation et le changement de nature des roches appartiennent à cet ordre de faits, que la géologie comprend sous la dénomination générale de métamorphisme. Loin de ma pensée d'aborder ici cette immense question qui requiert un autre cadre et qui se rattache à toutes les causes qui ont modifié la surface du globe ; je n'entends en dire que ce qui est nécessaire à l'intelligence de mon sujet, et rappeler qu'il ne faut pas perdre de vue que les lois qui régissent la matière et qui donnent lieu au merveilleux spectacle de l'univers, retrouvent sans obscurité leur application dans les conditions artificielles créées par l'industrie humaine, qu'ainsi nous en pouvons poursuivre l'étude soit dans les œuvres de la nature, soit dans nos propres travaux, agrandir de cette manière le champ de nos recherches, et nous créer des chances de plus de succès pour la découverte de la vérité.

En conséquence donc, pour rester dans les termes de la question ici traitée, je me bornerai à ajouter au cas de cémentation naturelle rapportée à dessein (55) les deux faits suivants parce qu'ils présentent les indices les plus nettement tranchés qu'on puisse désirer pour établir la distinction du principe que je veux prouver d'avec ceux avec lesquels on pourrait le confondre.

On rencontre avec une extrême fréquence dans le diluvium, en diverses contrées, et notamment dans le Nivernais que j'ai plus particulièrement exploré, des silex, qui, après avoir été dégagés de la gangue calcaire dans laquelle ils étaient empâtés au milieu des roches des différents étages secondaires d'où ils proviennent sans aucun doute possible, ont été fracturés par les accidents du mouvement cataclytique qui les a charriés et ont été pénétrés par toute leur périphérie, y comprises les surfaces de cassures et sur des épaisseurs variables, par le procédé naturel apparent de cémentation déjà signalé, soit par de l'oxyde de fer, soit par de la chaux, de manière à former souvent plusieurs zones concentriques d'un aspect quelquefois gracieux par la vivacité des couleurs. On trouve aussi et fréquemment dans le diluvium, de la craie, d'énormes blocs dont certains cubent plus d'un mètre, entièrement composés de fragments de silex, qui après avoir éprouvé d'abord un commencement de cémentation indiqué par leur aspect rubané et vraisemblablement depuis leur séparation de la craie, puis s'être soudés ensemble et avoir composé une roche à pâte fine, pétrosiliceuse, pleine, compacte, sans apparence de grain, à aspect bréchiforme, ont subi un nouveau remaniement, ont été brisés une deuxième fois en fragments qui portent les marques évidentes de leurs premières vicissitudes, puis qui eux-mêmes ont éprouvé un nouveau travail de pénétration toujours apparent, se sont ressoudés, et dans ce nouvel état, présentent en outre, encore aujourd'hui, identiquement les mêmes caractères de cémentation que je viens de dire, sans que le cours de cette transformation paraisse suspendu. Ainsi, l'on voit cette force continuer son action malgré les révolutions dont nous retrouvons la trace et les changements qu'elles ont amenés et persister après comme auparavant. Les surfaces de cassure fournissent la preuve de cette continuité. Elle est donc indépendante de ces révolutions. Dans les faits si succinctement énumérés et qui comprennent pourtant une grande partie de la nature inorganique, elle a évidemment agi sans l'intervention de la chaleur. Elle n'est donc pas la chaleur et de plus elle peut être mise en action par des agents autres que cette dernière. D'un autre côté, on rencontre ses effets avec un développement gigantesque dans les roches sédimentaires qui ont, ultérieurement à leur dépôt, été soumises à l'action de la chaleur et dont il est impossible de méconnaître l'influence sur ces effets. D'où la conséquence, que si la chaleur n'est point ce principe mystérieux, elle agit du moins, puissamment sur sa manifestation.

Maintenant, si d'une part on vient à considérer que tous les phénomènes d'électricité dynamique et statique et de magnétisme, peuvent se transformer les uns dans les autres, que la théorie d'Ampère explique d'une manière complétement satisfaisante les actions électriques auxquelles sont soumis les corps à la surface de la terre et les modifications chimiques qui peuvent en résulter dans la composition de ces corps; si d'autre part on vient aussi à considérer que toutes les lois qui président aux réactions et aux combinaisons des corps entre eux et reproduites artificiellement dans l'industrie, révèlent sans exception toutes les fois qu'on a pu l'observer, la présence de l'électricité avec la plupart des circonstances qui se manifestent dans les phénomènes généraux de la nature, il faut bien reconnaître l'analogie entière, ou pour parler plus exactement l'identité absolue de la cause qui détermine la cémentation dans les différents cas où celle-ci s'opère, soit qu'elle ait lieu lentement dans les minéraux sous l'influence des nombreux agents naturels qui peuvent mettre cette cause en action, soit qu'elle s'accomplisse rapidement dans un haut-fourneau, sous l'influence de la violente chaleur que la combustion y développe. En un mot, on arrive invinciblement à reconnaître l'électricité, sinon comme étant cette cause elle-même, mais comme étant au moins son moyen d'action et l'une de ses propriétés qui nous fournit la notion de son existence.

Or, ce point éclairci, si l'on se reporte aux travaux de Faraday et à ceux de Mateucci, sur l'électricité, si l'on admet avec ces savants la polarisation moléculaire des corps et la théorie de polarisation par influence, on devra considérer un haut-fourneau comme un vaste laboratoire d'électricité dans lequel la chaleur avec le concours de cette force qu'elle semble faire sortir de son état latent, et sous l'influence de la colonne gazeuse qui renouvelle incessamment et entretient la rupture d'équilibre une fois commencée, paraît agir elle-même comme force pour dissocier l'oxygène et le fer dans l'oxyde traité, conjuguer le fer avec le carbone et obtenir ainsi la fonte qui est le résultat et le but final qu'on se propose d'atteindre.

On admet en physique pour rendre raison de certaines propriétés des corps, notamment de la porosité et de la perméabilité, qu'ils sont composés de molécules juxta-posées, mais sans contact. Cette hypothèse en entraîne évidemment une autre, celle de l'existence d'une matière diffuse, non moléculaire, d'une ténuité extrême, qui remplit l'espace, sans vide et d'une manière continue, relie entr'eux les atômes des corps et les corps eux-mêmes, et sert de véhicule et d'agent pour la transmission des forces ; car on ne saurait admettre un mouvement quelconque transmis sans la présence d'un moyen matériel de cette transmission. Cette explication rend compte d'une manière rationnelle des effets dits par influence. Au surplus, l'hypothèse de l'existence de la molécule a pris rang parmi les faits acquis depuis les découvertes sur la polarisation moléculaire. L'existence de la molécule implique une forme invariable et une masse indivisible.

L'indivisibilité de la molécule et la divisibilité de la matière, deux propositions également vraies et qui cependant semblent s'exclure réciproquement, impliquent pour faire disparaître leur opposition apparente, la propriété de la dissolution de la substance de la molécule et partant, un quatrième état de la matière.

Ici se pose, comme toujours à la limite de l'inconnu et sur le terrain des vérités les mieux démontrées, une foule de questions sans solution, mais qui ne sauraient infirmer la réalité des faits acquis. Je n'ai point à entrer dans ce sujet plus qu'il ne convient pour éclairer la théorie de la cémentation que je traite, je dois donc restreindre ma discussion dans ces limites.

Dans ce quatrième état que, par opposition à l'état moléculaire ou morphique, on pourrait appeler amorphique, et qui est déterminé par des causes inconnues, probablement avec absorption d'une grande quantité de chaleur latente, phénomène qui ne trouve peut-être pas actuellement les conditions nécessaires pour se produire à la surface de la terre, la matière paraît affranchie des lois, qui régissent la matière morphique, c'est-à-dire, de la gravitation, de l'électricité, de la chaleur et de la lumière, et ne serait plus alors qu'un véhicule d'une sensibilité et d'une énergie extrêmes dont la vitesse de la lumière nous fournirait un spécimen. D'où résulte entre autres choses, que la forme de la molécule serait la seule cause des forces dont nous apercevons la manifestation dans l'univers, et serait un nouvel et admirable exemple de la simplicité des moyens mis en œuvre par la puissance créatrice pour produire les effets variés que présente le tableau de la nature. Ce qu'est cette forme pour chaque corps, nous l'ignorons, mais il y a bien des données rassemblées pour nous conduire à sa connaissance et l'on peut avoir un raisonnable espoir d'y arriver quelque jour, si l'on considère cette règle absolue de logique que tout fait se rattache par une relation plus ou moins facile à discerner, mais toujours certaine, à sa cause comme à sa conséquence; que dès lors une analyse suffisamment attentive de toutes les circonstances de ce fait permettra constamment de remonter à son origine. Il est évident que cette forme de la molécule est la seule et vraie base de la classification tant cherchée des corps, qu'elle nous donnerait le secret de toutes leurs affinités et de leurs propriétés, ainsi que de celles de leurs composés; dissiperait bien des erreurs et éclaircirait bien des obscurités. Si toute chose a sa raison d'être, ou au moins ses conséquences, et cette deuxième partie de la proportion s'impose à toutes les opinions, il faut bien reconnaître le rôle inaperçu jusqu'à présent, mais des plus importants, quel qu'il soit, dans les combinaisons des corps, de la forme inconnue de la molécule. Cette forme rend toutes les hypothèses inutiles, elle doit fournir la mesure mathématiquement exacte de la porosité, de la perméabilité et des affinités des corps par la manière dont elle permet aux molécules de se juxta-poser, de s'associer ou de s'exclure. C'est donc la première et la plus essentielle des questions chimiques et une conclusion de ce qui précède, est, en ce qui concerne le fer et le carbone, que la recherche de la forme de leur molécule est la seule voie à suivre pour éclairer leurs combinaisons.

On a beaucoup écrit, beaucoup discuté jusqu'à présent sur la carburation du fer; il existe probablement plusieurs combinaisons en proportions définies de ces deux corps, mais personne encore n'a donné la formule atomique d'un seul de ces composés. Ils paraissent tous se dissoudre en toutes proportions dans le fer, en sorte que nous ne connaissons que des carbures de fer ferrurés. C'est ce qui explique l'infinie variété des fontes et des aciers, et vraisemblablement aussi en grande partie les dissidences d'opinions des savants qui se sont occupés de ces questions. On ne peut nier qu'il règne une grande obscurité sur ce point important, et l'on est à peu près dans une ignorance complète sur le degré de carburation d'une bonne fonte ou d'un bon acier, ainsi que du point où finit la fonte et où commence l'acier.

Les limites de température entre lesquelles la carburation s'opère, paraissent fort étendues, car bien que l'on admette naturellement que cette réaction a lieu au-dessous du ventre et dans la région des étalages, et par conséquent à la température de cette zone, puisque le fer n'achève sa réduction que vers le ventre, il n'est pas sans intérêt de remarquer que l'on peut transformer complétement le fer en acier à une température comprise entre quatre et cinq cents degrés. Si l'on soumet pendant un temps assez long, un morceau de fer à un courant gazeux élevé à cette température et contenant une quantité suffisante d'oxyde de carbone, on obtient constamment de l'acier. J'ai répété cette expérience un grand nombre de fois avec les gaz provenant de la combustion de la houille, du coke, du goudron, du bois, du charbon de bois, avec le gaz d'éclairage, sans aucune épuration préalable, et la transformation en acier a toujours eu lieu. On obtient les mêmes résultats dans un haut-fourneau au-dessus du ventre à partir du point où commence cette température, limite de quatre à cinq cents degrés. D'où la conséquence que la carburation devrait suivre la réduction à mesure que cette dernière s'opère. Mais on a vu (68) qu'il n'en est rien et que la réduction jusqu'à son entière terminaison fait obstacle à la carburation. Cela se comprend si l'on considère que dans un fragment de mine réduit en partie, l'atome de carbone qui va se combiner avec l'atome de fer réduit, rencontrant l'oxygène de la partie non réduite, se portera en vertu d'une plus forte affinité sur cet oxygène, et ainsi de suite tant qu'il y aura de l'oxyde à réduire. Mais à côté de cette observation il convient de placer cette autre, c'est que, si l'oxyde de carbone enlève l'oxygène au fer par une plus forte affinité, à son tour le fer enlève un atome de carbone à l'oxyde de carbone, en vertu d'une influence de masse.

Les expériences qui viennent d'être mentionnées prouvent qu'il y a différents degrés de carburation du fer en proportions définies et qu'ils se forment chacun à une température probablement fixe et déterminée. Ce serait un sujet d'études du plus haut intérêt et pour l'industrie et pour la science, de constater les différents degrés de température correspondant à chacun de ces composés carburés. J'avoue que j'ai vivement désiré faire cette recherche qui serait longue, délicate et laborieuse, mais sans avoir jamais pu trouver le temps de m'y livrer.

Je terminerai ce que j'ai à dire sur la carburation par l'explication qui me paraît devoir être donnée de deux faits probablement identiques et qui se produisent : le premier, les ampoules dans la cémentation du fer; le deuxième, les bulles dans la coulée des pièces d'acier fondu. Ils sont vraisemblablement dus à de l'oxyde de carbone qui se forme dans la masse par suite d'oxyde de fer interposé, et par la réduction de cet oxyde aux dépens de carbone de l'acier. Ce gaz, dans le premier cas, ferait boursoufler les barres amenées à un certain état de ramollissement par la chaleur; dans le second, il se trouve retenu par la coagulation de la masse, et produit par sa force expansive à la haute température à laquelle il est porté, une espèce d'écrouissement sur les parois de la cavité qui le contient, ce qui donne une grande dureté aux parois de cette cavité. C'est un grave défaut dans les pièces destinées au burin, surtout dans les pièces d'artillerie. Si cette explication est vraie, c'est surtout vers les parois des pièces coulées que ces bulles doivent se rencontrer, en raison de leur refroidissement plus rapide et qui forme un obstacle de plus vers les points refroidis, à la sortie des bulles.

On pourrait atténuer beaucoup ce défaut, sinon le faire disparaître tout à fait : 1° en veillant à la pureté du bain ; 2° en maintenant ce bain en repos pendant quelques instants à la plus haute température possible, pour permettre aux bulles de monter à la surface. Cependant ces soufflures dans les pièces coulées peuvent encore être causées par des bulles d'air entraînées par un jet de coulée trop élevé au-dessus du moule et trop rapide. Dans ce cas, l'oxygène de cet air produit encore l'inconvénient de brûler une petite partie du carbone de l'acier. On peut se rendre compte de cet effet en versant de l'eau dans un bocal de verre blanc afin de mieux observer. On verra les bulles d'air suivre le courant du jet d'autant plus profondément dans le vase récipient, que l'eau tombera de plus haut. La manière dont naît ce défaut suffit pour indiquer le moyen de le prévenir, ou au moins de l'atténuer.

XCIV.

Réduction du silicium. Expérience en grand.

Il est peu ou point de fontes dans lesquelles on ne trouve du silicium, mais les fontes au coke en contiennent généralement plus que les fontes au charbon de bois. La proportion ne s'élève guère au-dessus de 0,005 à 0,008 dans ces dernières, tandis qu'elle atteint quelquefois jusqu'à 0,04 dans les premières. La raison en est que l'on développe une plus grande quantité de chaleur dans les fourneaux au coke, en y brûlant plus de combustible. A cet égard, il n'est pas inutile de faire une observation qui peut prévenir une erreur facile à commettre. C'est que si par une plus forte consommation de combustible dans le fourneau au coke, on produit une quantité plus considérable de chaleur, il ne s'en suit pas une température plus élevée que dans le fourneau au charbon de bois, mais une température moyenne plus élevée, ce qui n'est pas la même chose. Cette température moyenne plus élevée dans le fourneau au coke, vient de ce que la zone à haute température est proportion gardée plus étendue que dans le fourneau au charbon de bois, ce qui est le résultat direct et immédiat d'une plus grande consommation de charbon. Mais dans l'un comme dans l'autre, la température maximum résultant de la combustion complète du carbone devant la tuyère, c'est-à-dire, de sa transformation en acide carbonique, oscille avec l'état hygrométrique de l'air insufflé entre 2600 et 2700 degrés, et ne saurait sortir de ces limites avec l'emploi d'air froid. Les éléments du calcul de cette température fournis (70), rendent raison de ce fait. Il suffit pour en être convaincu, d'observer que la quantité de gaz sur laquelle s'établit ce calcul s'accroît proportionnellement au combustible consommé. Dans le cas d'emploi d'air chaud et aux mêmes températures, la proportionnalité se poursuit, mais, les autres conditions sont profondément modifiées et non dans le même rapport entre les deux espèces de fourneaux. C'est ce qu'on verra plus loin lorsque je parlerai de l'emploi de l'air chaud, de ses avantages et de ses inconvénients.

Je n'ai pas cru devoir (66) m'appesantir sur les phénomènes calorifiques de la réduction du silicium qui se combine à la fonte, en raison du faible résultat de cette réaction et de son peu d'importance à ce point de vue dans la question. Mais il peut paraître intéressant d'entrer dans quelques détails pour le cas où l'on aurait des silicates à traiter. Un mot d'abord sur la formation du silicate de protoxyde de fer dans les hauts-fourneaux, en outre de celui fourni par le fondant. Bien qu'en principe cette réaction doive être considérée comme accidentelle, elle n'en a pas moins lieu constamment, et sans que jamais les causes qui la font naître et l'entretiennent, dans de faibles proportions habituellement, il est vrai, soient entièrement suspendues. Sans parler de l'érosion des parois en brique du fourneau, dont la silice au contact du fer dans l'ouvrage donne lieu à du silicium et à du silicate de protoxyde, avec une petite complication de cette réaction résultant de la présence du carbone combiné au fer à cette hauteur, toutes les causes qui donnent lieu à la production de silicate de protoxyde de fer aux dépens de la fonte dans les hauts-fourneaux, peuvent être rangées en deux classes : la première est celle qui tient aux proportions inexactes des composants terreux qui doivent concourir à former les laitiers. Cette cause ne disparaît jamais entièrement par suite de l'impossibilité d'atteindre cette exactitude nécessaire de proportion de ces composants dans les charges et de la maintenir dans le cas où il serait possible d'y arriver. La deuxième classe comprend les dérangements dans l'allure dus à des causes quelconques qui font passer le fer non réduit ou réoxydé dans les laitiers. L'énergie de la base donne dans ce cas naissance à ce composé avec une grande facilité au contact de la silice, et l'on est averti de l'amplitude du fait lorsqu'il se produit avec une certaine intensité, par la couleur plus ou moins verte des laitiers.

La réduction du silicate de fer n'a lieu qu'aux plus hautes températures avec absorption de chaleur et consommation de carbone. Aussi c'est dans les fontes au coke en raison de l'étendue de la zone de haute température des fourneaux où on les fabrique que l'on trouve la plus forte proportion de silicium. J'ai cherché par des expériences directes en grand, le degré de puissance réductive du combustible végétal sur le silicate de fer. L'expérience que je rapporte ci-dessous, faite au fourneau de Corbelin, me paraît trancher la question d'une manière à peu près négative pour les fourneaux au charbon de bois.

J'avais fait concasser à la grosseur d'une noix, des sornes et des laitiers de petites forges, ou forges à acier, dont j'avais une très-grande quantité à ma disposition. Ces substances se composent comme on sait, d'un mélange de charbon et pour la plus forte partie de silicate très-fusible de protoxyde de fer qui présente dans sa cassure la structure cristalline fibreuse et l'aspect du pyroxène et contient jusqu'à 60 pour 100 de fer. J'en avais fait composer les charges comme de minerai ordinaire pour toute une tournée de douze heures avec la même quantité de castine. Le fourneau qui avait une bonne allure n'en éprouve pas le moindre dérangement. Les laitiers devinrent un peu plus sombres, moins vitreux et moins translucides, mais ils conservèrent une liquidité parfaite et il ne se produisit, durant tout le cours de l'expérience, aucun changement apparent dans l'allure du fourneau, sinon qu'elle fut plus vive et plus rapide. Le résultat de la coulée fut une gueuse d'une substance absolument semblable dans son aspect et sa contexture aux sornes chargées et à la queue de la coulée, un boustat de fonte de 250 kil., qui s'était ramassée dans le fonds du creuset pendant tout le cours de la tournée. La conclusion de cette expérience est que le silicate de fer, à moins peut-être de son emploi avec excès d'une base énergique comme la chaux pour dissocier la silice et le fer, et encore, non complétement, ne saurait être traité économiquement dans les fourneaux au charbon de bois, et que dans les fourneaux au coke où il traverse une plus grande hauteur de zone chaude et où, par conséquent, il se trouve dans de meilleures conditions de réduction, il serait prudent non-seulement de ne pas le traiter seul, mais encore d'apporter une grande modération dans son mélange avec des minérais ordinaires.

XCV.

Bases de l'appréciation de la richesse d'un minérai.

Ceci me conduit à constater ce fait que la richesse d'un minérai, quant au rendement dans son traitement, ne dépend pas seulement de sa teneur absolue en fer, mais bien aussi de la composition de sa gangue et de la quantité de fondant que cette composition requiert pour obtenir un laitier fusible. Aussi il est évident qu'une gangue qui sera toute calcaire, toute siliceuse ou toute alumineuse, exigera une addition plus considérable pour arriver à la composition d'un bon laitier, que celle qui se rapproche naturellement de cette composition. C'est donc seulement sur le mélange opéré et dans les proportions où il doit être jeté au fourneau qu'il faut baser ses calculs de teneur et autres. Cette simple précaution éviterait bien des déceptions coûteuses. Ceci explique comment il se fait que des minérais, réfractaires quand on les emploie seuls, deviennent fusibles par leurs mélanges entre eux et suivants certaines proportions. La raison en est qu'ils contiennent réciproquement le fondant nécessaire aux autres pour engager leurs matières réfractaires dans des combinaisons fusibles. Les développements qui précèdent permettent de résoudre tous les cas donnés.

XCVI.

Inertie du rôle des laitiers dans la fabrication de la fonte. Méthode du calcul de la chaleur qu'ils absorbent dans leur formation. ainsi que la fonte, appliquée au cas particulier discuté. Comparaison des deux quantités de chaleur prises par les laitiers et par la fonte. Généralités des principes exposés.

Les métallurgistes paraissent généralement disposés à attribuer aux laitiers qui se forment dans les le traitement des minérais de fer au haut-fourneau, une fonction nécessaire. Aucune raison plausible ne paraît justifier cette opinion, si ce n'est la protection assez douteuse et peu efficace que les laitiers procurent contre le coup de vent à la fonte à son passage à la tuyère. Il est vraisemblable, comme tout semble le prouver, que l'effet attribué aux laitiers, n'est dû qu'à une chaleur suffisante et à une grande liquidité des matières qui leur permet de traverser rapidement ce court espace. A cet égard, je me borne à faire observer que c'est précisément lorsque l'allure du fourneau est froide et que les laitiers sont pâteux, c'est-à-dire, lorsqu'ils offrent au plus haut degré la résistance au vent, que l'oxydation est plus considérable. Si dans la nature on rencontrait des minérais parfaitement exempts de substances étrangères et en masses suffisantes pour faire l'objet d'une exploitation en grand, ce point mériterait le plus sérieux examen. Mais il n'en est pas ainsi, et la question de savoir s'ils sont nécessaires ou non, ne peut être posée; ils sont inévitables. On peut être assuré que s'il est réellement indispensable, que des minérais supposés purs, soient accompagnés dans leur traitement d'une certaine partie de fondant, cette quantité prétendue nécessaire, dont personne encore ne paraît avoir fixé le chiffre exact, est toujours dépassée dans la composition, soit naturelle, soit artificielle des minérais traités, et l'on peut aussi regarder comme les plus avantageux, ceux où cette proportion est la moindre.

Il devient donc intéressant de connaître à quelle consommation de charbon correspond une quantité déterminée de laitier.

Les évolutions de chaleur relatives à une charge et qui ont été décrites rendent la chose facile. On en déduira par différence la chaleur consommée par le fer proprement dit. En effet, on a vu (64) que les 300 kil. de mine et les 100 kil. de castine d'une charge contenaient ensemble 40 kil. d'eau hygrométrique à raison de 10 p. 100. Dans ces 300 kil. de mine, le fer y compris le silicium réduit entre pour kil. 97,65 (voir le tableau), son oxygène pour k. 42,85714, son eau de combinaison par kil. 24,107, ce qui fait un total de kil. 164,71414. L'eau hygrométrique appartenant au minérai de fer proprement dit, sera donc kil. 16,471414, et par conséquent, celle afférente aux matières stériles sera kil. 23,528586, qui pour se volatiliser en vapeur à 150 degrés, ont absorbé (65), en tenant compte des 10 degrés de température initiale des matières, une chaleur égale à $652,2 \times 23,528586 = 235,28586$ . . . . . . 15110^c,0579292
la chaleur absorbée par la réduction de la chaux (67) . . 17797 ,73541511747
celle absorbée par la volatilisation et la décomposition
de l'eau combinée à l'alumine est (66). . . . . 16013 ,223447895
celle attribuée à la fusion des laitiers (68). . . . . 6111 ,8
la chaleur sensible emportée par les laitiers (86). . . . 74066 ,1194648225

Total. . . . . 129098 ,93625703497

Il convient de remarquer que cette chaleur étant fournie par de l'oxyde de carbone, c'est-à-dire, par du carbone réduit seulement à l'état d'oxyde de carbone, correspond à kil. 52,2033709 de carbone qui raprésentent kil. 60,257605267 de charbon. Ces kil. 60 de charbon contiendront kil. 4,82060842136 d'eau hygrométrique (60), qui pour se volatiliser en vapeur à 150 degrés de température, en tenant compte des 10 degrés de température des matières, absorberont une quantité de chaleur égale à

$$4,82060842136 \times 652,2 - 48,2060842136 = 3095^c,7947281973,$$

correspondant à kilog. 1,2518377 de carbone et à kilog. 1,444978373 de charbon (a').

Les deux quantités de carbone qui viennent d'être trouvées et formant ensemble une quantité de kil. 53,4552086 de carbone, fourniront kil. 124,72882 d'oxyde de carbone, dont l'oxygène k. 71,2736114 correspond à k. 228,52258472664 d'azote, à 237^{mc},9196 d'air à 10 degrés et à kil. 2,2602362 de vapeur d'eau à raison de 9^{gr},5 par mètre cube (70).

La décomposition de cette vapeur d'eau donnera lieu à une absorption de chaleur nette de 7283°,862 (70) et à une production d'hydrogène de k. 0,25113735 qui absorbera lui-même en carbone kilog. 0,75341205 correspondant à (b') 0,869652766 de charbon pour former kil. 1,0045494 d'hydrogène protocarboné. Les 7283°,862 absorbées par la décomposition de cette vapeur d'eau correspondent à kil. 2,9453 de carbone changé en oxyde de carbone ou à kil. 3,3997177 de charbon (c'). Ces kil. 2,9453 de carbone fourniront kil. 6,87236 d'oxyde de carbone, et d'après ce qui vient d'être dit, correspondent à kil. 12,5912390706 d'azote dans les gaz et à kil. 0,1245355 de vapeur d'eau introduite par la tuyère. La décomposition de cette vapeur d'eau donnera lieu à une absorption de chaleur nette de 401°,329 correspondant à kil. 0,162284 de carbone changé en oxyde de carbone, ou à kil. 0,1873221 de charbon (d') et mettra en liberté kil. 0,013837277 d'hydrogène qui absorbera kil. 0,041511831 de carbone représentant kil. 0,04791651349 en charbon (e') pour former kil. 0,055349108 d'hydrogène protocarboné. Les kil. 0,162284 de carbone correspondant aux 401°,329 ci-dessus produiront kil. 0,3786626 d'oxyde de carbone (g'). Mais pour simplifier, je réunirai le calcul d'un nouveau terme d'approximation sur ce chiffre d'oxyde de carbone, à celui qui va être fait ci-après et qui sera le dernier, comme présentant un degré d'approximation suffisant.

Il reste donc, sous réserve de ce qui vient d'être dit, pour avoir la chaleur totale consommée par les laitiers, à calculer celle emportée à la sortie du gueulard par l'oxyde de carbone qui a fourni cette chaleur, par l'hydrogène carboné et l'azote qui s'y rapportent, en tenant compte de la chaleur initiale de ces matières et de la chaleur produite par la formation de l'hydrogène carboné; à joindre ces quantités nouvelles aux quantités déjà trouvées et à y ajouter la part afférente du rayonnement.

Les chaleurs de sortie de ces gaz sont :

		calories
pour l'oxyde de carbone,	131,9798426×0,2479×140 =	4580,4924172756
pour l'azote,	241,11382379724×0,244 ×140 =	8236,4482209137
pour l'hydrogène protocarboné,	1,059898508×0,5929×140 =	87,9779355550
Total.		12904,9185737443
à déduire la chaleur par la formation de l'hydrogène protocarboné (70).		1709,086344150
reste à ajouter à la chaleur déjà trouvée		11195,8322295943

Ces 11195°,8322295943 correspondent à kil. 4,5272269 de carbone changé en oxyde de carbone ou à kilog. 5,225717776 de charbon (f') qui fourniront kilog. 10,5635294 d'oxyde de carbone. En ajoutant à cette quantité les k. 0,3786626 (g') dont j'ai fait reste, on a une quantité totale d'oxyde de carbone de kil. 10,942192

18

qui correspond à kil. 20,04779726205282 d'azote et à kil. 0,19828568435 de vapeur d'eau introduite par la tuyère.

La décomposition de cette vapeur d'eau donnera lieu à une absorption nette de chaleur de 638c,9994 qui correspondent à kil. 0,25839 de carbone changé en oxyde de carbone, ou à kil. 0,29825588 de charbon (h') et mettra en liberté kil. 0,0220317427 d'hydrogène qui absorbera kil. 0,0660952281 de carbone correspondant à kil. 0,076292777578 de charbon (i') pour faire kil. 0,0881269708 d'hydrogène protocarboné.

En réunissant les quantités de charbon (a') (b') (c') (d') (e') (f') (h') et (i'), on a un total de kil. 11,54985388607 dont l'eau hygrométrique n'a pas été comptée. Cette eau est égale à

$$11,54985388607 \times \frac{8}{100} = 0,9239883108856 \ (60).$$

Cette eau absorbera pour se volatiliser en vapeur à 150 degrés et en tenant compte des 10 degrés de température initiale, une quantité de chaleur égale à 0,9239883108856 × 652,2 − 9,239883108856 = 593c,3852932507.

Cette chaleur correspond à kil. 0,239945 de carbone changé en oxyde de carbone. En ajoutant cette dernière quantité de carbone aux kil. 0,25839 qui correspondent aux 638 calories prises par la dernière décomposition de l'eau, on a une quantité totale de kil. 0,498335, qui se transformeront en kil. 1,152781 d'oxyde de carbone.

On voit ici qu'il n'y a plus d'intérêt à pousser plus loin l'approximation. En conséquence, les chaleurs de sortie des derniers gaz qui viennent d'être trouvés sont :

		calories
pour l'oxyde de carbone,	11,7163104×0,2479×140 =	406,7522687424
pour l'azote,	20,04779726205282×0,244 ×140 =	684,8327544717
pour l'hydrogène carboné,	0,0881269708×0,5929×140 =	7,3150673382
Total.		1098,9000905523
à déduire la chaleur dégagée par la formation de l'hydrogène protocarboné (70)		142,1047404150
Reste à ajouter à la chaleur déjà trouvée. .		956,7953501373

La récapitulation de ces diverses chaleurs est la suivante :

chaleur absorbée par les réactions de transformation des matières des laitiers et chaleur sensible que ces derniers emportent du fourneau. . . . . , ...	129098,9362570349
1er calcul. — Evaporation d'eau.	3095,7947281973
2e calcul. — Décomposition d'eau	7283,862
3e calcul. — Décomposition d'eau	401,329
4e calcul. — Chaleur sensible nette emportée par les gaz se rapportant aux laitiers.	11195,8322295943
5e calcul. — Décomposition d'eau	638,9994
6e calcul. — Evaporation d'eau.	593,3852932507
7e calcul. — Chaleur sensible nette emportée par les gaz se rapportant aux laitiers.	956,7953501373
Total.	153264,9342582145

On peut maintenant opérer entre l'oxyde de fer proprement dit et les matières des laitiers, le partage de la chaleur nette totale dont est pourvu le tronçon gazeux à son point de départ après la réduction de son acide carbonique en oxyde de carbone. Cette quantité de chaleur est (70)...   275986°,8590966354
si l'on en déduit le rayonnement total (83)...   28161 ,3822021931

Reste ...   247825 ,4768944423

qui se distribue entre les matières des laitiers et l'oxyde à réduire.

Or, puisque dans cette quantité la part des laitiers est 153264°,9342582145, celle du fer sera :

247825°,4768944423 — 153264°,9342582145 = 94560°,5426362278.

Il ne s'agit plus que de répartir le rayonnement proportionnellement à ces deux quantités. Cette répartition donne :

pour les laitiers ...   17416°,4677424386
pour la fonte ...   10744 ,9144597545

Total égal au rayonnement ...   28161 ,3822021931

La part entière de chaleur que prennent les matières des laitiers dans la chaleur nette totale produite et consommée par une charge, sera donc :

153264°,9342582145 + 17416°,4677424386 =   170681°,4020006531
celle du fer, 94560°,5426362278 + 10744°,9144597545 =   105305 ,4570959823

Total égal à la chaleur nette du tronçon gazeux.   275986 ,8590966354

Le poids des laitiers à leur sortie du fourneau étant kil. 152,045 (voir le tableau), la quantité de chaleur consommée par un kil. de laitier est donc 1122°,571, qui correspondent :

en carbone ...   à kil.   0,4539
en charbon ...   à kil.   0,5239

Pour la fonte, la consommation de chaleur par kil. obtenu, est 1045°,215, qui correspondent :

en carbone ...   à kil.   0,42265
en charbon ...   à kil.   0,48785

Il importe de remarquer que cette consommation s'applique à du carbone converti en oxyde de carbone seulement. Si l'on utilisait la puissance combustible des gaz, les parts afférentes à ces consommations se réduiraient dans la proportion de 8080 à 2473, et dans ce cas les chiffres de consommation de combustible par kil. seraient :

pour les laitiers en carbone ...   kil.   0,13896
d°   en charbon ...   kil.   0,16036
pour la fonte en carbone ...   kil.   0,12948
d°   en charbon ...   kil.   0,14931

Ces chiffres de consommation sont trop faibles, parce que j'ai pris pour leur calcul, la chaleur nette du tronçon gazeux et que j'ai adopté le nombre 7000 pour la puissance moyenne du charbon qui n'est pas aussi élevée.

En opérant en conséquence les rectifications nécessaires, il en résulte pour ces nombres une majoration de 16,54 p. 100, qui ne change rien à la proportionnalité des quantités totales consommées par les laitiers et la fonte, qui reste entre elles comme 170 pour les laitiers et à 105 pour la fonte dans le cas présent et ces nombres ont pour expression définitive par kil., dans le cas de la conversion du carbone en oxyde de carbone seulement, savoir :

kilog.

$$\text{pour les laitiers en carbone, } 0,4539 + 16,54 \times \frac{0,4539}{100} = \dots \dots 0,52897$$

$$\text{d}^\circ \quad \text{en charbon, } 0,5239 + 16,54 \times \frac{0,5239}{100} = \dots \dots 0,62196$$

$$\text{pour la fonte en carbone, } 0,42265 + 16,54 \times \frac{0,42265}{100} = \dots \dots 0,492556$$

$$\text{d}^\circ \quad \text{en charbon, } 0,48785 + 16,54 \times \frac{0,48785}{100} = \dots \dots 0,568540$$

et dans le cas d'utilisation des gaz combustibles, le rapport s'abaisserait comme il a été dit, de 8080 à 2473.

En conséquence, la consommation de combustible par kil., serait :

kilog.

$$\text{pour le laitier en carbone, } 0,13896 + 16,54 \times \frac{0,13896}{100} = \dots \dots 0.16194$$

$$\text{d}^\circ \quad \text{en charbon, } 0,16036 + 16,54 \times \frac{0,16036}{100} = \dots \dots 0,18688$$

$$\text{pour la fonte en carbone, } 0,12948 + 16,54 \times \frac{0,12948}{100} = \dots \dots 0,150895$$

$$\text{d}^\circ \quad \text{en charbon, } 0,14931 + 16,54 \times \frac{0,14931}{100} = \dots \dots 0.174005$$

L'identité de ces résultats obtenus par des calculs de détail avec ceux qu'on déduirait des chiffres de consommation pris en bloc, prouvent la parfaite exactitude des données et des calculs.

Les considérations dont j'ai déduit ces conclusions sont fondées sur les principes généraux qui régissent les phénomènes chimiques qui s'accomplissent dans le haut-fourneau; elles sont par conséquent applicables à tous les cas. En effet, les légères dissemblances que peuvent présenter des laitiers de divers fourneaux supposés en bonne allure, n'introduisent pas de différences applicables dans les évolutions calorifiques auxquelles ont donné lieu ces laitiers comparés par quantités égales. On peut donc regarder les chiffres de consommation qui précèdent comme l'expression exacte du combustible dépensé dans un haut-fourneau par kil. de laitier et de fonte, mais cependant avec cette observation que les variations dans la température des gaz à leur sortie du gueulard et celle de la fonte et des laitiers à leur sortie par en bas, feraient varier dans le même sens cette consommation puisqu'on a vu que ces températures sont deux éléments du calcul. La principale importance de cette dernière observation s'applique surtout aux hauts-fourneaux au coke où la température des gaz au gueulard est toujours supérieure à celle des gaz des hauts-fourneaux au bois pour les raisons qui ont été exposées, et encore plus aux fourneaux à air chaud auxquels cette circonstance créa des conditions toutes particulières de marche, ainsi qu'il va être expliqué.

XCVII.

Emploi de l'air chaud. Ses effets, ses inconvénients, ses avantages.

Personne jusqu'à présent n'a donné d'explication plausible du mode d'action de l'air chaud dans les hauts-fourneaux et ses effets divers sont restés enveloppés de tant d'obscurité que la plus grande incertitude d'opinion règne à cet égard autant dans le public industriel que dans le monde savant. Les principes exposés et développés dans ce mémoire, les résultats consignés dans le tableau (88), et qui ont été déduits de ces principes, me paraissent éclaircir complétement cette importante question et en fournir la solution aussi satisfaisante qu'on puisse le désirer.

L'emploi de l'air chaud judicieusement fait, doit être regardé comme un progrès notable dans le traitement des minérais de fer au haut-fourneau. Mais ses avantages apparents ayant dès le début poussé les maîtres de forges dans les exagérations les plus outrées, il en est résulté de grandes déceptions qui l'ont fait abandonner presque partout. Les faits examinés avec soin ne justifient ni cet engouement ni cette défaveur et la vérité se trouve comme il arrive souvent entre les deux extrêmes. On ne se sert plus guère aujourd'hui d'air chaud que dans la fabrication des fontes de seconde fusion où ses avantages semblent plus réels, parce que ses inconvénients se font moins sentir et l'on y a recours en général pour les fontes d'affinage que dans une mesure très-restreinte, guidée par une expérience tout à fait empirique et nullement par des considérations rationnelles, mais en vue seulement de la régularité d'allure qu'il imprime à un haut-fourneau.

On va voir que ce dernier avantage, qui peut être obtenu sans diminution de qualité des produits est son vrai et seul mérite dans la fabrication des fontes d'affinage. Ce mérite, eu égard aux pertes et aux inconvénients qu'entraîne la moindre débauche, est assez grand pour motiver et rendre nécessaire son emploi. Quant à l'économie, elle est absolument nulle et elle se change en perte aussitôt que la température de l'air passe le degré utile. Cette perte paraît exactement proportionnelle à cet excès de température. C'est donc ce degré utile qu'il s'agit de déterminer. Mais avant il est indispensable d'entrer dans quelques explications préliminaires pour prouver la proposition avancée et établir d'une manière nette et évidente les effets immédiats de l'air chaud. Pour fixer les idées je raisonnerai dans l'hypothèse d'air chauffé à 300 degrés, et pour simplifier et abréger la discussion sans nuire à la clarté et surtout à la rigueur des conclusions, je m'abstiendrai de calculs superflus puisque les bases en sont posées et que le raisonnement s'appliquera à tous les cas dont chacun peut faire varier les données à sa volonté.

On a vu (70) que la température produite par la combustion du carbone dans de l'air sec à 0° sans excès d'air de 2718°,904, et dans de l'air sec à 300° sans excès d'air de 2997°,114; que cette augmentation de 278°,210 de température exigeait pour les kil. 682,1 d'air nécessaire au traitement d'une charge une quantité de chaleur de 48640°,552695 correspondant à kil. 6,019 de carbone transformé en acide carbonique. Mais comme le carbone, dont la combustion fournit la chaleur dans le haut-fourneau, ne se transforme qu'en oxyde, cette quantité de chaleur correspondra en carbone à $\dfrac{48640,5526953564}{2473} = 19^k,668$, soit 15,07 p. 100 de la quantité de charbon consommée. Cependant on voit de suite, en admettant pour un instant, que cette température ne donne lieu à aucun fait nouveau de consommation de chaleur, que cette économie apparente de combustible n'atteindra pas ce chiffre par la raison que la quantité de carbone pour obtenir la même quantité de chaleur disponible dans le fourneau diminuant, la quantité d'air pour le brûler diminuera également dans la même proportion, que par conséquent ce sera une quantité moindre que 48640 calories qu'il faudra pour élever cet air à 300°. Le calcul conduirait à un chiffre rectifié de 12 p. 100 pour cette économie. Mais je vais démontrer, qu'indépendamment de l'altération de la qualité de la fonte produite et de la quantité moindre de fer et à plus grands frais qu'on obtiendrait du traitement de cette fonte et qui correspondent point pour point à cette diminution de consommation, ce chiffre d'économie néanmoins n'est pas même réel, parce que cette température donne lieu à une cause nouvelle et importante de consommation de chaleur.

En effet, si l'on se reporte à l'équation (d) donnant pour la température de sortie de la fonte et des laitiers 1723°,998593 avec une insufflation d'air à 10 degrés ; si l'on remarque, et pour compter en nombres ronds et ainsi ne point fatiguer ni disperser l'attention par des détails de chiffres et de calculs, que le poids du tronçon gazeux est à ce moment de kil. 515, que celui de la fonte et des laitiers est à peu près de moitié, c'est-à-dire de kil. 252 (voir le tableau) ; si l'on admet pour un instant que les caloricités des matières soient égales à celles des gaz, il sera observé tout à l'heure que ces caloricités présentent une inégalité en faveur de la thèse soutenue, si maintenant on suppose que les gaz prennent 278 degrés de plus par suite des 300 degrés de température de l'air insufflé, et par suite 48000 calories pour cette augmentation de température, le résultat de l'équilibre de température qui s'établira entre la charge et le tronçon gazeux, sera le partage par tiers de cette quantité de chaleur, savoir deux tiers aux gaz et un tiers à la charge ou 16000 calories. Mais le calcul, d'après les caloricités exactes établies sur les données posées, conduit à un nombre qui dépasse 21000° pour la part des laitiers et de la fonte dans cette chaleur, soit 21000°. Il s'en suit, que la charge emportera du fourneau marchant à l'air chaud à 300 degrés, 21000 calories de plus qu'elle ne faisait avec de l'air froid, et que si par l'emploi de l'air chaud on a voulu obtenir une économie en déterminant la quantité de charbon de la charge proportionnellement à la chaleur sensible de l'air insufflé, et que par conséquent, c'est-à-dire, par suite de cette diminution de charbon, la chaleur sensible disponible du tronçon gazeux pour opérer le traitement de la charge, soit la même à l'air chaud qu'à l'air froid, cette chaleur sensible disponible du tronçon gazeux sera, pour les besoins de la charge auxquels elle doit pourvoir, insuffisante de tout cet excès de 21000 calories emporté. Il faut donc nécessairement qu'il y ait certaines de ces réactions qui ne s'accomplissent pas entièrement dans la mesure de ce qui manquera de chaleur.

Or, si l'on remarque de plus que celles qui concernent les laitiers ne peuvent pas ne pas être terminées, en considérant d'abord la nature de ces réactions et ensuite l'aspect même que ces laitiers présentent. Leur liquidité, leur vitrification sont complètes. Ils sont translucides, leur coloration n'indique la présence d'aucune quantité anormale de fer et leur aspect à l'œil du métallurgiste, quelque peu expérimenté, prouve clairement qu'ils ont passé par toutes leurs transformations. Il s'en suit forcément que l'insuffisance de chaleur a dû porter sur la réduction du fer.

Si l'on remarque encore, en outre, que le rendement en fonte est plutôt accru que diminué, que celle-ci, malgré sa température, possède une fluidité très-médiocre, qu'elle est pâteuse, courte, coule en grumeaux et forme à sa surface des bourrelets en se coagulant; que malgré le ton foncé de sa couleur, qui la fait classer dans les fontes noires, elle blanchit avec rapidité à la 2e fusion, que froide elle a peu de ténacité et présente dans sa cassure un aspect rutilant tout particulier lorsque la température de l'air insufflé est très-élevée comme dans le cas présent, que ces fontes à l'affinage exigent beaucoup de travail, beaucoup de charbon et font un grand déchet, on arrive à conclure qu'elles sont peu carburées, que l'obstacle à la carburation a été le défaut de réduction entière, que par conséquent, elles contiennent encore de l'oxyde, et qu'enfin on peut les considérer comme un de ces produits, en quelque sorte hybrides, qui sont plus communs qu'on ne pense et que j'appellerai dans le cas présent, oxyferrure de fer carburé.

Les effets et caractères qui viennent d'être décrits, sont en réalité dans ces mêmes conditions plus prononcés que ne semble à première vue l'indiquer la cause qui vient d'être discutée, parce que le tronçon gazeux se trouvant pourvu, sous une masse moindre, à ses premiers croisements d'une quantité de chaleur proportionnellement plus forte qu'à l'air froid, et par conséquent d'une température plus élevée, en cède davantage à la charge à ces premiers croisements, en sorte que celle-ci arrive elle-même à la tuyère à une température plus élevée que celle qu'elle a par l'air froid et qu'il en résulte une température moyenne aussi plus élevée que celle annoncée, et par conséquent une plus grande perte de chaleur à la sortie, ce qui accroît d'autant les faits qui viennent d'être signalés. Il importe de faire remarquer, comme conséquence de cette situation à la tuyère, que le tronçon gazeux cédant irréparablement à la charge dès ses premiers croisements plus de chaleur qu'il ne faut, se trouve à une très-petite distance de son point de départ qu'il serait facile de déterminer dans un cas quelconque donné, dans l'impossibilité de transmettre la chaleur suffisante pour achever la réduction du fer, que dès lors celle-ci est incomplète. Ces détails expliquent comment le rapport de l'état calorifique du tronçon gazeux à l'air chaud avec celui à l'air froid à la tuyère, se renverse peu à peu en s'élevant dans le fourneau et comment il en résulte une absence de chaleur au gueulard dans un fourneau marchant à l'air chaud.

Ce qui précède s'applique littéralement à tous les fourneaux marchant au charbon de bois, mais dans les fourneaux au coke, les effets ne sont plus les mêmes; la fixité du combustible obligeant à en faire une plus grande consommation, l'usage de l'air chaud y est favorable tant que sa chaleur ne dépasse pas celle que produirait l'excès de carbone sur celui strictement nécessaire à la marche du fourneau et même cet usage permet de diminuer la quantité de cet excès de combustible en rendant la combustion plus facile par l'augmentation de température. Les fontes dans ce cas n'ont que les vices qu'elles tiennent de ceux des matières.

Les explications qui viennent d'être données, permettent de fixer les conditions exactes de l'emploi de l'air chaud. On vient de voir que dans un fourneau en marche à l'air froid et ne consommant que la quantité de combustible exactement nécessaire à son allure régulière, la substitution de l'air chaud à un degré de température quelconque, en supprimant une quantité de combustible correspondante à la quantité de chaleur sensible de l'air chaud, de manière à n'avoir dans le fourneau que la même quantité de chaleur disponible nécessaire au traitement de la charge, avait pour effet en répartissant la chaleur d'une autre manière, en élevant la température de la tuyère, en augmentant la quantité de chaleur emportée par la fonte et les laitiers, de ne laisser qu'une quantité insuffisante pour le traitement de la charge et de déterminer ainsi la mauvaise production d'une marche à l'air chaud.

Il est donc indispensable pour faire emploi d'air chaud, que les modifications que son usage entraîne dans les mouvements calorifiques qui ont lieu dans le haut-fourneau, n'apportent aucun changement ni dans la quantité ni dans la distribution de la quantité de chaleur normalement nécessaire à la marche du fourneau, que par conséquent, la quantité de chaleur sensible dont cet air chaud sera pourvu, ne soit rien autre chose que l'excès de chaleur que le combustible introduit dans le fourneau marchant à l'air froid, développe en outre de celle strictement nécessaire. Or il a été établi (73) et d'ailleurs il est évident que cet excès de chaleur n'est autre que la chaleur sensible des gaz au gueulard. Dans ce cas, en établissant l'air chaud, si les choses sont bien pondérées et de manière à ce qu'après son établissement, la température des gaz au gueulard soit encore supérieure de quelques degrés à celle de l'air atmosphérique, pour être sûr que l'on n'a pas dépassé la limite de température de l'air chaud, on obtiendra non-seulement une marche irréprochable du fourneau, ce qui est toujours un point capital, mais aussi des produits qui ne céderont rien en qualité à ceux de l'air froid.

J'ai fait remarquer (64) que la chaleur sensible des gaz du gueulard était une provision utile et prudente de réserve pour parer à des consommations imprévues; l'usage de l'air chaud dans les conditions que je viens de dire, n'est autre chose que l'application de cette chaleur par anticipation, mais il obvie d'une manière bien plus efficace à des cas imprévus en les prévenant. On voit donc que la température de l'air chaud pourra être ce qu'on voudra, mais à condition de correspondre à un excès de charbon équivalent sur la consommation normale et d'être en quelque sorte la représentation de cet excès de charbon. Toutefois il est bien évident qu'elle ne pourra jamais être très-élevée et cette dernière et bonne circonstance aura pour effet de ne nécessiter qu'une dépense beaucoup moindre qu'avant, dans l'établissement de l'appareil à air chaud, par le raccourcissement proportionnel des tuyaux d'air, d'en rendre l'entretien pour ainsi dire nul et en tous cas beaucoup plus facile et enfin de faire durer l'appareil indéfiniment.

Cet emploi d'air chaud n'a rien qui doive exciter les méfiances des esprits même les plus prévenus, car premièrement on peut remarquer que la limite entre l'air chaud et l'air froid n'existe pas à proprement parler et personne encore n'a dit où finissait l'un, où commençait l'autre; secondement on peut soutenir que la marche à l'air froid n'est dans une certaine mesure, qu'une marche à l'air chaud déguisée, puisqu'il se forme toujours, dans l'emploi de l'air froid à l'entrée de l'air dans le fourneau et à son contact avec les matières incandescentes, en tube de laitiers coagulés pénétrant assez avant dans le fourneau et faisant fonction de prolongement de la tuyère. Ce tube que l'on appelle museau de la tuyère peut réellement être considéré comme tube chauffeur de l'air insufflé.

L'effet immédiat et rapide de l'air chaud est de faire disparaître ce museau, ce qui équivaut en quelque sorte à le sortir de toute sa longueur et à le placer hors du fourneau de manière à ce que l'air commence son action de suite au bout de la tuyère et dès son entrée dans le fourneau. Il en résulte un grand nombre d'avantages qui tous concourent au même but qui est la bonne allure du fourneau. Ainsi notamment, les reniflements de la tuyère produits par le museau et qui créent une perte incessante d'air, n'ont plus lieu; le repiquage du feu qui est toujours une cause de refroidissement, devient moins nécessaire et moins fréquent et la déformation de l'ouvrage due à l'érosion du contrevent par le coup-d'air est atténuée de tout l'éloignement de la tuyère au contrevent obtenu par la suppression de museau. Ces dernières observations terminent ce que j'avais à dire sur le haut-fourneau.

XCVIII

Brève appréciation des travaux d'Ebelmen sur le même sujet.

Ebelmen en traitant le même sujet en vertu d'un mandat spécial de l'administration, à une époque où depuis longtemps ces questions étaient l'objet de mes propres recherches, y a laissé l'empreinte de sa main de maître. Mais le mode suivi par lui et, d'ailleurs imposé par l'état de la science à ce moment où les travaux des savants dont j'ai tiré des secours si efficaces, n'étaient point encore publiés, ne pouvait, tout en jetant de grandes lumières sur cette matière, le conduire à la solution. Les erreurs assez nombreuses que l'on peut relever dans ses publications, tenaient à l'insuffisance et à l'inexactitude des données. Il le reconnaît lui-même en divers passages, notamment page 310 et suivantes vol. 2 de ses œuvres et page 430 et suivantes (ib); mais sa merveilleuse sagacité illuminait ces erreurs par des éclairs de génie. Pour n'en citer que deux exemples, on le voit.

1° Page 249 à 251 vol. 2, dans la détermination de la chaleur de combustion, arriver à cette conclusion vraie sans doute à peu de chose près, que la puissance calorifique des gaz combustibles perdus par le gueulard dans le fourneau de Clerval, était, non comprise la chaleur sensible des mêmes gaz, les 64,8 pour cent de toute la chaleur représentée par le combustible employé, tandis que ses propres données rectifiées d'après Fabre et Silbermann ne conduisent dans le même cas qu'à 50,3 pour cent de cette même chaleur. Il y avait eu évidemment dans ce calcul deux systèmes d'erreurs en sens contraire dont on reconnaît parfaitement la trace.

2° Aux pages 331 et 332 du même volume, en partant de la donnée suivante dont les éclaircissements développés dans ce mémoire démontrent la fausseté, à savoir. « Etant admises des proportions respectives de charbon et de minérai « telles à l'air froid et à l'air chaud que les températures finales produites dans « la première période de la réaction soient les mêmes dans les deux cas etc, » on le voit arriver à cette conclusion qui est juste et de plus est un fait acquis, que la masse du gaz par rapport à celle du minérai dans le roulement à l'air chaud étant plus faible que dans le roulement à l'air froid, le refroidissement sera plus rapide et plus grand dans les parties supérieures du fourneau à l'air chaud que dans celui à l'air froid.

S'il eût présenté cette dernière proposition qui est vraie, mais sans l'associer à la donnée fausse sur laquelle il la fonde, il l'eût vue enterrer sous cette objection toute spécieuse mais insurmontable à cette époque et à laquelle le présent travail fournirait aujourd'hui une réponse sans réplique :

« Puisque le tronçon gazeux à air chaud et celui à air froid de masses « différentes ont commencé leur marche ascensionnelle avec la même provision « de chaleur chacun et qu'à un même point de leurs parcours le tronçon gazeux « à air chaud se trouve en posséder moins que celui à air froid, qu'est devenue « et où est passée cette chaleur qu'il a perdue?

Il y a beaucoup de raisons de croire que cette objection avait frappé l'attention d'Ebelmen et qu'il sentait l'impossibilité d'y répondre. Il ne pouvait, à moins de se jeter dans des hypothèses sans bases, suppléer à l'insuffisance des données dans une question d'aussi longue haleine et de plus si complexe et si ardue par elle-même. Les faits acquis n'étaient pas encore assez nombreux et la solution de continuité créée par l'inconnu dans ce vaste horizon, était trop large pour permettre de recourir utilement à ce moyen afin de la combler et de constituer ainsi à la trame interrompue une intégrité et un ensemble incontestables.

Il est allé aussi loin dans ces matières qu'on pouvait aller au temps où il a vécu, temps déjà loin de nous par les découvertes scientifiques qui nous en séparent. Mon but et mon dessein sont par cette courte digression en rappelant ses travaux, d'exprimer dans la mesure de ce que je puis, le plus large témoignage de leur grande et singulière valeur dont mes propres études m'ont fait reconnaître l'étendue et de rendre ainsi cet hommage mérité à son œuvre et à sa mémoire, sans abandonner le devoir de rétablir la vérité quel que soit le patronnage sous lequel puisse s'abriter l'erreur.

CHAPITRE V.

XCIX.

Four à réverbère. Généralités. Données de la question pour le cas discuté.

Lorsqu'on examine les diverses méthodes de réduction de la fonte en acier
ou en fer, si l'on considère que le contact est nécessaire entre les corps destinés
à réagir les uns sur les autres, que ce contact entre les corps solides est tellement imparfait que l'on peut admettre qu'il n'existe pas, ainsi que l'a très-bien
démontré M. Leplay dans son mémoire déjà cité, on reconnaît clairement que
la liquidité ou la fluidité des matières qui interviennent dans le traitement, sont
des conditions indispensables pour que le contact ait lieu en réalité. L'on voit,
en effet, que toutes ces méthodes, quelque nom qu'on leur donne et quelles que
soient les dispositions des appareils qu'elles exigent, ne sont que les formes
diverses et même peu déguisées de l'application de ce principe unique, le contact,
réel. Dans cette opération métallurgique il s'agit d'enlever à la fonte tout
ou partie de son carbone ; on la fait passer invariablement à l'état liquide,
afin de pouvoir mettre successivement toutes ses parties au contact du corps
qui doit opérer cette séparation, tandis que ce corps réducteur est lui-même
fluide quand c'est l'oxygène de l'air, ou amené à l'état liquide quand ce
sont des scories ou du minérai de fer qui doivent fournir leur oxygène au
carbone de la fonte. En un mot, toutes les méthodes sans exception ont le
gaz pour agent principal, et par conséquent peuvent être dites méthodes au
gaz. Ce principe bien compris par ceux qui l'appliquent, ou le font appliquer et qui marchent au contraire, on peut dire, à peu près toujours empiriquement et en aveugles, éviterait bien des fausses manœuvres, bien des mé-
comptes, bien des pertes et améliorerait d'une manière notable la situation des
usines. Quoiqu'il en soit, tous ces procédés divers sont extrêmement défec-
tueux, mais j'admets comme un fait hors de discussion, que celui du four à
réverbère est tellement supérieur à tous les autres, sans parler des perfectionnements qu'il peut recevoir, qu'il doit tous les remplacer. On verra cependant
plus loin que la réduction proprement dite de la fonte en fer ou en acier au
four à réverbère, n'exige pas en carbone, non compris le combustible dépensé
pour mettre le four en feu, plus de 9,37 pour 100 du poids du fer fabriqué,
ou du carbone qu'on y brûle, en admettant l'hypothèse adoptée dans le cas
présent et dont il sera parlé ci-après de un de combustible consommé pour
un de fer obtenu, ainsi que les autres conditions de la même hypothèse.
Encore, dans ces 9,37 pour 100, faut-il compter plus de quatre qui sont
absorbés par le rayonnement, ainsi qu'il sera établi (114) ; mais il faut observer
que cette proportion ne concerne que le chiffre de consommation adopté ici

et qu'elle éprouverait des variations avec celles de la consommation. Ces préliminaires expliquent le point de départ et les limites du présent chapitre. Il n'y sera question que du four à réverbère et sous le rapport seulement de la consommation du combustible qui est le but de ce mémoire. Les développements dans lesquels je dois entrer, ne requièrent pas la discussion des différentes espèces de fours à réverbère, de leurs avantages ou de leurs inconvénients; ils ne comprendront donc, avec la plus grande économie possible des détails accessoires nécessaires, que l'examen des principes généraux relatifs aux consommations de chaleur qui régissent tous les cas dans la présente question et y trouvent leur application sans obscurité. Je prendrai pour type dans cette discussion, le four plein à pudder ordinaire. Je le supposerai en marche régulière. Je considérerai une charge et son traitement.

J'admettrai :

une durée de deux heures pour l'opération ;

un poids de 220 kilo. pour la charge;

une teneur en carbone de 3 pour cent dans la fonte;

un déchet de 10 pour cent du poids de la fonte traitée à celui du fer obtenu ;

une addition de kilo. 80 de scories de battitures et de peroxyde pour fournir l'oxygène au carbone de la fonte;

une température moyenne de 1250 degrés pendant la durée de l'opération ;

le coëfficient d'accroissement de caloricité du fer 0,006 par cent degrés, d'après ma propre expérience que je rapporte plus loin;

une consommation de houille de 1000 kil. par 1000 kil. de fer obtenu non comprise la part afférente, dans la houille dépensée à la mise en feu du four, que je suppose avoir exigé 1000 kilo. de houille';

une puissance calorifique de 7000 calories par kil. de houille. On trouvera plus loin la justification de ce chiffre.

une température initiale de 10 degrés pour l'air et les matières introduites ; enfin un état hygrométrique de l'air de 3 gr., 50 de vapeur d'eau par mètre cube d'air.

Il est observé que la quantité de kilo. 80 d'oxyde de fer ajouté à la charge pour fournir de l'oxygène à l'oxydation du carbone de la fonte, n'est point fixe pour tous les cas, mais est variable à la fois avec la quantité d'oxygène que cet oxyde peut fournir et la proportion de carbone contenue dans la fonte. Le peroxyde de manganèse, pour cet usage, si l'on pouvait s'en procurer à bon compte, produirait en moindre quantité un meilleur effet que le peroxyde de fer.

En ce qui touche la consommation de la houille, je n'admettrai dans le calcul de la chaleur produite, que la houille brulée dans l'opération proprement dite du traitement; les kilo. 1000 brulés pour la mise en feu se répartiront naturellement entre les charges qui auront été traitées dans la tournée du four. Pour une tournée d'une semaine, à raison de 12 charges par jour, ce serait kil. 14 par charge. Mais s'ils doivent compter dans la consommation, ils ne peuvent évidemment pas entrer dans le calcul des effets calorifiques produits autres que celui d'avoir donné au four sa température initiale. Enfin, j'attribuerai 1 pour 100 de carbone au déchet résultant des escarbilles qui tombent sans brûler sous la grille, mais qui n'en sont pas moins comptées dans l'évaluation de la puissance calorifique de la houille. C'est la houille grasse à longue flamme de Commentry que j'ai prise ici pour type; on en trouvera ci-après la composition, pour justifier le chiffre de puissance calorifique adopté, pour fournir des documents à la recherche de la constitution de la colonne gazeuse, et pour faire connaître, en outre, la répartition de cette puissance calorifique entre ceux des éléments de la houille qui y concourent.

Les données qui viennent d'être posées, sont celles d'une fabrication bonne et économique, d'une marche régulière dans les conditions ordinaires et dans l'état actuel du procédé ; mais à partir de ce point que l'on peut considérer comme réalisant le plus grand degré d'économie que l'on atteigne communément, elles varient entre des limites fort étendues, suivant la nature et le degré de pureté des matières employées, la perfection des appareils et la qualité de leurs maté-riaux, enfin suivant surtout l'habilité et le soin des ouvriers. Par suite de ces variations, il arrive quelquefois que les déchets en fer passent 15 p. 100 et que la consommation de la houille atteint 1500 kil. pour 1000 kil. de fer obtenu. Dans ce dernier cas, la perte due aux escarbilles dépasse souvent 20 pour 100 de la houille totale consommée. Mais il est clair que toutes les économies réa-lisables dans une bonne fabrication s'accroîtraient pour une mauvaise de toute la différence entre les deux, et que les conclusions à cet égard, vraies pour la bonne, le seraient a fortiori pour la mauvaise.

C.

Suites des données. Analyse et composition de la houille employée.

C'est à M. Regnault qu'on doit l'analyse de la houille grasse à longues flammes de Commentry. Cette analyse rapportée par Péclet, page 56, vol. II de ses œuvres, et qui en déduit en même temps un chiffre de 7940 calories pour la puissance calorifique de cette houille, donne pour 100 parties la composition suivante :

carbone. 82,72
hydrogène et oxygène en proportions convenables pour faire de
l'eau, savoir : $\begin{cases} \text{hydrogène.} . . . . 1,28125 \\ \text{oxygène.} . . . . . 10,25 \end{cases}$ 11,53125
ammoniaque, savoir : $\begin{cases} \text{azote} . . . . 1,50 \\ \text{hydrogène} . . . . 0,32142 \end{cases}$ 1,82142
hydrogène en excès. 3,68733
cendres 0,24

Total. 100,00000

Le chiffre calorifique de cette houille trouvé par Péclet n'est rien autre chose que la somme des puissances calorifiques du carbone et de l'hydrogène en excès qui entrent dans sa composition, ainsi que l'on peut s'en assurer. Mais il est évidemment trop élevé. Pour le rapprocher du chiffre vrai, il y aurait plusieurs modifications à lui faire subir, notamment la réduction résultant de la chaleur latente absorbée par la vaporisation des kil. 10,5 d'eau combinée. D'un autre côté on peut être à bon droit frappé de la faible proportion de cendres signalée par l'analyse, lorsque l'on est certain qu'il n'y a pas de houilles, même les plus pures qui, tout-venant, dans l'usage ordinaire ne laissent de 5 à 10 pour cent de cendres. L'exiguïté de ce chiffre tient donc certainement à ce que l'échantillon qui a servi à l'analyse, provenait d'un morceau choisi et ne pouvant dès lors donner la moyenne des résidus fixes. Bien que ces causes n'aient aucune influence ni sur le but poursuivi, ni sur les raisonnements qui vont y conduire, il m'a paru cependant convenable de me placer dans le régime des conditions courantes et d'un cas tout ordinaire, afin de fournir le plus possible de moyens de vérifications. Or Berthier, vol. 1er, page 331 de sa voie sèche donne pour la même houille sur cent parties.

Charbon 60
Cendres 6
Matières volatiles 34
         Total. . . . . , . . . 100.

Ces résultats également recommandables et par la valeur des opérateurs et par la confiance qu'ils méritent, non-seulement ne s'excluent pas, mais même ne présentent rien au fond de contradictoire et peuvent être considérés comme ne tenant qu'à la différence de pureté en matières stériles des échantillons soumis aux analyses Il est évident qu'une quantité un peu plus forte de schiste dans l'échantillon analysé par M. Regnault, n'eût rien changé aux proportions entre elles des autres matières. J'ai donc adopté ces proportions pour la houille prise ici pour type avec six pour cent de cendres. En conséquence, j'admets que la composition de cette houille est la suivante :

carbone . . . . , ... 77,94386
hydrogène et oxygène en proportions convenables pour faire de

l'eau, savoir : $\begin{cases} \text{hydrogène . . . . } 1,20727 \\ \text{oxygène. . . . . . } 9,65817 \end{cases}$ 10,86545

ammoniaque, savoir : $\begin{cases} \text{azote . . . . } 1,41338 \\ \text{hydrogène . . . . } 0,30286 \end{cases}$ 1,71625

hydrogène en excès 3,47442
cendres 6,
         Total. 100,00000

La puissance calorifique théorique d'une houille ainsi composée, en ne tenant point compte de la chaleur d'évaporation de l'ammoniaque s'établit comme suit :

                                            calories

chaleur dégagée par la combustion de carbone 77,94386 × 8080 = 629786,3888
d°   par la combustion de l'hydrogène 3,47442 × 34462 = 119735,46204
         Total. , . . . 749521,85084

Sur quoi à déduire :
chaleur latente de liquéfaction de
   l'eau combinée 10,86545 × 79 . . . =   858c,37055
chaleur latente de vaporisation de
   l'eau combinée 10,86545 × 606,5. =   6589c,895425 $\Big\}$ 25555,016995
chaleur latente de vaporisation de
   l'eau résultant de la combustion de
   l'hydrog: en excès 31,26978 × 606,5 =   18965c,12157

     Chaleur nette totale de la combustion complète de 100 kil.
de houille 723108,463295

La puissance calorifique théorique de cette houille est donc 7231 calories. Mais il faut observer que la puissance calorifique effective, j'entends celle qui produit un effet utile, n'atteindra certainement pas ce chiflre. Car, en admettant la combustion complète, on ne pourra pas même, avec des complications assez grandes d'appareils, dépouiller entièrement les gaz brûlés de leur chaleur sensible ; ensuite il y aura toujours, quoiqu'on fasse, une certaine quantité d'eau hygrométrique dans la houille, soit de 1 à 2 p. 100, dont la vaporisation prendra une certaine quantité de chaleur latente, il y aura une petite quantité de soufre compté poids pour poids comme houille et dont la puissance calorifique dans l'hypothèse d'une combustion entière, n'est guère que le quart de celle du carbone, et qui en outre, ne passera qu'à l'état d'acide sulfureux; enfin, il y aura aussi la chaleur sensible du mâchefer qui ne pourra être utilisée et la chaleur rayonnée perdue.

Encore avec tout cela faut-il supposer qu'on n'aura pas d'air non brûlé en excès à chauffer et qui s'en ira avec la température des autres gaz. Pour ces motifs, je n'ai cru devoir admettre et comme un maximum, que le chiffre de 7000 calories pour la puissance calorifique de la houille. Il ne me paraissait pas utile de poursuivre plus loin le terme d'approximation de cette puissance calorifique, parce que je ne ferai usage de ce chiffre que pour apprécier les poids de houille correspondants aux quantités de chaleur trouvées.

Le mode et le degré de combustion de cette houille seront déterminés plus loin par les conditions mêmes de la question et par les phénomènes calorifiques et chimiques auxquels ils auront dû donner lieu. Cependant avec la composition donnée de cette houille et avec la distillation rapide qu'elle subit sur la grille du four, j'admettrai la proportion de 34 pour 100 de parties volatiles donnée par Berthier.

CI.

Expérience pour déterminer le coefficient d'accroissement de caloricité du fer.

Mais avant de passer outre, je rapporterai l'expérience au moyen de laquelle j'ai déterminé le coëfficient d'accroissement de caloricité du fer. Cette expérience a été faite par immersion à un four à réchauffer de la fonderie de Fourchambault sur un morceau d'acier dit naturel fabriqué à Corbelin. Elle a consisté comme les précédentes à immerger dans une chaudière en fonte avec les précautions nécessaires, le morceau d'acier amené à la température blanc-soudant du four, supposée être de 1300 degrés, dans une quantité d'eau de poids et de température connus et de déduire des résultats, par le calcul, la caloricité à cette température et le coëfficient d'accroissement de caloricité par cent degrés. Données de l'expérience.

quantité d'eau	kilo.	40 litres
poids de l'eau . . . . , ...	—	40 ,20
température de l'eau avant l'immersion de l'acier. . .	—	11°,80
température de l'eau après l'immersion.	—	40°
poids de la chaudière d'expérience.	—	18, 415
poids de l'acier immergé. . . . . , ...	—	1, 96

Le morceau était une masse à casser. Il n'était point déformé à la sortie du four, mais il commençait à se ramollir. Il était blanc-éblouissant et donnait des étincelles qui tenaient sans doute à la réduction de quelques particules d'oxyde de fer du laitier qui recouvrait la pièce, par le carbone de l'acier. J'ai admis 1300 degrés pour sa température (Pouillet).

Des nombres qui précèdent, on tire pour la quantité de chaleur sensible cédée à l'eau par l'acier $40,20 \times 28,20 = 1133°,64$.

Pour la quantité de chaleur sensible cédée à la chaudière d'expérience, sa caloricité $0°$ étant $0,12983$ (Regnault)

$$18,415 \times 0,12983 \times 28,20 = 67°,42110849.$$

Pour la quantité de chaleur conservée par l'acier après son immersion, sa caloricité à $0°$ étant $0,11848$ (Regnault)

$$4,96 \times 0,11848 \times 40 = 23,506432.$$

Si l'on fait égale à x, la caloricité cherchée à cette température, on a :

$$x = \frac{1133,64 + 67,42110849 + 23,506432}{4,96 \times 1300} = 0,18991.$$

On déduit de là pour le coefficient d'accroissement de caloricité par 100 degrés :

$$\frac{0,18991 - 0,11848}{\frac{1300}{100} - 1} = 0,00595$$

J'ai adopté le nombre $0,006$ pour ce coefficient, parce que quelque soin et quelque rapidité que j'aie mis à l'opération, le rayonnement a nécessairement entraîné quelques pertes qui ont affaibli le résultat du calcul.

CII.

Hypothèse relative à la chaleur dégagée par la carburation du fer.

Je terminerai ces préliminaires par une observation qui me reste à faire relativement à l'évolution calorifique due à la carburation du fer. On ignore quelle est la quantité de chaleur dégagée par cette combinaison. Je l'ai supposée nulle en parlant de la carburation dans la discussion du haut-fourneau. Ma raison est l'extrême chaleur que dégage la décarburation de la fonte au bouillonnement, soit au bas foyer, soit au four à réverbère, soit au procédé Bessemer. Cette extrême chaleur qui est le résultat de la combustion du carbone de la fonte, soit par l'oxygène du laitier, soit par celui de l'air injecté, fait conclure naturellement que dans ce bouillonnement il y a peu de chaleur absorbée par la séparation du fer et du carbone et que par conséquent il doit y en avoir eu peu de dégagée à leur combinaison. D'autres raisons encore fortifient cette opinion dans laquelle je persiste, mais qui n'était pas celle d'Ebelmen, (vol. 2 de ses œuvres page 571). Je supposerai donc que la décarburation s'opère sans autre mouvement de chaleur que celui produit par l'oxydation du carbone et suivant ce degré d'oxydation.

CIII.

Chaleur consommée par le traitement d'une charge.

La chaleur consommée par le traitement d'une charge se compose :

1° Du rayonnement pendant les deux heures de durée de l'opération par la surface extérieure du four, c'est-à-dire par les six faces comprenant le parallélipipède qui le compose, sous réserve de ce qui sera dit pour réduire la somme de ces surfaces à la véritable étendue rayonnante ;

2° De la chaleur sensible des kilo. 200 de fer produits, à leur sortie du four à une température de 1250 degrés, moins la chaleur nette dégagée par la combustion du carbone de la fonte et celle du fer oxydé dans l'opération ;

3° De la chaleur sensible des laitiers à la même température plus de celle que la réduction partielle de l'oxyde de fer a absorbée à l'état latent ;

4° De la chaleur sensible aussi à la même température de la colonne gazeuse résultant de ce traitement.

CIV.

Impossibilité de déterminer cette chaleur avec les seules données posées.

Avant de procéder à la recherche de ces quatre quantités de chaleur dégagée, il n'est pas hors de propos d'examiner si cette recherche, avec les données posées, peut conduire à la connaissance de cette chaleur et si ce fait lui-même et dans ces mêmes conditions peut avoir un résultat utile. On peut voir d'abord que cette chaleur consommée, quelle qu'elle soit, que l'on puisse ou non la déterminer exactement, serait identiquement égale à celle produite tout entière, tant par la combustion de la houille, que par la combustion du carbone de la fonte et d'une portion du fer. Il résulte de là que la puissance calorifique des gaz combustibles de la colonne gazeuse serait elle-même identiquement représentée par la différence entre la quantité de chaleur produite par la combustion complète de la houille et celle générée par la combustion partielle à laquelle aurait donné lieu le traitement de la charge, en ajoutant à cette différence la chaleur nette qui provient de la transformation de la fonte et du laitier. Ces propositions n'ont pas besoin de développements pour être éclaircies. Mais cette recherche est absolument impossible et fut-elle possible, c'est-à-dire, pût-elle faire connaître ces quatre quantités de chaleur, ce résultat serait absolument nul et inutile pour en tirer une induction profitable quelconque. Il convient donc avant de passer outre de vider entièrement ce point, afin de donner aux investigations une direction qui conduise à des conclusions conformes au but de ce mémoire. En conséquence je vais démontrer que dans les conditions actuelles de ce procédé, quel que soit le moyen direct ou indirect qu'on emploie pour déterminer cette chaleur, on ne peut arriver même à un résultat qu'on puisse croire approché de la vérité et qu'en supposant qu'on pût parvenir par un moyen quelconque à connaître le chiffre réel de cette consommation, il serait absolument impossible de faire aucun usage de ce résultat.

19

D'abord en ce qui concerne l'analyse des gaz, considérée comme moyen de connaître leur composition, en admettant la possibilité, l'exactitude et l'efficacité des opérations chimiques, il faut évidemment, pour recueillir utilement pour l'analyse, du gaz d'une tranche de la colonne gazeuse, que cette tranche soit homogène. Première impossibilité, car il n'y a pas de tranche homogène. Chacun peut s'en fournir à lui-même des preuves de toute espèce, soit par l'observation de deux cours d'eau inégalement clairs qui se joignent et réunissent leurs cours, soit par l'expérience de trouble produit dans un canal d'eau coulant, soit par le passage simultané de divers gaz différemment teintés dans un tube de verre assez long et assez large, soit par la considération même d'un courant de gaz enflammés mêlés d'air non brûlé, ainsi qu'est la colonne gazeuse du four à réverbère. Le défaut d'homogénéité d'une tranche quelconque sera si manifeste à la simple vue, qu'on reconnaîtra l'inutilité de pousser plus loin la vérification. Mais en supposant homogènes les tranches dans lesquelles se divise la colonne gazeuse, il faudrait qu'elles fussent en outre toutes de composition identique, pour que l'analyse de l'une quelconque donnât la composition du tronçon gazeux. Or puisque la combustion et par suite la transformation de la colonne gazeuse se continuent jusque hors de la cheminée, ce qui est indiqué par les flammes et la fumée—et par le dépôt de carbone pulvérulent qui s'amasse sur les parois de la cheminée et sur les objets d'alentour, on peut être assuré qu'il n'y a pas une tranche qui soit semblable à celle qui la suit ou qui la précède; deuxième impossibilité. D'après cela, il est évident qu'on n'obtiendrait pas un résultat plus exact, en rassemblant tous les gaz dans un gazomètre et en analysant une portion de ce mélange, car le gaz à l'orifice de la cheminée ou refroidi dans un récipient, n'a pas la composition qu'il avait à une température de 1250 degrés lorsqu'il a quitté le laboratoire du four.

D'ailleurs et au surplus, cette variabilité de la colonne gazeuse ne change-t-elle pas même de nature suivant le moment de l'observation? Pourrait-on soutenir qu'à l'instant qui précède le chargement de la grille lorsque le combustible qui s'y trouve est à l'état de coke et ne donne plus pour ainsi dire que de l'acide carbonique et de l'oxyde de carbone, la colonne gazeuse a la même composition qu'à l'instant qui suit le chargement et où il se distille en si grande proportion des hydrocarbures et de la vapeur d'eau qui se décomposent en refroidissant d'autant le four? Il suffit de regarder la cheminée dans ces deux moments pour être certain du contraire. Comment alors l'analyse des gaz pris dans un de ces moments représenterait-elle plutôt la composition de la colonne gazeuse que l'analyse de ceux pris dans l'autre moment.

Enfin, en supposant levées ces difficultés véritablement insurmontables, en supposant obtenue la connaissance de la composition parfaitement exacte de la colonne gazeuse, ce résultat serait sans application possible, puisqu'il ne conviendrait qu'à cette seule variété particulière du cas examiné, par la raison décisive et invincible que, pour une même température, pour une même quantité de combustible et de matières traitées, il existe, avec la condition de variabilité, de l'air employé à la combustion, une infinité de compositions de la colonne gazeuse et par conséquent de consommations de chaleur; troisième impossibilité. La preuve en est facile à faire. En effet, il pénètre toujours comme on sait, à travers les barreaux de la grille, quelque soin que l'on prenne pour l'empêcher, un excès d'air qui ne se brûle pas au passage et qui contribue précisément à prolonger la combustion de la colonne gazeuse jusqu'au bout de la cheminée, et cette combustion elle-même démontre le fait de l'introduction de cet excès d'air. Si l'on suppose un cas quelconque, donnant pour la colonne gazeuse une certaine composition et par suite une certaine quantité de chaleur sensible, on pourra toujours concevoir et admettre l'introduction d'une nouvelle quantité d'air telle, qu'une partie de cet air, en brûlant une certaine portion des gaz combustibles de la masse gazeuse, élève en proportion la température de celle-ci, tandis que l'autre partie de cet air, étant un excès et restant libre, absorbera exactement pour prendre la température du milieu, la quantité de chaleur nécessaire pour faire baisser la température de la colonne gazeuse de la quantité exacte dont la partie brûlée l'aura élevée. Ce raisonnement suppose des gaz combustibles dans la masse gazeuse; aussi est-il évident qu'il ne s'applique qu'entre les deux limites maximum et minimum des gaz combustibles contenus dans la masse gazeuse. On voit donc qu'entre ces deux limites, il y a pour une même température, pour une même quantité de combustible et de matières traitées, une infinité de composition de la masse gazeuse correspondant à une infinité de variations dans le mode de combustion du charbon de la donnée, à une infinité de quantités de chaleur produites, à une infinité de puissances calorifiques des gaz combustibles de la colonne gazeuse, et enfin, à une infinité de valeurs de chacun des éléments de la colonne gazeuse.

Ce simple énoncé révèle, pour chaque cas d'accroissement ou de diminution de la donnée de consommation du charbon, l'existence d'un groupe de séries en nombre constant, composées chacune d'un nombre infini de termes entre les deux limites maximum et minimum de masse des gaz combustibles. Les termes de même rang, dans les séries du même groupe, se correspondraient et représenteraient les compositions de la colonne gazeuse, les variations dans la combustion, les quantités de chaleurs produites, les puissances calorifiques des gaz combustibles et les quantités de chacun des éléments dont est composée la colonne gazeuse. Or, comme le nombre des cas d'accroissement ou de diminution de la donnée de consommation du charbon est infini, il s'en suit qu'il y a une infinité de ces groupes de séries. Cette question offrirait sans doute un intéressant sujet d'études qui pourrait mettre des faits nouveaux en lumière; mais au point de vue de cette discussion, elle ne saurait présenter aucun résultat pratique et utile.

La cause qui vient d'être dite et qui, indépendamment de toute autre, fait obstacle à l'efficacité de l'analyse pour arriver à la connaissance de la composition de la colonne gazeuse, ne permet pas davantage l'emploi d'autres moyens et met dans une évidence flagrante l'inanité des conclusions fondées sur de pareilles données.

CV.

Erreur d'Ebelmen à ce sujet.

Ebelmen avait bien remarqué les deux premières de ces objections, et il les mentionne vol. 2 de ses œuvres, pages 594 à 596, sans leur trouver toutefois la gravité qu'elles ont et sans modifier son opinion, mais il n'avait point aperçu la troisième. Aussi, après avoir rapporté, pages 592 et 593 du vol. 2 de ses œuvres 10 analyses des gaz des cheminées d'un four à puddler, et d'un four à réchauffer et la composition de ces gaz qui en résulte, il donne, d'après ces analyses, les proportions suivantes mais préalablement corrigées d'air échappé à la combustion par cent de gaz,

$$21,0 - 3,5 - 10,5 - 11,2 - 5,7 - 0,0 - 2,9 - 9 - 8,9 - 2,9$$

puis il ajoute : « les résultats des expériences qui précèdent sur la composition » de l'air des cheminées des fours à puddler et à réchauffer, établissent claire- » ment que la proportion qui échappe à la combustion est généralement une » faible proportion du volume total. »

Ce qui précède prouve, sans parler de l'inexactitude très-probable de ces ana- lyses, malgré l'habileté incontestable de l'opérateur, toute la fausseté de ses appréciations. Au surplus, l'auteur en fournit lui-même la démonstration en s'exprimant ainsi quelques lignes plus loin :

« Il est du reste aisé de concevoir les légères variations que présentent la » composition de l'air des cheminées, d'une analyse à l'autre, et la coexistence » des gaz combustibles et de l'oxygène libre. Ce résultat paraît dû à ce que l'air » aspiré n'a pas, après son passage à travers la grille, la même composition sur » toute la surface de celle-ci. Il y a excès d'air sur certains points, excès de » de gaz combustibles sur d'autres. Le mélange de l'air non brûlé avec les gaz » combustibles, tels que l'oxyde de carbone et les produits de la distillation de » la houille, ne s'opère qu'incomplètement, même à une grande hauteur dans » la cheminée Les flammes qui se prolongent sur toute la longueur de la sole » prouvent bien clairement que la combustion continue d'y avoir lieu. »

La question restait tout entière en sortant des mains d'Ebelmen, mais elle était obscurcie par la spéciosité de la discussion à laquelle elle venait de donner lieu et pour ainsi dire, mise en interdit par l'autorité de celui qui l'avait traitée.

CVI.

Moyen de faire disparaître l'indéterminée qui s'oppose à la solution de la question.

Les considérations qui viennent d'être développées, mettent en évidence l'indéterminée comprise dans les conditions posées et qui imprime à la solution le même caractère d'incertitude. Cette indéterminée peut au choix, être repré- sentée ou par la composition de la colonne gazeuse, ou par le mode de combus- tion du charbon, ou par la chaleur produite par cette combustion, puisque ces trois choses sont dans une corrélation telle, que l'une quelconque donne les deux autres. Mais il est facile de faire disparaître cette indétermination et un examen un peu attentif rend à cette donnée la fixité nécessaire à la solution. Avant d'établir ce point et pour ne pas nuire à la clarté du discours par l'ambiguïté des termes desquels j'aurai à faire usage, il demeure entendu que par traitement normal de la charge je désignerai celui qui s'opérerait sans déchet de fer, avec la moindre combustion du carbone de la donnée et d'où résulte par suite la plus grande puissance calorifique des gaz combustibles de la colonne gazeuse correspondante, et que par traitement normal absolu, je désignerai celui qui s'opérerait également sans aucun déchet de fer, mais au moyen de la combustion complète du combustible employé en quantité exactement suffisante pour produire la température et les réactions nécessaires.

Le rapprochement de ces définitions et du fait (104) qu'il y a une infinité de données de consommation de combustible entre le maximum et le minimum pour une même production, prouve qu'il y a une infinité de traitements normaux correspondant respectivement à chacune de ces données de consommation et qu'il n'y a qu'un seul traitement normal absolu, qui est celui qui correspond au minimum de consommation. On voit que le traitement normal est le mode le plus parfait qui comporte l'imperfection du procédé actuellement suivi et que la colonne gazeuse qui en est le produit, possède : 1° la chaleur sensible donnée par la température; 2° une puissance calorifique précisément égale à celle des gaz combustibles. On reconnaît de même que le traitement normal absolu est le dernier terme de perfectionnement sous le rapport de l'économie du combustible, auquel la théorie bien appliquée puisse conduire, que la colonne gazeuse ne contient plus que des gaz brûlés, que par conséquent, elle ne possède que sa chaleur sensible ou de température, sans puissance calorifique et présente sur le premier : 1° l'économie résultant de la différence de chaleur sensible due à la différence de masse des colonnes gazeuses; 2° l'économie de toute la chaleur résultant de la composition des gaz combustibles. Ces différentes quantités de chaleur seront déterminées exactement pour bien faire apprécier tout l'intérêt de la question. Mais il est observé que bien que ces définitions soient générales et conviennent pour tous les combustibles, néanmoins les quantités de chaleur se rapportant au traitement de rangs correspondants dans des séries établies pour des combustibles différents varient avec la nature et la composition de ces combustibles.

Ces préliminaires établis, il devient évident que la théorie ici discutée n'est et ne peut être entendue que pour le cas qui se rapproche le plus du traitement normal de la donnée. Cette simple observation fait disparaître l'indéterminée et permet de fixer la composition de la colonne gazeuse. Car il n'y a plus qu'un cas applicable à la question; c'est celui où la combustion du combustible de la donnée et qui doit générer la colonne gazeuse doit être un minimum, et où celle-ci doit par conséquent, et pour ne pas dépasser cette condition, après avoir fourni à la fonte, au laitier, au rayonnement la chaleur exigée par le traitement et conservé pour elle-même la chaleur nécessaire à la température de 1250 degrés qu'elle possède en quittant le four, contenir le maximum de gaz combustibles. Il sera donc possible de trouver le mode de combustion qui se rapporte au cas présent, lorsque l'on connaîtra la chaleur perdue par le rayonnement et celle prise par la fonte et les laitiers dans le traitement de la charge. C'est donc par cette recherche préalable qu'il faut continuer le cours de cet examen.

CVII.

Recherche et calcul de la chaleur enlevée par le rayonnement.

Rayonnement. — La quantité de chaleur enlevée par le rayonnement ne peut pas, pour le four à réverbère, être déduite par différence comme pour le haut-fourneau, parce que les données ne sont plus les mêmes. Dans le haut-fourneau, c'était la température et le rayonnement qui étaient les inconnues, ici c'est la quantité de chaleur et le rayonnement. D'un autre côté, l'application de la formule de rayonnement $M = \dfrac{C(t-t')}{e}$ donnée par Péclet, vol. Ier de ses œuvres, page 385, et calculée pour de basses températures, se complique dans le cas présent, de difficultés qui enlèvent toute sécurité aux résultats. Il faut donc nécessairement encore sur ce point, recourir à l'hypothèse. Mais du moins, on est certain à l'avance que les limites ds cette hypothèse sont assez restreintes et que, quant à l'hypothèse elle-même, l'erreur possible ne peut porter que sur son amplitude. Mais c'est ici le cas de répéter que, dans l'industrie les principes les mieux établis seront toujours soumis dans leurs applications aux variétés infinies de la nature physique des matières qui sont l'objet de cette application, et que si l'hypothèse offre moins de satisfaction à l'esprit, elle n'entraîne le plus souvent, lorsqu'elle est comme dans le cas présent, circonscrite dans les limites étroites que lui tracent d'autres faits corrélatifs, ni de plus nombreuses, ni de plus graves erreurs que celles qui résultent de l'incertitude et des différences de composition des mêmes corps.

Les considérations développées dans la recherche de la chaleur de rayonnement du haut-fourneau, offrent un moyen facile de résoudre la même question pour le four à réverbère. Le muraillement du four à réverbère étant fait avec des matériaux similaires et en vue du même but, celui de prévenir la perte de chaleur, on peut supposer que pour des températures semblables, le rayonnement s'opère de la même manière.

Ce point posé, si l'on remarque que c'est à la 19e position de la charge dans le haut-fourneau que se rencontre la température de 12 à 1300 degrés du four à réverbère, qu'à cette position il y a 6522c,81 (voir le tableau), absorbées par le rayonnement pendant la durée du passage de la charge, c'est-à-dire, pendant trente-six minutes, que par conséquent, pendant deux heures, durée du traitement d'une charge au four à réverbère, ce rayonnement serait égal à

$$6522,81 \times \frac{120}{36} = 21742^c,48$$ pour une surface de 5^{m}q.611 (83), on reconnaîtra

que la conséquence de l'hypothèse posée est la proportionnalité du rayonnement entre les surfaces rayonnantes du four à réverbère et celle de la zone du fourneau à cette position de la charge. Il ne s'agit donc que de déterminer la portion de la surface du four à réverbère qui donne issue à la chaleur de rayonnement perdue par cette voie. Or, si l'on suppose deux fours à réverbère adossés, le rayonnement de la face commune dorsale sera nul, chaque four rendant par cette face ce qu'il reçoit de son conjugué, supposé marchant en même temps. Le rayonnement de la face supérieure pour la perte de chaleur afférente à l'intérieur du four sera limité au plan vertical passant par le petit autel, séparant la sole du rampant qui conduit à la cheminée.

Si l'on admet une longueur moyenne de cette face ainsi limitée de $3^m,20$ et une largeur de 1^m80, cette surface rayonnante sera $3,20 \times 1,80 = 5^mq,76$ la face de la sole qui rayonne vers la terre avec une intensité certainement moindre et qui comprend le dessous de la grille aura une étendue égale à. . . . . 5 ,76

Si l'on admet pour la partie rayonnante de la face de devant par la chaleur de l'intérieur du four, une hauteur maximum de $0^m,80$ sur une longueur de $3^m,20$, la partie rayonnante de cette surface sera $3,20 \times 0,80$. . . . . = 2 ,56

Enfin pour la face extérieure du foyer, opposée à la cheminée, la largeur et la hauteur posées, cette surface rayonnante sera $1,80 \times 0,80$ 1 ,44

Total de la surface rayonnante du four à réverbère. . 15 ,52

En conséquence, donc le rayonnement total des surfaces du four à puddler, dû à la chaleur développée, tant dans le foyer que dans le laboratoire proprement dit du four, sera établi par la proportion suivante :

$$\frac{5,611}{21742,48} = \frac{15,52}{x} \text{ d'où } x = 61139°,06$$

Cette chaleur correspond à kil. 7,443 de carbone ou à kil. 8,73415 de houille, soit 4,36707 pour 100 de la houille employée. Ce chiffre de rayonnement est probablement un peu trop élevé, mais on verra plus loin qu'il doit subir d'importantes réductions. Néanmoins c'est sur ce chiffre que je raisonnerai.

CVIII.

Chaleur emportée à sa sortie du four par le fer produit.

Le poids du fer est de 200 kil., et sa température de sortie est de 1250 degrés (103).

Des données posées, le nombre 0,11379 étant la caloricité du fer à la température atmosphérique (Regnault), il suit que cette chaleur sensible sera la suivante :

$$200 \left(0,11379 + (\frac{1250}{100} - 1) \, 0,006 \right) 1250 = 45699°,5$$

et en faisant la correction relative aux 10 degrés de température initiale des matières, cette chaleur pour les 220 kil. de fonte étant :
$220 \times 0,12983 \times 10 = 285°,626$, le chiffre ci-dessus devient :

$$45,699°,5 - 285°,626 = 45413°,874.$$

Ce chiffre correspond à kil. 5,6205 de carbone, ou à kil. 6,487696 de houille, soit 3,243843 pour 100 de la houille employée. Mais il est observé qu'il y aura à déduire de la chaleur produite par la combustion de la houille : 1° la chaleur nette dégagée par la combustion des 3 pour 100 de carbone de la fonte ; 2° celle dégagée par la combustion de la différence de la fonte traitée au fer pro-

duit, moins le poids du carbone qui en faisait partie. Ici et avant 'de déterminer ces deux quantités de chaleur, se place une importante observation sur
la manière dont s'accomplit cette combustion, et comme conséquence de cette
observation, la distinction qu'il faut faire dans les causes de cette combustion,
afin de jeter du jour sur un des vices du procédé, sur l'amélioration qu'il y a à
rechercher sur ce point, et afin aussi de fournir un élément à la détermination
de la colonne gazeuse. On trouvera au paragraphe suivant, l'énonciation et la
discussion de cette observation.

CIX.

**Chaleur dégagée par la transformation du carbone de la fonte en oxyde de
carbone d'abord, par l'oxygène des laitiers, puis en acide carbonique par
l'oxygène de l'air.**

Lorsqu'on suit attentivement le travail du brassement de la fonte pendant
l'ébullition du bain de fonte sur la sole, on remarque constamment que le gaz
auquel sont dues et cette ébullition et la tumescence qui se produit dans la
masse liquide, est de l'oxyde de carbone qui monte à travers le bain sous forme
de bulles. Ces bulles, en crevant à la surface, se brûlent au moyen de l'oxygène libre de l'air qui pénètre, soit par la porte de travail, soit par les inters-
tices trop larges du charbon de la grille, et indiquent par la couleur bleue caractéristique de leur flamme, que ce gaz est de l'oxyde de carbone. Il est donc
évident :

1° Que cette ébullition est bien l'indice et l'un des résultats de la décarburation de la fonte, puisqu'il n'y a que la fonte qui contienne du carbone dans
le bain ;

2° Que cette décarburation est due à la désoxydation partielle de l'oxyde de
fer, et ne peut pas être attribuée à une autre cause, puisque d'abord dans le
bain, il n'y a que ce corps qui contienne de l'oxygène, sauf la silice, mais ce
n'est pas cette dernière qui fournit son oxygène par la raison que je dirai ci-
après et qu'ensuite la fonte est totalement enveloppée par la scorie fondue, et
que par conséquent, son fer et son carbone ne peuvent pas prendre d'oxygène,
soit à l'acide carbonique et à l'air non brûlé du courant gazeux venant de la
grille, soit à l'air introduit par la porte de travail et pendant le brassage, si ce
n'est dans les mouvements du brassage qui mettent le métal à découvert.

Mais dans ce dernier cas, l'oxydation se produit à la surface et ne donne pas
lieu à des bulles. Cette explication met en évidence : 1° la double fonction de
scories et de l'oxyde de fer ajoutés dans le traitement. Cette double fonction
est de protéger le fer contre l'oxydation et de fournir au carbone de la fonte et
dans les conditions voulues, l'oxygène nécessaire à son oxydation au premier
degré ; 2° la double fonction du brassage. Cette double fonction est d'abord de
multiplier et de renouveler les contacts entre la fonte et la scorie fondue dont
l'oxygène doit brûler le carbone de la fonte pour assurer ce départ complet,
ensuite de suppléer à l'insuffisance de l'oxygène de la scorie en amenant la
fonte au contact du courant gazeux pour la soumettre à son action oxydante.
On voit également aussi de là, combien il est utile, à peine d'un travail beaucoup

plus pénible pour les ouvriers, mauvais sinon pour la qualité, du moins pour la quantité de fer produit, qu'il y ait équilibre entre l'oxygène que peut fournir l'oxyde de fer introduit et la quantité de carbone à brûler dans la fonte. Il est même convenable qu'il y ait un excès d'oxyde de fer pour rendre la réaction plus certaine, plus entière et plus rapide. Cet équilibre ne s'établit dans les usines que routinièrement par les ouvriers et les contre-maîtres, sans qu'ils puissent se rendre compte des motifs du procédé. Cette raison explique pourquoi, à un changement de fonte, lorsque le degré de carburation a varié, il y a un mauvais travail pour retrouver l'équilibre avec la nouvelle fonte, aux défauts imaginaires de laquelle l'ouvrier attribue communément la seule faute de son ignorance.

J'ai dit que la silice ne fournissait point d'oxygène ; la raison en est que le protoxyde de fer qui se forme d'abord aux dépens du peroxyde, ou aussi de l'oxyde magnétique, est une base énergique, qui par cela même, fait obstacle tant à sa propre réduction en fer métallique, qu'à celle de la silice en se combinant avec elle. Ceci est la raison pour laquelle une scorie basique ne convient pas, parce que la base étrangère tendant a neutraliser l'action du protoxyde de fer sur la silice, l'empêche de se former lui-même, et par conséquent empêche l'oxyde de fer de fournir de l'oxygène au carbone de la fonte. Dans le cas d'insuffisance de la scorie, c'est l'acide carbonique généré sur la grille qui, dans le passage du tronçon gazeux sur le bain, doit fournir l'oxygène nécessaire à la décarburation de la fonte. Mais c'est le brassage qui procure ce contact ainsi qu'il a été dit plus haut. Dans ce travail il se produit toujours sur le fer et sur son carbone, un effet concomitant de l'air non brûlé qui a passé à travers la grille ou par la porte de travail et qui donne lieu à un déchet de fer variable correspondant. Cette circonstance qui a toujours lieu, constitue avec l'excès de houille brûlée les deux graves défauts de ce procédé.

On ne pourrait pas dire que la quantité de fer brûlé ou le déchet qui résulte de cette combustion dans le rendement, est la mesure de la quantité d'air non brûlé qui pénètre dans le four, puisque la flamme se prolonge beaucoup au delà dans la cheminée ; mais c'est un indice qui n'est pas à négliger. Les déductions qui me conduiront tout à l'heure à la connaissance de la composition de la colonne gazeuse, donneront en même temps la quantité d'air non brûlé qui en fait partie et que j'ai supposé un minimum dans le cas présent. L'absence de tout déchet de fer est une des conditions du traitement normal, dans chaque cas donné de consommation de combustible, mais cette limite vers laquelle on doit toujours tendre, n'est jamais atteinte. Cependant la quantité de ce déchet n'exprime pas seule tout l'écart qui différencie le traitement suivi, du traitement normal qu'il ne faut pas confondre avec le traitement normal absolu dont il sera question ultérieurement, puisqu'il faut encore remplir la condition de combustion minima et que l'absence de déchet peut très-bien s'allier avec différents degrés de combustion pour une même quantité supposée de combustibles.

L'explication en a été donnée (104), il est donc inutile d'y revenir. Je raisonnerai pour le cas présent dans ce qui va suivre, d'après les principes qui viennent d'être exposés. En conséquence comme on est, avec les données posées, dans l'hypothèse d'une bonne marche, je l'admettrai le plus près possible de la marche normale, c'est-à-dire, avec un minimum de consommation de combustible et par suite avec la plus grande puissance calorifique des gaz combustibles de la colonne gazeuse. Je supposerai l'oxyde de fer suffisant pour fournir tout l'oxygène nécessaire à la conversion en oxyde de carbone de tout le carbone de la fonte, lequel pour 220 kilog. forme à raison de 3 p. 100 un poids total de kilog. 6,42. J'admettrai la transformation de ce carbone en oxyde de carbone d'abord par l'oxygène de l'oxyde de fer, puis sa conversion en acide carbonique, par l'air non brûlé introduit dans le four soit par la grille, soit par la porte de travail. J'admettrai également par l'air non brûlé la combustion du fer qui passe dans les scories. Le poids de ce fer est kilog. 20 — 6,42 = 13,58. Les chaleurs nettes qui seront le résultat de ces réactions, seront réunies à la chaleur totale de la combustion de la houille consommée.

Les kil. 6,42 de carbone, pour se convertir en oxyde de carbone, absorberont pour former kil. 14,98 d'oxyde de carbone, kil. 8 56 d'oxygène qui seront fournis par l'oxyde de fer et dégageront (Favre et Silbermann) $2473 \times 6,42 = 15876^c,66$. Puis pour se transformer en kil. 23,54 d'acide carbonique, ils absorberont une nouvelle quantité d'oxygène de kil. 8.56 qui seront fournis par l'air libre, et dégageront dans cette nouvelle combinaison une nouvelle quantité de chaleur donnée par (*ibid.*) $14,98 \times 2403 = 35996^c,94$; soit un total de $51873^c,60$ pour cette combustion complète. Mais il est observé que ces 35996 dernières calories qui résultent de l'action de l'air non brûlé sur l'oxyde de carbone produit par la fonte figureront dans les chaleurs générées par la masse gazeuse.

CX.

Chaleur absorbée par la réduction à un degré moindre du peroxyde de fer des laitiers qui a fourni l'oxygène au carbone de la fonte.

L'oxyde de fer de son côté, puisqu'un kil. de fer, pour se transformer en peroxyde dégage $1893^c,51$ (66) en absorbant kil. 0,428589 d'oxygène, absorbera en cédant kil. 8,56 d'oxygène, une quantité de chaleur égale à

$$\frac{8,56}{0,428589} \times 1893,51 = 37818^c,03.$$

CXI.

Chaleur dégagée par le fer qui se brûle.

Les kil. 13,58 de fer qui se brûlent prendront pour faire kil. 19,40 de peroxyde, kil. 5,82 d'oxygène qui sera fourni par l'air non brûlé et dégageront, d'après ce qui vient d'être dit, une quantité de chaleur donnée par :

$$13,58 \times 1893,51 = 25713^c,8658.$$

CXII.

Air correspondant à la quantité d'oxygène fourni pour la suroxydation du carbone de la fonte, et la peroxydation du fer brûlé dans l'opération.

Il a été fourni à la suroxydation du carbone et à l'oxydation du fer, par l'air non brûlé, une quantité d'oxygène égale à kil. 8,56 + 5,82 = kil. 14,38, qui correspondent à 49^{mc},58369 d'air avec sa vapeur hygrométrique et desquels je tiendrai compte dans le calcul du total de l'air nécessaire à la combustion.

CXIII.

Chaleur emportée à la sortie du four par les laitiers.

D'après ce qui précède, le poids de la donnée des laitiers est kil. 80

Ils ont perdu en oxygène, kil. 8,56 et ils ont gagné en peroxyde de fer, kil. 19,40, soit une différence de 19,40 — 8,56 = 10,84 à ajouter. 10,84

Total. . . . . kil. 90,84

Si l'on admet la caloricité et le coefficient d'accroissement de caloricité adopté pour les laitiers du haut-fourneau, en considérant qu'une erreur possible sur ce point est dénuée de toute importance par son exiguïté, la quantité de chaleur sensible emportée par ces laitiers à la température de 1250 degrés, sera :

$$90,84 \left(0,1770 + 0,0065 \left(\frac{1250}{100} - 1 \right) \right) 1250 = 28586°,2125$$

et en faisant la correction des 10 degrés de chaleur initiale qui est 80 ✕ 0,1770 ✕ 10 = 141°,60, cette chaleur devient 28586°,2125 — 141°,60 = 28444°,6125. Elle représente kil. 3,5203 de carbone et kil. 4,063516 de houille, soit 2,031758 pour 100 de la quantité totale de houille consommée. Il est observé que les 80 kil. de laitier ne sont pas renouvelés entièrement à chaque fois et qu'il en reste à peu près moitié dans le four et à sa température, ce qui diminuerait d'autant sa perte de chaleur, si cet avantage n'était compensé par le refroidissement que font subir au four les préparatifs du traitement de la charge suivante. Il est de plus observé que les pertes d'oxygène qu'éprouvent les laitiers pour oxyder au premier degré le carbone de la fonte, sont constamment réparées par l'oxydation d'une quantité nouvelle de fer et l'addition de scories fraîches.

CXIV.

Chaleur totale consommée par le traitement d'une charge.

En récapitulant les diverses quantités de chaleur qui viennent d'être calculées, on voit que dans le traitement de la charge, la colonne gazeuse a fourni :

	calories
la chaleur absorbée par le rayonnement.	61139,06
la chaleur sensible emportée par les 200 kil. de fer obtenu . .	45413,874
la chaleur sensible emportée par les laitiers.	28444,6125
la chaleur absorbée par la désoxydation partielle de l'oxyde de fer des scories	37818,03
Total de la chaleur fournie par la colonne gazeuse au traitement de la charge.	172815,5765

mais qu'elle a reçu :

la chaleur résultant de la transformation en oxyde de carbone des kil. 6,42 du carbone de la fonte par l'oxygène des scories 15876c,66

la chaleur de l'oxydation des kil. 13,58 du fer passé en déchet par l'oxygène de l'air libre. . 25713c,8658

$\left.\begin{array}{r}\\ \\ \\ \end{array}\right\}$ 41590,5258

Reste net fourni par la colonne gazeuse pour le traitement de la charge 131225,0507

Cette chaleur correspond à kil. 16,2407 de carbone, ou à kil. 18,74643 de houille, soit 9,37321 pour 100 de la houille totale consommée, non comprise celle nécessaire à mettre le four en feu, dont la part afférente à une charge pour une tournée d'une semaine est de kil. 14 (99). Cette proportion est la même avec le poids du fer obtenu. On peut remarquer que dans ces 9,37321, le rayonnement figure pour 4,36707, en sorte que le traitement proprement dit de la fonte n'absorbe guère plus de 5 pour 100 du combustible total. La discussion sur les évolutions calorifiques du fourneau à manche qu'on a vue (78) pouvait faire prévoir ce résultat. Cependant il devra subir plus loin deux corrections; la première relative au déchet de 1 p. 100 dû aux escarbilles, la deuxième relative à la chaleur sensible de ces escarbilles et du mâchefer des cendres, ce qui change un peu le chiffre ci-dessus.

Il est facile de voir dès maintenant que ce chiffre de kilog. 9,37321 p. 100 croîtrait dans le cas du traitement normal de la présente donnée de consommation et que l'économie qu'on obtiendrait, consisterait dans les kilog. 13,58 de fer qui ne passeront point en déchet et dans une plus grande puissance calorifique des gaz combustibles de la colonne gazeuse. Dans le traitement normal absolu, ce chiffre de consommation de combustible croîtrait également, mais l'économie consisterait de même dans les kilog. 13,58 de fer obtenu en plus et en outre dans la suppression totale des gaz combustibles et dans une diminution de la quantité de chaleur sensible de la colonne gazeuse par suite de sa masse moindre. Je reviendrai sur ces points divers avec les détails nécessaires lorsque j'en parlerai.

CXV

Répartition entre les différentes causes qui l'absorbent, autres que le traitement de la charge, de la chaleur de combustion du combustible employé au traitement de la charge. Calcul de la chaleur sensible des gaz résultant de ce traitement et de leur composition.

La chaleur nette qui vient d'être trouvée représente ce que la charge a pris dans la chaleur qui génèrerait la combustion complète des 200 kilog. de houille employée. Il s'agit maintenant d'examiner comment se distribue le reste de la chaleur de cette combustion complète, soit qu'elle ait été dégagée par la combustion partielle de la houille et qu'elle forme la chaleur sensible des corps solides ou gazeux qui sont le résidu de cette combustion partielle, soit qu'elle consiste dans la puissance calorifique des parties solides ou gazeuses non brûlées de ce même résidu.

Il y a cinq causes entre lesquels se répartit cette chaleur. Ces causes sont les suivantes, savoir :

1° Chaleur de combustion de 1 p. 100 du poids de la houille en carbone perdu dans les escarbilles ;

2° Chaleur sensible du coke qui représente ce carbone ;

3° Chaleur sensible de 6 p. 100 de cendres ou mâchefer ;

4° Chaleur sensible totale de la colonne gazeuse ;

5° Enfin chaleur de combustion ou puissance calorifique des gaz combustibles de la colonne gazeuse.

Il est évident que la connaissance de ces parts respectives prises dans cette chaleur conduirait, en la combinant avec les autres données, à celle de la composition de la colonne gazeuse, c'est-à-dire, à la solution de la question discutée. Les trois premiers termes sont connus, ou faciles à connaître. Il convient donc de simplifier la discussion autant que possible en dégageant le point principal des accessoires qui le compliquent.

La première de ces causes consiste en deux kil. de carbone pour les 200 kil. de houille consommée. Mais comme ils ne brûlent pas, ils ne donnent lieu à aucune production de gaz, ni à aucune évolution calorifique ; leur action est négative et se traduit par la soustraction de leur poids de celui du carbone à brûler.

La deuxième cause est la chaleur sensible emportée par ces deux kil. de carbone. Comme ce carbone est sous forme de coke, avec une caloricité de 0,20085 (Regnault), et qu'il quitte la grille avec une température de 1250 degrés, la quantité de chaleur qu'il emportera sera donnée par

$$2 \times 0,20085 \times 1250\dots\dots\dots\dots\dots\dots\dots = 502°,125$$

La troisième cause est relative aux 6 pour 100 de cendres qui, pour 20 kil. de houille forment 12 kil. qui tombent dans le cendrier à l'état de mâchefer fondu à une température de 1250 degrés. Si on leur suppose la caloricité et le coefficient d'accroissement de caloricité des laitiers, ils emporteront une quantité de chaleur donnée par :

$$12\left[0,1770 + 0,0065\left(\frac{1250}{100} - 1\right)\right]1250\dots\dots\dots\dots = 3776°,250$$

Soit pour ces trois causes un total de chaleur sensible absorbée.   4278°,375

Ainsi, l'on voit qu'aux 131225°,0507 déjà trouvées pour la consommation due au traitement proprement dit de la charge, il y aura à ajouter : 1° les 4278°,375 ci-dessus ; 2° 16160 calories que donnerait la combustion des deux kil. de carbone perdus dans les escarbilles ; soit un total de 131225°,0507 + 4278°,375 + 16160 = 151663°,4257, correspondant à kil. 18,7702 de carbone ou à kil. 21,6662 de houille. Soit 10 pour 100 de combustible total consommé.

Sur ces 151663 calories, la masse gazeuse en fournira 135503°,4267 (114) prélevées sur la combustion de 200 kil. de houille. Le reste de la chaleur de combustion complète, appartiendra pour la combustion opérée, à la chaleur sensible de ces gaz et pour la combustion restant à faire, à la puissance calorifique des gaz combustibles de cette masse gazeuse. Cette puissance est l'équivalent exact de la combustion restant à faire.

On a vu (104) que la question ainsi posée, présente une indéterminée, parce qu'il y a, avec la condition de variabilité de la quantité d'air destiné à brûler le charbon, une infinité de modes que satisfont à la donnée d'une température fixe. Mais cette indétermination disparaît en introduisant la condition de minimum d'air, qui correspond nécessairement à un maximum de gaz combustibles, par la raison que la combustion complète donnant lieu à une quantité déterminée et invariable de chaleur et qui se compose de deux combustions partielles, l'un faite, l'autre à faire; plus la première sera faible, c'est-à-dire moins la première aura exigé d'air, plus la deuxième sera forte. En conséquence, la question ainsi éclaircie peut se poser de la manière suivante :

Quelle quantité d'air à la pression atmosphérique ordinaire, à 10 degrés de température, avec un état hygrométrique par mètre cube d'air de 3^{gr},5 de vapeur qui seront décomposés dans la combustion dont il va être parlé et dont l'hydrogène sera converti en hydrogène protocarboné, faut-il pour :

1º Transformer complétement en gaz d'une puissance calorifique maximum, 200 kil. de houille d'une composition connue, déduction faite de kil. 2 de carbone ;

2º Transformer kil. 14,98 d'oxyde de carbone en acide carbonique et en fournissant kil. 8,56 d'oxygène ;

3º Transformer kil. 13,58 de fer en peroxyde en fournissant 5,82 d'oxygène ;

4º Fournir à d'autres corps sur la chaleur générée par ces combustions, 135503^c,4237 ;

5º Conserver pour la masse gazeuse qui résultera ou qui sera le résidu de ces combustions, une chaleur suffisante pour donner à cette masse gazeuse une température de 1250 degrés.

Ceci entendu, si l'on désigne par x la quantité totale de chaleur développée par la combustion des 200 kil. de houille, dans les conditions des données, par y l'équivalent calorifique de la masse gazeuse totale qui en résulte dans les mêmes conditions, la question à résoudre prendra la forme de l'équation suivante :

$$(\theta) \quad \frac{x - 135503^c,4257}{y} = 1250°$$

Il ne s'agit donc plus que de rechercher quels éléments on possède pour déterminer x et y. Mais en se reportant à l'observation déjà faite (106), que x et y sont dans une corrélation telle que l'un fait connaître l'autre, on voit que cette recherche se réduit à celle de l'une de ces deux inconnues seulement. C'est à celle de x que j'ai d'abord procédé. J'ai suivi une méthode d'approximation longue, mais sûre et très-simple. Cette méthode a consisté à considérer la température comme inconnue et à la calculer alternativement trop forte et trop faible relativement à 1250 degrés et comprenant par conséquent le chiffre qui donnerait cette température de 1250 degrés, puis d'après les résultats trouvés, adopter un nouveau maximum et un nouveau minimum plus rapprochés et plus équidistants de la limite cherchée et à prendre enfin la moyenne entre ces deux résultats très-voisins. Je suis arrivé de cette manière au mode de combustion minimum sans excès d'air par lequel sur la totalité du carbone à gazéifier, kil. 29,31389 seraient transformés en acide carbonique et le reste transformé en oxyde de carbone, défalcation préalablement faite de la quantité emportée par les matières volatiles, pour obtenir la température de 1250 degrés. Il est observé que la vapeur d'eau hygrométrique de l'air fournit par sa décomposition de l'oxygène à l'oxydation du carbone et de l'hydrogène qui se transforme en protocarbure. Il serait sans utilité de répéter tous ces calculs ici; je me bornerai donc à donner celui qui conduit à la solution. Mais auparavant il y a lieu de déterminer ce que les matières volatiles emportent de carbone.

On ignore absolument dans quelles combinaisons avec le carbone l'hydrogène se trouve engagé dans la houille et la composition spéciale et précise des produits gazeux de la distillation n'est guère moins obscure. Ces produits et leur composition varient d'ailleurs avec la température de la distillation.

Mais puisque les matières volatiles forment 34 pour cent de la masse totale, il est facile, d'après la composition connue de cette houille, d'apprécier avec un degré d'approximation suffisant ici, la quantité de carbone qui entre dans ces combinaisons volatiles, sans pour cela affaiblir en rien l'intérêt qu'il y aurait à éclaircir entièrement ce sujet. Car il ne faut pas perdre de vue, qu'il ne s'agit dans le cas présent que de chaleur générée et des mouvements calorifiques qui en sont le résultat, que c'est seulement la question de combustion qui donne lieu à cette chaleur et à ces mouvements calorifiques que j'ai à examiner, et que sous ce rapport les groupements variés de l'hydrogène et du carbone ne présentent qu'un intérêt nul ou de très-faible importance. Or, puisque d'après la composition donnée (100) de la houille, il se trouve par cent parties, savoir :

en oxygène et en hydrogène en proportions convenables pour faire de l'eau. 10,86545
en ammoniaque. 1,71625
en hydrogène en excès. 3,57447
il s'en suit que ces corps gazeux prendront en carbone pour se volatiliser. 17,94388

Total des matières volatilisées. 34,00000

La répartition de ces 17 parties de carbone entre les corps gazeux qui vont les entraîner est facile. A cette température et en présence du carbone, l'eau sera décomposée et l'oxygène dont l'affinité pour le carbone sera contrariée à la fois, et par l'influence de masse et par l'état d'agrégation moléculaire de ce dernier, ne donnera lieu qu'à une production d'oxyde de carbone. Il y aura donc absorption de kil. 7,2436275 de carbone par les kil. 9,65817 d'oxygène de l'eau pour former kil. 16,9017975 d'oxyde de carbone, avec dégagement de chaleur donné par 7,2436275 × 2473 = 17913°,4908075.

Les kil. 10,7002525 de carbone restant seront pris par l'hydrogène en diverses proportions très-mobiles avec les oscillations de la température. Jusqu'à présent on n'a point indiqué de moyens de connaître ces proportions qui présentent peu d'intérêt pour la question actuelle. Mais on voit clairement qu'il y aura une quantité notable d'hydrogène libre. Je supposerai pour la simplification du calcul que toutes ces combinaisons se réduisent à de l'hydrogène bicarboné, que le surplus de l'hydrogène restera à l'état libre et j'admettrai que cette combinaison ait lieu sans dégagement de chaleur, puisque la somme des puissances calorifiques des composants est égale à peu de chose près à celle du composé En conséquence et d'après ce qui précède, pour 200 kil. de houille, le partage du carbone dans ces mêmes conditions sera :

aux escarbilles 2
aux matières volatiles de la houille 35,88776
à la combustion sur la grille par l'air 118

Total . . . . kil. 155,88776

J'admettrai aussi que les gaz qui naissent des 68 parties volatiles des 200 kil. de houille soient les suivants :

oxyde de carbone, kil. 16,901797 × 2 . . . . kil. = 33,803595
hydrogène bicarboné, kil. 10,7002525 × 2 de carbone, plus
kil. 7,1335016 d'hydrogène . . . . = 28,5340066
hydrogène en excès 2,8355984
azote de l'ammoniaque 2,82676

Total . . . . kil. 67,9999600

Reste à déterminer la quantité d'air à 10 degrés de température avec $3^{gr},5$ de vapeur d'eau hygrométrique, nécessaire pour brûler 118 kil. de carbone, en supposant que kil. 29,31389 de ce carbone soient transformés en acide carbonique et que le reste ne fasse que de l'oxyde de carbone, tant avec l'oxygène de l'air qu'avec celui de l'eau, et que de l'hydrogène protocarboné avec l'hydrogène de l'eau.

Or, un mètre cube d'air à 10 degrés de température et à $0^m,76$ de hauteur barométrique pèse sec (70), kil. 1,247407 et contient 0,2869036 d'oxygène et 0,9605034 d'azote. Les $3^{gr},5$ de vapeur contiennent :

en oxygène . . . . kil. 0,0031111
en hydrogène 0,0003889

Total kil. . . . . kil. 0,0035000

En conséquence, un mètre cube dans ces conditions contiendra :

en oxygène de l'air et de l'eau . . . . kil. 0,2900147
en azote 0,9605034
en hydrogène 0,0003889

Total du poids du mètre cube . . . . kil. 1 2509070

Les kil. 0,2900147 d'oxygène prendront kil. 0,1087555125 de carbone pour faire de l'acide carbonique et les kilog. 0,0003889 d'hydrogène en prendront kilog. 0,0011667 pour faire de l'hydrogène protocarboné; soit un total de 0,1099222125. Il est évident qu'en divisant les kil. 29,31389 de carbone par 0,1087555125 le quotient $\dfrac{29,31389}{0,1087555125} = 269,53934$ sera le nombre même de mètres cubes d'air nécessaire à cette réaction, et qu'en multipliant le nombre 0,0011667 qui représente le carbone pris par l'hydrogène de la vapeur d'eau d'un mètre cube par le quotient trouvé, on aura la quantité de carbone prise par l'hydrogène de la vapeur d'eau des 269 mètres cubes d'air, pour faire de l'hydrogène protocarboné. Cette quantité de carbone est :

$$269,53934 \times 0,0011667 = \text{kil. } 0,314471547978.$$

La quantité d'hydrogène est pareillement :

$$269,53934 \times 0,0003889 = \text{kil. } 0,104823849326.$$

et la quantité d'hydrogène protocarboné se rapportant à l'acide carbonique est :

$$0,314471547978 + 0,104823849326 = \text{kil. } 0,419295397304.$$

Enfin, la quantité d'oxygène qui se combinera avec les kil. 29,31389 de carbone pour faire de l'acide carbonique est aussi :

$$269,53934 \times 0,2900147 = \text{kil. } 78,170370828298,$$

et la quantité d'acide carbonique résultant de cette réaction est :

$$78,170370828298 + 29,31389 = \text{kil. } 107,484260828298.$$

La quantité totale d'azote de cet air est :

$$0,9605034 \times 269,53934 = \text{kil. } 258,893452503756.$$

La quantité de chaleur dégagée par cette formation d'acide carbonique est :

$$29,31389 \times 8080 = 236856^c,23120.$$

La quantité de chaleur dégagée par la formation d'hydrogène protocarboné est $676^c,1138281527$, différence entre la valeur calorifique des composants et du composé.

La chaleur afférente aux 10 degrés de température initiale des $269^{mc},53934$ d'air consommé est, la caloricité de l'air étant 0,2377 (Regnault),

$$269,53934 \times 0,2377 \times 10 = 640^c,69501118.$$

La somme de ces trois quantités de chaleur est :

$$236856^c,23120 + 676^c,113828152 + 640^c,69501118 = 238173^c,0400393327.$$

La chaleur absorbée par la décomposition de la vapeur d'eau des 269 mètres cubes d'air est donnée par :

$$0,104823849326 \times 34462 = 3612^c,439495472612.$$

En retranchant cette chaleur des 238173^c ci-dessus, la différence

$$238173^c,0400393327 - 3612^c,439495472612 = 234560^c,600543860088,$$

représente la chaleur nette générée par la formation des kil. 107,484260828298 d'acide carbonique dans les présentes conditions.

Le carbone total absorbé par cette réaction, y compris celui de l'hydrogène carboné, est $29,31389 + 0,314471547978 = \text{kil. } 29,628361547978$, et le carbone restant qui devra se transformer en oxyde de carbone et en hydrogène carboné afférent est :

$$\text{kil. } 118 - 29,628361547978 = \text{kil. } 88,371638452022.$$

Les kilog. 0,2900147 d'oxygène d'un mètre cube d'air (70) prendront kilog. 0,217511025 de carbone pour faire 0,507525725 d'oxyde de carbone, et les kil. 0,0003889 d'hydrogène en prendront kil. 0,0011667 pour faire 0,0015556 d'hydrogène protocarboné; soit une quantité totale de kil. 0,218677725 de car-

20

bone prise par un mètre cube d'air. Si l'on divise la quantité totale de carbone, kil. 88,371638452022 à dénaturer en oxyde de carbone et en hydrogène protocarboné par la quantité totale de carbone prise par un mètre cube d'air, le quotient exprime le nombre de mètres cubes d'air nécessaires à cette réaction. La relation suivante donne ce résultat :

$$\frac{88,371638452022}{0,218677725} = 404^{mc},118153$$

La quantité totale de carbone qui sera transformée en oxyde de carbone sera :

$$0,217511025 \times 404,118153 = \text{kil. } 87,900153680136825.$$

La quantité totale d'oxyde de carbone générée sera :

$$0,507525725 \times 404,118153 = 205,100358586985925.$$

La quantité de chaleur dégagée par cette réaction sera :

$$87,900153680136825 \times 2473 = 217377^{c},080050978368225.$$

La quantité de carbone qui sera transformée en hydrogène carboné sera :

$$0,0011667 \times 404,118153 = \text{kil. } 0,4714846491051.$$

La quantité totale d'hydrogène protocarboné générée sera :

$$0,0015556 \times 404,118153 = \text{kil. } 0,6286461988068.$$

La quantité de chaleur dégagée par cette réaction sera $1013^{c},691995575965$, différence entre la valeur calorifique des composants et du composé.

La chaleur afférente aux 10 degrés de température initiale des $404^{mc},118153$ d'air consommé est :

$$404,118153 \times 0,2377 \times 10 = 960^{c},588849681.$$

La somme de ces trois quantités de chaleur est :

$$217377^{c},080050978368225 + 1013^{c},691995575965 + 960^{c},588849681$$
$$= 219351^{c},360896235333225.$$

La chaleur absorbée par la décomposition de la vapeur d'eau hygrométrique des 404 mètres cubes d'air est donnée par :

$$0,0003889 \times 404,118153 \times 34462 = 5416^{c},1013258199854.$$

En retranchant cette chaleur des 219351 calories ci-dessus, la différence

$$219351^{c},360896235333225 - 5416^{c},1013258199854 = 213935^{c},269570415347825$$

représente la chaleur nette générée par la formation des k. 205,100358586985925 d'oxyde de carbone dans les présentes conditions.

La quantité d'azote afférente à ces mêmes 404 mètres cubes d'air est (70)

$$404,118153 \times 0,9605034 = \text{kil. } 388,1568599582202.$$

Enfin, il reste à établir le résultat des évolutions calorifiques relatives à la transformation en acide carbonique des kil. 14,98 de l'oxyde de carbone, du carbone de la fonte (109), par l'oxygène de l'air non brûlé et à la décomposition de la vapeur d'eau hygrométrique de cet air non brûlé.

La quantité de chaleur produite par la transformation de cet oxyde de carbone en acide carbonique est $35996^{c},94$ (109). Les kil. 14,98 d'oxyde de carbone se sont changés en kil. 23,54 d'acide carbonique en prenant kil. 8,56 d'oxygène à l'air non brûlé qui a fourni le reste de son oxygène et celui provenant de la décomposition de sa vapeur d'eau à l'oxydation du fer passé en déchet (109) et (111).

La chaleur afférente aux 10 degrés de température initiale de cet air non brûlé est :

$$49,58369 \times 0,2377 \times 10 = 117°,86043113.$$

La somme de ces deux quantités de chaleur est :

$$35996°,94 + 117°,86043113 = 36114°,80043113.$$

La quantité de vapeur de cet air est :

$$3^{gr},50 \times 49,58369 = \text{kil. } 0,173542915.$$

La décomposition de cette vapeur a mis en liberté un poids d'hydrogène donné par $0,0003889 \times 49,58369 = 0,019283097041$, et a absorbé une quantité de chaleur égale à

$$0,019283097041 \times 34462 = 664°,534090226942$$

en retranchant cette chaleur des 36114°,80043113 ci-dessus, la différence

$$36114°,80043113 - 664°,534090226942 = 35450°,266340903058$$

exprime la chaleur nette générée par les évolutions calorifiques auxquelles ont donné lieu les 49^{mc},58369 d'air non brûlé introduit dans le four par la grille.

Aux chaleurs qui viennent d'être calculées, il y aura à ajouter celle qui résulte des 10 degrés de chaleur initiale de la houille. Si l'on admet la même caloricité que pour le charbon de bois, cette chaleur sera donnée par $200 \times 0,2415 \times 10 = 484°$. Le peu d'importance de ce nombre prouve qu'une légère erreur sur le chiffre adopté de caloricité de la houille n'aurait aucune influence sensible sur le résultat général.

On possède maintenant tous les éléments nécessaires pour déterminer les valeurs de x et de y dans l'équation (0). En effet, en ce qui concerne la valeur de x, la combustion complète des kil. 29,31389 de carbone et les réactions accessoires ont donné lieu au dégagement d'une quantité nette de chaleur sensible de . . . . 234560°,600543860088

La transformation du reste du carbone en oxyde de carbone et les réactions accessoires ont de même produit une quantité nette de chaleur sensible égale à . . . . 213935 ,269570415347825

La transformation de l'oxyde de carbone provenant de la fonte a donné lieu au dégagement d'une quantité de chaleur sensible nette égale à . . . . . . 35450 ,266340903058

Enfin la chaleur sensible due à la température initiale de 10 degrés de la houille a fourni 484

Total de la chaleur sensible représentant la valeur de x . . . . 484430 ,136455178493825

En ce qui concerne y, la conversion en gaz des 200 kil. de houille dans les conditions posées, a donné lieu aux résultats suivants :

Les matières volatiles ont produit (115) :

oxyde de carbone.	33,803595
hydrogène bicarboné.	28,5340066
hydrogène libre en excès	2,8355984
azote de l'ammoniaque.	2,82676

La conversion en acide carbonique des kilog. 29,31389 de carbone a produit (115) :

acide carbonique.	107,484260828298
hydrogène protocarboné.	0,419295397304
azote	258,893452503756

La conversion en oxyde de carbone de kilog. 88,371638452022 de carbone a produit (115) :

oxyde de carbone.	205,100358586985925
hydrogène protocarboné.	0,6286461988068
azote.	388,1568599582202

La combustion relative aux $49^{me},58369$ d'air non brûlé a produit (115) :

acide carbonique.	23,54
hydrogène libre.	0,019283097041
azote.	47,625302829546
Total du poids de la masse gazeuse du traitement d'une charge . . . . kil.	1099,867419399957925

Ou en simplifiant :

oxyde de carbone. . . . . kil.	238,903953586985925
hydrogène bicarboné.	28,5340066
hydrogène protocarboné.	1,0479415961108
hydrogène libre.	2,854881497041
acide carbonique.	131,024260828298
azote.	697,5023752915222
Même total. . . . . kil.	1099,867419399957925

Les équivalents calorifiques de ces mêmes gaz, seront :

pour l'oxyde de carbone 238,903953586985925 ×0,2479	59,2242900942138108075
pour l'hydrog. bicarboné 28,5340066 ×0,3694	10,54046203804
pour l'hyd. protocarboné 1,0479415961108 ×0,5929	0,62132457233409332
pour l'hydrogène libre 2,854881497041 ×3,4046	9,7197295448257886
pour l'acide carbonique 131,024260828298 ×0,2164	28,3536500432436872
pour l'azote 697,5023752915222 ×0,2440	170,1905795711314168
Total de l'équivalent calorifique de la masse gazeuse représentant la valeur de y	278,6500358637887967275

Si maintenant dans l'équation (0), on remplace x et y par les valeurs qui viennent d'être trouvées, et si l'on substitue au terme indépendant 1250° une nouvelle inconnue z, cette équation devient :

$$\frac{484430°,136456178493825 - 135503°,4257}{278,6500358637887967275} = z = 1252°,20$$

Cette valeur de z prouve que le chiffre adopté de kil. 29,31389 pour la quantité de carbone réduit en acide carbonique est un peu trop élevé. Il n'était pas utile à l'intelligence de la théorie exposée de recommencer de longs calculs pour rectifier ce chiffre. D'ailleurs, sa valeur plus approchée x' est donnée par l'égalité suivante : $\dfrac{1252,20}{29,31389} = \dfrac{1250}{x'}$ d'où x' = kil. 29,26246. Je dis valeur plus approchée, parce que si l'on se reporte à l'équation (θ), on reconnaîtra que l'égalité ci-dessus qui donne la valeur de x' est fausse en principe. Mais elle est vraie dans les limites où elle est posée. Les différences dans les résultats obtenus par les calculs faits d'après ce chiffre nouveau ne porteraient que sur les décimales, et par conséquent, c'est-à-dire, en raison de leur peu d'importance, n'exigent pas une plus ample mention.

Tout ce qni vient d'être dit, s'appliquerait identiquement à des fontes contenant des proportions différentes de carbone avec les légères modifications correspondant à ces divers degrés de carburation. Cette même observation s'étend naturellement à la fabrication de l'acier qui ne nécessite pas, pour être expliquée, l'intervention d'aucun principe nouveau. Seulement, dans ce dernier cas, on voit : 1° que la température sera quelque peu diminuée dans la proportion du carbone qu'on laissera sans le brûler dans le fer pour obtenir celui-ci à l'état d'acier ; 2° que cette température devra être également modérée au moment où la coagulation de la matière arrivée à l'état d'acier, devra s'opérer pour la formation des loupes, ce qui équivaut à une économie de combustible. Cependant en ce qui touche la formation des loupes, il serait grandement préférable de modifier cette partie du procédé en coulant dans des lingotières la matière parvenue au degré poursuivi de carburation. Mais ce point dont l'étude présente le plus haut intérêt, sort des limites du cadre de ce mémoire et demande un examen spécial qui m'écarterait de mon sujet.

CXVI.

Calcul de la puissance calorifique des gaz combustibles qui entrent dans cette composition. Rapport de la puissance calorifique des gaz combustibles, à celle du combustible dépensé. Rapport de la chaleur sensible de ces gaz, à la puissance calorifique du combustible.

Il est facile de se rendre compte dans le cas qui vient d'être examiné, de la puissance calorifique des gaz combustibles de la masse gazeuse produite par le traitement d'une charge. Les kil. 200 de houille consommée représentent un effet utile de chaleur donné (99) par $7000 \times 200 = 1400000°$. Les kil. 238,9039 d'oxyde de carbone représentent une quantité de chaleur donnée (Fabre et Silbermann) par 238,9039 × 2403 . . . . = 574086°,0717

de même, les kil. 28,534 d'hydrogène bicarboné représentent *(ibid.)* 28,534 × 11857 . . . . = 338327 ,638

de même, les kil. 1,4794 d'hydrogène protocarboné représentent *(ibid.)* 1,04794 × 13063 . . . . = 13689 ,24022

de même, les kil. 2,854881 d'hydrogène libre représentent *(ibid,)* 2,854881 × 34462 . . . . = 98384 ,909022

Total. . . . . 1024487°,858942

Sur cette quantité de chaleur il y a à déduire la chaleur latente de vaporisation de l'eau formée par la combustion de l'hydrogène. Cette quantité d'eau est donnée par $2,854881 \times 9 = 25,693929$, et la quantité de chaleur latente de vaporisation est $25,693929 \times 606,5 = 15583°,3679385$ à déduire . . . .   15583°,3679385

Reste pour la puissance effective des gaz combustibles   1008904 ,4910035

d'où il suit que le rapport de la puissance calorifique des gaz combustibles à la puissance calorifique du combustible total est $\dfrac{1008904°,4910035}{1400000} = 0,7206$ de la chaleur utile que ce dernier peut produire.

Pareillement le rapport de la chaleur sensible des gaz à cette même puissance calorifique du combustible consommé est donné par (115)

$$\frac{484430°,136455178493825 - 135503°,4257}{1400000} = 24,92 \text{ p. } 100$$

de sa puissance calorifique.

Il est facile de voir que ces résultats, pour être exacts, exigent une correction. En effet, on peut remarquer que déjà la combustion de cette houille a fourni au traitement de la charge une quantité nette de chaleur sensible de 135503°,4257 (114 et 115) qui correspond à 9,67 p. 100 de la houille totale, ce qui, avec les 72,06 et 24,92 qui viennent d'être trouvés, forment un total de 106,65 p. 100 de la puissance calorifique du combustible, résultat impossible. Cette erreur tient à ce que les calculs qui ont donné les numérateurs ci-dessus ont été faits dans l'hypothèse de la composition de la houille donnée (100) qui correspond à une puissance calorifique de 7231 calories, tandis que les dénominateurs sont calculés sur une puissance calorifique de 7000°, ce qui donne des quotients trop élevés. Mais si l'on fait la correction, on trouve pour ces trois quotients les nombres 69,75, 24,12 et 9,36 qui forment une somme de 103,23. Cette dernière quantité présente encore une contradiction apparente avec le chiffre 100 qui doit nécessairement être une limite maximum. Mais cette contradiction disparaît devant l'observation, que dans les chaleurs supposées fournies par la combustion de la houille, figurent, :

1° Chaleur résultant de la transformation en oxyde de carbone des kil. $6,4^2$ du carbone de la fonte par l'oxygène des scories (114). . . . . .   15876°,66

2° Chaleur de l'oxydation des kil. 13,58 de fer passé en déchet par l'oxygène de l'air libre (114). . . . .   25713 ,8658

3° Chaleur produite par la transformation de l'oxyde de carbone provenant de la fonte (115). . . . .   35450 ,2663

Total. . . . .   77040 ,7921

Cette quantité de chaleur correspond à $\dfrac{77040,7921}{7231 \times 2} = 5,3$ dans le nombre 103,23. En opérant la soustraction, le résidu $103,23 - 5,3 = 97,93$ exprime la somme des rapports de la chaleur consommée dans le traitement, de la puissance calorifique et de la chaleur sensible de toute la masse gazeuse née de la houille consommée, avec la puissance calorifique totale de cette même houille. Ce résultat se trouve maintenant trop faible de $100 - 97,93 = 2,07$.

Cette différence peu importante tient à ce que dans le calcul des 1008904 calories de la puissance effective des gaz combustibles (116), je n'ai point appliqué la loi de M. Regnault de variabilité avec la température du calorique latent de la vapeur d'eau. Il en est résulté une diminution du chiffre de la chaleur sensible et une diminution correspondante dans l'expression du rapport 97,93. J'ai cru devoir entrer dans ces quelques détails pour dissiper à l'avance les ambiguïtés que pourraient créer de fausses apparences.

CXVII.

Quelques considérations générales sur ce qui précède, sur ce qui se fait, et sur les améliorations qui peuvent être obtenues.

La discussion qui précède est celle du cas le plus voisin du traitement normal auquel donnerait lieu le chiffre posé de consommation de combustible (99). La différence entre ce dernier et celui discuté consisterait dans l'absence de déchets de fer, et les calculs seraient absolument identiques avec ceux qui ont été faits. Il s'en suivrait le déplacement de divers mouvements de chaleur et des effets corrélatifs dont il est facile d'apercevoir l'amplitude.

Ainsi, l'oxydation des kil. 13,58 de fer n'ayant plus lieu, les 25713 calories auxquelles elle donne lieu et qui ont été comptées, seraient fournies par la combustion d'une quantité correspondante de carbone, c'est-à-dire, un peu plus de trois kil. Cette chaleur produite se répartirait entre d'autres corps gazeux et solides; mais à cet égard, le résultat calorifique serait le même que dans le premier cas. Le point notable est qu'il y aurait un supplément de consommation de carbone, contre un supplément de produit de kil. 13,58 de fer qui ne passeraient plus dans les déchets. Mais ces faits purement spéculatifs ne sauraient être atteints dans la pratique avec l'état d'imperfection du procédé, car non-seulement on n'a point de moyen exact de modérer ou d'empêcher l'introduction de l'air en excès, mais encore on n'en possède aucun non plus de reconnaître la quantité de cet excès d'air. On sait seulement qu'il est considérable puisque les flammes se prolongent jusqu'à la sortie des cheminées. Jusqu'à présent, les expédients mis en œuvre pour atténuer ces pertes ont consisté dans l'occlusion du cendrier, et par suite, dans l'insufflation de l'air sous la grille et dans l'établissement de générateurs de vapeurs horizontaux ou verticaux à la suite des fours à réverbère. Je discuterai ces améliorations avec les détails nécessaires, au chapitre suivant où je traiterai des moyens qui me paraissent les plus efficaces pour atteindre le degré d'économie de combustible que l'on peut espérer, et je terminerai ce présent chapitre par le calcul de la chaleur et l'examen des conditions nécessaires au traitement normal absolu de la fonte au four à réverbère pour la convertir en fer ou en acier, parce que ce traitement doit, en quelque sorte, être considéré comme l'étalon auquel doivent se rapporter toutes les variétés pour pouvoir mesurer leur valeur.

CXVIII.

Traitement normal absolu de la fonte au four à réverbère.

J'ai défini le traitement normal absolu, celui par lequel la transformation de la fonte en fer ou en acier s'opérerait sans déchet au moyen de la combustion complète du combustible employé en quantité exactement suffisante pour produire la température et les réactions nécessaires. Il s'en suit que la masse gazeuse ne contiendra point de gaz combustibles et ne possédera, sous le plus faible poids possible, que la chaleur sensible correspondant à la température du four. Il est évident qu'un pareil procédé, si l'on utilisait la chaleur sensible des gaz brûlés et à leur sortie du four, si l'on réduisait à sa plus étroite limite le coefficient de consommation pratique dû au rayonnement, serait le dernier terme de perfectionnement que l'on pût atteindre sous le rapport de l'économie du combustible. Il est également évident que l'on réaliserait en outre une amélioration des plus capitales, si l'on pouvait au moyen de ce même procédé, échapper à la nécessité d'avoir un combustible d'une certaine espèce et de choix et si l'on pouvait mettre en œuvre, sans inconvénient, sans désavantage un combustible quelconque médiocre ou non, y compris tous ceux que la métallurgie exclut aujourd'hui de son emploi. Mais il faudrait reléguer dans les abstractions et parmi les projets les plus chimériques, l'idée d'obtenir de pareils résultats en restant dans les errements suivis jusqu'à ce jour. Cependant, il reste peu de chose à faire pour réaliser dans une mesure suffisante ces importants et ultimes progrès. Les moyens qui y conduisent consistent uniquement dans quelques améliorations rationnelles, simples, faciles et peu coûteuses, à introduire dans le procédé appelé puddlage au gaz, mais improprement en ce sens que tous les procédés sans exception n'ont point d'autre agent que le gaz (99).

Pour ne point intervertir l'ordre des matières, je remets l'indication et l'examen de ces moyens au chapitre suivant, et je me bornerai à ne parler ici que des consommations qu'exigerait le traitement normal absolu supposé possible et à donner la composition de la masse gazeuse qui opérerait ce traitement sans m'occuper, quant à présent, de la manière dont elle a été générée.

En conséquence, j'admettrai les mêmes proportions de matières que dans le traitement déjà décrit, la même composition de la fonte, la même température du four, la même durée de l'opération et le même rayonnement. Enfin, dans le nombre infini de compositions de masses gazeuses auxquelles la transformation des combustibles divers en gaz combustibles peut donner lieu, j'adopterai pour la masse gazeuse combustible destinée à opérer le traitement, la composition suivante, qui est celle qui résulterait de l'emploi de la houille prise pour type dans les calculs précédents, en observant que le raisonnement et les principes sont indépendants de cette composition, savoir, par 100 parties :

oxyde de carbone	35,733
hydrogène bicarboné	3,314
hydrogène protocarboné	0,0974
hydrogène libre	0,3293
azote	60,525
Total	99,9987

J'admettrai que par un moyen quelconque sur lequel je reviendrai, on puisse, avec de l'air à 10 degrés à $0^m,76$ de pression barométrique et $3^{gr},5$ de vapeur d'eau hygrométrique par mètre cube, brûler complétement sans reste d'air libre une quantité de ces gaz exactement suffisante pour générer la température de 1250 degrés et opérer les réactions qui constituent le traitement de la charge.

Avant de calculer cette quantité de gaz combustibles nécessaires à ce traitement, il faut d'abord connaître la quantité de chaleur qui devra être fournie et consommée.

Or donc :

le rayonnement absorbera (107) . . . . , ... $61139^c,06$

les 220 kil. de fonte contenant kil. 6,42 de carbone produiront
k. 213,58 de fer, et la chaleur emportée par ce fer produit sera

donnée par $213,58 \left(0,11379 + (\frac{1250}{100} - 1) 0,006 \right) 1250 =$ $48800,36025$

en déduisant la chaleur due aux 10 degrés de température
initiale des matières (99) . . . . $285,626$

Reste pour la chaleur nette emportée par le fer . . . . . $48514^c,73425$

Les kil. 6,42 du carbone de la fonte ont absorbé kil. 8,56 d'oxygène fourni par les scories pour se convertir en kil. 14,98 d'oxyde de carbone et ont dégagé (114) $15876^c,66$ dont il sera fait compte ci-après.

Les kil. 80 d'oxyde de fer et de laitier ont perdu kil. 8,56 d'oxygène en absorbant pour cette décomposition (114) $37818^c,03$.

La chaleur sensible qu'ils emportent est donnée (113) par

$$71,44 \left[0,1770 + 0,0065 \left(\frac{1250}{100} - 1 \right) \right] 1250 = 22481^c,275$$

et en faisant la correction des 10 degrés de température initiale, cette chaleur devient $22481^c,275 - 141,60 = 22339^c,675$.

En récapitulant les diverses quantités de chaleur qui viennent d'être trouvées, on reconnaît que le traitement de la charge, dans le procédé normal absolu, en rendant tout le fer de la fonte, absorberait pour une production de kil. 213,58 de fer, savoir :

par le rayonnement. . . . . $61139^c,06$

par la chaleur sensible emportée par les kil. 213,58 de fer
obtenu. . . . . $48514,73425$

par la chaleur sensible emportée par les laitiers. . . . . . . $22339,675$

par la désoxydation partielle de l'oxyde de fer des scories. . $37818,03$

Total de la chaleur absorbée par le traitement normal

absolu d'une charge. . . . . $169831^c,49925$

Mais qu'il dégagerait :

par la transformation en oxyde de carbone des kil. 6,42 du
carbone de la fonte . . . . $15876^c,66$

Reste net absorbé par le traitement normal absolu d'une

charge. . . . . $153954^c,83925$

Outre cette quantité de chaleur normale, il devra encore être fourni la chaleur sensible des gaz brûlés pour leur donner la température commune de 1250 degrés. Cette double condition est exprimée par l'équation (0).

Pour connaître la quantité de gaz combustibles ayant la composition de la donnée, nécessaire pour opérer le traitement d'une charge, j'ai dû me livrer à un calcul d'approximation qu'il n'est pas utile de rapporter ici et qui a donné pour résultat comme satisfaisant aux conditions de la question le nombre de kil. 269,5 de gaz combustibles à moins d'un tiers de kil. près. Il n'y avait point d'intérêt à pousser l'approximation plus loin; je raisonnerai donc sur ce chiffre de kil. 269,5 de gaz combustibles. Leur composition, d'après la donnée, sera la suivante :

oxyde de carbone	35,733 ×2,695............	96,300435
hydrogène bicarboné	3,314 ×2,695............	8,93123
hydrogène protocarboné	0,0974×2,695............	0,262493
hydrogène libre	0,3293×2,695............	0,8874635
azote	60,625 ×2,695............	163,114875

Total du poids des gaz combustibles consommés par le traitement d'une charge.................kil. 269,4964965

La combustion de ces kil. 269,4964965 de gaz combustibles produira en chaleur, savoir :

		calories
oxyde de carbone	96,300435 ×2403.........	231409,945305
hydrogène bicarboné	8,93123 ×11857.........	105897,59411
hydrogène protocarboné	0,262493 ×13063.........	3428,946059
hydrogène libre	0,8874635×34462.........	30783,767137

Total de la chaleur produite.......... 371520,252611

Sur quoi à déduire :

Chaleur latente de vaporisation de l'eau se rapportant à l'hydrogène total de ces kil. 269,5 de gaz, l'hydrogène étant kil. 2,22897675, l'eau sera 2,22897675 × 9 = kil. 20,06079075 et la chaleur latente de vaporisation sera 20,06079075 × 606,5 .... =   12166,869589875

Total de la chaleur produite par la combustion des kil. 269,5 de gaz.................... 359353,383021125

La composition des gaz brûlés est facile à déduire de celle des gaz combustibles.

En effet, les k. 96,300435 d'oxyde de carbone se convertiront en k. 151,329255 d'acide carbonique, en absorbant une quantité d'oxygène égale à   55,02882
l'hydrogène total étant kil. 2,22897675 absorbera en brûlant, pour faire de l'eau, une quantité d'oxygène égale à........ 17,831814
l'hydrogène bicarboné contient en carbone... kil. 7,65534
l'hydrogène protocarboné............ 0,19686975

Ensemble........... kil. 7,85220975

qui se convertiront en kil. 28,79143575 d'acide carbonique, et absorberont en oxygène.................... 20,939326

Total de l'oxygène absorbé par la combustion des kil. 269,5 de gaz combustibles.................... 93,799860

Or, un mètre cube d'air à 10 degrés de température et à $0^m,76$ de hauteur barométrique contient kil. 0,2869036 d'oxygène, non compris celui des $3^{gr},5$ de vapeur d'eau qui ne sera pas décomposée, et kil. 0,9605034 d'azote; par conséquent, le nombre de mètres cubes d'air, qui a fourni l'oxygène de combustion des gaz est donné par $\dfrac{93,79986}{0,2869036} = 326^{mc},93859.$

La quantité d'azote de cet air sera $0,9605034 \times 326,93859 = $ k. 314,025627286206.

La quantité de vapeur sera $3^{gr},50 \times 326,93859 = $ kil. 1,144285065.

En conséquence, les gaz qui composent la masse gazeuse, après la combustion des kil. 269,5 de gaz combustibles, seront :

acide carbonique provenant de la combustion de l'oxyde
de carbone. . . . . kil. 151,329255
acide carbonique provenant de la combustion des gaz
hydrocarburés. 28,79143575
vapeur d'eau provenant de la combustion des gaz hydrocarburés et de l'hydrogène libre. 20,06079075
vapeur d'eau de l'air de la combustion 1,144285065
azote des gaz combustibles 163,114875
azote de l'air de la combustion. 314,025627286206

Total du poids des gaz après la combustion kil. 678,466268851206

Ou en simplifiant :
acide carbonique. . . . . kil. 180,12069075
vapeur d'eau 21,205075815
azote. 477,140502286206

Total égal. . . . . , kil. 678,466268851206

Les équivalents calorifiques de ces gaz seront :
pour l'acide carbonique 180,12069075 $\times$ 0,2164. $=$ 38,9781174783
pour la vapeur d'eau 21,205075815 $\times$ 0,475. $=$ 10,072411012125
pour l'azote 477,140502286206 $\times$ 0,244. $=$ 116,422282557834264

Total des équivalents calorifiques. . . 165,472811048259264

La chaleur afférente aux 10 degrés de température initiale, sera :
$$165,472811048259264 \times 10 = 1654^\circ,72811048259264$$
et la chaleur totale disponible devient :
$$359353^\circ,383021125 + 1654^\circ,72811048259264 = 361008^\circ,11113160759264.$$

En reprenant l'équation (θ), en y remplaçant x et y par leurs valeurs, et faisant la température égale à z, cette équation devient :
$$\frac{361008^\circ,11113160759264 - 153954^\circ,83925}{165,472811048259264} = z = 1251^\circ,524.$$

La différence de $1^\circ,524$ d'avec le résultat exact correspond à la différence de $\dfrac{3}{10}$ de kil. d'avec le chiffre exact des gaz combustibles employés.

La discussion pour le cas de fabrication de l'acier n'entraînerait aucun détail nouveau; seulement les mouvements calorifiques subiraient quelques modifications identiques avec celles qui seraient le résultat du traitement d'une fonte moins carburée et n'exigent point d'explications particulières.

Pour comparer la consommation du combustible, avec la proportion de fer obtenu dans le cas de traitement normal absolu qui vient d'être examiné et d'après les données adoptées, il suffit de remarquer que les 153954 calories absorbées par ce traitement, non comprise la chaleur sensible des gaz brûlés, correspondent à kil. 19,0537 de carbone et à kil. 21,993 de charbon, soit en carbone 8,9211 pour 100 du poids du fer, et en charbon 10,2973 pour 100 de ce même poids de fer. Mais si dans cette comparaison, on comprend toute la chaleur nette produite par la combustion entière des gaz consommés, cette chaleur nette produite qui est de 359353 calories (118) correspond à kil. 44,47442 de carbone et à kil. 51,33619 de charbon, soit en carbone 20,8233 pour 100 du poids du fer et en charbon 24,036 pour 100 du même poids. Ces chiffres sont encore loin de la consommation par le procédé courant que j'ai admis être de 100 pour 100 dans le cas le plus favorable et qui ne se présente que rarement. On voit néanmoins, l'importance extrême qu'il y aurait, dans le cas du traitement normal absolu, à utiliser la chaleur sensible des gaz brûlés, puisque par le seul fait de la perte de cette chaleur, la consommation du combustible dans le cas présent se trouverait plus que doublée. Mais cette perte de chaleur varierait avec la composition et la richesse des gaz combustibles.

Ces chiffres exigent deux corrections : la première, celle résultant de la part afférente à une charge dans le combustible dépensé à échauffer ; la deuxième, celle résultant de la conversion du combustible concret en gaz combustibles.

Pour la première, si l'on admet la même dépense d'échauffement, et dans les mêmes conditions que celle posée (99) dans le traitement ordinaire, cette correction donnerait lieu à un accroissement du chiffre de consommation de kil. 14 de houille, soit $14 \times 7000 = 98000$ calories.

Pour la deuxième, il est évident que le maximum d'augmentation de consommation de chaleur de ce chef, serait égal à la chaleur dégagée par la formation de l'oxyde de carbone et de l'hydrogène carboné contenus dans les gaz combustibles employés ou de l'oxyde de carbone seulement en négligeant la chaleur de l'hydrogène carboné à raison de son peu d'importance. Or, si l'on se reporte à la composition des kil. 269,5 de gaz combustibles consommés, on voit que les kil. 96 d'oxyde de carbone qui en font partie, contenant kil. 41,1287 de carbone, ont dégagé pour se produire une quantité de chaleur donnée par :

$$41,1287 \times 2473 = 101711^c,418$$

En ajoutant ces deux quantités de chaleur aux 153954 calories trouvées (118), on aurait :

$$153954^c,83925 + 98000^c + 101711^c,418 = 353666^c,25725$$

pour la chaleur totale consommée dans le traitement normal absolu d'une charge et pour une production de kil. 213,58 de fer.

Cette quantité de chaleur correspond à kil. 43,77057 de carbone ou à kil. 50,52375 de charbon ; soit en carbone 20,4937 pour 100 en poids du fer obtenu et en charbon 23,6556 pour 100 du même poids. Avec ces deux corrections, si elles étaient nécessaires, ou si elles atteignaient ce chiffre, il y aurait toujours à employer la chaleur sensible des gaz brûlés.

Mais il est observé : 1° que la chaleur perdue attribuée à la mise en feu du four, ne sera pas à beaucoup près aussi considérable dans le système du four à gaz en raison de la plus grande rapidité de l'opération ; 2° qu'il est possible ainsi qu'il sera établi au chapitre suivant, de dépouiller presque entièrement de chaleur sensible les gaz combustibles en accroissant d'autant leur richesse avant leur sortie du générateur et que dans le cas d'emploi des gaz du haut-fourneau. cette correction n'a plus sa raison d'être. De plus, il faut considérer que le traitement au gaz devant durer moins longtemps que le traitement ordinaire, on réalisera une notable économie et proportionnelle au temps gagné sur le rayonnement ; enfin, que la gazéification pouvant s'appliquer aux combustibles de la qualité la plus inférieure, on obtiendra encore une économie correspondante à la diminution de prix du combustible employé.

CHAPITRE VI.

CXIX.

Ordre à suivre dans l'examen des questions.

Dans les deux chapitres qui précèdent, j'ai examiné la dépense de combustible au haut-fourneau et au four à réverbère et accidentellement celle du fourneau à manche à l'occasion du calcul du cœfficient d'accroissement de caloricité de la fonte. Je me propose dans le présent chapitre et conformément à son titre de rechercher les économies réalisables dans les deux premiers de ces appareils et d'indiquer les moyens qui me paraissent les plus propres à atteindre ce résultat. Je conserverai l'ordre établi, c'est-à-dire, que je parlerai du haut-fourneau en premier lieu, puis ensuite du four à réverbère. Mais toutefois, avant de passer outre et pour ne point créer de lacune, je dirai quelques mots du fourneau à manche.

CXX.

Fourneau à manche. Combustible dépensé à la mise en feu.

Ce fourneau dont à juste titre j'ai pris le type à la fonderie de Fourchambault, offre dans les conditions où il fonctionne à cette usine peu de latitude aux économies. On a vu (78) que la consommation moyenne de coke par 100 kilog. de fonte passée avec un déchet de 2 p. 100 sur la fonte était de kil. 11,111. Sur cette quantité $\frac{5}{12}$ ou kil. 4,62985 avaient servi à la mise en feu et à l'établissement du régime de fourneau et les $\frac{7}{12}$ ou kil. 6,4815 restant avaient servi à la fusion proprement dite et au travail du fourneau. Cette proportion s'appliquait à une tournée de douze heures pendant laquelle 15,000 k. de fonte avaient été traités ce qui faisait une quantité de kil. 694,3875 de coke dépensé à la mise en feu seule. Tout d'abord comme cette quantité de combustible dépensé à la mise en feu est fixe, quelle que soit la durée de la tournée et la quantité de fonte passée et se répartit sur la totalité de la fonte, il est évident que la proportion donnée ici baissera avec l'augmentation du poids de la fonte traitée. Si donc on réunissait seulement deux tournées de jour par une tournée de nuit, à raison de 15,000 kil. de fonte par tournée, la part afférente à 100 kil. de fonte dans le combustible de la mise en feu s'abaisserait des deux tiers et serait égale à kil. $\frac{4,62985}{3}$ = kil. 1,154328, et l'on réaliserait par ce seul fait une économie de kil. 694,3875 × 2 = kil. 1388,775 qui à fr. 30 les 1,000 kil. produirait un boni de fr. 41,66 variable en plus ou en moins avec le prix du coke. Mais cet avantage serait atténué par les frais supplémentaires et les inconvénients du travail de nuit, et par une insuffisance de personnel si la mesure prenait de la fréquence à moins d'établir ce système d'une manière permanente. Dans ce dernier cas, on rencontrerait un grand obstacle dans l'irrégularité des commandes. On reconnaît donc par ces raisons que cette économie pourrait difficilement être le résultat d'une règle courante et de tous les jours, mais ne pourrait être obtenue que dans quelques circonstances particulières que l'on n'est pas toujours maître de faire naître.

CXXI.

Combustible dépensé dans le traitement proprement dit.

En ce qui concerne les kil. 6,4815 de coke, employé au traitement proprement dit, il a été établi (78) que la quantité entière de chaleur qu'ils pouvaient produire, augmentée de la chaleur générée par l'oxydation des kil. 2 de fer qui passent dans les laitiers, et la combustion de l'hydrogène carboné résultant de la décomposition de la vapeur d'eau, formait un total de 46282 calories. Sur cette chaleur, 15595 calories sont représentées par la puissance calorifique des gaz qui s'échappent par le gueulard; 27505 calories sont absorbées pour la chaleur théorique nécessaire à la fusion de la fonte et des laitiers et qui représente kil. 3,40412 de carbone ou kil. 4,15136 de coke, et enfin les 3246 calories qui restent sont prises par le coefficient pratique de la chaleur théorique de fusion de la fonte et des laitiers. Ce coefficient comprend la chaleur sensible des gaz à leur sortie du gueulard.

CXXII.

Utilisation des gaz combustibles. Evaluation de leur importance.

L'utilisation de la puissance calorifique des gaz combustibles, qui se perdent par le gueulard du fourneau à manche, présente plusieurs difficultés qui ne pourraient être surmontées avec avantage, c'est-à-dire avec bénéfice d'argent, que dans certaines circonstances particulières. La première de ces difficultés est celle qui résulte de l'interruption journalière de la marche du fourneau, et qui, dans le cas où l'on voudrait emmagasiner les gaz, entraînerait dans des dépenses supérieures à la valeur du combustible qu'ils représentent. Il est facile de se rendre compte du résultat maximum que l'on pourrait se proposer d'atteindre, et par conséquent, des sacrifices que l'on pourrait s'imposer dans ce but. En effet, puisque la puissance calorifique de ces gaz équivaut à un peu plus du tiers de la chaleur que développerait la combustion complète de tout le combustible consommé dans le traitement proprement dit, en appliquant cette proportion au coke dépensé à la mise en feu, on aurait par 100 kil. de fonte, traitée à utiliser kil. $\frac{11,111}{3} =$ kil. 3,7036 de coke, soit pour une tournée de douze heures et une quantité de 15000 kil. de fonte, kil. 555,54 de coke, qui à fr. 30 les 1000 kil. font la somme de fr. 16,66, variable avec le prix de coke. Cette donnée suffit pour faire apprécier à un chef d'usine l'intérêt que l'importance de sa fabrication peut lui créer pour lui faire rechercher le mode d'emploi de ces gaz combustibles.

CXXIII.

Economie résultant de la mise à couvert du coke.

Cependant on peut, dès à présent, signaler une amélioration praticable dans tous les cas et qui ne présente que des avantages. C'est celle qui résulterait de la mise à couvert et dans un lieu sec du coke destiné au service de l'usine. On est loin, en général, d'attacher à cette utile précaution l'importance qu'elle mérite. On diminuerait ainsi dans une notable proportion la vapeur d'eau qui provient à peu près en totalité du coke et l'on obtiendrait une économie exactement correspondante dans la dépense du combustible. L'effet de cette vapeur d'eau est tel que dans le cas d'utilisation de la puissance calorifique des gaz ; il rendrait nécessaire le refroidissement préalable de ces gaz pour laisser cette vapeur se condenser et faciliter ainsi leur combustion, qui sans cela, ne pourrait s'opérer.

CXXIV.

Irréductibilité de la chaleur théorique de consommation.

Les 27505 calories, prises par la chaleur théorique du traitement de la fonte ne sont sujettes à aucune réduction, non plus qu'à aucune observation.

CXXV.

Utilisation de la chaleur sensible des gaz à leur sortie du gueulard.

Les 3246 calories du coefficient pratique de la chaleur théorique de fusion comprennent à peu près 2200 calories de chaleur sensible des gaz du gueulard. Un moyen d'utiliser cette chaleur sensible consisterait dans l'établissement d'un rampant de quelques mètres de longueur et d'une faible inclinaison conduisant les gaz du gueulard à la cheminée, laquelle dans ce cas, ne se trouverait plus dans le prolongement du fourneau. On disposerait dans ce rampant un chemin de fer pour faire rouler de petits chariots en fer, porteurs des charges qui arriveraient ainsi chaudes au gueulard, en enlevant au courant gazeux, marchant en sens inverse, une partie de sa chaleur. On pourrait accroître ce résultat en faisant passer les tuyaux de la soufflerie dans ce même rampant pour échauffer d'autant l'air insufflé. On recueillerait de cette manière à peu près les deux tiers de la chaleur sensible des gaz, soit 1500 calories pour les rendre au fourneau dont l'allure s'améliorerait beaucoup par cette simple mesure. Le résultat total, pour une tournée dans laquelle on aurait traité 15000 kil. de fonte serait de $1500 \times 150 = 225000$ calories représentant kil. 27,97 de carbone ou kil. 32,1428 de charbon.

L'établissement de ce rampant équivaut à un accroissement de hauteur du fourneau. Il est évident que la hauteur utile sous ce rapport, a précisément pour limite le point où les charges auraient enlevé à la colonne gazeuse toute sa chaleur sensible. Mais d'un autre côté on est arrêté dans cette voie par l'accroissement de frais d'établissement d'un fourneau trop élevé et ensuite par une dépense journalière plus considérable de force pour monter les charges au gueulard. C'est un calcul comparatif des dépenses avec les avantages et variable suivant les circonstances où l'on se trouve placé qui permettra toujours de fixer la hauteur la plus convenable. La substitution habituelle d'un empirisme et d'une routine aveugles à cette simple précaution, dans la construction des fourneaux à manche, explique les hauteurs sans règle qu'on leur donne le plus souvent et les excès de consommation qui en sont la conséquence.

Il ne me paraît pas utile d'entrer dans de plus amples développements sur un appareil que l'on peut considérer dans l'exemple, choisi comme étant presque arrivé à la limite du degré de perfection qu'il peut atteindre et je me borne à indiquer le cas où il pourrait être remplacé avantageusement par le four à réverbère.

La principale différence économique qui existe entre le fourneau à manche et le four à réverbère, consiste en ce que, dans le premier les gaz ne s'échappent par le gueulard qu'après avoir été dépouillés de la plus grande partie de leur chaleur sensible par les charges à travers lesquelles ils se tamisent pour monter au gueulard, tandis que dans le four à réverbère, les gaz sortent au moins avec la température du four lui-même, laquelle, à un moment donné, est celle de la fusion. Mais si l'on considère que dans le four à réverbère au gaz, le courant des gaz brûlés n'a qu'une faible rapidité, que les gaz peuvent être entièrement brûlés, qu'ainsi sous ce rapport, il n'y a pas de perte de combustible, ce qui n'a pas lieu pour le fourneau à manche (78), on reconnaîtra que pour obtenir par le four à réverbère à gaz une marche économique supérieure à celle du fourneau à manche, il ne s'agirait que de dépouiller les gaz brûlés de leur chaleur sensible. On parviendrait sans peine à ce résultat, en chauffant par les gaz, à leur sortie du four, un générateur, puis à la suite l'air destiné à la combustion, puis enfin les étuves pour dessécher les moules. Mais ces dispositions, pour pouvoir être appliquées utilement, supposent un courant de fabrication non interrompu et par conséquent ne conviendraient que dans une usine qui serait dans ces conditions.

HAUT-FOURNEAU.

CXXVI.

Comparaison de la chaleur développée par la combustion des gaz combustibles perdus par le gueulard d'un haut-fourneau, avec celle nécessaire au traitement au four à réverbère de la fonte de ce haut-fourneau. Grand excès de la première sur la seconde.

On a vu (74 *bis*) dans la discussion relative au haut-fourneau que le traitement d'une charge donnait lieu avec un rendement de 100 kil. de fonte à un $_c$

21

perte en gaz combustible d'une puissance calorifique de 696338,586 calories. Cette chaleur représente kil. 86,4842147 de carbone, ou kil. 99,4812079354 de charbon, et les 0,6632 de la puissance calorifique totale du combustible employé. Une simple observation suffit pour établir la généralité de cette proportion à très-peu de chose près pour tous les hauts-fourneaux. En effet, si tout le charbon de la charge se réduisait en oxyde de carbone au-dessus de la tuyère et si cet oxyde, ne subissait aucune transformation partielle jusqu'à sa sortie au gueulard, la puissance calorifique du carbone, pour passer à l'état d'oxyde seulement étant 2473, et pour passer à l'état d'acide carbonique 8080, le rapport de la puissance calorifique des gaz combustibles à la puissance calorifique totale du combustible employé serait comme (8080 — 2473), où 5607 est à 8080, c'est-à-dire, que la puissance calorifique des gaz combustibles serait les 0,6939 de celle de tout le charbon employé, soit un peu plus des deux tiers. Or, il est facile de reconnaître au moyen du tableau (88) que les faibles quantités de carbone, prises par les réactions que subit la charge dans sa descente, quantités de carbone compensés en forte partie par l'hydrogène, né de certaines de ces réactions, et qui grossit d'autant le tronçon gazeux, ne fait varier cette proportion que dans des limites très-étroites et que l'on peut sans erreur sensible considérer la puissance calorifique moyenne des gaz combustibles d'un haut-fourneau quelconque, comme les deux tiers de celle de tout le combustible employé dans le même haut-fourneau. Ceci démontre sans plus amples développements que les résultats des recherches de MM. Bunsen et Playfair, sur le même sujet, sont entachés de la même inexactitude, au moins, que ceux d'Ebelmen qui, du reste, en avait fait la critique (vol. 2 de ses œuvres, pages 395 à 417).

Pareillement on a vu (115) dans la discussion relative au four à réverbère que la transformation de 220 kil. de fonte en 200 kil. de fer ou d'acier, exigeait dans les conditions posées du cas examiné 484430c,136 dans lesquelles la chaleur prise par le traitement de la charge proprement dit, ne figure que pour 131225c,0507 (114), la presque totalité du surplus composant la chaleur sensible des gaz produits. A l'égard de ce dernier point, il est observé, ainsi qu'on a pu le reconnaître, que la masse gazeuse dépassant de beaucoup celle qui serait le résultat de la combustion et de la production de chaleur strictement nécessaires, la quantité de chaleur sensible des gaz en subit par suite une augmentation que ne requièrent ni le procédé, ni le but qu'on s'y propose. Une preuve en sera produite plus loin. On déduit de ces chiffres pour le traitement au four à réverbère dans les mêmes conditions de 100 kil. de fonte, une consommation totale de 220195c,515 dans lesquelles la chaleur prise par le traitement proprement dit, ne figure que pour 59647c,75,

Il n'est pas hors de propos de signaler en passant la concordance remarquable entre les chiffres trouvés ici et les nombres correspondants déterminés dans la discussion du fourneau à manche (78).

La comparaison de cette consommation totale de 220195 calories avec la puissance calorifique des gaz combustibles perdus par le gueulard du haut-fourneau, montre que la combustion de ces gaz développerait trois fois plus de chaleur que ne le demanderait la fonte totale produite par le haut-fourneau pour être convertie en fer ou en acier au four à réverbère. Mais cette chaleur de combustion des gaz combustibles perdus du haut-fourneau n'est pas entièrement réalisable en effet utile, ainsi qu'on va le voir. Néanmoins, il est facile de démontrer qu'en la réduisant aux proportions réalisables, il resterait encore une provision disponible suffisante pour satisfaire à tous les besoins de la transformation de la fonte en fer ou en acier et de la production des forces nécessaires à la marche des engins employés à cette fabrication, y comprise la soufflerie du fourneau. Il s'en suit qu'un fourneau étant donné, le combustible qui s'y consomme pour réduire les minerais en fonte, doit fournir en outre la chaleur et les forces nécessaires à la transformation de cette fonte en fer ou en acier propre aux besoins et aux usages ultérieurs du commerce et de l'industrie, et permettre d'économiser ainsi tout le combustible dépensé au four à réverbère pour cet objet dans une usine dépourvue de haut-fourneau.

CXXVII.

Preuves que dans son emploi la chaleur développée par la combustion des gaz combustibles du haut-fourneau dépasse de beaucoup les besoins du traitement de la fonte produite.

Il a été amplement établi (98 et 105) que les calculs auxquels on s'est livré jusqu'à ce jour sur la puissance calorifique des gaz perdus des hauts-fourneaux, manquaient de bases, et par conséquent d'exactitude. Mais une autre cause qui eut vicié les appréciations de leur emploi et de laquelle il ne paraît pas qu'on se soit occupé, c'est le rôle important négatif que jouent dans l'effet utile de la chaleur produite, les gaz brûlés et les gaz incombustibles qui accompagnent les gaz combustibles (74 *bis*). Il faut d'ailleurs reconnaître qu'il eût été impossible de se livrer efficacement à cet examen sans la connaissance préalable de la composition des gaz, connaissance à laquelle les méthodes suivies ne pouvaient pas conduire. La colonne V du tableau (88) permet de combler cette lacune. On y trouve dans le cas présent que la composition du tronçon gazeux à sa sortie du gueulard est la suivante :

Vapeur d'eau	76,10⁷
Hydrogène libre	3
Hydrogène protocarboné	6,583497883
Azote	503,00958752
Oxyde de carbonne	210,979000512
Acide carbonique	155,744282856
Total kil.	955,423368771

On pouvait concevoir à priori que les gaz brûlés et incombustibles prendront pour contracter la température de la masse gazeuse, dans la chaleur générée par les gaz combustibles, une quantité de chaleur proportionnelle à leur masse et à leur caloricité, entièrement perdue pour l'effet utile, sauf la quantité de chaleur sensible qu'il sera possible d'enlever à la masse gazeuse après son emploi principal et avant de l'expulser dans l'atmosphère. La composition connue maintenant du tronçon gazeux fournit le moyen de faire dans la consommation totale de la chaleur générée la part de chacune des parties qui constituent sa masse entière et par conséquent celle des gaz brûlés et incombustibles antérieurement introduits, et que l'on a intérêt à connaître. Cèci posé, si l'on admet provisoirement, sous réserve de le démontrer plus loin, que l'on puisse se débarrasser et que l'on se soit en effet débarrassé de la vapeur d'eau ; si l'on suppose la combustion des gaz combustibles entièrement effectuée avec de l'air à 10 degrés de température initiale, à $0^m,76$ de pression barométrique, contenant par mètre cube $3^{gr},50$ de vapeur d'eau hygrométrique, il se sera produit les résultats suivants, dans le calcul desquels il est inutile d'entrer pour éviter la répétition de détails plusieurs fois développés dans le cours de ce mémoire, résultats qui sont d'ailleurs d'une vérification facile :

Les kilo. 3 d'hydrogène libre auront généré kilo. 27 de vapeur d'eau et développé une chaleur nette de $87010^c,5$. A cet égard, il est observé que j'ai obtenu cette chaleur nette en déduisant de la chaleur totale produite par la combustion de l'hydrogène la chaleur latente de vaporisation de l'eau générée, calculée d'après le nombre de 606,5 donné par M. Regnault pour la chaleur latente de la vapeur à 0°, mais que d'après la loi découverte par le même auteur sur les variations avec la température de la chaleur latente de la vapeur d'eau, cette chaleur diminue avec l'accroissement de la température, c'est-à-dire, qu'une partie de cette chaleur devient sensible, d'où il suit que la chaleur nette utile produite dans le cas présent, sera plus considérable que celle indiquée et d'autant plus que la température sera plus élevée. Le résultat de l'hypothèse adoptée est donc moins favorable à la thèse discutée qui le fait lui-même. On ne pouvait guère procéder autrement qu'en fixant la température, puisque cette chaleur est variable avec elle. Mais il sera toujours facile pour un cas quelconque donné, de faire la correction nécessaire pour avoir le chiffre réel de chaleur nette, la loi de décroissance de la chaleur latente étant connue.

Cette même réaction ayant absorbé l'oxygène de $83^{mc},65179$ d'air, aura en outre accru le tronçon gazeux de kilo. 80,347828711086 d'azote de cet air et de kilo. 0,292781265 de sa vapeur d'eau.

Les k. 6,583497883 d'hydrogène protocarboné auront généré k. 14,81287023675 d'eau avec leur hydrogène et kilo. 18,10461917825 d'acide carbonique et développé dans cette double réaction $86000^c,232845629$. Cette combustion de l'hydrogène carboné ayant absorbé l'oxygène de $91^{mc},786898$ d'air, aura en outre accru le tronçon gazeux de kilo. 88,161627604452 d'azote de cet air et de kilo. 0,321254143 de sa vapeur d'eau. Enfin, les kilo. 210,979000512 d'oxyde de carbone auront généré kilo. 331,538429376 d'acide carbonique et développé une quantité de chaleur de $506982^c,538230336$. Ils auront absorbé l'oxygène de $420^{mc},208839$ d'air et par suite accru le tronçon gazeux de k. 403,6120185695526 d'azote de cet air et de kilo. 1,4707309365 de vapeur d'eau. La combustion des gaz combustibles perdus par le gueulard présente ce fait remarquable qu'elle aura exigé $71^{mc},953819$ d'air de plus que celui nécessaire à la marche du fourneau. Le fait de cet excès d'air est constant pour tous les hauts-fourneaux, mais il varie quelque peu dans son chiffre. Le tableau (88) fournit l'explication claire de cette particularité.

Les trois quantités de chaleur nette qui viennent d'être déterminées forment un total de $679993^c,271075965$ qui diffère de la puissance calorifique totale des gaz combustibles (74 *bis*), qui vient d'être rappelée de 16375 calories, qui sont précisément, ainsi qu'on peut le vérifier, l'expression de la correction calculée sur le chiffre de 606,5 qui a été opérée, et relative à la chaleur latente de vaporisation de l'eau générée par la combustion de l'hydrogène libre. A cet égard, il est maintenu l'observation faite sur la réductibilité de ce nombre de 16375 calories, suivant la température à laquelle cette vapeur sera expulsée dans l'atmosphère.

En conséquence de ce qui précède, le tronçon gazeux, en admettant la condensation préalable de la vapeur d'eau qui en faisait partie au sortir du gueulard, présentera après la combustion de ses gaz combustibles la composition suivante, savoir :

azote antérieur à la combustion . . . . kil.	503,00958752
acide carbonique antérieur à la combustion	155,744282856
vapeur d'eau générée par la combustion de l'hydrogène libre	27
azote de l'air de combustion de cet hydrogène	80,347828711086
vapeur d'eau dudit air	0,292781265
vapeur d'eau générée par la combustion de l'hydrogène protocarboné	14,81287023675
acide carbonique généré par la combustion de l'hydrogène protocarboné	18,10461917825
azote de l'air de combustion de cet hydrogène protocarboné	88,161627604452
vapeur d'eau dudit air	0,321254143
acide carbonique généré par la combustion de l'oxyde de carbone	331,538429376
azote de l'air de combustion de cet oxyde de carbone. .	403,6120185695526
vapeur d'eau dudit air.	1,4707309365
Total du poids du tronçon gazeux après la combustion de ses gaz combustibles. . . . . kil.	1624,4160303965906

Ou en simplifiant :

vapeur d'eau . . . . kil.	43,89763658125
acide carbonique.	505,38733141025
azote	1075,1310624050906
Total égal. . . . . kil.	1624,4160303965906

Les équivalents calorifiques de ces gaz étant les suivants :

pour la vapeur d'eau   43,89763658125 $\times 0,475 =$ 20,85137737609375
pour l'acide carbonique 505,38733141025 $\times 0,2164 =$ 109,3658185171781
pour l'azote   1075,1310624050906 $\times 0,244 =$ 262,3319792268421064
Total des équivalents calorifiques des gaz du

tronçon gazeux brûlé. . . . . — 392,5491751201139564

et la chaleur nette dégagée étant 679993°,271075965, la température commune de tous ces gaz après la combustion est donnée par la relation

$$\frac{679993,271075965}{392,5491751201139564} = 1732°,242.$$

Dans la chaleur totale du tronçon gazeux qui donne cette température après et par la combustion de ses gaz combustibles, l'azote et l'acide carbonique, qui en faisaient partie avant la combustion, figurent pour 270987 calories. Toutefois, dans cette chaleur sensible de ces gaz ainsi que dans celle des autres gaz, il n'y aura de chaleur perdue que celle qu'on ne parviendra pas à leur enlever avant leur expulsion dans l'atmosphère. Si l'on donnait avant cette expulsion, avec cette chaleur sensible qui leur resterait, une température quelconque à l'air qui opère la combustion, la température qui vient d'être calculée serait augmentée en conséquence. Ainsi, pour 300 degrés donnés à l'air, la chaleur de cet air serait augmentée de $595,647527 \times 1,29 \times 0,2377 \times 300 = 54793$ ^{c}, 5564439773 et la température des gaz brûlés deviendrait :

$$\frac{679993,271075965 + 54793,5564439773}{392,5491751201139564} = 1871^o, 833.$$

Je rentrerai, pour ce qui va suivre, dans l'hypothèse d'air froid pour la combustion ; mais on voit qu'avec de l'air chaud qu'il sera toujours important et facile d'obtenir, les résultats seront majorés d'autant. La température nouvelle, donnée à l'air permettra de calculer ces résultats sans difficulté.

Il a été établi (74 *bis* et 126) que la puissance calorifique des gaz combustibles, perdus par le gueulard, était dans le rapport à peu près constant de deux tiers avec la puissance calorifique totale de tout le combustible employé ; il est évident qu'un corollaire rigoureux de ce principe est la constance de la température trouvée produite par la combustion de ces gaz. On voit donc tout d'abord que la température que l'on peut obtenir par cette combustion est de beaucoup supérieure à celle nécessaire, dans tous les cas, au four à réverbère. Pour avoir la quantité de chaleur disponible que cette combustion laisserait pour le traitement de 100 kil. de fonte, au four à réverbère, pour les convertir en acier ou en fer, il faut d'abord connaître celle qu'exigeraient ces gaz brûlés, ramenés à la température de 1250 degrés du traitement. En désignant cette dernière par y, elle est donnée par l'égalité :

$y = 392,5491751201139564 \times 1250 = 490686$ ^{c}, 4689001424455, d'où l'on voit que la quantité x disponible pour le traitement sera $x = 679993$ ^{c}, $271075965 -$ 490686 ^{c}, $468900142 = 189306$ ^{c}, 802175823, c'est-à-dire, plus du triple de celle de 59647 ^{c}, 75 qui a été déterminée comme un maximum de consommation qui ne sera pas atteint, ainsi qu'il sera démontré (130), dans cette opération sur 100 kil. de fonte. On aura donc dans cette chaleur disponible une provision plus que suffisante, tant pour le traitement proprement dit de la production totale correspondante du fourneau, que pour donner par le four à réchauffer au fer et à l'acier bruts, sortis de cette première opération, le degré d'épuration nécessaire et la forme industrielle et commerciale requise. L'air chaud employé à cette combustion, d'après ce qui vient d'être dit, accroîtrait la force de cette conséquence.

Avant de passer aux moyens de recueillir cette chaleur pour l'isoler, en quelque sorte, la maîtriser et lui donner l'emploi convenable au but qu'on se propose, il me reste à établir, en attribuant au traitement complet des 100 kil. de fonte, les 189306 calories disponibles et abandonnées par le tronçon gazeux en descendant lui-même à 1250 degrés de température, que la chaleur sensible, c'est-à-dire, les 490,686 calories dont la masse gazeuse reste pourvue à cette dernière température, peut fournir toute la chaleur nécessaire au mouvement et à la marche des machines et appareils d'une semblable usine.

La démonstration est simple et facile.

Une machine de 7 à 8 chevaux suffit à la soufflerie du fourneau.

Si l'on suppose l'alimentation d'air des fours à réverbère par un courant d'air forcé, une machine de même force pourra remplir ce besoin; soit pour ces deux objets une dépense de 15 chevaux vapeur. Une machine de 20 chevaux fera le service des laminoirs et des marteaux; soit ensemble pour le tout, 35 chevaux vapeur. Il n'entre point dans le sujet de ce mémoire de rechercher les meilleurs systèmes qui conviendraient au cas présent; il suffit d'énoncer qu'il existe un grand nombre d'habiles constructeurs qui livreraient des machines à détente dont la consommation n'atteindrait pas 2 kil. de houille par cheval et par heure. Si l'on suppose une consommation de 2 kil., 35 chevaux vapeur en trois machines pour pouvoir, au besoin, modérer la marche de l'usine, et aussi pour ne pas dépendre des accidents d'un seul appareil, consommeraient dans ce cas une quantité de 70 kil. de houille par heure, soit à raison de 7,000 calories par kil. de houille, 490,000 calories par heure, soit pour 36 minutes une consommation de 296,000 calories, car il ne faut pas perdre de vue qu'il ne s'agit ici que de la production en chaleur d'une charge dont la durée du passage est de 36 minutes. On voit donc qu'il sera facile d'enlever par une disposition appropriée du générateur de vapeur, cette quantité de chaleur à la masse gazeuse pourvue d'une température de 1,250 degrés et de 490,686 calories. La chaleur qui resterait à la masse gazeuse après cette provision faite au générateur, serait : 490686 °, 4689 — 296000 = 194686 °, 4689, et sa température T serait devenue :

$$T = \frac{194686°, 4689}{392,5491} = 495°, 954.$$

On pourrait donc encore échauffer avec cette masse gazeuse avant de l'expulser dans l'atmosphère, l'eau du générateur de vapeur, l'air et les gaz utilisés dans ce procédé, ce qui faciliterait et accroîtrait d'autant les résultats obtenus; enfin, de donner à ce reste de chaleur telle destination qui conviendrait aux besoins de l'usine. Il faut de plus ajouter que les chiffres de dépense calculée ayant été exagérés à dessein, il y aura sur diverses consommations des économies qui accroîtront d'autant la chaleur disponible. Je vais, dans ce qui va suivre, indiquer le moyen qui me paraît certain pour utiliser dans la mesure la plus satisfaisante ces chaleurs et ces gaz perdus.

CXXVIII.

Cause qui a fait échouer l'application de ces gaz à la réduction de la fonte. Simple moyen de faire disparaître cette cause.

On ne saurait douter que les chaleurs perdues des flammes et des gaz des foyers métallurgiques n'aient de tout temps frappé l'attention des métallurgistes. Cependant, on ne cite avant le commencement de ce siècle aucune tentative suivie de résultat pour en tirer parti. La faible valeur du combustible à ces époques d'enfance de l'industrie, l'état peu avancé des sciences physique et chimiques expliquent suffisamment cette situation négative. C'est Berthie qui, le premier, signala en 1814 dans un mémoire publié la même année dan les *Annales des Mines*, l'usage auquel un maître de forges, M. Aubertot faisait servir alors les flammes perdues des hauts-fourneaux pour cuire de la chaux et des briques. Plus tard, plusieurs métallurgistes de divers pays, notamment MM. Thomas et Laurens en France, proposèrent divers emplois de ces chaleurs et aussi les appareils nécessaires à ces emplois. Mais ce ne fut qu'en 1837 que M. Faber-Dufour, maître de forges, en fit une application régulière à l'affinage de la fonte aux usines de Vasseralfingen, en Prusse. Cet exemple trouva d'enthousiastes imitateurs en France. Mais le procédé qui présentait de graves imperfections inaperçues d'abord, ne réalisa pas les espérances qu'il avait fait naître au début. Il ne reçut que peu ou point d'améliorations, sa pratique demeura languissante, et chaque jour il fut de plus en plus délaissé. Il paraît aujourd'hui universellement abandonné et l'utilisation des chaleurs et gaz perdus des foyers métallurgiques se trouve ramenée à son point de départ et réduite à l'emploi primitif du chauffage des chaudières à vapeur. Il était peu probable que le système nouveau dût échapper au sort commun de toutes les inventions, même les plus heureuses, c'est-à-dire aux fluctuations que devaient inévitablement créer dans la faveur publique les préjugés, la routine, l'ignorance, l'étrangeté d'un changement dans les habitudes, les fautes inséparables de l'inexpérience de tout début, et surtout, il faut le dire, les progrès et les perfectionnements, ouvrage du temps seul, que son adoption complète et définitive exigeait impérieusement. Cependant, dès 1840, l'Administration, frappée comme tout le monde de l'importance de la question, voulut la faire étudier; des fonds y furent affectés et Ebelmen fut chargé du travail. La mission ne pouvait être confiée à mains meilleures. En effet, reprenant une idée de Karsten, il proposa bientôt après et comme résultat de ses recherches, la généralisation du système de conversion préalable des combustibles en gaz pour les appliquer au traitement du fer. La proposition était radicale dans son sens absolu, mais pour se faire accepter elle se produisait sous une forme modeste et en quelque sorte modérée, bien que même dans ces termes elle présentât une importance immense. Il ne s'agissait que de convertir en gaz les déchets sans emploi des combustibles des usines et les combustibles rebutés par l'industrie pour leur inaptitude et leur défaut de qualité. Cependant, à ce simple point de vue, elle faisait entrer désormais dans l'approvisionnement de l'industrie métallurgique une masse de débris forestiers qui sont un embarras aujourd'hui, les tourbes, les lignites, les anthracites surtout, et multipliait aussi la puissance productrice par un facteur inconnu, mais assurément très-considérable. Le procédé et l'appareil qu'il décrit pages 463 et suivantes, vol. 2 de ses œuvres, furent installés aux usines d'Audincourt, dans le Doubs, d'une manière permanente et comme un mode déjà justifié par l'expérience. Mais ce procédé conservait les vices du mode d'emploi des gaz combustibles des hauts-fourneaux et pour cette raison ne devait pas obtenir de résultat. Aussi l'on ne persévéra pas dans ces essais qui furent abandonnés et qui ne laissèrent chez le personnel de ces usines que j'ai visitées depuis, que le souvenir d'une méthode sans avenir et sans utilité matérielle. Cependant, malgré le peu de faveur qui accueillit ce fait nouveau et l'insuccès dont il fut suivi, il n'en reste pas moins la source et le fondement des plus grands progrès dont l'industrie métallurgique puisse jamais espérer la réalisation. Il ne faut pour cela que de légères modifications dans son application, et l'on n'est pas médiocrement surpris en voyant la merveilleuse perspicacité d'Ebelmen rester en défaut devant une chose aussi simple. L'examen le plus superficiel ne laisse aucune incertitude à cet égard. En effet, il était évident qu'en liant la marche du four à réverbère à celle du haut-fourneau ou du générateur de gaz qui devaient l'alimenter, de manière à les faire dépendre 'une de l'autre, on compliquait sans compensation, sans avantage, et surtout sans nécessité de le faire, la marche du premier, de tous les incidents de la marche des autres et réciproquement. On sait que dans le cours du traitement au four à réverbère, la chaleur doit varier en plus ou en moins et par conséquent l'affluence du gaz qui doit s'y brûler, suivant le moment et l'état de l'opération. D'un autre côté, le fourneau et le générateur de gaz fourniront des gaz plus ou moins préparés, plus ou moins abondants suivant leurs phases, mais sans coïncidence avec les besoins du four à réverbère; en sorte que tantôt les foyers d'alimentation enverront plus de gaz que ne le demanderont les besoins du four à réverbère, tantôt n'en donneront qu'une quantité insuffisante. Dans le premier cas, il y aura perte de gaz, dans le second perte par la mauvaise allure du four qui en sera la conséquence. Il en résultera d'abord presque toujours des luttes et des désordres entre les ouvriers respectifs des divers foyers, et ensuite toujours une mauvaise allure où du côté de la source d'alimentation, ou du côté du foyer de consommation, et souvent des deux côtés à la fois. Cela est si vrai, que c'est avec les hauts-fourneaux au coke que le procédé s'est soutenu le plus longtemps, parce que la quantité de gaz qu'ils fournissent en plus grande abondance que les fourneaux au charbon de bois, permettait de soutenir l'allure du four à réverbère avec le moindre inconvénient possible, c'est-à-dire avec une perte de gaz seulement. La conséquence immédiate de ces considérations était l'indépendance complète et respective de la production et de la dépense de gaz, pourvu qu'en fin de compte elles se fissent équilibre l'une à l'autre. Cette division ne laissait de cette manière à chacune des deux parties du travail que le soin de pourvoir aux nécessités de sa fonction. Le moyen d'y parvenir était de recueillir dans un récipient les gaz produits, pour de là les dépenser dans la mesure exacte de l'intensité nécessaire du débit et avec la pression dont on aurait besoin.

CXXIX.

Examen des effets de l'emploi de ce moyen.

Ici l'on entre, sinon quelque peu dans l'inconnu, au moins dans une voie que l'expérience n'a pas encore éclairée. Mais des précédents d'une analogie frappante et des raisons d'une grande valeur peuvent y servir de guides. Il est évident que pour pouvoir faire passer les gaz soit du haut-fourneau, soit d'un générateur quelconque dans un récipient ou gazomètre, un appareil intermédiaire ou exhausteur qui aspire les gaz du foyer producteur pour les refouler dans le gazomètre est indispensable.

Une communication directe entre le haut-fourneau ou le générateur et le gazomètre aurait pour effet de faire réagir la pression du gazomètre dans le fourneau ou dans le générateur et d'en arrêter la marche. Cet intermédiaire ne saurait être qu'un ventilateur ou un système de pompes. Dans l'un ou l'autre cas, le mouvement pourrait être donné par une petite machine de quelques chevaux-vapeur de force, ou pris sur une des machines dont il a été question, et qui alors, devrait être augmentée en conséquence. L'établissement d'un générateur de gaz à dimensions proportionnées au besoin, et dont on reconnaîtra dans tous les cas et dans toutes les usines, la précieuse utilité compléterait le système et fournirait les gaz combustibles de supplément nécessaires.

Il ne serait guère possible, avant l'expérience, de se prononcer d'une manière définitive sur la préférence à donner au système de pompes ou au ventilateur pour faire fonction d'exhausteur, parce que ces deux moyens sont employés depuis longtemps et aux mêmes fins que pour le haut-fourneau, avec un succès complet et comme un progrès définitivement adopté et réalisé dans les fabriques de gaz d'éclairage, pour servir d'intermédiaire entre les cornues et le gazomètre, et qu'on leur trouve des avantages et des inconvénients respectifs, ce qui ferait penser que ces avantages et ces inconvénients se balancent à peu près. Mais j'avoue qu'un système de trois corps de pompes ou même de quatre corps de pompes à courses alternantes des pistons, pour ne point avoir d'intermittence dans le mouvement de la colonne gazeuse, me paraît présenter les meilleures conditions pour fouler les gaz dans le gazomètre à la pression dont on aurait besoin. On profiterait de ce moyen mieux que par un ventilateur, pour bien nettoyer les gaz de leurs poussières et d'une partie de leur acide carbonique par l'emploi de deux barillets placés l'un entre les pompes et le fourneau, et l'autre entre les pompes et le gazomètre. On pourrait dans certains cas se servir de l'épurateur à la chaux, usité dans les usines à gaz, lorsque son emploi pourrait se concilier avec les économies de la fabrication, et que le prix de vente serait la compensation du prix de revient et de la qualité supérieure du produit qu'on obtiendrait, car les gaz sulfureux disparaîtraient par le même moyen. On atteindrait d'un seul coup une plus grande richesse relative et la pureté complète des gaz. Cette dernière circonstance a une grande valeur pour les usines, telles par exemple, celles de l'Etat, où l'on se préoccupe avant tout de la perfection du produit.

L'établissement de ces appareils ne présente rien de particulier et l'on n'aurait que l'embarras du choix parmi les habiles mécaniciens et constructeurs qui se chargeraient de les livrer et d'en garantir le bon fonctionnement. Il n'y a d'intéressant à examiner sur ce point que l'effet du tirage sur la marche du fourneau. D'abord, en ce qui concerne l'économie générale du système, je n'hésite pas à condamner d'une manière absolue, comme pratique vicieuse, injustifiable à quelque point de vue que ce soit, toute prise de gaz ailleurs qu'au sommet du fourneau, c'est-à-dire au gueulard et de manière seulement à ne pas gêner le chargement. En ce qui touche le gueulard, son service se résume en deux mots : 1° fermeture hydraulique ; 2° introduction de la charge le plus rapidement possible, de manière à ne point avoir d'intermittence dans l'écoulement du courant gazeux. Enfin, quant au tirage, il ne présente absolument aucune espèce d'inconvénient : 1° parce qu'on sera entièrement maître de le régler à la vitesse ordinaire de l'écoulement même des gaz du fourneau ; 2° parce qu'un petit excès de vitesse ne pourra, sous tous les rapports, exercer qu'une influence favorable sur la marche du fourneau, en diminuant la pression intérieure et favorisant à la fois l'introduction de l'air à la tuyère et le passage de la colonne gazeuse à travers les charges. Cette diminution de pression intérieure produira sur la chemise du fourneau le même effet que sur les cornues à gaz, en déterminant la prépondérance de la pression atmosphérique extérieure sur l'action expansive des gaz et de la chaleur de l'intérieur, et faisant ainsi obstacle plus efficacement que le cerclage à l'ouverture de légardes qui mettraient l'appareil hors de service.

Tous ces détails suivis de près dans leur établissement constitueront un fourneau dans les meilleures conditions qu'on puisse se promettre sous ce rapport.

CXXX.

Etablissement des appareils nécessaires au nouveau procédé, Evaluation des frais de leur établissement.

Pour avoir un aperçu des dépenses approximatives qu'entraîneraient ces changements pour transformer un fourneau dans le présent système, il serait nécessaire de fixer les dimensions que l'on voudrait donner au gazomètre. Le tableau (88) fournit à cet égard les données nécessaires. Le tronçon gazeux généré dans l'espace de 36 minutes, et par le passage d'une charge (colonnes Q et U), pèse kil. 955,423 . . . . : ci kil.   955,423
d'où déduisant la vapeur d'eau qui sera condensée   76,107

Reste net . . . . kil.   879,316

et est composé de la manière suivante :
hydrogène . . . . kil.   3
hydrogène carboné . . . . . , ...   6,583
azote   503,009
oxyde de carbone   210,979
acide carbonique . . . , ...   155,744

Total égal . . . . kil.   879,316

Si l'on admet, comme pour les gaz du gazomètre de la carbonisation que la pression de deux à quatre centimètres de mercure dont on aura besoin dans le gazomètre, accroisse la densité moyenne des gaz jusqu'à celle de l'air, l'espace nécessaire pour renfermer le tronçon gazeux tout entier, kil. 1,30 étant le poids d'un mètre cube d'air, sera donné par l'égalité $\frac{879,316}{1,30} = 676^{mc},396$.

Si maintenant on combine la nécessité de l'économie avec celle d'avoir un réservoir d'une certaine capacité, soit pour emmagasiner les gaz dans un moment d'arrêt accidentel des fours à réverbère, soit pour avoir une provision lorsque ce sera le fourneau qui subira l'arrêt accidentel, en tenant compte de ce fait, que dans le cas d'arrêt des fours, la consommation de la machine soufflante ralentirait le remplissage du gazomètre et dans le cas d'arrêt du fourneau, la suspension de la soufflure en ralentirait la vuidange, on reconnaîtra qu'une capacité de trois mille mètres cubes du gazomètre satisferait pleinement à toutes les exigences de la question. Cette capacité, pour se remplir, ou pour se vuider, correspondrait, d'après le volume du tronçon gazeux, à peu près à une durée de trois heures, en supposant nulle pour le cas de remplissage, la consommation pendant le même espace de temps, et en supposant entière pour le cas de vuidange la consommation pendant le même temps. Mais comme dans l'un ou l'autre de ces deux cas, la consommation ne pourra jamais être ni nulle, ni entière, on peut calculer approximativement que le coefficient négatif d'emplissage ou de vuidange du gazomètre fera gagner au moins une heure, ce qui porte à quatre heures le délai d'emplissage ou de vuidange. On peut admettre un pareil temps d'arrêt comme un maximum qui ne se présentera presque jamais.

Il a été raisonné sur une production journalière du fourneau de 4000 kil. de fonte (57), le travail du four à réverbère devra donc être en rapport avec ce chiffre. Or, si l'on admettait le passage d'une charge de 200 kil. au four à réverbère en deux heures, soit 2400 pour vingt-quatre heures, un four serait insuffisant, deux dépasseraient le besoin. Mais la consommation du four à réverbère dépassera 2400 kil. par vingt-quatre heures, parce que la température nécessaire au travail sera plus régulière et obtenue presque instantanément ainsi qu'on le verra plus loin, et que par cette raison la charge passera beaucoup plus rapidement. On peut largement admettre une économie d'un quart du temps, et par suite une fabrication d'au moins 3000 kil. par vingt-quatre heures. Cette circonstance fournira le moyen avec deux fours, d'opérer les réparations sans interruption de travail et de faire servir l'un d'eux au réchauffage. Néanmoins il sera convenable d'avoir quatre fours conjugués deux à deux pour se suppléer les uns aux autres et n'être surpris par aucun imprévu.

De ce qui vient d'être dit, on peut déduire comme remarque incidente, la preuve de la proposition avancée (107) savoir, que le rayonnement réel sera inférieur au chiffre trouvé. La disposition en fours conjugués économisera une face de rayonnement, soit $\frac{1}{6}$ ce qui réduirait les 61139°,09 absorbées par le rayonnement à 61139°,09 — 10189°,84 = 50949°,25.

L'économie d'un quart du temps fera gagner un quart sur le surplus de la perte due au rayonnement, ce qui réduira cette perte à

$$50949°,85 - \frac{1}{4} \times 50949,85 = 38212°,3875,$$

soit sur le chiffre primitivement trouvé, une économie de 22926°,7025 qui augmentera d'autant la quantité de chaleur disponible pour l'effet utile. De cette circonstance, il résulte la preuve annoncée (127) que la consommation de 59647 calories déterminée pour le traitement d'une charge (ibid.) ne sera pas atteint. Les éléments du calcul de cette consommation démontrent évidemment que d'autres causes viendront encore la diminuer.

Les dépenses relatives à ces diverses augmentations dans une usine déjà composée d'un haut-fourneau, peuvent être évaluées à peu près comme suit :

Chevaux-vapeur supplémentaires, y compris trois chevaux-vapeur pour la soufflerie du générateur à gaz, trente chevaux à fr. 1,000, l'un tout établi 30,000

Quatre fours à réverbère à fr. 3,000 l'un 12,000

Un générateur à gaz, fr. 2,000. 2,000

Laminoirs. 10,000

Marteau à dégrossir et petit marteau à étampe. 4,000

Gazomètre d'une contenance de 3,000 mètres cubes 45,000

Exhausteur à quatre corps de pompes. 12,000

Forge maréchale pour réparer les outils 2,000

Tuyauterie et imprévu. 5,000

Total. . . . . fr. 122,000

Ces chiffres ne sont, il est vrai, que des moyennes et varieront dans des limites assez étendues pour chaque cas particulier ; mais il ne faut pas perdre de vue qu'ils n'atteignent pas, à beaucoup près, le total d'une usine spéciale montée exprès pour la même fabrication, sans le concours d'un haut-fourneau et que les frais généraux présenteraient une différence plus grande encore.

J'ai porté dans ces dépenses celle d'un générateur à gaz et d'un exhausteur, bien que je n'aie parlé que de leur but sans détail sur leurs dispositions ; mais comme ils ne diffèrent en rien de ceux nécessaires dans la carbonisation, ce que j'en ai dit (37) me dispense d'entrer dans de nouveaux développements.

Il importe d'ajouter, en ce qui concerne le gazogène, que dans les localités où l'on pourrait obtenir l'anthracite à bon marché, cet appareil placerait une usine dans les conditions les plus avantageuses sous le rapport du combustible.

CXXXI.

Four à réverbère au gaz. Ses dispositions.

Le four à réverbère au gaz, malgré des tentatives assez nombreuses pour l'introduire dans la métallurgie du fer, ne saurait être encore considéré comme étant sorti de la période d'expérimentation. Mais il est facile de reconnaître, par ce qui précède, que plusieurs des défauts qui se sont manifestés dans son emploi, n'ont été que le résultat de la cause signalée (128) et qui a fait obstacle à l'adoption définitive du procédé. Le moyen proposé fait disparaître cette cause et les détails qui suivent concernent les dispositions nouvelles à introduire dans le four à réverbère, en suite de l'application de ce moyen.

On voit qu'au foyer à grille où la houille se brûle et qui est la source, véritablement impossible dans ce cas à régler et à maîtriser, des gaz qui doivent opérer le traitement dans le laboratoire du four, se trouvera substitué un système de buses dont les unes fourniront les gaz et les autres l'air destiné à les brûler. Jusqu'à ce qu'une pratique assez longue ait révélé nettement les avantages et les inconvénients des diverses dispositions qui peuvent être adoptées pour ces buses, les opinions seront partagées et flotteront d'un mode à l'autre avec des arguments assez contrebalancés entre eux, comme il arrive toujours sur les questions non fixées. Dans l'état des choses, voici celle que je proposerais :

Elle consisterait dans trois rangs horizontaux et superposés de buses applaties dans le sens de l'horizontalité et ayant un centimètre d'ouverture verticale, disposées dans l'autel et dont elles occuperaient toute la longueur. Le rang du milieu amènerait les gaz, les deux autres amèneraient l'air. Ces deux derniers auraient une direction croisée de manière à opérer le complet mélange de l'air avec le gaz, dont la direction serait horizontale. L'autel serait séparé du four proprement dit, par un rampant de longueur suffisante pour donner au gaz le temps de se brûler. Une longueur de 30 centimètres, combinée avec l'inclinaison et la rapidité du vent, paraît la plus convenable; mais ce point, comme certaines autres parties, a besoin d'être confirmé ou modifié par l'expérience.

L'arrivée du gaz et de l'air serait modérée au gré de l'opérateur par des robinets. Les rangs des buses à air auraient chacun le leur, indépendant l'un de l'autre, pour permettre au puddleur de faire varier le débit d'air et de rendre à son gré le courant oxydant ou réducteur, suivant qu'il fabriquerait du fer ou de l'acier. Quant au surplus des autres détails, l'air serait chauffé à la plus haute température possible par le courant gazeux brûlé, dans des tubes établis immédiatement après le générateur de vapeur. Ce dernier serait placé lui-même à la suite et non au-dessus du four. La disposition d'une chaudière au-dessus du four est toujours mauvaise. La chaudière nuit assez à la température du four pour en troubler constamment la marche et celle du four détériore très-rapidement la chaudière. La chaudière horizontale sera préférée à la chaudière verticale, parce que celle-ci, outre les inconvénients qui lui sont propres, présente dans le cas actuel celui de ne pas se prêter à l'échauffement de l'air et des gaz et aux autres moyens d'enlever aux gaz brûlés qui la chauffent la chaleur sensible qui leur reste avant leur expulsion dans l'atmosphère. L'échauffement des gaz combustibles exigerait une certaine prudence, parce qu'il pourrait arriver qu'ils fussent accidentement mélangés d'un peu d'air et dans ce cas des explosions seraient à craindre. On ne devrait donc pas dépasser une certaine température dans leur échauffement. Trois cents degrés serait une limite de précaution dont il faudrait peu s'écarter. Le mieux serait de renoncer à ce dangereux avantage, en considérant que dans une usine à fer on a toujours un grand nombre de moyens d'utiliser les chaleurs perdues, tels entr'autres que l'échauffement de l'eau d'alimentation des générateurs de vapeur, la dessication et la déshydratation des charges. La température inférieure limite que l'on doit laisser aux gaz brûlés avant leur sortie dans l'atmosphère, pourra être de cent et quelques degrés en raison de la grande quantité de vapeur d'eau qu'ils contiennent et dont la condensation serait un embarras. Cependant dans plusieurs cas particuliers il sera possible de faire descendre cette température limite au-dessous de 100 degrés et de recueillir ainsi la chaleur de condensation. Le tirage n'étant plus nécessaire, il suffira de donner à la cheminée une hauteur telle que les gaz ne puissent incommoder les ouvriers. Les proportions d'un four semblable peuvent être celles d'un four ordinaire, mais il y aura grand avantage à les diminuer. La chaleur s'y concentrerait mieux et l'on y trouverait à la fois économie de matières dans sa construction et de chaleur dans sa marche. Pour les mêmes raisons, on pourra surbaisser la voûte plus que dans le four ordinaire parce qu'on n'a pas à craindre l'action oxydante du courant gazeux, qui ne sera que ce que l'ouvrier s'il est expérimenté jugera à propos qu'il soit. Quant aux matériaux de construction du four lui-même, comme au contraire de ce qui a lieu dans les fours ordinaires à la houille, la chaleur tendra toujours à dépasser le degré nécessaire, les parois intérieures devront toujours être faites en briques réfractaires de première qualité et en outre protégées par les dispositions du four à eau. Cependant des expériences complétement satisfaisantes, faites depuis le commencement de ce travail, ont établi que les parois des fours à réverbère se conservaient beaucoup mieux par suite de l'absence de poussières fusibles dans le traitement au gaz que dans celui à la houille. En ce qui concerne la tuyère, il résulte des mêmes expériences qu'une tuyère en fonte, disposée comme il vient d'être dit, ne laisse rien à désirer pour la solidité et la commodité du service, et de plus qu'elle est inusable.

CXXXII.

Avantages du procédé.

Il est évident que ce procédé fournirait le moyen d'atteindre le plus grand degré d'approximation qu'on put se promettre, du traitement normal absolu (118). Il présenterait, en outre, comme le procédé ordinaire, l'avantage de permettre de tirer parti des gaz brûlés. En conséquence et en le considérant comme le type du traitement normal absolu, si on le compare avec la méthode ordinaire dans les conditions posées (99), on voit :

Qu'il rendra en fer 6,79 pour cent de plus que le procédé ordinaire (99 et 118) pour la même quantité de fonte ;

Qu'il aura consommé comme maximum et sous les réserves dont ce chiffre est accompagné 353666 calories (118) représentant kil. 50,53 de houille ; tandis que le procédé ordinaire aura consommé 200 kil. de houille représentant 1400000 calories (99) ; soit une consommation quatre fois plus forte par le second que par le premier.

Mais il faut observer que dans le procédé au gaz on n'aura plus de gaz combustibles résultant du traitement, mais seulement des gaz brûlés dont la température serait 1250 degrés et la chaleur

$$361008^c - 153954 = 207054 \text{ calories}$$

En négligeant pour les causes dites, les deux corrections signalées (118). Cette chaleur représente kil 29,579 de houille correspondant à une force de vapeur de 6 à 12 chevaux, suivant la perfection des chaudières employées et pour une heure et demie, c'est-à-dire à une force de beaucoup supérieure à celle nécessaire aux engins destinés à donner les façons au fer produit. Dans le procédé ordinaire au contraire, bien qu'on ne tire pas des gaz un parti plus avantageux que celui que je viens d'indiquer, on n'en a pas moins une masse gazeuse (115) qui possédera une quantité de chaleur sensible (ib.) donnée par $484430^c - 135503$

= 348927 calories, représentant kil. 49,84 de houille, plus une quantité de gaz combustibles possédant une puissance effective de 1008904 calories représentant kil. 144,12 de houille. Le procédé au gaz possède d'autres avantages non moins importants que celui de coûter quatre fois moins de combustible que le procédé à la houille.

1° Il est plus rapide.

2° Il est plus facile à pratiquer, car il ne dépend plus ni de la nature du combustible, ni de l'habileté du chauffeur dont en outre il évite la main-d'œuvre.

3° Il donnera constamment des produits supérieurs à ceux obtenus par la méthode ordinaire, car on pourra toujours atteindre instantanément à volonté et pendant tout le temps nécessaire, la température et le degré oxydant ou réductif du courant gazeux dont on aura besoin et de plus on pourra désulfurer les gaz, ce que l'emploi de la houille en nature ne permet pas de faire.

Enfin on pourra toujours utiliser et comme combustibles de première qualité, les plus mauvais combustibles restant aujourd'hui sans emploi et réaliser par conséquent de nouvelles économies sous ce rapport.

Ces avantages seront acquis, toutes autres conditions étant égales à une usine au gaz sur une usine marchant à la houille et sans l'accessoire d'un haut-fourneau ; mais dans le cas où l'on aurait à dénaturer sur place les produits d'un haut-fourneau, les résultats en faveur du traitement au gaz seraient plus grands et plus décisifs puisqu'il a été également démontré (126 et 127) que les gaz perdus du haut-fourneau pouvaient suffire à tous les besoins du traitement des fontes qu'il produirait. Il n'est point chimérique de croire que la pratique, le temps et l'expérience viendront grouper un grand nombre de faits nouveaux autour de ceux produits en ce mémoire et féconder de plus en plus par des applications plus étendues et plus générales, les principes qui y sont établis.

CXXXIII.

Réponse aux trois questions posées (LIII).

En conséquence de ce qui précède, la réponse aux trois questions posées (53), peut se formuler comme suit :

1re Question. — Dans tout haut-fourneau, la perte moyenne en gaz combustibles, non comprise la chaleur sensible de toute la masse gazeuse, est de 66 pour cent de tout le combustible consommé (74 bis et 126). Cette perte, dans le cas où l'on n'utiliserait pas la puissance calorifique des gaz combustibles perdus par le gueulard, diminuerait, toutes autres choses étant égales, de kil. 0,5239 de charbon par kil. de moins en laitier produit ; mais dans le cas où l'on utiliserait cette puissance calorifique des gaz combustibles, elle ne diminuerait que de kil. 0,16036 de charbon pour la même diminution de production de laitier (95). Mais le rapport de la perte à la puissance calorifique totale du combustible n'en serait pas changé.

2e Question. — Dans un four à réverbère à la houille consommant 1 de houille pour 1 de fer obtenu non compris le combustible d'échauffement, la perte est de 90 pour cent du combustible dépensé au traitement.

3e Question. — Le moyen d'utiliser le plus complétement possible le combustible perdu tant au haut-fourneau qu'au four à réverbère est la substitution du four à réverbère au gaz, au four à réverbère ordinaire avec l'emploi combiné de l'exhausteur et du gazomètre.

CXXXIV.

Réunion du système de carbonisation au gaz, au système d'emploi du combustible.

Si l'on joignait à ces améliorations si désirables, l'adoption du mode de carbonisation au gaz décrit en ce mémoire et du gazogène, on obtiendrait, à quelques perfectionnements de détails près que l'expérience révélera, le dernier degré d'économie de combustible auquel on pût prétendre dans la fabrication du fer au charbon de bois.

CXXXV.

Comparaison des deux systèmes de métallurgie du fer avec leurs procédés respectifs de carbonisation.

Pour apprécier, sous le rapport seulement de la consommation de combustible, les différences que présentent entre eux les deux systèmes de métallurgie du fer qui viennent d'être examinés, il suffit de rapprocher leurs conditions et leurs résultats.

Or, dans le premier, la carbonisation en forêt, sur les 40 de carbone contenus dans 100 de bois, donne 15 dont 3 tombent en déchet par les manipulations, soient $\frac{12}{40}$ effectifs ou $\frac{3}{10}$ de la quantité totale. Encore faut-il ajouter qu'un tiers de ces $\frac{3}{10}$ se compose de menus qui sont précisément fournis par le plus gros et le meilleur bois. On a vu que la perte sur le combustible employé dans le haut-fourneau est des deux tiers de ce combustible; reste donc $\frac{1}{3}$ des $\frac{3}{10}$ obtenus, soit $\frac{1}{10}$ du charbon employé utilement sur la totalité contenue dans le bois; soit 90 p. 100 de perte. En sorte que les kil. 150 de charbon qui ont produit kil. 100 de fonte, étant les $\frac{3}{10}$ de la quantité totale du carbone du bois qui a fourni ces $\frac{3}{10}$ les autres $\frac{7}{10}$ péseront kil. 350 et la production de 100 kil. de fonte aura en réalité absorbé 500 kil. de carbone ou leur équivalent.

Pour convertir cette fonte en fer ou en acier au four à réverbère ordinaire, puisqu'il a été admis (99) un déchet de 10 p. 100 dans ce traitement et une consommation de houille de 1 pour 1 de fer obtenu, non compris le combustible

22

d'échauffement, lequel pour plus de simplicité j'admettrai le même dans les deux systèmes, malgré l'observation (118) sur la différence de temps mis à échauffer entre l'un et l'autre, on remarquera que 100 kil. de fonte ayant absorbé pour leur production 500 kil de carbone, 110 kil. en absorberont 550 correspondant à 1375 kil. de bois et que leur réduction en 100 kil. de fer ou d'ac er exigera une consommation de 100 kil. de houille (99). Ces 100 kil. de houille représentent $100 \times 7000 = 70000000$ calories et kil. 86,641 de carbone.

En conséquence, 100 kil. de fer ou d'acier obtenus au four à réverbère par le traitement de 110 kil. de fonte au charbon de bois (57), auront absorbé l'équivalent d'une quantité de kil. 636,641 de carbone. Mais en se reportant à la composition du bois (7), on y voit figurer dans 100 parties 0,7767 d'hydrogène libre qui ont disparu dans cette consommation de bois et qui ont néanmoins un rôle assez important à jouer dans la combustion. Par conséquent, le chiffre trouvé de l'équivalent de kil. 636,641 de carbone absorbé dans la production de 100 kil. de fer n'est qu'un minimum et doit subir une correction relative à l'hydrogène libre faisant partie de 1375 kil. de bois consommé. La quantité de cet hydrogène libre est $0,7767 \times 13,75 =$ kil. 10,679625, qui donneront lieu en brûlant à $10,679625 \times 9 =$ kil. 96,116625 d'eau et au dégagement de :

$$10,679625 \times 34462 = 368041^{\circ},236750.$$

Il y aura à retrancher de cette chaleur la chaleur latente de vaporisation de l'eau produite. Cette chaleur latente est $96,116625 \times 606,5 = 58294^{\circ},7330625$.

En conséquence, la chaleur nette produite par la combustion de tout l'hydrogène libre du bois est :

$$368041^{\circ},236750 - 58294,7330625 = 309746^{\circ},5036875,$$

qui correspondent à kil. 38,347 de carbone. En ajoutant ce carbone aux kil. 636,641 déjà trouvés, on a une quantité de carbone $636,641 + 38,347 =$ kil. 674,988, qui représentent la quantité totale de carbone dont la fabrication de 100 kil. de fer ou d'acier, au moyen de fonte au bois dans les conditions posées (57), et en y comprenant le carbone brûlé à la production de cette fonte, auront absorbé l'équivalent.

Je me suis servi à dessein du mot *équivalent* pour désigner la quantité de carbone absorbée par la fabrication de 100 kil. de fer ou d'acier, parce que la moyenne maximum en carbone que l'on puisse obtenir par la carbonisation, ne dépasse guère 25 p. 100 et que le reste, qui dans ce dernier cas, est de 15 p. 100, se trouve combiné dans les produits accessoires. Mais les combinaisons dans lesquelles peut être engagée cette portion de carbone non recueillie en nature, impo tent peu lorsqu'on perd ces produits. Elles n'importent pas davantage, lorsque ces produits sont recueillis et qu'ils ont une valeur qui dépasse de beaucoup comme ici, la valeur de tout le charbon obtenu.

Ce carbone correspond à kil. 779,129 de charbon dont le prix se compose comme suit :

Les 150 kil. de charbon de bois qui ont servi à fabriquer la fonte ont coûté (17), y compris tous les autres produits perdus, $\dfrac{39,68 \times 150}{450} =$ fi. 13,225; les k. 100 de houille, à raison de fr. 2,50 l'hectolitre de 80 kil. ont coûté fr. 3,125, soit en total fr. 16,35 pour la dépense en combustible de la fabrication de 100 kil. de fer ou d'acier, y compris celle de la fonte.

Dans le second système, on obtient par la carbonisation en vase clos, 25 de carbone sur les 40 contenus dans le bois, soient $\dfrac{25}{40}$ ou $\dfrac{5}{8}$ de la quantité totale, plus tous les produits accessoires dont la valeur couvre non-seulement tous les frais de carbonisation et de rectification des produits, mais encore au-delà de la valeur du charbon lui-même (46 et 51). Il est de plus observé que ce charbon est constamment de première qualité, sans menus ni déchets.

Pour convertir la fonte en fer ou en acier, il a été démontré (127) que les gaz combustibles perdus du haut-fourneau suffiraient à tous les besoins de cette seconde phase de la fabrication. On voit donc que la dépense dans cette seconde partie se réduira à un faible et inévitable déchet de fonte et aux frais généraux et de main-d'œuvre.

De cette manière, la transformation du minérai de fer en fonte et de la fonte en fer ou en acier n'aura consommé que 150 kil. de charbon correspondant ici à 600 kil. de bois seulement, dont la valeur est couverte au-delà par celle des produits accessoires de la carbonisation ce qui réduit la dépense dans la fabrication du fer et de l'acier au prix du minérai, aux frais généraux et aux frais de main-d'œuvre que je suppose les mêmes dans les deux systèmes, et que pour cette raison, je n'ai pas dû mentionner dans cette comparaison.

CXXXVI.

Exemple d'application du système nouveau. Évaluation du prix de revient d'une tonne de fonte et d'une tonne de rails d'acier.

Pour fixer en terminant, les idées par un exemple, si l'on admet pour un haut-fourneau marchant avec du charbon de bois gratuitement obtenu, fabriquant 4000 kil. de fonte par jour, dans les conditions moyennes de celui de Corbelin, de ceux du centre de la France et de la Franche-Comté, les données suivantes du prix de revient de 1000 kil. de fonte, savoir :

Mine . . . . fr.	40
Castine.	1,50
Main-d'œuvre.	7
Loyer d'usine.	5
Intérêt d'argent.	3
Autres frais généraux	3

Le prix de revient total de la tonne de fonte sera, fr. 59,50

Si maintenant on traite cette fonte au four à réverbère au gaz chauffé avec les gaz du haut-fourneau, pour fabriquer des rails d'acier, en admettant un déchet de 10 p. 100 sur la fonte, le prix moyen de la tonne de rails fabriqués pourra s'établir de la manière suivante :

Fonte, kil. 1100 à fr. 59,50 les 1000 kil. . . . . fr.   65,95
Minérai   2
Main-d'œuvre . . . . :   20
Fournitures diverses   1
Frais généraux   10

Total du prix de revient de la tonne de rails d'acier, fr.   98,95

CXXXVII.

Conclusion.

Les procédés qui viennent d'être exposés rencontreront dans leur adoption, il n'en faut pas douter, les obstacles inhérents à toute chose nouvelle. Cependant ils ne blessent, ni même ne déplacent aucun intérêt; ils donnent, sans souffrance pour personne, satisfaction à des besoins considérables, permanents et chaque jour croissant, en mettant simplement à profit des matières perdues d'une grande valeur et majorant ainsi d'autant les fortunes privées, la puissance productrice et la richesse publique. Il serait facile de mettre en relief quelques-uns des grands résultats qui pourront en être la conséquence presque immédiate. Il y a donc lieu de penser que le concours de toutes ces circonstances facilitera l'introduction de ce système dans l'industrie et son établissement définitif.

Les recherches qui m'ont conduit aux conclusions présentées dans ce mémoire, ont eu surtout leur mobile dans la conviction déjà ancienne où je suis de l'épuisement certain et plus prochain qu'on ne pense communément de la richesse houillère. L'accroissement rapide et la permanence des besoins ne sont point de nature à affaiblir cette conviction. Aussi les économies de combustible, dont j'ai démontré la possibilité et l'opportunité si manifeste, ne m'apparaissent pas, malgré leur importance, comme le seul objectif des questions traitées. On a pu reconnaître que le retour au combustible végétal doit, par la seule importance des améliorations réalisables proposées qui s'y rapportent, occuper une grande place dans les considérations qui naissent de l'examen du sujet. L'éventualité menaçante que je signale ici met dans une grande évidence l'intérêt capital de ce point. Ce retour serait au moins un puissant remède aux périls de la situation. Car dans ce cas, il dépendra toujours du législateur non-seulement de conserver, mais encore de revivifier et d'accroître dans la mesure du besoin la source de l'approvisionnement de ces matières de nécessité première et de préserver ainsi la société de la décadence qui serait la conséquence inévitable d'un aussi redoutable malheur que le manque de combustible.

Dans ce cours d'idées, je me suis trouvé conduit à examiner quelques autres applications de la chaleur, notamment en ce qui concerne les voies ferrées. A cet égard, une étude plus approfondie de ce cas particulier, m'a fait reconnaître, j'avoue avec une certaine surprise, que la substitution du combustible végétal au combustible minéral, dans le chauffage des locomotives, qui semble au premier aspect, hérissé d'obstacles infranchissables, se trouve subordonné à un seul point d'une réalisation en apparence facile, mais qui exige la sanction de l'expérience.

Dans ce cas, non-seulement les voies ferrées seraient affranchies de l'usage de la houille et de ses nombreux inconvénients, mais encore obtiendraient à la fois dans le service de la traction une économie considérable et une grande simplification.

Enfin, il n'a pas été question dans les différents moyens d'économie proposés, de l'avantage considérable et évident sous ce rapport qu'on obtiendrait de l'emploi d'oxygène pur au lieu d'air comme gaz comburant, parce qu'il y aurait avant-tout, à résoudre la question d'obtenir cet oxygène pur à un prix de revient rémunérateur. Mais si quelque jour cette première difficulté qui, toute grave qu'elle soit, ne paraît pas insurmontable, pouvait être vaincue, il est facile de prévoir que toutes les conditions de la fabrication seraient profondément modifiées, sans qu'on puisse à l'avance fixer les limites de ces modifications. Il était donc hors de propos de l'indiquer comme une ressource actuelle à la portée de l'industrie.

RESUMÉ

___

CXXXVIII.

Résumé de la première partie.

Je suivrai dans ce résumé l'ordre adopté dans les matières et les divers points y seront indiqués par leurs numéros correspondants dans le mémoire; en sorte que par cet extrait. on aura la reproduction fidèle de la substance du mémoire, moins les discussions et les calculs auxquels on pourra d'ailleurs se reporter suivant le besoin (1). La table des matières rendra toutes les recherches faciles.

PREMIÈRE PARTIE.

Le carbone et l'hydrogène sont les deux seuls corps dont l'homme utilise en grand les propriétés pour se procurer la chaleur nécessaire à la satisfaction de ses besoins. Mais leur emploi n'a point suivi le progrès général des sciences et de l'industrie. Par les procédés en usage, l'hydrogène, malgré sa grande puissance calorifique qui dépasse quatre fois celle du carbone, est plutôt gênant et nuisible qu'utile, et dans la plupart des cas, l'unique but qu'on se propose est de s'en débarrasser avec le moins d'inconvénients et de frais possibles. C'est le carbone qui est presque seul en possession de fournir à l'industrie la chaleur dont elle a besoin et dans son emploi, l'on atteint tout au plus que le dixième de son effet utile. Son usage dans la métallurgie du fer, lorsqu'on le tire du règne végétal, nécessite une certaine appropriation, c'est la carbonisation. Conformément au titre de ce mémoire, il ne sera question que de la carbonisation du bois.

Tous les modes connus de carbonisation peuvent se rapporter à deux :

Celui de la carbonisation à l'air libre, et celui de la carbonisation en vase clos.

Dans le premier, qui est le plus ancien, la carbonisation s'opère au moyen de la chaleur développée par la combustion d'une partie du bois à carboniser. Il fournit aujourd'hui exclusivement tout le charbon employé dans la métallurgie et la plus grande partie de celui nécessaire à la consommation privée. Dans le second, la carbonisation s'opère au moyen d'un combustible étranger dont la chaleur se transmet à travers une enveloppe métallique sans communication de l'intérieur avec l'extérieur, et qui contient le bois à carboniser. Il ne donne que des charbons tendres et friables, impropres aux usages de la métallurgie, mais très-convenable pour la consommation privée, et permet en outre, de recueillir les produits utiles accessoires de la distillation (2).

La carbonisation à l'air libre s'opère en forêt, suivant certains errements invariables que l'expérience a fixés et sur lesquels il est hors de propos de revenir (3).

On peut admettre, d'après de nombreuses expériences dont quelques-unes sont rapportées dans ce mémoire : 1° que le bois dans l'état moyen de siccité où il est carbonisé habituellement, contient 40 p. 100 de son poids en carbone, 25 d'eau hygrométrique et le reste en oxygène et en hydrogène engagés dans des combinaisons, mais dans les proportions convenables pour faire de l'eau, plus un excès d'hydrogène de 7 à 8 millièmes du poids du bois; 2° que la quantité moyenne de charbon obtenu en forêt, forme 15 p. 100 du poids du bois, et par conséquent les $\frac{15}{40}$ du poids du charbon qu'il contient.

Les causes de ce faible rendement sont au nombre de quatre, savoir :

1° Consommation due au calorique nécessaire pour fournir aux matières volatiles du bois leur calorique latent ou de vaporisation;

2° Consommation due au calorique nécessaire pour fournir leur chaleur sensible ou de température aux gaz expulsés, y compris l'acide carbonique et l'azote produits par le carbone et par l'air employés à la combustion;

3° Consommation due au calorique enlevé par le rayonnement, par le contact de l'air et par celui du sol;

4° Enfin, consommation due au carbone de combinaison faisant partie des matières volatiles expulsées (4).

De plus, il y a un coefficient dû à certaines causes naturelles et aux imperfections de la pratique.

Il a été amplement prouvé (5, 6, 7, 8, 9, 10, 12, 13, 14, 15 et 16) que non-seulement ces quatre causes de consommation, ainsi que le coefficient dû à certaines causes naturelles et aux imperfections de la pratique ne pouvaient disparaître, mais encore ne pouvaient descendre au-dessous d'un minimum dont l'appréciation théorique donne des résultats peu différents de ceux qu'on obtient dans la pratique; qu'ainsi il n'y a pas d'espoir d'amélioration de ce procédé.

La seule raison de son maintien est donc l'absence d'un meilleur, car il a été admis dans la discussion, comme fait résultant d'expériences rapportées plus loin, un rendement moyen en carbone de 25 p. 100 du poids du bois par le procédé en vase clos.

J'ai dû relever (11), dans le cours de cette discussion, deux erreurs d'Ebelmen, sur les caloricités moyennes des produits de la distillation, parce que l'autorité de l'auteur cité donnait de la gravité à ces erreurs dans les calculs de la chaleur absorbée par les produits volatils de la carbonisation. A cet égard, je me borne à articuler que ces caloricités moyennes sont sensiblement égales à celle de la vapeur d'eau, et que la quantité de chaleur absorbée par la distillation du bois simplement desséché à l'air est notablement inférieure à celle développée par la transformation du carbone produit par cette distillation en oxyde de carbone.

Il suffit, pour acquérir la certitude immédiate de la vérité de ces propositions, de considérer la composition de la masse gazeuse produite par la distillation, de faire les calculs respectifs des chaleurs absorbées par ces diverses réactions et de les comparer entre elles.

Les frais de carbonisation, y compris ceux d'acquisition du bois calculés sur les prix moyens de la région du centre et sur le rendement admis du procédé en forêt, conduisent à une somme de fr. 39,68 pour le prix moyen de 450 kil. de charbon ou banne rendus à l'usine (17). En outre de la faiblesse du rendement reproché au procédé de carbonisation en forêt, il a encore été signalé (15) : 1° le vice résultant du déchet causé par les manipulations du charbon de la forêt à l'usine, déchet qui ne va pas à moins de 3 p. 100 du poids du bois ; 2° l'incertitude de la qualité des charbons résultant du bon ou du mauvais cuisage ; 3° la proportion des menus qui sont précisément fournis par le meilleur bois, et qui ne vont pas à moins d'un tiers de la quantité totale du charbon obtenu ; 4° enfin l'impossibilité de cuire en tout temps.

La conséquence de ces divers faits était la recherche d'un procédé meilleur et les conditions à remplir conduisaient à la carbonisation en vase clos à l'usine (18 et 19). Restait à voir, s'il était possible de reproduire en vase clos les conditions d'un bon cuisage en forêt. Mais il fallait pour cela déterminer d'abord en quoi consistait un bon cuisage. Il a été exposé (20) les caractères empiriques d'un bon et d'un mauvais cuisage et démontré que toutes les conditions d'un bon cuisage se réduisent à une seule, la lenteur de l'opération ; qu'on obtient la lenteur par le moyen de l'humidité et le ralentissement que la chaleur latente d'évaporation apporte à l'opération, qu'en fin de compte, l'eau judicieusement employée est le seul moyen d'obtenir en forêt le maximum de qualité et de quantité de charbon. L'expérience plusieurs fois renouvelée rapportée (25) met en évidence ce fait qu'avant moi personne n'avait encore signalé.

Les effets d'un cuisage rapide sur le charbon obtenu ont été décrits avec détails (22) et ne laisseraient aucun doute en l'esprit si l'expérience rapportée (21) n'avait pu les lever. Ces effets fournissent l'explication de la mauvaise qualité d'un charbon produit avec du bois ayant déjà subi un commencement de décomposition ; de même que l'action de l'eau dans la carbonisation montre clairement pourquoi du bois vert donne à la carbonisation une quantité moindre de charbon, mais de qualité meilleure que du bois sec (23).

Ce point nettement éclairci, il était évident que la carbonisation en vase clos au gaz, permettait de réaliser avec la plus extrême facilité et dans la mesure exacte de la volonté de l'opérateur la condition de lenteur et de température doucement graduée nécessaire à une bonne opération. Le problème important de la production de charbon propre à la métallurgie se trouvait donc ainsi au moins théoriquement résolu. Mais il était indispensable de dégager ces résultats de toute incertitude et de toute ambiguïté par la sanction de l'expérience. Cette expérience plusieurs fois répétée et rapportée (25), a été aussi concluante qu'on pouvait le désirer. La composition moyenne du bois suivant des proportions moyennes supposées constantes des composants, dans l'état de siccité où on le carbonise habituellement et le rendement à la carbonisation, donnés (7), ont été pleinement confirmés. La carbonisation en vase clos rend le double du procédé en forêt, plus tous les produits accessoires perdus en forêt. Le charbon obtenu sur place, n'est soumis à aucun déchet. Son mode de cuisson fait disparaître les menus ; sa qualité est constante et comparable à tout ce qu'on peut obtenir de mieux en forêt et dans les meilleures conditions. En un mot, ces faits sont désormais acquis et de plus d'une réalisation plus facile et moins pénible pour les ouvriers, que la pratique du procédé en forêt.

Par ces expériences, des erreurs ont été rectifiées, des faits nouveaux qui jettent une grande lumière sur certaines parties obscures de la distillation et qui pourront servir de points de repères pour des recherches nouvelles, ont été révélés. Ainsi, les premiers symptômes de la décomposition du bois se manifestent vers 100 degrés par l'apparition de vapeurs de méthylène. A 124 degrés, la réaction acide des liquides de la distillation s'accuse nettement, et l'acétimètre Salleron y indique $\frac{1}{2}$ pour 100 de richesse en acide acétique. On voit donc que la décomposition des combinaisons dont fait partie dans le bois l'acide acétique commence au moins vers le point d'ébullition de ce dernier. A 141 degrés, l'acétimètre indique 1,50 p. 100 de richesse en acide, à 153 degrés on voit apparaître les premières traces perceptibles d'oxyde de carbone et d'acide carbonique. Cette circonstance indique la présence dans le bois, d'acides autres que l'acide acétique, ce qu'on savait déjà au moins pour l'écorce. Ces divers faits prouvent de plus qu'on ne saurait considérer comme donnant la composition exacte du bois, des analyses de bois préalablement desséché à 150 degrés.

Jusqu'à la température de 171 degrés la richesse des liquides en acide croît lentement, puisqu'elle n'est encore parvenue qu'à 4 p. 100 seulement.

Mais à partir de ce point la progression prend un mouvement rapide d'accélération et à 185 degrés la richesse des liquides est déjà de 9 p. 100. Leur teinte est devenu plus foncée, mais leur limpidité n'a point changé, ce qui indique une dissolution de goudron par le méthylène. A 200 degrés la richesse des liquides en acide acétique est parvenue à 22 p. 100. C'est vers cette température que paraît se trouver la limite maximum de solubilité des goudrons dans le méthylène, en même temps que ces deux corps se distillent en proportions telles que le méthylène suffit à la dissolution complète du goudron. La preuve de ces deux faits résulte de ce que les liquides tout en restant limpides, prennent la couleur de café brûlé qui ne se foncera que peu davantage dans la suite de l'opération, ce qui indique à la fois la dissolution entière du goudron distillé et le point de saturation de la dissolution. A cette température les gaz se dégagent très-abondamment, ce qui prouve que la décomposition est devenue très-active ; mais leur composition s'oppose à ce que leur combustion puisse se soutenir d'une manière continue quand on les enflamme.

Un autre fait non moins remarquable, c'est que l'écart entre les températures de l'intérieur de la cornue et de l'intérieur du four a diminué dans la proportion de 24 à 18 c'est-à-dire, d'un quart depuis la température intérieure de la cornue de 115 degrés jusqu'à celle de 191°. Ce fait rapproché de la marche décroissante de cet écart et de la transgression prochaine de la température de la cornue sur celle du four, me met de conclure que les substances dont le bois est formé éprouvent par elles-mêmes dans la carbonisation une certaine conflagration et qu'à cette température, cette conflagration est déjà commencée dans la cornue. Ce qu'on sait de la composition du bois suffit pour expliquer ce phénomène.

A 218 degrés la richesse des liquides atteint le chiffre énorme qui paraît un maximum de 48 p. 100. Les liquides ont conservé le même aspect et sans précipitation de goudron, ce qui implique qu'il s'est distillé une quantité de méthylène au moins égale à celle nécessaire pour dissoudre le goudron qui s'est distillé en même temps.

A 225 degrés la distillation a pris un nouveau degré d'activité, les gaz se dégagent plus abondamment et produisent par leur combustion une flamme plus longue et plus persistante, mais la richesse des liquides en acide est tombée à 44 p. 100. L'écart entre les températures de l'intérieur de la cornue et du four a continué à diminuer, et n'est plus que de quelques degrés. L'ensemble de ces caractères tend à prouver à la fois une vive production de chaleur dans la cornue et une décomposition corrélative d'acide acétique. La condensation des matières volatiles n'échauffe pas d'une manière sensible l'eau du réfrigérant, ce qui implique un faible caloricité de ces substances.

A 230 degrés la décroissance de la richesse des liquides en acide acétique a continué, elle n'est plus que de 37 p. 100. A 255 elle n'est plus que 26 p. 100. La marche décroissante de richesse des liquides se poursuit avec l'augmentation de la température en même temps que l'écart entre la température de l'intérieur de la cornue et du four va en s'affaiblissant. A 296 degrés la richesse des liquides n'est plus que de 14 p. 100 et la température de l'intérieur de la cornue est supérieure de 4 degrés à celle du four. Cet excès de température de la cornue sur celle du four se maintiendra jusqu'à la fin de l'opération, de la marche de laquelle il est une condition à partir de ce moment. C'est vers cette température de 296 degrés que les goudrons cessent d'être solubles dans les liquides de la condensation et qu'ils s'en séparent. Ces derniers reprennent alors leur couleur blonde ambrée du commencement de l'opération. Cet effet peut être attribué soit à ce que la proportion de méthylène contenu dans le bois serait épuisée, soit à la décomposition, à cette température de ce qu'il pourrait rester encore de cette substance dans le bois.

L'opération continuant sa marche, la teneur en acide des liquides s'affaiblit graduellement jusqu'à tomber à zéro vers la fin de l'opération, qui est terminée au moment où les charbons n'étant plus refroidis par le départ d'aucunes substances volatiles, s'échauffent rapidement et prennent alors la teinte lumineuse du rouge naissant. Ce point se trouve vers une température de 500 degrés environ.

Dans l'intervalle qui sépare le moment de la production maximum d'acide acétique qui paraît être vers 218 degrés, du terme de l'opération, le dégagement des gaz suit une progression inverse de celle de la teneur en acide des liquides, en sorte que le minimum de l'un correspond au maximum de l'autre, ce qui paraît indiquer une relation étroite entre eux. Ce dégagement présente en outre, une connexité intime avec le fait de la conflagration de certaines matières du bois pendant la carbonisation, fait qui n'avait point encore été signalé. C'est la carbonisation en vase clos qui m'a permis de le discerner et en quelque sorte de l'isoler des autres phénomènes de la carbonisation. Sa mise en évidence dissipe les obscurités qui jusqu'à ce jour avaient empêché d'apercevoir les véritables principes de la carbonisation, dont la théorie d'une simplicité à la portée de toutes les intelligences, se borne à répartir ce phénomène inévitable avec une limite d'amplitude, sur un intervalle de temps suffisant pour permettre aux matières volatiles du bois de se séparer du charbon assez lentement pour n'en point rompre les fibres et amoindrir la qualité. Les expériences diverses et nombreuses que j'ai faites pour cette recherche et dont je rapporte quelques-unes établissent qu'une durée de 72 heures avec des températures bien graduées satisfait complètement à cette condition. Il ne faut pas mettre en doute, qu'au moyen du gaz, par la possibilité que l'on aura d'en régler exactement le débit à volonté et dans la mesure exacte du besoin, l'on ne parvienne au bout d'un temps très-court, à obtenir des résultats industriels très-voisins du point de perfection poursuivi et d'une précision presque mathématique.

La répartition de l'acide acétique entre les différentes périodes de la distillation fournirait un moyen très-simple d'obtenir des liquides concentrés et par conséquent une économie dans les frais d'extraction en grand de l'acide acétique. Ce serait d'écouler les premiers et les derniers liquides de la condensation au degré de teneur que l'on jugerait convenable, dans de grands bassins en béton bien étanchés et couverts dans lesquels on saturerait l'acide avec de la chaux, après quoi, on les abandonnerait à l'évaporation naturelle pour reprendre le résidu ultérieurement et de ne recueillir que les liquides riches pour les traiter immédiatement.

Le fait de la concordance de la progression croissante des gaz de la carbonisation avec la progression décroissante de la teneur en acide des liquides et la concomitance de l'excès de température de l'intérieur de la cornue sur celle du four, me paraît donner une grande probabilité à l'opinion de la présence dans le bois d'une plus grande quantité d'acide acétique que celle trouvée par le mode de carbonisation décrit et que l'on peut considérer comme normal et par conséquent de la décomposition de la portion excédante, dans les hautes températures de la carbonisation. Mais cette opinion n'a d'importance qu'au point de vue spéculatif pour servir à déterminer la véritable composition du bois et ne laisse prévoir aucun résultat possible pour la question industrielle.

Enfin une des expériences rapportées (25) a fourni l'occasion de constater la perte en volume que subit le bois dans la carbonisation. Cette perte est du tiers du volume du bois.

La question de possibilité tranchée, il importait d'examiner les résultats économiques du procédé nouveau. Il ne pouvait y avoir d'incertitude que sur le plus ou moins d'avantages, puisque le procédé en vase clos fonctionne déjà avec de grands bénéfices malgré ses graves imperfections, dont plusieurs d'ailleurs peuvent être facilement évitées.

Les généralités exposées (26 et 27), les préliminaires (28), les détails des cornues (29), n'exigent aucune explication. Le projet de four à 4 cornues proposé (30) et fondé sur le plan et l'épreuve satisfaisante du four d'essai, me paraît remplir le but d'économie, de facile manœuvre et de bon rendement; mais ses dispositions pourraient être diversement modifiées sans inconvénient. Il est peu probable que la pratique n'y apportera pas des changements. D'ailleurs les circonstances de place, de terrain, de nature des opérations commerciales viendront encore fournir dans les dispositions, un contingent dont on ne pourrait fixer l'amplitude à l'avance.

La condition à remplir dans l'établissement du condensateur (31), requiert de mettre la plus grande surface possible d'un corps bon conducteur incessamment refroidi en contact avec le courant gazeux dont on se propose de condenser les gaz non permanents. Des tuyaux coudés en cuivre de dimensions suffisantes et de l'eau sans cesse renouvelée procureront ce résultat. En ce qui concerne cet appareil, la carbonisation lente présentera sur la carbonisation rapide : 1° l'avantage d'un mouvement moins accéléré du courant gazeux et par conséquent d'une condensation plus prompte et plus entière ; 2° celui d'une quantité moindre de gaz hydrocarburés, par conséquent de moins de goudrons condensés et moins d'engorgements dans les tuyaux. La conséquence sera qu'on aura moins de fuites de gaz pendant l'opération, moins de chômage pour nettoyer les tuyaux et moins de frais.

Les seules observations que motive l'établissement des récipients (32) pour les liquides de la condensation, c'est que ces récipients devront être disposés pour rendre les manœuvres faciles, isolés pour pouvoir reconnaître les fuites et y obvier, et qu'ils devront être en bois en raison de l'action de l'acide sur leurs parois. Il a été calculé (33) que l'économie de la mise à couvert des bois dans une usine qui consommerait annuellement 15000 stères, en admettant 10 pour 100 d'eau résultant des pluies, serait de 1250 fr. par année. Il sera facile de faire le même calcul pour toutes autres quantités et toutes autres conditions hygrométriques du bois. On pourra ainsi juger de l'intérêt qu'il y aura à faire ou non un abri dans ces cas divers.

La substitution du combustible gazeux au combustible concret dans la carbonisation présente des avantages considérables et incontestables (34). En effet, le calcul de la chaleur dépensée au chauffage à la houille d'une cornue de 4 stères de bois pesant 1200 kil., conduit à un chiffre de 1567405 calories. Si l'on admet provisoirement la même consommation de chaleur pour une cornue chauffée au gaz, en faisant le calcul de la répartition de cette chaleur entre les différentes causes qui l'absorbent, on trouve que la part dépensée au chauffage, proprement dit, de la cornue, y compris le coefficient pratique du chiffre théorique, est de 1082897 calories, et que la chaleur sensible des gaz est par conséquent, 484507 calories. Or, si l'on cherche la quantité de gaz combustibles nécessaires pour produire : 1° la quantité de 1082897 calories consommées par la distillation proprement dite d'une cornue; 2° la chaleur qu'il faudrait pour laisser aux gaz brûlés une température moyenne de sortie de 250 degrés, en admettant que l'on fasse servir à la production de ces gaz combustibles, du bois composé comme il a été dit (7), et en supposant la conversion de ce bois dans un gazogène, au moyen d'air sec en oxyde de carbone et en hydrogène protocarboné, on trouve que la quantité de bois qu'il faudrait consommer dans cet emploi pour une cornue, serait de kil. 412,95 et que les gaz brûlés n'emporteraient à une température de 250 degrés que 187767 calories, ce qui fait pour la chaleur totale consommée par la carbonisation d'une cornue, 1270665 calories au lieu de 1567405, soit une différence de 206740 calories en faveur de la cornue chauffée au gaz. Cette différence correspond à kil. 36,7253 de carbone.

Il est observé que ces calculs sont faits dans l'hypothèse où il ne serait employé à la combustion que la quantité d'air strictement nécessaire et qu'un excès d'air donnerait des résultats autres que ceux obtenus et qui s'en écarteraient d'autant plus que l'excès d'air serait plus considérable. Le moyen simple de rester dans les limites des proportions utiles serait de régler l'introduction de l'air et des gaz combustibles dans le foyer, par des robinets appropriés convenablement.

J'ai choisi l'exemple de composition du bois pour la production des gaz combustibles parce qu'il arrivera que l'on aura à gazéifier des débris d'exploitation de bois tels que des ramilles qui auront précisément cette composition. Il est facile de se rendre compte de la différence de consommation de chaleur dans le chauffage de la cornue à la houille d'avec le chauffage au gaz, en considérant toutes les causes de perte qui résultent par le chauffage à la houille, de déchets de grille, d'excès d'air introduit dans le foyer par le mode même du service, d'un excès de masse du four, causes qui n'existent pas dans le chauffage au gaz (35). Mais ces deux modes présentent d'autres notables différences. Dans le chauffage à la houille, les cornues se détériorent plus rapidement, tant par la plus grande élévation de température que par les gaz sulfureux du combustible.

On obtiendra, en outre, moins de charbon et d'une moindre qualité et aussi moins de produits accessoires. Cette diminution pourra osciller de la moitié au tiers pour l'acide acétique. Dans le procédé au gaz par carbonisation lente, il faudra plus de matériel, savoir : un plus grand nombre de cornues, un gazomètre, un gazogène et un exhausteur pour extraire les gaz des cornues et du gazogène et les refouler dans le gazomètre. Mais la différence de quantité et de qualité des produits est telle que cet avantage dépasse de beaucoup les inconvénients d'un excès de dépense de premier établissement.

L'économie que l'on pourra réaliser sur le rayonnement et par l'emploi de la chaleur sensible des gaz brûlés, permettra de faire descendre le chiffre de 1270665 calories de consommation d'une cornue à 918664 calories qui correspondent à kil. 113,696 de carbone (36). Ce chiffre diffère de celui de kil. 190,9866 trouvé (34) pour la consommation d'une cornue chauffée à la houille de kil. 80,2906 de carbone correspondant à kil. 92,67829 de charbon ou de houille. Cette différence s'élèverait pour toutes les cornues et pour toute l'année, à une quantité totale de 6672 hectolitres, 837 de houille pesant, l'un 80 kil. et valant ensemble en argent, à raison de fr. 2,50, l'un rendu à l'usine fr. 16082,09 à l'avantage du procédé au gaz, pour ce qui regarde le chauffage des cornues seulement.

La comparaison de ce chiffre rectifié de consommation de chaleur d'une cornue chauffée au gaz avec la puissance calorifique des gaz combustibles et du goudron produits par cette même cornue, prouve qu'elle suffira largement à tous ses besoins sans emprunt de combustible étranger.

La bonne marche de l'usine sera assurée par l'établissement d'un gazomètre, d'un gazogène et d'un exhausteur combinés suivant les exigences imposées par l'importance de l'usine (37). Pour une usine débitant 23,000 stères de bois par an, un gazomètre de 3000 mètres cubes suffira à tous les besoins. Quant à l'exhausteur, si l'on adopte un système de pompes, et c'est celui qui me semble préférable, un simple calcul dépendant des conditions auxquelles cet appareil devra satisfaire, fixera les données de son installation.

Dans l'examen des opérations destinées à séparer les produits bruts et à leur donner la pureté et le titre requis dans le commerce, j'ai conservé les évaluations de prix et de quantités du chauffage à la houille telles que je les avais recueillies lors de mes premières observations. Il est évident que les conclusions auxquelles j'ai été conduit dans ce cas, seraient fortifiées de tout l'avantage obtenu par la substitution du chauffage au gaz à celui de la houille. Enfin, il doit être entendu que les prix que j'ai attribués pour fixer les idées, aux produits rectifiés, sont essentiellement variables et dépendants du rapport de l'offre à la demande et feraient subir aux résultats trouvés des oscillations correspondantes aux leurs propres.

Il existe divers moyens d'opérer la séparation et la rectification des produits liquides de la distillation. Ceux qui ont été décrits dans ce mémoire sont ceux que, par expérience, j'ai reconnu les meilleurs. Ils n'excluent aucune amélioration (38). Les goudrons sont séparés par décantation, puis distillés pour en extraire le méthylène et les huiles (39). L'acide pyroligneux brut, séparé de son goudron par décantation, et de son méthylène par une distillation à la vapeur que l'on ferait avec avantage par le gaz, est converti en acétate de soude dans l'appareil dit de transmission. La dissolution de cet acétate de soude est rapprochée au moyen de la chaleur sensible des gaz de la carbonisation et cristallisée. Ce sel est repris par l'eau et séparé d'un reste de goudron par le noir animal, puis cristallisé de nouveau et traité à l'alambic par l'acide sulfurique, qui met enfin en liberté l'acide acétique pur auquel on donne la concentration voulue pour le livrer au commerce (40, 41, 42 et 43).

Les dépenses d'installation d'une usine de ce genre ont été largement calculées et les frais généraux s'élèveraient pour une année en suite de ce calcul à la somme annuelle, mais amortissable en partie de 59,782 francs, non compris les frais de fabrication proprement dite (44).

La considération de ces frais a conduit à examiner l'importance de la différence du prix de transport du bois en nature au lieu du charbon à l'usine (45). Il a été établi que ce transport coûterait au maximum le triple de transport du charbon. Mais l'excédant qui en résultera doit être compté comme frais de fabrication sur lesquels l'expérience a prononcé, puisque toutes les fabriques de ce genre prospèrent avec cette condition.

L'examen et la discussion de chacune des phases de toute cette fabrication conduisent, en prenant pour base du prix du charbon obtenu, celui trouvé (17) et en admettant le prix de f. 50 les 100 kilo. pour l'acide acétique, bon goût à 40 pour cent de richesse, le prix de 100 francs les 100 kilo. pour les huiles et pour le méthylène, à un bénéfice net de fr. 1280,59 par jour pour 16 cornues contenant ensemble 64 stères de bois supposés peser 19200 kilo. et représentant 25,6 cordes, ancienne mesure. Soit pour 2 stères et demi ou une corde, un bénéfice net de fr. 50,02.

Dans ce bénéfice net de fr. 1280,59 figure le prix du charbon pour fr. 423,35, en sorte que si l'exploitant retenait ce charbon pour d'autres usages, pour des forges par exemple, son bénéfice se réduirait naturellement d'autant ; mais les bénéfices de la forge présenteraient alors un accroissement exactement correspondant (47).

Les données qui ont servi de bases à ces calculs ont été en général établies sur des maximum dont plusieurs ne seront pas atteints (48).

Il ne m'a pas paru utile de parler de l'acide des arts autrement que par une simple mention. Il est impur ; son prix de revient est sensiblement le même que celui de l'acide bon goût, il se vend à meilleur marché et est d'un moins bon usage. Il doit donc être abandonné.

Les conséquences de l'adoption générale de ce procédé seraient nombreuses (50). Les unes concernent certains intérêts généraux, les autres des intérêts privés. Mais tout en se rattachant à mon sujet, elles n'en font pas nécessairement partie. Elles peuvent être présentées ailleurs qu'en ce mémoire dont le but spécial est la solution d'une question technique. Je ferai seulement remarquer : 1º Qu'il équivaudrait à un agrandissement de la surface forestière exploitée de cette manière, proportionnel à l'accroissement de produit qui en serait la conséquence, sans l'inconvénient corrélatif d'une plus grande surface sur laquelle il faudrait recueillir ce produit ; 2º qu'il faciliterait dans la même mesure les approvisionnements de ces matières en général, notamment pour les hauts-fourneaux, et rendrait ainsi disponibles pour d'autres usages le combustible économisé par ce moyen ; 3º enfin qu'il déterminerait au profit de la métallurgie un abaissement considérable du prix du combustible en même temps qu'il procurerait une qualité de charbon inconnue et à laquelle rien ne peut être comparé.

De toutes les objections qui peuvent être faites à ce système, une seule m'a frappé, c'est celle qui résulte de la difficulté de trouver des consommateurs pour une aussi grande masse de produits que celle qui serait la conséquence d'une fabrication générale (51). Sans répéter les raisons que j'ai déjà données et qui me paraissent beaucoup affaiblir cette objection, je me borne à alléguer qu'on ne saurait en aucun cas considérer comme une éventualité bien redoutable une grande abondance de produits qui s'adressent à des besoins innombrables de tous et de chaque jour, et la baisse des mêmes produits que cette abondance déterminerait. Il est probable qu'une des conséquences de cette baisse serait de rendre à la consommation du pauvre, les vins que la fabrication du vinaigre enlève aujourd'hui à cette même consommation. Cet accroissement de bien-être ne saurait produire que de bons effets sous tous les rapports. Mais on a pu, dans ce qui précède, reconnaître que la latitude créée aux bénéfices par ce système est telle qu'il ne doit rester aucune crainte de voir, dans les cas les moins favorables au fabricant, ces bénéfices tomber au-dessous de la valeur des charbons obtenus. J'ai donc pu admettre et j'ai admis la gratuité des charbons dans l'évaluation du prix de revient des produits métallurgiques.

Le système de carbonisation qui vient d'être exposé ne saurait laisser une espoir bien grand d'améliorations nouvelles importantes, puisque tous les produits de la distillation du bois sont recueillis (52). Ces améliorations ne pourraient donc porter que sur des détails. Une qui m'a toujours paru désirable au point de vue de sa simplicité et de son économie apparentes et facilement réalisables, est l'application directe et sans intermédiaire de la chaleur au bois à carboniser. L'idée m'en avait été suggérée par une observation de M. Leplay, consignée dans un mémoire rapporté à l'Académie des sciences, le 18 janvier 1836, par Arago, et publié dans les *Annales des mines*, t. XIX, 11e livraison de 1841, p. 305. D'après cette observation ultérieurement confirmée par Ebelmen, un courant d'air forcé passant à travers un milieu de charbon embrasé d'une épaisseur d'au moins $0^m,06$, convertit complètement son oxygène en oxyde de carbone. Il était évident qu'il n'y avait plus, pour utiliser les 2473 calories produites par un kil. de carbone, pour se convertir en oxyde de carbone, qu'à trouver l'appareil convenable pour soumettre le bois à un courant d'oxyde de carbone au moment de sa production, afin de profiter de toute sa chaleur sensible, pour opérer la carbonisation du bois.

Au surplus, il était facile de voir que les besoins de la rectification des produits eussent suffi à la consommation de cet oxyde de carbone que l'on eût ainsi obtenu à bon marché, et que dans une usine métallurgique l'avantage eût été plus décisif encore.

J'ai tenté l'expérience d'un grand nombre de manières. Mes recherches se sont trouvées interrompues tout-à-coup par une circonstance fortuite, indépendante de la question. La difficulté à vaincre était la disposition de combustible dans le foyer et l'introduction de l'air sans excès. Mais une cause qui affaiblit l'intérêt de cette solution, c'est la possibilité que l'on a de diminuer autant qu'on voudra cette chaleur sensible de l'oxyde de carbone par une introduction de vapeur d'eau suffisante avec l'air par la tuyère du gazogène. Cette introduction de vapeur d'eau changerait cette chaleur sensible en puissance calorifique des gaz obtenus.

Les améliorations dont il me reste à parler dans le résumé de la 2e partie, viendront naturellement accroître celles que je viens de passer en revue.

CXXXIX.

Résumé de la seconde partie.

Le carbone et l'hydrogène sont les deux seuls corps combustibles mis en usage par la sidérurgie. La différence de leurs propriétés fixe et détermine le rôle de chacun dans la fabrication du fer. Les méthodes qui en sont la conséquence présentent de graves défauts; mais des modifications relativement légères peuvent faire atteindre à ces méthodes un grand degré de perfection. Le but de cette deuxième partie de ce mémoire est de signaler ces défauts et quelques changements qui peuvent y remédier

La fabrication du fer se partage en deux divisions. La première se rapporte à la conversion des minérais en fonte. Il faut pour cette première transformation un combustible dur, résistant et dépouillé de matières volatiles. C'est le haut-fourneau et le charbon préparé par une opération appropriée, la carbonisation, qui conviennent à ce besoin.

La deuxième division comprend la conversion de la fonte en acier ou en fer.

Cette opération exige une haute température moyenne et des gaz oxydants et réductifs. L'appareil qui répond à ce besoin est le four à réverbère et le combustible est, l'hydrogène, ses composés carburés et l'oxyde de carbone. Ce sont les houilles qui jusqu'à présent ont été presque exclusivement en possession de fournir ces agents gazeux.

L'examen de l'emploi des combustibles dans la sidérurgie peut donc aussi se diviser en deux parties. La première qui comprend les charbons durs et résistants se rapporte à la conversion des minérais en fonte, c'est-à-dire à leur réduction au haut-fourneau; la deuxième qui comprend les gaz combustibles se rapporte à la conversion ultérieure de la fonte en fer ou en acier. Cet énoncé fixe les limites de cette partie du mémoire et naturellement l'ordre des matières qui y seront traitées. Trois questions comprennent tout le sujet. Ces questions sont les suivantes :

Quelle est la perte en combustible qui résulte,

1° Du traitement des minérais de fer au haut-fourneau?

2° Du traitement de la fonte au four à réverbère pour la convertir en fer ou en acier?

3° Quelles sont les économies réalisables et quels sont les moyens de les réaliser?

C'est dans cet ordre que ces trois points seront examinés (53).

Traitement des minérais au haut-fourneau.

Le fourneau que j'ai pris pour exemple est celui de Corbelin qui représente assez exactement le type moyen des hauts-fourneaux au charbon de bois du centre de la France. La régularité constante de sa marche peuvent faire regarder sa consommation et sa production comme à peu près normales.

Il sera facile de rapporter ce que j'en dirai à tout autre, même à un fourneau au coke, les principes restant invariables.

Les détails de sa construction et de ses dimensions ont été donnés (54).

J'ai cru devoir entrer dans quelques développements sur les mines qu'on y traitait, parce qu'elles me fournissaient un exemple d'un phénomène d'une généralité absolue dans la nature et dont la cémentation, l'oxydation et la réduction ne sont à mes yeux que des cas particuliers. Ce phénomène ne consiste pas dans une simple réaction ayant lieu au contact des corps et de laquelle naît pour le corps qui y est soumis une composition nouvelle ou seulement un changement dans la disposition de ses molécules, mais encore dans un mouvement de translation de proche en proche de la matière à travers le corps. Le rayon d'action de ce mouvement peut être très-étendu et varie avec l'intensité de ses causes. Ce mouvement suppose des molécules et par conséquent des formes à ces molécules. Il leur suppose une certaine disposition ou arrangement, une espèce d'orientation ou de polarisation. De cette orientation qui est dans une dépendance absolue de la forme de ces mêmes molécules, résultent électricité, magnétisme, chaleur, lumière, attraction et réciproquement, d'où la conséquence que la forme de la molécule est la seule cause de la mise en action des forces dont nous apercevons la manifestation dans l'univers. C'est donc à la recherche de la forme de la molécule que tous nos efforts doivent tendre, car c'est là le secret des propriétés des corps et la vraie base de leur classification. On doit concevoir l'espoir d'arriver quelque jour à la solution de ce problème, en considérant qu'une relation certaine lie tout effet à sa cause et que nous avons la plus large latitude pour accumuler les observations, rapprocher et circonscrire les limites de la question pour déduire de cette étude des conclusions décisives. Mais mon but en disant un mot ici de ce vaste sujet, n'est que de poser le principe des lois qui régissent la cémentation (55).

On faisait usage d'un fondant calcaire qui présentait des zones bleues si fréquentes dans les calcaires des terrains secondaires et dont le plus ou moins d'abondance faisait varier dans le même sens sa fusibilité. J'avais reconnu par l'analyse que cette teinte bleue était due à des cristaux microscopiques de sulfure de fer. Mais ce fait avait été déjà signalé par Ebelmen. Les fontes fabriquées avec ce fondant donnaient des aciers très-difficiles à travailler mais qui contractaient une grande dureté à la trempe (56). Moyennement la mine rendait 33 pour cent et consommait 1,50 de charbon pour 1 de fonte obtenue (57) avec production de 1,52 de laitier (58). Une longue pratique, des expériences et des analyses réitérées avaient permis d'établir avec une grande certitude ces moyennes qui sont les données des calculs de ce mémoire. On coulait toutes les 12 heures pendant lesquelles on passait 20 charges. La coulée était de 2000 k. soit 100 kil. par charge.

La quantité absolue de calorique absorbé par le travail d'un haut-fourneau, se compose invariablement de deux éléments, savoir :

Le premier, le calorique net théoriquement nécessaire à toutes les réactions dont le fourneau est le siège et dont les résultats ultimes, solides et gazeux, sont la fonte et les laitiers qui s'écoulent par le bas et les gaz qui s'échappent par le haut; le deuxième, le calorique absorbé par l'échauffement et le rayonnement de l'appareil, plus la chaleur sensible des produits liquides et gazeux.

La quantité de combustible dépensé se compose du combustible correspondant aux deux causes qui viennent d'être dites, plus de celui que représentent les gaz combustibles qui sortent par le gueulard (59).

Il a été donné (6C) et d'après les analyses d'Ebelmen, la composition du charbon adoptée dans les calculs, avec cette réserve de calculer la puissance calorifique du charbon là où cela serait nécessaire, sur le chiffre de 7000 calories qui est un peu différent de celui qui résulte de cette composition. Il a été admis un état hygrométrique de l'air insufflé de 9^{gr},50 de vapeur par mètre cube. Cette vapeur, qui est une moyenne maximum, a l'avantage de fournir la limite minimum de la température développée dans la région de la tuyère dont la limite maximum serait donnée par un air parfaitement sec.

Il a été énuméré (61) toutes les causes normales de consommation de chaleur d'un haut-fourneau, mais non les causes accidentelles. Pareillement il a été énuméré (62) les sources de production de chaleur correspondant à la dépense.

Le plan qu'il m'a paru convenable de suivre dans cette recherche, était d'examiner successivement et dans leur ordre, chacune des causes de consommation de chaleur pour une charge depuis son entrée dans le fourneau par le gueulard jusqu'à sa sortie par en bas, puis de suivre l'ordre inverse pour la distribution de chaleur par la colonne gazeuse née à la tuyère. La comparaison et l'équilibre entre la consommation d'un côté et la dépense de l'autre devait faire reconnaître la justesse de l'appréciation des faits. Cette méthode présentait l'avantage de permettre de suivre pas à pas, et au point où ils se produisent, chacun des phénomènes de modification et de transformation de la charge et de la portion de la colonne gazeuse qui s'y rapporte, et de juger exactement de l'importance des mouvements calorifiques et consommations de chaleur qui correspondent à ces changements. Il était intéressant de poursuivre par une méthode inverse de celle d'Ebelmen, la solution à laquelle son procédé ne pouvait pas conduire, des questions traitées. La raison qui m'a induit à considérer une charge isolément était indiquée par la nature des choses. En effet, puisqu'une révolution de 12 heures se composait de 20 charges, il s'en suit qu'une charge mettait 36 minutes à passer d'une position à la position immédiatement suivante et comme chacune des charges qui occupait les 20 positions, faisait la même évolution dans ces 36 minutes, il s'en suit que dans cet espace de temps de 36 minutes, les 20 charges avaient accompli à la fois toutes les évolutions qu'une charge aurait accomplies en 12 heures à chacune de ses 20 positions. On pouvait donc supposer un temps d'arrêt fictif après une évolution et examiner les phénomènes accomplis par chacune des 20 charges, ou ce qui est la même chose, ceux qui s'accomplissent à chacune des 20 positions d'une charge (63).

Le point de départ des modifications que va subir la charge dans sa descente à travers le fourneau est la volatilisation de son eau hygrométrique. Les matières en contiennent 40 kil. dont le départ exige 25688 calories, défalcation faite de la chaleur initiale des 10 degrés. Cette chaleur correspond à kil. 3,1792 de carbone, ou à kil. 3,6582 de charbon ; soit pour les 40 charges passant dans un jour kil. 146,328 de charbon; soit en argent et par jour une dépense de fr. 12,90 (17). Ce chiffre fait apprécier l'importance qu'il y a à n'introduire dans un fourneau que des matières sèches et de l'intérêt que l'on a à utiliser les chaleurs perdues pour opérer cette dessiccation (64).

L'expulsion des kil. 24,107 d'eau d'hydratation du minerai qui suit cette première phase entraînera pareillement la consommation de 15481^c,5154 qui correspond à kil. 1,916 de carbone et à kil. 2.2116 de charbon; soit pour les 40 charges d'un jour, 88,464 de charbon; soit en argent, par jour, fr. 7,80 (17), soit en y comprenant l'évaporation de l'eau hygrométrique, fr. 20,70 de perte par jour pour ces deux causes. Il arrivera le plus souvent dans une usine que l'on perdra des gaz à la température nécessaire pour expulser ces kil. 64,107 d'eau (65). Il a été relevé au même paragraphe, deux erreurs d'Ebelmen sur le même sujet. Par suite d'une compensation entre ces deux erreurs, il tire une conclusion à peu près exacte.

La réduction commence peu après le départ de l'eau combinée. Il a été établi qu'il n'existe aucune cause qui puisse faire obstacle à cette réaction dans la région du fourneau où elle s'opère, région qu'on ne saurait placer au-dessous du ventre eu égard à la température de ce dernier point et à celle qui suffit à la réaction. En sorte que l'on peut admettre que le fer se trouve entièrement réduit au ventre. Mais comme il existe toujours une certaine quantité de silicate de protoxyde de fer dans les laitiers, il s'en suit qu'il y a ultérieurement à la réduction une réoxydation de fer au premier degré. Comme de plus, il n'y a point d'oxygène libre dans le fourneau au-dessous du ventre et comme il se trouve en même temps toujours une petite quantité de silicium dans la fonte, la corrélation évidente du premier fait et du troisième, permet de les expliquer l'un par l'autre. Le fer réduit le silicium qui passe dans la fonte et prend son oxygène pour faire du silicate de protoxyde. Cette réaction exige deux conditions pour qu'elle puisse avoir lieu; la première, qu'il y ait excès de silice au moins au point où elle se produit; la seconde, qu'il y ait contact entre les matières. Pour qu'il y ait contact efficace, il faut qu'il y ait fusion, et comme la fusion n'a lieu que dans la région de la tuyère, la conséquence est que cette réaction ne s'opère que dans la région de la tuyère. Les laitiers peuvent être basiques sans que le fait cesse d'avoir lieu. Il suffit pour cela d'une inégale distribution de la silice dans les laitiers, et tous ceux qui ont quelque peu observé les laitiers, savent combien est fréquente cette inégale distribution de la silice. Ceci rend compte de l'érosion des parois de l'ouvrage, de la plus grande étendue d'érosion dans les fourneaux au coke, où la zone de fusion est elle-même plus étendue, et par conséquent, d'une plus grande proportion de silicium dans la fonte de ces derniers, de la difficulté de la réduction du silicate de fer, qui ne peut avoir lieu qu'aux plus hautes températures du haut-fourneau, et par conséquent de l'impossibilité de porter une grande proportion de ce genre de minérai dans la charge, et enfin de l'importance d'une bonne composition du fondant. A l'égard de ce dernier point, l'écart entre la composition de la gangue du minérai et une bonne composition de fondant, équivaut à un appauvrissement corrélatif du minérai considéré, par la quantité d'autant plus grande de fondant qu'on est obligé d'ajouter. Pour les motifs exposés, le traitement des minérais siliceux et argileux est plus avantageux au fourneau au coke qu'au fourneau au charbon de bois.

La chaleur nette absorbée par la réduction du minérai se borne à peu de chose parce qu'il s'opère une compensation entre la chaleur totale absorbée par la décomposition de l'oxyde de fer et celle dégagée par la transformation de l'agent réducteur, l'oxyde de carbone, en acide carbonique. Il est rappelé que l'oxyde de carbone est le seul agent réducteur dans le haut-fourneau et que la réduction a lieu à une température qui n'est pas assez élevée pour que l'acide carbonique qui en résulte puisse être décomposé de nouveau (66.)

La discussion relative à la décomposition de l'hydrate d'alumine met en évidence les causes pour lesquelles les minérais argileux consomment plus de charbon que les autres. Ces causes sont : 1° la chaleur latente absorbée par la décomposition de l'eau combinée à l'alumine ; 2° le carbone pris par les éléments de l'eau décomposée (66).

C'est vers le ventre et au-dessus des étalages qu'a lieu la décomposition du carbonate de chaux. Cela résulte de nombreuses expériences directes et comme à ce point la température n'atteint pas 1000 degrés ainsi que le prouvent aussi les expériences d'Ebelmen, les miennes propres et le calcul (87 et 88), la température de décomposition du carbonate de chaux est donc au-dessous de 1000 degrés. Je ne connais sur ce sujet qu'un seul document, c'est une expérience de M. Bischoff rapportée en brefs termes au tome IX, page 301, des *Annales des Mines* de l'année 1840, de laquelle il résulterait que cette décomposition n'aurait lieu qu'à 1370 degrés. Ce chiffre est évidemment erroné et conduirait à des conséquences impossibles.

J'ai admis la température de 900 degrés pour celle de cette réaction sans me dissimuler l'inconvénient d'une hypothèse. Mais cette hypothèse était restreinte d'abord par la condition pour cette température d'être au-dessous de 1000 degrés, ensuite par la donnée suivante qui serait suffisante et décisive, si toutes les autres données étaient exactes, savoir : de satisfaire à l'évolution calorifique, c'est-à-dire, d'être en rapport avec la quantité de chaleur disponible trouvée par le calcul pour cette réaction. Mon excuse comme pour quelques autres points peu importants, résulte de l'impossibilité de faire autrement pour pouvoir coordonner des faits si nombreux et de leur donner de la valeur et de la consistance en les reliant entre eux et les rassemblant dans un corps de doctrine. L'hypothèse, d'ailleurs, ainsi restreinte n'a rien d'absolu ni de définitif et son rôle se borne à remplacer le fait ou le principe absent (67).

La carburation en cette partie du mémoire n'étant traitée (68) que sous le rapport du mouvement calorifique et ce mouvement étant nul, de nouveaux développements sont superflus. La chaleur latente de fusion de la fonte et des laitiers ont été déterminés empiriquement et d'après les mêmes errements que la température de décomposition du carbonate de chaux.

La détermination de la chaleur sensible de la fonte et des laitiers à leur sortie du fourneau nécessite la connaissance de la température du milieu d'où ils sont expulsés, c'est-à-dire, de la région de la tuyère. Ce dernier point exige lui-même la connaissance des phénomènes de combustion qui s'y sont accomplis et la composition de la masse gazeuse qui en est résultée. Ces phénomènes ont une importance extrême et leur étude est la base même et le point de départ de la théorie du haut-fourneau. On peut admettre avec certitude que c'est dans la région de la tuyère qu'est le siège de sa vie, que c'est là que sa chaleur vitale se génère pour être transportée par les gaz qui y prennent naissance aussi, sur tous les points de sa hauteur afin d'y opérer les réactions et les transformations qui doivent s'y accomplir.

Cette étude a été faite avec détail et dans ce but, il a été établi :

1° Que le combustible introduit dans le haut-fourneau ne subit d'autre modification dans son parcours jusqu'à la région de la tuyère, que celle résultant de la perte de ses parties volatiles, en sorte que la partie solide y arrive tout entière sauf ce qui a été dit (66 et 68) relativement à l'absorption de carbone par l'oxygène et l'hydrogène de l'eau combinée à l'alumine et par la carburation du fer.

2° Que la portion de combustible qui parvient devant la tuyère s'y brûle complétement, c'est-à-dire, se convertit en acide carbonique sous le vent de la tuyère, qui lui-même s'y désoxygène entièrement ;

3° Qu'à une distance de quelques centimètres de ce point, cet acide carbonique, dans sa marche ascendante vers le gueulard, sous la pression du vent de la tuyère et à travers le charbon incandescent de la colonne descendante, est amené à l'état d'oxyde de carbone avec un abaissement correspondant de température ; en sorte que la moitié seulement du charbon introduit dans le fourneau parvient devant la tuyère pour s'y convertir en acide carbonique, tandis que l'autre moitié fournit à cet acide carbonique sur le champ, c'est-à-dire, à une distance de quelques centimètres au dessus de ce point, l'atome nécessaire pour le changer en oxyde de carbone (69).

Sur les données qu'on vient de voir et celles antérieurement posées, la chaleur développée par la combustion du carbone d'une charge parvenu devant la tuyère a été calculée (70). Cette chaleur nette est de 454199 calories et la température du groupe gazeux, résultat de cette combustion dans le cas où il ne serait soumis à aucune influence de perte ou de gain serait 2661,757 degrés. Cette température serait de 2728°,177 dans le cas où l'air serait parfaitement sec au lieu de contenir, suivant l'hypothèse, 9gr,50 de vapeur d'eau par mètre cube. Si cet air sec était porté à 300 degrés, la température s'élèverait à 2997°,114. Ebelmen donne, page 451, vol. 2 de ses œuvres, le nombre de 2518 degrés pour la température de combustion du carbone dans les mêmes conditions. Ce résultat fondé sur une erreur est évidemment lui-même entaché d'erreur. Il serait facile de faire les calculs relatifs à tous les cas de variation dans les données d'hygrométricité et de température de l'air insufflé.

Il a été admis (70), pour le prouver plus loin (74), que nonobstant les transmissions de chaleur du tronçon gazeux qui se génère, à la fonte et aux laitiers qui sortent eux-mêmes du fourneau, ces matières en fin de compte n'empruntent ni ne cèdent aucune portion de chaleur aux gaz en voie de se former, mais s'approprient seulement la chaleur sensible entière du charbon qui fait partie du même lit de fusion et qui subit cette combustion. La discussion fondée sur cette hypothèse provisoire conduit au calcul de la quantité de chaleur restée au tronçon de la colonne gazeuse né d'une charge après la transformation de son acide carbonique en oxyde de carbone et à la température qui résulte à cette hauteur de cette transformation. Cette quantité de chaleur est 275986 calories et cette température est 1443°,854. Avec de l'air entièrement sec à la température initiale de 10 degrés, cette température serait de 1491°,286. Ces deux nombres peuvent être considérés comme les limites entre lesquelles oscillerait la température du tronçon gazeux à son point de départ s'il était généré avec de l'air insufflé à 10 degrés de température et dont l'état hygrométrique varierait de 0gr, à 9gr,50 de vapeur d'eau par mètre cube. Ces deux limites changeraient avec la température de l'air injecté. Ce principe est commun aux hauts-fourneaux au charbon de bois et au coke. Mais il n'en serait plus de même pour les hauts-fourneaux marchant à l'air chaud. Avec de l'air à 300 degrés la température initiale du tronçon gazeux serait de 1720°,677. Ce dernier fait contient le principe et fournit l'explication des différences entre la distribution de chaleur du tronçon gazeux dans un fourneau à air chaud et dans un fourneau à air froid (70).

Il est évident qu'à partir de sa transformation, le tronçon gazeux fera une perte nouvelle à son croisement avec chaque charge, pour se mettre en équilibre de température avec elle et qu'arrivé au gueulard, sa perte totale serait sans les causes perturbatrices, exactement égale à la différence entre sa température à son point de départ et celle au sortir du gueulard. Cette loi de déperdition de chaleur et de sa répartition entre les 20 charges toutes égales en poids et en composition qui vont être traversées serait facile à établir, s'il ne se produisait aucun phénomène modificatif dans cette période trajectoire. Mais les réactions qui ont été passées en revue prouvent qu'il en est autrement. Les considérations qui se rapportent à toutes les pertes de chaleur du tronçon gazeux font reconnaître que ces pertes sont toutes comprises sous les quatre titres suivants :

1° Chaleur abandonnée aux charges en les traversant et qui reste à l'état sensible;

2° Chaleur absorbée à l'état latent par les réactions qui ont lieu dans la descente des charges;

3° Chaleur de température conservée par les gaz à leur sortie du gueulard à 150 degrés;

4° Chaleur rayonnée par les parois du fourneau.

Pour le premier il a été prouvé (71) que la chaleur sensible d'une charge au moment fictif qui sépare son arrivée devant la tuyère, du moment où va s'y accomplir la combustion de son carbone, est exactement égale à la chaleur que le tronçon gazeux qui vient de naître de la charge qui a précédé, va perdre depuis la tuyère après la formation de son acide carbonique et avant celle de son oxyde de carbone, jusqu'à son arrivée au gueulard, moins la perte dans ce trajet, due : 1° aux réactions chimiques subies par une charge; 2° au rayonnement des parois du fourneau afférent à ce tronçon gazeux.

La conséquence de cette proposition et eu égard à ce que les détails qui précèdent, permettent de déterminer la chaleur absorbée par les réactions subies par une charge dans sa descente du gueulard à la tuyère, ainsi que la chaleur des gaz à leur sortie du fourneau, était qu'il y avait lieu de dégager la question de ces deux inconnues. Cette détermination a été faite (72 et 73). Il a été remarqué en passant, qu'après le départ des dernières parties de l'acide carbonique de la chaux, le poids de la charge qui est devenue kil. 370,45725 ne variera pas jusqu'à la tuyère. Mais on trouvera dans le tableau (88) tous les détails de toutes modifications subies par la charge et le tronçon gazeux dans leurs parcours à travers le fourneau.

De l'examen fait (72) il est résulté :

1° Que le poids total du tronçon gazeux à sa sortie du fourneau est de kil. 955,423. Soit un rapport entre le poids de la charge et le poids des gaz produits par le traitement de cette charge de 550 à 955,423 ;

2° Que la chaleur totale absorbée par les réactions relatives à une charge dans son passage du gueulard à la tuyère est 280560,451 calories.

De l'examen fait (73) il est résulté :

1° Que l'équivalent calorifique total du tronçon gazeux né d'une charge est à la sortie de ces gaz au gueulard 259,0070707808 ;

2° Que la quantité de chaleur sensible dont il est pourvu à sa sortie est : 38851 calories ;

3° Que la chaleur nette totale consommée par le traitement d'une charge moins la perte due à la portion de rayonnement afférente à cette charge et la chaleur emportée par la fonte et les laitiers à leur sortie du fourneau est : 309676°,110614 ;

4° Enfin, que la somme des chaleurs emportées par la fonte et les laitiers à leur sortie du fourneau et de celle enlevée par le rayonnement afférent à cette charge, somme de chaleurs qui forme le reste de la totalité générée par le traitement d'une charge est 144523,432 calories.

C'est cette dernière chaleur dont la discussion qui va suivre a pour but de fixer la répartition entre les causes qui doivent l'absorber. Mais il était utile :

1° De faire auparavant la preuve du fait admis hypothétiquement (70), à savoir, que les matières de la charge, la fonte et les laitiers n'empruntent ni ne cèdent aucune portion de chaleur devant la tuyère aux gaz en voie de s'y former, mais s'approprient seulement la chaleur sensible entière du charbon qui fait partie du même lit de fusion, ou l'équivalent de cette chaleur ;

2° De constater la puissance calorifique des gaz dont la composition est connue maintenant et qui s'échappent par le gueulard.

La preuve du fait provisoirement admis et inaperçu jusqu'à présent, a été fourni par la discussion (74).

Le calcul de la puissance calorifique des gaz combustibles qui se perdent par le gueulard, a donné pour cette puissance calorifique le nombre de 696378 calories qui équivaut aux deux tiers de la puissance calorifique totale de tout le combustible employé. Il sera démontré que ce rapport est sensiblement constant pour tous les hauts-fourneaux. Ce fait n'avait point encore été signalé (74 *bis*). Mais ce chiffre de perte ne correspond pas exactement dans l'emploi des gaz à la quantité de chaleur indiquée par le calcul, parce qu'il y a à tenir compte dans cet emploi, du coefficient résultant : 1° de la présence de l'azote et de l'acide carbonique mêlés aux gaz combustibles ; 2° de la chaleur latente de vaporisation de l'eau générée par la combustion de l'hydrogène qui fait partie de ces gaz combustibles ; 3° de l'accroissement de caloricité des gaz brûlés résultant de l'accroissement de leur volume.

La caloricité des corps est un élément essentiel de tous les calculs relatifs à leur chaleur. Cet élément faisait défaut dans la question pour les corps considérés, la fonte et les laitiers. J'ai dû faire à cet égard quelques recherches pour fixer la loi d'accroissement de leurs caloricités avec les températures (75). Ainsi en me fondant sur les documents fournis par les travaux de Petit et Dulong, de M. Pouillet et de M. Regnault, j'ai pu fixer cette loi d'accroissement de caloricité pour la fonte et pour les laitiers (76, 77, 78 et 79). En ce qui concerne la fonte, j'ai pu en faire une application immédiate au fourneau à manche de la fonderie de Fourchambault où j'avais fait l'une de mes expériences, et les résultats auxquels les calculs fondés sur les données de cette expérience m'ont conduit, présentent une précision presque mathématique et fournissent la preuve de l'exactitude de l'expérience et des données. Cette recherche fait disparaître l'empirisme des consommations de chaleur dans l'emploi du cubilot et fixe les principes de ces consommations.

Les expériences qui viennent d'être mentionnées permettaient de reprendre la question de la répartition de la quantité totale de chaleur déterminée (73), entre la fonte et les laitiers à leur sortie du fourneau et la portion de rayonnement se rapportant à une charge et accompli durant le passage de cette charge.

Mais cette répartition, bien qu'elle achevât et complétât l'emploi de toute la chaleur générée dans le traitement d'une charge, n'était évidemment qu'un détail de la question générale des chaleurs de la charge à ses diverses positions dans le fourneau ainsi que des températures, des modifications et des transformations qui en résultent à chacune de ces hauteurs. Il y avait donc opportunité à aborder le sujet dans son entier, à comprendre toutes ses parties dans une discussion unique, pour en mieux dissiper toutes les obscurités et rendre claires la filiation et la liaison des phénomènes entre eux; de manière à présenter un ensemble complet dans lequel le cas particulier que j'avais à traiter devait trouver naturellement sa place. Les données de la question générale posées dans ce qui précède permettaient malgré l'incertitude de quelques-unes, de déterminer avec une approximation suffisante la température de chacune des charges du fourneau, ou ce qui est la même chose, d'une charge à chacune de ses vingt positions; le rang qu'occuperait une charge dans la série au moment où se produirait la réaction que l'on aurait à considérer; enfin les hauteurs dans le fourneau auxquelles ces charges, ces températures et ces réactions correspondraient.

L'examen de ces divers points, en même temps qu'il compléterait la théorie du haut-fourneau, devait apporter à cette théorie par les résultats qui allaient être mis en lumière, la confirmation la plus éclatante, la preuve la plus efficace que l'on pût désirer de la certitude des principes sur lesquels elle repose.

En conséquence, les bases de la discussion ont été fixées sur la considération d'une charge à chacune de ses vingt positions supposée avoir subi les modifications qui se rapportent à cette position et en même temps du tronçon gazeux à la même position. Tous les résultats fournis par le calcul pour chaque croisement de la charge et du tronçon gazeux, devaient être consignés suivant leur ordre et à la hauteur où les phénomènes se seraient accomplis, dans un tableau dont la disposition a été expliquée et où se trouverait en même temps une coupe proportionnelle verticale du haut-fourneau, de manière à présenter le coup-d'œil synoptique de tous les faits qui se passent dans cet appareil (80) à toutes les hauteurs.

Le point de départ était la région de la tuyère, au moment fictif où le tronçon gazeux ayant converti son acide carbonique en oxyde de carbone, va commencer sa marche ascensionnelle vers le gueulard en se croisant avec la 19e charge, qui va devenir la 20e et dernière et remplacer à la tuyère celle qui vient de passer et de laquelle ce tronçon gazeux est issu. A ce moment, la quantité de chaleur dont est pourvu le tronçon gazeux est 275986 calories et sa température est 1443,854 degrés. C'est de cette quantité de chaleur et de cette température que j'ai dû partir pour suivre, en remontant de charge en charge, les modifications successives dans sa masse, sa composition et sa température, que son croisement avec chacune d'elles lui fait éprouver jusqu'au gueulard (80).

Mais il surgissait une question préalable (81), c'était le rayonnement. Il y avait avant tout à fixer la part d'influence modificatrice due à cette cause sur les phénomènes qui allaient être examinés. C'était d'ailleurs le moyen d'aboutir à la solution du cas particulier proposé, la connaissance de la chaleur emportée par la fonte et les laitiers. Les formules sur les lois du rayonnement, données par les auteurs, ne présentaient aucune garantie d'exactitude, et il ne m'a pas semblé qu'on pût faire autre chose que de recourir aux moyens empiriques qui satisferaient le plus complètement possible aux conditions de la question.

En conséquence, j'ai commencé par supposer le fourneau représenté par un cylindre de même capacité et de même surface dans lequel les 20 charges occuperaient le même volume et qui présenterait un accroissement uniforme et régulier de température du gueulard à la tuyère et dans les mêmes limites que le fourneau.

J'ai admis que dans un semblable appareil le rayonnement s'opérait du gueulard à la tuyère, suivant une progression géométrique croissante, telle que le rayonnement afférent à chacune des positions de la charge fut précisément un des termes de cette progression croissante. Ceci admis et l'appareil supposé fonctionnant, il était évident que si par un moyen quelconque on parvenait à faire obstacle au rayonnement dans les parties supérieures, sans modifier le régime de la partie inférieure, la série des termes inférieurs n'en serait pas non plus modifiée. Toutefois cette conséquence que l'on peut considérer comme exacte en fait, n'est pas exacte en principe, parce que l'obstacle apporté au rayonnement dans la partie supérieure, a pour effet d'échauffer d'autant les charges et d'élever leur température. Mais cette circonstance ne peut avoir qu'un effet inappréciable sur le rayonnement inférieur. Puis j'ai admis, pour des motifs qui ont été dits, que le rayonnement dans le haut-fourneau, et c'est là, malgré ces motifs donnés, le vrai caractère hypothétique de la thèse présentée, restait soumis à la loi d'une progression géométrique pour des surfaces égales comme avec la forme cylindrique, que par conséquent, la quantité de la chaleur rayonnée à chaque position de la charge était proportionnelle à l'étendue de la surface rayonnante, en prenant pour point de départ dans le calcul la chaleur totale trouvée pour la forme cylindrique. L'obstacle supposé apporté au rayonnement dans la partie supérieure du haut-fourneau, n'est autre que la chemise extérieure qui comprend toute la cuve (81).

La surface du fourneau a donc été calculée pour en faire l'application à la forme cylindrique. Puis il a été rappelé toutes les données nécessaires aux calculs qui allaient suivre, en exposant les considérations sur lesquelles est fondée l'adoption de celles de ces données qui sont hypothétiques (82).

Les calculs exécutés en suite de ce qui vient d'être dit ont conduit au chiffre de 26549°,6325 pour la chaleur totale de rayonnement cherchée afférente à une charge dans l'hypothèse de la forme cylindrique; et l'on a pu connaître ainsi la chaleur rayonnée par mètre carré à chaque position de la charge dans la même hypothèse. Ces chiffres ont, comme il vient d'être dit, servi de point de départ au calcul des mêmes valeurs pour le fourneau supposé revenu à sa forme réelle et dont la surface rayonnante a été répartie par un calcul approprié qui a été donné, entre les diverses positions de la charge. Les résultats de cette recherche, dont il a été démontré qu'on pouvait pousser l'approximation aussi loin qu'on le croirait nécessaire, ont enfin abouti à un chiffre définitif du rayonnement total pour une charge, de 28161°,382, qui ont été réparties entre les huit positions inférieures auxquelles elles se rapportaient (83).

L'introduction de ce chiffre de rayonnement dans le calcul de l'évolution calorifique produite par le premier croisement entre la charge et le tronçon gazeux, a conduit au chiffre de 1310°,937 pour la température de la charge arrivée enfin dans la région de la tuyère, et avant la séparation entre son charbon et les autres matières de la charge (84).

On avait alors toutes les données nécessaires pour épuiser la question de la recherche de la température de la fonte et des laitiers à leur sortie du fourneau, et des quantités totales et respectives de chaleur qu'ils emportent. La quantité totale de chaleur est 116362°,05, et leur température de sortie est 1723°,998.

Cette température qui paraissait devoir être une température d'équilibre entre celle de la charge et celle du tronçon gazeux, en diffère cependant notablement, car celle-ci est 2301°,431. La raison de cette différence a été amplement expliquée (85), et je n'y reviendrai pas.

Les parts respectives de chaleur de la fonte et des laitiers dans les 116362 calories de leur chaleur sensible de sortie, sont (86) :

pour la fonte . . . .   42295°,930
pour les laitiers. . . . .   74066 ,119

Total. . . . .   116362°,049

La quantité de chaleur de la fonte correspond à kil. 5,234648 de carbone, ou à kil. 6,042275 de charbon.

La quantité de chaleur des laitiers correspond à kil. 9,166598 de carbone, ou à kil. 10,580874 de charbon.

Il convient de remarquer que ces quantités ne représentent pas, à beaucoup près, les parts respectives de consommation de charbon de la fonte et des laitiers, mais ne sont qu'un des éléments du calcul de cette consommation qui sera donnée plus loin (96). Ces points vuidés, la recherche des températures de la charge à ses diverses positions a été reprise. La constatation des réactions, des évolutions calorifiques et des modifications produites par ces températures, tant dans la charge que dans le tronçon gazeux, a été faite. L'étude de cette question, où tous les résultats s'enchaînent d'une manière si étroite, dans une dépendance les uns des autres, telle que l'un quelconque d'entre eux ne peut varier sans imprimer un mouvement correspondant d'oscillation à toute la masse, fait trouver au gueulard, savoir :

pour la température de sortie des gaz. . . . .   159°,173
pour le poids du tronçon gazeux, kil.. . . . .   955 ,423
pour son équivalent calorifique. . . . .   259 ,0070772874

Le chiffre de 159°,173 de température ainsi obtenu est supérieur de 9°,173 à celui de la donnée (64), par suite de chiffres de caloricités adoptés un peu trop faibles. La légère erreur qui résulte de ces chiffres trop faibles, se trouvant multipliée de charge en charge sur toute la hauteur du fourneau, finit par créer cette différence de 9°,173, laquelle est d'ailleurs d'une importance nulle dans ces conditions.

Le chiffre de kil. 955,423, trouvé pour le poids du tronçon gazeux, ne diffère pas de celui calculé en bloc (72).

Enfin, le chiffre de 259,007077 de son équivalent calorifique ne diffère pas non plus d'une quantité appréciable de celui calculé en bloc (73). En somme, ces résultats d'une exactitude aussi grande qu'on pouvait le désirer, sont à la fois la preuve de la justesse des données et des calculs auxquels elles servent de base (87).

Tous les chiffres trouvés dans le cours de cette recherche de la température de la charge à toutes ses positions ont été réunis dans un tableau ci-annexé avec la coupe proportionnelle verticale du fourneau suivant l'axe, afin de présenter le coup-d'œil synoptique de tous ces résultats et faire ressortir ainsi plus clairement les causes, les effets et l'enchaînement de toutes les réactions dont le haut-fourneau est le siège, faire apprécier le degré de perfection auquel cette méthode de réduction des minerais de fer est parvenue, ses avantages, ses inconvénients, et les améliorations dont on peut encore espérer la réalisation pour laisser enfin peu de chose à désirer (88). Cette observation que je reproduis dans son entier, motive des développements desquels il résulte que le haut-fourneau, lorsqu'on utilisera ses gaz perdus, présentera un degré de perfection qu'il ne faut pas espérer dépasser de beaucoup. Les faits mis en lumière dans ce mémoire, sur la manière dont se répartit la chaleur entre les matières et dont se constitue la température de la charge, fait dont personne n'avait encore parlé jusqu'à présent, le prouvent d'une manière décisive. Ces faits sont d'une vérité absolue et sont la base de la théorie du haut-fourneau (89).

Ebelmen comprenait toute l'importance de la détermination des températures du haut-fourneau et se réservait de traiter ce sujet d'une manière approfondie. Cependant il ne paraît pas avoir considéré la question dans sa généralité, il n'était pas même fixé, ni sur les températures, ni sur la manière dont elles se produisent. C'est ainsi qu'après avoir énoncé, page 323, vol. 2 de ses œuvres, que la température de combustion entière du charbon à la tuyère est de 2232 degrés, fait d'une fausseté évidente (70), il fait tomber cette température à 780 degrés, par suite de la conversion de l'acide carbonique en oxyde de carbone. Ce dernier fait plus faux encore que le premier, présente avec les propres expériences d'Ebelmen, une étrange contradiction. En effet, il constatait dans une de ces expériences, la température de la fusion de l'argent, c'est-à-dire, d'au moins 1000 degrés à plus de deux mètres au-dessus du point où il signale cette température de 780 degrés. Je me borne à dire qu'en aucun cas cette dernière température ne saurait se produire à la hauteur à laquelle Ebelmen la signale (89).

Il a été démontré que la formation de l'acide carbonique à la tuyère et la conversion de cet acide carbonique en oxyde de carbone, à quelques centimètres plus haut, étaient dues à des influences de masse. L'apparente contradiction que présente l'emploi d'une ou de plusieurs tuyères dans les hauts-fourneaux, s'explique également de la manière la plus claire par le principe des influences de masse (90). C'est encore l'application du même principe qui justifie la disposition des matières dans la charge. Mais cette disposition se justifie encore par d'autres considérations qui la rendent absolument inévitable. C'est d'ailleurs conforme à l'expérience (91).

C'est toujours à la même cause qu'il faut attribuer l'impuissance réductive de l'hydrogène dans un haut-fourneau et sa conversion en simple protocarbure. La volatilité de ce corps et celle de ses composés carburés, à des températures plus basses en général que celles où commencent les premières réactions, est la raison de son inutilité dans les matières introduites par le gueulard. Mais il présente, en outre, le double inconvénient d'emporter de la chaleur et de rendre le charbon impropre au service du haut-fourneau lorsque le bois y est employé en nature. C'est la raison pour laquelle le bois torréfié ou non, ne convient en aucune façon dans les hauts-fourneaux, n'y a jamais donné de bons résultats et doit être exclu de cet usage d'une manière absolue. Mais l'impropriété du bois est encore accrue par les irrégularités dans la marche du haut-fourneau, causées par le refroidissement résultant de la carbonisation du bois dans l'appareil (92).

La réduction, la carburation et l'oxydation, sont trois phénomènes du même ordre. Leur accomplissement implique la pénétration et la translation de la matière à travers la matière. Il suppose des molécules, des pores aux corps et de plus un état particulier, une certaine orientation des molécules des corps entre lesquels la réaction doit avoir lieu pour qu'elle puisse s'opérer. C'est M. Leplay, le premier, qui dans son mémoire déjà cité, a exposé les vrais principes de la cémentation. Mais il en donne une explication qui n'est pas admissible. C'est évidemment à des actions électriques, dont les effets deviennent causes à leur tour, qu'il faut rapporter ces phénomènes. Mais la cause primitive et universelle dans la nature, et qui est certainement une des propriétés virtuelles de la matière dans les trois états où nous la connaissons, paraît n'être autre que la forme de la molécule. Trouvera-t-on cette forme quelque jour? Il faut le croire, si l'on considère comme vrai ce principe de métaphysique, que toute question a une réponse, et cet autre de physique, que tout effet a une cause à laquelle il se rattache par un lien certain (93).

Le carbone et le fer se combinent probablement en plusieurs proportions définies, mais personne, jusqu'à ce jour, n'en a isolé aucune. Tous les produits de cette espèce que nous connaissons ne sont que des carbures ferrurés de fer en toutes proportions. Ce fait explique l'infinie variété des fontes et des aciers, et aussi les dissidences d'opinion des savants et des métallurgistes qui se sont occupés de cette question.

Les limites de température entre lesquelles s'opère la carburation sont fort étendues. L'expérience le prouve. Ceci suppose différents degrés de carburation en proportions fixes.

Les ampoules qui se produisent dans la cémentation du fer, et les bulles dans l'acier fondu, sont vraisemblablement dues à une même cause, à des substances interposées ou introduites, contenant de l'oxygène qui brûle le carbone et produit de l'oxyde de carbone qui fait ampoule ou bulle. La nature du fait indique la voie à suivre pour trouver le moyen de le prévenir (93).

Il est peu ou point de fontes qui ne renferment du silicium, mais les fontes au coke en contiennent une plus forte proportion que les fontes au charbon de bois. Cet effet résulte de la plus forte proportion de combustible brûlé dans la fabrication des premières que dans celle des secondes. Il s'en suit une plus haute température moyenne dans les fourneaux au coke que dans les fourneaux au charbon de bois, mais non une plus haute température absolue.

L'emploi d'air chaud change ces conditions (94).

Toutes les causes de production de silicate de protoxyde de fer aux dépens de la fonte dans les hauts-fourneaux peuvent être rangées en deux classes, la première que l'on peut regarder comme permanente, tient aux proportions inexactes des composants terreux qui doivent former les laitiers. La deuxième comprend les dérangements dans l'allure du fourneau, qui font passer du fer non réduit ou réoxydé dans les laitiers. Il est encore une autre cause accidentelle, mais néanmoins permanente qui donne lieu au même effet, c'est celle qui résulte du contact de la fonte contre les parois des briques de l'ouvrage dont elle détermine l'érosion.

Les expériences directes en grand prouvent la difficulté de la réduction des silicates de fer dans les hauts-fourneaux (94).

La richesse d'un minérai, quant à son rendement dans son traitement, ne dépend pas de la teneur absolue en fer, mais aussi de la composition de sa gangue et de la quantité de fondant que cette composition requiert pour obtenir un laitier fusible.

Les éclaircissements contenus dans ce mémoire permettent de résoudre tous les cas donnés (95).

Les métallurgistes paraissent généralement disposés à attribuer aux laitiers qui se forment dans le traitement des minérais de fer au haut-fourneau, une fonction nécessaire. Aucune raison plausible ne paraît justifier cette opinion. Mais ils sont inévitables parce que on ne trouve pas dans la nature de minérais exploitables en grand, exempts de substances étrangères. Il devenait donc intéressant de connaître à quelle consommation de charbon correspond une quantité déterminée de laitier.

Le calcul fondé sur les données fournies par les documents qui précèdent, conduit pour la consommation totale d'un kil. de laitier à :

Kil. 0,52897 de carbone.
Kil. 0,621696 de charbon.

Et pour un kil. de fonte à :

Kil. 0,492586 de carbone.
Kil. 0,568540 de charbon.

Pour le cas de conversion du charbon consommé en oxyde de carbone seulement; mais dans le cas d'utilisation des gaz combustibles perdus par le gueulard, ces chiffres deviendraient.

Pour un kil. de laitier,

En carbone, kil. 0,16194
En charbon, kil. 0,18688

Pour un kil. de fonte,

En carbone, kil. 0,150895
En charbon, kil. 0,177005

L'identité de ces résultats obtenus par des calculs de détail avec ceux qu'on tirerait des chiffres de consommation pris en bloc prouvent la parfaite exactitude des données.

Les considérations dont j'ai déduit ces conclusions sont fondées sur les principes généraux qui régissent les phénomènes chimiques qui s'accomplissent dans le haut-fourneau; elles sont en conséquence applicables à tous les cas. On peut donc regarder les chiffres de consommation qui précèdent comme l'expression exacte du combustible dépensé dans un haut-fourneau par kil. de laitier et de fonte pour des températures de sortie tant des matières que des gaz égales à celles du cas présent. La correction ne présenterait aucune difficulté pour des fourneaux ayant des températures différentes de sortie de leurs gaz et de leurs matières (96).

Personne, jusqu'à présent, n'a donné d'explication plausible du mode d'action de l'air chaud dans les hauts-fourneaux et les effets divers sont restés enveloppés de tant d'obscurité que la plus grande incertitude d'opinion règne à cet égard autant dans le public industriel que dans le monde savant. Les principes exposés et développés dans ce mémoire, les résultats consignés dans le tableau et qui ont été déduits de ces principes, me paraissent éclaircir complétement cette importante question et en fournir la solution aussi satisfaisante qu'on puisse le désirer (97).

Il a été établi que l'emploi de l'air chaud ne présentait aucune économie immédiate de combustible dans les hauts-fourneaux au charbon de bois, mais assurait la régularité de sa marche et prévenait les débauches, ce qui en dernier lieu se traduit par de réelles économies; enfin, qu'employé dans une certaine mesure, il n'a aucune espèce d'influence mauvaise sur la qualité de la fonte. Son degré de température ne saurait constituer qu'une réserve provisionnelle de chaleur pour les cas de débauche et en excès sur celle strictement nécessaire à la marche du haut-fourneau. On sera toujours averti d'avoir atteint le degré convenable, par un petit excès de température des gaz du gueulard sur la température atmosphérique.

Dans les hauts-fourneaux au coke, l'excès de combustible consommé change les conditions. L'emploi de l'air chaud y est favorable tant que sa chaleur ne dépasse pas celle que produirait l'excès de carbone sur celui strictement nécessaire à la marche du fourneau et même cet usage permet de diminuer la quantité de cet excès de combustible en rendant la combustion plus facile par l'augmentation de température. Les fontes dans ce cas n'ont que les vices qu'elles tiennent de ceux des matières.

Il a été énuméré quelques-uns des avantages immédiats que réalise l'emploi de l'air chaud dans les conditions convenables et cette énumération termine ce que j'avais à dire sur le haut-fourneau.

Ebelmen traitant le même sujet en vertu d'un mandat de l'administration à une époque bien postérieure à celle où j'avais déjà commencé mes premières recherches sur ces questions, l'a fait avec la lucidité remarquable et la supériorité d'esprit dont il était doué. Mais il ne pouvait suppléer au défaut des données. La lacune à combler était trop large. Sa méthode d'investigations que d'ailleurs, il n'eût pas été libre de choisir, était mauvaise et ne pouvait le conduire au but. Mais eût-elle échappé à ces inconvénients, elle ne pouvait donner la solution que du cas particulier discuté, sans faire connaître les lois générales des phénomènes qu'il avait à examiner. Sa méthode de calcul n'était pas meilleure. Elle était sujette à erreur dans les très-longs calculs qu'elle eût entraînés et difficile à vérifier. Il n'avait évidemment que des idées incertaines sur l'ensemble et aussi sur un grand nombre de détails de ces matières. C'était la faute du temps, car plusieurs des travaux importants des chimistes et des physiciens qui seuls pouvaient lui permettre d'aborder fructueusement ces questions, n'étaient point encore connus. Il serait facile en rapprochant ses publications de mettre en relief les contradictions qui s'y remarquent. J'ai dû relever quelques-unes des erreurs qu'elles contiennent en raison de la gravité que leur imprimait l'autorité de celui qui les avait commises. Mais à côté de cela, j'avais cet autre devoir de rendre un éclatant témoignage au mérite hors ligne de ces travaux et dans lesquels j'ai puisé d'importants renseignements (98).

Traitement des fontes au four à réverbère.

Toutes les méthodes sans exception ayant pour but de transformer la fonte en acier ou en fer, ont le gaz pour agent principal, par conséquent peuvent être dites méthodes au gaz. Mais c'est du procédé seul du four à réverbère dont j'ai à parler, comme étant supérieur à tous les autres et destiné à tous les remplacer. Cependant la réduction de la fonte en fer ou en acier n'exige pas 10 pour cent du charbon qu'on y brûle. Encore faut-il ajouter que sur ces 10 pour cent la moitié à peu près est absorbée par le rayonnement.

Les données de la discussion sont celles d'un four à réverbère plein ordinaire, fonctionnant dans de bonnes conditions avec la houille de Commentry dont la composition a été donnée d'après une analyse moyenne déduite de Berthier et de M. Regnault. Enfin j'ai admis la température de 1250 degrés pour la moyenne de celle de l'opération (99 et 100).

Il était nécessaire pour les calculs de déterminer le coefficient d'accroissement de caloricité par 100 degrés du fer et de l'acier. Ce coefficient que j'ai admis commun pour les deux états du métal est 0,006. Il a été obtenu par une expérience faite à un four à réverbère de la fonderie de Fourchambault (101). Enfin j'ai supposé nulle, ainsi qu'il avait déjà été admis en parlant de cette réaction au haut-fourneau, la chaleur dégagée par la carburation du fer (68). Ma raison est l'énorme quantité de chaleur dégagée par la combustion du carbone de la fonte dans le traitement. Cette opinion n'était pas celle d'Ebelmen (102).

Il a été donné (103) la répartition entre les causes qui l'absorbent, de la chaleur consommée par le traitement d'une charge. Mais en examinant la question pour trouver la quantité de chaleur absorbée par chacune des quatre causes énumérées, il a été démontré (104) que dans les conditions actuelles du procédé, il serait impossible, quelque moyen direct ou indirect qui fût employé pour déterminer cette chaleur, non-seulement d'arriver à un résultat qu'on pût croire approché de la vérité, mais encore, en admettant que par un moyen quelconque on put parvenir à connaître le chiffre réel de cette consommation, il serait absolument impossible de faire aucun usage de ce résultat. Les raisons exposées pour l'impossibilité d'une analyse exacte sont : 1° qu'il n'y a point dans le courant gazeux de tranche homogène pour y prendre le gaz de l'analyse ; 2° qu'il n'y a pas deux tranches semblables, quand bien même on les supposerait toutes homogènes ; 3° qu'on ne lèverait pas la difficulté en recueillant tous les gaz dans un gazomètre, parce que les gaz dans le gazomètre n'auraient plus la même composition qu'à leur sortie du four. Il y aurait en outre les erreurs possibles d'une analyse d'une délicatesse extrême. La raison donnée pour l'inefficacité d'une analyse supposée possible et exacte, est que le résultat obtenu ne conviendrait qu'au cas examiné, tandis que pour une même température, pour une même quantité de combustible et de matières traitées, il existe avec la condition de variabilité de l'air employé à la combustion, une infinité de compositions de la colonne gazeuse et par conséquent de consommations de chaleur.

Ebelmen connaissait les deux premières objections, mais n'avait point aperçu la dernière. Le doute apparaît dans son esprit, car on le voit, probablement suivant le cours de ses idées du moment, conclure pour en raisonnant contre. Ses travaux tout en resserrant les limites du problème et sans le résoudre en avaient à la fois accru les obscurités et interdit l'accès aux explorateurs moins en renom (105).

La nécessité de faire disparaître l'indéterminée du problème pour en procurer la solution, conduit aux définitions du traitement normal et du traitement normal absolu, et à la conclusion que la discussion ne peut et ne doit s'entendre que du traitement normal. Cette dernière hypothèse rend la solution facile et il ne s'agit plus pour trouver le mode de combustion qui se rapporte au cas normal présent, que de connaître la chaleur perdue par le rayonnement et celle prise par la fonte et les laitiers dans le traitement de la charge (106).

Le chiffre de rayonnement a été par des raisons qui ont été dites, calculé suivant les considérations qui ont servi à déterminer celui du haut-fourneau. Il a été trouvé de 4,36707 pour cent de la quantité de houille consommée dans le cas présent, mais avec l'observation, tout en le maintenant dans les calculs, de montrer qu'il doit subir d'importantes réductions (107).

Il a été calculé (108), au moyen du coefficient d'accroissement de caloricité trouvé (101) la chaleur emportée du four par les 200 kilo. de fer produit d'une charge. Cette chaleur correspond à kilo. 6,487696 de houille formant 3,243843 pour cent de la houille employée. Mais il a été réservé de déduire de cette chaleur la chaleur dégagée par la combustion du carbone de la fonte et celle dégagée par le fer brûlé dans l'opération qui diminuent d'autant celle nécessaire au traitement.

Il a été examiné (109), avec les détails suffisants, la manière dont ces deux dernières quantités de chaleur étaient générées et les circonstances principales qui accompagnent les réactions qui les produisent, tant pour faire apprécier les mérites et les défauts du procédé que pour aider à la détermination de la composition de la masse gazeuse.

Il a été déterminé (110), la quantité de chaleur absorbée par la réduction partielle du peroxyde de fer qui a cédé son oxygène au carbone de la fonte. De même, la quantité de chaleur générée par le fer qui se brûle par l'oxygène de l'air libre et passe dans les laitiers, a été calculée (111). J'ai donné (112) l'évaluation de la quantité d'air libre nécessaire à la suroxydation du carbone de la fonte et à l'oxydation du fer qui passe dans les laitiers. Enfin, j'ai donné (113), le calcul de la chaleur emportée par les laitiers.

Ces différents résultats ont permis (114) de connaître le chiffre total de chaleur absorbée par le traitement d'une charge. Cette chaleur correspond à 9,37321 pour cent de la houille totale consommée, moins la chaleur d'échauffement. Dans ces 9,37 pour cent le rayonnement figure pour 4,36 en sorte que le traitement proprement dit n'absorbe guère que 5 pour cent du combustible consommé.

Il a été observé que ce chiffre de consommation croîtrait dans le cas du traitement normal se rapportant au cas discuté et croîtrait aussi dans le cas du traitement normal absolu ; mais on aurait dans l'un et l'autre cas un accroissement de produit en fer qui dépasserait de beaucoup par sa valeur celle du combustible excédant brûlé.

Il a été recherché (115) entre quelles causes se distribue le reste de la puissance calorifique de tout le combustible employé, après prélèvement fait de la chaleur prise par le traitement d'une charge. L'amplitude de ces causes au nombre de cinq a été calculée. L'effet des trois premières a été ajouté à la consommation due au traitement de la charge, ce qui a porté cette consommation à 10 pour cent du combustible total consommé, y compris toujours la chaleur absorbée par le rayonnement. Les deux autres causes qui sont la chaleur sensible ou de température des gaz et la puissance calorifique des gaz combustibles qui s'y trouvent, forment le reste de la puissance calorifique totale du combustible employé. Mais il a été observé que la question ainsi posée présente une indéterminée suivant les considérations développées (104), et que cette indéterminée ne disparaît que par la fixation de la quantité d'air employé à la combustion. Par suite, l'hypothèse de la quantité minimum d'air a été admise et la question posée en conséquence.

Les considérations fondées sur l'ensemble de ces données et les déductions qui en ont été la conséquence, ont conduit à la détermination de la chaleur totale développée dans le cas discuté et à la connaissance dans le même cas, de la composition de la masse gazeuse. Il a été observé en terminant la discussion, qu'elle se fût appliquée identiquement à toute fonte quel que fût son degré de carburation et par suite à la fabrication de l'acier.

Les faits et la discussion qui viennent d'être mentionnés permettent de conclure les rapports de la puissance calorifique des gaz combustibles de la masse gazeuse et de la chaleur sensible de toute la masse gazeuse générée, à sa sortie du four, avec la puissance calorifique totale du combustible consommé. Ces rapports sont, en effectuant la dernière correction indiquée pour la variation du calorique latent de la vapeur d'eau, savoir : pour la puissance calorifique des gaz combustibles 0,6756 et pour la chaleur sensible de toute la masse gazeuse 0,2336 (116).

Le cas qui vient d'être examiné (115 et 116), est celui qui se rapproche le plus du cas normal pour la donnée de consommation posée ; mais, néanmoins, il est encore purement spéculatif et jamais ses conditions ne sont réalisées dans la pratique ordinaire, par l'absence de tout moyen exact de modérer ou d'empêcher l'introduction de l'air en excès dont on ne peut même pas mesurer la quantité.

Les expédients mis en œuvre pour atténuer les pertes qui résultent de cet excès d'air, ne sont que des palliatifs insuffisants. On voit donc l'énorme différence qui sépare le procédé courant du procédé spéculatif qui vient d'être décrit.

Cependant ce dernier est pour le moins autant distancé par le traitement normal absolu, qui doit être le procédé modèle vers la réalisation duquel tous les efforts doivent être dirigés (117).

Le traitement normal absolu (118) consiste dans la transformation de la fonte en fer ou en acier au four à réverbère sans déchet de fer, au moyen de la combustion complète du combustible employé en quantité exactement suffisante pour produire la température et les réactions nécessaires. Il est évident que l'on amènerait ce procédé à peu près au dernier terme d'économie et de perfectionnement qu'on puisse espérer : 1° Si l'on réduisait le rayonnement à sa plus faible valeur ; 2° Si l'on utilisait la chaleur sensible entière des gaz brûlés nés de ce traitement ; 3° Enfin, si l'on pouvait par son moyen mettre en œuvre tous les combustibles quelconques exclus par la métallurgie pour leur défaut de qualité. Mais il faudrait renoncer à tout espoir d'amélioration, si l'on devait rester dans les errements du procédé actuel. Cependant les moyens qui conduisent à ces importants et derniers progrès ne consistent que dans quelques modifications faciles et peu coûteuses au procédé dit puddlage au gaz. Avant de parler de ces modifications, il était opportun de déterminer les consommations du traitement au gaz en le supposant opéré par des gaz combustibles de composition connue, sans s'occuper de la manière dont ces gaz combustibles pourraient être obtenus. En conséquence, en se plaçant dans les données de la discussion précédente, quant aux proportions des matières, à la composition de la fonte, à la température du four, à la durée de l'opération et au rayonnement, j'ai admis une certaine composition de la masse gazeuse combustible destinée à opérer le traitement ; j'ai supposé que l'on pût, par un procédé quelconque, au moyen d'air à 10 degrés de température à $0^m,76$ de pression barométrique et $3^{gr},50$ de vapeur d'eau hygrométrique par mètre cube, brûler complétement sans reste d'air libre une quantité de ces gaz exactement suffisante pour générer la température de 1250 degrés et opérer les réactions qui constituent le traitement de la charge. Pour connaître la quantité nécessaire de ces gaz combustibles, j'ai calculé la quantité de chaleur qu'exigeait le traitement de la charge proprement dit, puis en ajoutant à cette chaleur la chaleur sensible des gaz brûlés, pour leur donner leur température de sortie du four de 1250 degrés, j'ai déterminé par un calcul d'approximation à moins de trois dixièmes de kil. près et dans les conditions des données, la quantité de gaz nécessaire pour opérer le traitement d'une charge. Tous ces calculs ont fait retrouver une température de $1251°,524$ signe certain d'une exactitude parfaite des données et du calcul.

Il a été observé que la discussion était commune à la fabrication du fer et de l'acier.

La chaleur dépensée dans le cas du traitement normal absolu correspond à 8,9211 pour cent en carbone du poids du fer obtenu ou à 10,2973 pour cent en charbon du même poids de fer. En comprenant dans cette chaleur dépensée la chaleur sensible des gaz brûlés, cette proportion s'élève pour le carbone à 20,8116 pour cent du poids du fer et pour le charbon à 24,0226 pour cent du même poids. Ces chiffres sont loin de la consommation du procédé courant que j'ai admis (99) être de cent pour cent, bien qu'elle descende rarement aussi bas, mais ils prouvent toute l'importance qu'il y aurait dans le cas du traitement normal absolu à utiliser la chaleur sensible des gaz brûlés puisque par le seul fait de la perte de cette chaleur, la consommation du combustible se trouverait plus que doublée.

Ces chiffres exigent deux corrections, la première relative à la part afférente à une charge dans le combustible dépensé à échauffer ; la deuxième relative à la dépense de chaleur pour la conversion du combustible concret en gaz combustibles.

Pour la première, il est observé que dans tous les systèmes cette dépense est inévitable que par conséquent il est inutile de s'en occuper. Toutefois, dans le procédé au gaz l'échauffement étant plus rapide, elle sera moins considérable que dans le système ordinaire. Pour la deuxième, il sera toujours possible en opérant la gazéification dans le gazogène, de dépouiller le courant gazeux à peu près de toute sa chaleur sensible au profit d'une plus grande production de gaz combustibles ; mais cette correction perdra sa raison d'être lorsqu'on utilisera les gaz combustibles perdus par le gueulard du haut-fourneau.

J'ai successivement passé en revue dans ce qui précède de la deuxième partie de ce résumé, les dépenses de chaleur faites dans le fourneau à manche, dans le haut-fourneau, et dans le four à réverbère, il me reste à voir quelles sont les économies de combustible réalisables sur ces dépenses et quels sont les moyens de les réaliser (119).

Le fourneau à manche dont j'ai pris le type à la fonderie de Fourchambault, présente une telle rationnalité dans toutes ses conditions, qu'il laisse peu de latitude aux économies (120).

Le combustible consommé à la mise en feu et dont la dépense évaluée en argent s'élève à fr. 20,83 ne varie pas quelle que soit la durée de la tournée.

Il s'en suit que plus la tournée sera longue, plus l'économie sera grande et que si l'on en faisait durer une autant que plusieurs, on économiserait autant de fois fr. 20,83. Mais on a vu que d'abord, cette économie serait atténuée par les dépenses supplémentaires d'un travail de nuit, ensuite elle nécessiterait un courant continu de commandes pour entretenir le travail (120).

La puissance calorifique des gaz combustibles qui s'échappent par le gueulard forme à peu près le tiers de celle de tout le combustible employé. Sa valeur en argent peut s'élever à fr. 16,66 par jour de marche dans les conditions de la fonderie de Fourchambault et en admettant une mise en feu journalière. Mais son utilisation présenterait la grande difficulté de l'interruption du travail (121 et 122).

Il a été signalé (123) la précaution toujours utile et dans tous les cas possibles, de mettre le combustible à couvert. Jamais les dépenses faites dans ce but ne sont hors de propos (123). Il en résulte économie de combustible et conservation de sa qualité.

La chaleur théorique du traitement de la fonte représente en carbone 3,40 pour cent du poids de la fonte et en charbon 4,15 du même poids et n'est sujette à aucune réduction (124).

La chaleur sensible ou de température des gaz qui s'échappent par le gueulard est pour 100 kil. de fonte de 2200 calories correspondant à kil. 0,2722 de carbone et à kil. 0.31428 de charbon, soit pour 15000 kil. de fonte traitée dans une tournée kil. 47,142 de charbon dont on pourrait restituer au fourneau à peu près les deux tiers en chauffant l'air d'alimentation et les charges au moyen des dispositions appropriées d'un rampant au gueulard. Mais outre la dépense d'installation, il ne faudrait pas perdre de vue la dépense de force nécessaire pour élever la charge de toute la hauteur du rampant (125). Au surplus, le fourneau à manche peut être remplacé avec avantage par un four à réverbère à gaz de dimensions aussi petites qu'on voudra et en rapport avec le service qu'il aurait à faire.

Il a été établi (126) que l'on peut considérer la puissance calorifique des gaz combustibles perdus par le gueulard du haut-fourneau, comme représentant en moyenne d'une manière constante et avec de faibles écarts seulement, les deux tiers de la puissance calorifique totale du combustible consommé. Il a été également établi que 100 kil. de fonte consommaient pour se transformer en fer ou en acier au four à réverbère et dans les conditions posées de la présente discussion, la quantité de 220195 calories dans lesquelles la chaleur prise par le traitement de la charge proprement dit ne figure que pour 59667 calories, néanmoins, qu'en prenant pour base cette consommation de 220195, la puissance calorifique des gaz combustibles perdus du haut-fourneau se rapportant à 100 kil. de fonte, était trois fois aussi considérable et que par conséquent un haut-fourneau doit fournir toute la chaleur nécessaire à la transformation de toute sa fonte en fer ou en acier.

Les calculs auxquels on s'est livré jusqu'à présent (127) pour déterminer la composition et par suite les effets calorifiques des gaz perdus par le gueulard du haut-fourneau, manquaient de base et ne pouvaient ni conduire à des résultats exacts, ni surtout faire connaître les lois suivant lesquelles ces résultats sont produits, non plus que la fixité de ces lois. Les recherches rapportées dans ce mémoire et les nombres consignés dans la colonne U du tableau (88) qui y est joint, ont permis de combler cette lacune. Il suit des calculs qui en ont été la conséquence (127), que la température produite par la combustion de ces gaz perdus, atteint 1732 degrés, c'est-à-dire, est de beaucoup supérieure à celle du traitement de la fonte qui n'est que de 1250 degrés et qui ne dépasse pas 1400° pour le four à réchauffer. Il a été remarqué que les gaz brûlés et non combustibles qui faisaient partie de la masse gazeuse avant la combustion, prenaient dans la chaleur de cette température 270967 calories et que cette température elle-même pouvait recevoir un notable accroissement de l'échauffement de l'air employé à la combustion. Enfin, il a été remarqué, en outre, que cette même température avait pour les mêmes raisons, le même caractère de fixité que la proportion de puissance calorifique des gaz perdus relativement à celle de tout le combustible employé.

La quantité de chaleur que ces gaz brûlés abandonneraient pour les besoins du traitement de la charge, en descendant de leur température de combustion 1732 degrés, à celle de 1250 degrés, qui est celle de leur sortie du four est de 189306 calories, et ils retiendraient à cette dernière température 490686 calories. Ainsi, l'on voit que la combustion des gaz combustibles du haut-fourneau se rapportant à 100 kil. de fonte produite, fournira plus de trois fois, à l'état disponible, la quantité de chaleur nécessaire au traitement du même poids de fonte. Cette dernière quantité est de 59647 calories au maximum et ne sera pas à beaucoup près atteinte en réalité; en sorte que la quantité disponible fournie par la combustion des gaz combustibles dépasse réellement plus de quatre fois celle nécessaire au traitement de la fonte correspondante.

Il a été prouvé que les 490686 calories qui resteraient à la masse gazeuse brûlée à 1250 degrés, et après le traitement de la charge opéré, suffiraient grandement pour remplir les besoins des moteurs nécessaires au traitement. Ces besoins qui ne dépassent pas 296000 calories, laisseraient encore à la masse gazeuse 194686 calories qui lui donneraient une température de 495 degrés. Encore faut-il ajouter que cette dernière température n'est qu'un minimum, parce que la quantité de chaleur disponible pour le traitement de la charge et qui ne sera pas employée, viendra grossir d'autant la provision de la masse gazeuse et fera monter sa température à un chiffre qu'on peut évaluer approximativement au moins à 800 degrés. On pourrait donc, avant d'expulser dans l'atmosphère cette masse gazeuse, donner encore à ce qui lui resterait de chaleur sensible divers emplois qui amélioreraient d'autant les résultats obtenus. Parmi ces emplois, on peut comprendre l'échauffement de l'eau du générateur de vapeur, de l'air et des gaz utilisés dans le procédé, enfin la dessiccation des matières de la charge et la déshydratation du minérai (127).

Il est probable que de tout temps les chaleurs perdues des foyers métallurgiques ont attiré l'attention des métallurgistes. Cependant, ce n'est qu'en 1814 que l'on apprit par un mémoire de Berthier, l'emploi qu'en faisait un maître de forges, M. Aubertot, pour cuire de la chaux et des briques. Ultérieurement, plusieurs métallurgistes, entre autres MM. Thomas et Laurens, en France, proposèrent divers moyens de les utiliser, mais ce ne fut qu'en 1837 que M. Faber-Dufaur, maître de forges, en fit l'application régulière à l'affinage de la fonte aux usines de Vasseralfingen, en Prusse. Toutefois, l'enthousiasme que fit naître cet exemple ne se soutint pas. Le procédé ne réalisa pas les espérances qu'il avait fait concevoir; il fut peu à peu délaissé, et aujourd'hui l'utilisation des gaz perdus des foyers métallurgiques se trouve revenue à son point de départ, le chauffage des chaudières à vapeur.

Cependant, vers 1840, l'administration frappée de l'importance de la question, chargea Ebelmen de l'étudier. Celui-ci, bientôt après, proposa comme résultat de ses recherches, la généralisation du système de conversion préalable des combustibles en gaz pour les appliquer au traitement du fer. C'était une révolution radicale dans l'industrie. Les conséquences en étaient incalculables. Il ne s'agissait pas seulement d'un meilleur emploi du combustible, mais aussi de faire entrer dans l'approvisionnement de l'industrie et comme matières de première qualité, une masse énorme de combustibles sans valeur pour leur défaut d'aptitude. Mais ce système nouveau ne devait pas échapper aux fluctuations de faveur et d'insuccès dont par diverses causes toute chose nouvelle se trouve affectée. J'ai dit l'obstacle qui l'empêcha de réussir à cette époque. J'ai la croyance d'avoir, en signalant cette cause, mis à jour ses effets certains et surtout d'avoir indiqué le moyen simple et facile de la faire disparaître et de réaliser enfin d'une manière définitive la conception d'Ebelmen (128).

Il a été expliqué (129) que le détail nouveau et encore inexpérimenté du système, l'exhausteur ne pouvait avoir qu'une influence favorable et nullement nuisible, puisque d'ailleurs on sera toujours maître d'en modérer l'allure à la mesure même de la vitesse du fourneau, de manière à rendre, s'il est besoin, son effet insensible sur ce dernier. De plus, il a été remarqué que son emploi présente un précédent qui n'est pas sans autorité, puisqu'il fonctionne aujourd'hui avec un succès complet dans les usines à gaz. J'ai dit les raisons qui devaient faire préférer le système de pompes au ventilateur, il est inutile d'entrer à cet égard dans de nouveaux développements.

J'ai donné (130) avec les détails suffisants les raisons qui doivent déterminer la capacité d'un gazomètre et quelques autres dispositions particulières qui varieront presque à l'infini avec les circonstances spéciales et propres à chaque usine. Enfin, il a été fait la remarque que le système de fours conjugués procurera une économie sur le rayonnement, que le temps gagné sur la rapidité de l'opération en procurera une autre, et que ces deux économies abaisseront d'une manière notable le chiffre de consommation de chaleur par le traitement de la charge de 59647 calories calculé comme un maximum, et qu'ainsi il en résulte la preuve annoncée (127), que ce chiffre ne sera pas atteint, en outre d'autres causes qui tendront à le faire baisser.

Il a été donné une évaluation approximative des dépenses auxquelles ces changements entraîneraient dans une usine possédant déjà un haut-fourneau. Ces dépenses seraient inférieures à celles que nécessiterait une usine qui serait construite spécialement (130).

L'adoption du four à réverbère au gaz, dans la métallurgie du fer, a échoué pour la cause signalée (128). Le moyen proposé fait disparaître cette cause, il n'y a donc plus qu'à déterminer les dispositions nouvelles à introduire dans le four à réverbère en suite de l'application de ce moyen.

Dans le four à réverbère ordinaire, le foyer où la houille se brûle, est la source où se génèrent les gaz qui doivent opérer le traitement de la charge dans le laboratoire. On a vu (104 et suivants) qu'il était impossible de maîtriser cette source productrice de gaz, d'en régler et même d'en calculer les effets, c'est là le vice sans remède de ce système. Dans le procédé au gaz, au foyer ordinaire se trouve substitué un système de buses dont les unes fourniront les gaz et les autres l'air destiné à les brûler. C'est ici le lieu de remarquer l'exellence de l'hydrogène et de ses composés carburés gazeux sur tous les autres combustibles (53). Jusqu'à ce que l'expérience ait prononcé sur les meilleures dispositions à donner non-seulement aux buses mais à toutes les autres parties du four, les avis seront nécessairement partagés sur beaucoup de détails. J'ai indiqué (131) celles de ces dispositions que mes observations sur le four à réverbère ordinaire me font considérer par analogie comme les meilleures. Il ne me semble pas utile d'y revenir, seulement j'insiste de nouveau sur cet avantage capital et qui domine toute la question, de pouvoir au gré de l'opérateur, sans le concours d'un chauffeur plus ou moins habile, plus ou moins attentif, sans dépendre d'un combustible plus ou moins apte, mais dont le meilleur présente encore les inconvénients énormes que j'ai signalés, modérer, activer doucement ou instantanément la combustion, élever, abaisser la température et rendre le courant gazeux réductif ou oxydant de manière à avoir exactement la qualité et la composition du produit qu'on cherche, de plus, obtenir une qualité indépendante de celle du combustible employé.

J'ai énuméré (132) quelques-uns des avantages incontestables que ce procédé présentera sur le procédé ordinaire, il y a lieu de penser que l'expérience en révélera d'autres. Mais le plus important de tous ne consiste pas comme on pourrait le croire à première vue ni dans l'économie du combustible, ni dans le rendement plus grand, ni dans la qualité supérieure des produits, mais dans l'affranchissement de l'industrie du fer du combustible minéral.

Tous les développements qui ont été donnés dans les discussions qui précèdent ont enfin permis de formuler la réponse aux trois questions posées (53). Cette réponse montre le chemin qui reste à faire à la sidérurgie pour atteindre de bonnes conditions ; mais si l'on joignait aux améliorations si désirables qui ont été examinées, l'adoption du mode de carbonisation au gaz décrit en ce mémoire et du gazogène, on obtiendrait, à quelques perfectionnements de détails près, que l'expérience révélera, le dernier degré d'économie auquel on peut prétendre dans la fabrication du fer au charbon de bois (133 et 134).

Il était à propos de présenter en terminant un bref parallèle entre les deux systèmes mis en présence.

Or et en conséquence, il a été établi (135) en rappelant les résultats trouvés, que par l'ancien système, le maître de forges, pour obtenir de la fonte, perd moyennement 90 p. 100 du carbone contenu dans le bois ;

Que la production de 100 kil. de fonte a réellement entraîné la consommation de l'équivalent de 500 k. de carbone et par conséquent celle de 110 k. a entraîné une consommation de 550 kil. de carbone, plus un appoint en hydrogène du bois représentant kil. 38,374 de carbone, soit pour kil. 110 de fonte obtenue un total consommé équivalent en carbone à kil. 588,347 ;

Qu'en admettant que la fabrication de 100 kil. de fer ou d'acier exige 110 kil. de fonte, il y aura eu une consommation d'un équivalent de kil. 86,641 de carbone pour cette transformation de 110 kil. de fonte en 100 kil. de fer ou d'acier ; soit un total de kil. 674,988 de carbone consommé et correspondant à kil. 779,129 de charbon pour 100 kil. de fer produit ; enfin, qu'en évaluant les 150 kil. de charbon de bois qui ont servi à la fabrication de la fonte au prix trouvé (17) et le carbone qui a servi à la transformation des 110 kil. de fonte en 100 kil. de fer ou d'acier, en houille à fr. 2,50 l'hect. de 80 kil., que les 100 kil. de fer ou d'acier ont coûté fr. 16,50 pour la dépense en combustible seulement.

Il a été établi que par le procédé nouveau, les kil. 150 de charbon qui ont servi à la fonte n'ont rien coûté, puisque la valeur nette des produits accessoires qui ont été recueillis, dépasse celle de tout le charbon obtenu en se bornant dans l'appréciation du prix de revient à cette gratuité du charbon, sans tenir compte de la plus-value des produits accessoires ; que la transformation de la fonte en fer ou en acier au moyen des gaz perdus du haut-fourneau n'a entraîné aucune consommation nouvelle de combustible ; qu'ainsi la fabrication de la fonte, du fer et de l'acier par le nouveau système, ne coûte rien en combustible et n'enlève à l'approvisionnement général en combustible que 150 kil. pour 100 kil. de fer obtenu au lieu de kil. 779,129 par l'ancien système.

En appliquant ces données nouvelles à la fabrication d'une tonne de fonte, on trouve qu'elle coûte sur le parterre de l'usine fr. 59,60.

Pareillement, les mêmes données conduisent à un prix de revient de fr. 98,95 pour la tonne de rails d'acier.

La diffusion et la vulgarisation des principes qui sont le point de départ des considérations développées dans ce mémoire, devront favoriser l'adoption des méthodes nouvelles qui en sont la conséquence, en étendre et accroître les applications et donner ainsi satisfaction à tous les intérêts qui se rattachent à ces principes.

Enfin, dans le nombre des moyens d'économie examinés, je n'ai point compris celui qui résulterait de la substitution de l'oxygène pur à l'air pour opérer la combustion, parce que cette amélioration qui paraît évidente et qui ouvrirait vraisemblablement à l'industrie les horizons nouveaux les plus vastes est subordonnée à la possibilité non acquise encore d'obtenir l'oxygène pur à bon marché.

Auguste GILLOT.
Ingénieur civil des Mines.

Nevers, 25 janvier 1869

APPENDICE

CXXXIX.

Préliminaires.

Tous les faits relatifs à la carbonisation et au haut-fourneau et rapportés dans ce double mémoire, ont été observés et reproduits par moi un grand nombre de fois pendant une longue période d'années. Tous les résultats théoriques ont été réalisés dans de nombreuses expériences variées de diverses manières et souvent répétées. On peut donc considérer comme dissipées, toutes les obscurités qui voilaient ces faits ou dissimulaient leur nature, et les deux questions elles-mêmes comme définitivement éclaircies et résolues. Il y a lieu de penser que l'avenir justifiera de plus en plus ces conclusions et en fécondera les conséquences. Mais les circonstances ne m'avaient pas permis jusqu'à présent de conquérir la même certitude pour les principes exposés au cours du chapitre cinquième sur le four à réverbère, ainsi que sur les effets probables de l'application de ces principes. Cependant la consécration expérimentale me paraissait d'autant plus nécessaire, que j'avais par mes propres observations, la certitude que certains résultats théoriques d'une haute importance étaient affectés d'un coefficient considérable sur la valeur même duquel j'avais pu fixer mes idées. Ce coefficient n'est autre que celui introduit par le principe général de la variation de la caloricité en proportion directe des variations des volumes. J'ajoute pour compléter ce point, quant à ce qu'il importe ici, et aussi pour fournir à l'avance une réponse à une objection qui pourrait se produire touchant le calcul donné (87) des températures de la charge et du tronçon gazeux qui en résulte dans le haut-fourneau, « lorsqu'un obstacle » quelconque, naturel s'il provient des propriétés des matières considérées, ou » artificiel s'il provient d'un obstacle indépendant de ces matières, s'oppose » au développement de volume, que la température dans ce cas croît en pro- » portion de la puissance de l'obstacle. » Au surplus, je me propose de donner sur cette question les détails qu'elle comporte dans un travail sur la chaleur dont je m'occupe et que j'espère pouvoir publier bientôt. Or, on a pu remarquer que dans la discussion du chapitre cinquième, relative aux températures du four à réverbère, il n'a pas été question, et à dessein, de ces variations de caloricité des gaz et je me suis borné à considérer les caloricités comme des constantes d'après les physiciens, alors qu'il était évident pour moi que les variations ont une importance telle qu'elles seules déterminent les températures et permettent de calculer les quantités de combustible nécessaires aux

effets que l'on veut produire et qu'il faut, par conséquent, de toute nécessité, introduire cette variable dans les questions de chaleur. Il y avait donc,
comme on voit, intérêt capital à contrôler et à rectifier, au besoin, par le
fait matériel le fait théorique déduit des données et des considérations présentées au chapitre cinquième. Restait à trouver l'occasion de faire cette vérification. A cet égard il est facile de reconnaître que si dans une usine établie
et marchant depuis longtemps, il est possible de tenter l'essai d'un système
nouveau moyennant quelques appropriations relativement faciles et peu coûteuses, la question rencontre, au contraire, immédiatement un obstacle considérable dans la nécessité d'élever de toute pièce une usine spéciale pour l'expérimentation de ce système nouveau dont l'application, quelque certitude de
succès qu'il présente, peut toujours laisser craindre d'échouer devant l'imprévu
ou même devant le fait seul de l'inexpérience du début. Cette occasion me fut
fournie par la société anonyme de Montataire. Je dus au concours éclairé et
bienveillant de l'éminent directeur de cette compagnie, M. de la Martellière, de
pouvoir tenter à la fois et à Montataire même, une nouvelle épreuve de la carbonisation en vase clos au gaz et celle de la fabrication du fer au four à réverbère au gaz. Les opérations commencées vers les derniers mois de 1868, se
continuèrent jusqu'à la guerre de 1870. J'en donne ci-après le sommaire, ne
m'arrêtant qu'aux points qui méritèrent l'attention; soit en confirmant les
théories produites et les résultats annoncés, soit en les infirmant. Je commen-
çais par la carbonisation du bois.

CXL.

Expérience de carbonisation du bois aux usines de Montataire.

Le bois à carboniser, qui me fut livré, était en partie dans un état notable
de décomposition, par suite de l'intervalle écoulé depuis sa coupe qui datait de
plusieurs années. Cependant mon programme fut réalisé dans ses moindres
détails. L'établissement possède pour son éclairage une usine à gaz, je pus
donc prendre toutes les dispositions déjà décrites (25) et sur lesquelles je n'ai
pas à revenir. Toutefois, en ce qui concerne le chauffage, je crois devoir déclarer que des recherches nouvelles dans lesquelles m'ont induit des observations de plusieurs industriels sur l'inconvénient du chiffre élevé des dépenses
premières résultant de la construction d'un gazomètre et de ses accessoires
dans l'établissement d'une usine de carbonisation, me permettent d'affirmer
aujourd'hui que le chauffage direct par un combustible quelconque peut, au
moyen d'un appareil approprié, être conservé sans grand désavantage sur le
gaz.

On obtint des liquides, qui à l'acétimètre Salleron et aussi par la méthode
de Gay-Lussac, indiquèrent constamment une richesse en acide acétique monohydraté de plus de 7 p. 100 du poids du bois. Le méthylène ne peut être dosé,
faute d'appareils distillatoires; mais il était évident que la proportion de méthylène de 2 p. 100 en poids du bois dût être dépassée, car on n'obtint point
de goudron, et l'on sait que ces substances, dans cette opération, sont pro-

duites ou dégagées en proportions inverses l'une de l'autre, de manière qu'au maximum de l'une correspond le minimum de l'autre et réciproquement. L'acide acétique sur ce point, paraît soumis à la même loi que le méthylène.

CXLI.

Épreuve du charbon obtenu.

Le charbon était très-beau, très-dur, sans menus, sans poussière et ne tachait pas la main. Sa cassure était éclatante et conchoïdale. Son poids dépassait 25 p. 100 de celui du bois. Essayé au bas foyer comparativement avec poids égal de charbon cuit en forêt et habituellement employé à ce service à l'usine, il donna un rendement en fer de 16,29 p. 100 plus fort que celui fourni par le charbon ordinaire.

La qualité et l'apparence du fer étaient notablement supérieures à celle du fer fabriqué avec le charbon ordinaire. Cet effet était évidemment dû à la qualité hors ligne du charbon nouveau. Les ouvriers trouvèrent le travail au foyer plus facile et plus rapide, et déclarèrent de plus, que si la soufflerie eût répondu à la qualité du charbon, ce qui ne put avoir lieu, les 16,29 p. 100 d'augmentation de produit se fussent élevés à 40 p. 100.

CXLII.

Expérience de fabrication de fer au gaz d'éclairage aux usines de Montataire.

Ces expériences accomplies, je passai à celle du four à réverbère. On mit à ma disposition un four à réverbère simple à eau, pourvu à sa suite, d'un petit four dit cassin, pour chauffer les boustats et surmonté d'une chaudière pour profiter des flammes perdues. Le foyer fût remplacé par une tuyère en terre réfractaire de la largeur de l'autel, ouvrant sur un rampant un peu incliné de $0^m,30$ de long sur $0^m,07$ de haut à son origine, et de $0^m,10$ à son entrée dans le four, située à la hauteur du grand autel. Cette tuyère, qui plus tard fut remplacée par une semblable en fonte, présentait trois ouvertures disposées horizontalement les unes au-dessus des autres, et consistant en fentes de $0^m,01$ de largeur sur tout le devant de la tuyère. Par l'ouverture du milieu arrivait le gaz pris sur l'artère principale du gazomètre au moyen d'un branchement muni d'un compteur et d'un robinet. L'air arrivait par les deux autres ouvertures supérieure et inférieure dans une direction croisée sur le passage du gaz, à quelques centimètres de distance de l'orifice de la tuyère, de manière à produire une gerbe enflammée le plus complètement possible, à quelques centimètres avant l'entrée du rampant dans le four. L'air était à courant forcé fourni par un ventilateur et réglé à son entrée dans la tuyère par un robinet. Le gaz s'allumait quand le four était froid, au moyen du bout d'un ringard rougi au feu qu'on introduisait dans le rampant avant l'ouverture des robinets, lesquels on avait soin de fermer par économie pendant la sortie des charges et le nettoyage du four. Ainsi disposé et sans autre préparation, le four fut mis en feu avec sa charge ordinaire dans son cassin. Une heure après il était au rouge orangé, c'est-à-dire, assez chaud pour y introduire sa charge et commencer l'opération proprement dite du puddlage. Le gaz était considéré comme équivalent, à celui de Paris, au point de vue de sa puissance calorifique, mais en réalité, il lui était très-inférieur, car il n'était pas épuré.

Cette première opération fut des plus concluantes, malgré la nouveauté du travail pour le puddleur non encore au courant. Il était maître de son feu dont il réglait à volonté l'intensité et la propriété réductive ou oxydante. Il avait mis moins de deux heures dans le traitement total de sa charge. Il avait obtenu un fer de première qualité et bien supérieur aux fers faits au même moment avec la même fonte et par la méthode ordinaire. Il avait 7 p. 100 de déchet alors que les fours ordinaires avec cette même fonte en avaient jusqu'à douze. Le four était dans un état de propreté qui contrastait avec celui des fours ordinaires, ce qui s'explique par l'absence de poussières fusibles dans les flammes et promettait une durée plus longue des fours. Ce fait se maintint jusqu'à la fin des expériences.

Les opérations qui suivirent donnèrent des résultats qui allèrent en s'améliorant d'une manière continue, ainsi que l'on peut en juger par le tableau ci-dessous de ces opérations, tel qu'il fut dressé et remis à M. Bertheault, directeur de l'usine, par M. Charpentier fils, l'ingénieur de la compagnie, chargé d'assister à ces travaux. Mais en donnant ces chiffres sans y rien changer, j'y joins à la suite une observation nécessaire à leur exacte appréciation.

Tableau des expériences de fabrication de fer au gaz d'éclairage, faites les 6, 7 et 8 avril 1869, au four simple à réverbère n° 13, des usines de Montataire.

DATES avril.	TEMPS de marche en h. et m.	NOMBRE de charges.	VOLUME DE GAZ total dépensé.		GAZ DÉPENSÉ par 100 k. de fer produit		GAZ DÉPENSÉ par heure.		FER sorti.
			à 20°	à 0°	vol.	poids.	vol.	poids.	
			m. c.	m. c.	m. c.	kilo.	m. c.	kilo.	kilo.
6	13ʰ	7	812	756,5	57,4	41,44	58,2	42,02	1317
nuit	12ʰ,27ᵐ	7	592	551,5	43	31,04	44,4	32,05	1281
7	12ʰ,25ᵐ	8	824	767	52,8	38,12	61,7	44,54	1453
nuit	11ʰ,40ᵐ	7	641	597	44,8	32,34	51,2	36,96	1334
Moyennes générales. . .					49,5	35,73	53,9	38,91	

Les charges étaient de 200 kil. de fonte d'Outreau, d'où l'on voit qu'il a été chargé 5800 kil. de fonte pour une production totale de 5385 kil. de fer, ce qui fait un déchet moyen de 7,15 pour cent.

La densité du gaz était admise pour 0,558, ce qui donne pour le poids du mètre cube à 0° kil. 0,72194.

L'incendie fortuit de l'usine à gaz survenu le 8, mit fin à cette première série d'expériences. Mais le résultat était assez décisif pour être considéré comme un succès complet qui n'avait pas besoin d'être confirmé par de nouvelles et plus amples preuves. Cependant, il convient d'observer que les chiffres produits ici sont viciés au préjudice du nouveau système par deux circonstances qu'il importe de signaler.

La première est, lorsque les boules sorties du four passent successivement au marteau-pilon puis aux cylindres ébaucheurs, qu'il arrive assez communément à chaque phase de ce premier travail que des morceaux mal soudés se détachent du lopin. Dans ce cas, chaque ouvrier étant payé au poids sorti, recueille avec soin ces fragments qu'il reporte à son four pour l'opération suivante.

Cette précaution ne fut point prise pour le four d'expérience, ce qui se traduisit par un accroissement de déchet.

La deuxième est que plusieurs pesées, notamment celles du 7, dans la presse causée au pesage par l'affluence de tous les fours, furent attribuées à des fours qui avaient fourni des poids moins élevés qui, par contre, furent mis au compte du four d'expérimentation, d'où résulta un nouvel accroissement de déchet.

Ce fait devient apparent à la seule inspection des chiffres qui accuseraient sans cela dans la marche une irrégularité qui ne se produisit à aucun moment. En réalité, le déchet était tombé entre 3 et 4 pour cent qui ne représentaient autre chose que le carbone de la fonte et les matières étrangères au fer. Il y eut des opérations où il n'y eut point de perte du poids du fer obtenu à celui de la fonte chargée, d'autres où il y eut une augmentation de plus de deux pour cent sur le poids de la fonte chargée. Ces deux faits s'expliquent très-simplement par la même raison, à savoir, que le courant étant réducteur, ramenait à l'état métallique une partie du fer des laitiers ou d'oxyde introduits avec la charge, et donnait lieu à cet accroissement de produit. On peut donc dire avec vérité, que le procédé du puddlage au gaz entraîne la suppression des déchets. Il est évident, en outre, que l'effet de l'exagération du chiffre de déchets est de grossir proportionnellement les chiffres de consommation de combustible, puisque ces derniers ne changeant pas, se trouveront correspondre à un plus gros chiffre de fer produit, si le déchet se trouve ramené à son expression véritable. Sous le bénéfice de cette observation et de cette réserve, si l'on examine le tableau qui précède, on voit en effet d'abord l'amélioration suivre une marche progressive depuis le commencement jusqu'à la fin, puisque le volume des gaz consommés par 100 kil. de fer fabriqué descend de 57^m.^{c}.4 à 44^m.^{c}.8 et leur poids de kil 41,44 à kil. 32.34 ; ensuite, on reconnaît sur le champ que ni les moyennes générales, ni les moyennes de chaque jour, ne peuvent être regardées comme la représentation exacte du fait journalier d'une pratique courante consacrée par un long exercice, puisque les dernières qui ont servi à déterminer les premières ne sont elles-mêmes que des moyennes des opérations faites dans la même tournée et que le chiffre minimum le plus faible et qui est le seul qui doive être adopté, est nécessairement au-dessous de tous ces minimums moyens.

Il est évident que ce minimum le plus faible devra toujours être réalisé à peu de chose près dans une marche normale et lorsque les obstacles et inconvénients inhérents à tout début auront disparu.

Cette marche progressive de l'amélioration des résultats se comprend facilement par la seule considération du progrès du puddleur dans la pratique du procédé, et de plus, il est permis de croire que l'on n'atteignît pas dans cette première tentative, la limite du perfectionnement que l'on peut espérer. Ainsi, parmi plusieurs causes défavorables qui ne sont que transitoires, et qui par conséquent doivent disparaître en améliorant par cela même d'autant le système, on eut un mauvais agencement qui produisit un arrêt, et par suite un excès de consommation ; le puddleur fut à la journée au lieu d'être à la tâche; enfin, l'expérience révéla des modifications essentielles nécessaires à certaines dimensions du four. Néanmoins, malgré tous ces inconvénients, on put faire huit charges dans une tournée de 12ʰ,25', ce qui faisait 1ʰ,33' par charge, et l'on ne saurait mettre en doute que la durée du passage d'une charge puisse encore subir une notable diminution et se rapprocher ainsi de la limite d'une opération normale. Cette durée de l'opération normale, qui est celle de la fusion et du brassage pour la combustion du carbone de la fonte, dépend naturellement du degré de carburation de la fonte et elle se réduirait dans le cas de fabrication d'acier, de tout le temps qu'eût exigé la combustion du carbone laissé dans la fonte. Dans la pratique du procédé, un ouvrier un peu attentif ayant à sa disposition un courant gazeux convenable, atteindra très promptement et d'une manière permanente cette limite minimum de durée de l'opération.

Cette durée minimum de traitement de la charge doit être l'objet d'une préoccupation continuelle, parce que la consommation en dépend directement et l'on peut être bien convaincu, en présence des résultats des expériences que je rapporte et en mettant à profit les enseignements qui découlent des observations faites dans ces expériences, que cette consommation dans une fabrication bien conduite, se fixera par cent kil. de fer obtenu, vers vingt et quelques mètres cubes de gaz en volume et kil. 20 en poids, soit le double de la consommation théorique trouvée (114). Je signale ce fait parce que l'on y reconnaîtra une coïncidence remarquable avec un autre fait de la plus haute importance dont j'ai à parler plus loin et à l'occasion duquel je rappellerai la présente observation pour établir leur rapport. On verra tout-à-l'heure, lorsque je reviendrai sur cette réserve, que le chiffre supposé adopté de 20 kil. de consommation de gaz considérés comme équivalent à 20 kil. de houille pour 100 kil. de fer produit, est à peu près la limite de la consommation économique que l'on puisse atteindre dans la transformation de la fonte au four à réverbère.

CXLIII.

Calcul du bénéfice obtenu par la méthode nouvelle, comparativement à l'ancienne, et simple aperçu de quelques-uns de ses avantages.

Si ce chiffre économique de 20 kil. de gaz consommé par 100 kil. de fer produit était obtenu, comme je viens de le dire, dans une fabrication pratique et courante bien conduite et il n'y a aucune raison d'en douter, en admettant une consommation à Montataire par le procédé ordinaire de 80 kil. de houille par

100 kil. de fer produit, on se trouverait avoir réalisé par le nouveau procédé sur l'ancien une économie en quantité de combustible de 75 pour 100.

Reste à comparer l'économie en argent.

Or, à Montataire le prix de revient du mètre cube de gaz est compté à 10 centimes ; mais cette fabrication y est tellement défectueuse que l'on peut sans la moindre crainte d'erreur, ramener et évaluer le prix à 5 centimes le mètre cube, hypothèse, au surplus, dont je fournis plus loin l'ample justification, soit pour 100 kil. de fer fabriqué un prix de combustible de

$$22,39 \times 0,05 = \text{f. } 1,195$$

Quant au charbon consommé par la méthode ordinaire, si l'on admet une consommation de 80 kil. par 100 kil. de fer et le prix à Montataire de fr. 20 la tonne avant la guerre, on aura pour la dépense en charbon par 100 kil. de fer,

$$\frac{20}{1000} \times 80 = \text{f. } 1,60.$$

Soit un gain sur tout le combustible consommé par l'ancien système de 25,32 pour 100 au profit du nouveau. Il est évident, comme on le verra d'ailleurs plus loin lorsque je parlerai de l'extraction du gaz de la houille, que ce résultat serait majoré au profit du système au gaz par l'augmentation du prix de la houille.

Au bénéfice qui vient d'être calculé, devront être ajoutés, savoir :

1° Celui d'une mise en feu plus rapide et par suite d'une économie de temps et de consommation ;

2° De l'économie des déchets ;

3° De l'amélioration des produits ;

4° D'une durée moins longue des opérations et par suite d'économie de temps et de main-d'œuvre ;

5° De la conservation des fours ;

6° De l'absence de fumée ;

7° D'économie dans la construction et l'entretien des cheminées ;

8° D'économie des grilles et d'autres encore.

Le nouveau procédé s'appliquerait a fortiori à la fabrication de l'acier puisque la décarburation complète de la fonte n'est pas nécessaire en ce cas. Il serait beaucoup moins coûteux, beaucoup plus facile à pratiquer, beaucoup plus rapide et d'un succès assurément plus certain que toute autre méthode. Il donnerait à volonté de l'acier de toute qualité, en toute proportion et conviendrait à toute fonte. Il suffit pour justifier ces différents points, de faire remarquer que dans le nouveau système, l'ouvrier est maître de son feu, qu'il obtient instantanément la diminution ou l'accroissement de température dont il a besoin et qu'il rend aussi et instantanément à la demande du travail, son courant gazeux, oxydant ou réducteur. J'ajoute que la valeur du produit obtenu, c'est-à-dire, de l'acier comparativement à celle du fer atténuerait l'importance des considérations relatives aux frais de premier établissement et même aux frais de fabrication.

Je viens de dire que l'on peut, sans la moindre crainte d'erreur, évaluer à cinq centimes le prix de revient du mètre cube de gaz quand on le fabriquera dans de bonnes conditions et j'ai fondé sur cette donnée l'évaluation d'une partie du bénéfice de l'application du système nouveau. Cette question de prix de revient du gaz, importante comme toutes celles qui se rattachent aux combustibles est depuis longtemps pour moi l'objet d'un travail qui n'est pas encore terminé et que je ne pense pas devoir pour cette raison livrer à la publicité d'une manière incidente et par des documents isolés, incomplets, et en quelque sorte sans authenticité. Cependant pour ne pas laisser sans preuve et à l'état de simple allégation, un fait, le gaz à bon marché, qui en réalité est le point de départ du système, je ferai la simple remarque suivante qui dissipera toutes les incertitudes à cet égard, c'est que sur tous les grands gîtes houillers il existe de nombreuses fabriques de coke, dont c'est la seule industrie, qui n'utilisent pas le gaz de la distillation et n'ont pas d'autre bénéfice que l'écart entre le prix du coke et celui de la houille qui l'a produit. Le gaz ne coûte donc rien, ou ce qui est la même chose, ses frais d'extraction sont couverts par la plus-value du coke sur la houille, puisqu'on peut le perdre sans inconvénient.

L'usine métallurgique qui adopterait ce système ne serait point entraînée par cela seul dans une extension d'affaires plus grande qu'il ne lui conviendrait. La preuve en est facile à faire :

Si l'on admet un rendement moyen de 30 mètres cubes par 100 kil. de houille distillée; si l'on considère que 30 mètres cubes de gaz et 100 kil. de houille peuvent être regardés à peu près comme équivalent entr'eux pour la fabrication de 100 kil. de fer par le gaz ou par la méthode ordinaire, on reconnaitra qu'une usine qui adopterait le système nouveau n'aurait que le même mouvement de houille et qu'il ne lui incomberait rien de plus à faire que de vendre son coke au commerce comme le font les industries dont c'est le métier unique et spécial, au cas où elle ne jugerait pas à propos de le brûler dans sa fabrication. Elle trouverait d'autant plus de facilité dans cette manière d'agir que ce coke pourrait être de première qualité et serait en bénéfice net, déduction faite du coke consommé au chauffage dans la distillation de la houille et en appliquant au gaz fabriqué la valeur de la houille employée.

On pourrait facilement aussi adopter une méthode mixte qui permettrait de consommer dans l'usine même la houille achetée ainsi que le gaz et le coke produits et servirait de transition à la méthode absolue.

CXLIV.

Insuffisance apparente de la production de vapeur. Moyens de prévenir cette insuffisance apparente.

Il n'a pas été question, dans les expériences qui viennent d'être mentionnées, d'une circonstance qu'il importe cependant de signaler et qui se produisit d'une manière permanente et presque sans variation pendant toute cette période expérimentale. Cette circonstance qui concerne l'utilisation à la production de la vapeur, de la chaleur sensible des gaz brûlés à leur sortie du four, au moyen de la circulation en retour de ces gaz brûlés autour de la chaudière placée sur le four, avant de s'écouler par la cheminée, est que la production de vapeur fut notablement inférieure à celle d'une chaudière sur un four marchant par la méthode ordinaire. Cet effet qui n'a rien qui doive surprendre, pouvait être facilement prévu et s'explique avec une extrême facilité. Il résulte de ce que les gaz brûlés étant à la même température de sortie du four dans l'un et l'autre cas, auront des quantités de chaleur sensible proportionnelles à leurs masses, et que dans le cas du puddlage au gaz la masse des gaz brûlés étant, soit la moitié, soit le tiers, soit le quart de ce qu'elle est par la méthode ordinaire suivant l'économie qu'on aura réalisée, ne transmettra à la chaudière qu'une chaleur proportionnelle à sa masse, c'est-à-dire, la moitié, le tiers ou le quart de ce qu'on obtiendrait avec la masse de gaz fourni par la méthode ordinaire. Mais cet effet fut aggravé par des causes diverses; je me borne à en mentionner une. Cette cause était la dimension de la chaudière. Cette dimension, convenable pour un foyer qui consommait trois fois plus de combustible que le foyer à gaz, devenait beaucoup trop considérable, mais non dans la même proportion en raison de l'imperfection de la combustion dans le foyer à charbon, pour un foyer qui en consommait trois fois moins. Afin de rendre plus évidente la raison de ce phénomène, qui toutefois en a à peine besoin, il suffit de citer l'exemple très-tranché d'une bouilloire d'une contenance de quelques décilitres, qui entrera en grande ébullition par la combustion d'un paquet d'allumettes, tandis que le même paquet d'allumettes ne déterminera pas un mouvement de chaleur appréciable sur une grande chaudière. Dans les deux cas, la température de combustion aura été la même, la chaleur générée aura été la même aussi, mais comme elle aura été répartie sur des masses de liquides différentes, les variations de température de ces liquides auront eu lieu en raison inverse de leurs masses. Le remède à ce fait est l'établissement de chaudières de dimensions proportionnelles à la puissance des foyers chargés de les chauffer, une circulation plus longue et mieux entendue des gaz brûlés autour des chaudières, et ce qui est non moins important, l'aménagement rationnel et économique beaucoup trop négligé partout de l'emploi de la vapeur. Mais il est un moyen beaucoup plus radical destiné à changer complétement le régime des usines et que je ne mentionne ici que pour mémoire, parce que le temps m'a manqué pour le faire sortir de la phase des dernières études, avant sa mise en pratique.

CXLV.

Expérience de fabrication de fer au four à réverbère avec un gaz combustible ordinaire quelconque.

Il était opportun, à tous les points de vue, de compléter l'expérience en étendant l'application du système à l'emploi d'un gaz combustible quelconque. On peut juger de la gravité de cette partie de la question par la masse énorme des matières combustibles que leur défaut de qualité, bien que pouvant fournir de bon gaz, exclut des usages industriels et notamment par ce qui a été dit précédemment des gaz combustibles du haut-fourneau. La continuation de l'expérience dans ce sens fut résolue, et je donne dans ce qui suit un exposé succinct ainsi qu'une brève appréciation de ce qui fut fait et du résultat obtenu.

En conséquence, et à cet effet, je crus devoir me placer, autant que possible, dans les conditions de composition du gaz qu'on a le plus ordinairement à sa disposition, celui du haut-fourneau, et qui était d'ailleurs un type auquel toutes les autres espèces de gaz combustibles pouvaient être rapportées. Dans le choix de l'appareil à produire le gaz nécessaire, c'est-à-dire du gazogène, je m'arrêtai après une tentative infructueuse d'essai du gazogène à deux branches, au gazogène droit soufflé. Il est à remarquer que cet appareil si simple, si facile à conduire quand il est établi convenablement et qui n'est d'ailleurs qu'un haut-fourneau sans minérai, devient très-difficile à mettre et à maintenir en bonne marche lorsqu'il est en petit et surtout construit d'expédient comme il en devait être dans le cas dont s'agissait et où tout ce qui était dépensé ne l'était qu'à titre provisoire et pour la circonstance seulement et devait disparaître après l'expérience faite. Ces difficultés furent encore accrues par les complications introduites par les appareils accessoires nécessaires aux constatations et justifications que j'avais à faire. Elles ne furent pas toutes aussi complétement surmontées qu'il eut été désirable, au moins en ce qui touche la bonne composition du gaz et encore non sans quelque danger, car nous eûmes deux graves explosions dues à l'inexpérience des ouvriers. Personne heureusement, n'en fut atteint. Enfin, je pus mettre mon gazogène en marche. Le gaz était obtenu au moyen d'un mélange de houille de Mons et de Lens de première qualité et de coke de même provenance mais fait à l'usine à gaz. Le mélange à transformer en gaz se composait pour 100 parties, de 45 de houille et de 55 de coke. Je donne ci-après et pour quatre cas, le tableau :

1° De la composition des gaz combustibles résultant du mélange ;

2° De leurs poids respectifs et totaux ;

3° De leurs volumes respectifs et totaux ;

4° De leurs densités moyennes ;

5° Des chaleurs totales produites par leur combustion commune ;

6° Des poids respectifs et totaux des gaz brûlés ;

7° Des volumes totaux des gaz combustibles seulement, de chaque mélange ;

8° Des poids totaux des gaz combustibles seulement, de chaque mélange ;

9° Des sommes des équivalents calorifiques de chaque mélange ;

10° Des températures théoriques produites par la combustion à l'air froid ;

11° Des températures théoriques produites par la combustion à l'air à 300° ;

12° Des volumes d'air nécessaire à la combustion ;

13° Du poids d'air nécessaire à la combustion ;

14° Des poids équivalents de gaz d'éclairage.

Suit le tableau :

En examinant ce tableau, on voit d'abord que le gaz ainsi obtenu, en ne tenant compte que du prix de f. 20 de la tonne de houille rendue à Montataire avant la guerre, revenait, non compris les frais d'établissement d'appareils et de main-d'œuvre :

Dans le premier cas par mètre cube. . . . . à f. 0,00454
Dans le second cas. . . . . à   0,00621
Dans le troisième cas. . . . . à   0,00405
Dans le quatrième cas. . . . . à   0,00436

Soit moins d'un demi centime le mètre cube pour le premier, le troisième et le quatrième cas et un peu plus d'un demi centime le mètre cube pour le second cas.

Tableau des transformations en gaz combustibles et en gaz brûlés de 100 kilogrammes d'un mélange composé de 45 kilogrammes de houille de Mons et de Lens dont on fait usage à Montataire, et de 55 kilogrammes de coke d'éclairage fabriqué avec la dite houille.

QUATRE GAS considérés.	COMPOSITION EN POIDS des gaz combustibles.					POIDS total.	COMPOSITION EN VOLUME A O° des gaz combustibles.					VOLUME total.	DENSITÉ.	CHALEUR totale produite par la comb.	COMPOSITION EN POIDS des gaz brûlés.			POIDS total.	VOLUME TOTAL des gaz combustibles.	POIDS des gaz combustibles.	TOTAL DES équivalents calorifiques.	TEMPÉRATURES produites à l'air froid.	TEMPÉRATURES produites à l'air à 300°.	VOLUME D'AIR nécessaire à la combustion.	POIDS D'AIR nécessaire à la combustion.	POIDS équivalent en gaz éclairant.
	H	CO	C^2H^4	C^4H^4	AZ		H	CO	C^2H^4	C^4H^4	AZ				HO	CO^2	AZ									
	k°.	k°.	k°.	k°	kil.	k°.	m. c.	m. c.	m. c.	m. c.	m. c.	m. c.		cal.	kilo.	kilo.	kilo.	kilo.	m. c.	kilo.				m. c.	kilo.	kilo.
1° Gaz sans injection de vapeur, sans décomposition d'hydrocarbures, sans utilisation des 5 % de gond.	0,358	187,2274	6,372	0,72	347,690	542,3676	4	149,54	8,91	0,569	276,8	439,919	0,9535	554018	19,179	313,716	810,419	1143,314	163,119	194,58	274,74	2016°	2172°,7	464,77	460,95	42,7
2° Gaz avec injection de vapeur, 400 g., sans décomposition d'hydrocarb., sans utilisation des 5 % de goud.	0,408	190,8167	21,5052	0,72	202,878	386,0279	1,2067	128,54	30,06	0,569	161,514	321,890	0,9275	679524	50,9787	313,7	811,38	1175,72	160,376	183,15	290,021	2341	2535°,39	510,82	789,8	52,32
3° Gaz sans injection de vapeur, avec décomposition d'hydrocarbures et utilisation des 5 % de goudron.	2,374	204,391	»	»	380,392	587,157	26,525	163,37	»	»	302,83	492,725	0,9216	572964	21,366	321,186	834,963	1177,535	189,395	206,77	283,389	2022	2170°,8	456,61	590,4	44,11
4° Gaz avec injection de vapeur, avec décomposition d'hydrocarbures et utilisation des 5 % de goudron.	5,911	204,6507	»	»	286,5059	497,0676	65,045	163,58	»	»	228,06	457,705	0,8399	695480	53,199	320,74	833,45	1207,39	229,625	210,55	228,04	2334	2503	549,34	710,3	53,53

Composition admise pour la houille.

Carbone concret résultant de la distillation...... kilo.	64,4 }	total en coke, kilo. 70
Matières stériles, 8 pour cent du coke...........	6,6 }	
Eau..		5
Goudrons C⁸H⁴.....................................		5

Gaz d'éclairage, savoir :

Hydrogène libre................. kilo	0,24
Hydrogène protocarboné..........	14,16
Hydrogène bicarboné.............	1,60
Oxyde de carbone................	2,60 Total............. 20
Ammoniaque......................	0,50
Acide sulfhydrique..............	0,20
Acide carbonique................	0,70

Total, kilo........... 100

Il convient d'observer, il est vrai, que l'azote, gaz inerte qui contracte la température commune, prend et ne donne point de chaleur, forme la moitié de la masse dans le second et le quatrième cas et plus de la moitié dans le premier et le troisième cas.

On remarque ensuite :

1° Que la température théorique de la combustion avec de l'air à zéro dépasse de quelque peu 2000 degrés pour le premier et le troisième cas qui sont sans injection de vapeur et dépasse 2300 degrés pour le second et le quatrième cas qui sont avec injection de vapeur ;

2° Que la température théorique de la combustion avec de l'air à 300 degrés dépasse 2170 degrés pour le premier et le troisième cas qui sont sans injection de vapeur et dépasse 2500 degrés pour le second et le quatrième cas qui sont avec injection de vapeur.

Enfin, qu'ils ont pour équivalents en gaz d'éclairage pour produire 1200 degrés de température, savoir :

Dans le premier cas. . . . . kil. 42,7

Dans le second. 52,32

Dans le troisième. 44,11

Et dans le quatrième. 53,53

La comparaison de ces quatre nombres entr'eux et des températures entr'elles montre l'accroissement considérable de puissance calorifique des gaz dû à l'addition de vapeur d'eau soit seule, soit associée à des hydrocarbures. Il n'est donc pas nécessaire d'insister pour déterminer l'adoption de la méthode de l'injection de vapeur, méthode au surplus parfaitement justifiée par la théorie, et c'était la composition du quatrième cas qui devait être et qui fut en effet choisie pour l'expérience projetée. Mais cette composition, ainsi que la régularité de la production furent pour les causes dites, loin d'être atteintes et ce fait eût sur le résultat une influence négative considérable.

Si l'on compare les chiffres de ce tableau à ceux correspondants des gaz de sortie du gueulard du haut-fourneau, par 100 kil. de fonte produite donnés (72), on reconnaît que dans la somme en poids des gaz du haut-fourneau montant net à kil. 879,316, déduction faite de kil. 76,107 de vapeur d'eau qui sera condensée avant d'arriver au foyer de combustion, le rapport de l'azote kil. 503,010 à cette masse totale par 100 parties est $\frac{503,010}{879,316} = \frac{x}{100}$, d'où l'on tire $x = 57,20$

En réunissant l'acide carbonique, gaz inerte, kil. 155,744 à l'azote, ce rapport devient $\frac{503,010 + 155,744}{879,316} = \frac{x}{100}$ d'où l'on tire $x = 74,91$

Or ce même rapport pour le premier cas du tableau est. . . . 64,10

Pour le second cas. 52,55

Pour le troisième cas. 64,78

Pour le quatrième cas. 57,64

On voit donc qu'en admettant comme fondées les appréciations développées (126 à 129), en considérant que le tronçon gazeux provenant de la fabrication de 100 kil. de fonte au haut-fourneau, ne contient que 25 pour cent de son poids en gaz combustibles et que sa combustion développerait néanmoins une température théorique de 1732°,242 (127), on est rationnellement induit à penser que des gaz combustibles ne contenant en gaz inertes qu'un peu plus de 50 pour cent de leur poids et développant par leur combustion une température théorique évoluant de 2000° à 2300°, à fortiori donneront les résultats calculés pour les gaz du haut-fourneau.

En conséquence, un four à eau fut préparé comme le premier avec cette différence, toutefois, que la sole était d'une seule pièce en fonte et présentait à sa face inférieure ou de dessous, une disposition particulière pour la circulation de l'air d'alimentation ou des gaz combustibles à volonté. Cette disposition particulière consistait en diaphragmes verticaux venus de fonte, faisant corps avec la sole, formant par des retours sur eux-mêmes un conduit de circulation soit pour l'air soit pour les gaz. Ce conduit à section carrée ayant 15 centimètres de côté avait pour plancher supérieur le dessous de la sole qu'il supportait et pour plancher inférieur le ballast du four sur lequel il était posé. L'air entrait par le bout du four opposé à la tuyère dans le conduit qui après avoir circulé sous la sole débouchait à l'autre bout du four dans un conduit en maçonnerie par où l'air arrivait dans la tuyère après s'être échauffé dans tout ce parcours.

Enfin tous les appareils, locomobile, soufflerie, gazogène, laveur, épurateur, régulateur et compteur étant préparés et toutes dispositions prises, le gazogène fut allumé. On laissa pendant quelques minutes son gaz s'écouler dans l'atmosphère pour expulser l'air des conduits, puis on le mit en communication avec le four qui fut alors allumé lui-même. Ce dernier s'échauffa très-rapidement comme dans les expériences précédentes. En moins de deux heures il atteignit le rouge orangé clair. Parvenu à cette température qui est celle du ramollissement des laitiers et qui est comprise entre 1000 et 1100 degrés, il demeura stationnaire, sans qu'il fut possible de passer outre. Il ne se manifesta aucune variation, sauf quelques petites irrégularités causées par l'inégalité de composition du gaz et de son arrivée au four, car il avait à faire un parcours de 150 mètres environ, ce qui entravait en outre la rapidité des communications entre les opérateurs placés aux deux bouts de la ligne, communication nécessaire, puisque l'intermédiaire, le gazomètre manquait. Tour à tour, pendant une durée de sept heures, j'essayai l'air froid et l'air chaud sans obtenir autre chose qu'une diminution assez apparente de température par l'air chaud. Ce dernier fait peut causer quelque surprise, mais on cessera de s'en étonner en remarquant que l'effet de la chaleur sur l'air est de le dilater et par conséquent de raréfier d'autant son oxygène, d'en diminuer ainsi le contact avec les molécules du gaz combustible et de ralentir la combustion en élargissant le milieu dans lequel elle s'opère, sans augmenter la quantité d'air, ce qui entraîne immédiatement une diminution de température plus ou moins en partie compensée par la température de l'air. C'est le contraire qui se produit, quand c'est le gaz que l'on chauffe. Ce fait s'explique parce qu'au contraire de ce qui a lieu pour l'air chaud, il y a plus d'oxygène sous un même volume, pour brûler le gaz et moins de gaz pour être brûlé. Il y a donc un plus grand contact et par conséquent une action plus rapide. Dans les deux cas, il y a la même quantité de chaleur produite mais plus lentement dans le premier cas que dans le second, ce qui entraîne une différence de température correspondante et qui fut en effet remarquée. Cette observation ne préjudicie pas à l'influence due à la chaleur sensible de l'air créée par son chauffage, seulement les deux causes tendent à s'annuler. Dans le cas du chauffage des gaz, le succès était absolument certain en raison du peu de chaleur nécessaire pour atteindre la température de fusion ; mais la prudence commandait dans la circonstance de résister à cette tentation ; je venais de subir plusieurs explosions et je n'étais assez sûr ni de mes appareils provisoires, ni de l'habileté des ouvriers mis à ma disposition, pour m'exposer au milieu d'une masse d'ouvriers à des accidents qui pouvaient coûter la vie à plusieurs personnes. L'opération fut reprise les jours suivants et dans les mêmes conditions, mais sans plus de résultat.

CXLVI.

Variabilité de la caloricité des gaz. Loi de cette variation en rapport inverse avec celle des variations des volumes. Preuves tirées d'expériences sur la mesure des températures du four à réverbère.

Ces expériences, malgré les causes qui firent obstacle au succès, eurent une haute importance. D'abord elles délimitèrent nettement et circonscrivirent parfaitement la question en déterminant la valeur de ces causes contraires, ensuite elles apportèrent la preuve nouvelle et la confirmation irréfragable de la variabilité de la caloricité des corps et surtout des corps gazeux. En effet, on peut remarquer dans le tableau donné (145), que les températures théoriques résultant de la combustion des gaz produits dans les quatre cas relatés dans ce tableau, varient de 2016° à 2334°. Ces températures théoriques ont été calculées d'après les puissances calorifiques trouvées par Fabre et Silbermann, et le soin, le zèle et l'habileté de ces expérimentateurs sont assez connus pour qu'on ne puisse mettre en doute l'exactitude des résultats fournis par eux, résultats d'ailleurs confirmés par un grand nombre de faits et en outre par d'autres travaux spéciaux de savants qui se sont occupés de ces matières ; il faut donc invinciblement reconnaître comme exacts ces résultats qui probablement ne diffèrent des nombres véritables que de quantités assez faibles pour ne point affecter l'exactitude des calculs auxquels ils servent de bases. Mais d'un autre côté, l'observation directe fournit des températures qui diffèrent des températures théoriques d'un écart en moins qui atteint moitié de ces dernières. Or si l'on se reporte à l'équation de la chaleur, on voit qu'il ne s'y trouve qu'un seul facteur, la caloricité, qui puisse être affecté de variabilité et imprimer le même caractère au terme indépendant. La conclusion forcée de ces observations est donc que la caloricité des corps est affectée d'une variable.

Quelle est la loi de cette variable ? A cette question la réponse est facile. Tous les faits démontrent d'une manière incontestable avec une persistance et une concordance dans les moindres détails extrêmement remarquables, que cette loi consiste dans la variation de la caloricité en raison inverse de celle des volumes. De toutes les expériences de différentes sortes et concluantes, sans exception, que j'ai faites à ce sujet à diverses époques, je citerai trois seulement. Elles eurent lieu le 27 avril 1869 sur le four simple à réverbère n° 11 de Montataire. Elles consistent dans la mesure de la température du four à trois moments différents d'une même opération.

Ce four, dont le régime était établi, marchait très-bien. Il travaillait en fer à grain, c'est-à-dire avec de la fonte grise. Le cordon de la sole était en fer oligiste et la houille employée de première qualité.

La fonte rougie préalablement au cassin avait été introduite dans le four à 9ʰ 40ᵐ du matin, une heure après elle était fondue, le laitier était en pleine ébullition et montait à la hauteur du seuil de la porte. C'est à ce moment qu'eut lieu la première expérience.

Pour abréger, je m'abstiens d'énumérer les divers détails de l'opération et les précautions qui furent prises pour en assurer le succès et l'exactitude, et de donner les calculs qui s'y rapportent et je me borne à énoncer le résultat trouvé qui fut 1293°,36.

La deuxième expérience eut pour but de constater la température du four au moment où le puddleur met le fer en boule. Je supprime également tous les détails et j'énonce le résultat qui fût 1332°,98.

Enfin, la troisième expérience destinée à constater la température du four après la sortie du fer de la charge, donna le chiffre de 1195°,33 pour la température du four à ce moment.

Si l'on considère que la houille de première qualité, dont on faisait usage dans ces expériences, donnait par sa combustion une température théorique de 2400° à 2500°, il sera facile de reconnaître que la loi de variation de caloricité reconnue se maintient très-exactement surtout en tenant compte de l'élévation de température que détermine la portion du fer qui se brûle dans l'opération. A cet égard, il est à remarquer que cette élévation de température est à son maximum précisément au moment où la mise en boule du fer, en le découvrant et en l'exposant ainsi à l'action du courant oxydant, accroit la combustion du fer, tandis que, lorsqu'il n'y a plus de fer brûlant dans le four, ce dernier reprend immédiatement la température due à la combustion opérée sur la grille et modifiée par la variation de caloricité des gaz et par la perte causée par le rayonnement.

CXLVII

Rectification du chiffre minimum de consommation de combustible établi (114) par l'introduction dans la question du principe de dilatation des gaz et de variation de caloricité.

Je puis maintenant revenir sur le fait réservé (142) et fournir l'explication promise et ajournée relativement à la limite de la consommation la plus économique que l'on puisse espérer dans la fabrication du fer ou de l'acier au four à réverbère. Cette explication sera brève et décisive. Elle consiste à faire remarquer que dans le calcul de la consommation normale théorique donnée (114), on s'est abstenu de tenir compte d'un élément indispensable de la solution pour en établir l'exactitude; cet élément nouveau, dont à différentes reprises j'ai déjà parlé dans le cours de ce mémoire est la variation de caloricité; qu'en introduisant cette condition dans l'équation de la chaleur, le chiffre de consommation se trouve doublé par ce seul fait. C'est donc là la limite inférieure extrême vers laquelle les efforts doivent tendre, qu'il n'est pas irrationnel de se promettre d'atteindre par des mesures et une exécution sagement combinée, mais qu'on ne saurait espérer dépasser, même en considérant que dans le chiffre de consommation trouvé (114), il n'y a que la moitié de ce chiffre consacrée au traitement du fer proprement dit et que l'autre moitié passe dans les consommations accessoires de ce même traitement. J'admets donc comme chose de règle et qui doit, au moyen d'un procédé approprié, devenir d'une réalisation commune et habituelle, une consommation en bonne houille du Nord ou en leur équivalent, de 20 kil. par 100 kil. de fer produit.

CXLVIII.

Inanité du moyen de compression pour faire équilibre à la dilatation des gaz brûlés.

La nature de la cause à laquelle est due la diminution de la température théorique dans la combustion des gaz, savoir : la dilatation considérable de ces mêmes gaz par l'effet de la combustion, semble indiquer comme remède une compression correspondante. Mais cette idée n'est que spécieuse et ne soutient pas l'examen le plus superficiel. Il suffit pour en être certain, de considérer qu'il faudrait pour obtenir cette force compressive, dépenser un effort équivalent, plus un coefficient pratique important consistant en frais d'installation et déchets de puissance qui composeraient alors une perte nette et sans compensation. Cependant il peut se rencontrer des cas très-variés qui rendraient nécessaires même au prix d'un sacrifice, la création de cet effort équivalent de la dilatation des gaz, ce serait dans chaque cas particulier une balance à faire entre les avantages et les inconvénients pour déterminer le choix à faire.

CXLIX.

Appréciation de l'influence de l'azote des gaz combustibles sur le degré de température généré par leur combustion.

Ce qui vient d'être dit démontre que la part d'influence de la présence de l'azote dans les gaz combustibles sur la température, sans manquer d'importance, n'est pas aussi grande qu'on pourrait le croire. Ce qui le prouve encore, c'est la température théorique de 1732°,242 développée (127) par la combustion des gaz du haut-fourneau et dans lesquels l'azote et l'acide carbonique entrent pour les trois quarts de la totalité du poids avant la combustion. Mais à ce document théorique, je puis joindre le fait expérimental suivant, qu'à Corbelin j'avais fait installer près du haut-fourneau un four à chaux d'une capacité de 35 mètres cubes. Ce four à chaux que l'on chargeait jusque par dessus le gueulard, marcha avec un succès complet pendant plusieurs années sans avoir jamais éprouvé un quart d'heure de débauche. Il était continu et chauffé avec les gaz du fourneau seulement. Le calcaire qu'on y cuisait était en fragment, de la dimension moyenne d'un gros pavé, mais beaucoup dépassaient deux ou trois fois ce volume, et cependant la cuisson était parfaite. On peut donc admettre sans difficulté qu'un gaz à 50 pour 100 et plus, de richesse en gaz combustibles, comme celui du tableau (145), donnera facilement le résultat attendu, alors qu'avec un gaz à 25 pour 100 de richesse on obtenait des effets comme ceux dont je parle. La question me paraît donc évidemment se réduire à la réalisation de bonnes conditions de production du gaz, ce qui n'eût pas lieu à Montataire, bien que j'aie été secondé avec le plus grand empressement par tout le personnel de cet établissement. C'est un témoignage qu'il m'est très-agréable de lui rendre aujourd'hui.

Ces expériences auxquelles se rattachaient une question de chauffage dans l'éclairage au gaz et qui s'en est trouvée ajournée, ne terminaient pas mon programme. Il comprenait, en outre, et sur cette même question, une solution plus simple, aussi économique, mais moins générale et dont les évènements politiques ont retardé l'épreuve. Je me propose de la publier aussi, mais seulement lorsqu'elle aura reçu la consécration du fait.

CL.

Insuffisance de l'état de nos connaissances chimiques et physiques pour l'étude des questions traitées dans ce mémoire. Dangers créés aux nations par l'épuisement du combustible minéral. Moyens d'y remédier.

Durant le cours des recherches auxquelles les questions traitées dans ce mémoire m'ont induit depuis de longues années, j'ai rencontré bien des fois l'occasion de m'apercevoir combien les travaux des chimistes et des physiciens sur ces mêmes matières sont insuffisants et combien souvent ils aboutissent à de fausses conclusions adoptées sans examen comme loi évidente alors qu'elles contredisent à la fois également le fait et le raisonnement. Ainsi, en ce qui touche le bois et la carbonisation, nous ne possédons pas d'analyse exacte du bois. Nous ne connaissons ni les combinaisons binaires, ternaires ou quaternaires, qui entrent dans sa composition, ni par conséquent les proportions de ces mêmes substances composées, ni même celles des corps premiers qui forment ces substances, parce que par un motif qui paraît bizarre et dont l'explication échappe, on a cru jusqu'ici ne devoir donner d'analyse que de bois préalablement desséchés à 150 degrés. Or la décomposition commence réellement vers 70 degrés.

Autre fait, les traités de chimie nous apprennent que les hydrocarbures soumis à une température plus-élevée que celle de leur formation se décomposent en carbone et en hydrocarbures moins carburés. Voilà la règle que je n'accepte ni ne conteste, pour ne l'avoir pas vérifiée; mais en regard, voilà le fait que mes observations révèlent : Il se produit dans la carbonisation du bois en vase clos et pareillement dans celle de la houille, entre les corps simples ou composés qui constituent ces combustibles, des réactions desquelles il résulte une élévation de température de l'intérieur des cornues qui dépasse notablement celle des foyers eux-mêmes qui chauffent les cornues. A ces températures d'intérieur plus élevées, il se forme des hydrocarbures gazeux très-carburés, lesquels vont en se décomposant successivement à mesure qu'ils rencontrent des surfaces de moins en moins chaudes, du trajet de la cornue au gazomètre dans lequel ils continuent à se décomposer jusqu'à la perte de leur propriété éclairante, quand on les y laisse séjourner. Dans la cornue dont, par suite du phénomène que je signale, l'intérieur est plus chaud que ses propres parois qui sont à la température plus froide du four, c'est du graphite qui se dépose en couches souvent fissiles et qui indiquent le nombre des charges qui ont passé; dans la pipe ou tuyau qui fait suite à la cornue, c'est du goudron pâteux; dans le barillet, c'est du goudron liquide, ainsi que dans tous les conduits suivants qui mènent au gazomètre, mais en diminuant de quantité à mesure qu'ils s'éloignent du point de départ.

Si de la chimie organique végétale, on passe à la chimie minérale, on rencontre des faits tout aussi ignorés et tout aussi mal expliqués, quand on les explique et cependant d'un intérêt capital. Entre mille substances, j'en choisis une en raison de l'importance extrême de ses applications aux besoins de l'homme, la chaux. En ce qui concerne cette substance, il suffit de remarquer que l'on ne connaît, si ce n'est par les inductions présentées dans ce mémoire, ni la température de réduction du carbonate de chaux, ni les évolutions calorifiques auxquelles donne lieu cette réaction. On ne connaît pas davantage la chaleur latente ou de volatilisation de l'acide carbonique. Il est absolument évident qu'il y a des lois générales qui régissent la matière et auxquelles sont soumis tous ces phénomènes; que la connaissance de ces lois simplifierait considérablement les recherches, l'étude et l'appréciation des faits et l'on s'aperçoit promptement que toutes les questions particulières qui se rapportent à cet ordre d'idées sont dominées par un grand principe dont l'action se modifie suivant les conditions propres à chaque corps. Ce grand principe qui requiert toute notre attention c'est la chaleur. Est-il mieux connu que le reste? Nullement. On ignore complétement sa cause, sa nature et son mode d'action. Il intervient dans toutes les manifestations de force; l'équivalence mécanique de la chaleur le prouve surabondamment, lorsque l'évidence matérielle du fait vient à faire défaut et néanmoins, malgré cette présence et cette action constante et persistante dans tout mouvement, quel qu'il soit, malgré l'immensité du nombre et la variété des observations faites, nul ne pourrait dire quelles sont les lois auxquelles il est soumis et qui relient entre eux tous ces phénomènes par une règle commune, laquelle paraît encore s'étendre à tous ceux qui sont perceptibles à nos sens dans les profondeurs de l'espace.

Au début de toute investigation sur cette matière, on se trouve en présence d'une équation fausse, l'équation dite de la chaleur et qui sert de base à tous les calculs sur la chaleur. Cette équation est fausse par suite de l'absence d'un élément variable dont elle doit toujours être affectée et qu'il faut de toute nécessité y introduire pour obtenir l'exactitude des résultats, ainsi que nous en avons fourni des preuves dans le cours de ce mémoire. Cette variable n'est autre que la caloricité considérée au contraire jusqu'à ce jour, comme une constante. L'importance de cette question ressort d'elle-même et l'on peut facilement entrevoir ce qui reste à faire pour parvenir sur ce point à des solutions satisfaisantes. Je me suis efforcé de restreindre ce que j'en ai dit, aux limites tracées par le titre de ce mémoire, afin de ne pas être détourné de la question particulière traitée et ne pas être en quelque sorte submergé par l'immensité du sujet. Cependant il convient de dire qu'à côté de cette question il en est une aussi grave se rattachant à ce même sujet et qui exige non moins impérieusement une prompte solution. Je veux parler de la machine à vapeur. Les recherches que j'ai faites sur cette question me permettent d'affirmer aujourd'hui, en attendant que je le démontre par la publication prochaine de ces mêmes travaux :

1° Que l'on perd en moyenne 98 pour 100 sur le combustible consommé par la machine à vapeur ;

2° Que les déductions du calcul conduisent à un chiffre d'utilisation théorique de 60 pour 100, c'est-à-dire, à une machine trente fois plus forte pour la même consommation que la machine actuelle, ou ce qui est la même chose à une machine qui consommerait trente fois moins pour une égale puissance. Mais il y a lieu de croire que ce chiffre théorique se réduirait à la moitié dans la pratique ; ce qui serait encore un très-beau résultat.

Ce sujet s'impose d'une manière absolue aux sociétés humaines, quelles que soient leur insouciance et leur incurie, avec une urgence menaçante et qui grandit chaque jour. Leur existence et la civilisation en dépendent. Car il n'y a rien sans consommation de force et le seul moyen économique connu de produire de la force artificiellement en grand est le charbon et avant tout, dans l'état actuel des choses, le charbon minéral. Or cette source de force s'épuise sans retour sous l'action d'une consommation effrénée et qui s'accroît encore au-delà de toute prévision. Il faut donc aviser immédiatement. Pour aboutir à un résultat, deux voies s'ouvrent à l'esprit.

La première est celle de l'économie dans l'emploi. L'économie est applicable dans tous les foyers industriels sans exception ; mais elle ne fournit pas une solution absolue, elle ajourne seulement le péril.

La seconde conduit à la recherche d'un moyen praticable de remplacer le charbon, quelle que soit l'espèce et la nature de ce moyen. A ce deuxième point de vue, la question présente des difficultés extrêmes, sans que personne cependant puisse dire qu'elle soit insoluble. Mais il faudrait évidemment pour la résoudre, posséder préalablement la connaissance approfondie du principe de la chaleur, de sa cause, de sa nature et de ses effets. Arrivera-t-on quelque jour à la conquête de cette notion ? On doit pouvoir y compter, si l'on considère que tout effet se rattache à ses causes par des rapports positifs et certains quelqu'inaperçus ou compliqués qu'ils puissent être. Si c'est là que gît la solution, on peut dire qu'elle est trouvable et il n'y a rien de déraisonnable à prévoir et à espérer la réalisation de ce progrès. Je me propose (139) de publier ce que j'en ai entrevu. Les conséquences que j'en ai déduites s'éloignent beaucoup de ce que l'on croit savoir sur cette matière et conduisent à des conclusions bien différentes de ce qui est aujourd'hui universellement admis comme doctrine véritable dans les plus graves théories de la science. Si je me suis trompé dans mes déductions, les faits observés n'en demeureront pas moins acquis et pourront servir comme points de repères aux explorateurs futurs pour reculer les bornes des connaissances et de la puissance humaine.

A. GILLOT.

Paris, 26 juin 1873.

TABLE DES MATIÈRES DE L'APPENDICE.

Imprimerie et Librairie de E. Lacroix, 54, rue des Saints-Pères, Paris.

DES

DIVERSES RÉSISTANCES

ET AUTRES PROPRIÉTÉS

DE LA FONTE, DU FER ET DE L'ACIER

et de l'emploi de ces métaux dans les constructions

PAR **M. C.-H. LOVE**

Ingénieur civil, etc.

1 *volume grand in-8, 360 pages avec figures et tableaux.*

Prix pour Paris.. . . . . **8 fr. 50**
Départements, Alsace-Lorraine et Algérie. . . . . **9 fr.**
L'étranger. . . . . , **10 fr.**

Nous donnons ci-dessous un extrait de la table des matières de cet ouvrage qui aujourd'hui où la fonte, le fer ,et l'acier sont si largement employés dans l'industrie, devient indispensable aux Ingénieurs, aux Architectes et aux Conducteurs de travaux. M. Love a déjà publié un premier mémoire sur cette question en 1852; depuis, il n'a cessé d'étudier et d'expérimenter dans la pratique de nouvelles formules dont il donne les applications.

EXTRAIT DE LA TABLE DES MATIÈRES.

Allongement de la fonte. — Expériences de Hodgkinson. — Nature des fontes expérimentées. — Analyse d'expériences. — Allongement permanent. — La fonte est soumise à une loi régulière d'allongement, formule exprimant cette loi pour une barre de 3 mètres de longueur. — Considérations relatives à la fabrication du fer, de la fonte et de l'acier, et aux qualités de ces métaux.

Allongement du fer. — Formes nombreuses et variées sous lesquelles le fer est employé à résister à des efforts de traction. — Expériences sur l'allongement du fer. — Allongements permanents. — Une barre soustraite aux chocs et aux vibrations peut porter indéfiniment une charge voisine de la rupture. — Comparaison des allongements instantanés et permanents du fer et de la fonte. — Observations sur la résistance utile et effective du fer doux et ductile. — Allongement de la tôle et de barreaux provenant de diverses parties de fer dits *spéciaux*. — Expériences de M. Vicat sur les allongements.

Allongement de l'acier. — Expériences de MM. Gouin et Lavalley. — Expériences de M. Venbrienck. — Analyse de ces expériences. — Écarts notables présentés entre les allongements des barres des mêmes provenances. — Formules reliant les charges aux allongements du fer sous ses diverses formes et de l'acier. — Résistance finale du fer, de la fonte et de l'acier à la rupture par traction.

Applications usuelles de la fonte à des efforts de traction. — Tuyaux de conduite. — Cylindres de machines à vapeur. — Presses hydrauliques. — Résistance du fer en barre, résistance du fil de fer à la traction. — Résistance de la tôle à la traction. — Résistance à la traction de certains fers spéciaux. — Résistance de l'acier à la traction. — De la résistance à la rupture par traction, de la tôle assemblée par des rivets, et accessoirement de la résistance des rivets au cisaillement. — Assemblage des feuilles de tôle.

Applications du fer et de l'acier sous leurs diverses formes avec appareils et constructions connus, dans l'industrie. — Chaudières à vapeur. — Tuyaux de conduite. Chaîne. — Câble en fer. — Chaînes de formes diverses et leurs applications. — Chaînes employées dans les ponts suspendus, et au levage des grands ponts en tôle. — Chaînes de ponts suspendus en acier ou en fer d'une forme particulière. — Des câbles en fil de fer et accessoirement de quelques particularités de la résistance des fils de fer ayant trait à leur application aux ponts suspendus. De certaines résistances du fer se rapprochant plus particulièrement de la résistance à la rupture par traction. — De la résistance à la torsion, etc., etc., etc.

Eugène LACROIX, ingénieur civil, imprimeur-éditeur.
PARIS, 54, RUE DES SAINTS-PÈRES.

EXTRAIT

DU

CATALOGUE GÉNÉRAL

DE LA

LIBRAIRIE SCIENTIFIQUE INDUSTRIELLE ET AGRICOLE

CHAPITRE CINQUIEME.

Exploitation des Mines, Métallurgie, Sondages, Géologie.

A

ADAM (Alphonse), architecte. — Prix de règlement des travaux de **Couverture en zinc**. Tableaux synoptiques pour faciliter l'application des prix de la série de la ville de Paris. — In-4, 34 pages.   3 fr.

Annales du Génie civil et recueil de Mémoires sur les ponts et chaussées, les routes et chemins de fer, les constructions et la navigation maritime et fluviale, l'architecture, les mines, la métallurgie, la chimie, la physique, les arts mécaniques, l'économie industrielle, le génie rural, renfermant des données pratiques sur les arts et métiers et les manufactures, annales et revue descriptive de l'industrie française et étrangère, répertoire de toutes les inventions nouvelles, publiées par une réunion d'ingénieurs, d'architectes, de professeurs et d'anciens élèves de l'Ecole centrale et des Ecoles d'arts et métiers, avec le concours d'ingénieurs et de savants étrangers, E. Lacroix ✳, membre de la Société industrielle de Mulhouse, de l'Institut royal des ingénieurs de Hollande, etc., etc., directeur de la publication.

Les *Annales du Génie civil* paraissent depuis le 1er janvier 1862. Depuis le 1er janvier 1869, chaque livraison mensuelle est composée de 4 à ou 5 feuilles grand in-8, avec figures dans le texte et 4 ou 5 pl. in-folio.

Prix de l'abonnement : Paris, 20 fr. — Province, Alsace-Lorraine et Algérie, 25 fr. — Etranger, 30 fr. — Pays d'outremer, 35 fr.

Les numéros, pour l'année en cours de publication, se vendent séparément 4 fr. Les années prises séparément, 25 fr.

Les *Annales du Génie civil*, destinées à tenir tous les hommes spéciaux au courant des progrès théoriques et pratiques, ont obtenu un succès légitimement acquis : depuis qu'elles paraissent, il ne s'est présenté aucune question importante dans les sciences appliquées, qui n'y ait été traitée par des hommes compétents. Aussi ce recueil se trouve-t-il aujourd'hui dans la bibliothèque de tous les ingénieurs et de tous les industriels.

Il a été publié en 1867 et 1868 un supplément fort intéressant sous le titre de : **Études sur l'Exposition universelle de 1867.** Annales et archives de l'industrie au XIXe siècle; description générale, encyclopédique, méthodique et raisonnée de l'état actuel des arts, des sciences, de l'industrie et de l'agriculture chez toutes les nations ; recueil de travaux historiques, techniques, théoriques et pratiques, par MM. les rédacteurs des *Annales du Génie civil*, avec la collaboration de savants, d'ingénieurs et de professeurs français et étrangers. — Eug. Lacroix, membre de la Société industrielle de Mulhouse et de l'Institut royal des ingénieurs hollandais, directeur de la publication.

L'ensemble de ces articles, véritable rapport non officiel de l'*Exposition de 1867*, se compose de 8 forts vol. en séries d'environ 500 pages chacun illustrés de nombreuses figures et accompagnés de deux atlas ensemble 360 planches, est un supplément et un complément indispensable aux sept années déjà publiées des *Annales du Génie civil*. Des facilités de payement seront accordées aux personnes qui s'adresseront *directement* a nous pour l'acquisition des *Annales du Génie civil* et de leur complément.

Les **Annales du Génie civil** méritent une mention toute spéciale; le premier numéro a été publié le 1er janvier 1862, et elles ont ensuite continué de paraître sans interruption et mensuellement jusqu'à ce jour.

Elles ont donc commencé en 1873, leur douzième année, et ce sont tous ses collaborateurs réunis qui, sans aucun appui officiel et sans le secours d'une publicité intéressée, ont su faire un rapport consciencieux sur l'Exposition de 1867. Ce travail est certainement le seul souvenir recommandable qui nous reste de cette grande exhibition. Une table générale des matières de cette œuvre remarquable comprenant par ordre méthodique tous les articles publiés dans les *Annales du Génie civil* de 1862 à 1872 inclus, est en cours d'impression et paraîtra prochainement.

Le prix de la collection complète des *Annales du Génie civil*, 1862 à 1872 inclus, y compris le supplément pour les années 1867 et 1868 ou *Études sur l'Exposition de 1867*, le tout formant 18 vol. et 12 atlas, est de 320 fr.

Sans le supplément. 200 fr.

Le Supplément seul. 120 fr.

ANSIAUX (Lucien) et MANSION (Lambert). — **Traité pratique de la fabrication du fer et de l'acier puddlé**, comprenant les applications de ces matières à la collection de différents échantillons livrables au commerce. 1 vol. in-8 de 282 p. et un atlas in-4 de 28 pl. 10 fr.

B

BARLET. — **Comptabilité des mines.** 1 vol. in-8, 217 p. 7 fr. 50

BÉRARD (Aristide). — Considérations sur le rôle de la combustion intermoléculaire des corps renfermés dans la fonte et sur l'influence de l'hydrogène dans la fabrication de l'acier fondu, broch. in-8. 1 fr.

BESNARD (F.). — **Traité sur l'éclairage minéral**, application à l'huile de goudron de houille, à l'éclairage des usines, forges, fonderies, grands ateliers, cours, chantiers de construction. In-8, 40 pages. 1 fr.

BIDAULT. — Études sur les **mines de houille.** In-4. 10 fr.

BOILEAU (L.-A.). — **Le fer** principal élément constructif de la nouvelle architecture, in-8. 3 fr.

BOUGHACOURT. — Notice industrielle sur la **Californie.** Br. in-8, 72 p. 2 fr. 50

BROUET. — Note sur la fabrication et la réception des **chaînes en fer forgé**, broch. 2 fr.

BURAT (A.). — **Matériel des houillères en France et en Belgique.** Description des appareils machines et procédés pour exploiter la houille. 1 volume grand in-8 et atlas de 77 pl. in-f°. 60 fr.

C

CAMUS (M.), ingénieur, manufacturier. — **L'art de tremper les fers et les aciers**, indiquant leurs principes constitutifs, ceux à observer pour les souder, les soins qu'on doit leur donner durant leur transformation en instruments divers, ainsi que ceux du redressage des objets après la trempe et de l'essayage des qualités; ouvrage contenant des comptes de revient relatifs à la trempe des limes, etc., à l'usage des manufacturiers, ouvriers et apprentis. 1 vol. in-8, 389 pages. Ouvrage devenu rare.   10 fr.

Carnet de l'ingénieur, recueil de tables, de formules et de renseignements usuels et pratiques sur les sciences appliquées à l'industrie : chimie, physique, mécanique, machines à vapeur, hydraulique, résistance, frottements, etc., à l'usage des ingénieurs, des constructeurs, des architectes, des chefs d'usines industrielles, des mécaniciens, des directeurs et conducteurs de travaux, des agents-voyers, des manufacturiers et des industriels, publié par les rédacteurs des *Annales du Génie civil* avec la collaboration d'ingénieurs et de savants français et étrangers. 18ᵉ édition. Eug. LACROIX ❋, directeur de la publication. 1 volume gr. in-18 de 360 pages, de tableaux, etc., cartonné.   5 fr.

Depuis que M. Mathias a fondé la publication de ce Carnet (1837), il est chaque année publié une nouvelle édition, corrigée et augmentée. Tous les trois ou quatre ans, le Carnet est complétement refondu.

Prix : Cartonné 5 fr. Relié en portefeuille, doré sur tranches. 10 fr.

Principales divisions de l'ouvrage : Tables usuelles. — Notions usuelles. — Algèbre. — Géométrie analytique. — Mécanique. — Machines simples. — Résistance des matériaux. — Hydraulique. — Documents relatifs aux constructions. — Matières premières servant aux constructions. — Physique et chimie. — Chaleur et combustibles. — Machines à vapeur. — Géologie. — Données économiques, mesures, monnaies, etc., etc.

CARTERON (A.). — **Notice** sur l'ininflammabilité des pailles, papiers, bois, huiles, goudrons, peintures et tissus de toute nature par des procédés brevetés en France et à l'étranger. Broch. in-8, 63 pages.   1 fr.

CARTIER (E.). — **Album et calculs de résistance de fers marchands et spéciaux**. In-folio, 16 pl.   5 fr.

CERFBERR DE MEDELSHEIM (A.). — **De l'état actuel de la métal-**

lurgie en **Europe.** Houille, bois, industrie métallurgique,
fonte, fer, plomb, zinc, machines, armes, etc. 1 vol. in-8,
447 pages. 6 fr.

M. Cerfberr, pendant une excursion dans le nord de la France, en Belgique, en Prusse, a visité successivement les forges, les fonderies, les mines, les usines de toute espèce, s'enquérant des quantités produites, des débouchés, des prix de revient et de vente, etc. C'est le résultat de cette enquête qui forme le fond de ce volume où les aperçus statistiques sont entremêlés de notes de voyages concernant diverses autres questions.

CHALLETON (F.) DE BRUGHAT, ingénieur. — De la **tourbe.** Etude
sur les combustibles employés dans l'industrie. Nouveau tirage,
augmenté d'un appendice. Etudes **sur le coke,** au point de
vue de son emploi dans les machines locomotives, précédé
de la carbonisation du bois suivie en Chine. 1 vol. in-8, 500 p.
7 fr. 50

CHAUVEAU DES ROCHES ET BELIN. — Des divers appareils servant à
élever l'eau pour alimentations, irrigations et épuisements.
35 p. et 8 pl. 5 fr.

CLEGG (Samuel). — **Traité pratique de la fabrication et de la
distribution du gaz d'éclairage et de chauffage.** Traduit de
l'anglais et annoté par Ed. SERVIER, ingénieur civil, sous-
chef du service des usines de la Compagnie parisienne d'éclairage et de chauffage par le gaz. 1 vol. in-4, 303 p., avec nombreux bois dans le texte et atlas de 28 planches. 40 fr.

Ce traité ne comprend pas seulement l'ouvrage de Clegg. On y a
ajouté les nombreux perfectionnements apportés après la mort de
l'auteur dans l'industrie du gaz. L'application des cornues en terre,
l'emploi des extracteurs, les nouveaux procédés d'épuration, les
perfectionnements apportés aux gazomètres, aux compteurs, aux
brûleurs et aux procédés photométriques, ont donné lieu à de nombreuses additions.

(Voir plus loin *Schilling.*)

COGNIÈT. — Des **huiles minérales.** In-8. 1 fr.

COIGNET. — **Mémoire sur les allumettes chimiques.** In-4, 39 p.
1 fr.

COLSON (Félix). — **Un chapitre sur les hydrocarbures des
schistes bitumineux lignifères.** In-8. 1 fr.

COUCHE. — Rapport à Son Exc. le Ministre de l'agriculture, du
commerce et des travaux publics, sur **l'emploi de la houille**
dans les machines locomotives et sur les machines à foyer fumi-
vore du système Tenbrinck. In-8, 76 pages. 2 fr. 50

D

Danks. — **Le puddlage mécanique**, par le procédé Danks contenant la traduction et la reproduction du rapport de M. Geo J. Snelus sur le procédé de puddlage Danks, du rapport de M. John Lester sur la pratique du four rotatif à puddler de S. Danks, etc., etc., orné d'une planche de figures, in-8, 135 p.

3 50

Dalloz (Édouard). — **De la propriété des mines et de son** organisation légale en France et en Belgique, guide théorique et pratique du légiste, de l'ingénieur et de l'exploitant, suivi de recherches sur la richesse minérale et la législation minière des principales nations. 2 vol. in-8, d'ensemble 1370 p.   20 fr.

L'ouvrage de M. Dalloz abonde en renseignements importants classés avec méthode ; mais ce n'est pas là son unique mérite ; ce travail a en même temps pour but de défendre les principes de liberté industrielle et de combattre l'excès de réglementation en ce qui concerne l'exploitation des mines.

Décret (1865) concernant la fabrication et l'établissement des **machines à vapeur.**   0 fr. 75 c.

Denis de Lagarde, ingénieur attaché à l'ambassade de France à Madrid. — **De la richesse minérale de l'Espagne**. Législation des mines, résumé des documents statistiques officiels de 1861 à 1870. Notes. 1° sur le commerce général de l'Espagne, de 1850 à 1867 ; 2° sur la viabilité : routes et chemins de fer. In-4, 77 p.   4 fr. 50

Demanet fils. — Traité de l'**exploitation des mines de houille.** 1 vol. grand in-18, de 404 pages, 126 figures et tableaux. Relié.   6 fr.

Cet ouvrage est le véritable Guide du mineur. Nous en donnons ici la table des matières.

Chapitre I. — Considérations sur les bassins houillers.

Chapitre II. — (Du creusement des puits et des galeries). — Considérations générales sur les puits. — Du creusement des puits. — Des galeries.

Chapitre III. — (Exploitation proprement dite). — § I. Marche générale d'un exploitation. — § II. Examen des diverses circonstances qui influent le plus ordinairement sur les résultats d'une exploitation.

Chapitre IV. — (Transport souterrain). § I. Vases de transport. — § II. Voies de transport. § III. Moteurs

CHAPITRE V. — Application des principes précédents à quelques exemples. — Exploitation des dressants. — Exploitation des plateures. — Exploitation de la grande masse de Mont-Rambert. — Exploitation de la cinquième couche du Treuil. — Exploitation de la douzième couche de Méons. — Exploitation de la grande masse de Rive-de-Gier.

CHAPITRE VI. — Aérage des travaux. — Nécessité d'un courant d'air. — Considérations relatives à la circulation de l'air. — Disposition générale à donner au courant d'air. — Aérage des travaux préparatoires. — Moyens employés pour provoquer la circulation de l'air. — Eclairage. — Explosions de grisou et incendies.

CHAPITRE VII. — Extraction des produits au jour. — Cages. — Câbes. — Molettes. — Châssis à molettes. — Machines d'extraction. — Guidonnages. — Engins pour la manœuvre des cages.

CHAPITRE VIII. — Epuisement des eaux.

CHAPITRE IX. — Services divers. — Translation des ouvriers. — Service des voies. — Manipulations des charbons. — Questions relatives à la classe ouvrière. — Du travail des femmes et des enfants. — Des caisses de secours.

DESSOYE (J.-B.-J.) ancien manufacturier. — **Guide pratique de l'emploi de l'acier**, ses propriétés, avec une introduction et des notes par Ed. Grateau, ingénieur civil des mines. 1 vol. de 303 p. 4 fr.

Bibliothèque des professions industrielles et agricoles, série D, n° 5.

DEVILLEZ (V.), professeur de mécanique. — De l'exploitation de la houille, à la profondeur d'au moins mille mètres, 2e édit., revue et augmentée. 1 vol. in-8, 222 p. et 2 pl. 1859 6 fr.

Dictionnaire industriel à l'usage de tout le monde, ou les 100,000 secrets et recettes de l'industrie moderne, comprenant les arts et métiers, les mines, l'agriculture, etc., par MM. les rédacteurs des *Annales du Génie civil*; E. Lacroix, directeur de la publication. Cet ouvrage est publié en 20 livraisons, chacune de 2 feuilles, du format gr. in-18, 72 pages. Il paraît 2 livraisons par mois depuis le 1er mars dernier.

Prix de souscription : l'ouvrage complet. . . . . 20 fr.

Prix de chaque livraison. 1 25

Pour la province et l'étranger le port en plus.

Les 6 premières livraisons sont en vente (mai 1873). Si l'abondance des matières contraignait l'éditeur à dépasser le nombre de livraisons annoncé, ces livraisons seraient livrées gratuitement aux souscripteurs.

DRAPIEZ. — **Guide pratique de minéralogie usuelle.** Exposition succinte et méthodique des minéraux, de leurs caractères, de leur composition chimique de leurs gisements, de leurs applications aux arts et à l'économie. 1 vol., 504 p. 3 fr.

Bibliothèque des professions industrielles et agricoles, série D, n° 15.

DUFRÉNE. — Les **monnaies,** historique, fabrication. Gr. in-8, 21 p. 26 fig 1 fr. 50

— Les **métaux bruts,** extraction, exploitation et manipulation. Gr. in-8, 48 p. et 2 pl. 2 fr. 50

DURAND. — L'industrie, le capital et les mines de Saint-Georges en présence du public. 1 vol. in-8, 118 p. 2 fr.

E

EBRAY. — **Etudes géologiques** sur le département de la Nièvre. Gr. in-8, 372 p. 25 pl. 20 fr.

F

FAIRBAIRN (William), membre de la Société royale de Londres — **Guide pratique de la métallurgie du fer,** son histoire, ses propriétés et ses différents procédés de fabrication, traduit de l'anglais, avec l'approbation de l'auteur et augmenté de notes et d'appendices, par M. Gustave MAURICE, ingénieur civil des mines, secrétaire de la rédaction du *Bulletin de la Société d'encouragement.* 1 vol., 331 p. et 68 fig. 6 fr.

Bibliothèque des professions industrielles et agricoles, série D, n° 4.

FELLOT. — **Note sur la machine à perforer les roches** du capitaine Penrice, pour le percement des tunnels et galeries de mines. In-8 et 2 pl. 7 fr.

Mémoires des ingénieurs civils, 1er trimestre 1868.

FLACHAT, BARRAULT (A.), et PETIT (J.), ingénieurs. — **Traité de la fabrication de la fonte et du fer,** envisagée sous les trois rapports, chimique, mécanique et commercial. 1re partie, Fabrication de la fonte ; 2e partie, Fabrication du fer ; 3e partie,

Examen statistique et commercial. 3 vol. in-4, ensemble 1439 p., avec atlas gr. in-folio de 92 pl. dont 6 doubles. 200 fr.

FLACHAT (Eug.). — **Étude sur l'usure et le renouvellement des rails.** In-8, 26 p. 2 fr.

FLAMM (Pierre), ancien directeur de verreries. — Trois sources d'économie de combustibles. Guide pratique du **Constructeur d'appareils économiques de chauffage** pour les combustibles solides et gazeux, traitant des générateurs à gaz fixes et locomobiles, de l'application de la chaleur concentrée et du calorique perdu aux chaudières à vapeur et aux fours de toute espèce, à l'usage des ingénieurs, architectes, fumistes, verriers, briquetiers, tuiliers, des forges, fabriques de zinc, de porcelaine, de faïence, d'aciers, de produits chimiques ; des raffineries de sucre, de sel, des industries métallurgiques et autres employant de la chaleur. 157 pages et 4 planches. 4 fr.

Bibliothèque des professions industrielles et agricoles, série G, n° 12.

FRANQUOY. — **Des progrès de la fabrication du fer** dans le pays de Liège. In-8, 146 p. 3 fr. 50

FRÉSÉNIUS et WILL. — **Guide pratique pour reconnaître et pour déterminer le titre véritable et la valeur commerciale des potasses, des soudes, des cendres, des acides et des manganèses.** 1 vol. in-18, nouvelle édition augmentée des procédés qui se sont faits connaître à l'Exposition de 1867. 3 fr.

Bibliothèque des professions industrielles et agricoles, série B, n° 18.

G

GAUDARD (J.), ingénieur civil. — Etude comparative de divers **systèmes de ponts en fer.** 1 vol. grand in-8 de 140 pag. 14 tableaux, et accompagné d'un atlas gr. in-8 de 9 planches doubles. 12 fr.

Tous les hommes spéciaux comprendront l'importance de l'étude à laquelle s'est livré M. Gaudard. Pour arriver à des résultats pratiques, il a fait une comparaison approfondie des systèmes fondés sur l'emploi des formules théoriques, appliquées à des ouvrages offrant des conditions variées, mais conçus tous dans un même esprit, calculés pour travailler à des coefficients identiques et affranchis d'accessoires inutiles.

L'ouvrage de M. Gaudard est désormais indispensable dans la construction des ponts en fer.

— **Théorie et détails de construction** des arches de ponts en métal et en bois, 1 vol. gr. in-8, avec 38 fig. dans le texte et 3 gr. pl. 4 fr.

GAUDRY (Jules), ingénieur au chemin de fer de l'Est et A. ORTO-
LAN, mécanicien en chef de la flotte. — Machines à vapeur.
Locomotives, locomotives-tenders, locomotives de campagne.
— Locomotives à marchandises. — Petites locomotives, dites
de gares, de mines et de chantiers. — Machines à vapeur de
navigation maritime et fluviale, machines fixes, etc., etc.
139 p. 47 fig. et 25 pl.   16 fr.

GILLET (A.), ingénieur civil des mines. — **Carbonisation du
bois, emploi du combustible dans la métallurgie du fer.**

1re partie. 1° carbonisation en forêt, carbonisation en vase
clos, séparation et rectification des produits de la distillation;
2° perte en combustible dans les traitements des minerais de
fer, perte en combustible dans le traitement de la fonte, économie réalisable dans es traitements des minerais, du fer et de
la fonte. 1 vol., 120 pages et une planche double in-f°.

2e partie. 1° Quelle perte en combustible résulte du traitement des minerais de fer au haut-fourneau? 2° Quelle perte
en combustible résulte du traitement de la fonte au four à réverbère, pour la convertir en fer ou en acier? 3° Quelles sont
les économies réalisables dans le traitement des minerais de
fer au haut fourneau, dans le traitement de la fonte au four
à réverbère pour la convertir en fer ou en acier, et quels sont
les moyens de les réaliser? Ouvrage terminé : Prix.   12 fr.
La 2e partie seule se vend séparément.   6 fr.

Tous les faits rapportés dans ce volume sont le résumé de plus de trente
années de recherche et de travaux métallurgiques qui ont été observés et
reproduits par l'auteur avec un soin minutieux, durant ce laps de temps, et
autant de fois qu'il l'a fallu, dans les cas les plus variés d'expériences en
grand des procédés pratiqués par l'industrie sidérurgique.

M. Gillot déclare lui-même qu'il a été arrêté longtemps dans sa laborieuse
entreprise par des difficultés qui résultaient surtout de l'ignorance à peu
près complète, dans le traitement des minerais de fer au haut-fourneau, de
certaines propriétés des corps, notamment de la loi de variation de la caloricité, sans la connaissance de laquelle la détermination des hautes températures est absolument impossible ; mais que malgré la gravité des obstacles,
il a pu éclaircir toutes les questions restées obscures sur la carbonisation,
sur le haut-fourneau et sur le four à réverbère, et à en donner la véritable
explication théorique.

La première partie du mémoire de M. Gillot traite spécialement de la
carbonisation, ainsi que son titre l'indique ; dans la deuxième partie
il s'occupe de l'emploi du combustible dans la métallurgie du fer. Le résumé
général, qui termine cette seconde partie, relie donc les deux questions.

GISLAIN (H.), ingénieur civil. — **Du fer et du charbon à Épinac.**
— Autun et ses environs. In-8, 68 p. 1 carte et 1 tabl.   3 fr.

GIRARD. — **Moteur à air chaud.** 1 vol. in-8 et atlas in-fol.
    30 fr.

Girault. — Mémoire sur un projet d'éclairage par le gaz. de chauffage par la vapeur et de ventilation au moyen d'appareils simultanés, in-8, 15 p. 1 fr. 25

Godillot (J.—B.), conducteur des ponts et chaussées. — Calcul de la **résistance des poutres en tôle** employées dans la construction des ponts et viaducs, et applications numériques de ce calcul à divers exemples de ponts pour chemins de fer. In-8, 72 p. et 1 pl. 2 fr. 50

Les fonctions qu'occupe M. Godillot l'ont amené à faire des études approfondies sur la construction des ponts en tôle. L'embarras qu'il a éprouvé au début par le manque presque absolu d'ouvrages traitant de la construction de ces ponts, lui a suggéré l'idée de publier un livre dans lequel on pût trouver le calcul de la résistance des poutres en tôle et des applications numériques de ce calcul à la détermination de cette résistance, et des dimensions à donner aux poutres, quelle que soit leur portée. Le mérite de ce travail, d'une grande utilité pratique, a été promptement apprécié.

Gossi (Max). — **L'industrie sidérurgique** et le commerce d'Anvers, broch., in-8. 1 fr.

Grand (A.), ingénieur civil. — Etude sur les **huiles de pétrole**. Origine et gisement, application, traitement industriel, application du pétrole brut à la fabrication du gaz d'éclairage et au chauffage des foyers industriels. Prix de revient. Décret, etc. 1 vol. gr. in-8 2 pl. 7 fr.

Mémoires des ingénieurs civils.

Greiner (Ad.). — Notice sur l'emploi des **aciers Bessemer** in-8, 15 p. 1 fr.

Guettier (A.). — **De l'emploi pratique et raisonné de la fonte de fer dans les constructions.** Recueil d'expériences, d'études et d'observations pratiques adressé aux ingénieurs, aux architectes, aux conducteurs et à toutes les personnes appelées à se servir de la fonte. 1 vol. de 550 p. in-8, et 1 atlas de 24 pl. in-4. 30 fr.

— Données sur des constructions de **Ponts en fonte**. Broch. in-8, 30 p. et 2 pl. 3 fr.

— **Bronze et fonte d'arts**, ouvages d'art en métaux. 43 p. 2 fr.

— **Guide pratique des alliages métalliques.** 1 fort vol. in-18. 342 p. Relié. 4 fr.

Ouvrage adopté par M. le ministre de l'instruction publique.

Bibliothèque des professions industrielles et agricoles, série D, n° 12.

Guillaume. — Tableaux de la **résistance des fers à double T,** employés dans la construction des bâtiments et autres. In-fol. 3 fr.

H

Harzé (Émile), ingénieur des mines. — De l'**Aérage des travaux préparatoires** dans les mines à grisou. 1 vol. in-8, 74 p. et 4 pl.   5 fr.

Ouvrage couronné par l'Association des ingénieurs sortis de l'École de Liège.

Henvaux (D.), directeur d'usines, ancien directeur de la fabrique de Couillet. — Mémoire sur la **construction des laminoirs**. 2ᵉ édition. 1 vol. gr. in-8, avec fig.   10 fr.

C'est à bon droit que M. Henvaux s'appuie, dans l'avant-propos de son livre, sur l'autorité que lui donne une longue expérience : après avoir été à la tête de plusieurs fabriques de fers, et notamment de la plus importante de Belgique, il avait été, dans cette position, plusieurs fois chargé de faire des rapports et de dresser des plans et des devis de toutes les parties d'une fabrique de fer. Les nombreux accidents survenus sous sa direction, à la fabrique de Couillet, l'ont obligé à étudier et à approfondir plus que personne les causes de ces accidents, pour pouvoir y apporter remède autant que possible.

Le Mémoire dont le titre précède est donc le fruit d'une longue pratique dans la direction d'usines à fers, appuyée sur des études non moins longues de la matière.

Hochereau. — **Calcul des poids** des volants à employer pour les machines à détente de vapeur sans balancier. In-8 avec fig. et tableaux.   4 fr. 50

Huet et **Geyler.** — Mémoire sur l'**outillage nouveau et les modifications** apportées dans les procédés d'enrichissement des minerais. In-8 et 2 pl.   5 fr.

Mémoires de la Société des Ingénieurs civils.

Huguenet (Isidore). — **Asphaltes et naphtes.** Considérations générales sur l'origine et la formation des bitumes fossiles, de leur emploi et de leur propriété aux travaux publics et privés. In-8, 404 p.   10 fr.

Hurcourt (d'). — **Industrie du gaz.** In-8, 59 p., 4 fig. et 1 pl.   2 fr. 50

J

Jeunesse (A.). — **La Fonderie en caractères, stéréotypie.** Gr. in-8.   1 fr.

Jordan. — **Fabrication des canons.** Gr. In-8. — Mémoires de la Société des ingénieurs civils, 1ᵉʳ trimestre 1870.   7 fr.

JORDAN. — **Fabrication des projectiles.** Gr. in-8. — Mémoires de la Société des ingénieurs civils, 2e trimestre 1870. 7 fr.

K

KNAB (C.), ingénieur chimiste. — Etude sur les goudrons et leurs nombreux dérivés, 46 p. et 8 fig. 1 fr. 50

KRANS (M.-F.). — Etude sur le **four à gaz et à chaleur régénérée** de M. Siemens. In-8, 147 p., 5 pl. 10 fr.

KUHLMANN (F.). — **Oxydes de fer et de manganèses,** et certains sulfates. Broch. 1 fr.

KUPFFERSCHLAEGER (Is.). — **Notice sur l'action du fer et du zinc** dans les dissolution des métaux dont les oxydes sont solubles dans l'ammoniaque. Broch. in-8, 15 p. 50 c.

— Tableaux des caractères pyrognostiques que présentent les **substances minérales,** traitées seules ou avec les réactifs, 10 tableaux, broch. in-4. 3 fr. 50

L

LANDRIN fils, ingénieur civil. — **Traité de l'acier.** Théorie, métallurgie, travail pratique, propriétés et usages. 1 vol. in-18 jésus, 320 p. 5 fr.

Ce traité, fruit de nombreuses recherches, est une véritable monographie de l'acier depuis sa découverte ; il nous décrit les premiers fourneaux des Hébreux, et nous montre les progrès successifs réalisés à travers les âges jusqu'aux procédés les plus récents des aciéries de France. Voilà pour la partie historique.

Les notions préliminaires traitent des différents corps avec lesquels l'acier se trouve en contact. Enfin, le traité proprement dit, se subdivise en quatre parties : de l'acier et de sa théorie ; de la métallurgie, du travail de l'acier ; des propriétés de l'acier et de ses usages. De nombreuses figures facilitent l'intelligence du texte

LA SALLE (A.). — **Etude sur le procédé Bessemer.** Broch. in-8 2 fr.

RECUEIL DES MACHINES DE LEBLANC.

Métallurgie, Sondage, Exploitation des Mines.

DEUXIÈME PARTIE

5e Livraison. Scierie alternative à une lame, 2 pl. — Instruments pour le forage des puits artésiens, 3 pl. — Machine à extraire la tourbe, 1 pl. — 12e Laminage et étirage de plomb, 3 pl. — Banc à étirer les tuyaux de plomb, 2 pl. — Presse à vis pour la fabrication du vermicelle, 1 pl.

TROISIÈME PARTIE.

4e Livraison. Ventilateur, par *Sanford*, 1 pl. — Régulateur de vanne, 1 pl. — Machine à mortaiser les métaux, par *Pihet*, 3 pl. — Aspirateur pour machine à papier, par *Chapelle*, 1 pl. — 5e Machine à couper le papier, par *Debergue* et *Spréafico*, 3 pl. — Moulin à écraser la canne à sucre, 2 pl. — Machine à diviser et à tailler les écrous, 1 pl. — 7e Cylindres à papier, par *Chapelle*, 3 pl. — Roue hydraulique, par *Debergue*, 2 pl. — Machine à percer, par *Sharp* et *Roberts*, 1 pl. — 8e Appareil et instruments de forage du puits artésien de l'abattoir de Grenelle, 3 pl. — Grue hydraulique, 1 pl. — Machine à fileter, 2 pl. — 10e Plate forme mobile ou Turn Rail, 2 pl. — Machine à percer et à aléser, 1 pl. — Grue hydraulique et Robinet à clapet, 1 pl. — Scierie à recéper les pilotis, 1 pl. — Scierie circulaire et cric, 1 pl.

QUATRIÈME PARTIE.

4e Livraison. Turbine-fontaine, 3 pl. — Machine à mortaiser, 2 pl. — Marteau du Creusot, 1 pl. — 6e Machine à parer les cuirs, 2 pl. — Pétrins en fonte pour la fabrication de la pâte du pain et appareils à biscuits de mer, 2 pl. — Machine à démonter les roues, 1 pl. — Machine à poinçonner les tôles et à découper la tôle forte à froid, 1 pl. — 10e Machine oscillante pour le bateau l'*Overstolz*, 3 pl. — Machine à satiner, glacer et éplucher le papier, 2 pl. — Machine à raboter les métaux, 1 pl. — 11e Machine à vapeur à un seul cylindre établie aux forges d'Abainville, 6 pl.

CINQUIÈME PARTIE.

1re Livraison. Machine à élever les eaux, dite moteur-pompe, 1 pl. — Machine soufflante, 2 pl. — Marteau pilon, 1 pl. — Machine peigneuse, 2 pl. — 3e Four à coke, établi aux ateliers de Sotteville-lès-Rouen, 1 pl. — Grue mobile de Nepveu, 2 pl. — 7e Barrage hydropneumatique mobile, 1 pl. — Scie circulaire à débiter le bois, 2 pl. — Emporte-pièce (système américain), 1 pl. — Machine pour la fabrication du tan, 1 pl. — Limeur de *M. Decoster*, 1 pl. — 9e Machine à percer, de *M. Hick*, 2 pl. — Presse américaine, dite presse antifriction, 1 pl. — Machine à scier les pierres, 1 pl. — Machine à river les tôles, 2 pl. — 12e Tamis de féculerie, par *M. Huck*, 3 pl. — Laveur, par le même, 1 pl. — Grosse cisaille, de *M. Dick*, 2 pl.

Chaque planche se vend séparément.   1 fr.

LEMONNIER (M.-D.), maître de forges. — Mémoire sur une demande de concession de minerai oolithique. In-4, avec pl.
     3 fr.

LEMONNIER (M-D.). — Coup d'œil sur la **métallurgie du fer dans** l'E-t et le Sud-Est de la France. In-8 avec carte et planche, ouvrage tiré à cent exemplaires. 10 fr.

Extrait de l'Annuaire de 1869 de la Société des anciens Élèves des Écoles d'arts et métiers.

LEYGUE (L), ingénieur civil. — Note sur les surcharges à considérer dans les calculs des **tabliers métalliques** suivie d'une étude sur les poids au mètre courant des poutres en fer à double T. 1 br. gr. in-8, tableaux et pl. 3 fr.

LOVE (G.-N.). — **Des diverses résistances et autres propriétés de la fonte du fer et de l'acier**, et de l'emploi de ces métaux dans les constructions. 1 vol. in-8, 391 p. et 2 tabl., avec bois dans le texte. 8 fr. 50.

Une bonne table des matières indique un bon livre. Nous ne reproduirons pas celle de l'ouvrage de M. Love, elle comprend plusieurs pages, mais nous indiquerons les titres des chapitres.

Introduction. — Allongement du fer, de la fonte et de l'acier. — Résistance finale du fer, de la fonte et de l'acier à la rupture par traction. — Applications usuelles de la fonte et des efforts de traction. — De la résistance à la rupture par traction, de la tôle assemblée par des rivets et accessoirement de la résistance des rivets au cisaillement. — Applications du fer et de l'acier, sous leurs diverses formes, aux appareils et constructions connus dans l'industrie. — De certaines résistances du fer se rapprochant plus particulièrement de la résistance à la rupture par traction.

Un appendice sur les expériences qui restent à faire pour connaître convenablement les propriétés des matières usuelles en France termine l'ouvrage.

— **Observations sur les prescriptions administratives** réglant l'emploi des métaux dans les appareils et constructions intéressant la sécurité publique. In-8, 63 p. 2 fr. 50

M

MALE (G.). — Traité pratique et complet de la levée des **Plans de mines.** 1 vol. in-8, 96 p. et 4 pl. 5 fr.

MALO (Léon). — **Guide pratique pour la fabrication des asphaltes et bitumes.** 1 vol. in-8, avec 7 pl. Relié. 5 fr.

Bibliothèque des professions industrielles et agricoles, série D, n° 18.

MARCEL DE SERRES, professeur à la faculté des sciences de Montpellier. — **Traité des roches simples et composées, ou de la classification** géognostique des roches d'après leurs caractères

11

minéralogiques et l'époque de leur apparition. gr. In-18, 288 p.

5 fr.

Bibliothèque des professions industrielles et agricoles série D, n° 17.

Mémoires et compte-rendu des travaux de la Société des Ingénieurs civils de France. — Ce recueil, publié par les soins de la Société, paraît trimestriellement depuis le mois de mars 1848, par numéro de 10 à 12 feuilles de texte, avec figures et des planches. — Prix de l'abonnement à l'année courante pour Paris, 20 fr.; France, 25 fr., étranger, 30 fr.; prix d'un numéro séparé, 7 fr.; départements, 8 fr.; pour l'étranger,   9 fr.

Chacune des années écoulées,   25 fr.

Articles sur la métallurgie publiés de 1861 à 1872 inclusivement.

Études sur l'enquête relative à l'industrie métallurgique faite à l'occasion du traité de commerce avec l'Angleterre, par M. A. Duroy de Bruignac, n° du 3ᵉ trimestre 1862.   7 fr.

Note sur les essais de production et d'application d'aciers au chemin de fer du Nord, par M. Nozo, n° du 4ᵉ trimestre 1862.

7 fr.

Comparaison des propriétés résistantes du fer et de l'acier, par M. A Brüll, n° du 1ᵉʳ trimestre 1863.   7 fr.

Note sur un système de bagues en fonte appliqué à la voie vignole, par M. Desbrière. — Note sur le procédé de durcissement des rails par la compression finale à basse température, par M. P. Sieber n° du 3ᵉ trimestre 1863.   7 fr.

Étude sur la fonte malléable, par M. A. Brüll. — Note sur un nouveau système de voie complètement en fer, dite voie à éclisses-tables, par M. Mazilier. — Étude sur l'usure et le renouvellement des rails, par M. Eugène Flachat, n° du 4ᵉ trimestre 1863.   7 fr.

Est-il nécessaire d'augmenter le poids des rails et leur surface de roulement? Ne peut-on, dans les conditions actuelles, prolonger la durée de la voie en modifiant la fabrication des rails? par M. Sieber. — Note sur le lavoir à charbon de M. Forey, par M. Ivan Flachat. — Note sur l'emploi des bourroirs en bois et des mèches de sûreté pour le tirage à la poudre, par MM. Huet et Geyler, n° du 3ᵉ trimestre 1864.

7 fr.

Note sur le système de chauffage de M. Siemens, et son application à la métallurgie du fer, par M. P. Marin. — Étude sur l'usure et le renouvellement des rails, par M. Eugène Flachat, n° du 2ᵉ trimestre 1864.   7 fr.

Note sur l'outillage nouveau et les modifications apportées dans les procédés d'enrichissement des minérais, par MM. Huet et Geyler, n° du 1er trimestre 1865.   7 fr.

L'Espagne industrielle, considérations économiques sur la production des houilles, par M. de Mazade. — Considération sur les projets d'application de la suspension métallique aux toitures à grand-s portées de MM. Lehaitre et de Mondésir, par M. Eug. Flachat, n° du 2e trimestre 1865.   7 fr.

Sur le gisement de pétrole des Karpathes, par M. Félix Foucou. — Note sur le lavoir à charbon de MM. Auguste Detombay et Scheuren, par MM. Huet et Geyler, n° du 3e trimestre 1865.   7 fr.

Note sur l'utilisation des Cokes-Scories dans les hauts-fourneaux, par M. Minary. — De la combustion dans les foyers à haute et moyenne température, par M. E. Fievet, n° du 3e trimestre 1866.   7 fr.

Ventilation des mines, par M. Lehaitre, n° du 1er trimestre 1867.   7 fr.

Note sur l'industrie des allumettes chimiques, par M. Henri Peligot. — Note sur la machine à perforer les roch-s, du capitaine Penrice pour le percem nt des tunnels et galeries des mines, par M. Fellot, n° du 1er trimestre 1868.   7 fr.

Fabrication de l'acier fondu par affinage de la fonte avec chauffage par comb stion intermoléculaires, par M. Jordan, n° du 1er trimestre 1869.   7 fr.

Note sur le poids par mètre courant des poutres en fer à double T, d'après leur moment de résistance, par M. Leygue. — Note sur les kaolins de Cercedilla, province de Madrid, Espagne, par M. A. Piquet. — Note sur l'essai des plombs argentifères, par A. Piquet, n° du 2e trimestre 1869.   7 fr.

Souvenirs du Siège de Paris. — Notes sommaires pour servir à l'étude de la fabrication des canons par M. S. Jordan, n° du 4e trimestre 1870.   7 fr.

Notes diverses à propos de la fabrication des projectiles de l'artillerie, par M. S. Jordan, n° du 1er trimestre 1871.   7 fr.

Mémoire sur les mines métalliques de la France, autres que les mines de fer, par Alfred Caillaux, n° du 2e trimestre 1871.   7 fr.

Artillerie légère Suisse (nouvelle), par M. Brustlein. — Artillerie de campagne, (étude sur l'), par M. Pinat, n° du 4e trimestre 1871.   7 fr.

Note historique sur l'emploi des gaz des hauts-fourneaux, par M. A. Gibon, n° du 4ᵉ trimestre 1872. 7 fr.

Monge, constructeur.— **Constructions en fer.** Nouveau cours pratique et économique de constructions en fer, traité contenant de nouvelles applications sur cet art, applicables à la construction des travaux publics, des chemins de fer et des travaux civils, avec atlas et texte, devis descriptif et explicatif des prix au kilogramme, à la pièce, au mètre carré et au mètre courant, suivi de nouvelles formules pratiques pour la résistance. In-4, 60 p. et 9 pl. in-4 doubles. 10 fr.

N

Nogués (A.-F.), professeur de sciences physiques et naturelles. — Guide pratique de **Minéralogie appliquée** (histoire naturelle inorganique), ou connaissances des combustibles minéraux, des pierres précieuses, des matériaux de construction, — des argiles céramiques, des minerais manufacturiers et des laboratoires, des minerais de fer, de cuivre, de zinc, de plomb, d'étain, de mercure, d'argent, d'antimoine, d'or, de platine, etc. 2 vol. gr. in-18. 12 fr.

Première partie : 1 vol. de 396 pages avec 124 fig. dans le texte, Relié. 6 fr.

Deuxième partie : 1 vol. de 523 pages avec 248 fig. dans le texte, Relié. 6 fr.

O

Ordinaire de Lacolonge. — Un **puits** doit-il être ouvert ou foncé ? 1 fr. 25

Ortolan (A.), mécanicien en chef de la flotte, avec la colaboration de MM. Bonnefoy, Cochez, Dinee, Gibert, Guipont et Johel. — Guide pratique de l'**ouvrier mécanicien**, ou la **mécanique de l'atelier.** 1 vol. gr. in-18 jésus, de 627 p. avec 61 fig. dans le texte et atlas de 52 pl. Relié. 12 fr.

Bibliothèque des professions industrielles et agricoles, série G, n° 6.

P

Palaa (G). — **Engins et appareils des grands travaux publics,** machines élévatoires, etc. 73 p., 2 fig. et 13 pl. 9 fr.

Papier quadrillé de 2 en 2 millimètres, adopté par les ingénieurs et par les compagnies de chemins de fer. Carnet in-12 cart. en toile. Voir *Carnet de l'ingénieur*. 4 fr.

 La main, jésus collé. 6 fr.

PETIET. — La fonte (Voir *Flachat.*)

PETITGAND, ingénieur civil des mines. Avenir de l'exploitation des mines métalliques en France. In-8, 80 p. 2 fr.

PICHON, métreur-vérificateur de serrurerie. — **Série de prix** d'après des sous-détails pour servir à l'estimation et au règlement des travaux de serrurerie, revue, entièrement modifié, suivant le prix des matières premières et des objets fabriqués, seul tarif adopté par la Société centrale des architectes. In 4, 46 p. 4 fr.

Portefeuille des Conducteurs des ponts et chaussées et des **Gardes-mines.** Publié par la Société.

Mémoires, notes et documents pratiques relatifs aux constructions en général a compagnés de nombreuses planches d'ensemble et de détails statistique, prix de revient, etc. Prix de l'abonnement annuel à cette publication : Paris, 15 fr. ; province, 18 fr. ; étranger, 22 fr.

 La 12ᵉ série ou année est en cours de publication; il paraît 10 numéros par an.

 La collection complète des 11 années publiées, 165 fr.
 Chaque année terminée se vend séparément. 20 fr.

Portefeuille des principaux appareils, machines, instruments et outils employés actuellement dans les différents genres de l'industrie française et étrangère et dans l'agriculture.

PREMIÈRE PARTIE.

La Métallurgie.

Machine à vapeur hydraulique ou d'épuisement à balancier (système Cornwall) de la force de 175 chevaux, par M. Schneider, 8 pl. et texte. 6 fr.

Comble en tôle ondulée. Gare du chemin de fer de l'Ouest, par M. E. Flachat, 1 pl. 1 fr.

Machine à faire les tenons de l'usine de Graffenstaden. 2 pl. 2 fr.

Cisaille américaine de M. Dick, 2 pl. 2 fr.

Extraction des minerais, 1 pl. 1 fr.

Machine à faire les feuillures et languettes du chemin de fer de l'Est, 2 pl.   2 fr.

Fours à air chaud et à sole tournante, construction mixte et construction entièrement métallique, par M. Roland, 2 pl.   2 fr.

Marteau-pilon à vapeur, par M. Emile Martin, 2 pl.   2 fr.

Machine à vapeur à cylindre horizontal, de la force de 25 chevaux, à haute pression à détente variable et condensation, par M. E. Bourdon, 8 pl.   6 fr.

Machine à couper la tôle, par MM. Sharp et Stéwart.   1 fr.

Etau-limeur, par M. Decoster, 2 pl.   2 fr.

Grande machine à raboter les métaux, par M. Whitworth, 2 pl.   2 fr.

POTHIER (A.-F.). — De l'exploitation et de la législation des mines en Algérie et en Espagne. Br. in-8.   3 fr.

R

Recueil des travaux de la Société des anciens élèves des Écoles d'Arts et Métiers, annuel. 25ᵉ année. Prix de chaque année.   10 fr.

REY (P.). — **Législation de la propriété minière**, erreurs générales d'un demi-siècle ; impossibilité actuelle d'exécuter la loi du 12 avril 1810 sur les mines et nécessité d'une révision de cette loi. Br., in-8, 40 p.

— Pétition adressée à Son Exc. M. le ministre présidant le Conseil d'Etat, pour faire cesser les obstacles qui s'opposent à l'exécution de la loi du 21 avril 1810 sur les mines. Br. in-8. Les deux brochures réunies.   6 fr.

RICHARD (G.-Tom). ingénieur. — **Étude sur l'art d'extraire immédiatement le fer des minerais**, sans convertir le métal en fonte. 1 vol. in-4, rempli de tableaux, avec un atlas in-fol. demi-colombier.   30 fr.

— Les aciers académiques. In-8.   3 fr.
Extrait des *Annales du Génie civil.*

ROSWAG (C.), ingénieur des mines. — **Les métaux précieux** considérés au point de vue économique. Ouvrage orné de

28 gravures dans le texte, de 16 pl. coloriées et d'une carte (Babinet) de la production, de la circulation et de l'absorption des métaux précieux. In-8, xv-424 p. Paris. 25 fr.

Roswag. — La même, édit. de luxe, tirée à 50 exemplaires. In-4. 40 fr.

Comme l'auteur le dit dans sa préface, la question des métaux précieux est un sujet qui touche au crédit, à la banque, au commerce et même, par quelques points, à la politique. Il ne nous appartient pas de suivre M. Roswag sur le terrain de l'économie politique ; ce qui est notre droit et notre devoir, après avoir étudié consciencieusement l'ouvrage, c'est d'affirmer que les *métaux précieux* constituent un travail d'ensemble méritant au plus haut degré aussi bien l'attention des hommes d'État, des financiers, des commerçants en général, que celle des industriels spéciaux qui s'occupent de la production de l'or et de l'argent.

Rous et Schwaeblé. — L'art militaire. Fabrication et usage des **armes blanches** et des armes à **feu**, armes de **chasse**, armes de guerre. L'artillerie, 1 vol. gr. in-8 avec 22 pl. 14 fr.

Ouvrage adopté par S. Ex. le ministre de la guerre.

S

Schilling (N.-H.) docteur en philosophie, etc., etc. — Traité d'**éclairage par le gaz**, traduit de l'allemand, par Ed. Servier, ingénieur des arts et manufactures, etc. 1 vol. In-4, 361 pages accompagné de 70 pl. cotées et de 310 figures dans le texte. 45 fr.

Schwaeblé (P.), ingénieur. — Emploi des **fers Zorès**. 8 pages in-4 et 6 pl. 10 fr.

— et Darru (A.), architecte de la compagnie parisienne du gaz. — Emploi des **fers Zorès**, dans la construction des planchers. In-4 et 6 pl. doubles. 10 fr.

Serrurerie (Vignole de). Album in-4 oblong, 126 planches. 45 fr.

Servier (Ed.), ingénieur civil — Notice sur l'**auto-régulateur à gaz**. Br. in-4. 1 fr.

— Traité d'**Éclairage au gaz**. (Voir *Clegg* et *Schilling*.)

Simonin. — **La grande industrie française**, l'usine du Creuzot. Broch. in-8. 2 fr.

Soulié (Émile). — Les gisements de **métaux précieux** des États et des territoires du Pacifique (États-Unis). In-8, 80 p. et 1 carte. 2 fr.

— et Lacour. — Matériel et procédés de l'exploitation des mines, perforateurs et machine à abattre la houille, etc., 90 p., 10 fig. et 12 planches. 9 fr.

SOULIÉ et HAUDOUIN (Hipp.), anciens élèves de l'École des mines. — **Pétrole** (le), ses gisements, son exploitation, son traitement industriel, ses produits dérivés, ses applications à l'éclairage et au chauffage. 1 vol., 232 p., avec fig. dans le texte.   3 fr.

Bibliothèque des professions industrielles et agricoles, série C, n° 19.

TÉCULORUM (P.), ingénieur. — **Du traitement des dissolutions salines** pour l'obtention du sel raffiné. Br. in-8 avec pl.
                                                                   1 fr. 50

STEERK (major) — **Guide pratiques de la fabrication des poudres et salpêtres,** avec un appendice sur les feux d'artifice. 1 vol. 360 pages, avec de nombreuses figures dans le texte. Relié,   6 fr.

Bibliothèque des professions industrielles et agricoles, série F, n° 4.

Dès les premières lignes de ce livre, on s'aperçoit que l'auteur est un homme compétent dans la matière qu'il traite, et qu'à l'étude dans le laboratoire, le major Steerk a joint l'expérience de la fabrication en grand. Dans ses données, tout est rigoureusement exact, et on peut accepter l'auteur comme guide, sans craindre de se tromper.

L'appendice résume en quelques pages les notions pratiques nécessaires pour la confection des feux d'artifices.

T

TEXTOR DE RAVISI. — **La houille et la vapeur** (mémoire pour M. Patel, ingénieur-mécacien). In-8, 51 pages.   2 fr.

THEYS (L.-F.-L.), arpenteur-géomètre. — **Table des sinus** pour la levée des **plans de mines,** et pour faciliter quelques opérations de trigonométrie, calculées jusqu'à 100 mètres, à l'usage des ingénieurs, arpenteurs, géomètres, exploitants et directeurs de mines. — Approuvées par M. Cauchy, ingénieur en chef des mines, 1 vol. gr. in-8.   6 fr.

TISSIER (Charles et Alexandre), chimistes-manufacturiers. — **Guide pratique de la recherche, de l'extraction et de la fabrication de l'aluminium et des métaux alcalins.** Recherches techniques sur leurs propriétés, leurs procédés d'extraction et leurs usages. 1 vol. 226 p., 1 pl. et fig. dans le texte.   5 fr.

Bibliothèque des professions industrielles et agricoles, série D, n° 11.

TISSIER (Charles), directeur-fondateur de la fabrique d'aluminium de Rouen. — **Importance de l'aluminium** dans la métallurgie. In-4, 9 p.   1 fr.

V

VALÉRIUS. — Traité théorique et pratique de la **fabrication de la fonte et du fer**, accompagné d'un exposé des améliorations dont cette industrie est susceptible, principalement en Belgique. 2 vol. in-8, d'ensemble 1304 pages, et 2 atlas in-fol. de 64 pl.
72 fr.

VAN ALPHEN, métreur vérificateur de serrurerie. — **Manuel calculateur** du poids des métaux employés dans les constructions. Nouvelle édition. 1 vol. in-18, 86 p. et 2 pl.   5 fr.

Ce manuel contient les tableaux de la classification nouvelle des fers unis divers, des feuillards et de la tôle; 36 tableaux de poids de 1,100 échantillons divers de fers unis ; 5 tableaux de poids de 25 épaisseurs de tôle, 14 tableaux de poids de toutes les fontes employées journellement dans les bâtiments avec divers enseignements très utiles à consulter ; 9 tableaux de poids de plomb, zinc et cuivre rouge, avec un appendice contenant : 1° le poids par mètre carré de feuilles de divers métaux. 2° le poids d'un mètre linéaire de fer (fers plats et carrés, fers ronds et carrés), 3° le poids des zincs laminés minces.

Cette énumération prouve que le Manuel calculateur est indispensable à toutes les personnes qui s'occupent du bâtiment.

Bibliothèque des professions industrielles, série G, n° 28.

VAN ERTBORN (Octave). — Mémoire sur les **puits artésiens**, précédé d'une notice géologique. In-8, 5 pl.   4 fr.

VIGREUX et RAUX, ingénieurs civils.—**Théorie pratique de l'art de l'ingénieur**, du constructeur de machines et de l'entrepreneur de travaux publics. Ouvrage comprenant les introductions ou connaissances théoriques et leurs applications directes à toutes les branches de l'industrie et des travaux publics ; précédé d'une lettre aux auteurs, par M. Ch. Callon, ingénieur civil, professeur à l'École centrale des arts et manufactures

Prix de la souscription pour l'ouvrage complet, 250 francs.

Le prix des fascicules achetés isolément est fixé à :

2 fr. pour chaque introduction;

3 fr. pour chaque projet de la partie didactique (mémoire et planches).

5 fr. pour chaque projet de la partie d'application (mémoire et planches).

En vente :

BIBLIOTHÈQUE SCIENTIFIQUE-INDUSTRIELLE ET AGRICOLE
Des Arts et Métiers. XIII.

CARBONISATION

DU BOIS

EMPLOI DU COMBUSTIBLE

DANS LA

MÉTALLURGIE DU FER

PAR **A. GILLOT**

INGÉNIEUR CIVIL DES MINES

1ᵣᵉ PARTIE. Carbonisation en forêt. — Carbonisation en vase clos. — Séparation et rectification des produits de la distillation.

2ᵉ PARTIE. Perte en combustible dans les traitements des minérais de fer. — Perte en combustible dans le traitement de la fonte. — Économies réalisables dans les traitements des minérais de fer et de la fonte.

3ᵉ PARTIE. Résumé et appendice.

DEUXIÈME ET TROISIÈME PARTIES

Prix : 8 fr. L'ouvrage complet. . . 14 fr.

PARIS
LIBRAIRIE SCIENTIFIQUE, INDUSTRIELLE ET AGRICOLE
Eugène LACROIX, Imprimeur-Éditeur

Libraire de la Société des Ingénieurs civils de France, de celle des anciens Élèves des Écoles nationales d'Arts et Métiers, de la Société des Conducteurs des Ponts et Chaussées de MM. les Mécaniciens de la Marine, etc., etc.

54, RUE DES SAINTS-PÈRES, 54

Carbonisation du bois et emploi du combustible dans la métallurgie du fer, par A. Gillot,...

http://gallica.bnf.fr/ark:/12148/bpt6k1163264m

hachette LIVRE   〈BnF   gallica BIBLIOTHÈQUE NUMÉRIQUE

9 782014 507997